DNA : 유전자 혁명의 이야기

개정판

DNA
유전자 혁명의 이야기

제임스 D. 왓슨
앤드루 베리, 케빈 데이비스
이한음 옮김

까치

DNA: The Story of the Genetic Revolution, Newly Revised and Updated

by James D. Watson with Andrew Berry and Kevin Davies
Copyright © 2017 by James D. Watson
All rights reserved.
This Korean edition was published by Kachi Publishing Co., Ltd. in 2017
by arrangement with the Knopf Doubleday Publishing Group, a division of
Penguin Random House, LLC through KCC(Korea Copyright Center Inc.),
Seoul.

역자 **이한음**
서울대학교 생물학과를 졸업했다. 저서로 과학 소설집『신이 되고 싶은 컴퓨
터』가 있으며, 역서로『유전자의 내밀한 역사』,『살아 있는 지구의 역사』,『조
상 이야기 : 생명의 기원을 찾아서』,『생명 : 40억 년의 비밀』,『암 : 만병의 황제
의 역사』,『위대한 생존자들』,『낙원의 새를 그리다』,『식물의 왕국』,『새로운
생명의 역사』 등이 있다.

DNA : 유전자 혁명 이야기

저자/제임스 D. 왓슨, 앤드루 베리, 케빈 데이비스
역자/이한음
발행처/까치글방
발행인/박후영
주소/서울시 용산구 서빙고로 67, 파크타워 103동 1003호
전화/02 · 735 · 8998, 736 · 7768
팩시밀리/02 · 723 · 4591
홈페이지/www.kachibooks.co.kr
전자우편/kachibooks@gmail.com
등록번호/1-528
등록일/1977. 8. 5
초판 1쇄 발행일/2003. 7. 5
개정판 1쇄 발행일/2017. 12. 12
      2쇄 발행일/2021. 3. 2

값/뒤표지에 쓰여 있음

ISBN 978-89-7291-649-9 03470

이 도서의 국립중앙도서관 출판예정도서목록(CIP)은 서지정보유통지원시스템 홈페이지(http://seoji.
nl.go.kr)와 국가자료공동목록시스템(http://www.nl.go.kr/kolisnet)에서 이용하실 수 있습니다.
(CIP제어번호 : CIP2017032023)

프랜시스 크릭에게

차례

1953년 : 이중나선 모형을 보고 있는 프랜시스 크릭(오른쪽)과 나(왼쪽).

저자의 말

처음 이 책의 초판을 구상한 것은 1999년의 한 저녁 식사 때였다. 이중나선 발견 50주년을 어떻게 기념하면 좋을까 생각하던 중에 이 책을 쓰자는 생각이 떠올랐다. 저자 중 한 명인 제임스 왓슨은 이 책 외에 텔레비전 시리즈와 교재까지 만들겠다고 공언하면서 다방면으로 모험을 감행할 꿈을 꾸고 있었는데, 출판 발행인인 닐 패터슨은 왓슨을 더욱더 부추겼다. 닐이 그 일에 끼어든 것은 우연이 아니었다. 그는 1965년에 왓슨의 첫 책인 『유전자의 분자생물학(*The Molecular Biology of the Gene*)』을 발행했고, 그뒤로 알게 모르게 왓슨의 저술 구상에 관여해왔다. 앨프리드 슬로언 재단의 도론 웨버가 대겠다고 약속한 종자돈도 그 생각을 더 구체화하는 데에 한 몫을 했다. 2000년이 되자 앤드루 베리가 합류하여 텔레비전 시리즈를 구체화하는 작업에 들어갔다. 그뒤로 그는 매사추세츠 주 케임브리지 시에 있는 자신의 사무실과 뉴욕 시 근처 롱아일랜드 주 북부 해안에 자리한 왓슨의 콜드 스프링 하버 연구소를 수시로 오가야 했다.

처음부터 우리는 지난 50년간 일어났던 사건들을 그저 훑어보는 것보다 훨씬 더 큰 것을 목표로 삼았다. DNA는 오직 소수의 전문가들만 관심을 가진 낯선 분자에서 모든 이들의 삶의 다양한 측면들을 변화시키고 있는 기술의 중심으로 변신했다. 그런 변화와 더불어 현실적, 사회적, 윤리적 영향과 관련된 다양한 어려운 문제들이 등장했다. 이 50주년을 잠시 멈추어 서서 우리가 지금 어디에 있는지 돌이켜볼 기회로 삼기 위하여 우리는 뻔뻔스럽기는 하지만 그 역사와 문제들을 개인적인 관점에서 바라 보기로 했다. 그것은 왓슨 개인의 견해이며, 따라서 1인칭 시점으로 쓰이게 되었다.

이 전면 개정판에서는 초판이 나온 뒤로 10년 동안 유전학 분야에서 이루어진 놀라운 발전을 다루기 위해서 케빈 데이비스에게 도움을 요청했다. 개정판에서는 아예 두 장을 새로 추가했다. "개인 유전학"(제8장)에서는 소비자 유전학과 임상 유전체 서열 분석 같은 분야들을 탄생시킨 DNA 서열 분석기술의 발전을 살펴본다. 마지막 장인 "암 : 끝없는 전쟁"에서는 암의 연구와 치료 분야에서 이루어진 발전을 살펴보고, 이 이길 수 없는 것 같은 전쟁에서 어떻게 하면 승리할 수 있을지를 탐구한다.

우리는 생물학을 전혀 모르는 사람도 이 책의 모든 단어를 이해할 수 있어야 한다는 것을 염두에 두고, 일반 대중을 대상으로 글을 쓰려고 애썼다. 우리는 전문용어가 처음 나올 때에는 설명을 달았다. 그리고 책의 뒷부분에 더 읽어볼 책들을 적어둔 참고 문헌을 실었다. 가능한 한 전문적인 문헌은 피하려고 했지만, 이 책에 나온 것보다 특정한 주제를 더 깊이 탐구할 수 있는 문헌들도 적었다.

이 계획에 여러모로 도움을 준 사람들에게는 뒷부분에 있는 "감사의 말"에서 고마움을 표했다. 하지만 특별히 네 분께 감사를 드려야 한다. 초인적인 인내력을 가진 크노프 출판사의 편집장 조지 앤드루가 우리보다 이 책의 더 많은 부분을 썼다고 보아도 좋다. 콜드 스프링 하버 연구소에 있는 우리의 아주 뛰어난 조수인 키린 해슬링어는 구슬리고 허풍치고 수정하고 조사하고 따지고 간섭하는 등 온갖 수단을 동원해서 이 책을 쓰게 만들었다. 장담하건대 그녀가 없었으면 이 책은 나올 수 없었다. 그리고 역시 콜드 스프링 하버 연구소의 얀 비트코프스키는 경이로울 정도로 단기간에 제10장, 제11장, 제12장을 정리해주었고, 이 계획 전체를 이끌어가는 데에도 필수적인 도움을 주었다. 이 행성에서 왓슨의 글을 해석할 수 있는 유일한 거주자인 왓슨의 비서 모린 베레카는 평소처럼 자신의 능력을 확실히 보여주었다.

콜드 스프링 하버 연구소, 뉴욕
제임스 D. 왓슨
케임브리지, 매사추세츠
앤드루 베리
워싱턴 D. C
케빈 데이비스

생명의 비밀

1953년 2월 28일, 평소와 별다를 바 없는 토요일 아침에 나는 프랜시스 크릭보다 일찍 케임브리지 대학교 부설 캐번디시 연구소에 도착했다. 일찍 나온 데에는 그만한 까닭이 있었다. 얼마나 가까이 다가갔는지는 알 수 없었지만, 나는 우리가 데옥시리보 핵산(Deoxyribonucleic acid), 즉 DNA라는 거의 알려지지 않은 분자의 구조를 밝혀낼 시점에 근접해 있음을 알고 있었다. DNA는 그저 그런 분자가 아니었다. 크릭과 나는 DNA가 생명의 본질에 접근할 수 있는 열쇠를 가진 화학물질이라고 보았다. 그것은 한 세대에서 다음 세대로 전달되는 유전정보를 담고 있었으며, 세포라는 극도로 복잡한 세계를 조화롭게 꾸려가고 있었다. 우리는 그것의 3차원 구조, 즉 그 분자의 건축양식을 이해하면 크릭이 농담 삼아 말한 "생명의 비밀"을 엿볼 수 있지 않을까 생각했다.

우리는 DNA 분자가 아데닌(adenine, A), 티민(thymine, T), 구아닌(guanine, G), 시토신(cytosine, C) 네 종류의 뉴클레오티드(Nucleotide)로 이루어져 있다는 것을 이미 알고 있었다. 그 전날 오후에 나는 이 각각의 구성성분들을 모양대로 마분지에 그려 자르느라 시간을 보냈다. 그리고 조용한 토요일 아침인 지금은 차분하게 3차원 조각 그림을 맞출 준비가 되어 있었다. 어떻게 해야 들어맞을까? 곧 나는 그냥 둘씩 짝을 지으면 절묘하게 맞는다는 것을 알아차렸다. A는 T, G는 C와 산뜻하게 들어맞았다.

맞는 것일까? DNA 분자는 A-T 쌍과 G-C 쌍이 줄줄이 연결되어 있는 두 가닥으로 이루어진 것일까? 그 배치는 너무나 단순했고, 너무나 우아했기 때문에 거의 옳을 수밖에 없어 보였다. 그러나 나는 전에 이미 실수를 저지른 적이 있었고, 지나치게 흥분하기에 앞서 내가 만든 것을 크릭의 날카로운 눈으로 검증을 받아야 했다. 기다림은 초조했다. 하지만 걱정할 필요가 없었다는 것이 드러났다. 크릭은 내가 생각해낸 짝짓기 개념 속에 이중나선을 이루는 두 가닥이 서로 반대방향을 향하고 있다는 의미가 담겨 있다는 것을 즉시 알아차렸다. 그 부드럽게 비틀리면서 이어지는 상보적인 가닥들에 비추어보자 우리가 해결하려고 고심했던 문제들, 기존에 알려진 DNA의 특성들이 단숨에 이해가 되었다. 가장 중요한 것은 그 분자의 구성체계가 생물학의 가장 오래된 수수께끼 두 가지에 대한 해답을 제시하고 있다는 점이었다. 유전정보가 어떻게 저장되며, 어떻게 복제되는가 하는 의문 말이다. 그렇기는 해도 나는 우리가 자주 점심을 먹으러 가는 선술집 겸 식당인 이글에서 크릭이 "생명의 비밀"의 비밀을 발견했다고 자랑스럽게 떠들어댈 때에는 왠지 건방지다는 느낌을 받았다. 영국은 특히 겸양이 생활화된 나라였기 때문이다.

그러나 크릭은 옳았다. 우리의 발견은 생명이 본래 마술적이고 신비로운 것인가, 아니면 과학 시간에 실험하는 화학반응처럼 평범한 물리적, 화학적 과정의 산물인가라는 인간의 역사만큼이나 오래된 논쟁을 종식시켰다. 세포 한가운데에 생명을 낳는 신성한 무엇이 있는가? 이중나선은 절대 아니다라고 단호하게 대답했다.

모든 생물들이 서로 관련되어 있음을 보여준 찰스 다윈의 진화론은 세계를 물질적으로, 즉 물리화학적으로 이해하는 관점을 크게 발전시켰다. 19세기 후반 테오도어 슈반과 루이 파스퇴르 같은 초기 세균학자들도 중요한 발전을 이루었다. 그들은 썩어가는 고기에서 자연적으로 구더기가 생기는 것이 아니라 우리가 익히 알고 있는 생물의 행동을 통해서, 즉 파리가 알을 낳음으로써 구더기가 생긴다는 것을 입증했다. 그럼으로써 자연 발생이라는 개념은 위기를 맞았다.

그러나 이런 발전에도 굴하지 않고 물리화학적 과정이 생명체와 그 작용을 설명할 수 없다는 믿음들, 즉 생기론(生氣論)은 다양한 형태로 계속 남아 있었다. 자연선택이 진화의 운명을 정하는 유일한 결정인자라는 생각을 받아들이지 않으려고 했던 생물학자들은 정의하기도 애매한, 만물을 두루 살피는 영적인 힘을 끌어들여 적응을 설명하려고 했다. 입자 몇 개와 힘 몇 가지로 환원되는 계층적인 단순한 세계를 다루는 데에 익숙해 있던 물리학자들은 생물의 극도로 복잡한 모습에 당혹스러워했다. 그들은 이미 알고 있는 물리법칙과 화학법칙으로는 세포 속에서 벌어지고 있는 과정들, 생명의 기본 바탕을 이루는 과정들을 설명할 수 없을 것이라고 말했다.

그렇기 때문에 이중나선은 중요했다. 그것은 세포에 물질적인 사고방식이라는 계몽 혁명을 일으켰다. 인간을 우주의 중심에서 쫓아낸 코페르니쿠스에서 시작된 지적 여행은 인간이 변형된 원숭이에 불과하다는 다윈의 주장을 거쳐서 마침내 생명의 본질 자체에 초점을 맞추는 지점까지 왔다. 그리고 거기에도 특별한 것은 없었다. 이중나선은 아름다운 구조물이었지만 그 안에 담긴 내용은 너무나 평범했다. 생명체는 화학의 산물에 불과할 뿐이라는 것이다.

크릭과 나는 우리의 발견이 지적으로 어떤 의미를 가지는지 금방 이해했지만, 이중나선이 과학과 사회에 얼마나 폭발적인 충격을 미칠 것인지는 전혀 예측하지 못했다. 그 분자의 매혹적인 곡선 속에는 그뒤 64년 동안 경이로운 발전을 거듭할 새로운 과학인 분자생물학을 여는 열쇠가 들어 있었다. 그 분자는 생물학적 기본 과정들을 파악하게 해줄 놀라운 깨달음들을 이끌어냈으며, 시간이 흐를수록 의학, 농업, 법에 더욱더 깊은 영향을 미치고 있다. DNA는 더 이상 하얀 실험복을 입고 대학 연구실에 틀어박혀 있는 과학자들만의 관심거리가 아니다. 그것은 우리 모두에게 영향을 미치고 있다.

1960년대 중반에 들어서면서 우리는 세포의 기본 과정들을 밝혀냈고, 4개의 글자로 된 DNA 서열이 "유전암호(genetic code)"를 통해서 20개의 글자로 된 단백질 서열로 번역되는 과정을 이해하게 되었다. 이어서 1970년대에 이 새로운 과학을 폭발적으로 성장시키게 될 성과가 나왔다. DNA를 조작하고 염기쌍 서열을 읽을 수 있는 기술이 개발된 것이다. 우리는 이제 자연을 지켜보는 방관자라는 비난에서 벗어나 살아 있는 생물의 DNA를 직접 다룰 수 있게 되었으며, 생명의 대본을 직접 읽을 수 있게 되었다. 새로운 과학적 경관이 활짝 펼쳐졌다. 마침내 낭성 섬유증(cystic fibrosis)에서 암에 이르는 유전병들을 이해할 길이 열렸다. 유전자 지문 분석을 통해서 사법 정의를 혁신할 길이 열렸다. DNA를 기반으로 한 방법을 사용하여 선사시대를 살펴봄으로써 우리가 누구이며 어디에서 왔는지, 즉 인류의 기원에 관한 개념들을 깊이 고찰할 길이 열렸다. 과거에는 꿈에 불과했던 수준까지 중요한 농업작물을 개량할 길이 열렸다.

지난 50년에 걸쳐 이루어진 DNA 혁명은 2000년 6월 26일 월요일 빌 클린턴 미국 대통령이 인간 유전체(genome) 서열 초안이 완성되었다고 발표한 순간에 절정에 달했다. "오늘 우리는 신이 생명을 만드는 데에 사용한 언어를 배우고 있습니다……이 심오한 새로운 지식을 얻게 됨으로써 인류는 바야흐로 치료를 위한 엄청난 새로운 힘을 얻으려 하고 있습니다."[1] 유전체 계획은 분자생물학에 새로운 시대의 도래를 알렸다. 이로써 분자생물학은 막대한 돈이 들어가고 막대한 결과가 나오는 "거대 과학"이 되었다. 그 초안은 인간 염색체(chromosome) 23쌍에 담긴 막대한 정보를 발굴한 엄청난 기술적 성취였을 뿐만 아니라 인간이 무엇인가라는 개념의 측면에서 볼 때에도 하나의 이정표였다. 우리를 다른 종과 구별짓고, 우리를 지금처럼 의식을 지닌 창조적이고 지배적이며 파괴적인 존재로 만든 것이 바로 우리의 DNA이다. 이제 비로소 그 DNA 집합 전체, 인간의 지침서가 손에 들어온 것이다.

DNA는 케임브리지의 그 토요일 아침부터 지금까지 먼 길을 걸어왔다. 하지만 DNA가 우리를 위해서 할 수 있는 일이 무엇인가를 연구하는 분자 생물학이라는 과학은 아직 갈 길이 멀다. 여전히 치료되어야 할 암이 남아 있다. 유전병을 치료할 효과적인 유전자 요법이 개발되어야 한다. 우리의 식품을 개량할 드넓은 잠재력을 지닌 유전공학을 각성시켜야 한다. 언젠가 이런 일들은 모두 실현될 것이다. DNA 혁명의 첫 60년은 놀라운 과학적 발전을 목격한 시기이자, 그 발전을 처음으로 인간 문제에 적용해본 시기이기도 하다. 앞으로 우리는 그보다 더한 과학적 발전들이 무수히 이루어지는 광경을 목격할 것이고, DNA는 우리의 삶에 더욱더 깊은 영향을 미치게 될 것이다. 그리고 우리는 그것이 미치는 영향에 점점 더 초점을 맞추게 될 것이다.

1.

1.

2.

3.

3.

4.

5.

6.

Af nat pinx in horto Benary.

Chromolith. G.Severeyns Bruxelles

ERNST BENARY, ERFURT.

제1장

유전학의 출발 : 멘델에서 히틀러까지

나의 어머니인 보니 진은 유전자를 믿었다. 어머니는 외할아버지의 스코틀랜드 혈통에 자긍심을 가졌고, 외할아버지의 모습에서 정직, 근면, 검약 같은 스코틀랜드인의 미덕을 보았다(외할아버지가 돌아가시고 100여 년 뒤에 DNA 가계도 분석을 해보니, 외할아버지는 사실 50퍼센트는 아일랜드인 혈통이었음이 드러났다). 어머니도 이런 미덕들을 지니고 있었는데, 어머니는 그것들을 외할아버지인 래클란 알렉산더 미첼로부터 물려받았다고 굳게 믿었다. 외할아버지는 어머니가 어릴 때 돌아가셨다. 유전자 이외에 어머니가 물려받은 유산이라고는 외할아버지가 글래스고에서 보내주신, 어린 소녀에게 어울리는 스코틀랜드 전통 의상 한 벌뿐이었다. 그러니 어머니가 외할아버지의 물질적 유산보다 생물학적 유산에 더 큰 가치를 부여한 것도 무리는 아니다.

자라면서 나는 본성과 양육이 우리를 형성하는 데에 각각 어느 정도 기여하는가를 놓고 어머니와 끝 모를 논쟁을 벌이곤 했다. 나는 본성보다 양육을 택했다. 그럼으로써 사실상 원하는 대로 나 자신을 바꿀 수 있다는 신념을 옹호하고 있었던 셈이다. 나는 내 유전자가 중요한 역할을 한다는 주장을 받아들이고 싶지 않았다. 우리 할머니는 뚱뚱했는데, 나는 할머니가 너무 많이 먹어서 그런 것이라고 생각하고 싶었다. 할머니의 몸

◀ 멘델의 업적을 낳은 열쇠 : 완두의 유전자 변이

열한 살 때, 여동생 엘리자베스 그리고 아버지와 함께

매가 유전자의 산물이라면, 나도 앞으로 그렇게 비대해질 것이 아닌가. 하지만 십대가 된 뒤로 자식은 부모를 닮는다는, 유전이 중요하다는 것을 보여주는 뚜렷한 근거들을 논박하는 일은 없어졌다. 어머니와 나는 단순한 특징들이 아니라 인격의 여러 측면들 같은 복잡한 형질들을 논쟁거리로 삼았다. 고집 센 사춘기를 보낼 때도, 그런 단순한 특징들이 다음 세대로 전달되어 "가족의 닮은 모습"을 만든다는 것을 받아들일 만한 분별력은 지니고 있었다. 내 코는 어머니의 코를 물려받은 것이고, 그 코는 지금 내 아들인 던컨의 것이 되어 있다.

형질들은 때로 몇 세대 사이에 나타났다가 사라지기도 하고, 긴 세대에 걸쳐서 계속 남아 있기도 한다. 오랫동안 존속한 형질 중 가장 유명한 사례는 "합스부르크 입술"이다. 턱이 길고 아랫입술이 축 늘어진 이 특이한 형질은 유럽 합스부르크 왕가의 특징으로서, 궁정 화가들이 그린 왕들의 초상화에 잘 나타나 있다. 이 형질은 적어도 23대 동안 보존되었다.

합스부르크 왕가는 근친 혼인을 했기 때문에 그 유전적 불행은 더 심해질 수밖에 없었다. 합스부르크 왕가는 정치적 동맹관계를 확고히 다지고 왕위를 계속 잇기 위해서 각 계파와 가까운 친족간의 혼인을 도모했지만, 그것은 유전적으로 볼 때 그다지 좋은 방법이 아니었다. 이런 근친 혼인에는 합스부르크 입술 같은 유전병이라는 대가가 따랐다. 스페인 합스부르크 왕조의 마지막 왕인 카를로스 2세도 가문의 입술을 지니고 있었는데, 너무나 증세가 심하여 스스로 음식을 씹을 수 없을 정도였다. 게다가 그는 두 번이나 혼인을 했지만 몸이 너무 허약해서 아이를 가질 수 없었다.

유전병은 오랜 세월을 인류와 함께했다. 그중에는 카를로스 2세의 입술처럼 역사에 큰 영향을 미친 것도 있다. 병력을 추적해본 결과 미국 독립전쟁에서 패배하여 아메리카 식민지를 잃은 영국 왕 조지 3세는 포르피린증(porphyria)이라는 유전병을 앓고 있었던 것으로 추정된다. 이 병은 주기적으로 광기 어린 발작을 일으킨다. 그래서 일부 역사학자들—주로 영국인들—은 미국이 영국의 강력한 해군에 맞서 승리를 거둘 수 있었던 것은 조지 3세의 정신착란 때문이었다고 주장한다. 유전병들 중에서 그런 지정학적 영향을 미치는 것은 극히 드물다. 하지만 유전병은 가족에게 혹독하고 비극적인 영향을 주며, 여러 세대에 걸쳐서 영향을 미치기도 한다. 우리가 유전학을 연구하는 것은 그저 자신이 부모를 닮은 이유를 이해하기 위함이 아니다. 인류의 가장 오래된 적, 우리 유전자 안에 있으면서 유전병을 일으키는 결함들과 맞서 싸우기 위함이다.

우리 조상들은 진화를 거쳐서 제대로 질문을 던질 수 있는 능력이 담긴 뇌를 가지게 된 순간부터, 유전이 어떻게 이루어지는지 의문을 품었을 것이다. 그리고 우리 조상들이 그랬듯이, 가까운 친척끼리는 닮는다는 쉽게 관찰할 수 있는 원리를 통해서 우리는 유전학을 응용하여 젖이 많이 나오는 소나 큼직한 과일 등 가축과 작물의 품종을 개량하는 실용적인 문제에까지 나아갈 수 있다.

인류는 오랜 세대에 걸쳐서 신중하게 선택하고 또 선택하는 과정을 통해서 자신의 목적에 맞는 동물과 식물을 만들었다. 이 선택은 먼저 적당한 종을 길들인 다음, 가장 생산성이 높은 젖소나 가장 큰 열매가 달리는 나무만을 골라 기르는 과정을 통해서 이루어졌다. 기록으로 남겨지지 않은 이 대단한 노력은 단순한 경험법칙을 토대로 이루어졌다. 즉 가장 젖이 많이 나오는 젖소는 가장 젖이 많이 나오는 자손을 낳고, 큰 열매에서 나온 씨에서는 큰 열매를 맺는 나무가 자란다는 것이다. 지난 100여 년에 걸쳐서 유례 없는 놀라운 발전이 이루어졌다고는 해도, 유전학적 통찰력을 갖춘 시대가 20세기와 21세기만은 아니다. 1905년이 되어서야 영국의 생물학자 윌리엄 베이트슨을 통해서 유전을 다루는 과학에 유전학(遺傳學, genetics)이라는 이름이 붙여졌고, DNA 혁명이 이루어진 뒤에야 새롭고 놀라운 발전 전망이 활짝 열렸다고는 하지만, 사실 아주 먼 옛날부터 이름 없는 농부들은 인류의 복지를 위해서 유전학을 가장 위대한 방식으로 적용해왔다. 곡류, 과일, 육류, 유제품 등 우리가 먹는 거의 모든 식품은 가장 일찍부터 가장 폭넓게 유전학을 인류 문제에 적용함으로써 나온 산물이다.

유전이 실제로 어떻게 이루어지는지 이해하려면, 더 단단한 호두를 깨뜨려야 했다. 그레고어 멘델(1822-1884)은 1866년에 그 주제를 다룬 유명한 논문을 발표했다. 하지만 그 논문은 34년간 과학계에 알려지지 않은 채 묻혀 있었다. 알려지는 데에 왜 그렇게 오래 걸렸을까? 유전은 자연세계의 널리 알려진 모습 중 하나이며, 더 중요한 사실은 유전을 쉽게 관찰할 수 있다는 점이다. 가령 개를 기르는 사람은 밤색 개와 검은색 개를 교배시키면 어떤 개가 나올지 알며, 모든 부모는 의식적으로든 무의식적으로든 아이들의 모습에서 자신의 특징을 발견한다. 단순화시켜보면 유전이 복잡한 방식으로 이루어지는 듯하다는 점이 멘델의 논문이 오랫동안 묻혀 있었던 한 가지 이유가 될 수 있다. 멘델이 풀어낸 답은 직관적으로 확실하게 와

닿지 않는다. 멘델이 내놓은 해답은 아이들이 부모 형질의 단순한 혼합물이 아니라는 것이다. 하지만 가장 중요한 이유는 초기의 생물학자들이 유전과 발달이라는 근본적으로 전혀 다른 두 과정을 구분하지 못했다는 점일 것이다. 오늘날 우리는 수정란에 부모 양쪽에게서 온 유전정보가 담겨 있다는 것과 그 정보에 따라서 자손이 포르피린증 같은 것에 걸릴지 여부가 정해진다는 것을 알고 있다. 그것이 바로 유전이다. 그뒤에 일어나는 과정, 즉 수정란인 하나의 세포에서 출발해서 새로운 개체로 발달하는 과정은 그 정보가 구현되는 과정이다. 유전학은 학술 분야로 자리를 잡은 뒤 그 정보와 그 정보를 활용하는 발달과정에 초점을 맞추었다. 유전과 발달을 하나의 현상으로 뭉뚱그려 생각한 탓에, 초기 과학자들은 유전의 비밀에 가까이 다가가게 해줄 만한 질문들을 제기하지 못했다. 하지만 인류의 역사가 시작된 이래로 그 비밀을 탐구하려는 노력은 어떤 형태로든 계속되어왔다.

히포크라테스와 같은 고대 그리스 학자들의 사색 대상에는 유전도 들어 있었다. 그들은 아주 작게 줄어든 신체 부위들이 성교 때 전달된다는 "범생설(汎生說)"을 내놓았다. "털, 손톱, 정맥, 동맥, 힘줄, 뼈 등 그들의 입자는 너무 작아 보이지 않는다. 성장하면서 그 입자들은 서서히 떨어져나간다."[1] 이 생각은 19세기 후반에 찰스 다윈이 새로운 형태의 범생설을 제시했을 때 짧게나마 부흥기를 맞았다. 다윈은 자신의 자연선택 진화론을 타당한 유전가설로 뒷받침하기 위해서 고심했다. 사실 『종의 기원(On the Origin of Species)』이 나온 지 얼마 되지 않았을 때 멘델의 연구 결과가 발표되었지만, 다윈은 그 사실을 알지 못했다. 다윈은 눈, 신장, 뼈 같은 각 신체기관이 "제뮬(gemmule)"을 만들고, 그 제뮬들이 몸 속을 돌아 생식기관으로 모였다가 성교가 이루어질 때 전달된다는 가설을 세웠다. 다윈은 제뮬들이 평생 동안 만들어진다고 보았고, 높은 곳에 달린 잎을 따먹기 위해서 길게 빼다 보니 늘어났다는 기린의 목처럼, 태어난 뒤에 개체에게 일

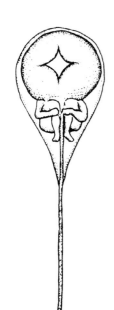

멘델 이전의 유전학 : 정자의 머릿속에 들어 있다고 여겨진 축소 인간 호문쿨루스

어난 모든 변화가 다음 세대로 전달될 수 있다고 주장했다. 다윈은 자연선택 이론을 뒷받침하려고 애쓰다가 공교롭게 도 획득형질(acquired character)이 유전된다는 라마르크의 이론을 지지하는 꼴이 되고 말았다. 자신의 진화개념으로 반박했던 바로 그 이론을 말이다. 다윈은 라마르크의 유전 이론에 호소하는 것에 그치지 않았다. 그는 자연선택이 진화의 추진력임을 믿고 있었지만, 그 자연선택이 범생설에서 제시된 변이를 바탕으로 삼아 이루어진다고 생각했다. 멘델의 연구를 알았더라면, 다윈이 라마르크의 생각을 일부 지지함으로써 자신의 경력에 오점을 남기는 일은 일어나지 않았을지도 모른다.

이렇게 작은 구성요소들이 모여 배아(胚芽)가 만들어진다고 가정하는 범생설이 있었던 반면에, 이런 조합단계를 아예 빼버린 "전성설(前成說)"도 있었다. 전성설은 난자나 정자(어느 쪽이 논쟁거리가 되느냐에 따라서)에 완전한 개체가 이미 들어 있다고 말한다. 그 아주 작은 개체를 호문쿨루스(homunculus)라고 한다. 전성설의 관점에서 보면, 발달은 호문쿨루스가 완전한 형태로 커지는 것에 불과하다. 전성설이 유행하던 시기에는 지금 우리가 유전병이라고 하는 것을 놓고 다양한 해석이 이루어졌다. 유전병을 신의 분노나 악마의 장난이라고도 했고, 아버지의 "씨"가 너무 적거나 너무 많기 때문이라고도 했으며, 임신기간에 어머니가 "부정한 생각"을 한 탓이라고도 했다. 욕구 충족이 방해를 받아 임산부가 스트레스와 좌절감에 빠져 있을 때 기형아가 나올 수도 있다는 것을 근거로 삼아, 나폴레옹은 임산부들이 상점의 물건을 좀도둑질할 수 있도록 허용하는 법률을 제정했다. 말할 필요도 없지만, 이런 개념들은 유전병을 이해하는 데에 아무런 도움도 되지 않았다.

19세기 초에 현미경이 개량되면서 전성설은 설 자리를 잃었다. 정자나 난자 속을 아무리 열심히 들여다보아도 호문쿨루스는 보이지 않았던 것이다. 오히려 그보다 앞서 잘못된 개념이라고 치부되었던 범생설이 더 오래 살아남았다. 제뮬은 너무 작아서 눈에 보이지 않는다는 주장이 계속 펼쳐진 덕분이었다. 하지만 결국 범생설도 아우구스트 바이스만의 연구로 끝장이 났다. 그는 유전이 한 세대에서 다음 세대로 끊이지 않고 이어지는 생식질(生殖質)에 의존하기 때문에, 살아가는 동안 몸에 일어나는 변화는 다음 세대로 전달될 수 없다고 주장했다. 그는 몇 세대 동안 생쥐의 꼬리를 잘라내는 간단한 실험을 했다. 다윈의 범생설에 따르면, 꼬리가 잘린 생쥐들은 "꼬리 없는" 제뮬을 만들 것이므로, 그 자손들은 기껏해야 짧고 뭉툭한 꼬리를 가지고 있어야 한다. 따라서 바이스만이 여러 세대에 걸쳐서 꼬리를 잘라버려도 꼬리가 계속 나타난다는 것을 보여주자, 범생설은 먼지가 되어 사라졌다.

그레고어 멘델은 그 점을 제대로 파악하고 있었다. 그러나 그는 어느 모로 보아도 과학계의 스타가 될 만한 인물이 아니었다. 지금의 체코 공화국에 속한 지역에서 농민의 아들로 태어난 멘델은 동네 학교를 우수한 성적으로 졸업한 뒤 스물한 살에 브르노의 아우구스티누스파 수도원에 들어갔다. 그는 교구의 신부 역할을 감당할 수 없었다. 그 직을 맡았을 때 신경쇠약에 걸렸을 정도였다. 그래서 그는 임시로 가르치는 일을 해보았다. 모두 그가 훌륭한 교사라고 했지만, 자격을 갖춘 정식 교사가 되려면 시험을 치러야 했다. 그는 시험에 떨어지고 말았다. 그러자 수도원장인 나프는 그를 빈 대학교로 보냈다. 그곳에서 그는 재시험을 보기 위해서 공부에만 전념했다. 그는 물리학에서 뛰어난 성적을 올리기도 했지만, 시험에 또 떨어지고 말았다. 그래서 임시 교사 이상은 될 수 없었다.

1856년경에 나프의 제안으로 멘델은 유전실험을 시작했다. 그는 수도

원 정원에서 완두를 기르면서 다양한 특징들을 연구하기 시작했다. 1865년에 그는 지역 자연사 학회에서 두 차례에 걸쳐서 자신의 연구 결과를 발표했고, 1년 뒤에 그것을 그 학회 회보에 실었다. 심혈을 기울인 놀라운 연구 결과였다. 그의 실험에는 탁월한 설계와 힘겨운 노력이, 실험 결과의 분석에는 통찰력과 재능이 담겨 있다. 물리학을 공부한 것이 그가 돌파구를 마련하는 데에 도움이 되었던 듯하다. 당시의 다른 생물학자들과 달리 그는 그 문제를 정량적으로 분석했다. 그는 붉은 꽃과 흰 꽃을 교배시키면 붉은 꽃도 나오고 흰 꽃도 나온다는 식으로 기록한 것이 아니라, 아예 개체 수를 셈으로써 붉은 꽃 대 흰 꽃의 비율이 중요한 의미를 가질 수 있다는 것을 깨달았다. 실제로 그 비율은 중요하다. 멘델은 논문을 저명한 과학자들에게 보냈지만, 과학계는 그를 철저히 무시했다. 그는 자신의 연구 결과를 알리려고 애썼지만 헛수고였다. 그는 뮌헨에 있는 식물학자 카를 네겔리에게 자신이 했던 실험을 직접 해보라고 편지를 썼다. 그리고 씨앗 140봉지에 세심하게 꼬리표를 붙여 보냈다. 그런 수고는 하지 않으니만 못했다. 네겔리는 오히려 그 무명의 수도사가 자신에게 도움이 될 것이라고 믿었다. 그는 멘델에게 자신이 좋아하는 식물인 조밥나물 씨를 보냈다. 그는 멘델에게 다른 종으로도 같은 결과를 얻을 수 있는지 알아보라는 과제를 던져주었다. 안타깝게도 완두와 달리 조밥나물은 여러모로 멘델이 했던 방식의 교배실험에 적합하지 않은 식물이었다. 그 실험은 시간 낭비였을 뿐이다.

눈에 띄지 않는 수도사이자 교사이자 연구자로 살았던 멘델의 인생은 1868년에 나프가 죽으면서 갑자기 바뀌었다. 그는 수도원장으로 뽑혔다. 그는 꿀벌과 날씨에 심취하는 등 연구를 계속했지만, 결국 행정적인 업무에 파묻히고 말았다. 더구나 당시 그의 수도원은 밀린 세금을 놓고 벌어진 지저분한 논쟁에 휘말려 있었다. 그를 과학자로 살지 못하게 방해한 요인은 그것만이 아니었다. 그는 비만 때문에 야외 실험을 삼갈 수밖에 없었다. 그는 언덕을 오르는 것조차 "중력이 센 세계에 있는 것처럼 매우 힘들다"라고 썼다.[2] 의사들은 그에게 담배를 피워서 체중을 줄이라고 권했고, 그는 그들의 처방에 따라서 하루에 20개비의 여송연을 피웠다. 마치 윈스턴 처칠의 모습을 보는 듯하다. 하지만 그의 폐는 별 이상이 없었다. 1884년에 멘델은 심장병과 신장병에 걸려 예순한 살의 나이로 사망했다.

멘델의 연구 결과는 눈에 띄지 않는 학술잡지 속에 묻혀 있었고, 설령 알려졌다고 해도 당시 사람들은 대부분 이해하지 못했을 것이다. 그의 세심한 실험과 정교한 정량 분석은 시대를 너무나 앞서 있었다. 1900년이 되어서야 과학계가 그를 이해하게 된 것도 놀랄 일은 아니다. 비슷한 문제를 탐구하고 있던 세 명의 식물 유전학자가 멘델의 연구 결과를 재발견함으로써 소규모의 과학혁명이 일어났다. 그럼으로써 과학계는 마침내 그 수도사의 완두를 이해할 준비를 갖추게 되었다.

멘델은 부모에게서 자손으로 전달되는 특정한 인자들이 있다는 것을 알아차렸다. 그것은 나중에 유전자(gene)라는 이름을 가지게 된다. 그는 이런 인자들이 쌍으로 존재한다는 것을 알았다. 양쪽 부모에게서 하나씩 물려받기 때문이다.

완두콩의 색이 녹색과 황색 두 가지라는 점에 주목한 그는 완두콩의 색깔 유전자가 두 가지 형태라고 추론했다. 완두에서 녹색 완두콩이 열리려면 G 형태가 쌍으로 있어야 한다. 우리는 그렇게 쌍을 이룬 완두콩 색깔 유전자를 GG라고 표시한다. 따라서 그 완두는 G형 완두콩 색깔 유전자를 부모로부터 하나씩 물려받았어야 한다. 반면에 YY와 YG 조합에서는 황색 완두콩이 열린다. 즉 Y형태가 하나만 있으면 황색 완두콩이 열린다. Y는 G를 이긴다. 따라서 YG 조합에서 Y는 G보다 우위에 있고, 우리는 그 Y를 우성(優性)이라고 부른다. 하위에 있는 G형 완두콩 색깔 유전자는 열성(劣性)이라고 한다.

부모 완두도 각각 완두콩 색깔 유전자를 쌍으로 지니며, 둘 다 하나씩만 자손에게 전달한다. 식물의 꽃가루는 동물의 정자와 같으며, 각 꽃가루에는 완두콩 색깔 유전자가 하나만 들어 있다. 유전자를 YG 조합으로 가진 완두는 Y나 G를 가진 꽃가루를 만든다. 멘델은 그 과정이 무작위로 이루어진다는 것을 발견했다. 즉 완두가 만드는 꽃가루 중 50퍼센트는 Y, 나머지 50퍼센트는 G를 가지고 있다는 것이다.

갑자기 유전의 수수께끼 중에서 많은 것들이 이해되기 시작했다. 합스부르크 입술처럼 높은 확률(실제로는 50퍼센트이다)로 다음 세대로 전달되는 특징들은 우성이다. 세대를 건너뛰면서 나타나는 특징들처럼, 가계도에서 훨씬 더 드문드문 나타나는 특징들은 열성일지 모른다. 어떤 유전자가 열성이라면 그 유전자가 쌍으로 있어야 형질이 발현된다. 그 유전자를 하나만 가진 개체는 보인자(保因者)라고 한다. 그 형질은 그들의 몸에서 발현되지 않지만, 그 유전자는 다음 세대로 전달될 수 있다. 몸에서 색소가 만들어지지 않아서 피부와 털이 새하얗게 되는 색소 결핍증은 이런 식으로 전달되는 열성 형질의 사례이다. 따라서 색소 결핍증이 나타나려면, 그 유전자를 양쪽 부모에게서 하나씩 받아 쌍으로 가지고 있어야 한다. "a well-oiled bicycle"을 "a well-boiled icicle"이라고 말하는 등 때때로 특이한 언어 장애를 보임으로써 "두음 교체(spoonerism)"라는 용어를 낳기도 했던 성직자 겸 학자인 윌리엄 아치볼드 스푸너는 우연의 일치이겠지만 이 색소 결핍증도 가지고 있었다. 당신에게 색소 결핍증이 있어도, 부모에게는 그 유전자가 있다는 흔적이 전혀 없을 수도 있다. 양쪽 부모는 그 유전자를 하나씩만 가지고 있는 보인자일 때가 많다. 따라서 그 형질은 적어도 한 세대를 건너뛰는 셈이다.

멘델의 연구 결과는 물질, 즉 어떤 물리적인 대상이 한 세대에서 다음 세대로 전달된다는 것을 의미했다. 그렇다면 이 물질은 어떤 특성을 가지고 있을까?

1884년 멘델이 사망할 무렵, 개량된 광학장치를 사용하여 세포 안의 작은 내용물들을 연구하던 과학자들은 핵 속에 있는 끈처럼 긴 물체에 "염색체"라는 이름을 붙여주었다. 하지만 멘델의 이름과 염색체가 연결된 것은 1902년이 되어서였다.

컬럼비아 대학교의 의대생이었던 월터 서턴은 염색체가 멘델이 말한 수수께끼 인자와 일치하는 점이 많다는 것을 깨달았다. 메뚜기의 유전자를 연구하던 서턴은 염색체들이 멘델

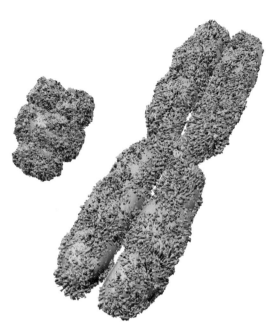

기쁨의 다발 : 주사 전자 현미경 사진을 토대로 재구성한 사람 X(오른쪽)와 Y(왼쪽) 성 염색체의 삼차원 이미지(색깔은 그저 보기 좋으라고 칠한 것이다)

의 쌍을 이루는 인자들처럼 거의 항상 둘씩 짝을 짓고 있다는 점에 주목했다. 또 서턴은 염색체들이 쌍을 이루고 있지 않은 세포도 있다는 것을 알았다. 바로 생식세포(sex cell)였다. 메뚜기의 정자에는 염색체가 두 벌이 아니라 한 벌밖에 들어 있지 않다. 이 점은 멘델이 묘사했던 내용과 딱 들어맞았다. 동물의 정자에 해당하는 멘델의 완두 꽃가루에도 그 인자들이 하나씩만 들어 있었다. 멘델의 인자들, 즉 지금 유전자라고 불리는 것들은 염색체에 들어 있는 것이 분명했다.

독일의 테오도어 보베리도 서턴과 같은 결론에 도달했다. 그래서 그들의 연구가 낳은 생물학적 혁명에는 서턴-보베리의 염색체 유전 이론이라는 이름이 붙게 되었다. 갑자기 유전자가 현실로 등장했다. 그것은 염색체에 들어 있었고, 사람들은 현미경으로 염색체를 직접 볼 수 있었다.

모든 사람이 서턴–보베리 이론을 받아들인 것은 아니었다. 같은 컬럼비아 대학교에 있던 토머스 헌트 모건도 회의적이었다. 그는 현미경으로 그 끈 같은 염색체들을 들여다보았지만, 그것들이 어떻게 해서 각 세대에 일어나는 모든 변화를 설명할 수 있다는 것인지 이해가 되지 않았다. 모든 유전자들이 염색체 위에 배열되어 있고, 모든 염색체들이 온전히 다음 세대로 전달된다면, 많은 형질들도 함께 대물림될 것이 분명하다. 하지만 경험에서 얻은 증거들은 그렇지 않다고 말하고 있으므로, 염색체 이론은 자연에서 볼 수 있는 변이를 제대로 설명하지 못하는 듯했다. 하지만 빈틈없는 실험주의자였던 모건은 자신이 그 불일치를 해결할 수 있을지도 모른다고 생각했다. 그는 칙칙한 모습의 작은 곤충인 초파리(Drosophila melanogaster)를 실험 대상으로 삼았다. 그뒤로 초파리는 유전학자들이 애호하는 곤충이 되었다.

사실 초파리를 교배실험에 쓴 사람이 모건이 처음은 아니었다. 그 곤충은 1901년 하버드 대학교의 한 실험실에서 처음 쓰였다. 하지만 초파리를 과학계의 유명한 대상으로 만든 사람은 모건이었다. 초파리는 유전실험에 적합한 곤충이다. 초파리는 구하기 쉽다. 여름에 바나나가 푹 익을 때까지 놓아둔 사람이라면 누구나 안다. 초파리는 기르기도 쉽다. 바나나를 먹이로 주면 된다. 또 우유병 하나에 수백 마리의 초파리를 담을 수 있다. 모건의 학생들은 우유병을 구하는 데에 어려움이 없었다. 새벽에 맨해튼의 이웃집 현관에 놓인 병을 집어오기만 하면 되었다. 그리고 초파리는 교배시키고 또 교배시킬 수 있었다. 초파리의 한 세대는 10일 정도이며, 암컷 한 마리가 수백 개의 알을 낳는다. 바나나 냄새가 풍기고 바퀴벌레가 돌아다니는, "파리 방"이라는 애정 어린 이름이 붙은 궁상맞은 방에서 1907년부터 모건과 그의 학생들(사람들은 그들을 "모건의 아이들"이라고 했다)은 초파리를 연구했다.

황색 씨 대 녹색 씨, 주름진 씨 대 매끄러운 씨 등 오랜 세월 농부와 정원

사의 손을 거치면서 걸러진 품종들을 사용할 수 있었던 멘델과 달리, 초파리를 선택한 모건은 유전적 차이를 산뜻하게 정리해놓은 목록을 손에 넣을 수 없었다. 여러 세대에 걸쳐서 추적할 수 있는 뚜렷한 특징을 찾아내지 못한다면 유전학은 불가능하다. 따라서 모건의 첫째 목표는 황색 씨나 주름진 씨에 해당하는 초파리의 "돌연변이체"를 찾아내는 것이 되었다. 그는 집단 내에 나타나곤 하는 무작위적 변이들, 즉 새롭게 나타나는 유전적 특징들을 찾았다.

사진을 안 찍는 것으로 유명했던 토머스 모건이 컬럼비아 대학교의 초파리 연구실에서 일하는 모습을 몰래 찍은 사진

모건이 찾아낸 첫 돌연변이체들 중에는 가장 유용한 것도 있었다. 정상 초파리는 눈이 빨간 반면에, 이 돌연변이체는 눈이 흰색이었다. 그리고 그는 흰 눈인 초파리들이 대개 수컷이라는 점에 주목했다. 인간의 성과 마찬가지로 초파리의 성도 염색체에 따라서 결정된다는 것은 알려져 있었다. 암컷은 X염색체를 쌍으로 가지고 있는 반면, 수컷은 X염색체 하나와 크기가 훨씬 더 작은 Y염색체 하나를 가지고 있다. 이 정보에 비추어보자, 흰 눈인 개체가 대개 수컷이라는 사실이 무슨 의미인지 갑자기 깨닫게 되었다. 즉 눈 색깔 유전자는 X염색체에 있으며, 흰 눈 돌연변이인 W는 열성이라는 의미였다. 수컷은 X염색체가 하나뿐이므로, 열성 유전자라고 해도 그것을 억누를 우성 유전자가 없어서 자동적으로 발현된다. 흰 눈인 암컷

은 비교적 드물었다. 대개 암컷은 W를 하나만 가지고 있어서 우성인 빨간 눈이 발현되었기 때문이다. 유전자 하나, 즉 유전자(눈 색깔)를 염색체(X염색체)와 연관지음으로써, 모건은 비록 처음에 유보적인 태도를 보였음에도, 사실상 서턴-보베리 이론을 증명한 셈이었다. 그가 발견한 것은 형

질이 한쪽 성에만 주로 나타나는 "반성 유전(伴性遺傳)"의 사례이기도 했다.

모건의 초파리와 마찬가지로, 빅토리아 여왕도 반성 유전을 지니고 있던 것으로 유명하다. 그녀의 X염색체 중 하나에는 혈우병을 일으키는 돌연변이 유전자가 있었다. 혈우병에 걸리면 상처가 났을 때 피가 굳지 않아 계속 피를 흘리게 된다. 다른 X염색체의 유전자는 정상이었고, 혈우병 유전자는 열성이므로, 그녀 자신은 그 병에 걸리지 않았다. 하지만 그녀는 보인자였다. 그녀의 딸들도 그 병에 걸리지 않았다. 그것은 적어도 한쪽 X염색체의 유전자는 정상이라는 의미였다. 하지만 빅토리아 여왕의 아들들은 그렇게 운이 좋지 못했다. 모든 남성들(그리고 초파리 수컷들)과 마찬가지로, 그들은 X염색체가 하나였다. 이 염색체는 빅토리아 여왕에게서 물려받았고, Y염색체는 여왕의 부군인 앨버트 공에게서 물려받았다. 여왕은 돌연변이 유전자 하나와 정상 유전자 하나를 가지고 있었으므로, 각 아들에게 혈우병이 나타날 확률은 반반이었다.

레오폴드 왕자는 제비를 잘못 뽑았다. 그는 혈우병에 걸렸고, 서른 살에 가볍게 넘어진 뒤 피를 너무 많이 흘리는 바람에 사망했다. 빅토리아 여왕의 딸들 중 앨리스 공주와 비어트리스 공주는 어머니에게서 돌연변이 유전자를 물려받은 보인자였다. 그들은 각자 혈우병에 걸린 아들과 보인자인 딸을 낳았다. 앨리스 공주의 손자인 알렉세이는 러시아 황실의 계승자였다. 그도 혈우병에 걸렸으며,

볼세비키가 먼저 그를 처형하지 않았더라도 일찍 사망했을 것이 분명하다.

모건의 초파리는 다른 비밀들도 간직하고 있었다. 모건과 학생들은 같은 염색체에 들어 있는 유전자들을 연구하다가, 정자와 난자가 만들어질 때 염색체들이 끊어졌다가 재편된다는 것을 발견했다. 이것은 모건이 처음에 서턴-보베리 이론을 반대했던 이유 자체가 타당하지 않다는 의미였다. 염색체가 끊어졌다가 재편되는 현상, 즉 현대 유전학 용어로 말해서 "재조합(recombination)" 현상은 쌍을 이룬 염색체에 있는 유전자들이 서로 뒤섞인다는 뜻이었다. 말하자면 내가 어머니에게 물려받은 12번 염색체(물론 아버지에게 물려받은 12번 염색체도 마찬가지이다)는 사실상 어머니가 가지고 있던 두 개의 12번 염색체, 즉 외할아버지에게서 물려받은 것과 외할머니에게서 물려받은 것 하나가 뒤섞인 것이다. 어머니의 12번 염색체 두 개 사이에는 난자가 만들어질 때 재조합, 즉 물질 교환이 이루어졌으며, 나는 그 재조합의 산물이다. 따라서 내가 어머니로부터 물려받은 12번 염색체는 외조부모가 물려준 12번 염색체들의 모자이크라고 볼 수 있다. 물론 어머니가 외할머니로부터 물려받은 12번 염색체는 외증조부모로부터 물려받은 12번 염색체들의 모자이크이다.

모건과 학생들은 재조합을 이용해서 염색체에서 특정한 유전자들이 어느 위치에 있는지 지도를 만들 수 있었다. 재조합은 염색체를 끊었다가 재편하는 과정이다. 유전자들은 사실상 염색체라는 실에 꿰인 구슬들처럼 배열되어 있으므로, 같은 염색체에 들어 있는 두 유전자는 서로 멀리 떨어져 있을수록 서로 꼬여 끊어질 수 있는 지점이 더 많아지기 때문에 끊어질 확률이 더 높아지며, 가까이 붙어 있을수록 끊어질 확률이 낮아진다. 따라서 같은 염색체에 있는 두 유전자 사이에 재조합이 많이 일어난다면 그것들은 서로 멀리 떨어져 있다고 결론을 내릴 수 있다. 반면에 재조합이 드물게 일어난다면, 그 유전자들은 가까이 붙어 있을 가능성이 높다. 이 기초적이면서 폭넓게 적용되는 강력한 원리가 모든 유전자 지도의 토대가 되었다. 그러므로 인간 유전체 계획(The Human Genome Project)에 참여한 과학자들과 유전병에 맞서 분투하고 있는 연구자들이 쓰는 주요 도구 중 하나는 오래 전 컬럼비아 대학교의 더럽고 난장판인 파리 방에서 개발된 것이다. 오늘날 신문의 과학란에서 "어디에 있는 유전자"라는 말과 함께 표제를 장식하는 기사들은 사실 모건과 그 학생들의 선구적인 연구에 빚을 지고 있는 셈이다.

멘델 법칙의 재발견과 그뒤에 이어진 발전들 탓에 유전학의 사회적 의미가 관심의 초점으로 떠올랐다. 과학자들이 18세기와 19세기 내내 유전이 이루어지는 정확한 방식을 이해하기 위해서 머리를 싸매고 있는 동안, 대중의 관심은 이른바 "타락한 계급들"이라고 불리던 구빈원, 감화원, 정신병원 같은 곳에 사는 사람들이 사회에 끼치는 부담에 맞추어져 있었다. 이런 사람들을 어떻게 해야 할까? 그들에게 자선을 베풀어야 할지 아니면 그저 무시해야 할지 논란이 벌어졌다. 동정심이 덜한 측은 그들을 돌보면 그들이 스스로 노력하지 않을 것이며, 계속 정부나 민간기관의 지원에 의존할 것이라고 주장했다. 반면에 동정심이 많은 측은 그들이 비참한 환경에서 빠져나올 수 없는 불행을 안고 있기 때문에 돌보지 않으면 계속 그대로 남아 있을 것이라고 주장했다.

1859년에 출간된 다윈의 『종의 기원』은 이런 문제들을 뚜렷이 드러냈다. 그는 인류의 진화를 언급했다가 가뜩이나 달아오른 논쟁에 불길을 당기지나 않을까 염려스러워 그 이야기를 일부러 뺐지만, 그의 자연선택 개념을 인류에게 적용하는 데에는 그다지 상상력을 발휘할 필요도 없었다. 자연선택은 자연에 나타나는 모든 유전적 변이들의 운명을 결정하는 힘이다. 변이는 모건이 초파리의 눈 색깔 유전자에서 발견한 것과 같은 돌연변이를 뜻하지만, 각 개인이 제 힘으로 살아가는 능력의 차이를 뜻하기도 할 것이다.

자연집단들의 번식 잠재력은 다양하다. 한 세대가 10일에 불과하고 암컷 한 마리가 한 번에 약 300개의 알을 낳는(그중 절반은 암컷으로 자랄 것이다) 초파리를 생각해보자. 초파리 한 쌍으로 시작해서 한 달, 즉 3대가 지나면, 당신의 손에는 150 × 150 × 150마리의 초파리가 있을 것이다. 모두 300만 마리가 넘으며, 겨우 한 달 전의 초파리 한 쌍에게서 그 많은 파리들이 나온 것이다. 다윈은 번식 스펙트럼의 반대편 끝에 있는 한 종을 예로 들어 논의를 전개했다.

코끼리는 알려진 동물 중에서 가장 번식속도가 느리다. 나는 코끼리의 최소 증가율이 얼마나 되는지 추정해보았다. 코끼리가 서른 살이 되었을 때 번식을 시작해서 아흔 살까지 번식을 계속해 모두 세 쌍의 새끼를 기른다고 가정하면 최소로 낮추어보았다고 할 만하다. 그렇게 5세기가 지나면 처음 한 쌍에서 1,500만 마리로 불어나 있을 것이다.[3]

　이런 수치들은 초파리 유충과 코끼리 새끼가 모두 무사히 성체로 자란다는 것을 전제로 한다. 따라서 이론상 이런 번식속도를 유지하려면 대단히 많은 먹이와 물을 공급해야 한다. 물론 현실에서는 자원이 한정되어 있고, 유충과 새끼가 모두 살 수 있는 것도 아니다. 종 내의 개체들은 이런 자원을 놓고 서로 경쟁을 한다. 자원을 얻기 위한 이 투쟁에서 누가 이길지 결정하는 것은 무엇일까? 다윈은 유전적 변이란 자신이 이름 붙인 이른바 "생존 경쟁"에서 일부 개체들이 더 유리하다는 뜻이라고 했다. 갈라파고스 제도에 사는 유명한 다윈의 핀치들을 예로 들어보자. 이 새들 중 유전적으로 유리한 개체들, 이를테면 가장 풍부한 씨를 먹기에 딱 맞는 크기의 부리를 가진 개체들이 살아남아 번식할 가능성이 더 높다. 따라서 그 유리한 유전적 변이, 즉 딱 맞는 크기의 부리는 다음 세대로 전달되는 경향이 있다. 따라서 다음 세대에는 자연선택을 통해서 그런 유익한 돌연변이들이 더 많아질 것이고, 오랜 세대가 지난 뒤에는 그 종의 모든 개체들이 그 형질을 가지게 될 것이다.

빅토리아 시대 사람들은 똑같은 논리를 인간에게 적용했다. 주변을 둘러본 그들은 눈앞에 펼쳐진 광경을 보고 소스라쳤다. 예의바르고 도덕적이며 근면한 중산계급이 더럽고 무례하고 게으른 하층계급보다 수가 훨씬 적었던 것이다. 그들은 품위, 도덕, 근면이라는 미덕이 핏줄에 들어 있듯이, 불결, 음탕, 나태 같은 악덕도 핏줄에 들어 있다고 가정했다. 따라서 그런 형질들은 유전되는 것이 분명했다. 즉 빅토리아 시대 사람들에게는 도덕과 부도덕이 다윈의 유전적 변이체 중 한 쌍인 것이나 마찬가지였다. 그리고 만일 그 불결한 계급이 품위 있는 계급보다 수가 더 많다면, "나쁜" 유전자들이 인류 집단에서 늘어날 것이다. 종의 앞길에 그늘이 드리워져 있었다! "부도덕" 유전자가 점점 더 흔해지면서, 인류는 서서히 타락할 것이다.

프랜시스 골턴은 다윈의 책에 특별히 관심을 기울일 만한 이유가 있었다. 저자가 사촌이자 친구였기 때문이다. 나이가 열세 살 더 많았던 다윈은 골턴이 꽤 불안한 대학생활을 보낼 때 보호자가 되어주었다. 하지만 골턴에게 사회적 및 유전적 십자군 전쟁을 시작하도록 영감을 주어 결국 불행한 결과에 이르게 만든 것은 『종의 기원』이었다. 그 사촌이 사망한 지 1년 뒤인 1883년, 골턴은 그 흐름에 우생학(eugenics)이라는 이름을 붙여주었다.

우생학은 골턴의 다양한 관심사들 중의 하나일 뿐이었다. 골턴 찬미자들은 그를 만물박사라고 했고, 비판자들은 그를 한량이라고 했다. 사실 그는 지리, 인류학, 심리학, 유전학, 기상학, 통계학에 중요한 기여를 했고, 지문 분석의 과학적 토대를 마련함으로써 범죄학에도 큰 기여를 했다. 그는 1822년에 부유한 가정에서 태어났다. 그는 의학을 공부하기도 했고 수학에 손을 대기도 했는데, 그의 학업은 희망과 좌절로 점철되어 있었다. 스물두 살 때 아버지가 사망하면서 그는 자연스럽게 아버지의 속박에서 풀려났고 상당한 재산을 물려받았다. 그는 그 두 가지를 적절히 활용했다. 지금으로 말하자면 신탁기금 관리라고 할 만한 일을 꼬박 6년 동안 한 뒤 골턴은 빅토리아 사회에 기여하는 사람이 되기로 작심했다. 그는 1850-1852년 동안 당시 거의 알려지지 않았던 아프리카 남서부 지역을 돌아다니는 탐험대를 이끌어 명성을 얻었다. 자신의 탐험을 기록한 글에서 우리는 그의 수많은 관심사들을 잇는 하나의 끈과 처음 마주친다. 그것은 그가 모든 것을 계산하고 측정했다는 점이다. 골턴은 현상을 숫자 집합으로 환원시킬 수 있을 때에만 행복을 느꼈다.

SARTLEE, THE HOTTENTOT VENUS.
Now Exhibiting in London.
Drawn from Life

나마족 여인을 과장해서 그린 19세기의 삽화

한 선교소에서 그는 엉덩이 비대증(steatopygia)의 놀라운 사례를 직접 목격했다. 엉덩이 비대증은 엉덩이가 두드러지게 튀어나오는 현상인데, 그 지역 토착민인 나마족 여성들에게 흔했다. 그는 이 여성이 당시 유럽에서 유행하던 모습을 자연적으로 지니고 있다는 것을 알아차렸다. 유일한 차이는 유럽에서는 양재사들이 고객들이 원하는 "형태"를 만들기 위해서 대단한(그리고 값비싼) 재능을 발휘해야 했다는 점이었다.

고백하건대 나는 과학적 인간이다. 나는 그녀의 모습을 정확히 측정하고 싶어 도저히 참을 수 없을 지경이 되었다. 하지만 거기에는 난관이 하나 있었다. 나는 호텐토트[나마족을 뜻하는 네덜란드어]어를 한마디도 할 줄 몰랐고, 따라서 그 숙녀에게 내 자가 무엇에 쓰이는 것인지 설명할 수가 없었다. 그리고 그곳의 덕망 있는 선교사에게 내 말을 통역해달라고 부탁할 엄두가 나질 않았다. 그래서 나는 그녀의 모습, 이 호의적인 종족에게 부여된 풍만한 몸매를 바라보면서, 이렇게 할 수도 저렇게 할 수도 없는 고민에 빠졌다. 그 몸매는 어떤 양재사가 어떤 크리놀린과 솜을 쓴다고 해도 엉성하게 모방하는 수준밖에 안 될 것이다. 내 찬미의 대상은 나무 밑에 서 있었고, 찬미를 받고 싶어하는 숙녀들이 대개 그러하듯이 사방을 바라보며 맴돌고 있었다. 갑자기 내 6분의가 눈에 들어왔다. 순간 어떤 생각이 떠올랐고, 나는 위 아래, 가로 세로, 대각선 등 온갖 방향으로 그녀의 모습을 관찰하면서, 실수하지 않도록 그녀의 외형을 그리고 조심스럽게 수치를 기록했다. 이 일을 끝낸 뒤 나는 대담하게 줄자를 꺼내 내가 있던 곳에서 그녀가 서 있던 곳까지의 거리를 쟀다. 그렇게 밑변과 각도들을 쟀으므로, 삼각법과 대수를 이용해서 그 결과를 계산할 수 있었다.[4]

　정량화에 열중했던 골턴은 나중에 현대 통계학의 많은 기초 원리들을 확립하는 데에 기여했다. 또 그런 열정은 몇 가지 뛰어난 관찰 결과를 낳기도 했다. 기도의 효과를 조사한 것이 한 예이다. 그는 기도가 효과가 있다면, 가장 기도를 많이 한 사람이 가장 혜택을 받아야 한다고 생각했다. 그 가설을 검증하기 위해서 그는 영국 왕들의 수명을 조사했다. 일요일마다 교회에 모인 사람들은 같은 기도서에 적힌 글에 따라서 신에게 빌었다. "여왕께 하늘의 은혜가 아낌없이 베풀어지기를. 여왕의 만수무강을." 골턴의 추론대로라면, 모든 사람들이 한꺼번에 빌었으므로 기도는 누적효과를 나타내야 했다. 하지만 기도는 별 효과가 없는 듯했다. 그는 평균적으로 왕들이 영국 상류사회의 다른 구성원들보다 조금 더 이른 나이에 사망했다는 것을 알았다.

　다윈과 친척이었기 때문에—그들의 할아버지인 이래즈머스 다윈 역시 그 시대의 유명한 지식인이었다—골턴은 유명 인사와 성공한 인사들을 유달리 많이 배출하는 가문에 특히 관심이 많았다. 1869년에 그는 우생학에 대한 자신의 모든 생각의 토대가 될 "유전되는 천재: 그 법칙과 결과 탐구(Hereditary Genius: An Inquiry into Its Laws and Consequences)"라는 논문을 발표했다. 그 논문에서 그는 합스부르크 입술 같은 단순한 유전형질들과 마찬가지로 재능 역시 대물림된다는 것을 보이겠다고 주장했다. 그는 대대로 판사를 배출한 몇몇 가문을 예로 들었다. 그의 분석은 대체로 환경의 영향을 무시했다. 어쨌거나 저명한 판사의 아들은 농부의 아들보다 판사가 될 가능성이 더 높다. 아버지와의 관계 때문이다. 그러나 골턴이 환경의 영향을 전면 무시한 것은 아니었으며, "본성 대 양육" 이분법을 처음 언급한 사람도 그였다. 그 말은 셰익스피어의 작품에 등장하는 구제할 수 없는 악당인 캘리번, 즉 "양육이 끼어들 여지가 없는 본성을 지닌 악마"에서 따온 듯하다.[5]

그러나 골턴은 자신의 분석결과를 전혀 의심하지 않았다.

나는 때로는 노골적으로 표현되고 때로는 아이들에게 착한 사람이 되라는 교훈이 담긴 동화 같은 것을 통해서 은연중에 드러나는, 근면과 도덕을 갖추기 위한 노력만이 소년 대 소년, 남자 대 남자의 차이를 만들어내며, 태어날 때의 아기들은 모두 비슷비슷하다는 가설을 보면 도저히 참을 수 없다. 나는 타고난 평등성이라는 허울이 너무나 부당하다고 생각하기 때문에 반대한다.[6]

이런 형질들이 유전적으로 결정된다는 그의 확신은 재능 있는 사람들을 선택적으로 교배시키고 재능이 떨어지는 사람들의 번식을 억제함으로써 혈통을 "개량하는" 것이 가능하다는 논리로 이어졌다.

세심한 선택을 통해서 달리기 같은 것에 뛰어난 재능을 지닌 개나 말의 품종을 얻는 것은 쉬우므로, 몇 세대에 걸쳐서 사려 깊은 혼인을 통해서 뛰어난 재능을 지닌 인종을 만들어내는 일도 가능할 것이다.[7]

골턴은 농업에서 쓰는 품종 개량의 기본 원리를 이렇게 인류에게 적용하는 분야를 묘사하기 위해서 "우생학('우수하게 태어났다'는 뜻)"이라는 용어를 도입했다. 시간이 흐르자, 우생학은 "스스로 방향을 정한 인류의 진화"를 뜻하게 되었다. 즉 우생학자들은 누가 아이를 가져야 할지 의식적으로 선택함으로써, 열등한 혈통의 출산율이 소수의 (우수한) 중산계급 가문의 두 배라는 사실이 빅토리아 시대 사람들의 상상 속에 새겨넣었던 "우생학적 위기"를 피할 수 있을 것이라고 믿었다.

오늘날 "우생학"은 인종 차별주의자 및 나치와 연관된 더러운 단어이다. 그 시대는 우생학 역사상 잊혀져야 할 암흑시대였다. 그러나 19세기 말과 20세기 초에는 우생학이 이런 식으로 오염되지 않았으며, 그것이 사회와 그 사회 속에 있는 수많은 개인들을 향상시킬 진정한 잠재력을 제공한다고 생각한 사람들이 많았다는 점을 알아야 한다. 우생학은 오늘날 같으면 "좌파 자유주의자"라고 불릴 사람들이 특히 더 열정적으로 받아들였다. 그 시대의 가장 진보적인 사상가들이라고 여겨졌던 페이비언 사회주의자들은 그 대의를 향해서 뭉쳤다. "지금 우리 문명을 구할 수 있는 것은 우생학적 신조밖에 없다는 사실을 직시해야 한다"라고 쓴 조지 버나드 쇼도 그중 한 사람이었다.[8] 우생학은 사회의 가장 끈덕진 불행 중 하나인, 공공시설 바깥에서는 살아갈 수 없는 사람들 문제를 해결할 수 있을 듯했다.

골턴이 유전적으로 우수한 사람들이 아이를 가지도록 장려하는 "적극적 우생학"을 설파했던 반면, 미국의 우생학 운동은 유전적으로 열등한 사람들이 아이를 가지는 것을 막는 "소극적 우생학"에 더 초점을 맞추었다. 인류의 유전혈통을 개량하려고 한 점에서 양쪽의 목표는 근본적으로 같았지

EUGENICS

EUGENICS IS THE
SELF DIRECTION

OF HUMAN EVOLUTION

LIKE A TREE
EUGENICS DRAWS ITS MATERIALS FROM MANY SOURCES AND ORGANIZES
THEM INTO AN HARMONIOUS ENTITY.

20세기 초에 바라본 우생학의 지위: 우생학이 인간에게 자신의 진화적 운명을 지배할 수 있는 기회를 준다고 보았다.

만, 각각은 전혀 다른 접근방법을 택했다.

미국 우생학이 좋은 유전자의 빈도를 증가시키는 쪽이 아니라 나쁜 유전자를 제거하는 데에 초점을 맞추게 된 것은 "퇴행"과 "정신박약"을 다룬 영향력 있는 몇 건의 가문 연구 때문이었다. 이 두 용어는 미국인들이 유전적 타락에 집착하고 있었다는 것을 뜻한다. 1875년 리처드 더그데일은 뉴욕 북부 주크 일족을 다룬 연구 결과를 발표했다. 더그데일에 따르면 이 일족은 몇 세대에 걸쳐서 살인자, 알코올 중독자, 강간범 등 아주 나쁜 녀석들을 배출했다고 한다. 그 때문에 뉴욕 주에서 그들의 집이 있던 지역의 이름인 "주크"라는 말까지 안 좋은 의미로 쓰이게 되었다.

큰 영향을 미친 또 하나의 연구는 심리학자 헨리 고더드가 1912년에 발표한 것이었다. 그는 "캘리캐크 가문"이라는 집안을 연구했으며, "정신박

약자"라는 용어를 만들어냈다. 이 논문은 한 남자가 동거생활(미국 독립
전쟁 때 종군하면서 술집에서 만난 한 "정신박약" 매춘부와)에서 아이를
낳고, 정식 혼인생활에서도 아이를 낳음으로써 유래한 두 가계의 이야기
를 다루고 있다. 고더드에 따르면 서자 쪽은 "지능이 떨어지는 타락한 자
들"로 이루어진 골치 아픈 존재들이었고, 적자 쪽은 사회의 훌륭하고 존
경받는 구성원들이었다. 고더드는 이 "자연의 유전실험"이 좋은 유전자 대
나쁜 유전자의 예시라고 했다. 이런 견해는 그가 그 가문에 붙인 가명에도
반영되어 있다. "캘리캐크(Kallikak)"는 평판이 좋고 아름답다는 뜻의 칼로
스(kalos)와 나쁘다는 뜻의 카코스(kakos) 두 그리스어를 합성해서 만든 말
이다.

　마찬가지로 헨리 고더드가 유럽에서 미국으로 처음 도입한 지능 검사 같
은 정신능력을 검사하는 "엄밀한" 새 방법들은 인간 종이 유전적으로 매끄
러운 비탈면을 점점 더 빨리 내려가고 있다는 일반적인 생각을 확인해주
는 듯했다. 그 지능 검사의 초창기에는 높은 지능과 빠른 머리 회전이 많
은 양의 정보를 흡수하는 능력을 의미한다고 여겨졌다. 따라서 지능 지수
가 당신이 얼마나 많이 아는지를 나타낸다고 여겨졌다. 이런 논리에 따라
서 초창기 지능 검사에는 일반 지식을 다룬 문항들이 많았다. 여기 제1차
세계대전 때 미군 신병들을 대상으로 시행된 표준 검사의 몇 가지 문항들
이 제시되어 있다.

　다음 문제를 읽고 보기 중 하나를 고르시오.

와이언도트는 어디에 속하는가?
(1) 말　(2) 닭　(3) 소　(4) 화강암
암페어로 측정하는 것은 무엇인가?
(1) 풍력　(2) 전류　(3) 수력　(4) 강우

줄루족의 다리는 몇 개인가?

(1) 두 개   (2) 네 개   (3) 여섯 개   (4) 여덟 개

[정답은 2, 2, 1][9]

이 검사를 기준으로 삼으면, 미국 신병들 중 약 절반이 "정신박약"에 해당했다. 검사에서 낙제점을 받았기 때문이다. 이런 결과들은 미국의 우생학 운동에 활기를 불어넣었다. 우려하고 있던 미국인들이 보기에는 정말로 유전자 풀이 지능이 낮은 유전자들로 가득 채워지고 있는 듯했다.

과학자들은 우생학적 정책을 펼치려면 정신박약 같은 형질들의 밑바탕에 깔린 유전학을 어느 정도 이해해야 한다는 것을 알아차렸다. 멘델의 연구가 재발견되어서 이 일이 실제로 가능해진 듯했다. 이 일에 주도적인 역할을 한 사람은 나보다 앞서 롱아일랜드의 콜드 스프링 하버 연구소의 소장으로 있던 사람 중 한 명이었다. 그의 이름은 찰스 대븐포트였다.

1910년 대븐포트는 어느 철도회사의 여자 상속인으로부터 받은 기금으로 콜드 스프링 하버 연구소에 우생학 기록국을 설립했다. 그곳의 업무는 간질에서부터 범죄 성향에 이르기까지 다양한 형질들의 유전에 관한 기초 정보, 즉 가계도를 수집하는 것이었다. 그곳은 미국 우생학 운동의 중심지가 되었다. 콜드 스프링 하버 연구소의 업무는 그때나 지금이나 별 차이가 없다. 즉 현재 우리는 유전학 연구의 최전선에서 일하고 있으며, 대븐포트도 원대한 포부를 지니고 있었다는 점에서는 다르지 않았다. 그러나 당시에는 우생학이 최전선이었다. 그렇다고는 해도 대븐포트가 출범시킨 그 연구계획이 처음부터 심각한 결함을 안고 있었으며, 설령 의도하지는 않았다고 해도 끔찍한 결과를 불러왔다는 점은 분명하다.

대븐포트가 했던 모든 일에는 우생학적 사고방식이 배어 있었다. 예를 들면, 그는 특이하게도 여성들을 현장 조사자로 고용했다. 여성이 남성보

우생학 기록국 직원들. 한가운데 앉아 있는 사람이 대븐포트이다. 그는 유전적으로 여성이 가계도 자료를 모으는 일에 더 적합하다고 믿고 여성들을 고용했다.

다 관찰력과 사교성이 뛰어나다고 믿었기 때문이다. 하지만 나쁜 유전자의 수를 줄이고 좋은 유전자의 수를 늘린다는 우생학의 핵심 목표에 맞게, 이 여성들의 고용기간을 최대 3년으로 제한했다. 그들은 영리하고 교양이 있었으므로, 우생학의 정의에 따르면 좋은 유전자의 소유자였다. 따라서 우생학 기록국이, 자손을 낳아 유전적 보물을 전달해야 하는 그들의 사명 완수를 너무 오래 지체시키는 것은 적절하지 않았다.

대븐포트는 인간 형질로 구성한 가계도에 멘델 유전 분석을 적용했다. 처음에 그는 색소 결핍증(열성)과 헌팅턴 병(우성)처럼 유전의 양상을 정확히 파악할 수 있는 여러 단순한 형질들만 분석했다. 이런 초기 분석에 성공한 뒤, 그는 인간 행동의 유전을 연구하는 일에 뛰어들었다. 어려운 일도 아니었다. 그가 원한 것은 그저 가계도와 가문의 역사를 알려줄 약간의 정보(가령 어느 계파에 있는 누구에게 그 특정한 형질이 나타났는지)뿐이었다. 이윽고 그는 행동의 기본 바탕이 되는 유전에 관해서 결론을 끌어낼 수 있었다. 그가 1911년에 펴낸 책인 『우생학과 관련된 유전

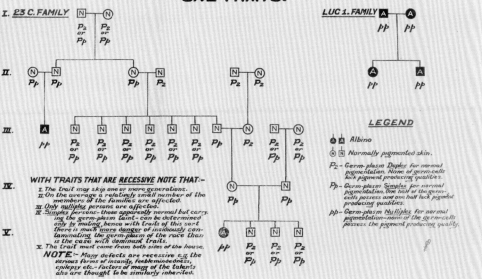

건전한 유전학 : 색소 결핍증 유전 양상을 보여주는 대븐포트의 가계도

(*Heredity in Relation to Eugenics*)』을 대충 훑어보면, 대븐포트의 계획이 얼마나 폭넓었는지 드러난다. 그는 음악적 및 문학적 재능을 지닌 가문과 "기계와 발명에 재능이 있는, 그중에서도 배를 만드는 기술이 뛰어난 가문"의 가계도를 보여준다[10](대븐포트는 자신이 배를 만드는 유전자가 대물림되는 경로를 추적하고 있다고 생각한 것이 분명하다). 심지어 대븐포트는 각 성별로 가문의 독특한 유형을 파악할 수 있다고 주장하기까지 했다. 이를테면 트위닝스라는 성을 가진 사람들은 "넓은 어깨, 검은 머리, 우뚝 솟은 코, 신경질적인 기질, 대체로 성급하지만 뒤끝이 없는 성격, 짙은 눈썹, 농담을 잘하는 풍부한 유머 감각을 가지고 있으며, 음악과 말을 좋아한다"는 것이다.[11]

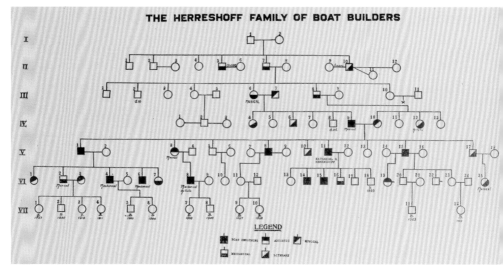

불건전한 유전학 : 배 제작 솜씨의 유전을 보여주는 대븐포트의 가계도. 그는 환경을 영향을 고려하지 않았다. 조선공의 아들은 성장환경 때문에 아버지의 직업을 이을 가능성이 더 높다.

　이런 연구들 중 쓸모 있는 것은 하나도 없었다. 지금 우리는 그 모든 형질들이 환경에 영향을 받기 쉽다는 것을 알고 있다. 골턴과 마찬가지로 대븐포트도 본성이 양육을 틀림없이 이긴다는 불합리한 가정을 했다. 더구나 그가 일찍이 연구했던 색소 결핍증과 헌팅턴 병 같은 형질들은 특정 유전자에 나타난 특정한 돌연변이가 원인이었기 때문에 유전적 토대가 단순했지만, 행동형질들은 대부분 복잡한 유전적 토대 위에 서 있다. 그것들은 수많은 유전자를 통해서 결정될 수도 있으며, 각 유전자가 최종 결과에 미치는 영향은 미미할지도 모른다. 따라서 대븐포트가 그린 것과 같은 가계도 자료를 해석하기는 거의 불가능하다. 더구나 "정신박약"의 유전적 원인도 사람에 따라서 전혀 다를 수 있으며, 그런 상황에서 토대가 될 유전적인 보편성을 탐구하는 일은 헛수고이다.

대븐포트의 과학적 계획이 성공했느냐 실패했느냐와 상관없이 우생학 운동은 이미 자체 추진력을 획득하고 있었다. 우생학회의 지부들이 각 주의 농축산물 박람회에서 경쟁적으로 설립되었고, 나쁜 유전자에 오염되지 않은 것이 분명한 가족에게 상이 수여되었다. 전에는 우량 소와 양만이 전시되었던 박람회에 이제 "우량아"와 "적합한 가족" 경연대회가 추가되었다. 이런 행사들은 사실상 적극적 우생학을 장려하기 위한 시도였다. 이른바 적합한 사람들이 아이를 가지도록 유도하기 위함이었다. 심지어 우생학은 초창기의 여성운동에도 관여했다. 산아 제한을 적극 주장한 페미니스트들인 영국의 마리 스토프스와 가족계획 단체의 창립자인 미국의 마거릿 생어는 산아 제한을 우생학의 일환으로 보았다. 생어는 1919년에 그것을 간결하게 표현했다. "적격자로부터 더 많은 아이를, 부적격자로부터 더 적은 아이를. 그것이 산아 제한의 핵심 현안이다."[12]

더 해악을 끼친 것은 이른바 부적당한 사람들이 아이를 가지지 못하도록 막는 소극적 우생학의 성장이었다. 이 방면에서 분수령이 된 사건은 1899년에 클로슨이라는 젊은이가 해리 샤프라는 인디애나 주의 교도소 의사와 만났을 때 일어났다. 날카롭다는 뜻의 샤프라는 이름은 그가 외과의사의 칼에 몰두했다는 점에서 딱 어울렸다. 클로슨의 문제, 즉 당시의 의학이 진단을 내린 문제는 강박적인 자위행위였다. 그는 자신이 열두 살 때부터 그것에 몰두해왔다고 말했다. 당시는 자위행위가 성적 도착의 일반적인 증상 중의 하나로 여겨졌고, 샤프는 클로슨이 정신적으로 모자란 것(그는 학교 다닐 때 학업에 전혀 진도가 없었다)이 그런 강박적인 충동의 원인이라는 기존의 지식(지금의 우리가 보기에는 터무니없이 기이할지 모르지만)을 받아들였다. 그렇다면 해결책은? 샤프는 당시 개발된 지 얼마 되지 않았던 정관 절제술을 한 뒤 자신이 클로슨을 "치료했다"고 주장했다. 그 결과 오히려 샤프에게 강박적인 충동이 생겼다. 그는 정관 절제술에 몰두하게 되었다.

샤프는 클로슨의 치료에 성공한 것(그것을 입증해주는 것은 샤프 자신

텍사스 주 박람회(1925)의 적합한 가족 경연대회에서 우승한 "대가족"

이 남긴 기록뿐이라는 말을 하지 않을 수 없다)이 클로슨과 같은 질환을 가진 모든 사람들, 즉 "성도착자들"을 치료하는 데에 효과가 있다는 증거라고 주장했다. 불임수술을 하는 이유는 두 가지였다. 첫째, 샤프가 클로슨에게 했다고 주장하듯이 성적 도착 행동을 억제할지 모른다. 이 방법을 쓰면 감옥에든 정신병원에든 수용할 필요가 있던 사람들을 "안전하게" 풀어놓을 수 있으므로 사회가 부담하는 비용이 줄어들 터였다. 둘째, 이 방법은 클로슨 같은 사람들이 열등한(성도착) 유전자를 다음 세대로 전달하는 것을 막는다. 샤프는 불임법이 우생학적 위기에 대한 완벽한 해결책이라고 믿었다.

　샤프는 뛰어난 로비스트였다. 1907년에 인디애나 주는 강제로 불임수술을 시키는 법을 처음으로 제정했다. 그 법은 "범죄자, 백치, 강간범, 저능자"라고 확인된 사람에게 불임수술을 할 수 있도록 했다.[13] 인디애나 주를 시작으로 많은 주들이 뒤를 따랐다. 드디어 미국의 30개 주가 비슷한 법률을 제정했고, 1941년까지 미국에서 수만 명이 불임수술을 받았다. 캘리포니아 주 한 주에서만 2만 명이 수술을 받았다. 누가 아이를 가질 수 있는가 여부를 사실상 주 정부가 판단하는 결과를 빚어낸 그 법들은 법정에서 도전을 받았지만, 1927년에 연방 대법원은 캐리 벅 사건에서 버지니아 주의 손을 들어줌으로써, 이정표가 될 선례를 남겼다. 올리버 웬델 홈스는 그 판결을 이렇게 기록했다.

> 타락한 자손이 범죄로 처형될 때까지 또는 아둔함으로 죽을 때까지 기다리는 대신, 부적합한 것이 분명한 사람들이 같은 부류의 자손을 계속 낳지 못하도록 사회가 막는다면, 세상은 더 나아질 것이다……. 저능한 자들에게 3대만 그렇게 하면 충분하다.[14]

불임수술은 미국 바깥에서도 이루어졌다. 나치 독일만이 아니었다. 스위스와 스칸디나비아 국가들도 비슷한 법을 제정했다.

우생학에는 인종 차별주의가 함축되어 있지 않다. 우생학이 장려하고 싶어하는 좋은 유전자들은 원리상 모든 인종의 사람들이 가지고 있을 수 있다. 그러나 아프리카 탐사를 통해서 "열등한 인종들"에 관한 선입견이 옳았음을 확인했던 골턴을 시작으로 해서 저명한 우생학자들은 우생학을 이용하여 인종 차별적 견해를 "과학적으로" 정당화하려는 인종 차별주의자가 되는 경향을 보였다. 캘리캐크 가족 연구로 유명했던 헨리 고더드는 1913년 엘리스 섬에 있던 이민 지원자들을 대상으로 지능 검사를 실시했다. 그는 새로 미국인이 되려는 사람들 중 80퍼센트가 정신박약자가 분명하다는 결론을 내렸다. 그는 제1차 세계대전 때 미군 병사들을 대상으로 했던 지능 검사에서도 비슷한 결론에 도달했다. 미국 바깥에서 태어난 군인들의 45퍼센트가 정신 연령이 여덟 살 이하였다(미국에서 태어난 군인들은 21퍼센트만이 이 범주에 들어갔다). 그 검사가 편향되어 있었다는 점, 즉 영어로만 실시되었다는 점은 고려되지 않았다. 인종 차별주의자들은 원하던 무기를 손에 넣었고, 우생학은 그 대의에 봉사하도록 내몰렸다.

비록 "백인 우월주의자"라는 용어는 아직 등장하지 않았지만, 이미 20세기 초 미국에는 그들이 많이 있었다. 시어도어 루스벨트를 비롯한 백인 앵글로-색슨계 프로테스탄트(WASP)들은 이민이 자신들이 WASP의 천국이라고 여겼던 미국을 타락시키고 있다고 우려했다. 1916년 부유한 뉴욕 시민이자 대븐포트와 루스벨트의 친구였던 매디슨 그랜트는 『위대한 인종의 죽음(The Passing of the Great Race)』을 발표했다. 그는 북부 게르만계 인종이 다른 유럽 인종들을 포함한 모든 인종들보다 우수하다고 주장했다. 그랜트는 미국의 우수한 북구 게르만계 혈통을 보존하기 위해서 기타 인종의 이민을 제한하자는 운동을 펼쳤다. 또 그는 인종 차별주의적 우생학 정책을 지지했다.

> 기존의 조건하에서 가장 실용적이고 가능성 있는 인종 개량법은 국가에서 가장 덜 바람직한 집단들이 미래 세대에 기여하는 힘을 빼앗음으로써 그들을 제거하는 것이다. 목축업자들은 가치 없는 색깔을 지닌 소들을 계속 없앰으로써 소 떼의 색깔을 바꿀 수 있다는 것을 잘 알고 있으며, 물론 이 방법은 다른 특징들에도 적용된다. 검은 양이 사실상 사라진 것도 매 세대에 그 색깔을 지닌 양들을 모두 제거한 결과이다.[15]

이런 주장들이 담겨 있음에도 불구하고 그랜트의 책은 주류에서 벗어난 괴짜가 쓴 그저 그런 책에 머물지 않았다. 그 책은 영향력 있는 베스트셀러가 되었다. 나중에는 독일어로 번역되어, 그리 놀랄 일은 아니겠지만 나치의 호감을 사기도 했다. 그랜트는 히틀러가 그 책이 자신의 성서라고 써

보낸 편지를 받고서 무척 기뻐했다고 회고했다.

그랜트만큼은 유명하지 않았지만, 그 시대의 "과학적" 인종 차별주의를 대표한 자들 중 가장 영향력을 끼친 사람은 대븐포트의 오른팔이었던 해리 래플린이라고 할 수 있다. 아이오와 주 전도사의 아들로 태어난 래플린은 경주마 혈통 분석과 닭 품종 개량의 전문가였다. 그는 우생학 기록국의 일을 관할했지만, 그의 재능은 로비스트 역할을 할 때 가장 돋보였다. 그는 우생학이라는 이름하에 강제 불임수술을 할 것과 유전적으로 의심스러운 외국인들(즉 북유럽계가 아닌 사람들)의 유입을 제한할 것을 열정적으로 주장했다. 특히 이민에 관한 의회 청문회에 전문가 증인으로 출석해서 증언함으로써 역사적으로 중요한 역할을 했다. 래플린은 마음껏 자신의 편견을 역설했고, 물론 그것들을 모두 "과학"으로 치장했다. 그는 자료가 의심스러우면 날조했다. 한 예로 예기치 않게 공립학교에서 유대인 이민자의 아이들이 미국에서 태어난 아이들보다 더 뛰어나다는 사실이 밝혀지자, 래플린은 분류방식을 바꾸어서 출신 국가를 가리지 않고 유대인을 모두 하나로 묶어버림으로써 우수한 성적을 희석시켰다. 1924년에 남유럽과 기타 지역에서 오는 이민자들의 수를 엄격히 제한하는 존슨-리드 이민법이 통과되자 매디슨 그랜트 같은 사람들은 승리를 축하하며 기뻐했고, 해리 래플린은 자기 평생에 가장 흐뭇한 시간을 보냈다. 캘빈 쿨리지 대통령은 "미국은 미국답게 남아 있어야 한다"고 말하면서 그 법에 서명을 했다.[16] 그는 아메리카 원주민들과 미국의 이민사를 간과한 것이 분명했다.

나치 당에는 그랜트뿐만 아니라 래플린의 팬들도 있었다. 그들은 래플린이 발전시킨 법을 모델 삼아 자신들의 법을 만들었다. 1936년 래플린은 하이델베르크 대학교에서 주는 명예 학위를 기뻐하면서 받았다. 그 대학교는 그가 "선견지명이 있는 미국 인종정책의 대표 인물"이었기 때문에 영예를 주기로 했다.[17] 그러나 곧 래플린은 후발성 간질에 걸렸고, 그 때문에 몹시 딱한 말년을 보내야 했다. 전문가로서 살아가는 내내 간질 환자들이

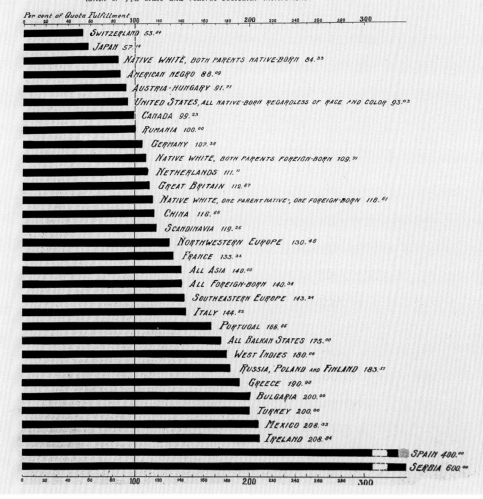

과학적 인종차별주의: 미국의 사회 부적응자를 인종 집단별로 분석한 자료(1922). 여기에서 해리 래플린은 "사회 부적응"이라는 용어를 정신박약에서부터 결핵에 이르기까지 다양한 해악을 일컫는 포괄적인 의미로 사용한다. 래플린은 미국 전체 인구 중 각 집단이 차지하는 비율을 토대로 삼아 집단별로 공공시설 수용 "할당 인원"을 계산했다. 퍼센트로 나타난 숫자는 각 집단에서 실제 공공시설에 수용된 사람의 수를 할당 인원으로 나눈 비율이다. 100퍼센트가 넘는 집단은 기준보다 수용자가 많다는 의미이다.

유전적으로 퇴화했다는 것을 근거로 삼아 그들의 불임수술 운동을 펼쳐 왔던 그였는데 말이다.

히틀러의 『나의 투쟁(Mein Kampf)』은 우월한 인종이라는 독일의 오래 된 주장과 미국 우생학 운동의 몇 가지 추악한 측면들로부터 이끌어낸 사이비 과학적 인종 차별주의 주장들로 가득하다. 히틀러는 국가가 "어떤 식으로든 눈에 띄게 아파 보이거나 유전병을 가지고 있어서 그것을 대물림할 수 있는 자들은 모두 번식하기에 적합하지 않다고 선언해야 하며, 이 선언을 실제 행동으로 옮겨야 한다"고 썼다.[18] 또한 그는 "육체적으로나 정신적으로 건강하지 못하고 가치가 없는 자들은 자신들의 고통을 아이들의 몸을 통해서 영속시켜서는 안 된다"고 했다.[19] 1933년에 권력을 잡은 나치 당은 몇 달 사이에 포괄적인 불임수술 법률을 통과시켰다. "유전적 결함이 있는 자손 억제를 위한 법"이라는 그 법은 미국의 법을 모델로 삼은 것이 분명했다.[20] 래플린은 자랑스러워하며 그 법을 번역해서 출간했다. 그뒤 3년 사이에 22만5,000명이 불임수술을 당했다. 당시 미국에서 30년 동안 불임수술을 받은 사람들의 열 배나 되는 숫자였다.

"적합한" 사람들이 아이를 가질 것을 장려하는 적극적 우생학도 나치 독일에서 활기를 띠었다. 독일에서 "적합한"이란 당연히 아리아인을 뜻했다. 나치 친위대의 대장이었던 하인리히 힘러는 자신의 임무를 우생학적으로 파악했다. 이를테면 나치 친위대 장교들은 가능한 한 많은 아이를 낳음으로써 독일의 유전적 미래를 다져야 했다. 1936년에 그는 나치 친위대 장교의 부인들이 임신했을 때 가능한 한 최상의 보살핌을 받을 수 있도록 특별 산부인과 병원을 설립했다. 1935년 뉘른베르크 대회에서 나온 선언들 중에는 "독일인의 혈통과 독일인의 영예를 보호하기 위한 법"이 들어 있었다. 그 법은 독일인과 유대인 사이의 혼인과 나아가 "유대인과 독일인 또는 독일인의 피가 섞인 주민 사이의 혼외정사"조차 금지했다.[21] 나치는 번식 금지 조치에 있을지 모를 빠져나갈 구멍들을 철저히 막으려고 했다.

해리 래플린이 제정을 위해서 그토록 열심히 애썼던 미국 존슨-리드 이민법에도 빠져나갈 구멍은 전혀 없었다. 많은 유대인들이 나치의 박해를 피해 달아났고, 논리적으로 볼 때 미국이 그들의 첫 목적지가 되는 것이 당연했지만, 미국의 제한적이자 인종 차별적인 이민정책으로 수많은 사람들이 발길을 돌릴 수밖에 없었다. 래플린의 불임수술법은 히틀러가 세운 소름끼치는 계획의 모델이 되었고, 래플린이 이민 법률에 영향을 미친 탓에 미국은 사실상 독일 유대인들이 나치의 손아귀에서 운명을 맞이하도록 유기한 꼴이 되었다.

1939년 전쟁이 벌어지는 와중에 나치는 안락사를 도입했다. 불임수술은 너무 문제가 많은 것으로 나타났다. 그리고 왜 음식을 낭비한단 말인가? 정신병원에 수용된 자들은 "쓸모 없는 식충이들"로 분류되었다. 정신병원들에는 설문지가 배부되었고, 전문가로 된 위원단에게는 정신병원에 가서 "살 가치가 없는" 삶을 살고 있는 환자의 설문지에 가위표를 하라는 지시가 내려졌다. 7만5,000부의 설문지가 그런 표시가 된 채 회수되었고, 때맞추어 집단 학살 기술, 즉 가스실이 개발되었다. 이어서 나치는 "살 가치가 없는"이라는 정의를 더 확장시켜서 인종집단 전체를 포함시켰다. 집시와 특히 유대인이 거기에 포함되었다. 나치 우생학은 유대인 대학살로 절정에 다다랐다.

우생학은 결국 인류에게 비극이었음이 입증되었다. 또 우생학은 탄생한 지 얼마 되지 않았던 유전학에도 재앙임이 드러났다. 유전학은 그 오명에서 벗어날 수 없었다. 사실 대븐포트 같은 우생학자들이 이름을 날리기는 했지만, 많은 과학자들은 우생학 운동을 비판하면서 거리를 두었다. 다윈과 함께 자연선택을 발견했던 앨프리드 러셀 윌리스는 1912년에 우생학을 "오만하게 과학의 사제인 척하는 자들의 주제넘은 간섭에 불과할 뿐"이라고 비난했다.[22] 초파리 연구로 유명한 토머스 모건은 "과학적 근거하에"

우생학 기록국의 과학 이사회 위원 자리를 사임했다. 존스 홉킨스 대학교의 레이먼드 펄은 1928년에 "교조적인 우생학자들은 유전학 분야에서 가장 잘 확립된 사실들과 정반대 주장을 펼치고 있다"고 썼다.[23]

우생학은 나치가 그것을 끔찍한 목적에 이용하기 오래 전에 이미 과학계에서 신뢰를 잃은 상태였다. 우생학을 뒷받침하는 과학은 사기였고, 그 위에 구축된 사회적 프로그램들은 비난받아 마땅했다. 그럼에도 그 세기 중반에 유전학이라는 정당한 과학, 그중에서도 인류 유전학은 홍보라는 커다란 문제를 안고 있었다. 1948년에 내가 우생학 기록국이 있던 자리인 콜드 스프링 하버를 처음 방문했을 때 아무도 "우"자조차 입에 담지 않으려고 했다. 독일의 『인종 위생 회보(*Journal of Racial Hygiene*)』들이 도서관 선반에 여전히 남아 있었지만, 우리 과학의 과거를 언급하려는 사람은 아무도 없었다.

그런 목표가 과학적으로 실현 불가능하다는 것을 깨달은 유전학자들은 대븐포트의 정신박약이나 골턴의 천재성 같은 인간 행동형질의 유전양상이라는 원대한 연구를 포기한 지 오래였고, 그 대신 유전의 메커니즘에 초점을 맞추고 있었다. 그리고 1930년대와 1940년대에 생명 분자를 더욱더 상세히 연구하는 데에 쓰일 새롭고 더 효과적인 기술들이 개발되면서 마침내 생물학의 수수께끼들 중 가장 큰 것을 공략할 시기가 무르익었다. 유전자는 어떤 화학적 특성을 가지고 있을까?

By ERWIN SCHRÖDINGER

✿

WHAT
IS
LIFE
?

✿ ✿ ✿

✿

The Physicist's approach to the
Subject—With an Epilogue on
Determinism and Free Will

CAMBRIDGE UNIVERSITY PRESS

제2장

이중나선 : 이것이 생명이다

나는 시카고 대학교 3학년 때 유전자에 사로잡혔다. 그때까지 나는 자연사학자가 될 생각이었으며, 시카고 남부의 혼잡스러운 도시생활과 거리가 먼 삶을 꿈꾸고 있었다. 내 마음을 바꾼 것은 어느 잊지 못할 스승이 아니라 1944년에 출간된 한 작은 책이었다. 파동역학의 아버지인 오스트리아 출신 과학자 에르빈 슈뢰딩거가 쓴 『생명이란 무엇인가?(*What Is Life?*)』라는 책이었다. 그 책은 그가 그보다 1년 전 더블린 고등 학문 연구소에서 했던 강연을 토대로 쓴 것이다. 위대한 물리학자가 시간을 내서 생물학 책을 썼다는 점이 내 마음을 사로잡았다. 그 당시 대다수 사람들과 마찬가지로 나 역시 화학과 물리학만이 "진짜" 과학이라고 생각하고 있었고, 그 중에서도 이론물리학자가 최고라고 보았다.

슈뢰딩거는 생명체를 생물학적 정보를 저장하고 전달하는 것으로 생각할 수 있다고 주장했다. 그러면 염색체는 정보 운반자에 다름 아니다. 각 세포마다 아주 많은 정보가 들어 있어야 했으므로, 그 정보는 슈뢰딩거가 염색체의 분자구조 속에 담긴 "유전암호 정본"이라고 부른 것으로 압축되어 있는 것이 분명했다. 따라서 생명체를 이해하려면 이 분자들을 찾아내서 암호를 풀어야 할 것이다. 그는 생명을 이해하면 우리가 이해하고 있던 당시의 물리학 법칙 너머로 나아갈 수 있을지 모른다고 추측했다. 그 이해 속에는 유전자를 발견하는 과정도 포함되어 있었다. 슈뢰딩거의 책은 대

물리학자 에르빈 슈뢰딩거. 나는 그가 쓴 『생명이란 무엇인가?』를 읽고서 유전자를 연구하기로 결심했다.

단한 영향을 미쳤다. 프랜시스 크릭(원래 물리학자였다)과 나를 비롯해서 그뒤 분자생물학이라는 규모가 큰 연극의 1막에서 주연을 맡게 될 사람들 중에는 『생명이란 무엇인가?』를 읽고 큰 감명을 받은 사람들이 많았다.

슈뢰딩거는 내 심금을 울렸다. 나 역시 생명의 본질에 관심을 가지고 있었기 때문이다. 당시에도 극소수이기는 하지만, 생명체가 전능한 신이 뿜어내는 생기에 의존한다고 생각하는 과학자들이 있었다. 하지만 내 스승들이 대부분 그랬듯이 나도 생기론(生氣論) 자체를 경멸하고 있었다. 자연의 게임에 그런 "생기"가 필요하다면, 과학적 방법을 통해서 생명체를 이해한다는 것은 거의 가망 없는 이야기이다. 반면에 생명체가 암호로 쓰인 지침서를 통해서 영속한다는 개념은 즉시 나를 사로잡았다. 살아 있는 세계의 그 모든 경이로움을 담을 만큼 정교한 분자암호는 대체 어떤 것일까? 그리고 염색체가 두 배로 늘어날 때마다 암호를 정확히 복제할 수 있는 분자기구는 어떤 것일까?

슈뢰딩거가 더블린에서 강연을 하던 그 시기에 생물학자들은 대부분 유전명령의 1차 운반자가 단백질임이 언젠가는 밝혀질 것이라고 기대하고 있었다. 단백질은 기본 단위인 아미노산 20종류가 이어진 분자 사슬이다. 사슬을 이루는 아미노산들의 순열은 거의 무한하므로, 원리상 단백질은 생명체의 놀라운 다양성의 토대가 되는 정보를 쉽게 암호화해서 담을 수 있다. 따라서 DNA는 암호 정본을 담을 만한 분자로 진지하게 고려되지 않았다. 그것이 염색체에만 들어 있고 75년쯤 전부터 알려져 있기는 했지만 말이다. 1869년 독일에서 일하고 있던 스위스의 생화학자인 프리드리히 미셰르는 동네 병원에서 나오는 고름이 묻은 붕대에서 물질을 분리해내서 그것을 "뉴클레인(nuclein)"이라고 불렀다. 고름은 주로 백혈구로 이루어져 있다. 백혈구는 적혈구와 달리 핵이 있으므로 DNA를 포함한 염색체도 있었다. 미셰르는 우연찮게도 DNA의 원천을 발견한 셈이었다. 나중에 "뉴클레인"이 염색체에서만 발견된다는 것을 알아차린 뒤 그는 자신의 발견이 엄청난 것임을 깨달았다. 1893년에 그는 이렇게 썼다. "한 세대에서 다음 세대로 형태의 연속성을 보장하는 유전은 화학 분자보다 더 깊은 곳에 놓여 있다. 그것은 구조를 만드는 원자집단들 안에 놓여 있다. 이런 의미에서 나는 화학적 유전 이론의 지지자이다."[1]

그럼에도 그뒤 수십 년 동안 화학은 대단히 크고 복잡하기까지 한 DNA 분자를 분석하는 일을 해내지 못했다. 1930년대가 되어서야 DNA가 아데닌(A), 구아닌(G), 티민(T), 시토신(C) 네 종류의 염기로 이루어진 긴 분자임이 밝혀졌다. 하지만 슈뢰딩거의 강연이 있을 무렵까지도 그 분자의 하위 단위(데옥시뉴클레오티드)들이 화학적으로 어떻게 연결되어 있는지 여전히 밝혀지지 않고 있었다. 그뿐 아니라 DNA 분자들의 염기 서열이 다른지 여부도 알려져 있지 않았다. DNA가 정말로 슈뢰딩거의 암호를 간직하고 있다면, 그 분자는 수많은 형태로 존재할 수 있어야 할 것이다. 하지만 당시에는 AGTC 같은 단순한 서열이 DNA 사슬 전체에 걸쳐서 반복되어 있을 가능성도 있다고 생각했다.

DNA가 유전 무대에 등장한 것은 1944년에 뉴욕 시 록펠러 연구소의 오즈월드 에이버리 연구실이 폐렴균의 외피 조성을 유전적으로 바꿀 수 있다는 것을 발표하면서부터였다. 그와 어린 동료였던 콜린 매클라우드와 매클린 매카티는 원래 그런 결과를 예상했던 것이 아니었다. 에이버리 연구진의 발견이 있기 10여 년 전인 1928년에 영국 보건부의 과학자인 프레드 그

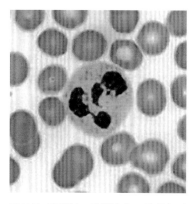

DNA를 염색하는 화학물질로 처리한 적혈구를 현미경으로 들여다본 모습. 적혈구는 산소 운반력을 최대화하려고 핵을 버리기 때문에 DNA도 없다. 반면에 혈액을 따라 돌면서 침입자가 있는지 순찰하는 백혈구는 염색체가 들어 있는 핵을 가지고 있다.

리피스가 가장 예기치 않은 발견을 한 바 있었다. 그리피스는 폐렴에 관심이 있어서 폐렴을 일으키는 폐렴쌍구균을 연구하고 있었다. 폐렴쌍구균을 현미경으로 보면 표면이 매끄러운 것(S)과 거친 것(R) 두 종류가 있다는 것이 당시에 이미 알려져 있었다. 이 두 균주는 형태가 다를 뿐 아니라 독성도 달랐다. S균을 생쥐에 주입하면 생쥐는 며칠 내에 죽는다. 반면에 R균을 주입하면 생쥐는 여전히 건강한 상태로 있다. S균은 생쥐의 면역계가 침입자를 알아차리지 못하도록 막는 외피를 가지고 있다. 반면에 R균은 그런 외피가 없기 때문에 생쥐의 면역계에 쉽게 공격당한다.

그리피스는 공중 보건 분야에서 일하고 있었으므로 가끔 한 환자의 몸에서 여러 균주가 발견되기도 한다는 것을 알고 있었다. 그는 자신의 실험 대상인 불운한 생쥐들의 몸 속에서 각 균주들이 어떻게 상호 작용을 하는지 알고 싶어했다. 여러 방식으로 조합을 해보다가 그는 놀라운 현상을 발견했다. 열을 가해 죽인(즉 무해한) S균과 정상적인 R균(역시 무해한)을 함께 주입하자 생쥐가 죽었다. 두 무해한 균주가 어떻게 공모를 했기 때문에 생쥐에게 죽음이 닥친 것일까? 그가 죽은 생쥐의 몸에서 분리한 폐렴쌍구균에서 살아 있는 S균을 발견한 것이 단서가 되었다. 주입한 R균이 죽은 S균에서 무엇인가를 얻은 듯했다. 무엇이든 간에 그것은 열을 가해 죽인 S균이 있을 때 R균이 살아 있는 치명적인 S균주로 전환되도록 도움을 준 것이 분명했다. 그리피스는 죽은 생쥐에서 추출한 S균을 몇 세대 동안 배양하여 이 변화가 진짜로 일어났다는 것을 확인했다. 그 세균은 다른 S균들과 마찬가지로 진짜 S균이었다. 정말로 생쥐에 주입한 R균에 유전적 변화가 일어났던 것이다.

이 형질전환 현상은 기존의 모든 지식에 반하는 것 같았지만, 처음에 과학계는 그리피스의 관찰결과에 그다지 관심을 보이지 않았다. 그리피스는 매우 비사교적인 사람이었기 때문에 많은 사람들이 모이는 학회에 거의 참석하지 않았다는 점도 한몫을 했다. 한번은 거의 떠밀리다시피 해서 강연을 할 수밖에 없는 상황이 벌어졌다. 택시 안에 내동댕이쳐진 뒤 동료들의 안내를 받아 연단에 오른 그는 단조롭게 중얼거리는 말로 자기 미생물학 연구의 명확하지 않은 부분을 강조했을 뿐, 세균의 형질전환 이야기는 한마디도 하지 않았다. 하지만 다행히 모든 사람이 그리피스의 대발견을 무시한 것은 아니었다.

오즈월드 에이버리는 폐렴쌍구균의 다당류 외피에도 관심이 있었다. 그는 R균을 S균으로 변화시킨 원인이 무엇이든 간에 그것을 분리해서 규명하고자 그리피스의 실험을 재현하는 일을 시작했다. 1944년 에이버리, 매클라우드, 매카티는 그 결과를 발표했다. 그 정교한 실험들은 DNA가 전환의 원동력임을 뚜렷이 보여주었다. 세균을 생쥐가 아니라 시험관에서 배양하자, 열을 가해 죽인 S균에 있는 전환인자의 화학적 정체를 탐구하는 일이 훨씬 더 쉬워졌다. 에이버리 연구진은 열처리한 S균의 생화학 성분들을 하나씩 체계적으로 파괴하면서 변환이 억제되는지 여부를 살펴보았다. 먼저 그들은 S균의 다당류 외피를 분해했다. 그래도 형질전환은 이루어졌다. 즉 외피는 전환인자가 아니었다. 그런 다음 그들은 단백질 분해 효소인 트립신과 키모트립신 혼합액을 이용해서 S균에 있는 거의 모든 단백질을 분해했다. 놀랍게도 전환은 아무 영향 없이 이루어졌다. 그들은 그 다음에 RNA(리보 핵산)를 분해하는 효소(RNase)를 써보았다. RNA는 단백질 합성에 관여하는 듯한 핵산이라고 알려져 있었다. 전환은 역시 이루어졌다. 마지막으로 그들은 DNA를 조사했다. 그들은 S균 추출물에 DNA를 분해하는 효소(DNase)를 넣었다. 마침내 그들은 홈런을 쳤다. S균을 유도하는 활동이 완전히 멈춘 것이다. 전환인자는 DNA였다.

그 안에 깜짝 놀랄 의미가 담겨 있었기 때문에 에이버리, 매클라우드, 매카티가 1944년 2월에 논문을 발표했을 때 반응은 제각각이었다. 많은 유전학자들은 그 결과를 받아들였다. 어쨌든 DNA는 모든 염색체에서 발견되었다. 그것이 유전물질이 아니어야 할 이유가 있단 말인가? 그러나 대조적으로 생화학자들은 대부분 DNA가 그런 엄청난 양의 생물학적 정보 저장소 역할을 할 만큼 복잡한 분자라는 개념에 회의적이었다. 그들은 여전히 염색체의 또다른 성분인 단백질이 유전물질임이 입증될 것이라고 믿었다. 생화학자들이 제대로 지적했듯이, 원리상으로 보면 네 개의 글자로 된 DNA의 뉴클레오티드보다 스무 개의 글자로 된 단백질의 아미노산이 복잡한 정보를 대량으로 담는 데에 훨씬 더 쉬울 것이다. DNA가 유전물질이 아니라고 유독 신랄하게 반박한 사람은 록펠러 연구소에 있던 에이버리의 동료인 단백질 화학자 앨프리드 머스키였다. 당시 에이버리는 자신의 연구 결과를 옹호할 만한 지위에 있지 않았다. 록펠러 연구소는 그를 예순다섯 살에 퇴임하도록 조치했다.

에이버리는 자신의 연구 결과를 옹호할 기회보다 더한 것을 잃었다. 그는 노벨상을 받지 못했다. 전환인자가 DNA임을 밝혀낸 것이 그였음에도 말이다. 노벨 위원회는 수상이 이루어진 지 50년 뒤에 심사 기록을 공개하므로, 지금 우리는 스웨덴의 물리화학자 에이나르 함마르스텐이 에이버리가 수상후보가 되지 못하게 막았다는 것을 알고 있다. 분자량이 가장 큰 DNA 시료를 분리해냄으로써 명성을 얻은 함마르스텐은 유전자가 아직 발견되지 않은 단백질일 것이라고 여전히 믿고 있었다. 사실 이중나선이 발견된 뒤에도 함마르스텐은 DNA 전환의 메커니즘이 완전히 규명될 때까지는 에이버리에게 노벨상을 주어서는 안 된다고 계속 주장했다. 에이버리는 1955년에 사망했다. 그가 몇 년만 더 살았더라면 노벨상을 받았을 것이 거의 확실하다.

1947년 가을 내가 유전자를 박사학위 주제로 삼겠다는 계획을 품고 인디애나 대학교에 도착했을 무렵에는 에이버리의 논문이 가진 의미를 놓고 계속 토론이 벌어지고 있었다. 그 무렵에는 유명한 그의 연구 결과를 재현할 수 있다는 것을 의심하는 사람이 아무도 없었고, 록펠러 연구소에서 더 최근에 나온 연구 결과는 단백질이 세균 형질전환의 유전적 행위자일 가능성을 더 줄였다. DNA는 마침내 화학자들이 다음 돌파구를 찾기 위한 중요한 목표가 되었다. 영국 케임브리지 대학교의 뛰어난 스코틀랜드 화학자 알렉산더 토드는 DNA의 뉴클레오티드들을 연결하는 화학결합을 규명하는 일에 도전했다. 1951년 초 그의 연구진은 이 연결이 항상 똑같으며, 따라서 DNA 분자의 뼈대가 매우 규칙적이라는 것을 입증했다. 같은 시기에 오스트리아 출신의 망명자인 에르빈 샤가프는 컬럼비아 의대에서 종이 크로마토그래피라는 신기술을 이용하여 여러 척추동물과 세균에서 DNA를 추출해서 네 개의 DNA 염기의 상대적인 양을 측정했다. 어떤 종은 DNA에 아데닌과 티민이 많은 반면, 구아닌과 시토신이 더 많은 종도 있었다. 따라서 똑같은 조성을 가진 DNA 분자는 없을지도 모른다는 가능성이 제시되었다.

인디애나 대학교에서 나는 선견지명이 있는 소수의 과학자 집단에 끼게 되었다. 그들은 대부분 물리학자와 화학자였으며, 세균을 공격하는 바이러스(bacteriophage)의 증식과정을 연구하고 있었다. 그 "파지 집단(Phage Group)"은 나의 박사과정 지도교수인 이탈리아 출신의 의사 살바도르 루리아와 그의 절친한 동료인 독일 출신의 이론물리학자 막스 델브뤼크가 미국의 물리화학자 앨프리드 허시와 의기투합해서 만든 것이다. 1941년 여름 내내 루리아와 델브뤼크는 콜드 스프링 하버 연구소에서 함께 파지 실험을 했다. 제2차 세계대전이 한창인 당시에 두 사람은 적국에서 온 이방인으로 여겨졌고, 따라서 전시 미국 과학에 종사할 자격이 없다고 간주되었다. 루리아가 유대인이어서 프랑스에서 뉴욕으로 올 수밖에 없었고, 델브뤼크가 나치즘을 반대하여 독일에서 피신해왔음에도 말이다. 그렇게 배제된 채 루리아는 인디애나 대학교에서 그리고 델브뤼크는 밴더빌트 대학교에서 각각 연구를 계속했고, 여름에는 콜드 스프링 하버에서 공동 연구를 했다. 1943년 그들은 뛰어난 재능을 지닌 과묵한 사람인 허시와 만났다. 당시 허시는 세인트루이스의 워싱턴 대학에서 파지 연구를 하고 있었다.

파지 집단의 핵심 정신은 모든 바이러스와 마찬가지로 파지가 사실상 벌거벗은 유전자라는 믿음이었다. 이 개념은 그런 개념을 분자 수준에서 검증할 수 있게 되기 훨씬 전인 1922년에 상상력이 풍부했던 미국의 유전학자 허먼 멀러가 처음 제기한 것이다. 3년 뒤인 1925년에 그는 X선이 돌연변이를 일으킨다는 것을 보여주었다. 그 발견으로 그는 인디애나 대학교의 교수가 된 직후인 1946년에 노벨상을 받았다. 사실 내가 인디애나 대학교로 간 것은 그가 있었기 때문이었다. 20세기 전반에 유전학이 어떻게 발전해왔는지를 멀러보다 더 잘 알고 있는 사람은 없었으며, 나는 첫 학기에 그의 강의를 듣고 완전히 매료되었다. 그러나 당시 그는 여전히 초파리(드로소필라 속[屬])를 연구하고 있었으며, 그 연구는 미래 지향적이라기보다는 과거에 속한 듯이 보였다. 그의 지도하에 박사 연구를 할까 하는 생각은 오래 지속되지 않았다. 곧 나는 루리아의 파지를 택했다. 파지는 초파리보다 실험진도가 훨씬 더 빠른 대상이었다. 파지의 유전자 교배실험은 하루면 끝났고 다음날 아침이면 분석할 수 있었다. 루리아는 자신의 뒤를 좇아 X선이 어떻게 파지 입자를 죽이는지 연구하라고 했고, 그것이 나의 박사학위 과제였다. 처음에 나는 바이러스의 죽음이 파지 DNA 손상에 따른 것임을 보여주고 싶었다. 하지만 나는 결국 나의 실험방법을 통해서는 화학적 수준에서 확실한 대답을 얻을 수 없다는 것을 마지못해 인정해야 했다. 나는 생물학적 결론만을 끌어낼 수밖에 없었다. 파지가 사실상 벌거벗은 유전자임을 알고 있었어도, 나는 파지 집단이 추구했던 심오한 해답은 오직 첨단 화학을 통해서만 얻을 수 있다는 것을 깨달았다. DNA는 어떻게든 약어에 불과한 현 상황을 극복해야 했다. 즉 분자구조가 화학적으로 상세히 규명되어야 했다.

학위를 끝낼 무렵 나는 DNA의 분자구조를 연구할 수 있는 연구실로 옮기는 것밖에 선택의 여지가 없다는 것을 알았다. 하지만 불행히도 순수 과학에 거의 무지했던 나는 유기화학이나 물리화학 분야의 난해한 실험을 하는 연구실과는 맞지 않았다. 그래서 1950년 가을 코펜하겐에 있는 생화학자 헤르만 칼카르의 연구실에서 박사 후 연구원으로 일하기로 했다. 그는 DNA로 작은 분자들을 합성하는 연구를 하고 있었다. 하지만 나는 그의 생화학적 접근방식을 통해서는 유전자의 본질을 이해할 수 없을 것임을 곧 알아차렸다. 그의 연구실에서 하루하루 보낼수록 DNA가 어떻게 유전정보를 운반하는지 알 수 있는 날이 하루하루 늦추어지는 셈이었다.

나의 코펜하겐 시절은 우연한 사건으로 마감되었다. 덴마크의 추운 봄 날씨를 피하기 위해서 나는 4월과 5월에 나폴리에 있는 동물 연구소로 갔다. 그곳에서 지낸 마지막 주에 나는 분자의 3차원 구조를 규명하는 데에 쓰이는 X선 회절 분석법을 논의하는 소규모 회의에 참석했다. X선 회절 분석은 결정화할 수 있는 분자의 원자구조를 연구하는 방법이다. 결정에 X선을 쪼이면 원자들에 부딪혀 X선들이 산란된다. 그 산란된 무늬에 분자의 구조에 관한 정보가 담겨 있지만, 그것만으로는 구조를 밝힐 수 없다. 필요한 추가 정보는 이른바 "위상"을 파악함으로써 얻을 수 있다. 위상은 분자의 파동 특성들을 보여준다. 위상 문제를 푸는 것은 쉽지 않았으며, 그 당시 그 일에 뛰어든 것은 가장 대담한 과학자들뿐이었다. 당시 회절 분석법은 대부분 소금 같은 비교적 간단한 분자들에서만 성공을 거두었을 뿐이었다.

나는 그 회의에 별 기대를 하지 않았다. 나는 단백질이나 DNA의 3차원 구조를 이해하려면 10년 이상 걸릴 것이라고 믿었다. X선 분석으로 DNA의 비밀을 규명한다는 것은 더 어려워 보였다. 공개되어 있는 DNA 섬유의

X선 사진을 보면 수많은 무질서가 눈에 들어왔다. DNA의 정확한 서열이 각 분자마다 다르다고 예상해도 놀랄 일은 아니었다. 표면이 불규칙한 형상을 이루고 있으므로, 길고 가느다란 DNA 사슬은 X선 분석에 적합한 단순한 결정분자들처럼 일정한 단위가 규칙적으로 반복되면서 산뜻하게 이어져 있는 모양이 아니라고 생각해도 무리는 아니었다.

그런 상황이었기 때문에 런던 킹스 칼리지 생물리학 연구실에서 온 모리스 윌킨스라는 서른네 살의 영국인

런던 킹스 칼리지의 연구실에 있는 모리스 윌킨스

이 마지막으로 나서서 발표한 내용을 들었을 때, 나는 놀라면서도 한편으로는 기뻐했다. 윌킨스는 전쟁 때 맨해튼 프로젝트에 참여했던 물리학자였다. 그 일에 관여한 많은 과학자들이 그랬듯이 그도 나가사키와 히로시마에 실제 원자폭탄이 떨어짐으로써 자신들의 연구가 극에 달했을 때 깊은 환멸을 느꼈다. 그는 과학계에서 떠나 파리에서 화가 생활을 할까 생각했다. 그때 생물학이 끼어들었다. 그 역시 슈뢰딩거의 책을 읽었고, 지금은 X선 회절 분석을 통해서 DNA를 연구하고 있었다.

그는 최근에 얻은 X선 회절 분석 사진을 보여주었다. 그 사진에는 매우 규칙적인 결정구조가 있음을 알려주는 정밀한 회절 무늬들이 나 있었다.

따라서 DNA는 규칙적인 구조를 가지고 있음이 분명하며, 그 구조를 밝혀 내면 유전자의 본질이 드러날 것이라고 결론을 내릴 수밖에 없었다. 나는 즉시 런던으로 가서 윌킨스가 그 구조를 발견하는 일을 돕고 싶었다. 하지만 발표가 끝난 뒤 그와 이야기를 나누었지만 별 소득이 없었다. 단지 훨씬 더 어려운 일이 앞에 놓여 있다는 그의 확신에 찬 말만을 들었을 뿐이다.

내가 계속 막다른 골목을 헤매고 있는 동안 미국 캘리포니아 공대에서는 세계적인 화학자 라이너스 폴링이 대단한 연구 성과를 발표했다. 그는 폴리펩티드 사슬들이 꼬여 단백질 모양을 이룰 때의 정확한 배치를 밝혀냈으며, 자신이 밝혀낸 구조를 나선(알파 나선)이라고 불렀다. 이런 돌파구를 연 사람이 폴링이라고 말하면 누구나 고개를 끄덕였을 것이다. 폴링은 과학계의 슈퍼스타였다. 『화학결합의 특성(*The Nature of the Chemical Bond*)』이라는 그의 책은 현대 화학의 토대를 닦았으며, 당시 화학자들에게 그 책은 성서와 같았다. 폴링은 어릴 때부터 조숙했다. 그가 아홉 살 때 오리건 주에서 약제사로 있던 그의 아버지는 『오리거니언(*Oregonian*)』 신문에 책벌레인 아들이 읽을 만한 것을 추천해달라는 편지를 보냈다. 그는 자기 아들이 이미 성서와 다윈이 쓴 『종의 기원』을 읽었다고 덧붙였다. 그러나 아버지가 일찍 사망하는 바람에 폴링 가족은 궁핍해졌다. 어린 라이너스가 이럭저럭 학교를 마칠 수 있었던 것만 해도 놀라운 일이었다.

코펜하겐으로 돌아오자마자 나는 폴링의 나선에 관한 논문을 읽었다. 놀랍게도 그의 모형은 X선 회절 분석 실험 자료로부터 연역적 추론을 통해서 얻어낸 것이 아니었다. 그 대신 오랜 세월 구조화학자로 일한 경험을 바탕으로 폴링은 대담하게 폴리펩티드 사슬의 기본적인 화학적 특성과 가장 잘 맞는 나선형태가 어떤 것인지 추론해냈다. 폴링은 단백질 분자의 각 부분을 축소 모형으로 만들어 3차원으로 끼워맞추면서 연구를 했다. 그는 그 문제를 3차원 조각 그림 맞추기로 환원시켰던 것이다. 단순하지만 기발한 착상이었다.

알파 나선 모형을 옮기고 있는 로렌스 브래그(왼쪽)와 라이너스 폴링(오른쪽)

이제 그 나선이 멋지다는 것을 떠나서 옳은가라는 문제가 남아 있었다. 겨우 한 주일 뒤에 나는 답을 찾아냈다. X선 결정학의 창시자이자 1915년 노벨 물리학상을 수상한 영국의 로렌스 브래그 경이, 코펜하겐으로 와서 자기 밑에 있는 오스트리아 출신의 화학자 막스 퍼루츠가 합성 폴리펩티드를 독창적인 방식으로 이용해서 폴링의 나선이 옳다는 것을 확인했다는 놀라운 발표를 했다. 브래그의 캐번디시 연구소 입장에서는 달콤하면서도 한편으로 씁쓸한 승리였다. 1년 전에 그들은 폴리펩티드 사슬이 나선 형태로 꼬여 있을 가능성을 제시하는 논문을 쓸 기회를 놓친 적이 있었다.

그 무렵 살바도르 루리아는 나를 위해서 캐번디시에 임시 자리가 있는지 알아보고 있었다. 케임브리지 대학교 내에 있는 이 연구소는 과학계에서 가장 유명한 곳이었다. 어니스트 러더퍼드가 처음으로 원자의 구조를 규명한 곳이 여기였다. 지금 그곳은 브래그의 영토였으며, 나는 견습생 자격으로 영국 화학자 존 켄드루 밑에서 일하기로 되어 있었다. 켄드루는 미오글로빈 단백질의 3차원 구조를 발견하는 일에 몰두하고 있었다. 루리아는 내게 가능한 한 빨리 캐번디시로 가보라고 조언했다. 켄드루는 미국에 있었지만, 나는 막스 퍼루츠로부터 승낙을 받을 수 있었다. 퍼루츠는 1947년에 의학 연구 위원회(Medical Research Council : MRC)의 생물체계 구조 연구 분과가 설립되면서 켄드루의 동료가 되어 있었다.

한 달 뒤 케임브리지에서 퍼루츠는 내가 필수적인 X선 회절 이론을 금방 습득할 수 있을 것이며, 그 소규모 분과의 일원이 되는 데에 별 문제가 없을 것이라고 안심시켜주었다. 다행히 그는 내가 생물학 전공자라는 점에 개의치 않았다. 로렌스 브래그도 마찬가지였다. 그는 나를 만나기 위해서 자기 사무실에서 잠깐 내려왔다 갔다.

10월 초 케임브리지의 MRC 분과로 다시 돌아갔을 때 내 나이 스물세 살이었다. 나는 생화학 실험실에서 서른다섯 살의 물리학자인 프랜시스 크릭과 같이 지내게 되었다. 그는 전쟁 때에는 해군 본부에서 자기 수뢰(水雷)를 연구했다. 전쟁이 끝난 뒤 크릭은 군사 연구를 계속할 생각이었으나, 슈뢰딩거의 『생명이란 무엇인가?』를 읽고 나서 생물학으로 전공을 바꾸었다. 이제 그는 캐번디시에서 단백질의 3차원 구조를 박사학위 주제로 삼아 연구하고 있었다.

크릭은 늘 복잡하게 뒤얽힌 중요한 문제들에 흥미를 느꼈다. 어릴 때 그

캐번디시의 X선관 앞에 있는 프랜시스 크릭

가 끝없이 질문하는 통에 힘들어진 그의 부모는 아동용 백과사전을 사주면서 그것으로 그의 호기심이 해소되기를 바랐다. 하지만 그 책은 그를 불안하게 만들었을 뿐이었다. 그는 자신이 다 자랄 때쯤이면 모든 것이 발견되어 자신이 발견할 것이 하나도 남아 있지 않을까 걱정스럽다고 어머니에게 털어놓았다. 그의 어머니는 그가 밝혀낼 것이 한두 가지는 남아 있을 것이라고 안심시켰다. 사실 그 말은 적중했다.

크릭은 말을 너무나 잘했기 때문에 어느 방에 들어가든지 사람들의 관심을 한 몸에 받았다. 캐번디시의 복도에는 늘 갑자기 터져나오는 그의 웃음이 메아리치고 있었다. MRC 분과 전담 이론가인 그는 적어도 한 달에 한 번은 새로운 착상을 내놓곤 했고, 귀를 기울여주는 사람이 있으면 최근에 떠올린 착상을 장황하게 설명하곤 했다. 우리가 만난 날 아침, 내가 케임브리지에 온 목적이 결정학을 제대로 배워서 DNA 구조를 규명하려는 것임을 알고 나자 그는 기뻐 날뛰었다. 나는 폴링이 쓴 모형 제작 방식을 통해서 구조에 직접 접근하는 것을 어떻게 생각하는지 그에게 물었다. 모형 제작이 제대로 되려면, 회절 분석 실험을 다년간 해야 되지 않을까? DNA 구조 연구를 더 진척시키기 위해서 크릭은 전쟁이 끝난 뒤 친구로 지내고 있던 모리스 윌킨스에게 일요일 점심을 함께 하자고 초대했다. 그 자리에서 우리는 그가 나폴리에서 발표를 했던 이후로 얼마나 연구를 진척했는지 들을 수 있었다.

윌킨스는 DNA가 폴리뉴클레오티드 사슬 몇 가닥이 서로 꼬여 이루어진 나선형 구조를 이루고 있을 것이라고 믿고 있었다. 남은 문제는 DNA 분자가 두 가닥인지 세 가닥인지 규명하는 것뿐이었다. 당시 윌킨스는 DNA 섬유의 밀도 측정 결과를 근거로 삼아 세 가닥일 것이라고 생각하고 있었다. 그는 모델 작성에 착수한 상태였지만, 킹스 칼리지 생물리학 분과에 새로 들어온 로절린드 프랭클린 때문에 의욕적으로 일을 해나가지 못하고 있었다.

케임브리지에서 공부한 서른한 살의 물리화학자였던 프랭클린은 지나칠 정도로 직업의식이 강한 과학자였다. 예를 들면 스물아홉 살 생일 때 그녀가 요구한 것은 자기 분야의 학술지인 『악타 크리스탈로그라피카(*Acta Crystallographica*)』를 구독하게 해달라는 것뿐이었다. 그녀는 논리적이고 정확했으며 그렇게 행동하지 않는 사람들을 보면 참지 못했다. 자기 주장이 강했으며, 한번은 자신의 박사학위 지도교수이자 나중에 노벨상을 받기도 한 로널드 노리시를 "멍청하고 고집불통이고 기만적이고 예의도 모르고 독재적"이라고 평하기도 했다.[2] 실험실 바깥에서 그녀는 의지가 강하고 용감한 등산가였고, 런던 사회 상류층 출신이어서 대다수 과학자들보다 더 고상한 사교계에 속해 있었다. 실험대 앞에 앉아 힘겨운 하루를 보내고 나면, 그녀는 이따금 실험복을 우아한 야회복으로 갈아입고 밤의 어둠 속으로 사라지곤 했다.

파리에서 4년 동안 흑연의 X선 결정을 연구하다가 막 돌아온 프랭클린은 윌킨스가 킹스 칼리지에서 자리를 비운 사이에 DNA 과제를 떠맡고 있었다. 불행히도 곧 그 두 사람은 서로 어울릴 수 없다는 것이 드러났다. 직설적이고 자료를 위주로 하는 프랭클린과 내향적이고 사색적인 윌킨스는 절대로 함께 일할 수 없는 사람들이었다. 윌킨스가 우리의 점심 초대를 받아들이기 직전에 두 사람은 싸움을 대판했다. 프랭클린이 훨씬 더 광범위한 회절 분석 자료를 모으기 전까지는 모델을 제작하지 않겠다고 주장했기 때문이다. 이제 그들은 사실상 대화를 나누고 있지 않았기 때문에 윌킨스는 11월 초로 예정되어 있는 연구실 세미나에서 프랭클린이 발표할 때까지는 그녀의 연구가 얼마나 진행되었는지 전혀 알 수가 없었다. 윌킨스는 원한다면 손님으로 참석해도 좋다고 우리를 초대했다.

크릭은 다른 일 때문에 갈 수가 없었기 때문에 나 혼자 참석했다. 돌아와서 나는 내가 결정화한 DNA에 관한 핵심 숙제라고 믿는 것을 그에게 간략하게 설명했다. 특히 나는 기억을 떠올려 프랭클린이 반복되는 결정 무늬와 수분 함량을 측정한 결과를 설명했다. 그러자 크릭은 즉시 종이에 나선형 격자를 그리기 시작했고, 자신이 빌 코크란과 블라디미르 밴드와 함께 예전에 구상했던 나선 이론을 내게 설명해주었다. 그 이론은 전직 조류 관찰자인 나조차도 곧 우리가 캐번디시에서 제작에 착수할 분자모형에서 어떤 회절 패턴이 나올지를 정확히 예측할 수 있게 해주었다.

케임브리지로 돌아오자마자 나는 캐번디시 공작소에 인의 원자모형을 서둘러 만들어달라고 주문했다. 그 모형은 DNA에서 발견되는 당과 인산으로 된 뼈대를 만드는 데에 필요했다. 이 모형들이 손에 들어오자마자 우리는 그 뼈대를 중심에 놓고 이런저런 방식으로 비틀어보면서 시험을 했다. 그 규칙적으로 반복되는 원자구조들은 원자들이 일정하게 반복되는 형태로 끼워맞추어질 수 있다는 것을 의미했다. 윌킨스의 예측에 따라서 우리는 세 가닥 사슬로 된 모형에 중점을 두었다. 거의 그럴듯한 모형이 만들어지자 크릭은 윌킨스에게 전화를 걸어 DNA라고 여겨지는 모형을 만들었다고 선언했다.

다음날 윌킨스와 프랭클린이 우리가 만든 모형을 보기 위해서 찾아왔다. 예기치 않은 경쟁에 위협을 느낀 나머지 그들은 잠시나마 공동 전선을 구축했던 것이다. 프랭클린은 즉시 우리의 기본 개념이 잘못되었다고 지적했다. 그것은 결정화한 DNA에 물이 거의 들어 있지 않다고 그녀가 발표했다는 내 기억을 토대로 만든 것이었다. 사실 나는 정반대로 기억하고 있었다. 결정학에 초보자였던 탓에 단위 세포라는 말과 비대칭적 단위라는 말을 혼동했던 것이다. 사실 결정화한 DNA에는 물이 풍부히 들어 있었다.

등산을 좋아한 로절린드 프랭클린이 알프스 산맥에 서 있는 모습

로절린드 프랭클린은 따라서 우리가 한 것처럼 뼈대가 중심에 있는 것이 아니라 바깥에 있어야 한다고 지적했다. 그래야만 그녀가 결정 속에서 관찰한 물 분자들이 모두 들어갈 수 있었다.

그 불행한 날은 아주 오랫동안 어두운 그림자를 드리웠다. 프랭클린은 더욱더 모델 제작에 반감을 가지게 되었다. 땜장이가 만든 듯한 원자모형을 가지고 노는 것이 아니라 실험을 하는 것이 그녀가 일을 진척시키는 방식이었다. 설상가상으로 로렌스 브래그 경이 크릭과 내게 DNA 모형을 제작하는 일을 그만두라고 지시를 내렸다. 그것은 DNA 연구는 킹스 칼리지 연구실에 맡겨두고, 케임브리지는 오로지 단백질에 초점을 맞추어야 한다는 판결이기도 했다. MRC의 연구비를 받는 두 실험실이 서로 경쟁한다는 것은 이치에 맞지 않았다. 더 이상 짜낼 뛰어난 착상도 없었기 때문에 크릭과 나는 마지못해 잠시 물러서지 않을 수 없었다.

당시는 DNA의 방관자로 남아 있을 때가 아니었다. 라이너스 폴링은 윌킨스에게 결정화한 DNA 회절 패턴 사진을 보내달라는 편지를 썼다. 비록 윌킨스가 해석할 시간이 더 필요하다고 말하면서 거절하기는 했지만, 폴링이 킹스 칼리지의 자료에 매달려 있을 리 만무했다. 그는 원한다면 캘리포니아 공대에서 X선 회절 연구를 할 수 있는 수단을 가지고 있었다.

DNA 연구를 계속할 수 없었기 때문에 나는 봄에 캐번디시에 새로 들어온 강력한 X선 장치를 이용해서 전쟁 이전에 하던 연필 모양의 담배 모자이크 바이러스 연구를 확장하기로 했다. 이런 사진들을 찍는 일은 그다지 힘들지 않았으므로, 나는 케임브리지의 여러 도서관들을 돌아다니면서 많은 시간을 보냈다. 동물학 도서관에서 나는 DNA 염기들 중 아데닌과 티민의 양이 거의 같고, 구아닌과 시토신도 양이 거의 같게 나타난다는 에르빈 샤가프의 논문을 읽었다. 이런 1 대 1 비율 이야기를 들려주자 크릭은 DNA가 복제될 때 아데닌이 티민을 끌어당기고, 마찬가지로 구아닌과 시토신 사이에도 인력이 존재하지 않을까 생각했다. 그렇다면 "부모" 사슬의 염기 서열(예를 들면 ATGC)이 "딸" 사슬의 염기 서열과 상보적(즉 TACG)이어야 할 것이다.

이 생각은 에르빈 샤가프가 파리에서 열리는 국제 생화학 학술대회에 가는 도중 케임브리지에 들렀을 때까지도 활용되지 않은 채 그대로 남아 있었다. 샤가프는 크릭과 내가 네 가지 염기의 화학구조를 알 필요가 없다고 생각한다는 것을 알고는 화를 냈다. 우리가 필요할 때면 교과서에서 구조를 찾아보면 된다고 말하자 그는 더욱더 흥분했다. 나는 샤가프의 자료가 DNA 구조의 본질과 무관하다는 점이 입증될 것이라는 희망을 버리지 않고 있었다. 하지만 크릭은 아데닌과 티민(또는 구아닌과 시토신)을 한 용액에 섞었을 때 형성될지 모르는 분자 "샌드위치"를 찾는 실험을 몇 차례 해볼 정도로 열성적이었다. 그는 우리 실험실에 있는 분광계로 몇 차례 시도했지만, 결과는 부정적이었다.

1952년 여름에는 라이너스 폴링도 생화학 학술대회에 참석했다. 그는 그곳에서 그 해에 이루어진 중요한 파지 연구 결과를 들었다. 콜드 스프링 하버의 앨프리드 허시와 마서 체이스가 에이버리의 형질전환 인자를 막 확인했다는 내용이었다. DNA가 유전물질이었던 것이다! 허시와 체이스는 파지의 DNA만이 세균세포 속으로 들어간다는 것을 증명했다. 단백질 외피는 바깥에 그대로 남아 있다. 폴링과 나는 유전자의 본질을 발견하려면 DNA를 분자 수준에서 이해해야 한다고 본다는 점에서 생각이 같았다. 모두가 허시와 체이스의 실험결과 이야기를 하고 있을 때 나는 폴링이 이제 그의 가공할 지성과 화학적 지식으로 DNA 문제에 집중할 것이라고 확신했다.

1953년 초 폴링은 정말로 DNA의 구조를 규명하는 논문을 발표했다. 불안해하며 그것을 읽은 나는 그가 당과 인산 뼈대를 촘촘하게 중심에 놓은 세 가닥의 모형을 제시했다는 것을 알았다. 언뜻 보면 우리가 15개월 전에 만든 서툰 모형과 비슷했다. 하지만 음전하를 띤 뼈대를 안정화하기 위해서 마그네슘 이온 같은 양전하를 띤 이온을 사용하는 대신에 라이너스는 인산들이 수소결합을 통해서 연결되어 있다는 독창적인 제안을 했다. 그러나 생물학자인 내가 보기에 그런 수소결합들은 세포 내에서 발견된 적이 없는 극단적인 산성 조건을 필요로 할 듯했다. 나는 근처에 있던 알렉산더 토드의 유기화학 실험실로 미친 듯이 달려가서 내 생각이 옳다는 것을 확인했다. 불가능한 일이 벌어졌던 것이다. 설령 세계 최고까지는 아니라고 해도 세계에서 가장 잘 알려진 화학자가 자기 전공 분야인 화학에서 실수를 했다니. 사실상 폴링은 DNA에서 A를 떼어내버린 것이다. 우리의 사냥감은

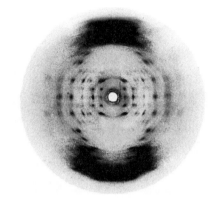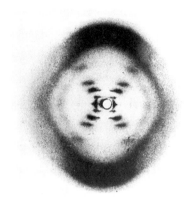

모리스 윌킨스와 로절린드 프랭클린이 각각 찍은 A형 DNA와 B형 DNA의 X선 사진. 두 DNA 분자의 수분 함량이 다르기 때문에 분자 구조에도 차이가 나타난다.

데옥시리보 핵산이었는데, 그가 제안한 구조는 산성을 띠지도 않았다.

나는 서둘러 그 논문을 들고 런던으로 가서 윌킨스와 프랭클린에게 아직 시합이 끝나지 않았다고 알렸다. 그러나 DNA가 나선이 아니라고 확신하고 있던 프랭클린은 그 논문을 읽을 생각조차 하지 않았고, 나선형을 옹호하는 크릭의 주장을 말해주었는데도 폴링의 나선형 개념이 혼란만 불러일으킨다고 치부했다. 하지만 윌킨스는 내가 가져온 소식에 매우 관심을 보였다. 이제 그는 DNA가 나선형이라는 것을 더욱 확신하고 있었다. 그 점을 증명하기 위해서 그는 프랭클린의 학생인 레이먼드 고슬링이 6개월도 전에 찍은 사진을 내게 보여주었다. 고슬링은 이른바 B형 DNA의 X선 사진을 찍어놓았다. 그때까지 나는 B형이 존재한다는 것조차 모르고 있었다. 프랭클린은 A형에 집중하기 위해서 이 사진—사진 51이라고 알려진—을 제쳐두었다. 그녀는 A형이 유용한 정보를 제공할 여지가 더 많다고 생각했다. 이 B형 X선 패턴에는 꼬여 있는 무늬가 뚜렷이 나타나 있었다. 크릭과 다른 사람들이 이미 그런 회절 패턴은 나선에서 생긴다는 것을 추론한 상태였으므로, 이 증거는 DNA가 나선형임을 명확히 보여주고 있었다! 프랭클린은 유보적인 입장이었지만 사실 우리가 그런 결론을 내린 것은 놀랄 일이 아니었다. 기하학의 관점에서 보면 DNA처럼 같은 단위들이 반복되는 긴 가닥은 나선형을 띤다는 것이 가장 논리적이었다. 하지만 우리는 여전히 그 나선이 어떤 형태이며, 얼마나 많은 가닥으로 이루어져 있는지 모르고 있었다.

DNA 나선 모형 제작을 다시 시작할 시기가 왔다. 폴링이 자신의 생각이 잘못되었다는 것을 곧 알아차릴 것은 분명했다. 나는 윌킨스에게 낭비할 시간이 없다고 재촉했다. 하지만 프랭클린이 늦봄에 다른 실험실로 옮겨 가기로 되어 있었기 때문에 그는 그때까지 기다리고 싶어했다. 그녀는 킹스 칼리지에서 더 이상 참고 있으니 옮기기로 했던 것이다. 떠나기에 앞서 그녀는 더 이상 DNA 연구를 하지 말라는 지시를 받았고, 사실 그녀의 회절분석 자료들 중 상당수가 이미 윌킨스에게 넘어간 상태였다.

내가 케임브리지로 돌아와서 B형 DNA 이야기를 하자 로렌스 브래그 경은 더 이상 크릭과 내가 DNA 연구를 하지 못하도록 막을 이유가 없다는 것을 알아차렸다. 그는 DNA 구조가 반드시 대서양 이쪽 편에서 발견되어야 한다고 했다. 그래서 우리는 DNA의 기본 구성요소라고 알려진 것들, 즉 그 분자의 뼈대와 아데닌, 티민, 구아닌, 시토신 네 염기를 끼워맞추어 나선을 만드는 방법을 찾기 위해서 다시 모형 제작에 착수했다. 나는 캐번디시 공작소에 주석으로 염기모형을 만들어달라고 부탁했지만, 그쪽에서는 내가 원하는 만큼 빠른 시일에 만들 수 없다고 했다. 그래서 결국 나는 단단한 마분지를 대충 잘라 써야 했다.

이때쯤 나는 DNA의 밀도를 측정한 자료들이 사실 세 가닥 모형보다는 두 가닥 모형에 좀더 잘 들어맞는다는 것을 깨달았다. 그래서 나는 설득력 있는 이중나선 가설을 찾기로 결심했다. 나는 생물학자였기에 유전분자가 세 성분이 아니라 두 성분으로 만들어졌다는 생각이 더 마음에 들었다. 염색체도 세포처럼 수가 세 배가 아니라 두 배로 늘어나고 있으니까 말이다.

나는 뼈대를 안쪽에 세우고 염기들을 바깥에 매단 이전의 모형이 잘못

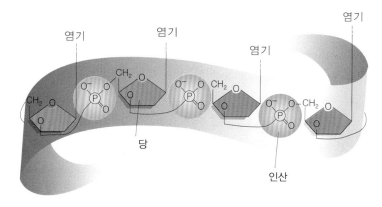

염기 염기 염기 염기

CH₂ CH₂ CH₂

당

인산

DNA의 뼈대

되었다는 것을 알고 있었다. 내가 오랫동안 무시했던 화학적 증거 중에는 노팅엄 대학교에서 내놓은 것이 있었다. 거기에는 염기들이 서로 수소결합을 통해서 연결되어 있는 것이 분명하다고 나와 있었다. 염기들이 중심에 있다면 X선 회절 사진에서 나타나는 것처럼 규칙적인 결합을 할 수밖에 없었다. 하지만 그것들이 어떻게 쌍을 이룰 수 있을까? 두 주일 동안 애썼지만 아무런 진척이 없었다. 핵산을 기술한 화학 교과서에 나온 오류를 그대로 좇고 있었기 때문이다. 다행히도 2월 27일에 캐번디시를 방문한 캘리포니아 공대의 이론화학자인 제리 도나휴가 교과서가 잘못되었다고 지적해주었다. 그래서 나는 마분지 모형에서 수소 원자의 위치를 바꿀 수 있었다.

다음날인 1953년 2월 28일 아침, DNA 모형의 핵심 요소들이 제자리에 끼워맞추어졌다. 두 사슬이 아데닌-티민과 구아닌-시토신 염기쌍 사이의 강한 수소결합을 통해서 함께 연결된 것이다. 크릭이 전 해에 샤가프의 연구 결과를 토대로 추측한 것들이 옳았던 것이다. 아데닌은 티민과 결합하고 구아닌은 시토신과 결합한다. 하지만 그 납작한 염기들로는 분자 샌드위치를 만들 수 없었다. 그 날 아침까지도 DNA 분자의 기본 구조는 명확하게 드러나지 않고 있었다. 그때 크릭이 도착했다. 그는 그것들을 빠르게

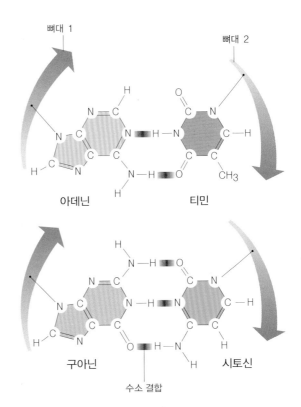

뼈대 1

뼈대 2

아데닌   티민

구아닌   시토신

모든 것을 끼워맞춘 착상:
상보적인 염기쌍 형성

수소 결합

훑어보더니 내 염기쌍에 축복을 내려주었다. 그는 이중나선의 두 가닥이
서로 반대방향을 향해야 한다는 것을 즉시 알아차렸다.

바로 그 순간 우리는 해냈다는 것을 확신했다. 무엇이든 단순하면서 우
아한 것은 옳은 법이었다. 우리를 가장 흥분시킨 것은 두 가닥을 따라서
늘어서 있는 염기들이 상보적이라는 점이었다. 한 가닥에 있는 염기 서열,
즉 염기들의 배열순서를 알면 다른 가닥에 있는 염기 서열도 자동적으로
알 수 있었다. 세포 분열에 앞서 염색체가 두 배로 늘어날 때 유전자들의
유전암호가 정확히 복제될 수 있는 것도 그 때문이라는 점이 명백했다. 그
분자는 "지퍼처럼 열려서" 두 가닥으로 분리된다. 각 가닥은 새로운 가닥
을 합성하는 주형 역할을 한다. 이런 식으로 이중나선 하나가 둘로 늘어

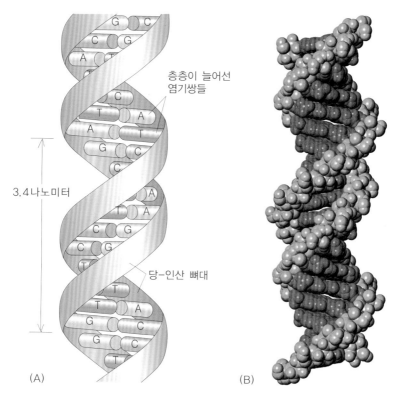

층층이 늘어선
염기쌍들

3.4나노미터

당-인산 뼈대

(A)   (B)

염기와 뼈대의 위치 : 이중나선 (A)는 두 가닥의 염기들이 쌍을 이루고 있는 모습이며, (B)는 원자 하나하나를 표시한 그림이나.

나는 것이다.

『생명이란 무엇인가?』에서 슈뢰딩거는 생명의 언어가 점과 선으로 된 모스 부호 같을 것이라고 주장했다. 그의 생각은 진실에서 멀리 떨어져 있지 않았다. DNA 언어는 A, T, G, C가 일렬로 늘어선 것이다. 그리고 책의 한 쪽을 베껴 쓰다보면 한두 군데 틀릴 수 있듯이 염색체에 늘어서 있는 모든 A, T, G, C를 복제하다보면 드물지만 오류가 나타난다. 이런 오류들이 바로 유전학자들이 거의 50년 동안 이야기하던 돌연변이이다. "i"를 "a"로 바꾸면 "Jim"이 "Jam"이 되듯이 DNA에서 T를 C로 바꾸면 "ATG"가 "ACG"가 된다.

이중나선은 화학적으로 타당했으며 생물학적으로도 의미가 있었다. 이제 유전암호가 두 배로 늘어나는 방법을 이해하려면 새로운 물리법칙이 필요할 것이라는 슈뢰딩거의 말을 놓고 고심할 필요가 없어진 셈이다. 사실 유전자는 다른 화학과 전혀 별개의 것이 아니었다. 그 날 늦게 우리는 캐번디시 연구소에 거의 붙어 있다시피 한 선술집 이글에서 점심을 먹었다. 항상 떠들어대던 크릭은 참지 못하고 그 자리에서 우리가 막 "생명의 비밀"을 발견했다고 떠들어댔다. 나도 그 생각에 흥분하기는 했지만 나는 멋진 3차원 모형을 내놓을 때까지는 기다려야 한다고 생각했다.

프랜시스의 아들인 마이클도 우리 모형에 관한 소식을 맨 처음 들은 사람 중 한 명이었다. 당시 마이클은 열두 살이었고, 영국의 한 기숙학교에서 공부하고 있었다. 프랜시스는 마이클에게 아빠가 "가장 중요한 발견"을 했다는 내용을 담은 7장 분량의 편지를 보냈다. 꽤 잘 그린 이중나선 그림도 들어 있었다. 그는 DNA 구조를 "납작한 막대기들이 삐져나온 긴 사슬"이라고 묘사하면서, 다음에 집에 오면 모형을 보여주겠다고 했다. 프랜시스는 편지에 "너무너무 사랑하는 아빠가"라고 서명을 했다. (기특하게도, 마이클은 그 편지를 계속 간직하고 있었다. 편지는 2013년 한 경매에서 무려 530만 달러에 팔렸다. 편지로서는 당시 세계 최고가였다. 낙찰 금액의 절반은 프랜시스가 2004년 세상을 떠날 때까지 행복하게 말년을 보냈던 기관인 솔크 연구소에 기증되었다.)

화학자 알렉산더 토드도 우리의 멋진 이중나선 모형을 처음 본 사람 중 하나였다. 그는 유전자의 본질이 그렇게 단순하다는 것을 알고 놀라면서도 한편으로 기뻐했다. 하지만 자신의 연구실로 돌아간 뒤에 그는 DNA 가닥의 화학구조가 확정되었으므로, 그 가닥이 어떻게 3차원으로 접히는지 질문하는 것이 당연하다고 생각했음에 분명했다. 그 분자의 본질은 생물학자와 물리학자로 이루어진 두 남자가 발견하도록 놓아두었지만 말이

19 Portugal Place
Cambridge.
15 March '53

My Dear Michael.

Jim Watson and I have probably made a most important discovery. We have built a model for the structure of des-oxy-ribose-nucleic-acid (read it carefully) called D.N.A. for short. You may remember that the genes of the chromosomes — which carry the hereditary factors — are made up of protein and D.N.A.

Our structure is very beautiful. D.N.A. can be thought of roughly as a very long chain with flat bits sticking out. The flat bits are called the "bases." The formula is rather

like this

The model looks much nicer than this.

Now the exciting thing is that while there are 4 different bases, we find we can only put certain pairs of them together. The bases have names. They are Adenine, Guanine, Thymine & Cytosine. I will call them A, G, T and C. Now we find that the pairs

②

In other words we think we have found the basic copying mechanism by which life comes from life. The beauty of our model is that the shape of it is such that only these pairs can go together, though they could pair up in other ways if they were floating about freely. You can understand that we are very excited. We have to have a letter off to Nature in a day or so.

Read this carefully so that you understand it. When you come home we will show you the model.

Lots of love,
Daddy.

다. 우리 둘의 화학지식은 대학생 수준도 되지 못했다. 하지만 역설적으로 그 점이 우리가 성공하는 데에 어느 정도 중요한 역할을 한 것도 틀림없었다. 당시 화학자들이 대부분 DNA가 너무 큰 분자라서 화학 분석을 통해서는 이해할 수 없다고 생각하고 있었던 덕분에 크릭과 내가 최초로 이중나선을 발견하게 되었으니까 말이다.

현명하게도 3차원 수준에서 DNA 구조를 탐구하고 있던 화학자가 두 명 있기는 했지만 그들은 중요한 전술적 실수를 저질렀다. 로절린드 프랭클린의 실수는 미리 모형을 제작하는 것을 거부했다는 점이다. 라이너스 폴링의 실수는 DNA를 다룬 기존의 문헌들을 읽는 것을 소홀히 했다는 점이다. 샤가프가 발표한 염기 조성 자료를 소홀히 한 점이 특히 그랬다. 얄궂은 일은 폴링과 샤가프가 1952년에 파리 생화학 학술대회에 참석하기 위해서 같은 배를 타고 대서양을 건넜지만, 서로 이야기를 나누지 않았다는 점이다. 폴링은 자신이 옳다는 생각에 너무나 익숙해져 있었다. 그리고 그는 다른 것들 없이 1차 원리들만으로도 모든 화학 문제를 풀어낼 수 있다고 믿었다. 그 확신은 평생 동안 이어졌다. 냉전 시기에 그는 미국 핵무기 개발 계획을 앞장서서 비판한 저명 인사였다. 그는 어느 연설을 한 뒤에 연방 수사국의 심문을 받았다. "원자폭탄 속에 얼마나 많은 플루토늄이 들어 있는지 어떻게 알았습니까?" 폴링은 이렇게 대답했다. "말해준 사람 없소. 내 스스로 계산해냈을 뿐이오."[3]

다음 몇 달 동안 크릭과 나(나는 좀 덜했다)는 끝없이 찾아오는 호기심 많은 과학자들에게 우리의 모형을 보여주면서 기쁨을 만끽했다. 하지만 케임브리지의 생화학자들은 생화학 건물에서 정식으로 학생들에게 강의를 해달라는 요청을 전혀 하지 않았다. 그들은 그 모형을 우리 이름의 첫 글자를 따서 "WC"라고 부르기 시작했다. 그것은 영국에서 화장실(Water Closet)을 뜻하는 말이었다. 우리는 이중나선이 실험을 통해서 발견된 것이 아니었기 때문에 그들이 좋아하지 않는다는 것을 알아차렸다.

MOLECULAR STRUCTURE OF NUCLEIC ACIDS

A Structure for Deoxyribose Nucleic Acid

WE wish to suggest a structure for the salt of deoxyribose nucleic acid (D.N.A.). This structure has novel features which are of considerable biological interest.

A structure for nucleic acid has already been proposed by Pauling and Corey[1]. They kindly made their manuscript available to us in advance of publication. Their model consists of three intertwined chains, with the phosphates near the fibre axis, and the bases on the outside. In our opinion, this structure is unsatisfactory for two reasons: (1) We believe that the material which gives the X-ray diagrams is the salt, not the free acid. Without the acidic hydrogen atoms it is not clear what forces would hold the structure together, especially as the negatively charged phosphates near the axis will repel each other. (2) Some of the van der Waals distances appear to be too small.

Another three-chain structure has also been suggested by Fraser (in the press). In his model the phosphates are on the outside and the bases on the inside, linked together by hydrogen bonds. This structure as described is rather ill-defined, and for this reason we shall not comment on it.

We wish to put forward a radically different structure for the salt of deoxyribose nucleic acid. This structure has two helical chains each coiled round the same axis (see diagram). We have made the usual chemical assumptions, namely, that each chain consists of phosphate diester groups joining β-D-deoxyribofuranose residues with 3',5' linkages. The two chains (but not their bases) are related by a dyad perpendicular to the fibre axis. Both chains follow right-handed helices, but owing to the dyad the sequences of the atoms in the two chains run in opposite directions. Each chain loosely resembles Furberg's[2] model No. 1; that is, the bases are on the inside of the helix and the phosphates on the outside. The configuration of the sugar and the atoms near it is close to Furberg's 'standard configuration', the sugar being roughly perpendicular to the attached base. There

This figure is purely diagrammatic. The two ribbons symbolize the two phosphate—sugar chains, and the horizontal rods the pairs of bases holding the chains together. The vertical line marks the fibre axis

is a residue on each chain every 3·4 A. in the z-direction. We have assumed an angle of 36° between adjacent residues in the same chain, so that the structure repeats after 10 residues on each chain, that is, after 34 A. The distance of a phosphorus atom from the fibre axis is 10 A. As the phosphates are on the outside, cations have easy access to them.

The structure is an open one, and its water content is rather high. At lower water contents we would expect the bases to tilt so that the structure could become more compact.

The novel feature of the structure is the manner in which the two chains are held together by the purine and pyrimidine bases. The planes of the bases are perpendicular to the fibre axis. They are joined together in pairs, a single base from one chain being hydrogen-bonded to a single base from the other chain, so that the two lie side by side with identical z-co-ordinates. One of the pair must be a purine and the other a pyrimidine for bonding to occur. The hydrogen bonds are made as follows: purine position 1 to pyrimidine position 1; purine position 6 to pyrimidine position 6.

If it is assumed that the bases only occur in the structure in the most plausible tautomeric forms (that is, with the keto rather than the enol configurations) it is found that only specific pairs of bases can bond together. These pairs are: adenine (purine) with thymine (pyrimidine), and guanine (purine) with cytosine (pyrimidine).

In other words, if an adenine forms one member of a pair, on either chain, then on these assumptions the other member must be thymine; similarly for guanine and cytosine. The sequence of bases on a single chain does not appear to be restricted in any way. However, if only specific pairs of bases can be formed, it follows that if the sequence of bases on one chain is given, then the sequence on the other chain is automatically determined.

It has been found experimentally[3,4] that the ratio of the amounts of adenine to thymine, and the ratio of guanine to cytosine, are always very close to unity for deoxyribose nucleic acid.

It is probably impossible to build this structure with a ribose sugar in place of the deoxyribose, as the extra oxygen atom would make too close a van der Waals contact.

The previously published X-ray data[5,6] on deoxyribose nucleic acid are insufficient for a rigorous test of our structure. So far as we can tell, it is roughly compatible with the experimental data, but it must be regarded as unproved until it has been checked against more exact results. Some of these are given in the following communications. We were not aware of the details of the results presented there when we devised our structure, which rests mainly though not entirely on published experimental data and stereochemical arguments.

It has not escaped our notice that the specific pairing we have postulated immediately suggests a possible copying mechanism for the genetic material.

Full details of the structure, including the conditions assumed in building it, together with a set of co-ordinates for the atoms, will be published elsewhere.

We are much indebted to Dr. Jerry Donohue for constant advice and criticism, especially on interatomic distances. We have also been stimulated by a knowledge of the general nature of the unpublished experimental results and ideas of Dr. M. H. F. Wilkins, Dr. R. E. Franklin and their co-workers at King's College, London. One of us (J. D. W.) has been aided by a fellowship from the National Foundation for Infantile Paralysis.

J. D. WATSON
F. H. C. CRICK

Medical Research Council Unit for the
Study of the Molecular Structure of
Biological Systems,
Cavendish Laboratory, Cambridge.
April 2.

[1] Pauling, L., and Corey, R. B., Nature, 171, 346 (1953); Proc. U.S. Nat. Acad. Sci., 39, 84 (1953).
[2] Furberg, S., Acta Chem. Scand., 6, 634 (1952).
[3] Chargaff, E., for references see Zamenhof, S., Brawerman, G., and Chargaff, E., Biochim. et Biophys. Acta, 9, 402 (1952).
[4] Wyatt, G. R., J. Gen. Physiol., 36, 201 (1952).
[5] Astbury, W. T., Symp. Soc. Exp. Biol. 1, Nucleic Acid, 66 (Camb. Univ. Press, 1947).
[6] Wilkins, M. H. F., and Randall, J. T., Biochim. et Biophys. Acta, 10, 192 (1953).

간결하고 감미롭게 : 『네이처』에 실린, DNA 구조를 발견했음을 알리는 논문. 같은 호에 로절린 드 프랭클린의 논문과 모리스 윌킨스의 논문도 실렸다. 둘의 논문은 이보다 길었다.

우리는 4월 초에 『네이처(Nature)』에 논문을 제출했고, 논문은 3주일 뒤인 1953년 4월 25일에 실렸다. 우리의 모형이 전반적으로 옳다고 뒷받침하는 프랭클린과 윌킨스의 긴 논문 두 편도 함께 실렸다. 우리가 작성한 원고를 그들에게 보여준 뒤에야 우리는 프랭클린이 약 2주일 전부터 B형 DNA에 초점을 맞추기 시작했고, 그 즉시 DNA가 두 가닥으로 된 이중나선임을 깨달았다는 사실을 알았다. 하지만 그녀는 A-T와 G-C 염기쌍이 두 가닥을 결합하고 있다는 사실은 아직 알아차리지 못한 상태였다.

6월에 나는 바이러스를 주제로 한 콜드 스프링 하버 심포지엄에서 우리의 모형을 처음으로 소개했다. 막스 델브뤼크가 마지막에 내가 발표를 할 수 있도록 주선해주었다. 이 뛰어난 지성들 앞에서 나는 캐번디시에서 제작한 상자에 담긴 3차원 모형을 내놓았다. 아데닌-티민 쌍은 빨간색, 구아닌-시토신 쌍은 녹색으로 칠해져 있었다.

청중 가운데 세이모어 벤저라는 사람이 있었다. 그도 슈뢰딩거 책의 호소력에 이끌려 전공을 바꾼 물리학자였다. 그는 우리가 이룩한 업적이 자신의 바이러스 돌연변이 연구에 어떤 의미를 지니는지 즉시 알아차렸다. 그는 이제 박테리오파지의 짧은 DNA만으로도 모건의 아이들이 앞서 40년 동안 초파리 염색체를 가지고 해낸 일을 자신이 할 수 있다는 것을 깨달았다. 그는 초파리 개척자들이 염색체에 있는 유전자들의 위치를 지도로 작성한 것처럼 유전자에 나타나는 돌연변이들의 지도를 작성하고 있었다. 즉 돌연변이들의 상대적인 위치를 찾아내고 있었다. 모건과 마찬가지로 벤저도 새로운 유전적 조합을 낳는 재조합에 의존해야 했지만, 모건이 이미 있는 재조합 기구, 즉 초파리 생식세포의 생성과정을 활용한 반면에 벤저는 숙주인 세균세포 하나에 파지 균주 두 가지를 동시에 감염시킴으로써 재조합을 유도해야 했다. 두 파지 균주는 돌연변이가 일어난 부위가 각기 달랐다. 이 서로 다른 바이러스 DNA 분자들은 세균세포 내에서 분자의 일부가 교환되는 재조합을 일으킴으로써 이른바 "재조합체"라는 새

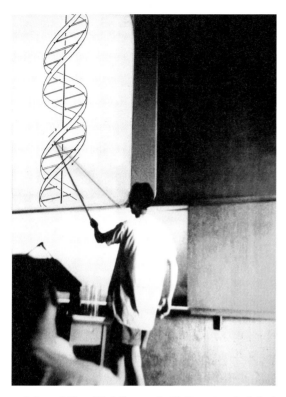
모습을 드러내는 이중나선 : 1953년 6월 콜드 스프링 하버 연구소에서 내가 강연하는 모습

롭게 조합된 돌연변이를 가진 DNA를 만든다. 벤저는 퍼듀 대학교 연구실에서 단 한 해 만에 박테리오파지 유전자인 rII의 지도를 작성했다. 그는 각각의 돌연변이들, 즉 유전암호에 나타나는 오류들이 모두 바이러스 DNA에 일렬로 분포해 있다는 것을 보여주었다. 책의 문장들이 행을 이루고 있는 것처럼 그 언어도 단순하게 행을 이루고 있었다.

콜드 스프링 하버에서 이중나선을 주제로 발표를 한 뒤에 헝가리의 물리학자 레오 실라르드는 그다지 학술적이라고 할 수 없는 반응을 보였다. 그는 나를 보자마자 물었다. "그것 특허받을 수 있나?" 실라르드의 주요 수입원은 과거에 그가 아인슈타인과 함께 딴 특허권이었고, 그는 1942년에 시카고 대학교에서 엔리코 페르미와 함께 만든 원자로에도 특허를 받으려다 실패하기도 했다. 하지만 지금과 마찬가지로 당시에도 특허는 유용한 발명에만 주어졌고, 그 당시에는 DNA가 실용적인 용도가 있다고 생각한 사람이 아무도 없었다. 그런 상황에서 실라르드는 한 술 더 떠서 우리가 저작권을 가질 수 있지 않을까 하는 생각까지 했다.

이중나선 이야기의 이 첫 번째 장을 끝맺을 수 있으려면, DNA가 지퍼처럼 열리면서 복제가 이루어진다는 개념을 실험을 통해서 보여줄 필요가 있었다. 막스 델브뤼크는 이중나선 모형 자체는 매우 마음에 들어 했지만, 그것을 지퍼처럼 열다가 끔찍한 매듭이 생기지나 않을까 우려했다. 5년 뒤 폴링의 제자였던 매트 메셀슨과 마찬가지로 영리한 젊은 파지 연구자인 프랭크 스탈은 우아한 실험결과를 내놓아 그런 두려움을 불식시켰다.

그들은 1954년 여름에 매사추세츠 우즈홀에 있는 해양 생물학 연구소에서 만났다. 당시 나는 그곳에서 강의를 하고 있었고, 진을 섞은 마티니를 너무 많이 마신 탓이었는지 그들에게 과학을 제대로 하려면 둘이 함께 연구해야 한다고 말했다. 그들의 공동 연구는 "생물학에서 가장 아름다운 실험들 중 하나"로 인정되고 있다.[4]

그들은 원심 분리 기술을 이용했다. 원심 분리기를 이용하면 질량 차이가 미미한 분자들을 분리해낼 수 있다. 시험관에 분자들을 넣고 원심 회전을 시키면 무거운 것이 가벼운 것보다 더 밑으로 가라앉는다. DNA의 성분인 질소 원자가 가벼운 것과 무거운 것 두 종류가 있다는 점에 착안해서, 메셀슨과 스탈은 DNA에 꼬리표를 달아 세균 내에서 DNA 복제가 일어나는 과정을 추적했다. 그들은 먼저 세균들을 무거운

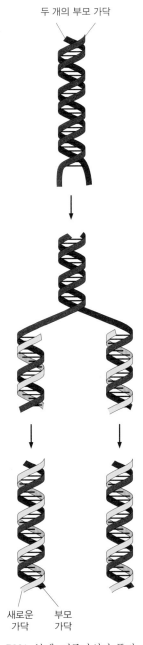

두 개의 부모 가닥

새로운 가닥   부모 가닥

DNA 복제 : 이중나선이 풀리면서 각 가닥이 복제된다

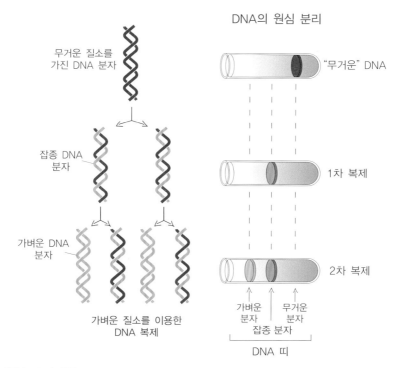

무거운 질소를
가진 DNA 분자

DNA의 원심 분리

"무거운" DNA

잡종 DNA
분자

1차 복제

가벼운 DNA
분자

2차 복제

가벼운 질소를 이용한
DNA 복제

가벼운   무거운
분자   분자
잡종 분자

DNA 띠

메셀슨-스탈 실험

질소들이 들어 있는 배지에서 키움으로써 DNA의 두 가닥에 모두 무거운
질소들이 들어가도록 했다. 그들은 이 세균들 중 일부를 가벼운 질소만이
들어 있는 배지로 옮김으로써 다음 번 DNA 복제 때에는 가벼운 질소가
쓰이도록 했다. 크릭과 내가 예측한 대로, 이중나선이 지퍼처럼 갈라져 각
가닥이 복제되는 것이 DNA 복제라면, 그 실험에서 생긴 "딸" DNA 분자들
은 둘 다 무거운 질소가 든 가닥 하나("부모" 분자에서 유래한 주형 가닥)
와 가벼운 질소가 든 가닥 하나(새 배지에서 새로 합성된 가닥)가 결합한
잡종 분자일 것이다. 메셀슨과 스탈은 원심 분리 실험을 통해서 이 예측이
정확히 들어맞는다는 것을 보여주었다. 원심 분리를 하자 시험관에 세 개
의 띠가 나타났다. 무거운 가닥-무거운 가닥과 가벼운 가닥-가벼운 가닥

사이에 무거운 가닥-가벼운 가닥이 놓여 있었다. 즉 그 두 사람은 우리의 모형이 제시하는 그대로 DNA 복제가 이루어진다는 것을 보여주었다.

거의 같은 시기에 세인트루이스에 있는 워싱턴 대학의 아서 콘버그 연구실에서는 DNA 복제의 생화학 반응에 관한 실험이 이루어졌다. 콘버그는 "세포를 이용하지 않는" DNA 합성 방식을 개발함으로써, DNA 성분들을 연결하고 DNA 뼈대의 화학결합을 이루는 효소(DNA 중합효소)를 발견했다. 콘버그의 효소를 이용한 DNA 합성방식은 예기치 않게 튀어나온 중요한 사건이었다. 그 중요한 실험으로 그는 2년도 채 지나기 전인 1959년에 노벨 의학상을 받았다. 수상 소식이 전해진 뒤 콘버그는 내가 1953년에 콜드 스프링 하버에 가져다놓은 이중나선 모형을 들고 사진을 찍었다.

하지만 정작 프랜시스 크릭, 모리스 윌킨스와 나는 1962년이 되어서야 노벨 생리의학상을 받았다. 그보다 4년 앞서 로절린드 프랭클린은 난소암에 걸려 서른일곱 살이라는 젊은 나이에 비극적으로 삶을 마감했다. 그 이전에 크릭은 프랭클린의 가까운 동료이자 진정한 친구가 되어 있었다. 두 차례의 수술을 받은 뒤 프랭클린은 케임브리지에서 크릭과 그의 아내 오딜의 도움으로 병세가 회복되던 중이었다. 하지만 그 수술은 암의 진행을 저지하지 못했다.

노벨 위원회에는 하나의 상을 세 명 이상에게 나누어주지 않는다는 오랜 규칙이 있었고 지금도 그 규칙은 지켜지고 있다. 로절린드 프랭클린이 살아 있었다면 그 상을 그녀에게 주어야 할지 모리스 윌킨스에게 주어야 할지 문제가 되었을 것이다. 위원회가 같은 해에 그 두 사람에게 노벨 화학상을 줌으로써 문제를 해결했을지도 모르겠다. 아무튼 그 상은 헤모글로빈과 미오글로빈의 3차원 구조를 해명한 막스 퍼루츠와 존 켄드루에게 돌아갔다.

나는 1968년에 펴낸 『이중나선』에서 이런 사건들을 이야기했는데, 로절린드 프랭클린을 괴팍한 인물로 묘사했다고 많은 비판을 받았다. 로절린

노벨 상을 받을 당시의 아서 콘버그

"생물학에서 가장 아름다운 실험 중 하나"를 할 때 핵심 장비인 원심분리기 옆에 선 매트 메셀슨

드는 DNA 나선이라는 개념을 받아들이기를 오랫동안 거부했지만, 그녀의 연구는 우리에게 대단히 중요한 자료를 제공했다. 다행히 지금은 그녀의 공헌이 제대로 인정을 받고 있으며, 나도 『이중나선』 후기에 그렇게 썼다. 브렌다 매독스는 『로절린드 프랭클린과 DNA(*Rosalind Franklin : The Dark Lady of DNA*)』라는 멋진 전기를 썼다. 2015년에는 연극 「사진 51(Photograph 51)」이 런던 웨스트엔드 극장에서 공연되었는데, 니콜 키드먼이 로절린드 역할을 맡아서 감동적인 장면을 보여주었다. 이 연극의 제목은 로절린드의 학생 레이먼드 고슬링(앞에서 말한)이 찍은, 나선구조를 시사하는 B형 DNA의 X선 회절 사진을 가리키는 것이다. 로절린드는 1952년 5월 그 사진을 치워버렸지만, 모리스가 1953년 1월에 우리에게 보여주었다. 그녀에게 말하지 않은 채 말이다. 그뒤로 첩보 영화의 한 장면처럼 일이 전개되었다.

이중나선의 발견은 생기론에는 조종(弔鐘) 소리였다. 진지한 과학자들, 심지어 종교적 성향을 가진 과학자들조차도 생명을 완전히 이해하는 데에 새로운 자연법칙 같은 것은 필요 없다는 점을 깨달았다. 생명은 아무리 정교하게 조직된 물리학과 화학이라고 해도 결국 물리학과 화학의 대상일 뿐이었다. 이제 우리 앞에 놓인 문제는 생명의 DNA 암호가 어떻게 자신의 일을 해나가는지 규명하는 것이었다. 세포의 분자기구들은 DNA 분자의 메시지를 어떻게 읽을까? 다음 장에서 밝혀지겠지만 예상 외로 복잡한 그 읽는 방식은 생명이 맨 처음 어떻게 탄생했는지를 깊이 이해할 수 있게 해주었다.

열정 어린 공연 : 2015년 애나 지글러의 희곡 「사진 51」이 웨스트엔드 극장에서 공연되었다. 로절린드 프랭클린 역을 맡은 니콜 키드먼은 호평을 받았다. 니콜 키드먼이 희곡 제목으로 쓰인 바로 그 멋진 X선 사진을 들고 있는 장면.

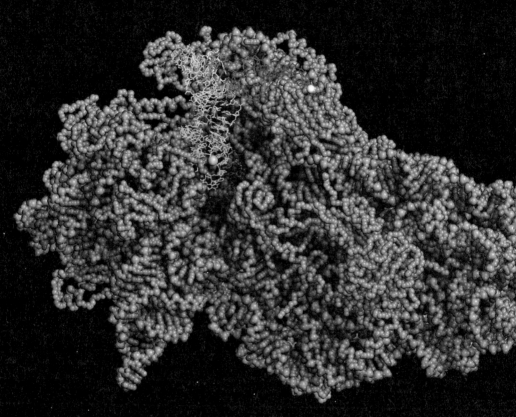

X선 분석을 통해서 밝혀진 세포의 단백질 공장인 리보솜의 3차원 구조. 각 세포에는 수백만 개의 리보솜이 들어 있다. DNA에 담긴 정보가 분자 수준에서 벌어지는 생명 드라마의 주역 인 단백질은 만드는 곳이 바로 여기이다. 리보솜은 RNA로 이루어진 두 개의 구성단위에, 60개 쯤 되는 단백질들이 붙어 있는 모양이다. 이 그림은 세균 리보솜의 구성 부분인 30S이다. 리보 솜 RNA는 원소별로 색깔을 입혔다(인은 주황, 탄소는 회색, 산소는 빨강, 질소는 파랑). 아미 노산을 리보솜으로 운반하는 전달 RNA(tRNA)는 막대 구조를 써서 무지개 색으로 표현했다 (빨강에서 시작하여 분자의 끝으로 갈수록 주황, 노랑, 초록, 파랑, 남색, 보라로 바뀐다). 전령 RNA(mRNA)는 막대 구조를 써서 짙은 파랑으로 표시했다.

제3장

암호 읽기 : DNA에서 생명으로

오즈월드 에이버리의 실험을 통해서 DNA가 "전환인자"로서 주목을 받기 오래 전부터, 유전학자들은 무엇으로 이루어져 있든지 간에 유전물질이 각 생물의 특징에 어떻게 영향을 미칠 수 있는지 이해하려고 애쓰고 있었다. 멘델의 "인자들"은 완두의 형태에 어떻게 영향을 미치기에 주름진 완두나 둥근 완두를 만드는가?

첫 번째 단서는 멘델의 연구가 재발견된 직후인 20세기 초에 나타났다. 영국의 의사인 아치볼드 개로드는 의대를 가까스로 졸업했으며 환자를 다루는 솜씨도 형편없었던 탓에 런던의 세인트 바르톨로뮤 병원에서 환자를 돌보기보다는 연구를 하는 쪽을 택하게 되었다. 그는 희귀한 질병들을 앓는 사람들에게 관심을 가지게 되었다. 그들의 소변은 기이한 색깔을 띠고 있었다. 이 질병 중의 하나인 알캅톤뇨증(alkaptonuria)은 "검은 기저귀 증후군"이라고 불렸다. 그 병에 걸린 사람들의 소변이 공기에 노출되면 검게 변했기 때문이다. 이렇게 증세는 심상치 않아 보이지만, 대체로 목숨을 위협할 정도로 심각하지는 않다. 말년에 소변에서 나타나는 것과 같은 검은 색소가 관절과 척추에 축적되면서 관절염 비슷한 증세가 나타날 수는 있지만 말이다. 당시 과학은 소화관에 사는 세균이 만드는 물질 때문에 소변이 검게 변한다고 보았지만, 개로드는 소화관에 아직 세균이 자리를 잡지 않은 신생아들의 소변도 검게 변하므로 몸 자체가 그 물질을 만드는 것이라고 주장했다. 그는 그것이 몸의 화학기구에 있는 결함, 그의 말을 빌리면 "신진대사 오류"의 산물이라고 추론하면서, 일부 생화학 경로에 중요한 이상이 있을지 모른다고 말했다.

개로드는 더 나아가서 알캅톤뇨증이 비록 인구 전체로 보면 희귀한 질병이지만 혈연관계가 있는 사람들끼리 혼인했을 때 그 아이들에게서 발병률이 더 높다는 것을 알게 되었다. 1902년이 되자, 그는 새로 재발견된 멘델의 법칙을 이용하여 그 현상을 설명할 수 있게 되었다. 그 병은 희귀한 열성 유전자에게 나타날 수 있는 유전양상을 보였다. 이를테면 같은 조부모에게서 "알캅톤뇨증" 유전자를 하나씩 물려받은 사촌 둘이 혼인을 하면, 그 유전자를 동형으로 지닌, 즉 그 열성 유전자를 쌍으로 지닌 아이가 나타날 확률은 4분의 1이 된다. 즉 아이들 중 4분의 1은 알캅톤뇨증을 앓게 될 것이다. 개로드는 생화학적 분석과 유전적 분석을 결합하여 알캅톤뇨증이 "선천적인 신진대사 오류"라고 결론지었다. 그 당시에는 아무도 인정해주지 않았지만, 개로드는 유전자와 생리적 영향 사이의 인과관계를 처음으로 규명한 사람이었다. 유전자는 어떤 식으로든 대사과정을 통제하며, 유전자에 일어난 오류, 즉 돌연변이는 대사 경로에 장애를 일으킬 수 있다.

그 다음 단계의 중요한 발전은 조지 비들과 에드 테이텀이 붉은빵곰팡이에 돌연변이를 유도한 연구 결과를 발표한 1941년이 되어서야 이루어졌다. 비들은 네브래스카 주의 와호 외곽에서 어린 시절을 보냈으며, 고등학교 과학 교사가 그에게 다른 직업을 찾아보라고 권유하지 않았다면 가족 농장을 떠맡았을 것이다. 1930년대 내내 그는 처음에는 캘리포니아 공대에서 초파리로 유명한 토머스 모건과 함께, 그 다음에는 파리에 있는 생물리화학 연구소에서 어떻게 유전자가 초파리의 눈 색깔을 바꾸는 것과 같은 마법을 부리는지 규명하는 일에 몰두했다. 1937년에 스탠퍼드 대학교로 옮긴 뒤 그는 테이텀을 받아들였다. 테이텀은 지도교수의 권고를 거부하고서 그쪽으로 갔다. 위스콘신 대학교에서 학부와 대학원을 나온 에드 테이텀은 원래 우유에 살고 있는 세균들을 연구하고 있었다. 이 세균들은 치즈에도 풍부하게 들어 있었다. 비들과 함께 한다는 것은 지적으로는 도전할 만한 일이었지만, 위스콘신에 있던 교수들은 낙농업 분야에서 일하는 것이 경제적으로 더 안정적이라고 테이텀에게 충고했다. 과학을 위해서는 다행스럽게도 테이텀은 버터가 아닌 비들을 택했다.

비들과 테이텀은 초파리는 너무 복잡해서 빠른 결과를 필요로 하는 연구에는 적합하지 않다는 것을 깨달았다. 초파리처럼 복잡한 동물에서 돌연변이 하나의 영향을 찾아낸다는 것은 건초 더미에서 바늘을 찾는 것과 같았다. 그들은 그 대신 훨씬 더 단순한 종인 붉은빵곰팡이를 연구하기로 했다. 붉은색을 띤 이 곰팡이는 열대지방의 빵에서 핀다. 계획은 단순했다. 멀러가 초파리에게 했듯이 곰팡이에 X선을 쬐어 돌연변이를 유도한 다음, 그 돌연변이가 어떤 영향을 미치는지 파악한다는 것이었다. 그들은 돌연변이의 영향을 다음과 같이 추적할 생각이었다. 정상적인, 즉 돌연변이가 일어나지 않은 곰팡이는 기본 "영양소"만 들어 있는 이른바 최소 배지에서 살 수 있었다. 이런 곰팡이는 최소 배지에 있는 단순한 분자들을 이용해서, 살아가는 데 필요한 거대 분자들을 모두 생화학적으로 합성할 수 있다. 비들과 테이텀은 그런 합성 경로들 중 어느 것에 이상을 일으키는 돌연변이가 생기면 그 곰팡이 균주는 최소 배지에서 살 수 없을 것이라고 추론했다. 그러나 그 균주도 생명에 필요한 아미노산과 비타민 같은 작은 분자들이 모두 들어 있는 이른바 "완전" 배지에서는 번성할 수 있다. 즉 핵심 영양소의 합성을 방해하는 돌연변이가 있어도 배지에서 직접 그 영양소를 얻을 수 있다면 아무런 문제가 없다.

비들과 테이텀은 약 5,000개의 시료에 X선을 쬔 다음 각각이 최소 배지에서 생존할 수 있는지 조사하기 시작했다. 첫 번째 시료는 잘 살았다. 두 번째 것도 마찬가지였고, 세 번째 것도 마찬가지였다……299번째 시료를 조사했을 때 그들은 마침내 최소 배지에서 살 수 없는 균주를 발견했다.

예상대로 그 균주는 완전 배지에서는 살 수 있었다. 299번은 그들이 분석할 수많은 돌연변이 균주 중 첫 번째 것에 불과했다. 다음 단계는 그 돌연변이체가 정확히 어떤 능력을 잃었는지 조사하는 것이었다. 299번은 필수 아미노산을 합성할 수 없을지도 몰랐다. 비들과 테이텀은 최소 배지에 아미노산을 첨가했다. 하지만 299번은 여전히 살지 못했다. 그렇다면 비타민일까? 그들은 최소 배지에 비타민을 다량 첨가했다. 그러자 299번은 살아남았다. 이제 범위를 좁히는 일이 남았다. 그들은 비타민을 하나씩 첨가하면서 299번이 살 수 있는지 조사했다. 니코틴산은 아니었다. 리보플라빈도 아니었다. 그러다가 B_6 비타민을 넣자 299번은 최소 배지에서 살 수 있었다. 따라서 299번 시료에 X선을 쬐어 유도된 돌연변이는 B_6의 생산에 관여하는 합성 경로를 파괴하는 듯했다. 하지만 어떻게? 비들과 테이텀은 이런 생화학 합성 경로가 그 경로를 이루는 각각의 화학반응을 촉진하는 단백질 효소의 통제를 받는다는 것을 알고 있었다. 그들은 자신들이 발견한 각 돌연변이가 특정 효소를 방해한다고 생각했다. 그리고 돌연변이는 유전자에 일어나므로 유전자가 효소를 만들어내는 것이 분명했다. 1941년에 발표된 그들의 연구 결과는 "유전자 하나, 효소 하나"라는 표어를 낳았다. 그 표어에는 유전자의 작동방식이 어떤 식으로 이해되고 있는지가 요약되어 있었다.

그러나 당시에는 효소가 모두 단백질이라고 여겨지고 있었으므로, 곧 유전자가 산소 운반자인 헤모글로빈처럼 효소가 아닌 다른 많은 세포 단백질 암호도 지니고 있는 것인가라는 질문이 제기되었다. 유전자가 모든 단백질의 정보를 제공할 것이라는 주장을 처음 제기한 것은 캘리포니아 공대의 라이너스 폴링 연구실이었다. 폴링과 그의 제자인 하비 이타노는 헤모글로빈을 연구했다. 헤모글로빈은 적혈구 세포에 들어 있는 단백질로서 폐에 있는 산소를 근육처럼 산소를 필요로 하는 신진대사가 활발한 조직으로 운반하는 역할을 한다. 특히 그들은 이른바 "낫 모양 적혈구 빈혈"에 걸린 사람들의 헤모글로빈을 집중 연구했다. 이 병은 아프리카 사람들에게 흔한 유전적 장애이므로 아프리카계 미국인들에게도 마찬가지로 흔하다. 이 병에 걸린 사람들의 적혈구는 기형이 되는 경향을 보인다. 현미경으로 볼 때 특이하게 "낫" 모양을 하고 있는 이 적혈구들은 모세혈관을 막아 심한 통증을 일으키거나 심하면 죽음까지 불러온다. 뒤에 이 병이 아프리카 사람들에게 많은 데에는 진화적인 이유가 있다는 사실이 밝혀졌다. 말라리아 병원체의 생활사가 완결되려면 인간의 적혈구를 거쳐야 하는데 낫 모양 적혈구 헤모글로빈을 가진 사람들은 말라리아 증상을 덜 심하게 앓는다. 인류의 진화는 일부 열대지역 주민들에게 파우스트가 했던 것과 같은 거래를 한 듯하다. 즉 그들은 더 심한 질병에 대항하기 위해서 낫 모양 적혈구 빈혈을 택한 것이다.

이타노와 폴링은 낫 모양 적혈구 빈혈이 있는 사람들과 그렇지 않은 사람들의 헤모글로빈 단백질을 비교했다. 그들은 두 분자의 전하량이 다르다는 것을 발견했다. 그 무렵, 즉 1940년대 말에 유전학자들은 낫 모양 적혈구 빈혈이 고전적인 멘델의 열성 형질임을 밝혀냈다. 그래서 이타노와 폴링은 낫 모양 적혈구 빈혈이 헤모글로빈 유전자에 나타난 돌연변이 때문이며, 돌연변이가 헤모글로빈 단백질의 화학 조성에 영향을 미친 것이 분명하다고 추정했다. 따라서 폴링은 개로드의 "선천적인 신진대사 오류" 개념을 "분자 질병"이라는 말로 더 세련되게 다듬을 수 있었다. 낫 모양 적혈구 빈혈은 단지 분자 질병이었을 뿐이다.

프랜시스 크릭과 내가 이중나선을 발견한 장소인 케임브리지 캐번디시 연구소에서 일하던 버넌 잉그램은 1956년에 낫 모양 적혈구 헤모글로빈 이야기를 한 단계 더 끌고 나갔다. 잉그램은 단백질을 이루고 있는 사슬에 있는 아미노산들을 파악하는 최신 방법을 사용하여, 이타노와 폴링이 말한 그 분자의 전체 전하에 영향을 미치는 원인을 분자 수준에서 정확히 규명할 수 있었다. 그것은 아미노산 하나 때문이었다. 잉그램은 정상 단백

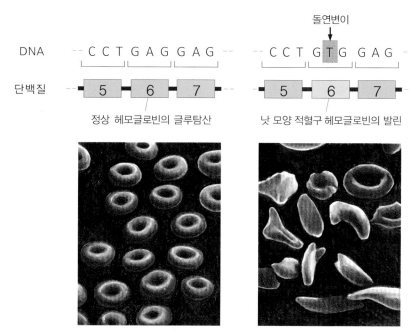

돌연변이의 영향. 인간 베타 헤모글로빈 유전자의 DNA 서열에서 염기 1개가 바뀌어 단백질 서열을 이루는 아미노산들 중 글루탐산 1개가 발린으로 바뀐다. 이 염기 1개의 차이가 둥근 적혈구를 낫 모양의 적혈구로 변형시켜 낫 모양 적혈구 빈혈을 일으킨다.

질 사슬의 여섯 번째에 있는 아미노산인 글루탐산이 낫 모양 적혈구 헤모글로빈에서는 발린으로 바뀌었다는 것을 밝혀냈다. 이는 유전자 돌연변이, 즉 유전자의 DNA 암호인 A, T, G, C 서열에 나타나는 차이가 단백질의 아미노산 서열 차이로 직접 "이어질" 수 있다는 명확한 증거였다. 단백질은 생명활동의 핵심 분자이다. 즉 단백질은 생화학 반응을 촉진하는 효소가 되고, 피부와 털과 손톱을 이루는 케라틴 같은 몸의 주요 구성성분이 된다. 따라서 DNA는 단백질을 통해서 세포와 발달과 생명 전체를 통제하는 마법을 부리는 것이다.

그렇다면 DNA에 암호로 들어 있는 정보, 즉 A, T, G, C 뉴클레오티드들로 된 분자 가닥이 어떻게 아미노산들로 된 단백질 가닥으로 전환되는 것일까?

프랜시스 크릭과 내가 이중나선을 발표한 직후 러시아 출신의 저명한 이론 물리학자인 조지 가모가 우리에게 편지를 보냈다. 그는 언제나 편지를 손으로 직접 썼고 만화와 기이한 그림을 그려넣곤 했다. 편지들 중에는 우리 생각과 들어맞는 것도 있고 덜 그런 것도 있었는데, 아무튼 항상 "Geo"라는 간단한 서명이 붙어 있었다(나중에야 우리는 그것을 "조"라고 읽는다는 것을 알았다). 그는 DNA에 관심을 가지고 있었으며, 잉그램이 DNA 염기 서열과 단백질의 아미노산 서열 사이에 연관이 있음을 결정적으로 보여주기 전부터 DNA와 단백질이 관련이 있다고 생각하고 있었다. 생물학이 마침내 엄밀한 과학이 되었음을 감지한 가모는 모든 생물이 염기인 A, T, G, C를 나타내는 숫자 1, 2, 3, 4로만 나열된 아주 긴 숫자를 통해서 유전적으로 묘사되는 시대가 올 것이라고 내다보았다. 솔직히 말해서 처음에 우리는 그를 익살꾼으로 생각했고 첫 편지를 무시했다. 하지만 몇 달 뒤 뉴욕에서 그를 만난 크릭은 그가 위대한 재능을 지니고 있음을 알아차렸다. 우리는 즉시 그를 DNA 행진 선두 차량에 탑승시켰다. 그는 그 행진에 맨 처음 합류한 사람들 중 하나였다.

가모는 소련을 집어삼키고 있던 스탈린 독재를 피해 1934년에 미국으로 왔다. 1948년에 쓴 논문에서 그는 우주 전체에 각기 다른 화학원소들이 풍부하게 있는 것을 대폭발(빅뱅) 초기에 일어났던 열핵과정과 연관지어 설명했다. 그 연구를 한 사람은 가모와 그의 대학원생인 랠프 앨퍼였으므로 논문 저자 이름이 "앨퍼와 가모"라고 적혀 있어야 했지만, 가모는 친구인 한스 베테의 이름을 끼워넣었다. 베테가 뛰어난 재능을 가진 물리학자인 것은 분명했지만 그는 그 연구에 아무 기여도 하지 않은 사람이었다. 늘 장난을 즐겼던 가모는 그 논문에 "앨퍼, 베테, 가모"라는 이름을 싣고는 즐거워했다. 그 논문의 발표 날짜가 4월 1일이 된 것도 결코 우연이 아니었다. 지금도 우주론자들은 그 논문을 알파-베타-감마 논문이라고 부르고 있다.

1954년에 내가 가모를 처음 만났을 무렵에 그는 이미 DNA 염기들이 셋씩 일부 겹쳐 읽히면서 각 아미노산이 지정된다고 제안함으로써 체계적인 틀을 고안해놓은 상태였다. 그의 이론은 각 염기쌍의 표면에 각 아미노산의 표면과 딱 들어맞는 상보적인 홈이 나 있다는 믿음을 토대로 하고 있었다. 나는 가모에게 그다지 공감이 안 간다고 말했다. DNA는 아미노산들을 줄 세워놓고 폴리펩티드 사슬로 연결시키는 직접적인 주형이 될 수 없다고 말했다. 폴리펩티드 사슬이란 아미노산들이 길게 연결되어 있는 것을 말한다. 나는 가모가 물리학자라서 단백질 합성이 DNA가 있는 장소인 염색체에서 일어난다는 개념을 반박하는 논문들을 읽지 않았을 것이라고 추측했다. 사실 세포의 염색체를 제거해도 단백질 합성속도에는 급격한 변화가 일어나지 않는다는 관찰결과들도 있었다. 오늘날 우리는 아미노산들이 리보솜의 표면에서 단백질로 조립된다는 것을 알고 있다. 리보솜은 세포 속에 있는 작은 입자로서 RNA라는 또다른 핵산을 포함하고 있다.

당시는 RNA가 생명체의 생화학적 퍼즐에서 정확히 어떤 역할을 하는지 잘 모르는 상태였다. 담배 모자이크 바이러스 같은 일부 바이러스에서는 다른 종의 DNA처럼 RNA가 그 생물 특유의 단백질 암호를 담고 있는 듯이 보였다. 그리고 RNA는 세포 속에서 어떤 식으로는 단백질 합성에 관여하는 것이 틀림없었다. 단백질이 많이 만들어지는 세포에는 항상 RNA도 풍부하기 때문이다. 이중나선을 발견하기 전부터 나는 염색체 DNA에 담긴 유전정보가 상보적 서열을 지닌 RNA 사슬을 만드는 데에 쓰이는 것이 아닐까 생각하고 있었다. 그렇게 생긴 RNA 사슬들이 아미노산들의 순서를 정하는 주형 역할을 해서 각각의 단백질을 만드는 것일 수도 있었다. 그렇다면 RNA는 DNA와 단백질을 연결하는 중간물질인 셈이었다. 나중에 프랜시스 크릭은 이 DNA → RNA → 단백질로 이어지는 정보의 흐름을 "중심 원리(central dogma)"라고 부르곤 했다. 머지않아 1959년에 RNA 중합효소가 발견되면서 그 생각은 지지를 받게 된다. 거의 모든 세포에서 RNA 중합효소는 두 가닥으로 된 DNA 주형에서 한 가닥으로 된 RNA 사슬을 만드는 촉매 역할을 한다.

단백질이 만들어지는 과정에서 RNA가 본질적인 역할을 한다는 단서를 얻으려면 DNA가 아니라 RNA를 더 연구해야 할 듯했다. "암호 해독", 즉 DNA 서열과 단백질의 아미노산 서열 사이에 있는 좀처럼 드러나지 않고 있는 관계를 규명한다는 목표에 다가서기 위해서 가모와 나는 RNA 넥타이 클럽을 조직했다. 20종류의 아미노산을 한 사람당 하나씩 맡는다는 의미에서 회원은 20명으로 제한했다. 가모는 클럽의 넥타이를 도안했고, 각 아미노산을 나타내는 넥타이핀 제작도 의뢰했다. 넥타이핀은 자기 임무를 나타내는 배지였다. 각 핀에는 표준 표기법에 맞게 각 아미노산을 뜻하는 세 글자가 새겨져 있었고, 그 글자에 해당하는 아미노산이 바로 자신이 연구할 대상이었다. 나는 프롤린(proline)을 뜻하는 PRO를 가졌고 가모는 알라닌(alanine)을 뜻하는 ALA를 골랐다. 당시에는 넥타이핀에 자기 이름의 약자를 새겨넣는 것이 관례였다. 가모는 사람들이 자신의 ALA 핀을 보고 어리둥절해하는 모습을 보면서 즐거워했다. 그는 그렇게 장난을 치다가 관찰력이 뛰어난 한 호텔 직원이 그의 수표를 받기를 거부하는 바람에 된통 당하기도 했다. 직원은 수표에 적힌 이름이 그 신사의 장신구에 적힌 약자와 전혀 다르다는 것을 눈치챘던 것이다.

당시 암호 문제에 관심이 있던 과학자들이 대부분 20명에 불과했던 그 클럽의 회원이었다는 사실은 그 무렵 DNA-RNA 세계가 얼마나 작았는지를 단적으로 보여준다. 자리가 남았기 때문에 가모는 생물학자가 아닌 친구인 물리학자 에드워드 텔러(LEU-류신[leucine])를 끼워넣을 수 있었고, 나는 비범한 상상력을 지닌 캘리포니아 공대의 물리학자인 리처드 파인먼 (GLY-글리신[glycine])을 끼워넣었다. 파인먼은 이따금 내면에서 폭발하는

and mail to G. Gamow, M. L. B., Woods Hole, Mass.   For a negative
anything.

nt of collected dollars is sufficient to buy an RNA
l base pin for the proposed candidates (for, of cou
do not pay) they will be considered electe.
ate for receiving the votes is September 1st, 1955

Sincerely yours,   *Ala*,

The Synthesizer

s for Calif. next week, and un
ny advres will be:
VAiR. San Diego. Calif.
will be probably dropping
quite often, will you
ve me the advres of
haberdasher. I may have
few more ties.

Yours Geo.

Rnatie Club
"Do or die, or don't try"

July 4, 1955

OFFICERS
GEO GAMOW · SYNTHESIZER
GEORGE WASHINGTON UNIVERSITY
JIM WATSON · OPTIMIST
HARVARD UNIVERSITY
FRANCIS CRICK · PESSIMIST
CAMBRIDGE UNIVERSITY
MARTINAS YCAS · ARCHIVIST
QUARTERMASTER R. & D. LABS.
ALEK RICH · LORD PRIVY SEAL
NAT. INST. MENTAL HEALTH

Dear Pro,

This is the first official club circular.
First, the assignments of tie pins (which, as
you know, were randomized):

1) ALA - G. Gamow
2) ARG - A. Rich
3) ASP - P. Doty
4) ASN - R. Ledley
5) CYS - M. Ycas
6) GLU - R. Williams
7) GLN - A. Dounce
8) GLY - R. Feynman
9) HIS - M. Calvin
10) ISO - N. Simons
11) LEU - E. Teller
12) LYS - E. Chargaff
13) MET - N. Metropolis
14) PHE - G. Stent
15) PRO - J. Watson
16) SER - H. Gordon
17) THR - L. Orgel
18) TRY - M. Delbruck
19) TYR - F. Crick
20) VAL - S. Brenner

From this list, 13 members have obtained their tie pins while
the remaining 7 are still stubbornly holding out.
For RNA ties, please write to Jim Watson at Harvard ~~Cambridge~~ University.
The first matter of business is the election of honorary base
members.   The organization committee proposes two candidates out of
the maximum possible number of four:

1) Dr. Fritz Lipmann for: CY   (These
2) Dr. Albert Szent-Gyorgyi for: AD   bases
                                          random

Each of the 20 members of the club is welcome to send
both of these two candidates.

For a positive vote: include $1.00 for each candidat
is included, please specify for which of the two candidat

RNA 넥타이 클럽: 독특한 서명이 담긴 조지 가모의 편지(오른쪽 위)와 그의 모습(오른쪽 아래). 아래는 1955년 모임 때의 모습. 클럽 회원용 넥타이를 매고 있다(프랜시스 크릭, 알렉스 리치, 레슬리 오겔, 나).

원자력이 생물학적 건축물의 한계를 넘어설 때마다 좌절을 겪곤 하는 사람이었다.

가모가 1954년에 제시한 설명체계는 검증이 가능하다는 장점을 가지고 있었다. 그 가설은 DNA 코돈이 겹쳐져 있다고 보기 때문에 단백질에서 서로 인접해서 나타날 수 없는 아미노산 쌍이 생길 수밖에 없었다. 그래서 가모는 다른 단백질들의 서열이 밝혀지기를 목이 빠지도록 기다렸다. 실망스럽게도 점점 더 많은 아미노산들이 서로 인접해 나타나기 시작함으로써 그의 설명체계는 점점 더 유지되기 힘들어졌다. 1956년에 시드니 브레너 (VAL-발린[valine])는 당시까지 나와 있는 모든 아미노산 서열을 분석함으로써 가모식 암호체계들에 결정적인 타격을 가했다.

브레너는 남아프리카 요하네스버그 외곽의 작은 마을에서 자랐다. 아버지의 구두 수선 가게 뒤쪽에 달린 방 두 칸짜리 집에서였다. 리투아니아 이민자였던 아버지는 문맹이었지만, 그의 소중한 아들은 네 살 때 이미 책에 애정을 품고 있었고, 이 열정에 이끌려 『생명의 과학(*The Science of Life*)』이라는 교과서를 읽으면서 그는 생물학에 관심을 가지게 되었다. 언젠가 그는 그 책이 공공 도서관에서 훔쳐온 것이라고 털어놓았다. 하지만 도둑질도, 가난도 그의 발전을 저지할 수 없었다. 그는 열네 살에 비트바테르스란트 대학교 의학과정에 입학했다. 우리가 이중나선을 발견했을 때 그는 옥스퍼드 대학교의 박사과정에 있었는데, 이중나선이 발견된 지 한 달 뒤에 케임브리지로 찾아왔다. 그는 우리의 모형을 보았을 때의 느낌을 이렇게 회상하고 있다. "그것을 보았을 때 이것이다라는 느낌이 왔다. 이것이 가장 근본적이라는 생각이 순간적으로 뇌리를 스쳤다."[1]

틀린 이론을 내놓은 사람이 가모만은 아니었다. 나 역시 그런 낭패를 겪어야 했다. 이중나선을 발견한 지 얼마 지나지 않아 나는 캘리포니아 공대로 자리를 옮겼다. 그곳에서 나는 RNA 구조를 발견하고 싶었다. 실망스럽게도 알렉산더 리치(ARG-아르기닌[arginine])와 나는 RNA의 X선 회절 패턴을 도저히 해석할 수 없다는 것을 곧 알아차렸다. 그 분자의 구조는 DNA 구조와 달리 아름다운 규칙성을 보이지 않는 것이 분명했다. 더욱 실망스러웠던 것은 프랜시스 크릭(TYR-티로신[tyrosine])이 1955년 초 넥타이 클럽 회원들에게 보낸 짧은 편지에 내 생각과는 달리 RNA 구조에 DNA → 단백질 전환의 비밀이 담겨 있지 않을 것이라고 쓰여 있었다는 점이다. 그 대신 그는 아미노산들이 각각에 맞게 하나씩 있는 이른바 "어댑터 분자"를 통해서 단백질 합성이 일어나는 장소로 운반될 가능성이 높다고 제시했다. 그는 이 어댑터들이 아주 작은 RNA 분자일 것이라고 추측했다. 나는 2년 동안 그의 생각을 받아들이지 않았다. 그러던 중 그의 새로운 생각이 적중했음을 입증하는 가장 예기치 않은 발견이 터져나왔다.

그 연구는 보스턴에 있는 매사추세츠 종합병원에서 이루어졌다. 그곳에서는 선견지명이 있는 의사이자 과학자인 폴 자메크닉이 세포를 이용하지 않은 단백질 합성체계를 개발하기 위해서 몇 년째 연구를 계속하고 있었다. 세포는 구획이 잘 된 구조물이다. 자메크닉은 세포 안에 있는 다양한 막 때문에 야기되는 복잡성을 제거한 채 그 안에서 진행되는 일들을 연구할 필요가 있다고 판단했다. 그와 동료들은 쥐의 간 조직에서 추출한 물질을 이용해서 시험관 속에 세포 내부를 단순화한 체계를 재창조하는 데에 성공했다. 그 시험관에 방사성 물질로 꼬리표를 단 아미노산들을 넣으면 그것들이 단백질로 조립되는 과정을 추적할 수 있었다. 이런 방법으로 자메크닉은 리보솜이 단백질의 합성 장소임을 밝혀냈다. 조지 가모는 처음에 그 사실을 받아들이지 않았다.

이어서 자메크닉은 동료인 말론 호아글랜드와 함께 더욱더 예상 외의 발견을 했다. 그들은 아미노산이 폴리펩티드 사슬에 연결되기 전에 작은 RNA 분자에 결합된다는 것을 밝혀냈다. 그들은 이 결과를 놓고 당혹스러워하다가 내가 크릭의 어댑터 이론을 말해주자 그제야 의미를 이해했다. 그들은 각 아미노산마다 각기 다른 RNA 어댑터(운반 RNA)가 있다는 것을 어렵지 않게 밝혀낼 수 있었다. 각 운반 RNA 분자 표면에는 RNA 주형의 상응하는 부위에 결합할 수 있는 특수한 염기 서열이 있었다. 각 운반 RNA가 RNA 주형을 따라서 늘어서면 그에 따라서 아미노산들도 줄을 섬으로써 단백질 합성이 이루어진다.

운반 RNA가 발견되기 전까지는 세포의 모든 RNA가 주형 역할을 한다고 생각했다. 이로써 우리는 RNA가 몇 가지 형태로 존재한다는 것을 깨달았다. 리보솜에는 주로 두 가지 RNA 사슬이 들어 있었다. 이 무렵 우리를 당혹스럽게 했던 것은 리보솜에 들어 있는 두 RNA 사슬의 크기가 항상 일정하다는 점이었다. 이 사슬들이 단백질 합성의 실제 주형이라면 단백질들의 크기가 제각각이므로 그것들도 크기가 제각각이어야 옳았다. 마찬가지로 우리를 혼란스럽게 한 것은 이 사슬들이 매우 안정하다는 사실이었다. 즉 그것들은 일단 합성되고 나면 대사과정을 통해서 분해되지 않았다. 하지만 파리의 파스퇴르 연구소에서 이루어진 실험결과들은 세균 단백질 합성의 주형들이 수명이 짧다고 말하고 있었다. 더욱 이상한 것은 그 두 리보솜 RNA 사슬들의 염기 서열이 그에 해당하는 염색체 DNA 분자의 염기 서열과 전혀 상관관계가 없어 보인다는 점이었다.

이런 역설들은 1960년에 세번째 RNA인 전령 RNA가 발견됨으로써 해결되었다. 단백질 합성의 진짜 주형은 이것이었다. 하버드 대학의 내 연구실에서, 그리고 시드니 브레너와 매트 메셀슨이 캘리포니아 공대와 케임브리지 대학교 양쪽에서 해낸 실험들은 리보솜이 사실상 분자 공장이라는 것을 보여주었다. 리보솜은 두 개의 구성단위로 이루어져 있고, 전령 RNA는 구식 컴퓨터의 입력장치로 쓰이는 종이 테이프처럼 이 두 단위 사이를 지나간다. 그러면서 아미노산을 매단 운반 RNA들이 리보솜에서 전령 RNA와 결합하고, 그에 따라서 아미노산들이 한 줄로 늘어서면서 서로 화학적으로 연결되어 폴리펩티드 사슬을 만든다.

그러나 유전암호, 즉 핵산 서열이 폴리펩티드 서열로 번역되는 규칙은 아직 밝혀지지 않고 있었다. 1956년에 RNA 넥타이 클럽의 자료에는 이론적 문제들을 다룬 시드니 브레너의 글이 있다. 그 글의 요점은 이렇다. DNA 글자가 A, T, G, C 네 가지밖에 없을 때 단백질 사슬에 들어가는 아미노산 20종류의 암호를 만들려면 어떻게 해야 할까? 뉴클레오티드 하나가 아미노산 암호라면 아미노산을 네 종류밖에 만들지 못하며, 뉴클레오티드 둘을 짝지어 암호를 만든다고 해도 가능한 순열이 16(4×4)가지이므로 16종류밖에 만들지 못한다. 따라서 아미노산의 암호는 적어도 뉴클레오티드 셋을 짝지은 삼중 암호(triplet)이어야 한다. 하지만 그렇다면 암호가 남는 혼란스러운 일이 벌어진다. 삼중 암호라면 64(4×4×4)가지 순열이 가능하다. 필요한 암호는 20개뿐이므로 삼중 암호일 경우에는 대다수 아미노산들이 하나 이상의 암호를 가질 수 있다. 그렇다면 원리상 256(4×4×4×4)가지 순열을 만드는 "사중 암호"도 얼마든지 가능하다. 그저 여분의 암호가 더 생기는 것일 뿐이니 말이다.

1961년에 케임브리지 대학교에서 브레너와 크릭은 암호가 세 개의 뉴클레오티드를 기반으로 한다는 것을 보여주는 결정적인 실험을 했다. 그들은 돌연변이 유발 화학물질을 적절히 이용해서 DNA 염기쌍을 삽입하거나 제거할 수 있었다. 그들은 염기쌍 하나를 삽입하거나 제거하면 그 돌연변이가 일어난 부위부터 암호 전체에 혼란이 일어나는 유해한 "틀 이동(frameshift)" 돌연변이가 나타난다는 것을 알았다. JIM ATE THE FAT CAT처럼 세 글자가 모여 한 단어를 이루는 암호가 있다고 하자. 이제 맨 처음에 나오는 "T"가 제거되었다고 하자. 그 문장에서 세 글자가 한 단어를 이루는 구조를 유지한다면 JIM AET HEF ATC AT처럼 누락이 일어난 지점부터 알 수 없는 문장이 된다. 염기쌍 두 개를 삽입하거나 제거해도 마찬가지이다. 맨 처음 나오는 "T"와 "E"를 제거하면 JIM ATH EFA TCA T라는 문장이 생긴다. 더 횡설수설이다. 이제 세 글자를 제거(또는 삽입)하면 어떤 일이 벌어질지 알아보자. 처음 나오는 "A", "T", "E"를 제거하면

JIM THE FAT CAT라는 문장이 생긴다. ATE라는 한 "단어"가 없어지기는 했지만 남은 문장은 제 의미를 그대로 유지하고 있다. 그리고 설령 맨 처음 나오는 "T"와 "E", 두 번째 나오는 "T"를 제거하여 "단어들"의 일부를 삭제한다고 해도 두 단어의 뜻만을 잃을 뿐, JIM AHE FAT CAT처럼 그 뒤의 문장은 고스란히 보존된다. DNA 서열도 마찬가지이다. 염기쌍 하나를 삽입하거나 제거하면 틀 이동 효과 때문에 그 삽입이나 제거가 일어난 지점부터 모든 아미노산들이 달라짐으로써 단백질에 대규모 혼란이 생긴다. 하지만 DNA 분자에 염기쌍 셋이 삽입되거나 제거될 때에는 반드시 대변동이 나타난다고 볼 수 없다. 그렇게 제거하면 아미노산 하나가 누락되는 일이 벌어지겠지만 그 단백질이 반드시 생물학적 기능을 상실한다고는 볼 수 없다. (한 가지 특이한 예외 사례는 낭성 섬유증이다. 뒤에서 살펴보겠지만, 이 병의 낭성 섬유증 단백질에 있는 아미노산 하나를 누락시키는 돌연변이가 가장 흔한 원인이다.)

어느 날 밤 늦게 크릭은 동료인 레슬리 바넷과 함께 염기 세 쌍을 제거하는 실험의 최종 결과를 보기 위해서 연구실로 돌아왔다. 크릭은 그 결과가 어떤 의미를 내포하고 있는지 즉시 알아차렸다. 그는 바넷에게 말했다. "삼중 암호가 맞다는 것을 아는 사람은 우리 둘뿐이야!"[2] 크릭은 나와 더불어 이중나선이라는 생명의 비밀을 맨 처음 엿본 사람이었다. 이제 그는 그 비밀이 세 글자로 된 단어들로 쓰였다는 것을 처음으로 확인한 사람이 되었다.

그렇게 암호가 세 글자 단위로 이루어졌다는 점이 밝혀지면서 DNA와 단백질이 RNA를 통해서 연결된다는 점도 드러났다. 하지만 그 암호를 해독하는 일이 아직 남아 있었다. 즉 DNA의 ATA TAT나 GGT CAT 서열에 해당하는 아미노산 쌍은 어떤 것일까? 그 해답은 1961년에 모스크바에서 열린 국제 생화학 학술대회에서 마셜 니런버그의 발표를 통해서 세상에 첫 모습을 드러냈다.

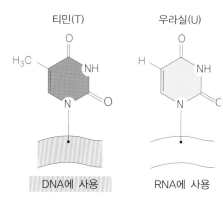

유전암호	
아미노산	RNA 코돈
알라닌	GCA GCC GCG GCU
아르기닌	AGA AGG CGA CGC CGG CGU
아스파라긴	AAC AAU
아스파르트산	GAC GAU
시스틴	UGC UGU
글루탐산	GAA GAG
글루타민	CAA CAG
글리신	GGA GGC GGG GGU
히스티딘	CAC CAU
이소류신	AUA AUC AUU
류신	UUA UUG CUA CUC CUG CUU
리신	AAA AAG
메티오닌	AUG
페닐알라닌	UUC UUU
프롤린	CCA CCC CCG CCU
세린	AGC AGU UCA UCC UCG UCU
트레오닌	ACA ACC ACG ACU
트립토판	UGG
티로신	UAC UAU
발린	GUA GUC GUG GUU
정지 코돈	UAA UAG UGA

전령 RNA의 삼중 암호와 유전암호. DNA와 RNA의 주된 차이는 DNA는 티민을 가진 데에 반해서 RNA는 우라실을 가지고 있다는 점이다. 두 염기 모두 아데닌과 짝을 이룬다. 정지 코돈은 말 그대로 유전자 암호 영역의 끝을 표시한다.

미국국립보건원(National Institutes of Health : NIH) 소속인 니런버그는 전령 RNA가 발견되었다는 소식을 듣고 난 뒤에 세포를 이용하지 않은 체계에서 단백질 합성이 이루어질 때 전령이 당연히 나타나므로, RNA도 시험관에서 합성되지 않을까 생각했다. 그는 6년 전 프랑스 생화학자인 마리안 그룬버그-마나고가 뉴욕 대학에서 개발한 방법에 따라서 RNA를 재단했다. 그룬버그-마나고는 AAAAAA나 GGGGGG 같은 가닥을 만들 수 있는 RNA 효소를 발견한 바 있었다. RNA는 DNA 염기 중에서 티민인 "T"가 우라실인 "U"로 대체되어 있다는 점에서 화학적으로 차이가 있었다. 따라서 이 효소가 만드는 가닥 중에는 우라실로만 이루어진 UUUUUU도 있

프랜시스 크릭(가운데)과 고빈드 코라나, 마리안 그룬버그-마나고. 그룬버그-마나고의 선구적인 연구를 바탕으로 니런버그가 첫 유전암호를 밝혀냈고, 그뒤 코라나가 많은 유전함호를 찾아냈다.

었다. 생화학 용어로 말하면 폴리-U라고 한다. 니런버그와 그의 독일인 동료인 하인리히 마타이는 1961년 5월 22일에 세포를 이용하지 않는 체계에 폴리-U를 첨가했다. 결과는 놀라웠다. 리보솜이 페닐알라닌이라는 아미노산 하나로만 된 간단한 단백질 가닥을 만들기 시작한 것이다. 그들은 폴리-U가 폴리-페닐알라닌 암호를 지니고 있음을 발견한 것이다. 따라서 페닐알라닌을 지정하는 세 글자 유전암호는 UUU이어야 했다.

1961년 여름에 열린 그 국제 대회에는 분자생물학계의 실력자들이 모두 참석했다. 당시 무명의 젊은 과학자였던 니런버그에게 주어진 발표시간은 고작 10분이었고, 나 역시 마찬가지였지만 그의 발표에 주목한 사람은 아무도 없었다. 하지만 그가 엄청난 일을 해냈다는 소식이 퍼지기 시작하자, 크릭은 즉시 그가 더 나중에 충분한 시간을 가지고 발표할 수 있도록 조치를 취했다. 그래서 니런버그는 기대감을 가지고 몰려든 청중 앞에서 발표를 할 수 있게 되었다. 말수가 적고 겸손한 이 무명의 젊은 발표자는 누가 누군지 서로 뻔히 아는 분자생물학계의 인사들에게 완전한 유전암호를 발견하는 방법을 알려주었다.

사실 니런버그와 마타이는 그 문제의 64분의 1을 해결했을 뿐이다. 즉 우리는 이제 겨우 페닐알라닌의 암호가 UUU라는 것만 알았을 뿐이다. 아직 풀어야 할 세 글자 암호(코돈)가 63가지나 남아 있었다. 그리고 그뒤 몇 년 동안 다른 아미노산 암호를 지닌 코돈을 발견하려는 연구가 집중적으로 이루어졌다. 어려운 부분은 다양한 순열의 RNA를 합성하는 것이었다. 폴리-U는 비교적 만들기 쉬웠지만, AGG 같은 암호는 어떻게 만들어야 할까? 이 문제를 풀기 위해서 갖가지 기발한 화학이 활용되었다. 그 대부분을 규명한 사람은 위스콘신 대학의 고빈드 코라나였다. 1966년이 되자 64개의 코돈(유전암호 자체)이 확정되었다. 그리고 코라나와 니런버그는 1968년에 노벨 생리의학상을 받았다.

이제 이야기를 하나로 모아서 어떻게 특정한 단백질, 헤모글로빈이 만들어지는지 살펴보자.

적혈구는 폐에 있는 산소를 다른 조직으로 운반하는 역할을 전담한 산소 운반자이다. 적혈구는 더 많은 헤모글로빈을 담을 공간을 마련하기 위해서 핵을 버렸다. 헤모글로빈은 산소를 삼켰다가 내뱉는 분자로서 혈액이 붉은색을 띠는 것은 이 헤모글로빈 때문이다. 적혈구는 골수에 있는 줄기세포에서 만들어진다. 몸 전체로 따지면 1초에 약 250만 개가 만들어진다.

헤모글로빈이 더 많이 필요해지면, 골수 DNA의 해당 부위, 즉 헤모글로빈 유전자가 있는 부위가 복제 때 DNA가 열리는 식으로 지퍼처럼 열린다. 하지만 이번에는 두 가닥이 모두 복제되는 것이 아니라 한 가닥만이 복제된다. 전문 용어로는 전사된다(transcribed)고 한다. 이때는 DNA 새 가닥이 만들어지는 것이 아니라 RNA 중합효소의 도움으로 전령 RNA 가닥이 만들어진다. RNA를 다 만들고 나면 DNA는 다시 닫히고, 다음 번에 다시

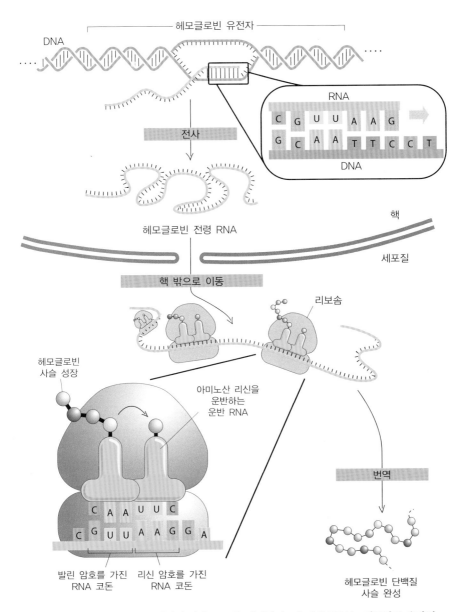

DNA에서 단백질로. DNA는 핵에서 전령 RNA를 전사한다. 이 전령 RNA는 세포질로 운반된 다음 단백질로 번역된다. 번역은 리보솜에서 일어난다. 전령 RNA의 삼중 코돈을 이루는 염기에 상보적인 운반 RNA가 해당 아미노산을 달고 리보솜으로 오면, 아미노산들끼리 연결되어 단백질이 만들어진다.

RNA 생산에 나설 준비를 갖춘다.

만들어진 전령 RNA는 핵 밖으로 나와서 리보솜으로 전달된다. 리보솜은 단백질과 RNA의 복합체이다. 리보솜은 전령 RNA 서열에 담긴 정보를 이용하여 새로운 단백질 분자를 만들어낸다. 이 과정을 번역(translation)이라고 한다. 아미노산은 운반 RNA에 붙어서 그곳까지 운반된다. 각 운반 RNA의 한쪽에는 전령 RNA의 특정한 삼중 암호(가령 TGG)에 들어맞는 염기 서열이 있다. 그리고 반대쪽 끝에는 그에 해당하는 아미노산(여기에서는 발린)이 붙는 곳이 있다. DNA의 그 다음 서열이 TTC(리신의 암호)라면, 전령 RNA의 삼중 암호에는 리신 운반 RNA가 붙게 된다. 이제 남은 일은 두 아미노산을 생화학적으로 붙이는 것뿐이다. 그 일을 100번 계속하면 100개의 아미노산으로 된 단백질 사슬이 만들어지며, 그 아미노산들의 순서는 전령 RNA를 만든 DNA에 들어 있는 A, T, G, C의 순서에 따라서 정해진 것이다. 헤모글로빈은 아미노산 146개로 된 사슬 두 개와 141개로 된 사슬 두 개가 결합되어 만들어진다.

그러나 단백질은 아미노산들이 그저 한 줄로 늘어서 있는 것이 아니다. 사슬이 만들어지고 나면, 단백질은 접히고 꼬여서 복잡한 모양으로 된다. 단백질은 스스로 접히기도 하고 "보조(helper)" 분자의 도움을 받기도 한다. 이런 모양을 갖추고 나야 단백질은 생물학적 활성을 띠게 된다. 헤모글로빈은 똑같은 사슬 두 개와 또다른 똑같은 사슬 두 개가 모여 네 개가 합쳐져야 제 기능을 한다. 그 사슬들의 중심에는 산소 운반을 담당하는 철 원자가 놓여 있다.

오늘날의 분자생물학 기술을 사용해서 초기 유전학의 고전적 사례들을 다시 분석해볼 수 있다. 멘델에게는 완두들 중 어떤 것은 둥글고 어떤 것은 주름지게 만드는 메커니즘이 수수께끼였다. 그에게 이런 것들은 단지 자신이 밝혀낸 유전법칙에 지배되는 형질일 뿐이었다. 하지만 이제 우리는 그 차이를 분자 수준에서 상세히 이해하고 있다.

1990년에 영국의 과학자들은 주름진 완두콩에는 콩에 저장되는 탄수화물인 전분을 가공하는 데에 관여하는 특정한 효소가 없다는 것을 발견했다. 주름진 완두콩을 맺는 식물에서는 그 효소를 만드는 유전자에 돌연변이가 일어났기 때문에(사실 유전자 한가운데에 전혀 관계없는 DNA가 삽입된 결과로) 그 유전자가 제 기능을 못한다. 이런 돌연변이 때문에 전분이 적어져 씨가 익을 때 수분 함량이 적어진다. 그렇게 물이 빠져나가 씨의 부피가 줄어들면서 주름진 모양이 나타나는 것이다. 즉 주름은 껍데기 안쪽을 채울 만한 내용물이 적기 때문에 나타난다.

아치볼드 개로드의 알캅톤뇨증도 분자 수준에서 규명되었다. 1995년에 곰팡이를 연구하는 스페인 과학자들은 알캅톤뇨증 환자의 소변에 있는 것과 같은 물질을 축적시키는 돌연변이 유전자를 발견했다. 그 유전자는 수많은 생물의 기본 특징을 이루는 효소를 만드는 것으로 밝혀졌으며, 인간도 그 유전자를 지니고 있다. 곰팡이 유전자와 인간 유전자의 서열을 비교한 결과 그것이 호모젠티세이트 이산소화효소(homogentisate dioxygenase)를 만드는 유전자임이 밝혀졌다. 다음 단계는 정상인과 알캅톤뇨증 환자의 유전자를 비교하는 것이었다. 비교해보니 자 보라, 알캅톤뇨증 환자 유전자의 염기쌍 하나에 돌연변이가 일어나 제 기능을 못 한다는 것이 드러났다. 개로드의 "선천적인 신진 대사 오류"는 DNA 염기 서열 하나가 달라짐으로써 나타난 결과였다.

1966년에 유전암호를 주제로 한 콜드 스프링 하버 심포지엄에서 이 모든 것들이 꿰어 맞추어졌다. 암호는 해독되었고, 우리는 DNA가 자신이 만들어내는 단백질에 어떻게 통제를 가하는지를 개략적으로 알게 되었다. 몇몇 노련한 과학자들은 이제 유전자 자체에서 다른 곳으로 연구 방향을 돌릴 때가 되었다고 판단했다. 프랜시스 크릭은 신경생물학으로 방향을 돌리기로 결심했다. 중요한 문제에서 발을 빼는 사람은 없을 테지만, 그는 인간의 뇌가 어떻게 작용하는지 규명하는 일을 몹시 하고 싶어했다. 시드니 브레너는 발생생물학으로 돌아섰다. 그는 형태가 단순한 선충에 초점을 맞추기로 했다. 선충이 너무나 단순한 생물이므로, 유전자와 발생 사이의 상관관계를 쉽게 규명할 수 있을 것이라고 믿었기 때문이다. 실제로 오늘날 그 분야에서 그 "벌레"라고 부를 정도로 친숙해진 이 선충을 통해서 우리는 생물의 발달과정을 꽤 많이 이해할 수 있었다. 2002년 노벨 위원회는 브레너 그리고 마찬가지로 오랫동안 그 벌레를 붙들고 씨름해온 케임브리지의 존 설스턴과 매사추세츠 공대의 로버트 호비츠 세 사람에게 노벨 생리화학상을 줌으로써 그 벌레의 공로를 인정해주었다.

하지만 맨 처음 DNA 사냥에 나섰던 개척자들 대다수는 그대로 남아 유전자 기능의 기본 메커니즘을 규명하는 쪽을 택했다. 왜 어떤 단백질은 많고 어떤 단백질은 적은가? 많은 유전자들은 오직 특정한 세포에서 그 세포의 특정 시기에만 활동을 한다. 그 활동 스위치는 어떻게 켜지는 것일까? 근육세포와 간세포는 기능뿐 아니라 현미경으로 들여다본 모양도 전혀 다르다. 유전자 발현 차이가 이런 세포 수준에서의 다양성과 분화를 만들어내는 것이다. 이를테면 근육세포와 간세포는 만드는 단백질 종류부터가 다르다. 저마다 다른 단백질을 만드는 가장 간단한 방법은 각 세포에서 어느 유전자가 전사될지 조절하는 것이다. 따라서 모든 세포들은 DNA 복제 일을 하는 단백질처럼 세포의 기능에 필수적인 "하우스키핑(housekeeping)" 단백질을 가지고 있다. 게다가 특정한 세포마다 특정한 순간에 특정한 유전자들이 활동해 적절한 단백질이 만들어져야 한다. 발달, 즉 수정란이 성장해서 대단히 복잡한 어른으로 되는 과정도 이런 유전자들이 커지고 꺼지는 과정으로 생각할 수 있다. 발달과정에서 어떤 조직이 생길 때마다 그에 맞는 유전자들이 켜지고 꺼져야 한다.

유전자가 켜지고 꺼지는 과정을 이해하려는 연구에서 맨 처음 이루어진

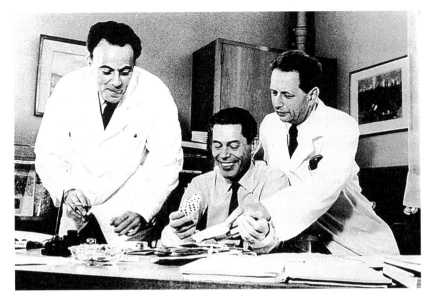

프랑수아 자코브, 자크 모노, 앙드레 르보프

중요한 발전은 1960년대 파리 파스퇴르 연구소의 프랑수아 자코브와 자크 모노가 한 실험들이었다. 모노는 과학계에서 뒤늦게 명성을 얻기 시작했다. 가엾게도 그는 너무나 다방면으로 재주가 많아 한 분야에 집중하지 못했기 때문이다. 1930년대에 그는 캘리포니아 공대 생물학과에서 초파리 유전학의 아버지인 토머스 모건 밑에 있었다. 하지만 더 이상 아이답지 않은 모건의 "아이들"과 매일 함께 지냈어도 그는 초파리로 개종되지 않았다. 그는 그 지역 백만장자들의 집에서 지내는 일과 대학에서 바흐 콘서트를 지휘하는 쪽을 더 좋아했다. 나중에 그는 학부 음악 감상 과목을 맡아달라는 제의를 받기도 했다. 1940년에 파리 소르본 대학에서 박사학위를 받을 즈음 그는 이미 프랑스 레지스탕스 운동에 깊이 관여하고 있었다. 생물학계가 스파이 활동에 연루되어 있다는 의심을 받았을 때 모노는 중요한 비밀 서류들을 연구소 바깥에 전시된 기린 골격의 다리 뼈 속에 숨기기도 했다. 전쟁이 지속되면서 저항운동에서 그가 차지하는 비중도 커져갔고, 나치에게 발각될 위험도 더 커져갔다. 연합국의 공격이 개시되는 날까지 그는 연합국의 진군과 독일군의 후퇴를 촉진하는 데에 중요한 역할을 했다.

자코브도 그 전쟁에 참여했다. 그는 영국으로 피신해서 드골 장군의 프랑스 해방군에 들어갔다. 그는 북아프리카에서 종군하다가 프랑스 상륙작전에 참가했다. 그 직후에 그는 폭탄에 맞아 목숨을 잃을 뻔했다. 몸에 박힌 파편들 중 20개는 제거했지만, 아직 80개의 파편이 2013년 그가 사망할 때까지도 몸 속에 남아 있었다. 팔을 다치는 바람에 그는 외과의사가 되겠다는 생각을 포기해야 했다. 그러다가 그는 우리 세대의 다른 많은 사람들과 마찬가지로 슈뢰딩거의 『생명이란 무엇인가?』를 읽고 영감을 받아 생물학으로 진로를 바꾸었다. 그는 파스퇴르 연구소에 있는 모노의 연구진에 들어가기 위해서 몇 차례 시도했지만, 계속 퇴짜를 맞았다. 하지만 자코브 자신의 기억에 따르면 일고여덟 번의 시도 끝에 결국 그는 1950년 6월에 모노의 상사인 미생물학자 앙드레 르보프를 굴복시켰다:

그[르보프]는 내 소망과 무지와 열정을 다시 설명할 기회도 주지 않은 채 선언했다. "당신도 알겠지만, 우리는 프로파지를 유도하는 방법을 발견했소!"[즉 박테리오파지 DNA가 숙주 세균의 DNA에 합쳐지도록 활성화시키는 방법을 발견했다는 뜻이다.]

나는 가능한 한 최대한 찬사를 담아 말했다. "와, 대단하네요!" 그러면서 속으로 생각했다. "도대체 프로파지가 뭐야?"

그러자 그는 내게 물었다. "파지 연구에 흥미가 있소?"

나는 그것이 바로 내가 원하는 바라고 더듬거리며 말했다. "좋소. 9월 초부터 출근해요."[3]

자코브는 면접을 마치자마자 서점으로 달려가서 자신이 방금 전에 맡은 일이 무엇인지 알기 위해서 사전을 들추었다.

출발은 매끄럽지 못했지만 자코브-모노의 협력으로 최고 수준의 과학이 탄생했다. 그들은 소화관에 사는 친숙한 세균인 대장균의 유전자 발현 문제에 매달렸다. 그들은 대장균이 젖당을 활용하는 능력에 초점을 맞추었다. 대장균은 젖당을 소화시키기 위해서 베타-갈락토시다아제라는 효소를 만든다. 이 효소는 젖당을 더 단순한 당인 갈락토스와 포도당으로 분해한다. 배지에 젖당이 없으면, 세균은 베타-갈락토시다아제를 만들지 않는다. 그러다가 배지에 젖당을 첨가하면 그 효소를 만들기 시작한다. 그래서 자코브와 모노는 젖당이 베타-갈락토시다아제의 생산을 유도한다고 결론을 내리고서 그 유도과정이 어떻게 이루어지는지 발견하는 일에 착수했다.

일련의 아름다운 실험들을 통해서 그들은 젖당이 없을 때 베타-갈락토시다아제 유전자의 전사를 억제하는 이른바 "억제인자(repressor)" 분자를 찾아냈다. 젖당이 있을 때는 젖당이 억제인자 분자에 결합해 전사를 억제하지 못하도록 막는다. 따라서 젖당이 있으면 유전자 전사가 이루어지게 된다. 사실 자코브와 모노는 젖당 대사가 조화를 이루어 조절된다는 것을 밝혀낸 셈이었다. 즉 그것은 한 시기에 하나의 유전자가 켜고 꺼지는 단순한 문제가 아니었다. 젖당 소화에는 다른 유전자들도 참여하며, 하나의 억제체계가 그 모든 유전자를 조절하는 역할을 한다. 대장균은 비교적 단순한 체계였지만, 그뒤 인간을 비롯해 더 복잡한 생물들에서도 똑같은 기본 원리가 일률적으로 적용된다는 것이 밝혀졌다.

자코브와 모노는 대장균의 돌연변이 균주를 연구하여 결과를 얻어냈다. 그들은 억제인자 분자가 있다는 직접적인 증거는 전혀 가지고 있지 않았다. 그 분자는 단지 그들이 유전 퍼즐에 제시한 해답의 논리적 결과일 뿐이었다. 그들의 개념은 1960년대 말에 하버드 대학교의 월터 (월리) 길버트와 베노 밀러-힐이 억제인자 분자 자체를 분리해서 분석한 뒤에야 분자생물학계에 받아들여졌다. 자코브와 모노는 단지 그 존재를 예측했을 뿐이었다. 실제로 그것을 발견한 사람은 길버트와 밀러-힐이었다. 억제인자는 대개 세포 하나에 몇 개 정도로 소량으로만 존재하기 때문에, 분석할 만큼 대량의 시료를 모으는 것 자체가 기술적인 도전 과제였다. 하지만 그들은 결국 그 일을 해냈다. 같은 시기에 다른 연구실에서 일하던 마크 타쉰도 다른 억제인자 분자를 분리하는 데에 성공했다. 박테리오파지 유전자의 스위치를 켜고 끄는 억제인자였다. 억제인자 분자들은 DNA에 결합할 수 있는 단백질임이 밝혀졌다. 젖당이 없을 때 베타-갈락토시다아제 억제인자가 하는 일을 구체적으로 살펴보자. 그것은 대장균 DNA에서 베타-갈락토시다아제 유전자의 전사가 시작되는 지점에 가까운 한 부위에 결합함으로써 전령 RNA를 만드는 효소가 그 유전자에 작용하지 못하도록 방해한다. 그러다가 젖당이 유입되면, 젖당은 억제인자와 결합하고, 그러면 억제인자는 베타-갈락토시다아제 유전자 근처 부위에 결합하지 못한다. 이제 전사가 자유롭게 진행된다.

억제인자 분자가 규명됨으로써 생명의 토대가 되는 분자과정들을 이해하는 고리가 사실상 완결된 셈이었다. 우리는 DNA가 RNA를 거쳐서 단백질을 만든다는 것을 알았다. 이제 우리는 단백질이 DNA 결합 단백질의 형태로 DNA와 직접 상호 작용을 해서 유전자의 활성을 조절할 수 있다는 것을 알았다.

세포에서 RNA가 핵심적인 역할을 한다는 것이 발견되면서 흥미로운 질문(그리고 오랫동안 대답을 찾지 못한)이 제기되었다. 왜 DNA 정보는 굳이 RNA를 거쳐서 폴리펩티드 서열로 번역되는 것일까? 유전암호가 해독된 직후에 프랜시스 크릭은 RNA가 DNA보다 먼저 나타났다고 주장함으로써 이 역설의 해답을 제시했다. 그는 RNA가 최초의 유전물질이었을 것이며, 당시 생명체는 RNA를 토대로 했다고 추정했다. 즉 현재(그리고 지

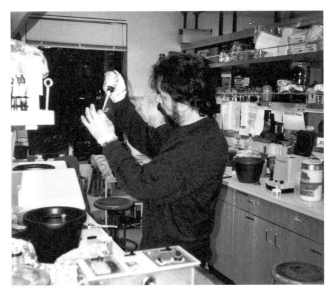

리보솜을 다루고 있는 해리
놀러

난 몇 십억 년 동안) 친숙한 "DNA 세계"가 등장하기 전에 "RNA 세계"가 있었다는 것이다. 크릭은 RNA가 독특한 화학적 특성을 지니고 있기 때문에(DNA의 뼈대는 데옥시리보스 당으로 이루어진 반면, RNA의 뼈대는 리보스 당으로 이루어져 있다) 스스로 촉매 역할을 하여 자기 복제를 촉진할 수 있을지 모른다고 생각했다. 크릭은 DNA가 더 뒤에 등장한 것이 분명하다고 주장했다. RNA 분자는 DNA보다 상대적으로 불안정해서 쉽게 분해되고 돌연변이가 더 잘 일어나기 때문에 그 대안으로 등장했다는 것이다. 유전 자료를 장기간 저장할 더 안정한 분자를 찾는다면, DNA가 RNA보다 훨씬 더 낫다.

DNA 세계에 앞서 RNA 세계가 있었다는 크릭의 생각은 1983년까지는 거의 주목을 받지 못했다. 그 생각은 콜로라도 대학교의 톰 체크와 예일 대학교의 시드니 앨트먼이 각각 독자적으로 RNA 분자가 정말로 촉매 특성을 지니고 있다는 것을 밝혀냄으로써 주목을 받았다. 그들은 그 발견으로 1989년에 노벨 화학상을 받았다. 10년 뒤에 RNA 세계가 먼저 있었다

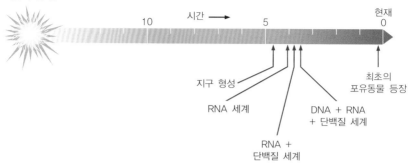

150억 년 전

시간 →

10   5   현재   0

지구 형성

RNA 세계

RNA +
단백질 세계

DNA + RNA
+ 단백질 세계

최초의
포유동물 등장

대폭발 이후 생명체의 진화. 생명체가 정확히 언제 탄생했는지는 결코 알 수 없겠지만, 최초의 생명체는 아마 RNA에 기반을 두었을 것이다

는 더 확실한 증거가 나타났다. 캘리포니아 산타크루즈 대학교의 해리 놀러는 단백질 합성 공장인 리보솜을 이루는 60가지의 단백질 중 어느 것도 단백질의 아미노산들을 연결하는 펩티드 결합을 이루는 촉매 역할을 하지 않는다는 것을 발견했다. 펩티드 결합 형성의 촉매 역할을 하는 것은 RNA였다. 그는 리보솜에서 단백질 성분들을 모두 제거해도 펩티드 결합이 형성된다는 것을 발견함으로써 이 결론에 도달했다.

이런 발견들은 부수적으로 생명의 기원에 관한 닭이 먼저냐 달걀이 먼저냐 하는 문제를 해결하는 역할을 했다. DNA 분자가 생명의 초기 형태라는 주류 가설은 피할 수 없는 모순에 직면해 있었다. DNA는 자체 조립될 수 없다는 것이다. 조립되려면 단백질이 필요하다. 그렇다면 어느 쪽이 먼저 나타났을까? 정보를 복제하는 수단이 될 수 없다는 단백질인가, 아니면 정보를 복제할 수는 있지만 단백질이 있어야만 복제가 가능한 DNA인가? 그 문제는 해결이 불가능했다. 단백질 없는 DNA는 있을 수 없으며, DNA 없는 단백질도 있을 수 없다는 것이다.

그러나 RNA는 유전정보를 저장하고 복제할 수 있다는 점에서 DNA와 같고, 중요한 화학반응들의 촉매가 될 수 있다는 점에서 단백질과 같으므로 해답이 된다. 사실 "RNA 세계"에서는 닭이 먼저냐 달걀이 먼저냐 하는 문제 자체가 없다. RNA가 닭이자 달걀이기 때문이다.

RNA는 진화적 유산이다. 자연선택은 어떤 문제를 풀면, 그 해답을 계속 간직하는 경향을 보인다. 사실상 "고장나지 않으면 고치지 말라"라는 격언을 따른다. 즉 세포체계는 바꾸라는 선택 압력이 없다면, 기존의 것을 혁신하지 않으며 진화적 과거의 흔적들을 고스란히 보존하고 있다. 생물학적 과정은 그것이 절대적으로 최상이고 가장 효율적이기 때문이 아니라, 그저 맨 처음 그런 식으로 진화했기 때문에 그 방식으로 이루어지고 있는 것인지 모른다.

분자생물학은 이중나선이 발견된 지 20년 동안 먼 길을 걸어왔다. 우리는 생명의 기본 기구를 이해했으며, 유전자가 어떻게 조절되는지도 파악했다. 하지만 지금까지 우리가 한 일은 관찰하는 것뿐이었다. 즉 우리는 분자 수준의 자연학자였다. 우리의 우림((雨林)은 세포였고, 우리가 할 수 있는 일은 거기에 있는 것들을 기술하는 것뿐이었다. 그러다가 마침내 적극적으로 행동할 시기가 도래했다. 관찰을 충분히 했다는 생각이 드는 순간, 개입한다는, 즉 살아 있는 것들을 조작한다는 생각이 우리를 사로잡았다. 때마침 재조합 DNA 기술이 등장하고 그에 따라서 DNA 분자를 재단할 수 있는 능력을 가지게 되면서 그 모든 것들이 가능해졌다.

제4장

신과 놀이를 하다 : DNA 주문 제작

DNA 분자는 대단히 길다. 한 염색체 하나는 기다란 하나의 이중나선으로 이루어져 있다. 대중매체의 해설자들은 뉴욕 시 전화번호부에 실린 항목들의 수나 도나우 강의 길이와 비교하여 이 분자가 대단히 엄청나다는 것을 환기시키곤 한다. 그런 비교는 내게 아무런 도움이 안 된다. 나는 뉴욕 시 전화번호부에 얼마나 많은 이름이 실려 있는지 감을 잡지 못하며, 도나우 강은 길이 감각보다는 슈트라우스의 왈츠를 생각나게 할 뿐이다.

성염색체인 X와 Y를 제외하고 인간의 염색체들은 크기에 따라서 숫자가 붙어 있다. 1번 염색체가 가장 크고 21번과 22번이 가장 작다. 1번 염색체는 세포 내 DNA 총량의 8퍼센트 정도를 차지하며, 약 2억5,000만 개의 염기쌍으로 이루어져 있다. 21번과 22번 염색체에는 각각 4,000만 개와 4,500만 개의 염기쌍이 들어 있다. 작은 바이러스의 DNA 분자 같은 가장 작은 것들도 수천 개의 염기쌍으로 이루어져 있다.

분자생물학 초창기에는 DNA 분자가 거대하다는 점 자체가 커다란 문젯거리였다. DNA의 특정 부위에 있는 특정한 유전자를 조사하려면, 그 유전자를 어떤 식으로든 양쪽으로 길게 뻗어 있는 다른 부위에서 떼어내야

◀ 에볼라 바이러스 같은 치명적인 대상의 생의학 연구나 생물학전 무기를 개발하는 데에 필요한 고도의 안전장치들이 갖추어진 P4 연구실. 1970년대 말 유전공학 기술을 활용하여 인간 DNA를 연구하는 과학자들은 이런 P4 연구실을 사용해야 했다

했다. 유전자를 분리했다고 해서 끝이 아니었다. 그 유전자를 연구하려면 "증식시켜야" 했다. 즉 연구를 하려면 대량의 시료가 필요했다. 한마디로 말해서 우리에게는 분자 편집 시스템이 필요했다. DNA 문서를 적당한 조각으로 잘라낼 수 있는 분자 가위와 이 조각들을 이어 붙일 수 있는 분자 풀과 잘라내 분리한 조각들을 늘릴 분자 복제 장치가 있어야 했다. 우리는 지금의 워드프로세서가 할 수 있는 것과 똑같은 일을 할 만한 시스템을 원했다. DNA를 자르고 이어 붙여 복사할 수 있는 수단을 말이다.

유전암호를 해독한 뒤에도 이런 절차들을 해낼 기본 도구들을 개발한다는 것은 무리한 요구처럼 보였다. 그러나 1960년대 말에서 1970년대 초 사이에 많은 발견들이 이루어지던 와중에 예기치 않게 1973년 DNA를 편집할 수 있는 이른바 "재조합 DNA" 기술이 튀어나왔다. 이것은 실험 기술상의 평범한 발전이 아니었다. 갑자기 과학자들은 DNA 분자를 재단해 자연에 존재한 적이 없었던 DNA 분자를 만들 수 있게 된 것이다. 우리는 모든 생명의 분자 토대를 놓고 "신과 놀이를 할" 수 있게 되었다. 이 생각은 많은 사람들을 불편하게 했다. 새로운 유전학 기술이라면 무엇이든지 프랑켄슈타인 박사의 괴물처럼 생각하는 걱정꾼인 제레미 리프킨은 재조합 DNA가 "불의 발견에 비견될 만큼 중요한 것"이라고 말했다.[1]

시험관에서 최초로 "생명체를 만든" 사람은 아서 콘버그였다. 앞에서 살펴보았듯이 1950년대에 그는 열린 "부모" 가닥에서 상보적인 가닥을 만들어냄으로써 DNA를 복제하는 효소인 DNA 중합효소를 발견했다. 그뒤에 그는 바이러스 DNA를 연구하다가 바이러스 DNA의 염기쌍 전체인 5,300개를 복제할 수 있었다. 하지만 그 복제물은 "살아 있는 것"이 아니었다. 비록 부모 가닥과 염기 서열은 똑같았을지라도 그것은 생물학적으로 불활성 상태였다. 뭔가가 빠져 있었던 것이다. 그 빠진 성분은 수수께끼로 남아 있다가 1967년에 국립보건원의 마틴 젤러트와 스탠퍼드 대학교의 밥레먼이 각각 발견했다. 이 효소에는 "연결효소(ligase)"라는 이름이 붙여졌다. 이 효소는 DNA 분자들의 끝을 "이어 붙인다."

콘버그는 DNA 중합효소를 사용하여 복제한 바이러스 DNA의 양 끝을 연결효소로 연결함으로써 원래의 바이러스 DNA와 똑같은 고리 모양의 분자를 만들 수 있었다. 이 "인공" 바이러스 DNA는 천연 바이러스와 정확히 똑같은 행동을 했다. 그 바이러스는 대장균에서 증식하는데, 콘버그가 시험관에서 만든 DNA 분자도 똑같은 행동을 했다. 효소 두 종류와 화학 성분 몇 종류와 복제품을 만들 바이러스 DNA만으로, 콘버그는 생물학적 활성을 띤 분자를 만든 것이다. 언론은 그가 시험관에서 생명체를 창조했다고 대서특필했다. 그 소식을 접한 린든 존슨 대통령은 그 성과를 "가공할 업적"이라고 했다.

1960년대에 베르너 아르버는 재조합 DNA 기술에 더 예상 외의 발전을 가져왔다. 스위스의 생화학자인 아르버는 생명의 분자 토대라는 원대한 문제가 아니라 바이러스의 자연사(自然史)라는 수수께끼에 더 관심이 있었다. 그는 일부 바이러스 DNA가 숙주 세균 세포에 삽입된 뒤에 분해되는 과정을 연구했다. 일부 숙주세포들은 어떤 바이러스 DNA를 외부의 것으로 인식해서 그것만을 선택적으로 공격한다(물론 모든 숙주세포들이 다 그런 것은 아니다. 그렇다고 하면 바이러스는 존재할 수 없을 것이다). 어떻게 왜 이런 일이 벌어지는 것일까? 자연계에 있는 모든 DNA는 세균, 바이러스, 식물, 동물의 것을 가릴 것 없이 모두 같은 기본 분자이다. 그렇다면 세균은 바이러스에 감염된 뒤에 왜 자신의 DNA는 공격하지 않을까?

첫 번째 대답은 아르버가 발견한 DNA를 분해하는 새로운 부류의 효소들에 있었다. 이 효소들을 "제한효소"라고 한다. 세균세포에 있는 이 효소들은 외부 DNA를 잘라버림으로써 바이러스의 성장을 제한한다. 이런 DNA 절단은 특정 서열과 관계가 있다. 즉 제한효소들은 각기 DNA에서 특정한 서열이 있는 곳만 자른다. 예를 들면 최초로 발견된 제한효소 중의 하나인 EcoR1은 GAATTC 서열을 인식해서 자른다.*

그렇다면 세균이 자기 DNA에서 GAATTC 서열이 있는 곳을 모두 잘라버리지 않는 이유는 무엇일까? 여기에서 아르버는 두 번째로 중대한 발견을 했다. 세균은 특정 서열을 표적으로 한 제한효소를 만드는 한편으로, 자기 DNA에 있는 그 서열에 화학적인 변형을 가하는 다른 종류의 효소도 만들어낸다는 것이다.** EcoR1은 이렇게 변형된 세균 DNA의 GAATTC 서열을 인식하지 못한 채 지나칠 것이다. 그 효소가 바이러스 DNA에서 그 서열이 나타나는 족족 잘라버리는 식으로 무차별적인 공격을 가한다고 해도 말이다.

그 다음으로 재조합 DNA 혁명에 불을 지핀 것은 세균의 항생제 내성 연구였다. 1960년대에 세균 유전체에 돌연변이가 일어나는 표준 방식이 아니라 "플라스미드(plasmid)"라는 작은 DNA 조각들이 옮겨져서 항생제에 내성을 지니게 된 세균들이 많이 발견되었다. 플라스미드는 세균 속에 살고 있는 작은 원형 DNA 조각으로서, 세포 분열이 이루어질 때 세균의 유전체와 함께 복제되어 다음 세대로 전달된다. 특정한 상황에서는 플라스미드가 한 세균에서 다른 세균으로 전달되기도 하며, 플라스미드를 받은 세균은 그 즉시 "선천적인" 것이 아닌 유전정보를 통째로 얻게 된다. 이 정보 중에 항생제 내성을 제공하는 유전자들이 포함되어 있을 때가 종종 있다. 항생제는 이런 플라스미드 같은 내성인자를 지닌 개체들을 선호하는 자연선택을 일으켰다.

스탠퍼드 대학교의 스탠리 코언은 플라스미드 연구의 개척자이다. 고등학교 생물학 교사의 권고로 코언은 의사가 되기로 했다. 그는 의대를 졸업한 뒤 내과의사로 개업할 생각이었지만, 그러면 군의관으로 입대할지도

---

* 대다수의 제한효소 서열처럼 이 서열도 회문(回文, palindrome) 형식이다. 즉 이 서열과 짝을 이루는 반대 방향을 향한 상대편 가닥의 서열도 똑같이 GAATTC이다.
** 이 효소는 해당 염기에 메틸기(–CH₃)를 붙여놓는다.

모른다는 생각에 국립보건원의 연구직을 택했다. 곧 그는 의사생활보다 연구생활이 더 성미에 맞는다는 것을 알았다. 그가 중요한 성과를 내놓은 것은 1971년이었다. 그는 세포 바깥에서 플라스미드를 대장균 속으로 집어넣는 방법을 고안했다. 사실상 코언은 치명적이지 않은 폐렴쌍구균이 DNA를 얻어 치명적인 균으로 바뀌었다는 것을 보여준 40년 전의 프레드 그리피스의 실험과 마찬가지로 대장균을 "형질전환(transforming)"시킨 것이다. 하지만 코언의 연구대상은 항생제 내성 유전자를 지닌 플라스미드였다. 항생제에 약했던 균주는 그 플라스미드를 얻으면 내성을 지니게 된다. 그렇게 형질전환이 된 대장균의 자손들도 똑같이 항생제 내성을 지닌다. 세포 분열이 일어날 때마다 플라스미드 DNA도 고스란히 다음 세대로 전달되기 때문이다.

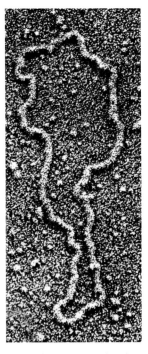

전자현미경으로 본 플라스미드

1970년대 초가 되자, 재조합 DNA 혁명의 모든 요소들이 제자리에 놓였다. 먼저 제한효소를 이용해 DNA 분자를 잘라 우리가 연구하고 싶은 서열(유전자)을 분리할 수 있게 되었다. 그런 다음 연결효소를 이용해서 그 서열을 플라스미드에 "붙일" 수 있게 되었다. 그 플라스미드는 원하는 서열을 지닌 플로피디스크 같은 역할을 한다. 마지막으로 우리는 그 플로피디스크, 즉 플라스미드를 세균에 집어넣어 그 DNA 조각을 복사할 수 있게 되었다. 세균이 세포 분열을 할 때, 우리가 삽입한 DNA를 지닌 플라스미드도 마치 세포 자신의 유전물질인 양 똑같이 복제된다. 따라서 플라스미드 하나를 세균세포 하나에 집어넣으면, 세균이 번식하면서 그 선택한 DNA 서열이 대량으로 만들어지게 된다. 그 세균이 번식하고 또 번식해서 수십억 개의 세균으로 이루어진 커다란 군체로 성장할 때까지 놔두면, 우리가 넣은 DNA의 수도 수십억 개로 늘어난다. 따라서 그 군체는 우리 DNA의 공장이 되는 셈이다.

자르고, 이어 붙이고, 복사하는 세 줄기의 연구가 하나로 합쳐진 것은 1972년 11월 하와이 호놀룰루에서였다. 그 자리에서 플라스미드를 주제로 한 학회가 열렸다. 캘리포니아 샌프란시스코 대학교에서 새로 종신 교수가 된 젊은 과학자 허버트 보이어가 그 자리에 참석했고, 플라스미드 연구의 개척자인 스탠리 코언도 당연히 참석했다. 코언과 마찬가지로 보이어도 미국 동부 출신이었다. 펜실베이니아 서부의 고등학교 미식축구 대표 선수였던 보이어는 축구 코치가 과학교사이기도 했다는 점에서 운이 좋았다고 할 수 있다. 코언과 마찬가지로 그도 이중나선의 혜택을 입고 자란 신세대 과학자에 속했다. 그는 자신의 샴 고양이들에게 왓슨과 크릭이라는 이름을 붙일 정도로 DNA에 흠뻑 빠져 있었다. 그가 대학을 졸업한 뒤 세균 유전학 공부를 위해서 대학원에 간다고 했을 때 아무도 놀라지 않았다고 한다. 그 코치만 빼고 말이다.

보이어와 코언 둘 다 샌프란시스코 만 지역에서 연구를 하고 있었지만, 하와이에서 학회가 열리기 전까지 그들은 한 번도 만난 적이 없었다. 보이어는 제한효소라는 말을 들어본 사람조차 거의 없던 시절부터 이미 제한효소 전문가였다. 그 무렵 EcoR1 제한효소가 어디를 자르는지 파악해낸 것도 그의 연구진이었다. 보이어와 코언은 곧 자신들이 분자생물학을 완전히 새로운 단계로, 즉 자르고 붙이고 복사하는 세계로 끌어올릴 기술을 가지고 있다는 것을 깨달았다. 어느 날 저녁 늦게 그들은 와이키키 인근의 한 식당에서 냅킨에 자신들의 생각을 끼적거리면서 재조합 DNA 기술의 탄생을 꿈꾸기 시작했다. 그들이 미래를 꿈꾼 과정은 "쇠고기 절임에서 클로닝으로"라고 불려왔다.[2]

몇 달 지나지 않아 샌프란시스코에 있는 보이어의 연구실과 남쪽으로

70킬로미터쯤 떨어진 팔로 알토에 있는 코 언의 연구실 사이에 공동 연구가 이루어지 기 시작했다. 자연히 보이어 쪽은 제한효 소 연구를 했고, 코언 쪽은 플라스미드 연 구를 했다. 우연히도 코언 연구실의 연구 자인 애니 창이 샌프란시스코에 살고 있어 서 진행되고 있는 중요한 실험자료들을 양 쪽으로 운반할 수 있었다. 실험의 첫 번째 목표는 각각 다른 항생제에 내성을 지닌 두 종류의 플라스미드를 조합한 잡종, 즉 "재조합체(recombinant)"를 만드는 것이었

세계 최초의 유전공학자인 허브 보이어와 스 탠리 코언

다. 한 플라스미드에는 테트라시클린 내성을 지닌 DNA 조각, 즉 유전자 가 있었고, 다른 플라스미드에는 카나마이신 내성을 지닌 유전자가 있었 다(예상할 수 있겠지만, 처음에 첫 번째 유형의 플라스미드를 가진 세균은 카나마이신에 죽고, 두 번째 유형을 가진 세균은 테트라시클린에 죽었다). 목표는 두 항생제에 내성을 지닌 "초(超)플라스미드"를 만드는 것이었다.

우선 앞의 두 플라스미드를 제한효소로 끊었다. 그 다음 두 플라스미드 를 한 시험관에 넣고 연결효소를 넣어 끊긴 끝들을 서로 이어 붙였다. 그 러자 끊긴 자신의 끝과 다시 연결되어 원래의 형태로 돌아간 분자들도 있 었던 반면에 두 플라스미드의 끝이 서로 연결되어 원하는 잡종 분자도 만 들어졌다. 그들은 이렇게 얻은 분자들을 코언의 플라스미드 주입 기술을 이용해서 세균에 이식했다. 그렇게 만든 군체를 테트라시클린과 카나마이 신을 넣은 배지에서 배양했다. 단순히 원래 형태로 돌아간 플라스미드들 은 두 항생제 중 한 가지에만 내성을 지닌다. 따라서 그런 플라스미드를 지닌 세균들은 두 항생제가 모두 들어 있는 배지에서는 살지 못했다. 그 배지에서 살 수 있는 세균은 재조합 플라스미드를 지닌 것뿐이었다. 즉 테

트라시클린 내성을 지닌 DNA와 카나마이신 내성을 지닌 DNA가 결합해 생긴 플라스미드를 지닌 것만이 살아남았다.

그 다음 도전 과제는 인간 같은 전혀 다른 종류의 생물에서 얻은 DNA를 사용하여 잡종 플라스미드를 만드는 일이었다. 처음 성공을 거둔 것은 아프리카발톱개구리의 유전자를 대장균 플라스미드에 넣어 세균에 이식하는 실험이었다. 그 세균 군체를 이루는 세포들이 분열할 때마다 삽입된 개구리 DNA 조각도 복제되었다. 좀 혼란스러운 분자생물학 용어로는 이 DNA 조각을 개구리 "클론" DNA라고 한다.* 포유동물의 DNA도 클론을 만들 수 있다는 것이 입증된 셈이다. 현재 수준에서 보면 그다지 놀랄 일도 아니다. DNA 조각도 결국 DNA이므로 어디에서 얻었든 간에 상관없이 화학적 특성은 똑같기 때문이다. 곧 코언과 보이어의 플라스미드 DNA 조각 클로닝 방법이 모든 생물의 DNA에 쓰일 수 있다는 것이 명백해졌다.

그렇게 분자생물학 혁명은 두 번째 단계로 진입하고 있었다. 1단계에서는 DNA가 세포 안에서 어떻게 작용하는지 알아내는 것이 목표였다. 이제 재조합 DNA(Recombinant DNA)**가 등장함으로써 우리는 DNA에 개입할, 즉 DNA를 조작할 도구를 가지게 되었다. 두 번째 단계는 "신과 놀이를 할" 기회를 엿본 순간부터, 급속히 발전하기 시작했다. 그 개념은 우리를 사로잡았다. 생명의 수수께끼들을 깊이 파고들 수 있는 놀라운 잠재력과 암 같은 질병에 맞서 싸우는 분야에서 실질적인 발전을 이룰 기회를 제공할 수 있었기 때문이다. 이렇게 코언과 보이어가 우리 눈앞에 놀라운 과학

---

* "클로닝(Cloning)"은 DNA 조각을 세균세포에 삽입해서 똑같은 조각을 많이 만들어내는 것을 말한다. 그 용어는 복제 양 돌리처럼 동물 전체의 클로닝에도 쓰이기 때문에 다소 혼란스럽다. 전자는 DNA 조각만을 복제하는 것인 반면, 후자는 유전체 전체를 복제하는 것이다.

** "재조합 DNA"라는 말은 고전 유전학 문헌에서도 "재조합"이라는 말이 등장하기 때문에 약간의 혼동을 줄 수 있다. 멘델의 유전학에서 재조합은 염색체들이 끊어졌다가 다시 연결되면서 염색체 조각들이 "혼합되고 배열되는" 것을 뜻한다. 분자유전학에서 재조합이란 DNA 두 가닥이 하나의 복합 분자로 재결합되는 식으로, 훨씬 더 작은 규모에서 "혼합되고 배합되는" 것을 뜻한다.

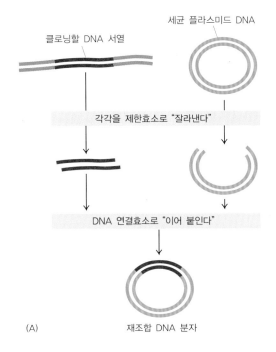

(A)

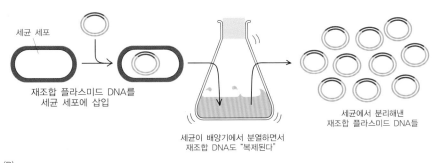

(B)

재조합 DNA : 유전자 클로닝의 개요. A) 세균 플라스미드는 DNA 클로닝에 완벽하게 들어맞는 매체임이 드러났다. 원하는 DNA와 플라스미드를 같은 제한효소로 자르면, 표적 DNA를 마치 조각그림 퍼즐의 빠진 조각을 끼워넣듯이 플라스미드에 끼워넣을 수 있다. B) 이 재조합 플라스미드를 세균에 집어넣으면, 세균이 자라는 배지에서 해당 유전자도 복제되어 증식한다. 이 기술은 유전공학, DNA 서열 분석, 생명공학 산업을 크게 발전시켰다.

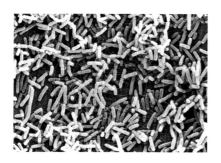

대장균 : 대변 1그램에는 이 세균이 약 1,000 만 마리 들어 있다

적 경관을 펼쳐 보인 것은 사실이지만, 한 편으로 그들은 판도라의 상자를 연 것이 아니었을까? 분자 클로닝에 발견되지 않은 위험이 있는 것은 아닐까? 우리가 우리 소화관에 있는 미생물 정글의 우점종인 대장균 속으로 인간 DNA 조각을 신이 나서 삽입해도 괜찮은 것일까? 그 변형된 생명체들이 우리 몸속으로 들어온다면 어떻게 될까? 우리가 세균 프랑켄슈타인의 괴물들을 만들고 있다는 걱정꾼들의 외침을 그저 못 들은 척해도 양심에 거리낌이 없을까?

1961년에 소아마비 백신을 만드는 데에 쓰이는 붉은털원숭이의 신장에서 SV40이라는 원숭이 바이러스가 분리되었다. "SV"는 "원숭이 바이러스 (simian virus)"라는 뜻이다. 그 바이러스는 본래의 숙주인 붉은털원숭이에게는 아무런 영향을 미치지 않는 것 같았지만, 실험결과 설치류와 실험실이라는 특수한 환경에서는 인간 세포에게까지 암을 일으킬 수 있다는 사실이 곧 드러났다. 소아마비 백신 접종 계획이 1955년에 시작되었으므로, 사실상 수백만 명의 미국 아이들이 이 바이러스에 감염된 셈이었다. 따라서 이 발견은 대단히 충격적이었다. 소아마비 예방 계획이 우발적으로 한 세대에 암을 선고한 것일까? 다행히도 그렇지 않은 듯하다. 암 유행 같은 것은 없었으며, SV40은 원숭이에게 그렇듯이 살아 있는 인간에게도 별 해가 없는 듯하다. 그렇지만 SV40이 분자생물학 연구실들의 붙박이 실험 대상이 되었다고 해도, 그것의 안전성은 여전히 의심을 받고 있었다. 이 무렵에 나는 콜드 스프링 하버 연구소의 소장을 맡고 있었기에 그 문제에 특히 관심이 있었다. 우리 연구소에서도 암의 유전적 토대를 찾기 위해서 SV40을 연구하는 젊은 과학자들이 점점 늘어나고 있었다.

자신이 연구하는 바이러스 이름을 번호판으로 단 자기 차 옆에 서 있는 폴 버그

　그 와중에도 스탠퍼드 의대의 폴 버그는 SV40의 위험보다는 가능성에 더 흥분해 있었다. 그는 바이러스를 이용해서 DNA 조각, 즉 외부 유전자를 포유동물 세포에 집어넣을 수 있을 것이라고 내다보았다. 스탠리 코언이 플라스미드를 세균에 집어넣은 것처럼 바이러스도 포유동물의 분자 운반 장치 역할을 할 수 있었다. 하지만 코언이 세균을 특정한 DNA 조각을 증식시키는 복사기로 사용한 것과 달리 버그는 SV40을 교정한 유전자를 유전병 환자에게 도입하는 수단으로 보았다. 버그는 시대를 앞서 나갔다. 그는 오늘날 "유전자 요법(gene therapy)"이라고 부르는 것, 즉 새로운 유전물질을 살아 있는 사람에게 주입하여 유전적 결함을 보정하는 방법을 연구할 뜻을 품었다.

　버그는 워싱턴 대학교에 있던 더 유명한 인물인 아서 콘버그를 데려올 때 도매금으로 함께 1959년에 스탠퍼드 대학교 교수로 왔다. 사실 버그와 콘버그의 관계는 출생지가 똑같이 뉴욕 브루클린이고, 소피 울프가 운영하는 같은 고등학교 과학 클럽을 다녔다는 데까지 거슬러올라간다. 버그는 그녀를 이렇게 회상했다. "그녀는 과학을 신나게 만들었죠. 우리가 생각을 공유하도록 했어요."[3] 그 말은 사실 과소평가한 축에 든다. 에이브러햄 링컨 고등학교의 울프 과학 클럽은 콘버그(1959), 버그(1980), 결정학자인 제롬 카를(1985) 세 명의 노벨상 수상자를 배출했으며, 그들은 모두 그녀에게 찬사를 보냈다.

코언과 보이어 외에 다른 사람들까지 DNA 분자를 자르고 이어 붙이는 방법을 세부적으로 다듬는 일에 몰두하고 있는 사이에 버그는 매우 대담한 실험을 계획했다. 그는 외부 DNA 조각을 이식한 SV40을 이용해서 외부 유전자를 동물세포에 집어넣을 수 있는지 알아볼 생각이었다. 편의상 그는 쉽게 얻을 수 있는 세균 바이러스, 즉 박테리오파지를 SV40의 외부 DNA로 사용하기로 했다. 그는 SV40 DNA와 박테리오파지 DNA로 이루어진 복합 분자가 동물세포 속으로 들어갈 수 있는지 알아보는 것을 목표로 삼았다. 이 일이 성공한다면 이 방법을 이용해서 유용한 유전자를 인간세포에 집어넣을 수도 있을 것이라고 생각했다.

1971년 여름 콜드 스프링 하버 연구소에서 버그의 한 대학원생이 그 실험 계획을 발표했다. 그 발표를 들은 한 과학자는 너무 놀라서 즉시 버그에게 전화를 걸어 우려를 표명했다. 그는 그 방법을 거꾸로 적용하면 어떤 일이 벌어질지 생각해보라고 했다. SV40 바이러스에 바이러스성 DNA를 삽입해 동물세포에 주입한다면, 그 바이러스는 유전적 승객이 아니라 운반자가 될 것이며 SV40 DNA는 대장균 같은 세균세포에 삽입될 것이 아니냐고 말이다. 그것은 비현실적인 시나리오가 아니었다. 어쨌거나 수많은 박테리오파지들은 본래 그렇게 하도록 설계되어 있지 않은가. 즉 자신의 DNA를 세균세포에 삽입하도록 말이다. 대장균은 어디에나 있고 우리 소화관 내 동물상의 주요 구성원이라는 점에서 인간과 밀접한 관계가 있으므로, 버그가 좋은 의도로 한 실험이 잠재적 암 유발인자인 SV40 원숭이 바이러스를 지닌 위험한 대장균 균체를 만들 수도 있었다. 버그는 실제로는 걱정하지 않았지만, 그 동료의 우려를 마음에 담아두었다. 그는 SV40이 인간에게 암을 유발할지 여부가 더 상세히 밝혀질 때까지 실험을 연기하기로 결정했다.

보이어와 코언이 "재조합 DNA" 실험에 성공했다는 소식이 들리자 곧바로 생물학적 위험을 걱정하는 말들이 뒤따랐다. 1973년 여름 뉴햄프셔에서 열린 핵산에 관한 학회에서 참석자들은 대부분 국립 과학 아카데미에 그 신기술의 위험을 지체 없이 조사해달라는 청원을 하자는 데에 동의했다. 1년 뒤 국립 아카데미는 위원회를 설치했고, 폴 버그가 의장을 맡은 그 위원회는 『사이언스(Science)』에 서한을 보내 조사결과를 발표했다. 나도 그 위원회에 참여했고, 그 분야에서 가장 활발한 연구를 하고 있던 코언과 보이어도 참여했다. 나중에 "모라토리엄 서한(Moratorium Letter)"이라고 불리게 되는 그 서한에서 우리는 "전 세계의 과학자들"[4]에게 "그런 재조합 DNA 분자의 잠재적인 위험들이 더 제대로 평가될 때까지 또는 그런 분자들의 전파를 차단할 적절한 방법이 개발될 때까지"[5] 모든 재조합 연구를 자발적으로 유예할 것을 요청했다. 이 선언에서 한 가지 중요한 부분은 "그런 DNA 분자들의 위험을 조사한 실험자료들이 거의 없으므로, 우리의 우려는 입증된 위험이 아니라 잠재적 위험에 관한 판단을 근거로 삼고 있다"고 자인한 부분이었다.[6]

그러나 곧 나는 그 모라토리엄 서한에 내가 관여했다는 사실에 자괴와 자책을 금할 수 없었다. 분자 클로닝은 세상에 엄청난 혜택을 안겨줄 잠재력을 지니고 있는 것이 명백했으며, 그토록 열심히 연구를 한 끝에 이제 막 생물학적 혁명을 이룩할 시점에 도달했는데, 그것을 뒤로 물리자고 공모를 하고 있었으니 말이다. 혼란스러운 순간이었다. 마이클 로저스가 1975년에 『롤링 스톤(Rolling Stone)』에 쓴 것처럼 "분자생물학자들은 핵물리학자들이 원자폭탄이 등장하기 몇 년 전에 직면했던 것과 똑같은 실험적인 위기 상황에 직면한 것이 분명했다."[7] 우리가 신중한 것일까 아니면 소심한 것일까? 아직 확실히 말할 수는 없었지만 나는 후자 쪽이라고 느끼기 시작했다.

로저스가 "판도라의 상자 회의"라고 부른 회의가 1975년 2월에 캘리포니아 주 퍼시픽그로브에 있는 애실로마 회의 센터에서 전 세계에서 온 140명의 과학자들이 참석한 가운데 열렸다. 의제는 재조합 DNA가 정말로 약속보다는 위험을 더 수반하는지를 확실히 판단하자는 것이었다. 그 모라토리엄이 영구적이어야 할까? 우리가 잠재적 위험에 상관하지 않고 앞으로 나아가야 할까 아니면 어떤 안전조치가 마련되기까지 기다려야 할까? 준비 위원회의 의장이었던 탓에 폴 버그는 명목상 그 회의의 의장도 맡았으며, 따라서 회의가 끝날 때까지 합의선언 초안을 짜는 거의 불가능한 작업까지 맡게 되었다.

기자단도 그 자리에 있었다. 그들은 과학자들이 최신 전문 용어들을 남발하며 논쟁을 벌이자 머리를 쥐어뜯고 있었다. 법률가들도 참석했다. 그들은 우리에게 법적인 문제도 다루어야 한다는 것을 상기시켜주었다. 예를 들면 재조합 연구를 하는 우리 연구소에서 연구자가 암에 걸린다면, 소장인 내가 책임을 져야 할 것인가? 과학자들은 본래 모르는 상태에서 위험을 예측하는 일을 천성적으로 싫어하며 또 그렇게 하도록 훈련되어 있었다. 과학자들은 만장일치로 합의에 도달하는 일은 불가능하리라고 정확히 판단하고 있었다. 아마 버그도 똑같이 미심쩍어하고 있었을 것이다. 어쨌거나 그는 의장으로서 단호하게 지도력을 발휘하기보다는 표현의 자유쪽을 택했다. 그 결과 누구나 자유로이 참가하는 토론이 벌어졌다. 별 상관없는 이야기들을 두서없이 늘어놓는 발표자나 자신의 연구실에서 이루어지는 중요한 연구 이야기를 장황하게 떠들어대는 사람들 때문에 논의가 곁길로 흐를 때도 많았다. "모라토리엄을 연장하자"라는 소심한 주장에서부터 "모라토리엄은 쓸데없는 짓이다. 과학과 사이좋게 지내자"라는 열렬한 주장에 이르기까지 너무나 다양한 의견들이 쏟아졌다. 나는 그 스펙트럼에서 후자 쪽 극단에 속했다. 나는 알려지지도 않았고 정량화하지도 않은 위험들을 근거로 삼아 연구를 연기하자는 쪽이 더 무책임하다고 느꼈

DNA 논쟁 : 맥신 싱어, 노턴 진더, 시드니 브레너, 폴 버그가 애실로마 회의 때 논쟁을 벌이고 있는 모습

다. 바깥에는 몹시 아픈 사람들, 암이나 유전병에 걸려 신음하는 사람들이 있었다. 그들의 유일한 희망을 그들에게 주지 않겠다고 거부할 권리가 우리에게 있다는 말인가?

당시 영국의 케임브리지에 있던 시드니 브레너는 몇 건 되지 않은 관련 자료 하나를 내놓았다. 그는 분자 클로닝 연구에서 흔히 쓰이는 세균인 K-12라는 대장균 균주 군체를 모은 적이 있었다. 때때로 매우 드문 대장균 균주가 등장해 식중독을 일으키곤 하지만, 사실 대장균 균주들은 대부분 무해하며, 브레너는 K-12 균주도 예외가 아니라고 가정했다. 그가 관심을 가지고 있던 것은 자신의 건강이 아니라 K-12의 건강이었다. 그 세균이 실험실 바깥에서도 살 수 있을까? 그는 그 미생물을 우유에 넣고 휘저었다. 그냥 먹기는 꺼림칙했기 때문이다. 그런 다음 그는 그 혼합액을 꿀꺽꿀꺽 들이켰다. 그는 자기 소화관의 반대편을 조사해서 자신의 장에 K-12 세포들이 군체를 이루었는지 알아보았다. 결과는 부정적이었고, 그것은 K-12가 배양 접시에서는 번성해도 "자연" 세계에서는 살 수 없다는 것을 시사했다. 하지만 다른 사람들이 그 추론에 의문을 제기했다. K-12 세균 자체는 살 수 없다고 해도, 그것이 그 세균들이 우리 장에서 완벽하게 살 수 있는 균주와 플라스미드나 다른 유전정보를 교환할 수 없다는 증거는 아니라는 것이었다. 즉 "유전적으로 가공된" 유전자들이 장에 살고 있는 세균들 속으로 들어갈 수 있다는 주장이었다. 그러자 브레너는 우리가 실험실 바깥에서 살 수 없다는 것이 확실히 보장되는 K-12 균주를 개발해야 한다는 주장을 내놓았다. 균주를 특정한 양분이 공급될 때에만 살 수 있도록 유전적으로 변형시키면 가능하다는 것이었다. 그리고 물론 그 양분들은 자연계에서 얻을 수 없는 것이어야 한다. 즉 오직 실험실에서만 동시에 공급될 수 있는 양분들을 골라야 한다. 그렇게 변형시킨 K-12는 통제된 연구시설 속에서만 살 수 있고 바깥 세상으로 나가면 죽게 되어 있는 "안전한" 세균이 된다.

그날 의결된 것은 브레너가 제청한 이 중간 입장이었다. 물론 양쪽 극단에 속한 사람들 사이에서 불평들이 쏟아졌지만, 회의는 질병을 일으키지 않은 세균들을 대상으로 한 연구는 계속할 수 있도록 하고 포유동물 DNA를 수반하는 연구는 값비싼 차단시설을 설치할 것을 의무화하자는 일관성 있는 권고안들을 내놓으면서 끝났다. 이런 권고안들은 1년 뒤 국립보건원이 "지침들"을 설정할 때 근거가 되었다.

나는 대다수 동료들로부터 고립된 채 좌절을 느꼈다. 스탠리 코언과 허버트 보이어도 낙심했다. 나와 마찬가지로 그들도 우리 동료들 중에 모인 기자들에게 "좋은 녀석들"이자 프랑켄슈타인 박사가 될 가능성이 없는 자들로 비치기 위해서 과학자로서 더 나은 판단을 내릴 수 있는데도 적절히 타협한 자들이 많았다고 믿었다. 사실 그 자리에 모인 과학자들 대다수는 질병을 일으키는 생물을 연구한 적이 한 번도 없었으며, 그런 연구를 했던 우리 같은 사람들에게 자신들이 가하고 싶어한 제약이 어떤 의미를 지니고 있는지 거의 이해하지 못했다. 나는 많은 사람들이 독단적인 주장을 내세우는 것을 보고 지겨워졌다. 냉혈 척추동물의 DNA는 용납할 수 있지만 포유동물의 DNA는 대다수 과학자들이 건드려서는 안 된다는 주장이 그런 예였다. 개구리의 DNA를 연구하는 것은 안전하지만 생쥐의 DNA를 연구하는 것은 그렇지 못하다는 주장임이 분명했다. 나는 그런 헛소리들에 어안이 벙벙해져 있다가 짧게 내 의견을 말했다: 개구리가 사마귀를 일으킨다는 것을 아무도 모르는 모양이군요! 하지만 그런 익살맞은 반대의견들은 무시되었다.

지침들이 정해지자 애실로마 회의에 참석한 많은 사람들은 "안전한 세균"의 클로닝을 토대로 삼아 순조로이 연구를 할 수 있을 것이라고 기대했다. 하지만 그런 생각을 가지고 출항한 사람들은 곧 물결이 거친 바다로 들어갔다. 대중 언론이 퍼뜨린 논리에 따르면 과학자들 자신이 우려할 이유를 발견했다면, 일반 대중은 정말로 경계심을 가져야 했다. 게다가 쇠퇴하고 있다고는 해도 당시 미국은 여전히 반문화의 시대였다. 베트남 전쟁과 리처드 닉슨의 정치 경력이 막 기울고 있던 참이었다. 과학 자체가 이제야 겨우 헤아리기 시작한 복잡한 내용들을 이해할 준비가 거의 되어 있지 않았던 의심 많은 대중은 기존 권력조직이 무엇인가를 저질렀다는 사악한 음모 이론들을 무턱대고 받아들이기에 바빴다. 우리 과학자들은 자신이 이 엘리트 계층의 일원으로 여겨진다는 것을 알고 무척 놀랐다. 우리는 자신이 그 계층에 속해 있다는 생각을 한 번도 해본 적이 없었다. 히피 과학자의 전형이었던 허버트 보이어조차도 베이 지역의 지하신문인 『버클리 바브(Berkeley Barb)』의 할로윈 특집호에 실린 그 지역의 "가장 무서운 10대 귀신" 목록에 자기 이름이 있는 것을 발견했다. 늘 부패한 정치인과 노조 파괴를 일삼는 자본가가 맡았던 역할을 그가 맡게 된 것이다.

내가 가장 두려워한 것은 분자생물학에 대한 대중의 이 극심한 편집증이 가혹한 법률로 이어지지나 않을까 하는 것이었다. 우리가 할 실험과 하지 말아야 할 실험이 어떤 성가신 법률용어로 규정된다면 과학에는 해악밖에 미치는 것이 없다. 실험 계획을 정치적 성향을 지닌 심사 위원단에게 제출해야 할 것이고, 그런 일에 으레 따르기 마련인 도저히 어찌할 수 없는 관료적인 번잡한 절차들 때문에 할머니의 옷장에 든 옷에 좀이 슬듯이 일의 진행이 지체될 것이다. 아무튼 우리 연구가 실제 위험을 끼칠지 여부를 평가하려고 한 시도들은 자료가 전혀 없다는 점과 위험이 없다는 것을 입증하기가 논리적으로 어렵다는 점 때문에 진척이 없었다. 재조합 DNA 참변 같은 것은 일어난 적이 없었지만, 언론은 계속 "최악의 시나리오"를 상상하느라 바빴다. 1977년에 수도 워싱턴에서 열린 회의에서 생화학자 레온 헤펠은 그 논쟁에서 과학자들이 불합리하다고 생각하는 사항들을 적절히 요약했다.

나는 스페인 정부가 크리스토퍼 콜럼버스와 그의 선원들이 마주칠 위험들을 평가하기 위해서 소집한 특별 위원회의 위원으로 뽑혔다면 느꼈을 그런 느낌을 받았습니다. 지구가 편평하다고 전제했을 때 무엇을 할지, 선원들이 지구 끝으로 안전하게 모험을 할 수 있는 거리가 얼마나 되는지 같은 것을 위해서 지침들을 설정해야 하는 위원회 말입니다.[8]

그러나 몸을 사리게 만드는 그 풍자도 과학의 프로메테우스적 오만이라고 판단한 것에 맞서느라 열심인 사람들을 저지하기란 거의 불가능했다. 그 십자군 전사들 중 하나가 매사추세츠 주 케임브리지 시의 시장인 앨프리드 벨루치였다. 벨루치는 자기 고장의 엘리트 교육기관, 즉 MIT와 하버드 대학교를 짓밟고 보통 사람을 옹호하는 수완을 써서 정치 경력을 얻은 사람이었다. 그런 그에게 재조합 DNA 소동은 정치적 노다지나 다름없었다. 당시의 한 기사는 무슨 일이 벌어지고 있는지 날카롭게 포착하고 있다.

월귤색 니트 재킷과 검은 바지와 튀어나온 배를 감추려고 애쓰는, 노란 줄무늬가 있는 청색 셔츠를 입고 비뚤비뚤한 이빨과 불룩 튀어나온 주머니가 인상적

마크 타쉰

BUILD
WISDOM
NOT
CONTAINMENT

톰 매니어티스

He hath
shewed thee
O Man what is
good And what
doth the LORD ✝
require of thee
but to do Justly
and to Love ✝
MERCY and to
w☐ humbly
☐ THY G☐

벨루치 시장

매트 메셀슨

MAYOR
ALFRED VELLUCCI

인 앨 벨루치는 세계를 낚싯줄에 매달아 휙 던져서 진흙탕에 떨구었다고 스스로 생각하는 이 과학자들, 이 기술 관료들, 이 우쭐하는 하버드 수재들에게 좌절한 중부 아메리카 사람을 대변한다. 하지만 실제로 세계를 진흙탕에 빠뜨리는 사람은 누구일까? 그 수재들은 아니다. 언제나 앨 벨루치와 뒤에 남아 자기 몸을 닦아야 하는 일하는 평범한 사람들이 바로 그들이다.[9]

이 열기는 어디에서 왔을까? 하버드 대학교의 과학자들은 국립보건원의 새 지침을 철저히 준수하면서 재조합 연구를 할 차단시설을 교내에 설치하고 싶다는 욕망을 표현했다. 하지만 기회를 포착하고 DNA 반대 강령을 내세운 하버드-MIT의 좌익 비밀단체의 지원을 받아 벨루치는 몇 달에 걸쳐서 케임브리지 시에서 모든 재조합 DNA 연구를 금지시키려는 노력을 계속했다. 그 결과 하버드 대학교와 MIT의 생물학자들이 정치적 성향이 덜한 지역으로 떠나는 바람에 일시적이기는 하지만 지역의 두뇌가 유출되는 현상이 확연히 나타났다. 그 와중에도 벨루치는 과학을 감시하는 사회 경비견이라는 새로 얻은 명성을 즐기기 시작했다. 1977년에 그는 국립과학 아카데미 원장에게 편지를 썼다.

허스트 출판사에서 나온 오늘자 『보스턴 헤럴드 아메리칸(*Boston Herald American*)』에 내가 크게 우려하는 기사 두 편이 실려 있습니다. 매사추세츠 도버에서 "오렌지색 눈을 가진 기묘한 생물"이 목격되었고, 뉴햄프셔 홀리스에서는 한 남자가 두 아들과 함께 "키가 2.7미터인 털북숭이 생물"과 마주쳤다고 합니다.

저는 명성 있는 귀 기관이 이 사건들을 조사해주시기를 정중하게 요청하는 바입니다. 아울러 저는 이 "기이한 생물들"(정말로 존재한다면)이 뉴잉글랜드 지역에서 이루어지는 재조합 DNA 실험들과 어떤 식으로든 연관이 된 것이 아닌지 여부를 귀하가 조사해주기를 바랍니다.[10]

비록 많은 논란이 있었지만, 재조합 DNA 실험을 규제하는 국가 법률을 제정하려는 시도들은 다행히도 결실을 맺지 못했다. 테드 케네디 상원의원이 곧 그 소동에 뛰어들었고, 애실로마 회의가 있은 지 겨우 한 달 뒤에 상원 청문회가 열렸다. 1976년에 그는 포드 대통령에게 연방정부가 학계뿐 아니라 산업계의 DNA 연구를 통제해야 한다고 권고하는 편지를 썼다. 1977년 3월에 나는 캘리포니아 주 의회의 청문회에 증인으로 나섰다. 주지사 제리 브라운도 참석했기 때문에 나는 기회를 보아서 그에게 스탠퍼드 대학교에 있는 과학자들이 원인 모를 질병에 걸리는 사건이 벌어진다면 몰라도, 법률로 규제할 생각을 하는 것은 잘못이라고 개인적으로 조언을 했다. 실제 재조합 DNA를 다루는 사람들이 완벽하게 건강한 채로 있다면, 의원들이 자전거를 탈 때 마주치는 위험처럼 공중 보건에 더 명백하게 위험이 되는 것들에 초점을 맞추는 쪽이 대중을 위해서 더 봉사하는 것이 된다.

국립보건원의 지침이나 다른 나라의 입법자들이 부과한 지침들 아래에서 점점 더 많은 실험들이 이루어지면서 재조합 DNA 실험이 프랑켄 벌레

들(벨루치 씨에게는 실례지만 "오렌지색 눈의 기이한 생물들"보다 훨씬 덜한)을 만들어내지 않으리라는 것이 점점 더 명백해졌다. 1978년이 되자 나는 이렇게 쓸 수 있었다. "알파벳 D로 시작하는 거의 모든 것들과 비교했을 때 DNA는 사실 매우 안전하다. 루브 골드버그(쓸데없이 복잡하고 기발한 재미있는 장치들을 상상한 그림으로 유명한 화가/역주) 식으로 우리 실험실에서 만들어진 DNA가 인류를 멸종으로 이끄는 과정을 그리는 데에 신경 쓰느니 단검(dagger), 다이너마이트(dynamite), 개(dog), 디엘드린(dieldrin), 다이옥신(dioxin), 음주 운전자(drunken driver)를 걱정하는 편이 훨씬 더 낫다."[11]

그 해 말 워싱턴에서 국립보건원의 재조합 DNA 자문 위원회(RAC)는 종양 바이러스 DNA 연구를 포함하여 대부분의 재조합 연구가 진행될 수 있도록 지침을 크게 완화해야 한다고 제안했다. 그리고 1979년에 보건교육후생 장관인 조지프 캘리파노가 그 수정안을 승인함으로써, 포유동물의 암 연구를 가로막고 있던 무의미한 장벽이 사라졌다.

현실적으로 볼 때, 애실로마 합의가 빚어낸 것은 슬프게도 중요한 연구를 5년 이상 지체시켰으며, 그 헛된 5년 동안 수많은 젊은 과학자들의 경력을 단절시켰다는 것밖에 아무것도 없다.

1970년대가 저물어가면서 코언과 보이어의 창의적인 실험들이 불러일으킨 현안들도 서서히 별것 아닌 문제들로 바뀌어갔다. 우리는 별 소득 없는 우회로로 돌아가라고 강요받기는 했지만, 적어도 그 일은 분자과학자들이 사회적 책임을 지고 싶어했다는 것을 보여주었다.

그러나 1970년대 후반기의 분자생물학이 정치에 완전히 휩쓸린 것은 아니었다. 사실 이 시기에 많은 중요한 발전들이 이루어졌으며, 대부분은 논란이 되고 있던 보이어-코언의 분자 클로닝 기술에 의존하고 있었다. 가장 중요한 돌파구가 된 것은 DNA 서열을 읽는 방법의 발견이었다. 서열 분석을 하려면 DNA가 대량으로 필요하므로, 클로닝 기술이 개발되기 전까지는 작은 바이러스 DNA를 빼고는 서열 분석이 사실상 불가능했다. 앞에서 살펴보았듯이 본래 클로닝에는 원하는 DNA 조각을 플라스미드에 삽입한 다음, 그 플라스미드를 세균에 주입하는 과정이 포함되어 있다. 그 세균이 분열하고 성장함에 따라서 삽입된 DNA 조각도 대량으로 복제된다. 이제 세균에서 대량 증식된 그 DNA 조각을 추출해 서열 분석을 하는 일만 남은 셈이었다.

서열 분석의 황제들 : 월리 길버트(위)와 프레드 생어

두 가지 서열 분석 기술이 거의 동시에 개발되었다. 하나는 미국 매사추세츠 주 케임브리지(하버드 대학교)의 월리 길버트가 개발한 것이고, 다른 하나는 영국 케임브리지의 프레드 생어가 개발한 것이다. 길버트가 DNA 서열 분석에 관심을 가지게 된 것은 대장균의 베타-갈락토시다아제 유전자 발현을 조절하는 억제 단백질을 분리하면서부터였다. 앞에서 살펴보았듯이 그는 억제 단백질이 DNA에서 유전자 바로 옆에 있는 부위에 결합함으로써, 유전자가 RNA 서열로 전사되지 못하도록 막는다는 것을 밝혀냈다. 그뒤 그는 뛰어난 소련의 과학자 안드레이 미르자베코프와 우연히 만나게 되었는데, 그 자리에서 안드레이는 길버트에게 아주 강력한 화학물질들을 조합해 쓰면 DNA 사슬을 원하는 특정한 염기가 있는 곳에서 잘라낼 수 있을지 모른다고 말했다.

길버트는 워싱턴에서 고등학교를 다녔는데 3학년 때는 수업을 빼먹고

의회 도서관에서 물리학 책을 읽으며 지내곤 했다. 당시 그는 모든 고등학교 과학 천재들이 손에 넣고 싶어하는 성배를 추적하고 있었다. 웨스팅하우스 인재 발굴 협회에서 주는 상*이었다. 그는 1949년에 당당하게 그 상을 받았다(오랜 세월이 흐른 뒤인 1980년에 그는 스톡홀름의 스웨덴 한림원으로부터 초청을 받음으로써 웨스팅하우스 상이 미래의 노벨상을 예측할 수 있는 가장 좋은 기준이라는 통계적 증거를 뒷받침했다). 길버트는 대학생과 대학원생 때 물리학에 매달려 있었고, 1956년 내가 하버드에 도착한 지 1년 뒤에 그곳 물리학과 교수가 되었다. 하지만 내 실험실에서 이루어지는 RNA 연구를 맛보기로 보여주자 그는 자기 전공을 버리고 내 전공 쪽으로 돌아섰다. 사려 깊고 끈기가 있던 길버트는 그뒤로 분자생물학의 최전선에서 활동해왔다.

그러나 두 서열 분석법 중 세월의 시험을 더 잘 견뎌낸 것은 생어의 방법이다. 그 방법은 인간 유전체 계획 때에도 쓰였고, 그뒤로도 계속 쓰이다가, 결국 영국 케임브리지에서 개발된 탁월한 화학적 기법으로 대체되었다(제8장에서 다룰 것이다). 길버트의 방법에 쓰이는 DNA 분해 화학물질들 중에는 다루기가 쉽지 않은 것들이 있다. 자칫 무리를 하다보면 그 화학물질들은 연구자의 DNA까지 파괴할 수도 있다. 반면에 생어의 방법은 세포 내에서 DNA가 자연적으로 복제될 때 쓰이는 효소인 DNA 중합효소를 사용한다. 그의 방법은 DNA를 복제할 때 약간 변형시킨 염기를 사용한다. 생어는 자연상태의 DNA(데옥시리보 핵산)에서 발견되는 정상적인 "데옥시" 염기(A, T, G, C) 외에 이른바 "디데옥시(dideoxy)" 염기를 일부 추가해서 사용한다. 디데옥시 염기는 특이한 성질을 지니고 있다. DNA 중합효소는 성장하는 DNA 사슬(즉 주형 가닥을 토대로 조립되고 있는 가닥)에 그 디데옥시 염기도 가리지 않고 끼워넣는다. 하지만 일단 디데옥시 염기가 삽

---

* 1998년에 구경제가 신경제에 자리를 넘겨주면서, 그 상도 인텔 과학 경시대회 상으로 명칭이 바뀌었다. 2015년에는 후원사가 다시 리제너론으로 바뀌었다.

입되면 DNA 사슬은 더 이상 성장하지 못한다. 다시 말해서 디데옥시 염기가 끼어든 지점부터 사슬 복제가 중단되는 것이다.

주형 가닥의 서열이 GGCCTAGTA라고 하자. 이 가닥이 무수히 있다. 이제 DNA 중합효소를 사용해서 이 가닥을 복제하기로 하자. 원료는 정상적인 A, T, G, C와 약간의 디데옥시 A이다. 효소는 주형 가닥의 G와 짝을 짓는 C를 붙인 다음, G의 짝인 C를 붙이고 그 다음에는 G를 두 번 이어 붙인다. 이제 T를 짝지을 때가 되었다. 효소는 둘 중에서 선택할 수 있다. 정상적인 A를 이어 붙이든지, 디데옥시 A를 이어 붙이든지. 효소가 디데옥시 A를 선택한다면 가닥은 거기에서 끝난다. 그 결과 끝에 디데옥시 A(ddA라고 하자)가 붙은 짧은 가닥인 CCGGddA가 만들어진다. 반대로 효소가 정상적인 A를 이어 붙인다면 그뒤에 T, C가 붙으면서 가닥은 계속 성장할 것이다. 그러다가 다음 T를 만나면 효소는 다시 선택의 기로에 선다. 정상적인 A를 붙일 것인가, ddA를 붙여 가닥 성장을 "중단"시킬 것인가. 효소가 ddA를 붙인다면, 앞서의 것보다 약간 길기는 하지만, 마찬가지로 중간에서 잘린 사슬이 생긴다. 이 사슬은 CCGGATCddA가 된다. 효소는 주형 가닥에서 T를 만날 때마다(즉 새 가닥에 A를 붙여야 할 때마다) 이런 선택을 한다. 우연히 정상적인 A를 선택하면 사슬은 계속 성장할 것이고, ddA를 선택하면 사슬은 중간에서 성장을 그칠 것이다.

이 실험의 결과는? 실험이 끝나면 주형 DNA에서부터 길이가 다양한 사슬들이 무수히 만들어진다. 짧은 사슬들의 공통점은 무엇일까? 모두 끝에 ddA가 붙어 있다는 것이다.

이제 나머지 세 종류의 염기를 가지고 같은 실험을 한다고 하자. 즉 정상적인 A, T, G, C 염기에 ddT를 일부 섞는 식으로 말이다. 그러면 CCGGAddT나 CCGGATCAddT 같은 서열들이 만들어질 것이다.

ddA로 한 번, ddT로 한 번, 이런 네 가지 방법으로 반응을 마치고 나면, 네 종류의 DNA 사슬들을 가지게 된다. 끝에 ddA가 붙은 사슬들, 끝에

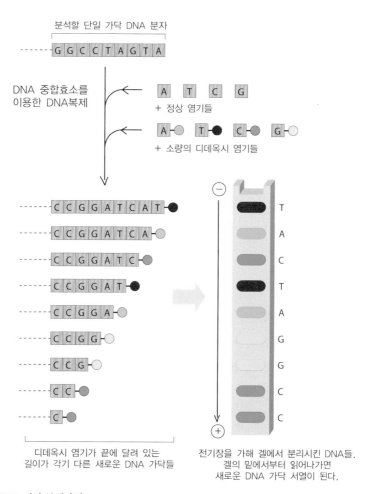

분석할 단일 가닥 DNA 분자

DNA 중합효소를
이용한 DNA복제

+ 정상 염기들

+ 소량의 디데옥시 염기들

디데옥시 염기가 끝에 달려 있는
길이가 각기 다른 새로운 DNA 가닥들

전기장을 가해 겔에서 분리시킨 DNA들.
겔의 밑에서부터 읽어나가면
새로운 DNA 가닥 서열이 된다.

생어의 DNA 서열 분석방법

ddT가 붙은 사슬들 등. 이 작은 사슬들을 길이별로 분류할 수 있다면, 우
리는 서열을 추론할 수 있게 된다. 어떻게? 하나하나 살펴보자. 첫째, 어
떻게 하면 길이별로 분류할 수 있을까? 전기장을 쓰면 가능하다. 이 모든
조각들을 특수한 겔(gel)로 만든 판에 놓고 그 겔 판에 전기장을 가한다.
그러면 DNA 분자들은 전기장에 끌려서 겔을 통해서 이동하며, 각각의 짧
은 사슬들이 이동하는 속도는 그 사슬의 길이에 따라서 다르다. 즉 짧은

사슬은 긴 사슬보다 더 빨리 이동한다. 시간을 정해놓고 전기장을 가하면 가장 작은 사슬이 가장 멀리까지 이동할 것이다. 여기에서는 가장 짧은 사슬인 ddC가 그럴 것이다. 그 다음으로 짧은 사슬 CddC가 그보다 약간 덜 움직일 것이고, CCddG가 그 다음일 것이다. 이제 생어의 방법이 어떤 것인지 명확해졌을 것이다. 겔을 통해서 정해진 시간 동안 경주를 시킨 뒤에 각 짧은 사슬들의 상대적인 위치를 읽으면, 우리는 DNA 조각의 서열을 추론할 수 있다. 가장 빠른 것은 C, 그 다음은 C, 다음은 G 하는 식으로 말이다.

1980년에 생어는 길버트, 폴 버그와 함께 노벨 화학상을 받았다. 폴 버그는 재조합 DNA 기술을 개발한 공로로 공동 수상했다(이해할 수 없는 일이지만 스탠리 코언이나 허버트 보이어에게는 그 영예가 주어지지 않았다).

생어에게는 두 번째 노벨상이었다.[*] 그는 1958년에 단백질의 서열을 분석하는 방법, 즉 단백질을 이루는 아미노산의 순서를 파악하는 방법을 개발해서 그것을 인간의 인슐린에 적용한 연구로 화학상을 받았다. 하지만 생어의 단백질 서열 분석법과 DNA 서열 분석법 사이에는 아무런 관계도 없다. 기술로나 상상으로나 어느 한 쪽 방법에서 다른 쪽 방법이 나올 수 없다. 그는 아무것도 없는 상태에서 두 방법을 발명했다. 그는 분자생물학 역사의 초창기에 기술적 측면을 지배한 천재로 여겨져야 할 것이다.

생어를 보면, 저 사람이 정말 노벨상을 두 번이나 받은 사람인가라는 생각이 들지도 모른다. 퀘이커 교도 집안에서 태어난 그는 자라서 사회주의자가 되었으며, 제2차 세계대전 때는 양심적 병역 거부자였다. 더 어울리지 않는 태도는 그가 자신의 업적을 자랑하지 않는다는 점이다. 그는 노벨상을 받았다는 증거를 깊숙이 숨겨놓는 쪽을 선호한다. "멋진 금메달을 받

---

[*] 생어는 노벨상을 두 차례 받은 고귀한 부류에 속하게 되었다. 마리 퀴리는 물리학상(1903)과 화학상(1911)을 받았다. 존 바딘은 트랜지스터의 발명으로 한 번(1956), 초전도 현상으로 한 번(1972), 이렇게 물리학상을 두 번 받았다. 라이너스 폴링은 화학상(1954)과 평화상(1962)을 받았다.

앉으니 은행에 넣어두는 것이고, 인증서를 받았으니 다락에 넣어두는 것이죠."[12] 그는 작위까지 거절했다. "작위는 사람을 변하게 만드는 것이 아니겠어요? 나는 달라지고 싶지 않아요." 은퇴한 뒤 생어는 지금 케임브리지 외곽에서 정원을 가꾸면서 즐거운 나날을 보내고 있다. 그는 여전히 자기를 내세우지 않은 채 1993년에 케임브리지 인근에 설립된 유전체 서열 분석 기관인 생어 센터에 활기찬 모습으로 나타나기도 한다.

서열 분석은 1970년대에 이루어진 가장 두드러진 성과 중의 하나였다. 우리는 이미 유전자가 A, T, G, C로 이루어진 선형 사슬이라는 것과 이런 염기들이 유전암호에 따라서 한 번에 세 개씩 해독되어 단백질이라는 아미노산 선형 사슬을 만든다는 것을 알고 있었다. 하지만 리처드 로버츠와 필립 샤프를 비롯한 연구자들은 많은 생물에서 유전자가 별 볼일 없는 DNA 사이사이에 중요한 암호를 지닌 DNA들이 놓여 있는 식으로 조각조각 분리되어 있다는 사실을 밝혀냈다. 오직 전령 RNA로 전사되고 난 뒤에야 그 뒤죽박죽 섞인 덩어리는 별 볼일 없는 부분들을 솎아내는 "편집" 과정을 거쳐서 제 모습을 갖춘다. 마치 이 책에 야구 이야기나 로마 제국 역사 같은 문장들이 아무렇게나 섞여 있는 것과 같다. 월리 길버트는 그 사이사이에 끼어 있는 서열을 "인트론(intron)", 실제 단백질 암호를 지닌 서열(즉 유전자의 기능적인 부분)을 "엑손(exon)"이라고 불렀다. 인트론은 주로 복잡한 생물에게 나타나는 특징이다. 즉 세균은 인트론이 없다.

인트론이 놀랍도록 많이 들어 있는 유전자도 있다. 가령 인간의 혈액 응고인자 VIII 유전자(이 유전자에 돌연변이가 생기면, 앞서 말한 혈우병이 나타날 수도 있다)에는 인트론이 25개 들어 있다. 혈액 응고인자 VIII는 약 2,000개의 아미노산으로 이루어진 커다란 단백질이지만, 그 유전자의 전체 길이 중 엑손이 차지하는 부분은 고작 4퍼센트에 불과하다. 나머지 96퍼센트는 인트론으로 이루어져 있다.

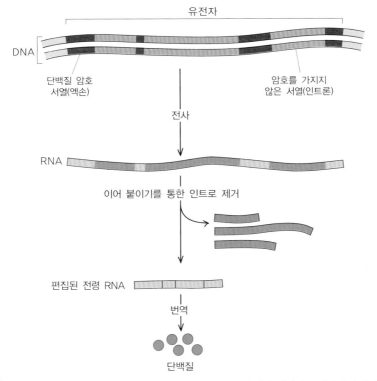

유전자

DNA

단백질 암호
서열(엑손)

암호를 가지지
않은 서열(인트론)

전사

RNA

이어 붙이기를 통한 인트론 제거

편집된 전령 RNA

번역

단백질

인트론과 엑손. 암호를 가지지 않은 인트론은 전령 RNA가 단백질 생산에 들어가기에 앞서 잘려나간다

　그렇다면 인트론은 왜 있는 것일까? 인트론이 있으면 세포 내 과정들이 대단히 복잡해진다는 점은 명백하다. 전령 RNA를 만들려면 항상 편집과정을 거쳐야 하기 때문이다. 그리고 혈액 응고인자 VIII의 전령 RNA에 있는 인트론을 하나 잘못 잘라내면 틀 이동 돌연변이가 일어나 쓸모없는 단백질이 만들어진다는 점을 생각할 때 편집은 매우 세심하게 공을 들여야 하는 일인 듯하다. 이 분자 수준의 침입자들이 단지 흔적들, 즉 지구 초기의 생명들이 남긴 진화의 유산이라는 이론도 있다. 인트론이 어떻게 존재하게 되었는지, 생명의 위대한 암호에 어떤 역할을 했었는지는 여전히 논쟁거리이다.

진핵생물(즉 유전물질을 담고 있는 핵처럼 내부에 구획된 부분이 있는 세포로 이루어진 생물. 세균 같은 원핵생물은 핵이 없다) 유전자의 일반적인 특성을 알아차리고 나자 과학계의 금광 찾기가 시작되었다. 최신 기술을 갖춘 열정적인 과학자들은 가장 먼저 중요한 유전자를 분리해내고(클론) 특성을 파악하기 위해서 앞다투어 달려들었다. 가장 먼저 발견된 보물 중에 돌연변이가 일어나면 포유동물에게 암을 일으키는 유전자들도 있었다. SV40처럼 연구가 충분히 이루어진 몇몇 종양 바이러스의 DNA 서열 분석을 완료하고 나자 과학자들은 이제 암을 일으키는 유전자 자체에 초점을 맞출 수 있었다. 이런 유전자들은 정상세포를 암과 같은 특성을 지닌 세포로 변형시킬 수 있었다. 성장과 세포 분열이 제멋대로 이루어져 종양이 만들어지는 것이 한 예이다. 오래 지나지 않아 분자생물학자들은 인간 암세포에서 유전자를 분리해내기 시작했고, 마침내 인간의 암이 인류 역사 내내 그럴 것이라고 가정되어왔던 것과 달리 단순한 비유전적 성장 사건 때문이 아니라 DNA 수준에서 이루어지는 변화 때문에 생긴다는 것이 확인되었다. 우리는 암 성장을 자극하거나 촉진하는 유전자를 발견했으며, 암 성장을 늦추거나 억제하는 유전자도 발견했다. 자동차와 마찬가지로 세포도 제대로 기능을 하려면 가속기와 제동기가 필요한 듯하다.

유전자라는 보물 찾기를 떠맡은 것은 분자생물학이었다. 1981년에 콜드 스프링 하버 연구소는 유전자 클로닝 기술을 가르치는 고급 여름 강좌를 열었다. 이 강좌에 쓰기 위해서 만든 실험 교재인 『분자 클로닝(*Molecular Cloning*)』은 3년 동안 무려 8만 부 이상 팔려나갔다. DNA 혁명의 첫 단계(1953-1972), 즉 이중나선이 발견되면서 터져나온 처음의 흥분상태에서 유전암호의 발견까지 이어진 이 단계에 참여한 과학자들은 모두 3,000명 정도였다. 하지만 재조합 DNA와 DNA 서열 분석 기술과 함께 시작된 두 번째 단계에는 10년 남짓한 기간에 그 수의 100배가 넘는 과학자들이 참여하게 된다.

이렇게 참여자들이 급격히 늘어난 데에는 생명공학이라는 새로운 산업 분야의 탄생도 한몫을 했다. 1975년 이후로 DNA는 더 이상 생명의 분자 토대를 이해하려고 애쓰는 학계만이 관심을 가진 대상이 아니었다. 그 분자는 하얀 옷을 입은 과학자들의 수도원을 벗어나서 실크 넥타이와 세련된 양복을 갖추어 입은 사람들이 북적대는 생판 다른 세계로 옮겨갔다. 프랜시스 크릭이 케임브리지에 있는 자기 집에 붙인 이름인 "황금 나선"이라는 말은 이제 새로운 의미로 다가오기 시작했다.

MARCH 9, 1981 $1.50

TIME

Shaping Life in the Lab

The Boom In Genetic Engineering

Genentech's Herbert Boyer

0 724404

제5장

DNA, 달러, 약 : 생명공학

허버트 보이어는 사람을 잘 사귄다. 앞에서 우리는 그가 1972년에 스탠리 코언과 와이키키의 한 식당에서 나눈 대화가 어떻게 재조합 DNA를 현실로 만든 실험으로 이어졌는지 살펴보았다. 1976년에 두 번째로 번갯불이 번쩍였다. 이번 장소는 샌프란시스코였고, 만난 사람은 밥 스완슨이라는 벤처 투자자였다. 그 결과 생명공학이라는 새로운 산업 분야가 탄생했다.

자신이 사업계획을 짜서 보이어와 접촉했을 때 스완슨은 겨우 스물아홉 살이었지만, 이미 모험으로 가득한 금융 분야에서 명성을 날리고 있었다. 그는 새로운 사업기회를 찾고 있었고, 과학을 전공했던 덕분에 재조합 DNA라는 새로 탄생한 기술이 그 기회가 되리라고 판단했다. 문제는 스완슨이 그 이야기를 하면 모든 사람들이 시기상조라고 말한다는 점이었다. 스탠리 코언조차도 그것이 상업적으로 적용되려면 적어도 10년은 걸린다고 주장했다. 보이어는 정신을 혼란스럽게 만드는 것을 싫어했다. 그는 특히 청바지와 티셔츠로 대변되는 과학계와는 어느 모로 보나 어울리지 않는 양복을 입은 사람들과 관련되는 것을 싫어했다. 그래도 스완슨은 기어코 보이어를 구슬려 어느 금요일 오후에 10분 동안 시간을 내도록 했다.

10분은 몇 시간으로 길어졌고, 그들은 근처 처칠 바로 옮겨 맥주 몇 잔

◀ 생명공학 산업의 탄생을 알린 『타임』의 표지. 영국 왕실의 혼인 기사가 뒤로 밀렸다

을 마시기까지 했다. 그곳에서 스완슨은 자신이 잠들어 있던 사업가를 각성시켰다는 것을 깨달았다. 1954년 데리 버러 고등학교 연감을 보면, 학년 대표인 보이어가 자신의 야심을 처음 밝힌 글이 나온다. "성공한 사업가가 되는 것."[1)]

기본 계획은 무척 간단했다. 코언–보이어의 기술을 활용해서 시장성이 있는 단백질을 생산할 방법을 찾아낸다는 것이었다. "유용한" 단백질, 즉 인간의 인슐린처럼 치료 가치가 있는 단백질을 만드는 유전자를 세균에 삽입할 수 있다면, 세균은 그 단백질 생산을 시작할 것이다. 그렇게 되면 연구실의 배양 접시 수준에서 산업용 거대한 통 수준으로 생산 규모를 늘리고 생산된 단백질을 수확하는 문제만 남게 된다. 원리는 간단하지만 실현하는 일은 그리 단순하지 않았다. 그럼에도 보이어와 스완슨은 낙관했다. 그들은 각자 500달러를 내서 신기술 활용을 사업목표로 한 회사를 설립했다. 1976년 4월에 그들은 세계 최초의 생명공학 회사를 설립했다. 스완슨은 자신들의 이름 앞부분을 조합해 회사 이름을 "허–밥"이라고 짓자고 했지만, 보이어는 부드럽게 거절하면서 "유전공학 기술"이라는 말을 줄인 "제넨텍"이라는 이름을 제시했다.

제넨텍 사의 첫 목표는 인슐린이었다. 당뇨병에 걸린 사람은 몸에서 이 단백질을 본래 너무 적게 만들거나(제2형 당뇨병) 전혀 만들지 못하기(제1형 당뇨병) 때문에 이 단백질을 주기적으로 투여해야 한다. 1921년에 인슐린이 혈당수치를 조절하는 역할을 한다는 것이 발견되기 전까지 제1형 당뇨병은 치명적인 병이었다. 그 발견이 이루어진 뒤로 당뇨병 환자에게 필요한 인슐린 생산은 주요 산업으로 부상했다. 모든 포유동물은 거의 똑같은 방식으로 혈당수치를 조절하므로, 돼지나 소 같은 가축에서 얻은 인슐린을 활용하는 것도 가능하다. 하지만 돼지나 소의 인슐린은 인간의 인슐린과 비슷하기는 해도 약간 다르다. 인간의 인슐린은 돼지의 것과 51번째 아미노산 하나가 다르고, 소의 것과는 아미노산 셋이 다르다. 이런 차이는 때로 환자에게 해로운 영향을 미칠 수도 있다. 당뇨병 환자들은 때로 "외부" 단백질에 알레르기를 일으킨다. 이런 알레르기 문제를 피하는 방법은 생명공학을 통해서 당뇨병 환자에게 진짜 인간의 인슐린을 제공하는 것이다.

미국에만 800만 명의 당뇨병 환자가 있는 것으로 추정되기 때문에 인슐린은 생명공학의 금광이 될 것이 분명했다. 그러나 보이어와 스완슨만이 생명공학의 잠재력을 인식한 것은 아니었다. 캘리포니아의 샌프란시스코 대학교에 있던 보이어의 동료들뿐 아니라 하버드 대학교의 월리 길버트도 인간 인슐린 클로닝이 과학적으로도, 상업적으로도 가치가 있으리라는 것을 알아차렸다. 1978년 5월에 길버트를 비롯하여 미국과 유럽의 몇몇 사람들이 모여 바이오젠 사를 설립하면서 경쟁이 시작되었다. 바이오젠 사와 제넨텍 사의 유래를 대비시켜보면 상황이 얼마나 빨리 전개되고 있었는지 드러난다. 제넨텍 사는 스물일곱 살의 젊은이가 전화로 연락을 취하면서 계획이 수립되었다. 반면에 바이오젠 사는 최고 과학자들을 찾아다니는 노련한 벤처 투자자들이 협력하여 세웠다. 제넨텍 사는 샌프란시스코의 한 바에서 탄생한 반면, 바이오젠 사는 유럽의 한 멋진 호텔에서 탄생했다. 그러나 두 회사의 전망은 같았으며, 그중에 인슐린도 들어 있었다. 경쟁이 시작된 것이다.

세균을 구슬려 인간의 단백질을 생산하도록 만들기는 쉽지 않다. 특히 까다롭게 만드는 것은 인간의 유전자에서 단백질 암호를 지니지 않은 부위인 인트론이다. 세균에게는 인트론이 없으므로 인트론을 다룰 수단도 가지고 있지 않다. 인간의 세포가 전령 RNA를 조심스럽게 "편집"해서 이렇게 암호를 지니지 않은 조각을 제거하는 반면, 세균은 그런 능력을 가지고 있지 않기 때문에 인간의 유전자에서 제대로 된 단백질을 만들 수 없다. 따라서 인간의 유전자에서 만들어지는 단백질을 대장균이 생산하도록 하려면 먼저 인트론이라는 장애물을 제거할 필요가 있었다.

이 새 경쟁자들은 그 문제를 각기 다른 방향에서 접근했다. 제넨텍 사의

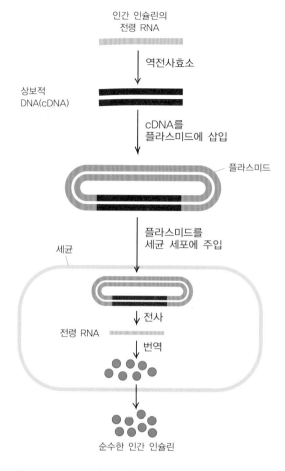

인간 인슐린의
전령 RNA

↓ 역전사효소

상보적
DNA(cDNA)

↓ cDNA를
플라스미드에 삽입

플라스미드

↓ 플라스미드를
세균 세포에 주입

세균

↓ 전사

전령 RNA

↓ 번역

순수한 인간 인슐린

인슐린의 cDNA(그 유전자에서 인트론을 제거한 것) 클로닝
에 성공하면서 생명공학이 탄생했다.

전략은 인트론이 없는 유전자를 화학적으로 합성한 다음 그것을 플라스미드에 삽입한다는 것이었다. 즉 사실상 원래의 유전자를 인공적으로 복제한 것을 증식시킨다는 계획이었다. 지금은 이런 성가신 방법은 거의 사용되지 않고 있지만, 당시에는 제넨텍 사의 방법이 사실 더 뛰어난 전략이었다. 애실로마 생물학적 위험 회의가 열린 지 얼마 되지 않았고 유전자 클로닝, 그중에서도 인간의 유전자가 관련된 클로닝은 아직 몹시 의심을 받고 있었고 심한 규제의 대상이기도 했다. 따라서 인간에게서 추출하지 않고, 인공으로 복제한 유전자를 사용함으로써 제넨텍 사는 허점을 찾아낸 셈이었다. 그 회사는 새로운 지침에 방해를 받지 않으면서 인슐린 사냥에 나설 수 있었다.

제넨텍 사의 경쟁자들은 다른 접근방식을 취했다. 지금은 사실 이 방법이 널리 쓰이고 있지만, 실제 인간의 세포에서 추출한 DNA를 사용했기 때문에 그들은 곧 자신들이 규제라는 악몽에 시달리리라는 것을 알았다. 그들의 방법은 당시까지 이루어진 분자생물학의 가장 놀라운 발견 중의 하나를 활용하고 있었다. 즉 DNA가 RNA를 낳고 RNA가 단백질을 낳는다는 유전정보의 흐름을 통제하는 중심 원리가 때로 도전을 받는다는 발견이었다. 1950년대에 과학자들은 DNA가 없고 RNA만 있는 레트로바이러스(retrovirus)라는 바이러스들을 발견했다. AIDS를 일으키는 HIV도 이런 바이러스에 속한다. 후속 연구 결과 이런 바이러스들이 RNA에서 DNA를 만든 다음 그 DNA를 숙주세포의 염색체에 삽입한다는 사실이 드러났다. 즉 이 바이러스들은 RNA에서 DNA로 거꾸로 진행함으로써 중심 원리에 도전한다. 이 일의 비결은 역전사효소라는 효소였다. 이 효소는 RNA에서 DNA를 만들어낸다. 1970년 이 효소를 발견한 공로로 하워드 테민과 데이비드 볼티모어는 1975년에 노벨 생리의학상을 수상한다.

역전사효소는 바이오젠 사와 다른 기업들에게 세균에 주입할 인트론이 없는 인간 인슐린 유전자를 만들 수 있는 멋진 방법을 제시했다. 첫 단계는 인슐린 유전자가 만드는 전령 RNA를 분리하는 것이었다. 전령 RNA는 편집과정을 거치므로 처음에 DNA에서 전사될 때 있던 인트론이 제거된 상태이다. 이 RNA 자체는 그다지 유용하지 못하다. DNA와 달리 RNA는 섬세한 분자이기 때문에 금방 분해되기 쉽다. 또 코언-보이어 기술은 RNA가 아니라 DNA를 세균세포에 삽입하도록 되어 있다. 따라서 역전사효소를 사용해 이 편집된 전령 RNA 분자에서 DNA를 만들어내는 것이 목표였다. 그러면 인트론이 없으면서도 세균이 인간의 인슐린 단백질을 만드는 데에 필요한 모든 정보가 담긴 DNA 조각이 생긴다. 즉 산뜻한 인슐린 유전자를 얻게 된다.

결국 제넨텍 사가 경쟁에서 이겼지만 일시적이었을 뿐이다. 길버트의 연구진은 역전사효소 방법을 이용해서 쥐의 인슐린 유전자를 클로닝하는 데에 성공했다. 그들은 그 유전자를 세균에 넣어 쥐의 인슐린 단백질을 만들어냈다. 이제 인간의 유전자를 이용해 같은 과정을 되풀이하는 일만 남아 있었다. 하지만 바이오젠 사는 여기에서 규제에 굴복하고 말았다. 길버트의 연구진이 인간의 DNA 클로닝을 하려면 "P4" 차단시설을 갖추어야 했다. 즉 에볼라 바이러스 같은 무시무시한 존재를 다룰 때 필요한 것과 같은 최고 수준의 차단시설이 있어야 했다. 그들은 갖은 수를 써서 영국군을 설득하여 영국 남쪽에 있는 생물학전 연구소인 포턴다운을 이용할 권한을 얻어냈다.

스티븐 홀은 자신의 책에서 인슐린을 생산하기 위한 경쟁을 벌이면서 장래 노벨상 수상자가 될 사람과 그 동료들이 겪은 거의 상상을 초월한 모욕을 적고 있다.

P4 연구실로 들어가는 것 자체가 시련이었다. 연구자들은 옷을 모두 벗은 뒤 정부에서 지급하는 흰색 사각 팬티, 검은 고무장화, 잠옷처럼 긴 푸른 웃옷, 병원에서 입는 것 같은 등 쪽이 열린 황갈색 가운, 두 겹의 장갑, 목욕 때 쓰는 것과 비슷한 푸른 비닐 모자를 착용했다. 그런 다음 빠르게 흘러가는 포름알데히드 용액에 모든 것을 씻었다. 모든 것을 말이다. 모든 의복, 모든 병, 모든 유리제품, 모든 장비 등. 실험방법을 적어놓은 모든 것들, 종이까지도 그 소독액을 통과해야 했다. 그래서 연구자들은 포름알데히드가 스며들어 종이를 바스락거리는 양피지 같은 갈색 덩어리로 만들지 않기를 바라면서 적은 것들을 한 장씩 지퍼가 달린 비닐 백에 넣었다. 실험실 공기에 노출된 종이들은 모두 폐기시켜야 했기 때문에 하버드 대학교 사람들은 적을 실험공책조차 가지고 들어갈 수 없었다. 포름알데히드 웅덩이를 걸어 지나간 뒤에야 그들은 계단을 내려가 P4 실험실로 들어갈 수 있었다. 그리고 실험실을 떠날 때에도 샤워를 포함해서 똑같은 위생조치를 시시콜콜 받아야 했다.

인간의 DNA 조각 클로닝이라는 간단한 특권을 누리려면 이 모든 일을 해야 했다. 편집증이 덜하고 더 올바른 지식을 갖추고 있는 오늘날에는 대학생들에게 분자생물학 기초를 가르치는 실험시간에 똑같은 실험을 으레 한다. 이런 사건들은 길버트의 연구진이 인슐린 유전자의 클로닝에 실패하면서 끝이 났다. 그들이 실패의 원인을 P4로 돌린 것도 놀랄 일은 아니다.

제넨텍 사의 연구진은 그런 규제 장벽에 마주친 적이 없었지만, 화학적으로 합성한 유전자로부터 인슐린을 합성하도록 대장균을 유도하는 것도 마찬가지로 기술적으로 상당히 어려운 과제였다. 사업가인 스완슨에게는 단지 과학적인 문제만 있는 것이 아니었다. 1923년 이래 미국의 인슐린 시장은 일라이 릴리 사라는 한 회사가 독점하다시피 하고 있었다. 1970년대 말에 그 회사의 규모는 30억 달러였고, 인슐린 시장의 85퍼센트를 점유하고 있었다. 스완슨은 유전공학적으로 생산된 인간의 인슐린이 릴리 사의 가축의 인슐린보다 우수한 제품이라고 해도, 제넨텍 사가 400킬로그램이나 나가는 고릴라의 경쟁 상대가 안 된다는 것을 알고 있었다. 그는 릴리 사와 거래를 하기로 결심했다. 제넨텍 사의 인슐린에 대한 독점 사용권을 제공할 생각이었다. 그래서 과학자 동료들이 열심히 연구에 몰두하고 있는 사이에 스완슨은 서둘러 일을 진척시켰다. 그는 릴리 사가 제안을 받아들일 것이라고 확신했다. 그런 거대 기업이 재조합 DNA 기술이 보여주는 것, 즉 의약품 생산의 미래를 제대로 보지 못할 리 없었다.

그러나 그 제안을 한 사람이 스완슨만은 아니었다. 그리고 사실 릴리 사는 경쟁기업 중 한 곳에 자금을 대고 있었다. 심지어 릴리 사는 프랑스의 스트라스부르에 임원을 파견해 길버트의 방법과 유사한 방법을 사용해 인슐린 유전자를 클로닝할 수 있을지 여부를 조사하고 있었다. 하지만 제넨텍 사가 먼저 성공을 거두었다는 소식이 들려오자 릴리 사는 즉시 캘리포니아 쪽으로 관심을 돌렸다. 제넨텍 사와 릴리 사는 최종 확인실험이 이루어진 다음날인 1978년 8월 25일에 협약에 서명했다. 생명공학 산업은 이제 더 이상 꿈으로만 남아 있지 않았다. 제넨텍 사는 1980년 9월에 주식을 상장했다. 제넨텍 사의 주식은 몇 분 만에 35달러에서 89달러로 뛰어올랐다. 당시 월스트리트 역사상 그렇게 주식가격이 급등한 것은 처음이었다. 보이어와 스완슨은 자신들이 하루아침에 각자 6,600만 달러의 재산을 가진 부자가 되었다는 것을 알았다. 지금의 마크 저커버그나 피터 틸(페이팔의 공동 창업자/역주)처럼 말이다.

전통적으로 학계 생물학에서는 누가 먼저 했는가, 즉 누가 처음 발견했느냐가 가장 중요한 문제였다. 보상은 돈이 아니라 명예였다. 예외가 있기는 했다. 노벨상을 받으면 상당한 액수의 상금이 따라오니 말이다. 하지만 보통 우리가 생물학을 택한 것은 그 일이 좋았기 때문이다. 학자로서 받는 빈약한 봉급이 그다지 큰 유인책이 아니라는 것은 분명했다.

그러나 생명공학이 등장하자 모든 것이 바뀌었다. 1980년대가 시작되면서 과학과 사업의 관계는 10년 전에는 상상도 할 수 없었을 만큼 달라졌다. 이제 생물학은 막대한 돈이 오가는 게임이 되었고, 그 돈과 함께 전혀 새로운 사고방식과 새로운 문제들이 등장했다.

하나는 생명공학 회사의 설립자들이 대개 대학교수였고, 따라서 그 회사 사업의 근간이 되는 연구가 설립자들의 대학 연구실에서 나왔다는 것이다. 예를 들면 바이오젠 사의 창립자 중 한 사람인 찰스 바이스만이 다발성 경화증의 치료제인 인간 인터페론을 클로닝한 장소도 그의 취리히 대학교 연구실이었다. 그뒤로 인터페론은 그 회사의 가장 큰 수입원이 되어왔으며, 2013년에는 판매액이 30억 달러에 달했다. 그리고 결국 실패하기는 했지만, 월리 길버트가 바이오젠 사의 제품목록에 재조합 인슐린을 추가하기 위해서 연구한 곳도 하버드 대학교였다. 당연히 의문이 들기 시작했다. 교수가 자기 대학 시설을 이용해서 한 연구를 토대로 개인의 부를 축적하도록 허용해야 할까? 학계 과학의 상업화가 해소할 수 없는 이해 갈등을 불러일으킬 것인가? 그리고 산업적 규모의 분자생물학이라는 새로운 시대가 등장하리라는 전망은 아직 꺼지지 않은 안전성 논쟁을 다시 부채질했다. 막대한 돈이 오갈 때, 이 새로운 산업의 지도자들은 안전성이라는 덮개를 바깥으로 얼마나 밀어낼 것인가?

하버드 대학교의 첫 반응은 자체 생명공학 회사의 설립이었다. 그 대학교의 유명 인사였던 두 분자생물학자 마크 타쉰과 톰 매니어티스라는 지적 자본과 막대한 벤처 자본을 결합시키자 사업계획은 확실해 보였다. 당장이라도 생명공학 게임에 뛰어들 준비가 된 듯했다. 그러나 1980년 가을에 계획은 무산되고 말았다. 동의안이 의제로 상정되었을 때 교수진은 고상한 하버드 대학교가 백합처럼 하얀 학계의 발 끝을 상업이라는 검은 물에 담그는 것을 용납할 수 없다고 거부했다. 그런 사업이 생물학과 내에 이해 갈등을 일으킬 것이라는 우려도 있었다. 수익기관이 자리하고 있는 상황에서 교수 후보자들을 지금처럼 엄격한 학문 업적에 따라서 채용해야 할까 아니면 그 기업에 얼마나 기여할 수 있을 것인지까지 염두에 두어야 할까? 결국 하버드 대학교는 지분 20퍼센트를 포기하고 그 회사에서 발을 뺐다. 16년 뒤 그 회사는 거대 제약회사인 와이어스에 12억5,000만 달러에 팔림으로써 하버드 대학교가 얼마나 큰 손해를 보았는지 드러났다.

상관하지 않고 일을 계속하겠다는 타쉰과 매니어티스의 결정은 새로운 장애물에 부딪혔다. 케임브리지 지역에서 재조합 DNA 연구를 금지한 벨루치 시장의 조치는 과거사가 되어 있었지만, DNA 반대 정서는 아직 남아 있었다. 그래서 타쉰과 매니어티스는 회사에 제넨텍이나 바이오젠처럼 첨단 기술 냄새가 풍기는 이름 대신에 DNA의 멋진 신세계보다는 덜 위협적인 초파리 시대의 생물학을 생각나게 하기를 바라면서 제네틱스 인스티튜트(유전학 연구소)라는 이름을 붙였다. 같은 이유로 그 막 설립된 회사는 케임브리지 시가 아니라 이웃한 서머스빌 시에 간판을 걸기로 했다. 그러나 서머스빌 시 청사에서 열린 격렬한 청문회는 벨루치의 영향이 케임브리지 시 경계를 넘어섰다는 것을 보여주었다. 유전학 연구소는 사업 등록을 거부당했다. 다행히 케임브리지 시에서 찰스 강 바로 건너편에 있던 보스턴 시는 더 관용적이었다. 새 회사는 보스턴의 미션힐 거리에 있는 빈 병원 건물에 자리를 잡았다. 재조합 기술이 건강이나 환경에 아무런 위험도 미치지 않는다는 점이 점점 더 명백해지면서 벨루치식의 광신적인 생명공학 반대운동은 수그러들 수밖에 없었다. 몇 년 지나지 않아 제네틱스 인스티튜트 사는 케임브리지 시 북부, 태어날 때 자신을 버린 부모인 하버드 대학교 길 건너편으로 이사했다.

초기에 학계와 상업계 분자생물학 사이에 있었던 의심과 고상한 척하는 태도는 지난 20년 사이에 생산적인 공생관계로 서서히 바뀌어왔다. 대학 쪽은 지금 교수들에게 사업성에 관심을 가지라고 적극 독려하고 있다. 하버드 대학교가 제네틱스 인스티튜트 사 문제에서 저지른 실수를 거울 삼아, 대학들은 교정에서 개발된 기술을 잘 활용하여 돈을 벌 방법을 모색해왔다. 두 세계를 오가는 교수들의 이해 다툼을 예방하기 위해서 새로운 규칙들도 제정되어 있다. 생명공학 초창기에 학계 과학자들은 기업과 연루되면 자신을 "팔아먹었다"라는 비난을 받곤 했다. 이제 유능한 DNA 전문가라면 생명공학 기업과 관련을 맺는 것이 당연할 정도가 되었다. 자금도 손쉽게 쓸 수 있고 지적 보상도 충분하다. 사업상의 이유로 생명공학은 늘 과학의 최첨단에 서 있기 때문이다.

스탠리 코언은 기술에서만이 아니라 순수 과학자의 정신을 가지고 있다가 대규모 자금이 오가는 생물학 시대에 맞게 적응했다는 점에서도 선두 주자였다. 그는 재조합 DNA 기술이 등장할 무렵부터 그것이 상업적으로 응용될 수 있다는 것을 알고 있었지만, 코언-보이어의 클로닝 방법에 특허를 받아야겠다는 생각은 한번도 하지 않았다. 특허를 신청하라고 제안한 사람은 사실 스탠퍼드 대학교 기술 특허국의 닐스 라이머스였다. 그는『뉴욕 타임스』1면에 실린 자기 대학교 연구진의 업적을 읽고서 그 생각을 떠올렸다. 처음에 코언은 망설였다. 그는 그 업적이 수세대에 걸쳐서 자유롭게 공유되어온 앞서 이루어진 연구에 의존하고 있으므로, 단지 가장 최근의 발전에 불과한 것에 특허를 받는 것은 옳지 않은 듯하다고 주장했다. 하지만 모든 발명은 전에 이루어진 것들에 토대를 두고 있다. 증기 기관차는 증기 기관에 뒤따라올 수밖에 없었다. 그리고 특허는 결정적이고 영향력 있는 방식으로 과거의 성과들을 확대한 혁신자에게 귀속되는 것이다. 스탠퍼드 대학교가 신청을 한 지 6년 뒤인 1980년에 코언-보이어의 기술은 특허를 받았다.

원칙적으로 방법 특허는 중요한 기술의 응용을 제한함으로써 혁신을 억제할 수 있지만, 스탠퍼드 대학교가 그 문제를 현명하게 처리했기 때문에 그런 부정적인 결과는 전혀 나타나지 않았다. 코언과 보이어(그리고 그들의 소속 기관들)는 상업적으로 중요한 기여를 한 것에 보상을 받았지만 학술적인 발전을 저해하지는 않았다. 첫째, 특허 사용료는 오직 기업체에서만 받았다. 학계 연구자들은 무상으로 자유롭게 그 기술을 쓸 수 있었다. 둘째, 스탠퍼드 대학교는 특허 사용료를 높게 책정하려고 하지 않았다. 사용료를 높게 책정하면 가장 돈이 많은 기업과 기관을 제외하고 재조합 DNA 기술을 사용할 수 없게 마련이었다. 그 기술을 토대로 한 제품 판매액의 3퍼센트를 상한으로 정해놓고 연간 1만 달러의 비교적 저렴한 사용료를 받았기 때문에 코언-보이어의 방법은 원하는 사람이면 누구나 손쉽게 쓸 수 있었다. 이 전략은 과학에도 유익할 뿐 아니라 사업에도 유익하다는 것이 입증되었다. 그 특허는 지금까지 캘리포니아 샌프란시스코 대학교와 스탠퍼드 대학교에 약 2억 5,000만 달러의 수입을 가져다주었다. 그리고 보이어와 코언은 자신들의 지분을 대학교 발전기금으로 아낌없이 기부했다.

유전적으로 변형된 생물 자체에 특허가 주어지는 것은 시간 문제일 뿐이었다. 사실 1972년에 시범 사례가 있었다. 재조합 기술이 아니라 기존의 유전학적 방법을 사용해서 변형시킨 세균이었다. 그렇기는 해도 그 사례는 생명공학 산업에 중요한 의미를 지니고 있었다. 기존의 기술로 변형시킨 세균이 특허를 받을 수 있다면 새로운 재조합 기술로 변형시킨 세균도 마찬가지일 것이기 때문이다.

1972년에 제너럴 일렉트릭 사 소속 과학자인 아난다 차크라바티는 기름띠를 한꺼번에 분해할 수 있도록 개발한 슈도모나스 세균 균주에 특허를 신청했다. 이 세균이 등장하기 전에는 석유의 각기 다른 성분을 분해하는 많은 세균들을 섞어 사용하는 것이 가장 효과적으로 기름 띠를 분해하는 방법이었다. 그는 각 분해 경로를 맡은 유전자들이 담긴 플라스미드들을 서로 결합함으로써 초분해자라고 할 만한 슈도모나스 균주를 만들었다. 차크라바티의 첫 특허 신청은 기각되었다. 하지만 8년에 걸쳐서 법 체제를 뚫고 나간 끝에 1980년에 마침내 특허를 받아냈다. 당시 미국 연방 대법원은 이 사건에서처럼 "인간의 독창성과 연구의 결과"라면 "인위적으로 만든 살아 있는 미생물은 특허 가능한 대상"이라고 하면서 5대 4로 그의 손을 들어주었다.[2]

차크라바티 사건이 명백한 사례가 되기는 했지만 생명공학과 법의 첫 대면은 당연히 혼란스러울 수밖에 없었다. 관련된 문제들이 산더미였고, 제11장에서 DNA 지문 분석을 다룰 때 살펴보겠지만 변호사와 판사와 과학자가 서로 다른 말을 하고 있는 경우도 흔했다. 1983년에 제넨텍 사와 제네틱스 인스티튜트 사는 조직 플라스미노겐 활성인자(tissue plasminogen activator : t-PA) 유전자를 클로닝하는 데에 성공했다. 이 유전자는 발작과 심장 마비를 일으키는 혈액 응고를 막는 중요한 무기이다. 하지만 제네틱스 인스티튜트 사는 t-PA 클로닝의 토대가 되는 과학이 "자명하다"고, 다시 말해서 특허를 받을 수 없다고 생각해서 특허를 신청하지 않았다. 반면에 제넨텍 사는 특허를 신청했고, 결국 특허를 받았다. 따라서 정의에 따라서 제네틱스 인스티튜트 사는 특허를 침해한 셈이 되었다.

특허 침해 소송은 맨 처음 영국에서 제기되었다. 1회전은 제네틱스 인스티튜트 사가 이겼고, 제넨텍 사는 항소를 했다. 영국에서는 그런 난해한 전문적 사건에 항소가 제기될 때 전문 심판관 세 명이 증언을 들으며, 독립적인 전문가(이 사건에서는 시드니 브레너)가 심리를 이끌어간다. 심판관들은 그 "발견"이 자명한 것이라는 제네틱스 인스티튜트 사의 주장을 받아들여 제넨텍 사의 항소를 기각했다. 따라서 제넨텍 사의 특허는 무효가 되었다.

미국에서는 그런 소송이 제기되면 배심원 앞에서 심리가 진행된다. 제넨텍 사의 변호사들은 배심원들을 모두 대학교육을 받지 못한 사람들로 채웠다. 따라서 과학자나 과학교육을 받은 법률가에게는 명백한 것들도 배심원들에게는 명백하지 않았다. 배심원단은 제넨텍 사의 특허가 유효하다고 생각하면서 제네틱스 인스티튜트 사에게 등을 돌렸다. 그 미국 재판은 멋지다고 할 정도는 아니었지만, 어쨌든 그 재판은 선례를 남겼다. 그뒤로 사람들은 "자명한"지 여부와 상관없이 무조건 특허를 신청하게 되었다. 누가 유전자를 먼저 클로닝했는지는 그뒤 논쟁을 통해서 밝혀지게 되어 있다는 것이다.

나는 좋은 특허는 중용을 지킨다고 주장해왔다. 그런 특허는 혁신적인 연구를 인정하고 보상하며 그것이 침해당하지 않도록 보호하는 한편으로, 새로운 기술이 가장 잘 활용될 수 있도록 한다. 불행히도 중요한 새로운 DNA 기술에 관한 특허들이 모두 스탠퍼드 대학교가 보여준 현명한 선례를 따른 것은 아니다. 한 예로 중합효소 연쇄 반응(polymerase chain reaction : PCR)은 소량의 DNA를 증식시키는 이루 말할 수 없는 가치를 지닌 기술이다. PCR은 제7장에서 인간 유전체 계획을 다룰 때 더 상세히 다루기로 하자. 1983년에 세투스 주식회사가 개발한 PCR은 곧 학계 분자생물학의 주요 도구가 되었다. 하지만 그 기술의 상업적 이용은 훨씬 더 제약을 받았다. 코닥 사에 상업적 실시권을 준 뒤에 세투스 사는 3억 달러를 받고 PCR을 화학약품, 의약품, 의료 진단장비를 생산하는 스위스의 거대 기업인 호프만-라로슈 사에 팔았다. 호프만-라로슈 사는 더 이상 실시권을 설정하지 않은 채 투자 자금을 최대한 회수하는 방법으로 PCR을 기반으로 한 진단장비를 독점하기로 결정했다. 이 전략의 일환으로 그들은 AIDS 진단사업을 독점했다. 그리고 특허 만료일이 가까워져서야 겨우 호프만-라로슈 사는 그 기술에 실시권을 설정해주었다. 그리고 실시권 설정도 대개 상당한 사용료를 지불할 여유가 있는 대형 진단장비 회사들을 대상으로 했다. 그 특허권에서 부수적인 수입을 올리기 위해서 호프만-라로슈 사는 PCR 장치를 만드는 기업에도 상당한 사용료를 물렸다. 그래서 교육용으로 어린 학생들이 쓰는 간단한 장치를 만들어 파는 콜드 스프링 하버 돌랜 DNA 학습 센터도 그 회사에 15퍼센트의 특허 사용료를 지불해야 했다.

새로운 발명뿐 아니라 그 발명의 토대가 된 일반 개념까지 특허를 받겠다고 공격적으로 달려드는 법률가들(그리고 과학자들)은 신기술의 생산적인 활용에 더욱더 큰 해악을 미쳐왔다. 필립 레더가 만든 유전자 변형 생쥐가 바로 그런 예이다. 하버드 대학교의 레더 연구진은 암 연구를 하다가 유방암에 특히 잘 걸리는 생쥐를 만들어냈다. 그들은 유전공학적으로 처리한 생쥐 암 유전자를 수정란에 삽입하는 기존의 기술을 사용해 이 생쥐를 만들었다. 생쥐에게 암을 일으키는 요인들이 인간에게 작용하는 것과 비슷할 가능성이 높기 때문에 이 "종양 생쥐(oncomouse)"는 인간의 암을 이해하는 데에 도움이 될 것으로 여겨졌다. 하지만 하버드 대학교의 법률가들은 레더 연구진이 만든 그 생쥐에 특허를 신청하는 대신, 암을 일으키기 쉬운 모든 형질전환 생쥐에 특허를 받을 방법을 궁리했다. 1988년에 이 포괄적인 특허는 받아들여졌고, "하버드 생쥐"라는 이름을 가진 암에 걸린 작은 설치류들이 탄생했다. 사실 레더 연구실에서 이루어진 연구는 뒤퐁 사의 후원을 받아 한 것이었기 때문에 그 특허를 상업화할 권리는 대학이 아니라 그 거대 화학기업이 가지고 있었다. "하버드 생쥐"는 "뒤퐁 생쥐"라고 불리는 것이 더 타당했을지 모른다. 아무튼 이름이 어떻든 간에 그 특허는 암 연구에 심각한 역효과를 낳았다.

새로운 암 생쥐를 만드는 데에 관심을 가진 기업들은

"하버드" 종양 생쥐와 필립 레더

뒤퐁 사가 요구하는 특허 사용료 때문에 계획을 포기했으며, 기존의 암 생쥐를 사용해서 시험 중인 약들을 평가하고자 했던 기업들도 마찬가지로 계획을 축소했다. 뒤퐁 사는 학술기관에는 자기 회사가 특허를 가진 종양 생쥐를 이용하여 어떤 실험을 하고 있는지 알려달라고 요구하기 시작했다. 거대 기업이 학계의 연구실을 전례 없이(그리고 용납할 수 없이) 침범한 것이다. 연구기관들 중에서 캘리포니아 샌프란시스코 대학교, MIT의 화이트헤드 연구소, 콜드 스프링 하버 연구소는 그 협조 요구를 거절해왔다.

분자 조작을 할 때 기본 바탕이 되는 "원천 기술(enabling technology)"들까지 특허범위에 포함된다면 그 특허권자는 말 그대로 한 연구 분야 전체를 볼모로 잡을 수 있다. 그리고 모든 특허 신청이 각 사례별로 다루어져야 하겠지만, 그럼에도 지켜져야 할 보편적인 규칙들이 있다. 과학 발전에 핵심적인 역할을 할 것이 분명한 방법에 대한 특허는 코언-보이어가 보여준 선례를 따라야 한다. 즉 그 기술은 실시권의 통제를 받는 것이 아니라 보편적으로 이용할 수 있도록 해야 하며, 사용료도 합리적으로 책정되어야 한다. 이런 제한은 결코 자유 기업의 윤리에 반하는 것이 아니다. 새로운 방법이 정말로 발전적인 것이라면 그것은 폭넓게 사용될 것이고 사용료를 적게 책정해도 상당한 수입을 가져다줄 것이다. 그러나 의약품이나 형질전환 생물 같은 산물에 대한 특허는 그 새로운 산물이 연상시키는 모든 산물들이 아니라 만들어진 그 특정한 산물에만 한정되어 주어져야 한다.

제넨텍 사가 만든 인슐린은 생명공학의 가치를 크게 높였다. 사반세기가 지난 지금 재조합 DNA 기술로 무장한 유전공학은 의약 개발 산업의 일상적인 부분이 되었다. 유전공학은 얻기가 쉽지 않은 인간 단백질을 대량으로 생산하도록 해준다. 사실 유전공학으로 만들어진 단백질이 그 선조보다 진단이나 치료에 쓰기가 더 안전할 때도 많다. 인간 성장 호르몬(human growth hormone : HGH)이 부족하면 키가 매우 작은 소인증이 나타나기도 한다. 1959년에 의사들은 HGH로 처음으로 소인증을 치료하기 시작했다. 당시 HGH를 얻을 수 있는 곳은 시체의 뇌밖에 없었다. 치료는 잘 되었지만 나중에 끔찍한 감염이 일어날 위험이 있다는 것이 밝혀졌다. 이른바 광우병과 유사하게 뇌가 파괴되는 질병인 크로이츠펠트-야콥 병에 걸리는 환자들이 나타났던 것이다. 1985년에 미국 식품의약청은 시체에서 추출한 HGH 사용을 금지했다. 다행히도 우연의 일치로 바로 그 해에 제넨텍 사가 만든 재조합 HGH가 사용 승인을 받았다.

생명공학 산업이 첫 발을 내딛었을 때 생명공학 기업들은 대부분 기능이 알려져 있던 단백질에 초점을 맞추었다. 클로닝한 인간 인슐린은 성공할 수밖에 없었다. 제넨텍 사가 인슐린을 내놓기 50년 전부터 사람들은 종류가 다르기는 했지만 인슐린 주사를 이미 맞고 있었기 때문이다. 또 하나의 예는 에포틴 알파(epoetin alpha : EPO)이다. 이 단백질은 적혈구 생산을 촉진한다. EPO의 표적집단은 적혈구 감소로 빈혈을 앓으면서 신장 투석을 받고 있는 환자들이다. 이 단백질의 수요를 충족시키기 위해서 캘리포니아 남부에 자리한 암젠 사와 제네틱스 인스티튜트 사는 재조합 EPO를 개발했다. EPO가 유용하고 상업적인 가치가 있는 산물이라는 것은 명백했다. 유일하게 모르는 것은 어느 회사가 시장을 지배하느냐는 것이었다.

암젠 사의 최고 경영자인 조지 래스먼은 물리화학이라는 난해하고 섬세한 분야를 전공했음에도, 사업이라는 거칠고 혼란스러운 세계에 잘 적응한 사람이다. 경쟁은 그의 내면에 숨어 있는 비기술적인 단호한 본성을 끌어낸다. 그와 협상하는 것은 커다란 곰과 씨름하는 것과 같다. 그의 번득이는 눈은 당하는 것이 마땅하기 때문에 당신이 당하는 것이라는 확신을 가지게 만든다. 암젠 사와 후원사인 존슨 앤 존슨 사는 제네틱스 인스티튜트 사와 소송을 벌여 승리했고, EPO는 암젠 사에만 2006년에 50억 달러의 수익을 안겨주었다. 그뒤로는 좀 줄어들기는 했지만 말이다. 암젠 사는 지금 생명공학 업계의 주역 중 하나이며, 자산 가치가 약 1,250억 달러에 달한다.

생명공학의 개척자들은 한동안 손쉬운 산물들, 즉 인슐린, t-PA, HGH, EPO 등 생리적 기능이 알려져 있던 단백질들을 놓고 1회전을 벌인 뒤에, 더 투기적인 단계인 2회전에 들어갔다. 승산이 확실해 보이는 것들이 고갈되자 또다른 노다지를 찾기 위해서 고심하던 기업들은 가능성 있는 산물들, 승산이 매우 희박한 것까지도 손을 대기 시작했다. 그들은 뭔가가 제대로 작용한다는 것을 알면, 무조건 그 잠재적인 산물도 제대로 작용할 것이라고 기대했다. 불행히도 신약이 식품의약청의 승인을 얻으려면 낮은 확률과 기술적 어려움과 규제 장벽을 뛰어넘어야 했으므로, 많은 우수한 생명공학 신설 법인들은 막심한 손해를 입곤 했다.

신경세포의 증식과 생존을 촉진하는 단백질인 신경 성장인자들이 발견되자, 새로운 생명공학 기업들이 우후죽순 생겨났다. 그중 뉴욕에 있는 리제너론과 콜로라도에 있는 시너젠(나중에 암젠에 합병되었다)은 신경세포들이 퇴화하는 끔찍한 병인 루게릭(amyotrophic lateral sclerosis : ALS)의 치료법을 발견하겠다고 나섰다. 그들의 착상은 원리적으로는 뛰어났지만 현실적으로는 그렇지 못했다. 당시에는 신경 성장인자들의 작용방식을 거의 모르고 있었으므로 이런 시도는 어둠 속에서 마구 총을 쏘아대는 것과 다름없었다. ALS 환자를 치료하려던 두 회사의 시도는 실패했고, ALS는 지금까지도 치료할 수 없는 질병에 속해 있다. 그러나 그 실험을 하다가 흥미로운 부작용이 발견되었다. 그런 약들을 먹은 사람들의 체중이 줄었던 것이다. 생명공학 사업이 얼마나 우연한 발견에 의존하고 있는지 제대로 보여주겠다는 듯이 리제너론 사는 그 약을 변형한 비만 치료제를 개발했지만, 임상시험 결과가 모호해서 상품화할 수가 없었다. 하지만 노화에 따른 근육 퇴행 질환을 치료하는 데에 쓰이는 성장인자 억제제(아일리아) 같은 몇 가지 약이 대성공을 거둔 덕분에 리제너론 사는 성장을 거듭해왔다.

단일 클론 항체(monoclonal antibody : mAb) 기술도 대단한 사업성을 지니고 있어서 투자한 것 이상의 가치가 엿보인 초기의 투기적 대상이었다. 1970년대 중반 케임브리지 대학교 분자생물학 연구소의 체자르 밀슈타인과 게오르게스 쾰러가 처음 mAb를 만들어냈을 때 mAb는 의학의 면모를 일신할 은색 탄환이라는 찬사를 받았다. 그렇지만 지금 같으면 상상도 할 수 없을 실수를 저지르는 바람에 케임브리지 대학교는 특허를 받는 데에 실패했다. 은색 탄환은 자신이 은색 탄환임을 입증하지 못하다가 수십 년 동안 실망을 안겨준 끝에 이제 막 자신의 능력을 발휘하기 시작했다.

항체는 면역계가 만드는 분자로서 침입하는 생물을 찾아내 공격하는 역할을 한다. mAb는 한 계통의 항체 생성 세포들에서 만들어지는 항체로서 정해진 표적만을 공격하도록 되어 있다. mAb는 생쥐에 표적물질을 주사하여 면역반응을 일으킨 뒤 혈액을 배양하는 방법으로 쉽게 만들 수 있다. mAb는 특정 분자를 인식해서 결합할 수 있기 때문에, 위험한 침입자나 종양세포를 정확히 조준해 공격하는 데에 쓰일 수 있다. 그런 낙관론에 힘입어 mAb를 사업목표로 한 기업들이 무수히 설립되었다. 하지만 그들은 곧 장애물에 부딪혔다. 역설적으로 이런 장애물 중 가장 큰 것이 인체의 면역계였다. 인체 면역계는 생쥐 mAb를 외부 침입자로 인식해서 그 mAb가 표적을 공격하기도 전에 파괴했다. 그뒤 가능한 한 많이 생쥐의 항체를 인간의 항체로 대체하는, 즉 mAb를 "인간화하는" 다양한 방법들이 고안되었다. 그런 과정을 거친 끝에 가장 최신 mAb들은 현재 생명공학계에서 가장 크게 성장하는 분야가 되어 있다.

필라델피아 인근에 자리한, 지금은 얀센 바이오테크 사가 소유한 회사인 센토코어 사는 혈액 응고를 촉진하는 혈소판의 표면에 있는 단백질에 결합하는 mAb인 리오프로를 개발했다. 리오프로는 혈소판들이 서로 엉기는 것을 막아 혈관 재생술 같은 것을 받고 있는 환자의 몸에서 치명적인 혈액 응고 현상이 일어날 가능성을 줄인다. 생명공학계에서 결코 뒤처지는 법이 없는 기업인 제넨텍 사는 1998년에 특정한 유형의 유방암을 표적으로 한 mAb인 허셉틴의 승인을 얻었다(제14장 참조). 15년 뒤 미국식품의약국(Food and Drug Administration : FDA)은 잡종 항체 약인 캐싸일라를 승인했고, 유방암 치료제인 이 약은 곧 매출액이 10억 달러를 넘어섰다. 시애틀에 있는 이뮤넥스 사(암젠 사에 합병되었다)는 mAb를 기반으로 한 엔브렐이라는 약을 생산한다. 이 약은 면역계 조절에 관여하는 단백질인 종양 괴사인자(tumor necrosis factor : TNF)가 과량 존재함으로써 생기는 병인 관절 류머티즘 치료에 쓰인다. 엔브렐은 TNF 분자에 결합해서 TNF가 관절에 있는 부드러운 조직세포를 파괴하지 못하도록 막는 역할을 한다. 이 약은 2014년에 베스트셀러가 되었고, 매출액이 80억 달러에 달했다.

지금도 생명공학 기업들은 신약의 표적이 될 만한 단백질의 유전자를 클로닝하는 데에 열중하고 있다. 그중에서도 신경 전달물질, 호르몬, 성장인자들의 수용체 역할을 하는 단백질 유전자에 연구가 집중되고 있다. 인체에서 각 세포의 활동은 바로 그런 화학 전달물질들을 통해서 수조 개나 되는 다른 세포들의 활동과 조화를 이루게 된다. 과거에 맹목적으로 시행착오를 통해서 개발했던 약들이 이런 수용체에 영향을 미침으로써 작용을 한다는 사실이 최근 들어 밝혀지고 있다.

그런 단백질 집단 중에서 가장 크고 가장 중요하다고 할 수 있는 것은 시각, 후각, 면역계를 비롯하여 많은 중요한 신호 전달체계에 관여하는 G 단백질 결합 수용체(G-protein-coupled receptor : GPCR)이다. 눈동자를 확장시키기 위해 아트로핀을 넣거나 심한 통증을 줄이기 위해서 모르핀을 투여할 때, 우리는 각각의 GPCR 신호 전달경로를 조절하는 것이다. 2012년 노벨 화학상은 GPCR의 원자구조와 생화학적 기능을 밝히는 탁월한 연구를 한 로버트 레프코위츠(듀크 대학교)와 브라이언 코빌카(스탠퍼드 대학교)가 공동 수상했다. 조현병에 쓰이는 자이프렉사와 위궤양 치료제인 잔탁을 비롯하여, 현재 시판되는 약들 중에서 30퍼센트 정도는 지금까지 알려진 수백 가지의 GPCR 중 일부를 표적으로 삼고 있다는 것이 지금은 밝혀져 있다.

이렇게 분자 수준에서 새롭게 이해하고 나자, 수용체를 표적으로 삼는 이런 약물들이 왜 그렇게 부작용이 많은지도 설명할 수 있게 되었다. 수용체 단백질은 비슷한 것들끼리 큰 집단을 이루곤 한다. 약물은 해당 질병과 관련된 수용체를 공략하는 데에 효과가 있다고 해도, 뜻하지 않게 비슷한 수용체들의 활동까지 간섭함으로써 부작용을 일으킬 수 있다. 따라서 오직 관련된 수용체만 차단할 수 있도록 표적을 더욱 특정하는 약물 설계가 이루어져야 한다. 하지만 mAb가 보여주듯이, 아주 뛰어난 착상처럼 보인다고 해도 실제로 적용하기는 매우 어려운 사례가 많으며, 상품화해도 대박을 터뜨리기는 더욱 어렵다.

수용체 표적 약물이 성공을 거두어왔지만, 수용체 기반의 치료제를 개발하려는 더욱 영리한 시도들은 실패할 수도 있다. 솔크 연구소와 제휴관계를 맺고 설립된 샌디에이고의 신설 법인 SIBIA 사가 그렇게 실패한 사례이다. 신경 전달물질인 니코틴산의 막 수용체들이 발견되자 파킨슨 병을 치료할 돌파구가 열린 듯이 보였다. 하지만 생명공학계에서는 좋은 착상이 기나긴 과학적 탐구의 시작에 불과한 것일 때가 많다. SIBIA 사는 신약을 개발해서 원숭이를 대상으로 실험하여 긍정적인 결과를 얻었다. 하지만 인간을 대상으로 했을 때는 실패하고 말았다. 또다른 유망한 생명공학 기업인 EPIX 제약은 GPCR을 표적으로 한 약물을 몇 종류 개발했지만, 2009년에 파산했다.

그러나 이런 노력이 정말로 뜻밖의 보상을 안겨줄 때도 있다. 리제너론 사의 신경 성장인자가 예기치 않은 체중 감소 효과가 있었듯이, 이 분야에서는 합리적인 신약 설계라는 과학적 계산보다 전적으로 행운을 통해서 돌파구가 열리는 경우가 흔하다. 한 예로 유명한 암젠 사의 조지 래스먼이 경영하고 있던 시애틀에 있는 기업인 ICOS 사는 1991년에 세포의 신호 전달 분자를 분해하는 "포스포디에스테라아제(phosphodiesterase)"라는 효소집단을 연구하고 있었다. 그들이 파고 있던 금광은 혈압을 낮추는 신약이었지만, 시험하던 약들 중 하나가 놀라운 부작용을 가지고 있다는 것이 밝혀졌다. 그들은 우연히도 비아그라처럼 발기 부전에 효과가 있는 약을 발견한 것이다. 그 약은 그들이 원래 꿈꾸었던 것보다 더 큰 수익을 안겨줄지도 모른다.[*]

발기를 돕는 약의 시장을 제외하고, 암 치료제 연구가 생명공학 산업의 가장 큰 추진력이 되어왔다는 것은 놀랄 일이 아니다. 방사선 요법이나 화학 요법을 통해서 암을 공격하는 고전적인 "세포 살해" 방식은 건강한 정상 세포들까지 죽이기 마련이므로 대개 지독한 부작용을 수반했다. 그러다가 DNA 기술이 개발되면서 마침내 연구자들은 암세포의 성장과 분열을 촉진하는 핵심 단백질만을 표적으로 삼을 수 있는 신약에 가까이 다가가고 있다. 주로 "성장인자"와 세포 표면에 있는 그 수용체들이 이런 단백질들

---

[*] 비아그라도 비슷한 과정을 통해서 발견되었다. 비아그라 역시 원래는 고혈압 치료제로 개발된 것이었는데, 남자 의대생들을 대상으로 실험을 하던 중에 다른 효능이 있다는 것이 드러났다.

에 해당한다. 다른 중요한 단백질들은 놔둔 채 원하는 표적만을 억제하는 약을 개발하는 것은 최고의 의료 화학자들에게도 힘겨운 도전과제이다. 그리고 표적에 제대로 작용한다는 것이 입증된 뒤에 식품의약청의 승인을 얻은 약품이 되어 널리 사용될 때까지 거쳐야 하는 불확실한 여행은 10년은 족히 걸려야 하는 진짜 대모험이라고 할 만하다. 그리고 임상 전 단계와 임상시험 단계까지 힘든 여정을 성공적으로 마치고 승인을 받는 약물을 하나 얻는다고 해도, 생명공학 기업과 제약 회사는 도중에 포기한 다른 후보 약물들의 비용도 감당해야 한다.

최근까지도 성공했다는 이야기를 듣기는 쉽지 않았지만, 이제는 그런 이야기가 점점 더 자주 들려오고 있어서 다행스럽다. 암과 전투를 벌일 때 동원되는 대표적인 약물인 글리벡은 스위스 기업인 노바티스 사의 화학자들이 개발했다. 글리벡은 암세포에서 과다 생산되는 한 막 수용체 단백질의 성장 자극 활동을 차단함으로써 만성 골수성 백혈병(chronic myeloid leukemia : CML)이라는 혈액암을 억제한다. 글리벡을 CML 발병 초기에 투여하면 설령 진정한 치료가 되지 않는다고 해도 대개 장기간 그 병이 재발되지 않는 상태로 지낼 수 있다. 하지만 글리벡의 효능을 무용지물로 만드는 새로운 돌연변이가 나타나 병이 재발하는 불행한 사람들도 있다. 글리벡 이후에 암을 저지하는 데에 도움이 될 차세대 약물이 몇 가지 개발되어왔다(암 치료제에 대해서는 제14장에서 더 상세히 다룰 것이다).

1998년 어느 13일의 금요일에, 존과 에일린 크롤리 부부는 15개월 된 딸 메건이 폼페 병(Pompe disease)이라는 희귀한 유전병에 걸렸다는 충격적인 소식을 접했다. 폼페 병은 포도당을 대사하지 못해서 몸에 유독한 수준까지 포도당이 쌓이는 병이다. 기대여명은 대개 2년에 불과하다. 존 크롤리는 다니던 제약회사를 그만두고 노바자임이라는 작은 생명공학 기업을 설립했다. 그 회사는 메건의 치료법을 찾는 일에 몰두했다. 나중에 그는 회사를 1억3,500만 달러에 젠자임에 매각했고, 젠자임은 그 약의 개발을 완료했다. 바로 미오자임이었다. 크롤리는 2006년 이 약물 탐색 과정을 다룬 책 『치료제(*The Cure*)』를 펴냈다. 그 직후 영화배우 해리슨 포드가 그에게 전화를 했다(당연히 그는 장난 전화라고 생각했다). 포드는 크롤리의 이야기를 영화로 만들고 싶다고 했다. 그렇게 해서 「특별조치(Extraordinary Measures)」라는 영화가 2010년에 나왔다. 포드는 수석 과학자 역할을 맡았다. 키 165센티미터인 크롤리 역은 영화 「조지 오브 정글」에서 주연으로 활약한 키 193센티미터인 브랜든 프레이저가 맡았다. 크롤리는 배역 담당자들 중 누군가에게 독서 장애가 있었던 것이 분명하다고 농담을 했다.

핸 솔로(영화 「스타워즈」에서 독보적인 활약을 하는 우주선 선장/역주) 같은 활약을 펼치는 생명공학 CEO는 거의 없지만, 생명공학 세계에 드라마는 넘친다. 눈부신 성공 이야기부터 처참한 실패 이야기에 이르기까지, 온갖 이야기가 있다. 지난 10년 동안, 생명공학은 성장세를 유지해왔다. 2015년과 2016년에 생명공학 부문은 벤처 투자자들로부터 연간 70억 달러가 넘는 투자를 받았다. 2013년에 미국 식품의약청의 승인을 받은 신약 중 적어도 7가지는 대박을 칠 가능성이 있었다(각각의 약은 연간 수입이 10억 달러를 넘었다). 투자자들은 새로운 진단 도구와 치료제 개발 방법을 제시하는 신생 기업들에 수십억 달러를 쏟아부었다.

한 가지 눈에 띄는 변화는 암젠, 길리어드사이언시스, 리제너론 등 한때 생명공학 기업(생물학적 약물이나 mAb 같은 것을 개발하는 일을 전문으로 한다는 의미의)으로 분류되었던 기업들이 성숙해지고 다각화되었다는 것이다. 대박 약의 특허가 만료되면서 거의 하룻밤 사이에 매출액이 수십억 달러가 줄어드는 "특허 절벽"에 대처하느라 애쓰는 기존의 대형 제약 회사들보다 현재 이런 기업들의 주가가 더 높다. 자산이 불어나면서 고공 행진을 거듭하고 있는 이런 생명공학 기업들은 앞으로의 약물 개발에 중요한 역할을 하게 될 유전체학에 많은 투자를 하고 있다. 한 예로 암젠은 아이슬란드 국민 32만 명의 대규모 유전자 데이터베이스를 구축한 것으로 유명한 아이슬란드 기업 디코드 제네틱스를 4억1,500만 달러에 매입했다. 한편 리제너론은 미국 최대의 보험사 중 한 곳인 가이싱거와 협력하여, 자원자 10만 명의 유전체 서열을 분석하고 있다. DNA 변이체에서 신약의 단서를 찾아내기 위해서였다. 그리고 2016년 아스트라제네카는 컬럼비아 대학교 유전학자 데이비드 골드스타인의 주도하에 10년 동안 200만 명의 유전체 서열을 분석하겠다고 발표했다. 질병과 관련이 있는 희귀한 유전자 변이체를 발견하는 일에 수억 달러를 투자할 계획이다. 유전체학의 시대가 마침내 온 듯하다.

생명공학은 샌프란시스코에서 시작되었으므로, 실리콘밸리가 그 산업에 주목하고 있는 것도 놀랄 일은 아니다. 구글(알파벳이라는 모기업으로 위장하고 있는)은 제넨텍의 전설적인 CEO였던 아트 레빈슨과 몇몇 주요 임원들을 끌어들여서 신생 생명공학 기업 캘리코를 맡겼다(제넨텍의 명명 관습을 따르고 싶었던 모양이다. "캘리코[Calico]"는 "캘리포니아 생명 회사[California Life Company]"의 줄임말이다). 캘리코는 노화와 장수—실리콘밸리의 기업가들은 이쪽에 집착하고 있는 듯하다—의 유전학을 연구하고 있다. 구글의 공동 창업자 세르게이 브린의 전부인인 앤 보이치키가 공동설립한 개인 유전체학 기업인 23앤미는 초기에는 몇몇 평론가들로부터 "취미용 유전학" 기업이라고 조롱을 받았다(제8장에서 자세히 다룰 것이다). 하지만 거대 제약사와 계약을 맺어서 고객 100만 명의 DNA 데이터베이스에 접근할 수 있게 되자, 23앤미는 제넨텍의 전직 연구개발부장인 리처드 셸러를 끌어들여서 자체 신약 발견계획을 맡기면서 제약산업에 직접 뛰어들겠다는 의도를 드러냈다. 트위터의 전직 임원 두 명은 겨우 224달러라는 들도 보도 못한 저렴한 가격으로 BRCA1을 비롯한 30가지 암 유전자의 서열을 분석해주는 진단 기업인 컬러 지노믹스를 설립했다.

유전체학의 거인 두 명도 야심차게 생명공학 사업에 뛰어들었다. 인간 유전체 서열 분석에서 중추적인 역할을 한 인물인 크레이그 벤터(제7장 참조)는 두 개의 회사를 설립했다. 바이오연료를 연구하는 신세틱 지노믹스와 그가 2020년까지 100만 명의 유전체 서열을 분석할 것이라고 장담한 휴먼 롱제버티라는 회사이다. 후자는 유전체 서열 분석, 체내 미생물과 대사산물의 완벽한 분석, 전신 MRI를 포함한 개인 맞춤 건강 진단을 해주는 헬스 뉴클리어스라는 연구 센터를 설립했다. DNA와 단백질의 합성 및 서열 분석을 자동화한 기술을 발명한 유전체 산업의 거인인 리로이 후드는 연간 3,500달러에 유전자 분석과 개인 건강 상담을 제공하는 "과학적 건강"을 내세우는 애리베일이라는 회사를 공동 창업했다.

치료제를 개발하는 생명공학 기업들은 대부분 작은 분자나 mAb에 초점을 맞추고 있는 한편으로, 다른 많은 전략들도 탐색하고 있다. 그 결과 가장 악명 높은 유전병 중 몇 가지를 치료했다는 진정으로 놀라운 성과가 보고되고 있다. 보스턴의 버텍스 제약은 낭성 섬유증 재단의 지원을 받아서, 특정한 돌연변이를 가진 낭성 섬유증 환자들의 치료제를 개발해왔다. 버텍스는 소수의 환자들을 위한 최초의 낭성 섬유증 약인 칼리데코와 가장 흔한 돌연변이(Delta F508)를 지닌 환자들을 치료하는 약인 오캄비를 내놓았다. 분석가들은 2015년에 출시된 오캄비가 버텍스에 처음으로 수익을 안겨줄 것이라고 믿는다. 하지만 환자 한 명을 치료하는 약값이 도매가로 연간 약 25만 달러이니까, 수지가 맞는 것이라고 비판하는 사람들도 있다.

오래 전부터 여러 연구자들은 심신을 황폐화시키는 유전병인 근육 위축증을 치료하겠다는 꿈을 품고 있었다. 그러다가 1980년대 말에 루이스 쿤켈과 토니 모나코가 가장 흔한 유형인 뒤셴 근육 퇴행위축의 유전자를 찾아냈다. 그 병을 일으키는 단백질인 디스트로핀(dystrophin)이 워낙 크다는 점 때문에 치료제를 개발하기가 어렵긴 하지만, 생명공학 기업들은 혁신적인 전략들을 모색하고 있다. 사렙타 세러퓨틱스와 PTC 세러퓨틱스라는 미국의 두 기업은 뒤셴 근육 퇴행위축 환자 중 소수에게 있는 특정한 돌연변이를 지닌 DNA 암호 영역(엑손)을 유전 기구가 일부러 건너뛰도록 돕는 약물을 이용하고 있다. 그러면 더 짧긴 하지만 그래도 제 기능을 하는 디스트로핀이 만들어질 것이다. 한편 영국에서는 옥스퍼드 대학교 유전학자 데임 케이 데이비스가 세운 서밋 세러퓨틱스가 유트로핀(utrophin)이라는 유사한 유전자의 스위치를 켜도록 고안된 약물을 임상시험 중이다. 그 유전자가 만드는 단백질은 누락된 디스트로핀의 기능을 대신할 수 있다는 고무적인 징후를 보여준다.

생명공학 사업은 엄청난 상업적 가능성을 가지고 있기 때문에, 혁신가, 투자자, 몽상가가 계속 몰려든다. 서른한 살의 전직 헤지펀드 매니저인 비벡 라마스와미는 글락소스미스클라인 사가 포기한 알츠하이머 병 치료제 후보 물질의 특허권을 500만 달러에 매입했다. 그런데 그의 회사인 액소번트 사이언시스는 기업 공개를 한 뒤에, 자산 가치가 무려 30억 달러까지 치솟았다. 생명공학 부문의 기업 공개 역사에서 가장 기록적인 수준이었다. RVT-101이라는 이름이 붙은 이 화합물이 승인을 받는다면, 알츠하이머 병 신약이 10여 년 만에 출현하는 셈이 된다.*

엘리자베스 홈스는 스탠퍼드 대학교를 중퇴하고 테라노스를 설립했다. 피 몇 방울로 다양한 검사를 한다는 혁신적인 진단 회사였다. 월그린 보험사와 거액의 거래를 성사시킨 뒤, 테라노스의 자산 가치는 90억 달러까지 치솟았다. 하지만 그 기술의 자세한 내용은 비밀로 유지되고 있었다. 그러다가 퓰리처상을 받은 『월스트리트 저널』의 기자 존 캐리로가 테라노스의 검사 대부분이 그 회사의 특허 기술이 아니라 기존 검사 기법을 이용해서 이루어지고 있다는 사실을 폭로하는 탐사 보도를 하면서 분위기가 달라졌다. 미국 의료 보험 및 보장 센터가 집중적인 조사와 제재 조치를 취

---

* 2016년, 화이자는 비슷한 메커니즘으로 작동하는 약물인 PF-05212377의 개발을 중단하기로 결정했다.

한 뒤, 홈스는 테라노스의 모든 연구실을 폐쇄하고 상업용 혈액 검사 장비를 개발하는 데에 집중하기로 결정했다. 이 파란만장한 이야기는 캐리로의 책 『나쁜 피(*Bad Blood*)』를 토대로 영화로 만들어질 예정이며, 제니퍼 로렌스가 홈스 역할을 맡는다.

2015년 마틴 슈크렐리라는 또 한 명의 헤지펀드 매니저가 생명공학 기업의 경영자로 변신했다. 그런데 그는 약값을 대폭 올리는 파렴치한 행위로 사람들의 공분을 샀다. 슈크렐리의 회사 튜링 제약은 톡소포자충증(에이즈 환자가 흔히 걸리는 기생충 감염증) 치료에 쓰이는 거의 유일한 처방약인 다라프림의 판매권을 획득했다. 슈크렐리는 이 약의 가격을 무려 5,000퍼센트 올리겠다고 발표했다. 한 알에 13.5달러에서 750달러로 올리겠다는 것이었다. 그러자 경제 매체, 대통령 후보자들, 다른 제약사의 경영자들이 앞 다투어 그를 비난하고 나섰다. 거기에는 자기 회사의 약값을 거의 한계까지 밀어올린 경영자들까지도 있었다. 다른 선진국 정부들과 달리, 미국 정부는 약값에 제한을 가하지 않는다. 한 예로 C형 간염 약인 소발디가 승인을 받자, 길리어드 사는 한 알(하루에 1알씩 12주일 동안 먹어야 하는)의 가격을 미국에서는 1,000달러로 매겼는데, 해외에서는 그 가격의 최대 99퍼센트까지 싸게 책정했다. 한 번의 치료에 무려 8만4,000달러가 든다고 하자 환자, 납부자, 보험회사 할 것 없이 모두 반대하고 나섰다. 게다가 제조에 드는 비용은 사실상 약 1달러에 불과했다. 익스프레스 스크립츠(미국 최대의 보험 약 관리 회사/역주)의 수석 의약 담당관은 그 가격 방침을 "로빈 후드 뒤집기"라고 했다.

슈크렐리는 그뒤에 가격을 좀 덜 올리겠다고 약속했지만, 그의 돌출 행동으로 약값이라는 까다로운 문제가 다시금 집중 조명을 받게 되었다. 역설적이게도 최종적으로 웃는 쪽은 자유 시장일지도 모른다. 다른 생명공학 기업인 임프리미스가 다라프림의 복제약을 1알에 1달러에 공급할 것이라고 말했기 때문이다.

재조합 기술을 통해서 세포에 있는 거의 모든 단백질을 만들 수 있으므로, 이런 질문이 떠오르는 것은 당연할 것이다. 그 기술을 꼭 약을 만드는 데에만 써야 할 이유가 있을까? 거미줄을 예로 들어보자. 거미집에서 방사상으로 뻗어 있는 세로줄은 놀라울 정도로 튼튼한 섬유이다. 이 섬유는 무게당 비교하면 강철보다 다섯 배 더 강하다. 그리고 거미를 잘 구슬려 필요 이상의 거미줄을 자아내도록 하는 방법들도 있다. 불행히도 거미는 자기 영토를 지키는 종이라서 대량으로 키울 수가 없기 때문에 거미 농장을 세우려는 시도는 실패해왔다. 그러나 지금은 거미줄 단백질을 만드는 유전자를 분리해내 다른 생물에 집어넣어 그 생물을 거미줄 공장으로 만들 수 있다. 유타 주립대학교의 연구진은 염소의 젖을 내는 유전 회로에 거미 유전자를 끼워넣어서 형질전환 염소를 만들었다. 생후 18개월이 되어 염소가 젖을 내기 시작하자, 거미줄이 섞인 젖이 나왔다. 치즈를 만들 듯이 휘저으면 거미줄이 분리된다. 미 국방부는 이런 연구를 후원하고 있다. 미래의 미국 군대에서 스파이더맨을 볼 수 있지 않을까 해서이다. 즉 미래에는 군인들이 케블라보다 훨씬 더 강한 거미줄로 만든 보호복을 입고 다닐지도 모른다.

천연 단백질을 개량하는 것도 생명공학의 또다른 새로운 첨단 분야로 등장했다. 약간의 조작을 가하면 더 유용한 것을 만들 수 있는데, 변덕스럽기도 하고 현재 상황과는 무관한 진화 압력을 통해서 형성된 자연이 설계한 형태에 만족하고 있을 이유가 있을까? 현재 우리는 기존의 단백질 아미노산 서열을 바꿀 수 있는 능력을 갖추고 있다. 문제는 그 사슬 중에서 아미노산 하나를 바꾸었을 때 단백질의 특성에 어떤 영향이 미칠지조차 우리가 제대로 모르고 있다는 점이다.

여기에서 우리는 다시 자연에서 해답을 찾을 수 있다. 자연선택을 모방한 "유도 분자 진화(directed molecular evolution)"가 한 예이다. 자연선택에서는 무작위 돌연변이를 통해서 새로운 변이체들이 만들어진 뒤 개체 사이의 경쟁을 통해서 그것들이 걸러진다. 성공한 개체들, 즉 더 잘 적응한 변이체들은 살아남아 다음 세대를 낳을 가능성이 더 높다. 유도 분자 진화는 시험관에서 이 과정을 진행시키는 것이다. 생화학적 기술을 사용해서 단백질 유전자에 무작위 돌연변이를 일으킨 뒤 유전자 재조합을 모방하여 그 돌연변이들을 뒤섞으면 새로운 서열을 만들 수 있다. 이렇게 생긴 새로운 단백질들을 특정한 조건에 놓고 가장 뛰어난 능력을 보이는 것들을 골라낸다. 이전 주기에서 "성공한" 분자들끼리 다음 주기에서 경쟁하도록 이런 과정을 몇 차례 반복한다.

유도 분자 진화가 일어나는 과정은 세탁기 속에서 가장 명쾌하게 드러난다. 세탁기 속에서 하얀 빨래들 사이에 어쩌다가 색깔이 있는 빨래 하나가 섞이면 재앙이 일어난다. 붉은 티셔츠가 하나 섞여 있으면 당신이 미처 알아차리기도 전에 일부 염료가 빠져나와 모든 빨래를 연한 분홍색으로 물들일 것이다. 우연인지는 모르지만, 버섯, 정확히 말하면 재먹물버섯에서 만들어지는 천연 과산화효소는 옷에서 스며나온 염료를 탈색하는 특성을 지니고 있다. 하지만 문제는 세탁기라는 온도가 높은 비눗물 환경에서는 그 효소가 제 기능을 할 수 없다는 점이다. 그렇지만 유도 분자 진화를 이용하면 이런 환경에 맞게 그 효소의 능력을 개량할 수 있다. 가령 특수하게 "진화된" 어떤 효소는 고온에서 그 버섯이 원래 지닌 효소보다 174배나 더 견딜 수 있었다. 그리고 그런 유용한 "진화"는 시간도 오래 걸리지 않는다. 자연선택은 영겁에 가까운 시간이 걸리지만 시험관에서 이루어지는 유도 분자 진화는 몇 시간이나 며칠이면 이루어진다.

유전공학자들은 자신들의 기술이 농업에도 긍정적인 영향을 미칠 수 있다는 것을 일찌감치 깨달았다. 생명공학계가 지금 너무나 잘 알고 있듯이, 그 결과로 탄생한 유전자 변형(genetically modified : GM) 작물들은 지금 열띤 논쟁의 중심에 있다. 따라서 유전공학이 그보다 앞서 농업에 기여한 사례, 즉 우유 생산량을 증가시킨 사례도 논란을 불러일으켰다는 점을 지적하면 흥미로울 것이다.

반대 전문가인 제러미 리프킨. 당신이 그를 그렇게 부르면 그는 그것을 반대하는 일에 나설 것이다.

소 성장 호르몬(bovine growth hormone : BGH)은 인간 성장 호르몬 (HGH)과 비슷한 측면이 많지만 농업적으로 가치 있는 부수적인 효과도 지니고 있다. 젖소의 우유 생산량을 증가시킨다는 것이다. 세인트루이스에 자리한 농화학 기업인 몬산토 사는 BGH 유전자를 클로닝해서 재조합 BGH를 만들었다. 젖소는 본래 그 호르몬을 생산하지만, 몬산토 사의 BGH를 주사한 젖소는 우유 생산량이 10퍼센트 정도 더 증가했다. 1993년 말 미국 식품의약청은 BGH 사용을 승인했고, 1997년까지 미국의 젖소 1,000만 마리 중 약 20퍼센트가 BGH 주사를 맞았다. 그 주사를 맞은 젖소나 그렇지 않은 젖소나 우유에는 아무 차이가 없다. 둘 다 똑같은 소량의 BGH가 들어 있다. 사실 우유에 "BGH 첨가"와 "BGH 비첨가"라는 표시를 하자는 주장에 반대하는 주요 논리는 BGH를 보충한 소와 그렇지 않은 소의 우유를 구별하기가 불가능하므로, 허위 표시를 했는지 여부를 판단할 방법이 없다는 것이다. BGH를 사용하면 농민들은 더 적은 젖소를 가지고도 필요한 우유 생산량을 맞출 수 있으므로, 원리상으로 볼 때 BGH 사용이 환경에도 더 이롭다. 사육하는 소 떼의 규모가 줄어들 것이기 때문이다. 소가 만들어내는 메탄 기체는 온실효과에 상당한 기여를 하므로, 사육되는 소의 수가 줄어들면 장기적으로 지구 온난화 억제에 도움이 될 수도 있다. 메탄은 이산화탄소보다 열을 가두는 성질이 25배나 더 강하다. 풀을 뜯는 소는 평균 하루에 600리터의 메탄을 발생시킨다. 이것은 파티 풍선 40개를 띄울 만한 양이다.

BGH가 DNA 반대운동 진영의 격렬한 반대 열기를 불러일으켰을 때 나는 무척 놀랐다. 유전자 변형 식품 논쟁이 지루하게 계속되고 있는 지금은 나도 전문 논객들이 무엇이든 간에 논쟁거리로 만들 수 있다는 것을 알고 있다. 생명공학을 가장 집요하게 물고늘어지는 적인 제러미 리프킨은 1976년에 미국 독립 200주년을 부정하는 것으로 경력을 시작했다. 그는 반대했다. 그뒤 그는 DNA에 반대하는 일에 나섰다. 한 동료는 1980년대 중반 BGH가 대중을 흥분시키지 못할 것 같다는 말에 그가 어떤 반응을 보였는지 기억하고 있다. "내가 쟁점으로 만들겠어! 그럴 만한 것을 찾아내겠어! 그것은 생명공학이 문 밖에서 이룬 첫 산물이고, 나는 그것과 싸울 거야!"[3] 그는 장담한 대로 그것과 싸운다. "그것은 자연적이지 않다"(하지만 "자연적인" 우유와 구별할 수 없다). "그 안에는 암을 일으키는 단백질이 들어 있다"(그렇지 않다. 그리고 어쨌거나 단백질은 소화될 때 분해되기 마련이다). "그것은 가난한 농민들을 파산시킬 것이다"(그러나 다른 많은 신기술들과 달리 BGH는 선행 투자를 해야 할 자본 비용이 전혀 들지 않는다. 따라서 가난한 농민이라고 해서 차별받을 일은 없다). "그것은 젖소에게 해를 입힐 것이다"(젖소가 우유 생산 기계가 되어 혹사당해온 것은 아주 오래 전부터 있었던 일이다). 결국 애실로마 시대의 재조합 기술 반대와 달리 리프킨의 음울하고 파멸적인 시나리오 중 현실적인 것은 전혀 없다는 것이 명확해지면서 그 쟁점은 흐지부지되고 말았다.

하지만 그뒤에 다가온 것에 비하면 BGH 논쟁은 맛보기였을 뿐이다. 리프킨과 같은 부류의 DNA 혐오자들에게 BGH는 단지 시작에 불과했다. 그 항의자들의 본요리는 유전자 변형 식품이었다.

Are you buying Frankenstein food

where you're most likely to find GM food and drinks as you shop.

Safe shopping: Using this guide can help you determine whether your food and drink purchases are likely to have been genetically modified

Use this section to get more information about 'branded' foods. These are products carrying brand names of individual companies as opposed to those that carry the supermarket's own label. This section looks at familiar branded foods that could be genetically modified or could become so in the near future and gives each brand a red/amber/green 'rating'.

Looks familiar: these cloned sheep at the Roslin Institute in Edinburgh are seen primarily as a means to genetic eng

FRANKENSTEIN FOOD FIASCO

We modify their genes at our peril

By DAVID DERBYSHIRE
Science Correspondent

TONY BLAIR and his Ministers were standing virtually alone last night against mounting calls for action over genetically-modified food.

They rejected fresh demands for a moratorium on the 'Frankenstein foods', despite a stark warning from top scientists that millions could be at risk from cancer and killer infections.

Food technology: A new breed of eco-warrior is challenging the big corporations by taking direct action

Wheatfields turn into war zone

ONE OF the most intense commercial battles of recent years found a focus yesterday at the Royal Show in Berkshire, in a patch of wheat covering an area the size of two table-tennis tables.

BY CHARLES ARTHUR
Technology Editor

in ten food products contain soya or soya oils or soya lecithin. From September, the food will have labels: "Does not contain genetically modified elements", or: "Contains genetically modified elements".

Turn to Page 4, Col. 1

ed rape are the latest target for eco-protest groups

ss activists on the frontli

Monsanto, the US food had been genetically-modified to be more resistant to a herbicide for killing of surrounding

up plants until the Government takes action to tackle the problem.

Giant kil

How Europe's eco-warriors h
he mighty Monsanto. By Ju

Finance

News Analysis Agribusiness is running scared from GM foods

Test fields of conflict

Julia Finch

Consumers are concerned, eco-warriors are on the warpath and British agribusiness is on the run. The scare over genetically modified food

**Environmental protesters make their point in a field of genetically modified oilseed

제6장

식량을 둘러싼 논쟁 : 유전자 변형 식품

1962년 6월 『뉴요커』에 연재되었던 레이첼 카슨의 『침묵의 봄(*Silent Spring*)』이 출간되어 세상을 떠들썩하게 했다. 그녀는 살충제가 환경을 중독시키고 우리의 음식까지 오염시킨다는 무시무시한 주장을 펼쳤다. 당시 나는 존 케네디의 대통령 과학 자문 위원회(President's Scientific Advisory Committee : PSAC)에서 자문위원으로 있었다. 내가 주로 검토하는 내용이 군대의 생물학전 계획이었기 때문에 정부가 카슨의 우려에 대응하기 위해서 설치할 소위원회에서 일을 해달라고 초청했을 때 나는 그 일에서 한숨 돌릴 수 있다는 생각에 너무나 기뻐했다. 카슨은 직접 위원회에 나와서 증언을 했다. 나는 그녀의 세심한 설명과 신중한 접근방식에 깊은 인상을 받았다. 또 그녀는 기득권을 가진 살충제 회사들이 묘사하는 히스테리 증세를 보이는 열광적인 환경주의자와 거리가 멀었다. 아메리칸 시안아미드 컴퍼니의 한 중역은 이렇게 주장했다. "인류가 카슨의 가르침을 곧이곧대로 따른다면, 우리는 암흑시대로 돌아갈 것이며, 해충과 질병과 쥐 같은 것들이 다시 지구를 물려받을 것이다."[1] 또다른 거대한 살충제 제조회사인 몬산토 사는 『침묵의 봄』을 풍자한 『황량한 해(*The Desolate Year*)』를 펴내 5,000부를 언론기관에 무료 배포했다.

◀ 영국 언론에 난 유전자 변형 식품 기사들

레이첼 카슨이 경고를 울리기 전 DDT(오른쪽)는 모든 사람의 가장 친한 동료였다. 살충제가 위험하다는 그녀의 주장을 조사하기 위해서 설치된 국회 소위원회에서 1962년 레이첼 카슨이 증언하는 모습

하지만 내가 카슨이 묘사한 세계를 가장 직접적으로 경험한 것은 1년 뒤 초식곤충들, 특히 면화씨바구미 때문에 전국의 목화농업이 위태로울 지경이라는 사안을 조사하는 PSAC 조사반을 이끌고 있을 때였다. 미시시피 삼각주, 텍사스 서부, 캘리포니아 센트럴 밸리의 목화 밭을 돌아본 사람이라면, 목화 재배자들이 화학 살충제에 전적으로 의존하고 있다는 것을 알아차리지 못할 리가 없었다. 텍사스 브라운스빌 근처의 한 곤충 연구소로 가던 도중에 우연히 농약 살포 비행기가 우리 차 위로 지나갔다. 이 지역의 광고판에는 친숙한 버머 면도기 광고 대신 가장 강력한 최신 곤충 박멸화학약품이 그 자리를 차지하고 있었다. 목화지대에서는 유독성 화학물질이 삶의 중요한 부분이 되어 있는 듯했다.

카슨이 그 위협의 세기를 정확히 측정했는지 여부를 떠나서 발이 여섯 개달린 목화농업의 적들을 퇴치하려면 엄청난 양의 화학물질을 쏟아붓는 것보다 더 나은 방법이 있어야 했다. 브라운스빌에 있는 미국 농무부 소속 과학자들은 면화씨벌레(곧 면화씨바구미보다 더 큰 위협을 가하게 된다)를 공격하는 다각체 바이러스(polyhedral virus)처럼 곤충의 천적을 활용하는 방안을 모색했지만, 그 전략은 실행 불가능하다는 것이 드러났다. 당시 나는 곤충 저항성을 지닌 식물을 만들어낸다는 해결책이 가능하리라고는 상상조차 하지 못했다. 그저 너무나 멋진 생각이었기 때문에 불가능해 보였던 것이다. 하지만 오늘날 농부들은 바로 그 방법을 써서 유해한 화학 물질 사용량을 줄이면서도 해충을 몰아내고 있다.

유전공학은 해충 저항성을 지닌 작물을 만들어왔다. 살충제 사용량이 줄어들고 있으므로 환경이 대승리를 거둔 것이다. 하지만 역설적으로 이 이른바 유전자 변형(GM) 식물이 도입되는 것을 가장 소리 높여 반대하는 측은 환경 보호를 천명한 단체들이다.

동물 유전공학과 마찬가지로 식물 생명공학의 첫 단계도 원하는 DNA 조각(유용한 유전자)을 식물세포에 넣고, 이어서 식물 유전체에 집어넣는 것이다. 하지만 분자생물학자들이 자주 깨닫고 있듯이 자연은 생물학자들이 그런 생각을 하기 오래 전에 이미 그 방식을 고안해냈다.

근두암종병(crown gall disease)에 걸리면 식물의 줄기에 혹 같은 보기 흉한 "종양" 덩어리가 생긴다. 이 병은 아그로박테리움 투메파키엔스(*Agrobacterium tumefaciens*)라는 흔한 토양 세균이 곤충이 파먹은 자리처럼 손상을 입은 식물 부위로 우연히 들어감으로써 생긴다. 이 기생 세균이 공격하는 방법은 잘 밝혀져 있다. 이 세균은 터널을 판 뒤에 그 굴을 통해서 자신의 유전물질 꾸러미를 식물세포 속으로 넣는다. 이 꾸러미는 특수한 플라스미드에서 세심하게 잘라낸 DNA 조각을 터널로 운송하기 위해서 단백질로 포장한 것이다. 운송된 DNA 꾸러미는 바이러스가 하듯이 숙주세포의 DNA에 통합된다. 그러나 바이러스와 달리 이 유전자는 자신을

아그로박테리움 투메파키엔스가 일으키는 근두암종병. 이 혹 같은 종양은 그 세균이 자신이 원하는 것을 식물로 하여금 만들도록 고안한 독창적인 산물이다.

마구 복제하지 않는다. 그 대신 이 유전자는 식물 성장 호르몬과 특수한 단백질을 생산한다. 이 단백질은 세균의 양분 역할을 한다. 이런 물질들은 양의 되먹임 고리(positive feedback loop)를 형성하여 식물세포의 분열과 세균 성장을 동시에 촉진한다. 즉 성장 호르몬은 식물세포를 더 빨리 증식시키고, 숙주세포가 분열함에 따라서 침투한 세균 DNA도 복제되므로, 세균 양분과 식물 성장 호르몬도 더욱더 많이 생산된다.

이렇게 통제되지 않은 채 성장이 미친 듯이 계속되면 세포 덩어리인 혹이 생긴다. 이 혹은 세균을 위한 공장 역할을 한다. 즉 식물은 세균이 필요로 하는 것을 점점 더 많이 생산할 수밖에 없게 된다.

기생전략이라는 측면에서 보자면 아그로박테리움은 뛰어난 전략가이다. 그들은 식물 착취를 예술의 경지로 승화시켰다.

아그로박테리움의 기생관계를 상세히 규명한 사람은 시애틀에 있는 워싱턴 대학교의 메리-델 칠턴과 벨기에 겐트 자유 대학의 마르크 반 몬터규와 제프 셸이었다. 그들은 애실로마를 비롯한 세계 곳곳에서 재조합 DNA 논쟁이 벌어지고 있던 1970년대에 그 일을 하고 있었다. 시애틀에 있던 칠턴과 동료들은 역설적으로 나중에야 아그로박테리움이 P3나 P4 차단시설이 없이, 즉 "국립보건원 지침의 적용을 받지 않은" 채 DNA를 한 종에서 다른 종으로 옮길 수 있는 방법이라는 것을 깨달았다.[2]

곧 다른 연구자들도 칠턴, 반 몬터규, 셸의 뒤를 이어서 아그로박테리움 연구에 뛰어들었다. 살충제를 공격한 레이첼 카슨을 비난했던 바로 그 회사인 몬산토 사는 1980년대 초 아그로박테리움이 괴팍한 세균만이 아니라는 것을 알아차렸다. 그 괴팍한 기생방식은 유전자를 식물에 넣는 열쇠가 될 수 있었다. 나중에 시애틀에 있는 워싱턴 대학교에서 몬산토 사가 있는 세인트루이스의 워싱턴 대학교로 자리를 옮긴 칠턴은 몬산토 사가 자신의 연구에 몹시 관심이 많다는 것을 알아차렸다. 몬산토 사는 뒤늦게 아그로박테리움 연구에 뛰어들었지만 그 시간차를 금방 따라잡을 만한 돈과 자원을 가지고 있었다. 얼마 지나지 않아 칠턴 그리고 반 몬터규와 셸도 거대 화학기업과 발견결과를 공유한다는 협약을 맺고 연구비 지원을 받기 시작했다.

몬산토 사가 성공을 거둔 것은 과학적 선견지명을 가지고 있던 롭 호시, 스티브 로저스, 롭 프렐리 덕분이었다. 그들은 1980년대 초에 몬산토 사에 들어갔다. 그뒤로 20년 동안 그들은 농업혁명을 이끌어왔다. 호시는 언제나 "흙의 냄새와 열기를 사랑했고" 어렸을 때부터 "야채 가게에 있는 것보다 더 좋은 야채를 기르고 싶다"는 생각을 가지고 있었다.[3] 그는 몬산토 사에 들어가자마자 자신의 꿈을 엄청난 규모로 이룰 수 있는 기회를 얻었다는 것을 깨달았다. 반면에 인디애나 대학교의 분자생물학자인 로저스는 처음에 몬산토 사의 초청을 받아들이지 않았다. 자신의 연구를 기업에 "팔아먹는" 짓이라고 생각했기 때문이다. 하지만 몬산토 사를 방문한 그는 엄청난 연구 환경뿐 아니라 학계에 있으면서 언제나 부족하게 여겼던 핵심 요소 하나가 무궁무진하다는 것을 발견했다. 바로 돈이었다. 그는 마음을 바꾸었다. 프렐리는 일찍부터 농업 생명공학에 매료되어 있던 사람이었다. 그는 선견지명을 가지고 생명공학 과제에 착수한 몬산토 사의 중역 에르니 야보르스키를 만나고 난 뒤에 합류했다. 야보르스키는 선견지명뿐 아니라 사교성까지 두루 갖춘 고용주였다. 그는 보스턴의 로건 공항에서 마주친 낯선 사람이 충격적인 말을 했을 때도 당황하지 않았다. 그때 프렐리는 자신의 목표 중 하나가 야보르스키의 자리라고 선언했다.

세 연구집단—칠턴, 반 몬터규와 셸, 몬산토 사—모두 아그로박테리움을 통해서 식물의 유전자를 조작할 수 있다는 점에 주목했다. 유전자를 자르고 붙이는 분자생물학의 표준 방법을 이용하면, 식물세포에 삽입하고 싶은 유전자를 아그로박테리움 플라스미드에 넣는 것은 그다지 어려운 일이 아니었다. 그런 다음 그 유전자 변형 세균을 숙주세포에 감염시키면, 원하는 유전자가 식물세포의 염색체로 들어가게 된다. 아그로박테리움은 외부 DNA를 식물에 넣을 수 있게 이미 만들어져 있는 운송체계였다. 즉 자연의 유전공학자였다. 1983년 1월에 마이애미에서 역사적 분수령이 된 학회가 열렸다. 칠턴, (몬산토 사를 대표한)호시, 셸은 각자 아그로박테리움으로 그 일을 해낼 수 있다는 것을 입증하는 결과를 내놓았다. 그리고 이때쯤 세 집단은 각자 아그로박테리움을 기반으로 한 유전자 변형법에 특허를 신청해둔 상태였다. 셸 쪽은 유럽에서 특허를 받았다. 하지만 미국에서는 칠턴과 몬산토 사 사이에 분쟁이 벌어졌고, 그 분쟁은 2000년까지 이어지다가 결국 칠턴과 그녀가 새로 소속된 회사인 신젠타 사의 승리로 끝났다. 그러나 지적 재산권을 놓고 서부 개척 시대 같은 양상이 벌어지고 있는 현 상황에서 그 이야기가 그렇게 산뜻하게 막을 내리지 않았다고 해서 놀랄 사람은 없을 것이다. 몬산토 사가 450억 달러에 신젠타 사를 합병하겠다고 나섰기 때문이다. 하지만 2016년 바이엘 사가 무려 660억 달러에 몬산토 사를 매입하면서 상황이 다시 바뀌었다.

처음에 아그로박테리움의 요술은 특정한 식물에만 통하는 것 같았다. 아쉽게도 그중에서도 농업에 중요한 옥수수, 밀, 벼 같은 작물에는 통하지 않는 듯했다. 하지만 식물 유전공학이 탄생한 이후로 아그로박테리움은 유전공학자들의 집중적인 연구대상이 되었고, 기술 발전이 이루어지면서 아그로박테리움의 제국은 가장 완강한 작물 종에까지 확장되었다. 이런 혁신이 일어나기 전까지 우리는 옥수수, 밀, 벼의 DNA를 선택할 때 효과적이기는 하지만 훨씬 더 우연에 의존하는 방법을 써야 했다. 이 방법은 원하는 유전자를 작은 금이나 텅스텐 총알에 붙여, 말 그대로 세포 속으로 발사하는 것이다. 이 방법에서는 총알이 세포 속으로 들어가서 반대편으로 빠져나가지 않을 만큼 적절한 힘으로 총알을 발사하는 것이 핵심이다! 이 방법은 아그로박테리움

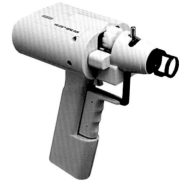

DNA를 식물세포로 주입하는 "유전자 총"

방법보다 섬세함은 떨어지지만 제대로 작동한다.

이 "유전자 총(gene gun)"은 1980년대 초에 코넬 대학교 농업 연구소의 존 샌퍼드가 개발한 것이다. 샌퍼드는 세포가 큰 양파를 가지고 개발 실험을 했는데, 으깨진 양파와 화약 냄새가 어우러져 연구실에서 마치 맥도널드 체인점 같은 냄새가 진동했다고 회상한다. 처음에 그가 이 착상을 떠올렸을 때 사람들은 부정적이었다. 하지만 샌퍼드는 성공을 거두었고 1987년 『네이처』에 자신의 식물학적 무기를 공개했다. 1990년까지 과학자들은 이 총으로 새로운 유전자를 옥수수에 넣어왔다. 식량이자 바이오 연료인 옥수수는 아메리카의 가장 중요한 작물이며, 2015년에만 가치는 520억 달러에 달했다.

옥수수는 오랫동안 가치 있는 종자 작물이었다는 점에서 미국의 주요 작물 중에서도 독특하다. 과거에 종자 산업은 경제적으로 막다른 끝이라고 여겨져왔다. 즉 농민은 한 번 종자를 사고 나면 그 종자에서 키운 작물에서 계속 종자를 채취해서 심을 수 있기 때문에 다시 종자를 구입할 필요가 없어진다는 의미이다. 미국의 옥수수 종자 회사들은 1920년대에 품종이 다른 두 종류의 옥수수를 교배해 만든 잡종 옥수수를 판매하기 시작하

잡종 옥수수 종자 회사는 매년 여름 수많은 임시 직원을 고용하여 옥수수의 수꽃을 딴다. 그러면 자가 수분이 불가능해지므로 품종이 다른 옥수수끼리 교배가 일어나 잡종 종자가 만들어진다.

냉전시대의 옥수수 정상 외교: 소련의 지도자 흐루쇼프가 1957년 로즈웰 가스트(오른쪽)의 아이오와 농장을 방문하고 있는 장면

면서 이런 비순환 사업이 지닌 문제점을 해결했다. 그 잡종은 수확량이 많기 때문에 농민들의 관심을 끌었다. 멘델의 유전법칙 때문에 그 작물에서 얻은 씨, 즉 잡종과 잡종을 교배하여 얻은 씨를 다시 뿌리지는 못한다. 즉 그 씨에서는 원래의 잡종 씨가 가진 특징인 많은 수확을 얻을 수 없기 때문이다. 따라서 농민들은 매년 종자 회사에서 수확량이 많은 잡종 종자를 새로 구입해야 한다.

미국에서 가장 규모가 큰 잡종 옥수수 종자 회사인 파이어니어 하이-브레드 인터내셔널 사(현재 뒤퐁 사 소유이다)는 오래 전부터 미국 중서부에 자리를 잡고 있었다. 현재 그 회사는 미국 옥수수 종자 시장의 약 40퍼센트를 점유하고 있으며 연간 매출액이 10억 달러에 달한다. 그 회사는 1926년에 헨리 월리스가 세웠으며 월리스는 나중에 프랭클린 루스벨트 정부에서 부통령이 되었다. 그 회사는 매년 여름 잡종 옥수수 씨를 얻기 위해서 4만 명 정도의 고등학생들을 고용해왔다. 부계와 모계가 될 품종을 나란히 재배한 다음 두 품종 중 한 쪽의 수꽃, 즉 꽃가루를 만드는 꽃을 성숙하기 전에 일일이 잘라낸다. 따라서 다른 품종의 꽃가루만이 남으므로, 수꽃을 제거한 품종의 씨는 모두 잡종 씨가 된다. 지금도 매년 수천 명이 여름에 수꽃 따기 일을 한다. 2014년에도 파이어니어 사는 1만6,000명의 임시직원을 고용해서 그 일을 맡겼다.

파이어니어 사의 첫 고객 중에 로즈웰 가스트라는 아이오와 주의 농부가 있었다. 월리스의 잡종에 깊은 인상을 받은 그는 파이어니어 사 옥수수 종자의 독점 판매권을 샀다. 냉전 분위기가 그다지 심각하게 얼어붙지 않았을 무렵인 1959년 9월 23일에 소련의 지도자인 니키타 흐루쇼프가 미국의 농업 기적과 그 배경이 된 잡종 옥수수를 자세히 살펴보기 위해서 가스트의 농장을 견학했다. 흐루쇼프가 스탈린에게서 물려받은 나라는 산업화에 매진하느라고 농업을 무시해왔으며, 새 서기장은 그 오류를 바로잡으려고 고심하고 있었다. 1961년 케네디 행정부는 소련에 옥수수 종자와 농업장비와 비료를 판매할 수 있도록 승인했다. 그 결과 겨우 2년 만에 소련의 옥수수 생산량은 두 배로 증가했다.

유전자 변형 식품 논쟁이 계속되고 있는 지금, 우리가 유전적으로 변형된 식품을 먹어온 지가 사실상 수천 년이 된다는 사실을 깨닫는 것이 중요하다. 사실 우리 육류의 원천인 가축들과 우리에게 곡식, 과일, 채소를 주는 작물들도 야생에 살던 선조들과 유전적으로 매우 멀리 떨어져 있다.

농업은 갑자기 탄생한 것이 아니라 약 1만 년에 걸쳐서 서서히 성장해왔다. 작물의 야생 조상들 중에는 초기 농부들에게 별 도움이 되지 않은 것들이 많았다. 이를테면 수확량도 얼마 되지 않고 재배하기도 어려운 것들이 그것이다. 따라서 농업이 성공하려면 변형이 필요했다. 초기 농부들은 바람직한 형질들이 한 세대에서 다음 세대로 고스란히 전달되려면 교배를 해야 한다는 것(즉 "유전적인" 방법을 써야 한다는 것)을 이해하고 있었다. 그렇게 해서 우리 조상 농경민들의 원대한 유전자 변형 계획이 출범했다. 그리고 유전자 총 같은 것들이 없었으므로, 이 계획은 인위선택에 의존해야 했다. 우유를 가장 많이 생산하는 소같이 바람직한 형질을 지닌 개체들끼리만 교배시키는 것이다. 사실상 농부들은 자연이 자연선택을 통해서 하고 있는 일, 즉 다음 세대에 가장 잘 적응한 개체들이 많아지도록 이용할 수 있는 다양한 유전적 변이들 중에서 고르는 일을 해왔다. 다만 농부는 소비를 위해서, 자연은 생존을 위해서 했다는 점이 다르다. 생명공학

인위선택의 효과 : 옥수수의 조상인 테오신테(왼쪽)와 옥수수(오른쪽)

은 바람직한 변이들을 만드는 방법을 제공하며, 따라서 우리는 이제 변이가 자연적으로 나타날 때까지 기다릴 필요가 없어졌다. 그것은 우리가 오래 전부터 식품을 유전적으로 변형시키는 데에 사용해온 방법들 중 가장 최근의 것에 불과할 뿐이다.

잡초는 제거하기가 어렵다. 그들이 성장을 억제하는 작물과 마찬가지로 그들 역시 식물이다. 작물을 죽이지 않으면서 잡초를 죽이려면 과연 어떻게 해야 할까? "보호 표시"가 없는 모든 식물들(여기에서는 잡초들)은 죽이고 표시가 있는 식물들, 즉 작물은 남겨두는 일종의 인증체계를 사용하면 이상적일 것이다. 유전공학은 몬산토 사의 "라운드업 레디(Roundup Ready)"라는 형태로 그런 체계를 농민과 정원사에게 제공해왔다. 존 프란츠가 발견한 라운드업(화학명은 글리포세이트[glyphosate])은 모든 식물을 죽이는 강력한 제초제이다. 하지만 몬산토 사의 과학자들은 유전자를 변형시켜서 "라운드업 레디"라는 작물도 만들어냈다. 이 작물은 라운드업 제초제에 저항성을 지니고 있다. 따라서 라운드업을 뿌려 주변의 모든 작물들이 먼지로 변해도 살아남을 수 있다. 물론 이 방식은 몬산토 사에 이익을 안겨준다. 둘 중 하나만 구입할 수는 없기 때문이다. 몬산토 사의 제초제를 사는 농부는 그 제초제에 적응한 종자도 함께 구입할 것이다. 그래도 그런 방식은 실제 환경에도 도움이 된다. 대개 농부는 다양한 종류의 제초제를 뿌려야 한다. 각 제초제는 작물에는 안전하면서 특정한 부류의 잡초에만 독성을 나타낸다. 그리고 잡초의 종류는 매우 많다. 따라서 모든 잡초에 적용되는 한 가지 제초제를 사용하는 쪽이 사실상 환경으로 유입되는 그런 화학물질들의 양을 줄이는 것이 된다.

안타깝게도 세균과 암세포처럼 잡초 역시 외래 화학물질에 완벽한 유전적 내성을 획득할 수 있으며, 라운드업이 점점 더 폭넓게 쓰이면서 바로 그런 일이 진행되었다. 라운드업 생산량은 1996년에 13,500톤에서 2012년에는 110,000톤을 넘었다. 이 기간에 비름 같은 여러 잡초 종들은 글리포세이트의 표적인 EPSP 생성효소(EPSP synthase)를 만드는 유전자의 수를 늘림으로써 라운드업에 대한 내성을 발달시켰다. 네브라스카의 농민 마이크 피칙은 이렇게 말했다. "라운드업을 1년에 두 번만 살포하던 시절이 있었지요. 옛날 일이에요."[4] 이 예측 가능한 불행한 종말로 끝나는 라운드업의 이야기는 불행히도 완전히 끝난 것이 아닐 수도 있다. 농민들이 예전에 쓰인 더 유독한 제초제를 다시 쓰는 와중에, 세계보건기구는 글리포세이트를 "유력한 발암물질(probable carcinogen)"로 지정했다. 미국 EPA는 1993년 이래로 처음으로 라운드업을 재평가하는 일에 들어갔다. 이른바 유전자 변형 생물(GMO) "논쟁"이 자극적인 수사학과 의도적으로 포장한 왜곡된 정보로 점철되었다는 점을 생각할 때 충분히 예상할 수 있는 일이지만, GM 반대 진영은 라운드업이 자폐증과 ADHD에서 글루텐 내성에 이르기까지 온갖 장애들의 잠재적인 원인이라고 주장한다. 몬산토 사는 "결국 뻔한 거짓말(Just Plain False)"이라는 웹사이트를 만들어서 공포를 퍼뜨리는 거짓 주장에 대처하고 있다. 이 사이트는 자기 회사와 GM 작물 전반에 관한 많은 괴담들에 반박하는 일을 한다.

농민들이 대처해야 하는 문제는 잡초만이 아니다. 불행히도 농경의 출현은 우리 조상들에게만이 아니라 초식곤충들에게도 마찬가지로 혜택을 주었다. 밀과 사촌뻘인 야생풀들을 먹는 곤충이 있다고 하자. 오랜 옛날 수만 년 전 우리 조상들은 먹거리를 찾기 위해서 멀리 넓은 지역을 돌아다녀야 했다. 그러다가 농경이 등장하면서 인간은 식탁에 올릴 대량의 농산물을 수월하게 얻기 시작했다. 곤충의 공격에 맞서 작물들을 보호해야 하는 것은 당연하다. 제거한다는 관점에서 보면 적어도 잡초보다는 곤충 쪽이 더 수월하다. 작물과 같은 식물이 아니라 동물인 곤충을 표적으로 한 독을 만드는 것은 가능하기 때문이다. 문제는 우리가 소중히 여기는 인간을 비롯한 생물들도 마찬가지로 동물이라는 사실이다.

살충제 사용에 따른 위험이 어느 정도인지는 레이첼 카슨이 처음으로 그 문제를 언급하기 전까지 제대로 알려져 있지 않았다. DDT(유럽과 북아메리카에서는 1972년부터 금지되었다)와 같은 염소계 살충제는 환경에 장기간 잔류하면서 해로운 영향을 미친다. 게다가 이런 잔류물질들이 우리의 음식 속에 들어갈 위험도 있다. 이런 화학물질들은 본래 우리와 진화적으로 상당히 멀리 떨어져 있는 동물들을 죽이도록 설계된 것이므로 저농도에서는 우리에게 치명적이지 않을 수도 있지만, 돌연변이를 일으켜서 인간에게 암과 기형아 출산을 가져올 가능성이 있다. DDT의 대안으로 등장한 것이 파라티온 같은 유기인계 살충제이다. 유기인계 살충제의 좋은 점은 살포된 뒤에 급속히 분해되어 환경에 오래 남아 있지 않다는 것이다. 반면에 독성은 DDT보다 훨씬 더 강하다. 1995년에 도쿄 지하철 테러에 사용되었던 사린 신경 가스도 유기인계 화합물의 일종이다.

자연에 존재하는 화학물질을 사용하는 해결책도 문제점을 안고 있다. 1960년대 중반 화학기업들은 국화의 일종인 제충국에서 추출한 피레드린(pyrethrin)이라는 천연 살충제를 합성하기 시작했다. 이 화학물질은 10년 남짓 해충을 억제하는 데에 도움을 주어왔지만, 그것이 널리 사용되면서 당연히 그것에 내성을 지닌 곤충들이 출현했다. 더 큰 문제점은 피레드린이 천연물질이기는 하지만, 인간에게 좋은 것만은 아니라는 점이다. 사실 식물 추출 물질 중에는 독성이 매우 강한 것들이 많다. 피레드린을 쥐에게 주사하자 파킨슨 병과 유사한 증상이 나타났으며, 전염병 학자들은 이 질병이 도시보다 농촌지역에서 더 빈도가 높게 나타나는 것을 발견했다. 신뢰할 만한 자료가 부족하기는 하지만, 전반적으로 미국 환경 보호청은 매년 미국의 농업 종사자 중에서 1만에서 2만 명 정도가 살충제 관련 질병에 걸리는 것으로 추정하고 있다.

유기농법을 쓰는 사람들은 나름대로 살충제를 쓰지 않는 방법을 마련해놓고 있다. 한 가지 독창적인 방법은 곤충의 공격으로부터 식물을 보호하기 위해서 세균이나 세균에서 얻은 독성물질을 사용하는 것이다. 바킬루스 투린기엔시스(Bacillus thuringiensis : Bt)는 곤충의 위장을 공격해 파괴된 세포에서 빠져나오는 양분을 먹고산다. 곤충이 이 세균에 감염되면 위장이 마비되어 기아와 조직 손상이 복합적으로 작용하여 죽고 만다. 이 세균은 1901년에 일본의 누에를 전멸시키면서 처음 알려졌다. 하지만 바킬루스 투린기엔시스라는 이름이 붙은 것은 1911년에 독일의 투린기아 지방에서 지중해알락명나방(flour moth)에게 대량 발병하면서였다. 이 세균은 1938년 프랑스에서 처음으로 살충제로 사용되었다. 원래는 인시류(나방과 나비)의 유충에만 효과가 있는 것으로 여겼지만, 그뒤 모기와 딱정벌레의 유충에 효과가 있는 균주들도 발견되었다. 이 세균의 가장 좋은 점은 곤충에게만 영향을 미친다는 것이다. 대다수 동물들의 위장은 산성, 즉 pH가 낮은 반면에 곤충 유충의 위장은 염기성, 즉 pH가 높다. Bt 독소는 염기성 환경에서 활성을 띤다.

재조합 DNA 기술의 시대가 되면서 유전공학자들은 바킬루스 투린기엔시스의 뛰어난 살충효과에 주목했다. 그 세균을 작물에 무차별 살포하는 대신, Bt 독소 유전자를 작물의 유전체 속에 집어넣으면 어떨까? 그 식물을 한 입만 먹어도 소화시키는 곤충에게는 치명적일 것이므로(우리에게는 무해하다) 농민들은 작물에 아예 살충제를 뿌릴 필요가 없게 된다. 이 방법은 작물에 살충제를 뿌리는 기존 방식보다 적어도 두 가지 측면에서 유리하다. 첫째, 그 작물을 먹는 곤충만 살충제에 노출된다. 따라서 외부에서 살충제를 뿌리는 방식과 달리 해충이 아닌 곤충에게는 해가 없다. 둘째, Bt 독소 유전자를 유전체에 넣으면 그 식물의 모든 세포가 그 독소를 가지게 된다. 기존의 살충제 살포 방식은 대개 잎과 줄기에만 효과가 있었다. 즉 뿌리나 식물 안쪽을 먹어치우는 해충에게는 살충제를 뿌리는 방식이 별 효과가 없었다. Bt 독소 유전자를 쓰면 이런 해충들까지 없앨 수 있다.

현재 우리는 "Bt 옥수수", "Bt 감자", "Bt 목화", "Bt 콩" 등 Bt 유전자를

Bt 목화 : 보통 목화는 해충에 피해를 입지만, 유전공학 기술로 살충제인 Bt 독소를 넣은 목화
(오른쪽)는 잘 자란다.

삽입한 다양한 작물들을 재배하고 있으며, 그 결과 살충제 사용량이 대폭
줄어들었다. 1995년에 미시시피 삼각주 지역의 목화 재배 농민들은 철마다
평균 4.5회 살충제를 뿌렸다. 하지만 Bt 목화가 도입된 바로 그 다음해에
는 그 목화를 심지 않은 밭까지 모두 포함해서 살포 횟수가 평균 2.5회로
줄어들었다. 1996년 이후 Bt 작물이 사용되면서 미국의 연간 살충제 사용
량은 760만 리터나 감소했다. 나는 최근에 그 지역을 가보지 않았지만 목
화지대의 광고판이 더 이상 화학 살충제로 도배되어 있지 않다는 쪽에 내
기를 걸 수 있다. 아마 과거의 광고가 다시 등장한다면 살충제 광고보다
는 버머 면도기 광고 쪽일 것이다. 그리고 미국 이외의 지역도 마찬가지로
같은 혜택을 누리기 시작하고 있다. 중국과 인도에서도 Bt 목화를 심으면
서 살충제 사용량이 수천 톤 줄어든 것으로 추정된다.

또 생명공학은 백신 접종과 비슷해 보이는 질병 예방 방법을 통해서 기존의 적들에 맞설 수 있도록 식물을 강화시켜왔다. 우리는 약화시킨 병원체들을 아이들에게 주사하여 면역반응을 일으킨다. 그러면 아이들이 나중에 그 병원체에 감염되었을 때 면역계가 맞서 싸울 수 있게 된다. 식물에게는 면역계라고 할 만한 것이 없지만 식물을 특정한 바이러스에 노출시키면, 같은 바이러스에 속한 균주들에 저항성을 가지게 되는 일이 종종 있다. 세인트루이스에 있는 워싱턴 대학교의 로저 비치는 이러한 "교차 보호(cross-protection)" 현상을 이용하면 식물이 위험한 질병에 대해 "면역성"을 띠게 할 수 있다는 것을 알아차렸다. 그는 바이러스의 단백질 외피를 만드는 유전자를 식물에 삽입한 뒤에 이 식물이 바이러스에 직접 노출되지 않고서도 교차 보호 반응을 일으키는지 살펴보았다. 그 식물은 교차 보호 반응을 일으켰다. 즉 바이러스 외피 단백질을 지닌 세포는 바이러스의 침입에 맞설 수 있다.

비치의 방법은 하와이의 파파야 산업을 구원했다. 1993년에서 1997년 사이에 파파야둥근무늬 바이러스(papaya ringspot virus)가 침입하면서 하와이의 파파야 생산량은 40퍼센트가 급감했다. 하와이의 주요 산업 중의 하나가 몰락할 위기에 처한 것이다. 이때 과학자들은 그 바이러스의 외피 단백질 유전자를 파파야 유전체에 삽입함으로써 바이러스 공격에 저항하는 식물을 만들어냈다. 그 결과 하와이의 파파야 산업은 다시 회복되었다.

몬산토 사의 과학자들은 똑같은 무해한 방법을 감자 바이러스 X가 일으키는 흔한 병에 적용했다(감자 바이러스에는 상상력이라고는 없는 이름이 붙어 있다. 감자 바이러스 Y도 있다). 불행히도 맥도널드를 비롯한 주요 패스트푸드 회사들은 유전자 변형 식품에 반대하는 측이 불매운동을 벌이지나 않을까 하는 생각에 그런 변형 감자 사용을 주저하고 있다. 그 결과 이 미국 최대의 감자 구매자는 계속 GM 감자를 기피하고 있으며, 그에 따라 감자튀김의 가격도 더 비싸다.

자연은 유전공학자들이 Bt 유전자를 작물에 삽입하기 수억 년 전부터 이미 식물체 내에 방어체계를 탑재시켜놓았다. 생화학자들은 이른바 2차 산물이라고 하는 식물성 물질들을 연구해왔다. 2차 산물은 식물의 일반적인 대사과정에 관여하지 않는 물질을 말한다. 이 2차 산물들은 초식동물을 비롯한 공격자들에 맞서 자신을 보호하기 위해서 만들어진 것들이다. 사실 식물체 내에는 진화를 거치면서 개발된 화학적 독소들이 가득하다. 자연선택은 가장 지독한 2차 산물들을 지닌 식물들을 선호할 것이다. 그런 산물들을 지녀야 초식동물에게 피해를 덜 입을 것이기 때문이다. 사실 인간이 의약(디기탈리스에서 추출한 심장병 환자 치료용 강심제), 흥분제(코카 나무에서 추출한 코카인), 살충제(제충국에서 추출한 피레드린)로 쓰기 위해서 식물에서 추출해온 물질들 중에는 이런 2차 산물에 속한 것들이 많다. 식물의 천적들에게 독성을 띠도록 되어 있는 이런 물질들은 식물이 세심하게 진화시켜온 방어체계의 일부이다.

어느 물질이 발암성을 가지고 있는지를 판단할 때 주로 사용하는 에임스 검사(Ames test)를 고안한 브루스 에임스는 우리 음식에 들어 있는 천연 화학물질들이 우리가 우려하는 유해 화학물질들만큼 치명적이라고 말했다. 그는 쥐 실험을 언급하면서 커피를 예로 들었다.

커피 한 잔에는 당신이 한 해에 먹는 잔류 살충제보다 쥐에 암을 일으키는 물질들이 더 많이 들어 있다.……그것은 우리가 이중 기준을 가지고 있다는 것을 보여준다. 그것이 합성물질이라면 우리는 몹시 불안해하겠지만, 그것이 천연물질이라면 우리는 아예 그런 생각을 하지 않는다.

식물이 지닌 방어 화학물질 중 퓨라노쿠마린(furanocoumarin)이라는 특이한 부류의 물질들이 있다. 이 화학물질들은 자외선에 직접 노출될 때만에 독성을 띤다. 이런 자연적인 적응현상 때문에 이 독소는 초식동물이 식물을 씹은 뒤에야 활성을 띤다. 즉 세포가 파괴되어 내용물이 햇빛에 노출되어야 활성을 띠는 것이다. 퓨라노쿠마린은 라임 껍질에도 들어 있다. 이 물질은 지난 1980년대에 카리브 해의 클럽 메드 휴양지에서 기이한 집단 질병을 일으키기도 했다. 당시 라임 열매를 손, 발, 팔, 머리를 쓰지 않고 다른 사람에게 전달하는 게임을 했던 사람들 모두가 허벅지에 이상한 발진이 생겼다. 모욕을 당한 라임 열매에 들어 있던 퓨라노쿠마린이 카리브 해의 밝은 햇빛에 활성화되어 사람들의 허벅지에 복수를 했던 것이다.

식물과 초식동물은 진화적 군비경쟁에 몰두해왔다. 즉 자연은 더 강한 독성을 가진 식물을 선택하는 한편, 식물의 양분을 섭취하면서 동시에 식물의 방어물질을 더 효율적으로 해독하는 초식동물을 선택한다. 일부 초식동물은 퓨라노쿠마린에 맞서 교묘한 대처수단을 진화시켜왔다. 가령 일부 유충들은 먼저 잎을 돌돌 만 다음 씹어먹는 형질을 진화시켰다. 말린 잎의 안쪽에는 그림자가 져서 햇빛이 들지 않기 때문에 퓨라노쿠마린이 활성을 띠지 않게 된다.

Bt 유전자를 작물에 삽입하는 것은 인간 종이 이 진화적 군비경쟁에서 이해관계가 일치하는 쪽에 힘을 실어주는 한 가지 방법에 불과하다. 그러나 시간이 흐르면 해충은 그 특수한 독소에 대한 저항성을 진화시킬 것이다. 그런 반응은 단지 먼 옛날부터 계속되어온 싸움이 새로운 단계에 들어섰다는 것에 다름 아니다. 그런 일이 일어나면 Bt 독소를 지닌 다양한 균주들을 활용해 진화 주기의 열세에 놓인 상황에서 벗어날 수 있다. 해충이 한 균주의 독소에 저항성을 가지게 되면 다른 Bt 균주의 유전자를 작물에 집어넣으면 된다.

생명공학은 식물에게 적에 맞설 방어체계를 구축해주는 것 말고도 시장성 있는 유용한 산물을 생산하게 할 수도 있다. 불행히도 가장 뛰어난 생명공학자들도 때로 나무만 보고 숲을 보지 못하는(혹은 과실만 보고 수확량을 보지 못하는) 오류를 저지를 수 있다. 캘리포니아에 본사를 둔 혁신적인 회사인 캘진 사가 바로 그랬다. 1994년에 캘진 사는 슈퍼마켓에 진열된 최초의 유전자 변형 식품을 생산해냈다. 캘진 사는 토마토를 재배할 때 나타나는 주요 문제점을 해결했다. 그들은 기존처럼 덜 익은 녹색 토마토를 따는 것이 아니라 다 익은 것을 따서 시장에 내놓을 수 있었다. 하지만 기술적 성취에 몰두한 나머지 그들은 기본적인 사항들을 망각했다. "플레이브–세이브(맛과 향기라는 뜻)"라는 이름이 붙은 그 토마토는 불행히도 맛도 없고 가격도 비싸서 성공할 가망이 없었다. 그래서 최초의 유전자 변형 산물 중의 하나였던 그 토마토는 슈퍼마켓에서 사라지고 말았다.

그러나 그 기술 자체는 독창적이었다. 본래 토마토는 익으면서 물렁물렁해진다. 폴리갈락투로나제(polygalacturonase : PG)라는 효소를 만드는 유전자가 발현되어 열매의 세포벽이 분해되어 부드러워지기 때문이다. 물렁한 토마토는 운반할 때 손상되기 쉬우므로, 대개 토마토는 단단한 녹색일 때 따서 에틸렌 기체를 이용하여 붉게 숙성시킨다. 캘진 사의 연구진은 PG 유전자가 활동하지 못하도록 하면 토마토가 줄기에서 다 익은 뒤에도 더 오랫동안 단단한 채로 있을 것이라고 생각했다. 그들은 PG 유전자를 뒤집은 모양의 유전자를 식물에 삽입했다. 그 유전자는 원래의 PG 유전자와 상보적이므로, PG 유전자에서 전사된 RNA는 뒤집힌 유전자에서 전사된 RNA와 서로 "결합한다." 따라서 PG 유전자는 열매를 물렁하게 하는 효소를 만들 수 없게 된다. PG 효소가 없으므로 토마토는 더 오랫동안 단단한 채로 있게 되고, 따라서 원리상 더 신선하고 더 성숙한 토마토를 슈퍼마켓까지 운반하는 것이 가능하다. 하지만 그런 분자 마법을 해낸 캘진 사는 토마토 농사의 기본적인 사항들을 과소평가했다. (그 회사에 고용된 한 재배자는 이렇게 말했다. "분자생물학자를 농장에 데려다놓으면, 굶어죽기 딱 맞을 것이다."[5]) 캘진 사가 유전자를 삽입하기 위해서 선택한 토마토 품종은 유달리 맛이 없는 것이었다. 향기는커녕 맛조차 그저 그랬던 것이다. 그 토마토는 기술적으로는 성공했지만 상업적으로는 실패했다.

전반적으로 볼 때 식물 기술에서 인류 복지에 기여할 여지가 가장 많은 부분은 본래 그 식물에 부족한 성분을 보충함으로써 영양 가치를 강화하는 것이다. 대개 식물에는 인간의 삶에 필수적인 아미노산의 함량이 낮기 때문에, 발전속도가 늦은 나라에 사는 사람들을 비롯해서 채식만 하는 사람들은 아미노산 결핍증세를 보일 수 있다. 유전공학은 그런 지역에서 재배하고 먹는 변형되지 않은 식물에 비해서 아미노산을 포함한 양분들이 더 완벽하게 갖추어진 작물을 만들 수 있다.

다른 예를 들어보자. 1992년에 유니세프는 전 세계 아동 중 약 1억2,400만 명이 심각한 비타민 A 결핍 증상을 보이고 있다고 추정했다. 그 결과 매년 약 50만 명의 아이들이 눈이 멀고, 비타민 부족으로 죽는 아이들도 많다. 쌀에는 비타민 A나 그 생화학적 전구물질이 없기 때문에 이런 결핍 증세를 보이는 아이들은 쌀을 주식으로 삼고 있는 지역에 집중되어 있다.

주로 록펠러 재단(비영리 단체이므로 유전자 변형 식품 생산자에게 따라붙곤 하는 상업주의나 착취 같은 비난을 받지 않는다)이 지원한 국제적인 연구를 통해서 이른바 "황금 벼"라는 품종이 개발되었다. 이 벼에는 비타민 A가 들어 있지 않지만, 중요한 전구물질인 베타-카로틴이 들어 있다(당근의 밝은 오렌지색은 이 베타-카로틴 때문이며, 황금 벼도 이름에서 드러나듯이 연한 오렌지색을 띠고 있다). 하지만 인도주의적 구조활동을 벌이는 사람들이 깨닫고 있듯이 영양 실조는 한 성분의 결핍이라는 차원을 넘어서 훨씬 더 복잡한 양상을 보일 수 있다. 비타민 A 전구물질은 지방이 함께 있어야 장에서 흡수가 잘 된다. 하지만 황금 벼로 돕고자 하는 영양 실조 증세를 보이는 사람들의 식단에서는 지방을 거의 또는 전혀 찾아볼 수 없는 일이 흔하다. 그렇기는 해도 "황금 벼"는 적어도 올바른 방향으로 한 걸음 전진했다는 의미를 지닌다. 여기에서 우리는 유전자 변형 농업이 인간의 고통을 줄여줄 것이라는 더 폭넓은 전망을 엿볼 수 있다. 사회 문제의 기술적 해결책인 셈이다.

사실 우리는 놀랍도록 광범위한 응용 가능성을 이제 막 보기 시작했을 뿐이다. 즉 우리는 원대한 유전자 변형 식물 혁명이 시작되는 시기에 있는 것이다. 부족한 영양소를 집어넣는 것말고도, 언젠가는 식물을 먹음으로써 백신 단백질까지 섭취하는 날이 올지 모른다. 가령 소아마비 백신 단백질이 들어 있는 바나나를 만든다면, 우리는 공중보건 체계가 확립되어 있지 않은 지역까지 백신을 전달할 수 있을 것이다. 바나나를 선택한 이유는 대개 원형 그대로 보존된 채 운반되며 주로 요리를 하지 않고 먹기 때문이다. 또 식물은 덜 중요하면서도 대단히 유용한 목적에 쓰일 수도 있다. 어느 기업은 폴리에스테르가 섞인 목화를 만드는 데에 성공했다. 따라서 천연 면과 폴리에스테르가 섞인 솜을 얻을 수 있다. 그러면 폴리에스테르를 만드는 화학 제조 공정에 덜 의존하게 되고 공정의 부산물인 오염물질도 덜 배출하게 된다. 즉 식물공학은 상상조차 할 수 없었던 환경 보존 방법을 제공할 것이다.

몬산토 사는 유전자 변형 식품 생산의 선두에 서 있었지만, 당연히 그 우월적 지위는 도전을 받아왔다. 독일의 제약회사인 회히스트 사(현재 바이엘 크롭 사이언스 사)도 라운드업과 유사한 바스타(미국에서는 리버티라는 상표로 등록되어 있다)라는 제초제와 그 제초제에 내성을 지닌 "리버티링크" 작물을 개발했다. 유럽의 또다른 거대 제약회사인 아벤티스 사는 "스타링크"라는 Bt 옥수수를 개발했다.

세계 최대이자 최고 기업을 목표로 한 몬산토 사는 대형 종자 회사들, 특히 파이어니어 사가 몬산토 사의 제품만을 판매하도록 하기 위해서 노력했다. 하지만 파이어니어 사는 오래 전부터 해온 잡종 옥수수 방법을 계속 고수하고 있었기 때문에 몬산토 사의 열띤 구애는 실망스러울 정도의 미온적인 반응만을 얻었을 뿐이다. 1992년과 1993년에 몬산토 사는 그 거대 종자 회사와 고작 라운드업 레디 콩 50만 달러, Bt 옥수수 3,800만 달러

어치를 계약했을 뿐이다. 1995년에 몬산토 사의 최고 경영자가 된 로버트 샤피로는 종자 시장을 철저히 장악한다는 전략을 통해서 이 패배를 역전시킨다는 목표를 세웠다. 먼저 그는 종자 회사에서 다시 종자를 구입하기보다는 작년에 수확한 종자를 다시 심는 전통적인 종자 산업 쪽으로 공략 범위를 넓혔다. 잡종종자 방식은 옥수수에는 제대로 들어맞았지만, 다른 작물에는 쓸 수 없었다. 그래서 샤피로는 Bt 종자를 사용하는 농민들에게 몬산토 사와 "기술 협약"을 맺자고 제의했다. 유전자 사용료를 지불하는 동시에 수확한 종자를 다시 심지 않겠다는 동의를 받은 것이다. 사실 샤피로의 계획은 농민들이 몬산토 사에 저주를 퍼붓게 만드는 매우 효과적인 방법이었다.

샤피로는 중서부에 근거를 둔 농화학 기업에 어울릴 것 같지 않은 최고 경영자였다. 제약 회사인 설 사의 변호사로 일할 때 그는 시장에서 과학의 "유레카!"와 같은 순간을 경험했다. 펩시 사와 코카콜라 사의 다이어트 음료 용기에 설 사의 화학 감미료 이름을 표기해야 한다고 주장함으로써 샤피로는 누트라스위트를 저칼로리 생활양식과 동의어로 만들었다. 1985년에 몬산토 사는 설 사를 합병했고, 샤피로는 모기업 조직의 승진 사다리를 오르기 시작했다. 최고 경영자에 임명되자 그 누트라스위트 씨는 자신이 우연히 묘기를 부린 조랑말이 아니라는 것을 입증해야 했다.

1997-1998년 사이에 몬산토 사는 80억 달러를 쏟아부어 주요 종자 회사들을 합병했다. 그중에는 파이어니어 사의 가장 큰 경쟁자인 디캘브 사도 있었다. 샤피로는 몬산토 사를 종자업계의 마이크로소프트 사로 키운다는 구상을 하고 있었다. 그가 합병한 회사 중에 미국 목화 종자 시장의 70퍼센트를 장악하고 있던 델타 앤 파인 랜드 회사도 있었다. 그 회사는 텍사스 주의 러벅에 있는 미국 농무부 산하 연구소에서 개발한 흥미로운 혁신적인 생명공학 기술에 대한 권리를 가지고 있었다. 작물이 발아할 수 있는 씨를 만들지 못하도록 막는 기술이었다. 종자를 농민에게 판매하기

전에 이 특수한 분자기술을 적용하면 종자에 있는 유전자 스위치 집합에 변화가 생긴다. 이 종자를 심으면 작물은 정상적으로 자라지만 그 작물에서 맺힌 씨는 발아가 되지 않는다. 종자 산업에 떼돈을 안겨줄 진정한 핵심 기술이었다! 이 기술을 적용하면 농민들은 매년 종자 회사를 다시 찾을 수밖에 없을 것이다.

원칙적으로 보면 반생산적이고 모순적으로 보일 수 있지만 발아하지 않는 씨는 사실 장기적으로 보면 농업 전반에 혜택을 준다. 농민들이 잡종 옥수수 종자를 사는 식으로 매년 종자를 사야 한다면, 종자 생산의 경제성이 개선되면서 새롭고 더 나은 품종의 개발이 촉진된다. 사고자 하는 사람이 있다면 발아하는 보통 종자는 언제나 살 수 있을 것이다. 농민들은 수확량이 더 많다거나 다른 좋은 특징이 있을 때에만 발아하지 않는 종자를 살 것이다. 즉 발아하지 않는 종자 기술은 선택의 여지를 하나 차단하기는 해도, 사실상 농민들에게 더욱더 개량된 종자를 선택할 수 있는 기회를 준다.

그러나 몬산토 사는 이 기술 때문에 회사 이미지에 치명적인 손상을 입게 되었다. 활동가들은 이 기술에 "터미네이터 유전자"라는 이름을 붙였다. 그들은 전통적으로 수확한 종자를 다시 뿌리는 데에 익숙한 가난한 제3세계 농민의 입장을 부각시켰다. 갑자기 자신의 종자가 쓸모가 없다는 것을 알게 된 그 농민은 결국 탐욕스러운 다국적 기업을 다시 찾아 종자를 더 달라고 올리버 트위스트처럼 애원할 수밖에 없을 것이다. 몬산토 사는 뒤로 물러섰고, 샤피로는 그 기술을 쓰지 않겠다고 공개적으로 선언했다. 그리고 터미네이터 유전자는 지금까지도 쓰이지 않은 채 남아 있다. 몬산토 사는 식량 작물에 불임 종자 기술을 쓰지 않겠다고 한 약속을 지키겠다고 말한다.

앞의 장에서 소 성장 호르몬을 다루면서 살펴보았듯이, 유전자 변형 식품에 대한 반감 중 상당 부분은 제러미 리프킨 같은 직업 선동가들이 만들어낸 것이다. 영국의 리프킨이라고 할 만한 피터 멜체트 경도 상당한 영향력을 지닌 인물이었다. 하지만 그린피스를 탈퇴하고 과거 몬산토 사를 위해서 일했던 홍보사에 들어감으로써 그는 환경운동 분야에서 신뢰를 잃고 말았다. 시카고 출신의 자수성가한 비닐 백 제조업자의 아들인 리프킨은, 유력 가문 출신에다가 이튼 스쿨을 나온 멜체트와 행동양식은 다를지 몰라도, 주식회사 미국을 무력한 보통 사람들을 상대로 음모를 꾸미는 거대한 존재라고 본다는 점에서는 다를 바 없다.

그뿐 아니라 판에 박은 듯한 정치 지향적인 태도와 식품의약청이나 환경보호청 같은 정부 규제기관들이 이런 신기술과 대면했을 때 보여준 과학적인 무능함도 유전자 변형 식품의 수용을 가로막는 역할을 했다. "교차보호" 현상을 처음 발견해서 하와이의 파파야 농민들을 파산에서 구원한 로저 비치는 자신의 성취에 환경 보호청이 어떤 반응을 보였는지 기억하고 있다.

순진하게도 나는 살충제 사용을 줄일 수 있는 바이러스 저항성 식물 개발이 긍정적인 발전으로 받아들여질 것이라고 생각했다. 하지만 환경 보호청의 기본 생각은 이랬다. "당신이 식물을 바이러스로부터 보호하기 위해서 유전자를 사용한다면, 그 바이러스는 해충으로 보아야 하고 그 유전자는 살충제로 보아야 합니다." 환경 보호청은 유전자 변형 식물을 살충성을 지닌 것으로 보았다. 이 이야기의 요점은 유전학과 생명공학의 발달이 연방정부 기관에는 놀라운 일로 받아들여진다는 것이다. 그 기관들은 개발된 신품종 작물을 규제할 수 있는 배경지식이나 전문성을 가지고 있지 못했으며, 형질전환된 작물이 환경에 미치는 영향을 규제할 수 있는 기본 지식도 갖추지 못했다.[6]

정부 규제기관의 무능력을 더 뚜렷이 보여준 사례는 이른바 "스타링크"

사건이었다. 아벤티스 사가 만들어낸 Bt 옥수수 품종인 스타링크에 있는 Bt 단백질이 다른 Bt 단백질들과 달리 인간의 위장 같은 산성 환경에서 쉽게 분해되지 않는다는 것이 알려지자, 스타링크는 환경 보호청의 규정에 저촉을 받게 되었다. 따라서 원칙적으로 스타링크 옥수수를 먹으면 알레르기 반응이 생길 수도 있다. 실제로 그런 일이 일어난다는 증거는 전혀 없었지만 말이다. 환경 보호청은 난감했다. 결국 환경 보호청은 스타링크를 식용이 아니라 소 사료용으로 승인했다. 따라서 환경 보호청의 "불검출(zero-tolerance)" 기준이 적용됨으로써 식품에 스타링크가 한 분자라도 들어 있으면 그 식품은 오염된 불량식품이 되었다. 농민들은 스타링크 옥수수와 스타링크가 아닌 옥수수를 나란히 재배하고 있었으므로 스타링크가 아닌 옥수수는 오염되기 마련이었다. 스타링크가 아닌 옥수수 밭을 수확할 때 스타링크 옥수수 한 그루가 우연히 섞여 들어가는 것만으로 충분했다. 따라서 스타링크가 식품에 나타나기 시작한 것은 당연했다. 절대량으로 보면 적었지만, 스타링크의 유무를 검출하는 유전자 검사방법은 극히 예민했다. 2000년 9월 말 크래프트 푸드 사는 스타링크에 오염되었다는 이유로 자사 제품인 타코셸을 회수하는 조치를 취했다. 그리고 일주일 뒤 아벤티스 사는 스타링크 종자를 구입한 농민들에게서 종자를 회수하는 일에 착수했다. 이런 "청소" 계획에 들어간 비용은 1억 달러로 추정된다.

이 사태의 책임을 질 곳은 지나치게 신중함을 기하다가 무리한 결정을 내린 환경 보호청밖에 없다. 그 옥수수를 식용으로는 쓸 수 없도록 하고 사료용이라는 한 가지 목적에만 사용하도록 허가한 뒤 식품에 절대 포함되어서는 안 된다고 규정한 것이 불합리하다는 것이 이제 명백히 드러났다. 외부물질이 단 한 분자 들어 있는 것이 "오염"이라고 정의된다면 우리 음식 중에 오염되지 않은 것은 아무것도 없다는 것을 분명히 해두자! 모든 음식에는 납, DDT, 세균 독소 등 온갖 두려운 것들이 들어 있다. 공중보건의 관점에서 중요한 것은 이런 물질들이 어느 농도로 들어 있느냐이다.

농도는 무시할 수 있는 수준에서부터 치명적인 수준까지 다양하다. 또 무언가에 오염물질이라는 꼬리표를 붙이려면 적어도 그것이 건강에 명백히 해를 끼친다는 최소한의 증거가 있어야 한다는 점도 고려해야 한다. 스타링크는 어느 누구에게도, 실험실의 쥐에게조차 해를 입힌 적이 없었다. 이 유감스러운 사건에서 유일하게 빚어진 긍정적인 결과는 환경 보호청이 "분리" 허가 정책을 폐지했다는 점이다. 그뒤로 농산물은 식품에 관련된 모든 용도로 쓸 수 있도록 승인이 나든지 아예 승인이 나지 않든지 둘 중 한 가지 판정을 받게 되었다.

유전자 변형 식품 반대운동이 유럽에서 가장 활기를 띠는 것은 결코 우연이 아니다. 유럽인들, 특히 영국인들은 자신들의 음식에 무엇이 들어 있는지 의심하고 무엇이 들어 있다고 하는 이야기를 불신할 만한 충분한 이유가 있다. 1984년 영국 남부지방의 한 농민이 자기 소들 중 한 마리가 이상한 행동을 하는 것을 처음 목격했다. 그뒤 1993년까지 10만 마리의 영국 소가 소 해면상 뇌증(bovine spongiform encephalopathy : BSE)이라는 새로운 뇌 질병으로 죽었다. 이 질병은 흔히 광우병이라고 한다. 정부는 그 병이 폐기된 동물 찌꺼기로 만든 사료를 통해서 전염된 듯하며 인간에게는 전염되지 않을 것이라고 서둘러 대중을 안심시켰다. 하지만 2002년 2월까지 106명의 영국인이 BSE와 비슷한 병으로 죽었다. 그들은 BSE에 걸린 소의 고기를 먹고 감염되었던 것이다.

BSE에서 비롯된 불안과 불신은 유전자 변형 식품으로까지 번졌고, 영국의 언론은 유전자 변형 식품을 "프랑켄 식품"(메리 셸리의 소설에 등장하는 불행한 인간을 창조한 프랑켄슈타인 박사에서 따온 말/역주)이라고 불렀다. 민간단체인 "지구의 벗"은 1997년 4월 기자회견에서 말했다. "여러분은 BSE 사건이 있었으니 식품산업이 사람들의 목구멍으로 '숨겨진' 성분을 집어넣는 어리석은 짓을 하지 않으리라고 생각할 겁니다."[7] 하지만 몬산토 사가 유럽에서 하려고 계획했던 것이 바로 그것이다. 유전자 변형 식품 반대운동이 단지 한순간의 열기에 불과하다고 확신한 경영진은 유전자 변형 식품을 유럽 슈퍼마켓의 진열대에 놓는다는 계획을 밀고 나갔다. 그 결정은 중대한 판단 착오임이 드러났다. 소비자의 반발은 1998년 내내 점점 더 심해졌다. 영국 대중 신문들의 제1면을 장식하는 기고가들은 제철을 만났다. "유전자 변형 식품이 자연과 놀이를 하고 있다." "부작용이 암뿐이라면 다행일 것이다." "유전자 변형 식품 거대 기업의 놀라운 사기행위." "돌연변이 작물들." 블레어 수상이 마지못해 옹호를 하고 나섰지만 대중 언론의 조소만을 불러일으켰을 뿐이다. "블레어 수상, 격분해 말하다. 나는 프랑켄슈타인 식품을 먹으며 그것은 안전하다." 1999년 3월에 영국의 슈퍼마켓 체인점인 마크스 앤 스펜서가 유전자 변형 식품을 취급하지 않겠다고 선언했다. 곧 몬산토 사가 유럽에서 펼치려던 생명공학 꿈이 위험에 처했다. 당연히 다른 식품 소매상들도 비슷한 조치를 취했다. 소비자의 관심사에 민감하게 반응하는 것은 당연했으며, 인기 없는 미국의 다국적 기업을 지지하는 것은 화를 자초하는 짓이었다.

유럽에서 프랑켄 식품 소동이 벌어지고 있는 바로 이 무렵에 터미네이터 유전자와 전 세계 종자 시장을 장악하려는 몬산토 사의 계획이 사람들에게 알려지기 시작했다. 거기에다가 환경단체들이 결집해서 반대운동을 벌이고 있었지만, 몬산토 사는 과거의 전력 때문에 자신을 적극 옹호할 수도 없는 진퇴양난에 빠졌다. 몬산토 사는 살충제 제조 회사로 출발했기 때문에 그런 화학물질들이 환경 위해 물질이라고 공개적으로 선언했다가 뒷감당을 할 수 없는 상황에 몰리지 않을까 우려했다. 그러나 라운드업 레디와 Bt 기술의 가장 큰 장점은 살충제와 제초제 사용을 줄인다는 점이었다. 1950년대 이래로 그 회사의 공식 입장은 적합한 살충제를 적절히 사용한다면 환경과 그것을 사용하는 농민에게 전혀 해가 없다는 것이었다. 여전히 몬산토 사는 레이첼 카슨이 옳았다고 인정할 수가 없었다. 살충제를 비난하면 그것을 파는 자신까지 비난하는 꼴이 되기 때문에 몬산토 사는 농업에 생명공학이 필요하다는 것을 가장 강력히 옹호해줄 논리를 사용할 수가 없었다.

결국 몬산토 사는 이 불행한 상황을 역전시킬 수 없었다. 2000년 4월에 몬산토 사는 다른 기업에 합병되었다. 하지만 합병 상대인 거대 제약회사인 파마시아 앤 업존 사가 눈독을 들인 것은 몬산토 사의 의약 부문인 설사였다. 나중에 농업 부문은 별도 법인으로 떨어져나갔고, 그 회사는 지금도 몬산토 사라고 불리고 있다. 그 기업은 이미지는 여전히 좋지 않지만, 사업은 번창해왔다. 세계적인 종자 회사이자 GM 기술의 선도자라는 지위를 회복하고 있다. 2009년에는 『포브스』지의 올해의 기업으로 선정되었고, 2015년에는 시가 총액이 거의 500억 달러에 이르렀다. CEO인 휴 그랜트는 말했다. "농민들은 봄에 한 번 투표를 하는 셈이죠. 우리가 일을 잘하면 다시 뽑히는 겁니다."[8] 2016년 바이엘 사는 역사상 가장 큰 액수로 몬산토 사를 매입했다고 발표했다.

유전자 변형 식품 논쟁은 사실 별개의 두 현안이 결합된 것이다. 하나는 유전자 변형 식품이 우리의 건강이나 환경에 위협이 되는가라는 순수한 과학적 질문이다. 다른 하나는 공격적인 다국적 기업의 행동과 세계화가 미치는 영향에 초점이 맞추어진 정치적 및 경제적 질문들이다. 그러나 유전자 변형 식품을 올바로 평가하려면, 정치적이나 경제적인 입장에서가 아니라 과학적인 입장에서 해야 한다. 따라서 여기에서는 일반적인 주장 몇 가지를 검토해보기로 하자.

자연적이지 않다. 현재 남아 있는 극소수의 진정한 수렵채집인들을 제외하고, 엄격한 의미에서 "자연의" 음식을 먹고 있는 사람은 거의 없다. 1998년에 영국의 찰스 왕세자는 "이런 유전자 변형은 인류가 신의 세계를 침범

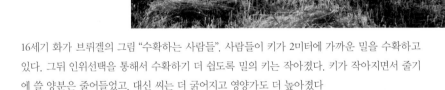

16세기 화가 브뤼겔의 그림 "수확하는 사람들". 사람들이 키가 2미터에 가까운 밀을 수확하고 있다. 그뒤 인위선택을 통해서 수확하기 더 쉽도록 밀의 키는 작아졌다. 키가 작아지면서 줄기에 쓸 양분은 줄어들었고, 대신 씨는 더 굵어지고 영양가도 더 높아졌다

하는 것이다"라는 유명한 선언을 했지만,[9] 사실 우리 조상들은 먼 옛날부터 그 세계에서 노닥거려왔다.

　오랜 옛날부터 식물 재배자들은 서로 다른 종을 교배시켜서 자연에 없던 완전히 새로운 종을 만들어왔다. 한 예로 밀은 몇 차례에 걸쳐서 이루어진 교배의 산물이다. 아인콘 밀(einkorn wheat)이라는 야생 조상과 염소풀에 속한 한 종과 교배하자 에머 밀(emmer wheat)이 탄생했다. 우리가 아는 밀

은 이 에머 밀과 염소풀에 속한 또다른 종과 교배해 만든 것이다. 따라서 현재의 밀은 이 모든 조상들이 지닌 특징들의 혼합체이다. 즉 자연이 결코 만들지 않았을 특징들을 지니고 있다.

게다가 이런 식으로 식물을 교배하면 유전적으로 완전히 새로운 특징들이 생겨난다. 모든 유전자가 영향을 받기 때문에 종종 예기치 않은 결과가 나타나는 것이다. 반면에 생명공학은 한 번에 유전자 하나씩, 식물 종에 새로운 유전물질을 훨씬 더 정확하게 집어넣을 수 있다. 유전적인 측면에서 볼 때 기존의 농업이 커다란 쇠망치를 휘둘렀다면, 생명공학은 핀셋을 들고 있다.

우리 식품에 알레르기 유발물질과 독소를 집어넣을 것이다. 다시 말하지만, 현재의 형질전환 기술이 지닌 커다란 장점은 식물을 어떤 식으로 바꿀지 정확히 결정할 수 있게 해준다는 것이다. 특정한 물질이 알레르기 반응을 일으킬 수 있다는 것을 알면, 우리는 그 물질을 제외시킬 수 있다. 그럼에도 이런 우려는 계속 제기되고 있다. 그것은 어느 정도 브라질 호두(Brazil nut)의 단백질을 콩에 첨가했을 때의 이야기가 계속 언급되고 있기 때문이기도 하다. 원래의 의도는 너무나 좋았다. 아프리카 서부 사람들이 먹는 음식에는 메티오닌이 부족하다. 이 아미노산은 브라질 호두의 단백질에 풍부하게 들어 있다. 따라서 이 단백질 유전자를 아프리카 서부에서 재배하는 콩에 삽입하는 것이 현명한 해답처럼 보였다. 하지만 그때 누군가 브라질 호두의 단백질이 알레르기 반응을 일으켜 심각한 문제를 일으킬 수 있다는 것을 생각해냈다. 그래서 그 계획은 보류되고 말았다. 그 연구에 참여한 과학자들 중 수많은 사람들에게 즉시 과민 반응을 일으킬 새로운 식품을 만들어내겠다는 의도를 가진 사람은 아무도 없었다. 그리고 그들은 그 계획에 심각한 결함이 있다는 것을 깨닫자마자 계획을 중단시켰다. 하지만 대다수 비판가들은 그것을 유전공학자들이 결과에 신경 쓰지 않

Bt 옥수수 꽃가루가 제왕나비 유충에 영향을 미친다는 연구 결과에 자극받아 농업 생명공학에 반대하는 운동이 촉발되었다. 2000년에 항의자들이 나비처럼 옷을 차려입고 보스턴 거리를 행진하는 모습

은 채 불장난을 하고 있다는 사례로 받아들였다. 사실 원리상 유전공학은 식품에 있는 알레르기 유발물질을 줄일 수 있다. 아마 언젠가는 브라질 호두 자체에서 콩에 첨가하면 불안하다고 여겨졌던 그 단백질을 제거할 수도 있을 것이다.

종을 가리지 않기 때문에 다른 종들에게까지 해를 입힐 것이다. 1999년에 Bt 옥수수에서 나온 꽃가루가 수북이 묻은 잎을 먹은 제왕나비 유충들이 죽어간다는 연구 결과가 발표되었다. 이 연구는 현재 널리 알려져 있다. 이것은 그리 놀랄 일이 아니다. Bt 꽃가루에는 Bt 유전자가 들어 있으므로 Bt 독소도 들어 있다. 그리고 그 독소는 본래 곤충에게 치명적인 것이다. 하지만 나비는 모든 사람이 사랑하는 곤충이므로, 유전자 변형 식품에 반대하던 환경 보호론자들은 그것을 상징으로 삼았다. 그들은 제왕나비가 유전자 변형 기술의 예기치 않은 수많은 희생자들 중 하나에 불과한 것이 아닐까 생각했다. 상세히 조사해보니, 그 유충들을 연구한 실험조건이 너무 극단적이었다는 사실이 드러났다. Bt 꽃가루를 너무 많이 뿌렸던 것이다. 따라서 자연상태에서 유충집단의 사망률이 얼마나 될지 판단할 수 있는 실질적인 근거로는 거의 활용될 수 없었다. 실제로 후속 연구 결과 Bt 식물이 제왕나비(그리고 표적이 아닌 다른 곤충들)에게 미치는 영향이 사실 미미하다는 것이 드러났다. 설령 그 영향이 미미한 수준을 넘어선다고 할지라도, 우리는 그 영향을 유전자 변형 기술이 아닌 기존 방식, 즉 살충제가 미치는 영향과 비교해보아야 한다. 앞에서 살펴보았듯이 유전자 변형 기술이 없다고 할 때, 현대 사회가 요구하는 만큼 농업 생산성을 올리려면 이런 살충제들을 무지막지하게 뿌려야 한다. Bt 식물에 들어 있는 독소는 사실상 그 식물조직을 먹은 곤충에게만(그리고 어느 정도는 Bt 꽃가루에 노출된 곤충에게도) 영향을 미치는 반면, 살충제는 해충이든 아니든 가릴 것 없이 노출된 모든 곤충들에게 무차별 영향을 미친다. 제왕나비가 그 논쟁에 끼어들 수 있다면 Bt 옥수수 쪽에 투표를 할 것이 분명하다.

"초잡초(superweed)"가 등장해서 환경이 파탄날 것이다. 여기에서 우려하는 것은 라운드업 레디 식물에 들어 있는 것과 같은 제초제 저항성 유전자가 종간 교잡을 통해서 작물의 유전체에서 잡초의 유전체로 전달되리라는 것이다. 터무니없는 생각은 아니지만, 다음과 같은 이유 때문에 대규모로 일어날 것 같지는 않다. 종간 잡종은 제대로 살아남을 수 없는 허약한 생물이 되기 쉽다. 그 종 가운데 하나가 농부가 애지중지 가꾸어야만 잘 자라는 길들여진 품종일 때 더욱더 그렇다. 하지만 논의를 위해서 그 저항성 유전자가 잡초 종에게로 유입되어 보존된다고 생각해보자. 설령 그런 일이 일어난다고 해도 세상이 끝장나지는 않는다. 농업이 끝장나는 것도 아니다. 오히려 농경의 역사를 보면, 그런 일이 흔히 일어났다는 것을 알 수 있다. 해충을 박멸하려는 시도에 맞서 그 해충이 저항성을 얻은 사례는 흔하다. 가장 잘 알려진 예는 해충이 DDT 저항성을 진화시킨 것이다. 살충제를 뿌리는 농부는 사실상 저항성을 선호하라는 강력한 자연선택 압력을 가하고 있는 것이며, 알다시피 진화는 교묘하면서도 유능한 적이다. 저항성은 쉽게 생긴다. 그 결과 과학자들은 다시 처음으로 돌아가서 새로운 살충제와 제초제 개발에 들어간다. 표적 종이 아직 저항성을 지니지 않은 살충제와 제초제를 말이다. 그러면 다시 진화 주기가 반복되면서 표적 종은 한번 더 저항성을 진화시키게 된다. 따라서 저항성 획득은 해충을 없애려는 거의 모든 시도를 헛수고로 만들 잠재력을 지니고 있다. 즉 그것은 유전자 변형 전략에만 적용되는 것이 결코 아니다. 그것은 다음 회전이 시작된다는 것과 독창성을 발휘하여 새로운 것을 발명하라고 인간에게 알리는 종소리일 뿐이다.

다국적 기업들이 인도 같은 나라의 농민들에게 끼칠 영향이 우려되기는 하지만, 뉴델리에 있는 "유전자 운동" 단체의 수만 사하이는 유전자 변형 식품 논쟁이 식량이 삶과 죽음의 문제가 아닌 나라들의 놀음일 뿐이라고 말한다. 미국에서는 사소한 포장 결함이나 임의로 정한 유통기한을 경과했다는 우려 때문에 엄청난 양의 식량이 쓰레기장으로 향한다. 그러나 사하이는 사람들이 말 그대로 굶어 죽고 있는 인도에서는 산악지역에서 재배되는 과일의 60퍼센트가 시장까지 도달하기 전에 썩어버린다고 지적한다. 플레이브-세이브 토마토를 만드는 데에 쓰인 기술처럼 과일의 성숙시기를 늦추는 기술이 얼마나 유용할지 상상해보라. 유전자 변형 식품의 가장 중요한 용도는 출생률이 높고 한정된 경작지에 과도한 생산 압력이 가해지면서 살충제와 제초제가 과다 사용되어 그런 농약을 뿌리는 농민과 환경 모두가 황폐해지고 있는 저개발국을 구원하는 것일지 모른다. 그런 나라에서는 영양 실조가 삶의 한 측면이자, 죽음의 한 측면이기도 하다. 그리고 해충이 한 작물을 황폐화시키면, 말 그대로 농민과 그 가족은 죽음의 선고를 받는 것일 수 있다. GM 기술이 없다면, 아프리카 대륙은 다른 곳에서 식량을 찾아야만 할 것이다. 그리고 유럽은 현재 자신들이 이민 위기에 처해 있다고 생각하지 않던가?

앞에서 살펴보았듯이 1970년대 초 재조합 DNA 기술의 등장은 한바탕 논쟁과 자기 성찰을 불러일으켰고, 그것은 애실로마 회의로 이어졌다. 이제 그 모든 일이 다시 한번 일어나고 있다. 적어도 말할 수 있는 것은 애실로마 회의 때에는 우리가 알지 못하는 몇 가지 주요 문제들을 마주하고 있었다는 점이다. 당시 우리는 인간의 장에 사는 세균인 대장균의 유전적 조성을 조작했을 때 질병을 일으키는 새로운 균주가 만들어지지 않으리라는 것을 확신을 가지고 말할 수 없었다. 하지만 설령 더듬거리며 나아갈지라도, 우리는 혜택을 줄 가능성이 명백한 것을 이해하고 추구하는 노력을 계속했다. 지금의 논쟁에서는 우리가 실제 무엇을 하고 있는지 훨씬 더 많은 것을 이해하고 있기는 하지만, 그래도 여전히 우려는 가시지 않고 있다. 애실로마 회의의 참석자들 중에는 신중해야 한다고 역설한 사람들이 상당히 많았지만, 현 상황에서는 유전자 변형 식품에 원칙적으로 반대하는 과학자를 찾기가 매우 어려울 것이다. 유전자 변형 기술이 우리 종과 자연세계 모두에 혜택을 줄 힘을 지니고 있다는 것을 깨달았기 때문에 저명한 환경 보호론자인 에드워드 윌슨조차도 그 기술을 받아들였다. "유전적으로 가공된 작물 품종들이 세심한 연구와 규제를 거쳐서 영양과 환경 측면에서 안전하다는 것이 입증된다면, 그것들은 쓰여야 한다."[10]

대체로 유전자 변형 식품의 반대는 사회정치적 운동 차원에서 이루어지며, 그들의 주장은 과학의 언어를 쓰고 있기는 하지만 대개 과학적이지 않다. 관심을 끌기 위한 선정주의이든 의도는 좋으나 잘못된 것이든 간에, 사실 언론을 통해서 유포된 유전자 변형에 반대하는 사이비 과학적 주장들 중에는 그런 횡설수설이 선전을 위한 효과적인 무기라는 사실을 제쳐놓고 보면 우스운 것들도 있다. 몬산토 사의 롭 호시(그뒤 빌 앤 멜린다 게이츠 재단의 부이사장을 맡고 있다)는 항의자들과 도맡아 논쟁을 벌인 사람이었다.

언젠가 워싱턴의 기자회견장에서 한 활동가로부터 농민들을 매수했다는 비난을 받은 적이 있었다. 나는 무슨 뜻이냐고 물었다. 그 활동가는 더 많은 수확을 올릴 수 있는 물품을 더 저렴한 가격에 농민들에게 제공하기 때문에 농민들이 우리 물품을 사용해서 이익을 올린다는 의미라고 대답했다. 나는 그저 멍하니 입을 벌린 채 그들을 쳐다볼 수밖에 없었다.

그 어떤 객관적인 척도로 보더라도, GM 식품이 장기적으로 안전하다고 말하는 과학 문헌이 압도적으로 많다. 2012년 미국 과학진흥협회는 여러 명성 높은 과학 단체들과 함께 GM 식품에 관한 성명서를 발표했다. "과학적으로 보면 아주 명백하다. 생명공학이라는 현대 분자 기법으로 개량한 작물은 안전하다는 것이다." 2013년에 이탈리아 연구진은 10년 동안 나온 1,750편이 넘는 과학 논문들을 조사했는데, GM 작물이 건강에 유의미한 수준으로 해를 끼친다는 어떤 증거도 찾아내지 못했다. 2014년 자리한 캘리포니아 데이비스 대학교의 유전학자 앨리슨 반 에네남은 GM 식품의 영향에 대해서 역사상 가장 오래 관찰한 결과를 내놓았다. 『동물과학회보(*Journal of Animal Science*)』에 실린 논문에 따르면, 그녀의 연구진은 1996년 경에 GM 사료가 처음 도입된 전후 기간을 포함하여, 거의 30년에 걸쳐 1,000억 마리가 넘는 GM 동물(주로 닭)의 섭식 자료를 분석했다. 결론은 명백했다. GM 사료의 도입이 동물들의 건강에 아무런 영향을 미치지 않았다는 것이다. 그리고 2016년, 국립 과학 공학 의학 학술원의 소위원회는 GM 작물과 식품이 안전하다고 결론지었다.[11]

2000년에 쑥대밭이 된 콜드 스프링 하버 연구소 실험 농장

나는 유전자 변형 식품을 귀신들린 것으로 만들어 그 혜택을 누리지 못하도록 막는 것도 그에 못지않게 불합리하다고 믿는다. 그리고 저개발국에서 그 식품들을 그토록 절실히 필요로 하는데, 찰스 왕세자 같은 사람들의 불합리한 억측에 휘둘리고 있다면 그것은 범죄를 저지르는 것과 다르지 않다. 대다수의 미국인들은 GM 식품에 표시를 해야 한다고 믿으며, 나도 거기에는 전혀 반대하지 않는다. 비록 생산방식보다는 제품의 성분이 훨씬 더 중요하지만 말이다. GM 식품을 어떤 일이 있어도 피하고 싶은 소비자에게는 이미 완벽한 대안이 나와 있다. 유기농 식품이 그것이다.

서양이 러다이트 망상증의 족쇄를 떨어내고 제정신을 차리고 나면, 자신이 농업기술의 발전을 심각하게 지체시켰다는 것을 깨달을지 모른다. 유럽과 미국의 식량 생산은 세계 어느 곳보다도 더 비용이 많이 들고 비효율적인 것이 될 것이다. 그 사이에 비논리적인 의혹을 품을 여유가 없는 중국 같은 나라들은 앞으로 전진할 것이다. 중국인은 철저히 실용적인 입장을 취하고 있다. 중국은 인구로 보면 세계 인구의 23퍼센트를 차지하고 있지만, 경작지로 보면 7퍼센트에 불과하다. 중국이 자국민을 먹여살리려면 수확률이 더 높고 영양 가치가 더 높은 유전자 변형 작물이 필요하다.

돌이켜보면, 우리는 애실로마 회의 때 알지도 못하고 예측할 수도 없는 위험에 대한 수량화하지 않은(사실은 수량화할 수 없는) 걱정에 마음 졸이면서 너무나 신중한 자세를 취하는 잘못을 저질렀다. 연구를 지체시켜 쓸데없이 큰 희생을 치른 뒤에야 우리는 다시 과학의 가장 높은 도덕적 의무를 추구하게 되었다. 그 의무는 인류에게 최대의 혜택을 안겨줄 가능성이 있는 지식을 응용하는 것이다. 현재의 논쟁에서 우리 사회가 고상한 척하며 무지한 상태에서 머물러 있을 때, 얼마나 많은 사람들이 위태로운 상황에 있는지 상기하는 편이 좋을 것이다. 굶주린 사람들의 건강상태와 우리의 가장 소중한 유산인 환경 보존을 말이다.

2000년 7월에 유전자 변형 식품 반대자들은 내가 몸담고 있는 콜드 스프링 하버 연구소의 옥수수 실험 밭을 쑥대밭으로 만들어놓았다. 사실 그 밭에 유전자 변형 식물 같은 것은 아예 없었다. 그 파괴자들은 두 젊은 과학자들이 2년 동안 힘들여 한 연구를 망쳐놓았을 뿐이다. 그래도 그 일화는 교훈을 준다. 유럽 곳곳에서 여전히 유전자 변형 작물을 파괴하는 행위가 일어나고 있는 이 시기에, 그 대륙과 미국에서 지식의 추구 행위조차 공격을 받게 될 때, 그 대의를 이끄는 사람들은 자신에게 질문을 해야 할 것이다. 도대체 우리는 무엇을 위해서 싸우는 것일까?

그러나 흐름이 바뀌고 있다는 징후들이 보인다. 유럽에서 GM 옥수수가 최초로 승인을 받았다는 사실은 합리적인 사고가 이길 것이라는 희망을 조금이나마 안겨준다. 미국에서도 그래야 할 것이다. 우리의 상징적인 국가 전통 하나에 가해지고 있는 심각한 위협이 그렇다고 말해준다. 우리가 아침에 시원하게 마시는 오렌지 주스는, 황룡빙(huanglongbing) 또는 감귤 녹화병(citrus greening)이라고 하는 감귤 작물에 치명적인 피해를 입히는 질병이 전 세계로 빠르게 확산되면서 위험에 처해 있다. 이 병은 수액을 빨아먹는 감귤나무이(Asian citrus psyllid)라는 곤충을 통해서 전파되는 세균인 칸디다투스 리베라박테르(*Candidatus liberibacter*)가 일으킨다. 100여 년 전에 중국에서 출현한 이 병은 서쪽으로 퍼지면서 아프리카와 남아메리카에까지 도달했고, 2005년에는 브라질에 이어서 세계 2위의 오렌지 주스 생산지인 플로리다에도 들어왔다. 그리고 겨우 10년 사이에 거의 재앙이나 다름없는 피해를 입혀왔다. 감귤류 재배 면적이 30퍼센트나 줄어들었고, 판매량은 40퍼센트가 감소했다. 오렌지 도매가격은 무려 3배로 뛰었다. 감귤녹화병은 살충제 사용량을 늘리거나 자연적인 저항력을 높여도 전혀 듣지 않았다. 재배되는 모든 감귤류는 본래 이 세균에 면역력이 전혀 없는 듯하다.[12] 징키사이드(Zinkicide)라는 식물성 분무제를 비롯한 새로운 살균 화학물질들이 효과가 있는지 실험 중이지만, 플로리다의 감귤류 재배자들은 형질전환 오렌지라는 개념에 점점 호의를 보이고 있다. 그것이 "100퍼센트 천연"이라는 광고 문구를 재정의해야 함을 의미한다고 해도 말이다. EPA의 승인을 받은 유망한 방법이 하나 있는데, 항균 단백질을 만드는 시금치 유전자를 오렌지에 집어넣는 것이다. 『뉴욕 타임스』에는 이 문제를 절묘하게 요약한 기사가 실린 바 있다. "세 가지 선택지가 있는 듯하다. 플로리다산 오렌지 주스를 못 마시게 되거나, 살충제가 가득 든 오렌지 주스를 마시거나, 시금치가 섞인 오렌지 주스를 마시느냐이다. 나는 오렌지 주스 + 시금치를 택하련다."

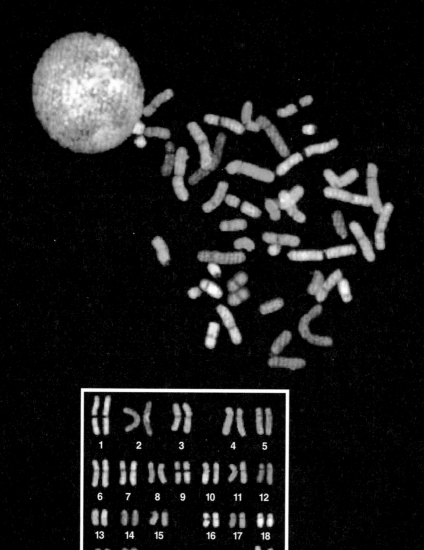

형광 염색된 인간 염색체들. 각 세포핵에 있는 염색체의 수는 46개이며, 부모 양쪽에서 절반씩 물려받는다. 이 절반인 23개 한 벌, 즉 23개의 아주 긴 DNA 분자들을 유전체라고 한다.

제7장

인간의 유전체 : 생명의 시나리오

인간의 몸은 당혹스러울 정도로 복잡하다. 전통적으로 생물학자들은 몸의 각 부분에만 초점을 맞춘 채 그 부분을 상세히 이해하려고 노력해왔다. 이런 기본적인 접근방식은 분자생물학이 등장한 뒤에도 달라지지 않았다. 지금도 대개 과학자들은 유전자 한 개나, 하나의 생화학적 경로에 관련되어 있는 유전자들을 연구하고 있다. 하지만 어떤 장치이든 각 부품이 따로따로 움직이는 것은 없다. 내가 자동차의 기화기를 아무리 꼼꼼하게 연구한다고 해도 자동차 전체의 기능은커녕 엔진의 전반적인 기능조차도 알 수 없을 것이다. 엔진이 무슨 일을 하며, 어떻게 작동하는지 이해하려면 전체를 연구해야 한다. 나는 기화기를 맥락 속에 놓고 보아야 한다. 즉 다른 부품들과 관련지어 기능을 살펴보아야 한다. 유전자도 마찬가지이다. 생명의 토대가 되는 유전적 과정을 이해하려면, 특정한 유전자나 생화학 경로를 상세히 파악하는 것으로는 부족하다. 우리는 그 지식을 시스템 전체 속에서 바라보아야 한다. 즉 유전체라는 맥락 속에서 말이다.

유전체는 모든 세포의 핵에 들어 있는 DNA의 전체, 즉 개인이 지닌 유전적 지침서들의 전체집합이다(사실 각 세포에는 아버지에게 받은 것과 어머니에게 받은 것, 두 개의 유전체가 있다. 우리는 각 염색체를 두 개씩 가지고 있으며, 그에 따라서 유전자도 두 개씩 가지고 있고, 유전체도 두 개 가지고 있다). 유전체의 크기는 종마다 다르다. 세포 하나의 DNA 양을 측정한 결과를 토대로 추정할 때 인간의 유전체, 즉 핵 하나에 들어 있는 DNA 양의 절반에는 약 32억 개의 염기쌍이 들어 있다. 다시 말해서 A, T, G, C 가 32억 개 늘어서 있는 셈이다.

유전자는 우리의 모든 성공과 넋두리를, 가장 궁극적인 것까지도 담고 있다. 즉 유전자는 사고를 제외한 모든 사망의 원인과 어느 정도 관련이 있다. 가장 명백한 사례는 돌연변이 때문에 생기는 낭성 섬유증과 테이-삭스 병 같은 질병이다. 더 간접적이기는 하지만, 암이나 심장병처럼 대물림 되곤 하는 흔한 사망원인에 더 쉽게 굴복하도록 영향을 미치는 유전자들도 많이 있다. 홍역이나 흔한 감기 같은 감염성 질병에 걸리는 것도 유전자와 관련이 있다. 면역계를 통제하는 것이 바로 우리의 DNA이기 때문이다. 그리고 노화 역시 대체로 유전적인 현상이다. 나이가 들면서 나타나는 증상들은 우리의 유전자에 평생에 걸쳐서 누적되어온 돌연변이들과 어느 정도 관계가 있다. 따라서 삶과 죽음을 가르는 이 유전인자들을 완벽하게 이해하고 마음대로 다룰 수 있으려면, 우리는 인체에 있는 모든 유전자의 완벽한 목록을 작성해야 한다.

무엇보다도 인간의 유전체에는 우리 인간성의 핵심이 들어 있다. 막 수정이 이루어진 인간과 침팬지의 난자는 적어도 겉으로 볼 때는 구별할 수 없다. 하지만 한 쪽은 인간의 유전체를 가지고 있고 다른 쪽은 침팬지의 유전체를 가지고 있다. 비교적 단순한 수정란이라는 세포 하나가 놀라울 정도로 복잡한 성체로, 이를테면 30조 개의 세포로 이루어진 인간으로 경이로운 변신을 하는 과정을 감독하는 것이 바로 그 DNA이다. 그러나 침팬지의 유전체는 침팬지만을 만들며 인간의 유전체는 인간만을 만든다. 인간의 유전체는 우리 각각의 발달을 통제하는 부품 조립 지침서들의 묶음이다. 인간의 본성 자체도 그 책 속에 기입되어 있다.

무엇이 문제인지 이해하고 나면 인간 유전체의 DNA 서열 전체를 파악하려는 계획을 옹호하는 것이 가장 미국적인 것을 옹호하는 것이라는 주장과 무관하다는 점을 알아차릴 것이다. 제정신을 가진 사람이라면 누가 그 계획에 반대하겠는가? 그러나 1980년대 중반 유전체의 서열 분석 가능성이 처음 논의될 당시에는 이 개념을 몹시 수상쩍게 본 사람들도 있었다. 또 터무니없는 야심을 품은 것이 아닌가 의구심을 가진 사람들도 있었다. 빅토리아 시대에 열기구를 조종하는 사람에게 우리가 인간을 달에 보낼 생각이라고 말하는 것과 같았다.

우발적으로 인간 유전체 계획의 착수에 도움을 준 것은 무엇보다도 망원경이었다. 1980년대 초 캘리포니아 대학교의 천문학자들은 세계에서 가장 크고 가장 성능 좋은 망원경을 제작하자는 안을 내놓았다. 예상 비용은 7,500만 달러였다. 호프먼 재단이 이 비용의 절반 정도를 내겠다고 하자 캘리포니아 대학교는 이 계획에 그 기부자의 이름을 붙이기로 기꺼이 동의했다. 불행히도 고맙다는 말을 일찍 하는 바람에 남은 기금을 모으는 데에 어려움이 생겼다. 기부자가 될 만한 사람들이 이미 다른 사람의 이름이 붙어 있는 망원경을 설치하는 데에 돈을 내기를 꺼렸기 때문이다. 그래서 계획은 중단되었다. 그러던 중 캘리포니아의 훨씬 더 부유한 자선단체인 케크 재단이 아예 모든 비용을 대겠다고 나섰다. 캘리포니아 대학교는 기꺼이 그 제안을 받아들였고 호프먼의 이름을 붙이겠다는 약속은 없던 일이 되었다. 그렇게 해서 1993년 5월까지 하와이의 마누아 케아 정상에 케크 망원경을 설치한다는 계획이 이루어졌다. 케크 재단의 조역 역할을 할 생각이 없었던 호프먼 재단은 기부 약속을 철회했고, 캘리포니아 대학교 관리자들은 그 3,600만 달러를 어떻게 쓸 수 있지 않을까 궁리했다. 특히 캘리포니아 산타크루즈 대학교의 총장이었던 로버트 신세이머는 그 호프먼 재단 기금을 "산타크루즈 대학교를 유명하게 해줄"[1] 중요한 계획에 쓸 수 있을 것이라고 판단했다.

생물학이 전공인 신세이머는 자기 분야가 대규모 투자를 필요로 하는 과학 분야로 변모하고 있는 모습을 날카롭게 주시하고 있었다. 물리학자들은 값비싼 거대 입자가속기를, 천문학자들은 7,500만 달러의 망원경과 인공위성을 가지고 있었다. 그러니 생물학자들이라고 해서 대규모 자금이 들어가는 계획을 세우지 못할 이유가 없었다. 그래서 그는 대학에 인간 유전체 서열 분석을 위한 연구소를 세우겠다는 안을 내놓았다. 그리고 1985년 5월 산타크루즈 대학교에서 신세이머의 제안을 논의할 회의가 소집되었다. 전반적으로 그 계획은 너무 야심차게 여겨졌고, 참석자들은 유전체 전체보다는 우선 의학적으로 중요한 특정 부위를 탐색하는 데에 초점을 맞추어야 한다는 것에 동의했다. 하지만 그 회의는 결실을 맺지 못했다. 호프먼 재단의 돈이 캘리포니아 대학교의 금고로 들어오지 않았기 때문이다. 그러나 산타크루즈 회의는 씨앗을 뿌리는 역할을 했다.

저 멀리 측면에서 인간 유전체 계획을 향한 또 한 걸음이 내딛어졌다. 이번에는 미국 에너지부(DOE)였다. 에너지부는 본래 국가의 에너지 수급을 담당하는 부서였지만, 적어도 생물학과 관련이 있는 업무가 하나 있었다. 핵무기가 건강에 미치는 영향을 평가하는 일이었다. 이런 연관성 때문에 에너지부는 나가사키와 히로시마에 원자폭탄이 떨어진 뒤 살아남은 사람들과 그 후손들의 유전적 손상을 장기적으로 관찰하는 연구를 지원해왔다. 방사선 때문에 생긴 돌연변이를 파악할 때 인간 유전체 전체 서열과 대조하는 것보다 더 좋은 방법이 있을까? 1985년 가을 에너지부의 찰스 딜리시는 자기 부서에서 유전체 사업을 주도하는 문제를 다루기 위해서 회의를 소집했다. 생물학계 쪽에서는 우호적이라고 해봤자 회의적인 견해를 드러냈다. 스탠퍼드 대학교의 유전학자인 데이비드 보트스타인은 "에너지부의 사업계획이 폭탄 제조자들을 실업상태에서 구제하기 위한 것"[2]이라고 비난했고, 당시 국립보건원 원장이었던 제임스 윈가든은 그 구상이 "국립 표준국이 B-2 폭격기를 만들겠다고 나서는 것"과 같다고 비유했다.[3] 그리 놀라운 일도 아니지만, 나중에 국립보건원은 인간 유전체 계획을 공동 추

유전체 계획의 탄생기: 1986년에 콜드 스프링 하버 연구소에서 월리 길버트와 데이비드 보트스타인이 논쟁하는 장면

진하는 과정에서 가장 주도적인 역할을 하게 된다. 하지만 에너지부도 그 계획의 전 과정에서 중요한 역할을 했으며, 최종적으로 분석된 서열 중 약 11퍼센트는 에너지부 쪽에서 해낸 것이었다.

1986년이 되자 인간 유전체 탐구 문제가 점점 더 수면으로 떠올랐다. 그해 6월 나는 콜드 스프링 하버 연구소에서 인간 유전학을 주제로 한 학회가 열릴 때 그 계획을 논의할 특별 분과회의를 마련했다. 한 해 전에 캘리포니아에서 열린 신세이머의 회의에 참석한 바 있던 월리 길버트가 먼저 나서서 그 계획에 엄청난 비용이 들 것이라고 엄포를 놓았다. 30억 개의 염기를 분석하는 데에 30억 달러가 들 것이라고 말이다. 막대한 돈이 드는 과학임은 분명했다. 공공 부문에서 지원해주지 않으면 상상할 수도 없는 액수였으며 당연히 회의 참석자들 중에는 성공 여부를 확신할 수 없는 그 거대 계획이 다른 중요한 연구에 쓰일 자금을 잠식할 것이 분명하다고 우려하는 사람도 있었다. 인간 유전체 계획이 과학 연구비를 빨아들이는 함정이 될 수도 있다는 것이다. 그리고 과학자 자신의 입장에서 볼 때 그 일은 아무리 잘한다고 해도 자신의 경력을 투자할 만한 가치가 없어 보였다. 인간 유전체 계획에 기술적으로 도전할 과제들은 많다고 해도 지적 전율이나 그 도전 과제들을 해낸 사람이 명성을 얻을 여지는 그다지 없어 보였다. 그 일의 엄청난 규모에 비추어보면 중요한 돌파구도 별것 아닌 듯이 보일 것이고, 티베트 승려 같은 유전학자가 있다면 모르되 서열을 분석하고 또 분석하고 또 분석하는 지겨운 일에 자신의 삶을 바칠 사람이 과연 있을까? 특히 데이비드 보트스타인은 극단적인 경고를 했다. "그것은 우주 왕복선 같은 이 엄청난 계획에 우리 모두가, 특히 젊은 사람들이 도제 계약처럼 얽매이는 식으로 과학의 구조가 바뀐다는 것을 의미합니다."[4)]

압도적인 지지와는 거리가 멀었음에도, 그 회의를 통해서 나는 인간 유전체 서열 분석이 곧 세계 과학계의 우선 과제로 대두될 것이며, 국립보건원은 그 일에 주도적인 역할을 해야 한다는 확신을 가지게 되었다. 나는 제임스 맥도넬 재단을 설득해서 국립 과학 아카데미(NAS) 밑에 관련된 현안들을 심층 분석할 위원회를 설치하는 데에 필요한 연구비를 얻어냈다. 캘리포니아 샌프란시스코 대학교의 브루스 앨버츠가 의장을 맡은 위원회라면 모든 개념들을 가장 혹독하게 꼼꼼히 따질 수 있을 것이라고 생각했다. 얼마 전에 앨버츠는 "거대 과학"의 도래가 방대한 군도를 형성하고 있는 전 세계 각 연구실에서 혁신적인 성과들이 나오는 기존 연구방식에 위협을 줄 것이라고 경고하는 글을 발표한 적이 있었기 때문이다. 무엇을 발견하게 될지 확실히 알지 못하는 상태에서 나는 월리 길버트, 시드니 브레너, 데이비드 보트스타인과 함께 15인 위원회에 참여했다. 그 위원회는 해를 넘겨 1987년까지 유전체 계획의 가능성을 상세하게 논의했다.

그 초창기에 인간 유전체 계획을 가장 강력히 지지한 사람은 길버트였다. 그는 그것을 "인간 기능의 모든 측면을 조사하는 일에서 무엇과도 비교할 수 없는 도구"라고 정확히 표현했다.[5)] 하지만 과학과 사업을 결합한 생명공학이라는 매혹적인 분야를 발견함으로써 바이오젠 사라는 기업을 설립하는 데에 중요한 역할을 하기도 했던 길버트는 유전체가 매우 새로운 사업기회가 될 수 있다는 것을 알아차렸다. 그래서 위원회에서 잠시 활동을 한 뒤 그는 이해관계에 따른 갈등을 피하기 위해서 워싱턴 대학교의 메이너드 올슨에게 위원 자리를 넘겼다. 분자생물학이 대규모 사업이 될 잠재력을 지니고 있다는 것은 이미 입증된 상태였으므로, 길버트는 굳이 공공 부문에 도와달라고 간청하러 다닐 필요성을 느끼지 못했다. 그는 대규모의 서열 분석 연구실을 갖추고 있는 사기업들이 그 일을 할 수 있으며, 밝혀낸 유전체 정보를 제약회사 같은 관심 있는 집단에 팔 수 있을 것이라고 판단했다. 1987년 봄에 길버트는 게놈 주식회사를 설립하겠다고 발표했다. 유전체 자료를 사적으로 소유하려고 한다는(따라서 공익을 위해서 활용하는 것이 제한될 수 있다는) 비난에도 굴하지 않고, 길버트는 벤처 투자자를 모으는 일에 착수했다. 불행히도 과거에 최고 경영자를 맡았다가 좋은 실적을 올리지 못했다는 경력이 그의 발목을 잡았다. 그는 1982년에 하버드 대학교 교수를 그만두고 바이오젠 사의 경영을 맡았는데, 그 회사는 1983년에는 1,160만 달러, 1984년에는 1,300만 달러의 적자를 보았다. 결국 길버트는 1984년 12월에 다시 하버드 대학교로 돌아와서 상아탑 뒤로 숨어야 했다. 하지만 바이오젠 사는 그가 떠난 뒤에도 계속 적자를 보았다. 길버트의 투자계획이 군침이 돌 만한 것이라고 할 수도 없기는 했지만, 결국 그의 원대한 계획을 좌절시킨 것은 경영력 부족이 아니라 그가 어찌할 수 없는 주변상황 때문이었다. 1987년 10월 주식시장이 갑자기 붕괴하는 바람에 게놈 사 계획은 무산되고 말았다.

사실 길버트가 시대를 앞서 나간 죄를 저지른 것은 아니었다. 그의 계획은 게놈 사가 사산아가 된 지 10년 뒤에 완벽한 성공을 거둔 기업인 셀레라 지노믹스의 계획과 그다지 다르지 않았다. 그리고 그의 계획이 촉발한 DNA 서열 자료의 사적 소유권을 둘러싼 논쟁은 인간 유전체 계획이 진전되면서 더욱더 첨예해졌다.

길버트가 빠지기는 했지만 앨버츠가 이끄는 국립 과학 아카데미 산하 위원회는 제때(1988년 2월)에 적절한 계획을 내놓았다. 그리고 인간 유전체 계획은 사실상 어느 정도 그 자료에 규정된 대로 진행되어왔다. 비용과 시간 계획도 비교적 예정대로 진행되어왔다. 개인용 컴퓨터를 가진 사람이라면 다 알고 있듯이, 시간이 지날수록 기술은 발전하고 더 값싸게 이용할 수 있게 된다는 것을 알고 있던 우리는 기술이 비용 효과 면에서 적절한 수준에 도달할 때까지 서열 분석이라는 핵심 작업을 연기할 것을 권고했다. 그 기간에 서열 분석 기술을 향상시키는 작업이 최우선 과제가 되어야 했다. 이 목표를 달성하는 데에 도움이 될 수 있도록, 우리는 더 단순한 생물의 유전체(더 작은 유전체)도 서열 분석을 할 것을 권고했다. 그런 분석을 통해서 얻은 지식은 나중에 가지게 될 인간 유전체 서열 자료와 비교할 수 있다는 점에서 본질적인 가치가 있을 뿐 아니라 커다란 사냥감을 공략하기에 앞서 방법을 가다듬는 수단으로서의 가치도 있었다(물론 유전학자들의 오랜 연인인 대장균, 효모, [브레너를 통해서 널리 알려진] 예쁜꼬마선충, 초파리가 서열 분석 대상이 될 것은 당연했다).

그런 한편으로 우리는 유전체 지도를 가능한 한 정확하게 작성하는 일에도 초점을 맞추어야 했다. 지도는 유전적인 지도이면서 물리적인 지도가 될 예정이었다. 유전자 지도 작성은 모건의 아이들이 초파리 염색체를 대상으로 했던 것과 똑같이 염색체 위에 유전 표지판들이 어떤 순서로 놓여 있는지 파악하는, 즉 각 표지들의 상대적인 위치를 파악하는 것을 말한다. 물리 지도 작성은 염색체상에 놓여 있는 유전 표지판들의 절대적인 위치를 파악하는 것이다(유전자 지도에는 2번 유전자가 1번과 3번 유전자 사이에 놓여 있다는 것만 표시된다. 반면에 물리 지도에는 2번 유전자가 1번 유전자로부터 염기쌍 1만 개, 3번 유전자로부터 염기쌍 2만 개만큼 떨어져 있다고 표시된다). 유전자 지도 작성은 유전체의 기본 구조를 밝혀내는 것이다. 반면에 물리 지도 작성은 어느 서열이 정확히 염색체의 어디에 있는지 밝혀내는 것이다. 이렇게 염색체에서 각 서열이 있는 정확한 위치를 알면 그것을 기준으로 삼아 다른 서열이 있는 위치도 찾아낼 수 있다.

우리는 전체 계획에 약 15년이 걸리고, 연간 비용이 약 2억 달러가 될 것이라고 추정했다. 우리가 한 계산이 훨씬 복잡했음에도, 길버트가 예언한 염기쌍 하나당 1달러라는 불가사의한 추정치에서 벗어나지 않았다. 우주 왕복선이 임무를 한 번 마칠 때 드는 비용은 4억 7,000만 달러 정도이다. 즉 인간 유전체 계획에는 우주 왕복선을 여섯 번 띄울 비용이 드는 셈이었다.

국립 과학 아카데미 위원회가 활동을 하고 있을 무렵, 나는 국립보건원의 예산을 감시하는 상원과 하원 보건 위원회의 핵심 위원들을 방문했다. 국립보건원 원장인 제임스 윈가든은 "처음부터" 유전체 계획을 지지했지만, 국립보건원 내에서도 선견지명이 부족한 사람들은 그 계획을 반대하고 있었다.[6] 나는 유전체 연구를 위해서 국립보건원에 3,000만 달러의 예산을 배정해달라고 요청하면서, 유전체 서열을 파악하는 일이 의학적으로 중요한 의미가 있다는 것을 역설했다. 우리들과 마찬가지로 의원들도 유전자가 원인인 암 같은 병으로 사랑하는 사람을 잃은 경험이 있고, 인간 유전체 서열을 알면 그런 병과 싸울 때 큰 도움이 된다는 것을 이해할 수 있을 터였다. 결국 우리는 1,800만 달러의 예산을 타냈다.

한편 에너지부도 독자적으로 1,200만 달러의 예산을 확보할 수 있었다. 그들은 주로 그 계획의 기술적 성과를 강조했다. 현재 미국이 일본의 제조기술을 따라잡지 못하고 있는 것을 생각해보라고 말이다. 디트로이트는 일본의 자동차 산업에 밀려 위기에 처해 있었으며, 많은 사람들은 미국의 다른 첨단 분야들도 도미노처럼 무너질 것이라고 우려하고 있었다. 당시 일본의 세 거대 기업(마츠이, 후지, 세이코)이 힘을 합쳐 염기쌍을 하루에 100만 개 분석할 수 있는 장치를 만들기로 했다는 소문이 퍼져 있었다. 헛소문으로 드러났지만, 그런 우려는 미국이 소련보다 먼저 달에 발을 딛도록 했던 것과 같은 흥분상태를 불러와서 미국이 유전체 사업을 주도하도록 하는 데에 도움을 주었다.

1988년 5월에 윈가든은 내게 국립보건원에서 그 계획을 담당할 부서를 맡아달라고 요청했다. 내가 콜드 스프링 하버 연구소를 맡고 있다는 점을 이유로 들어 사양하자, 그는 비상임 관리자로 해주겠다고 제의했다. 나는 더 이상 거절할 수 없었다. 18개월 뒤 인간 유전체 계획은 막을 수 없는 조류가 되었고, 국립보건원 유전체국은 국립 인간 유전체 연구 센터로 승격되었다. 나는 그곳의 초대 소장으로 임명되었다.

의회로부터 예산을 타내고 그 예산이 현명하게 쓰이도록 하는 것이 내 일이었다. 나는 인간 유전체 계획 예산을 국립보건원의 다른 예산과 독립시키기 위해서 노력을 기울였다. 나는 인간 유전체 계획이 다른 과학 분야의 살림살이에 위협을 가하는 일이 없도록 하려면 그런 독립이 반드시 필요하다고 생각했다. 다른 분야의 과학자들이 자신들의 연구를 희생양 삼아 그 거대 계획이 이루어졌다고 당당하게 비난하는 일이 벌어질 수도 있었다. 우리에게는 그런 식으로 성공을 거둘 권리가 없었다. 그런 한편으로 나는 이 전례 없는 모험에 착수하는 우리 과학자들이 그 모험의 심오한 의미를 인식하고 있다는 것을 알려야 한다고 느꼈다. 인간 유전체 계획은 길게 늘어서 있는 A, T, G, C의 순서를 파악한다는 차원의 계획이 아니다. 그것은 이익이 되든 재앙이 되든 간에 인간 본성에 관한 가장 근본적인 철학적 질문들에 답해줄 가능성을 지닌 고귀한 지식이다. 나는 총 예산의 3퍼센트(비율로 보면 작지만 엄청난 예산이다)가 인간 유전체 계획의 윤리적, 법적, 사회적 의미들을 다루는 데에 쓰여야 한다고 결정했다. 나중에 앨 고어 상원의원의 요구로 이 비율은 5퍼센트까지 늘어났다.

이 계획이 국제적인 협력 양상을 띠게 된 것도 이 무렵이었다. 이 계획을 미국이 주도하고 분석작업의 절반 이상이 미국에서 이루어지고 있었지만, 영국, 프랑스, 독일, 일본을 비롯한 다른 국가들도 이 계획에 참여하게 되었다. 영국의 의학 연구 위원회는 유전학 및 분자생물학과 오랜 관계를 맺어왔음에도, 이 계획에는 미미한 기여밖에 하지 못했다. 영국 과학 전체가 그랬듯이, 이 위원회도 대처 여사의 근시안적 긴축 재정 정책에 고통을 받고 있었다. 다행히 생의학 자선단체인 웰컴 트러스트가 구원의 손길을 보냈다. 1992년에 웰컴 트러스트는 케임브리지 외곽에 서열 분석을 목적으로 한 특별 연구소를 설립했다. 그 연구소는 프레드 생어의 이름을 따서 생어 센터라고 불렸다. 나는 국제 협력이 이루어지려면 각국마다 분석하는 유전체 부위가 달라야 한다고 판단했다. 나는 각국이 이름도 모르는 클론 덩어리들을 모아 분석하는 것보다는 특정 염색체를 맡아 분석한다면 무엇인가 가시적인 것에 투자하고 있다는 느낌을 받을 수 있을 것이라고 생각했다. 가령 일본은 주로 21번 염색체를 분석했다. 슬프게도 유전체 분석이 막바지로 치달으면서 이런 산뜻한 체제는 붕괴되었다. 결국 세계 곳곳에서 작성한 부분 유전체 지도들을 서로 맞추어야 하는 일이 벌어졌는데, 이 일은 쉽지 않은 것으로 드러났다.

나는 인간 유전체 계획이 작은 규모로 이루어지는 노력들을 모으는 식으로는, 즉 수많은 연구실에서 이루어진 분석결과를 조합하는 식으로는 달성될 수 없다는 것을 처음부터 확신하고 있었다. 그런 방식은 도저히 어찌할 수 없이 산만해질 것이고, 규모와 자동화의 장점을 상실하게 될 것이다. 그래서 초기에 워싱턴 대학교, 스탠퍼드 대학교, 캘리포니아 샌프란시스코 대학교, 미시간 대학교, MIT, 베일러 대학에 유전자 지도 작성 센터들을 설립했다. 에너지부 쪽에서는 처음에 로스 알라모스와 리버모어 국립연구소를 중심지로 삼았다가, 나중에 캘리포니아의 월넛크리크 연구소로 중심지를 옮겼다.

다음 과제는 분석 비용을 염기쌍당 50센트 정도로 줄일 수 있는 서열 분석 기술을 찾아내고 개발하는 것이었다. 몇 가지 시험연구가 이루어졌다. 역설적으로 결국 성공을 거둔 이른바 형광 염색 자동 서열 분석이라는 방법은 이 단계에서는 그다지 대단한 성능을 보여주지 못했다. 돌이켜보면, 그 자동화 장치 시험연구는 그것을 가장 잘 활용할 수 있다는 것을 이미 보여주었던 국립보건원 소속 연구자인 크레이그 벤터에게 맡겼어야 했다.

그도 그 연구를 맡겠다고 신청했지만, 일은 그 기술의 원래 개발자인 리로 이 후드에게 돌아갔다. 이런 식으로 처음에 퇴짜를 맞았던 벤터는 나중에 반격에 나서게 된다.

결국 인간 유전체 계획에 새로운 DNA 분석법을 전면적으로 개발하는 일은 제외되었다. 그 대신 염기쌍 서열 분석을 수백 개에서 수천 개로, 그 다음에 수백만 개로 늘릴 수 있도록 기존의 방법들을 단계적으로 개선하고 자동화하는 방안이 포함되었다. 하지만 그 계획에 절실했던 것은 특정 DNA 조각을 대량으로 만들 수 있는 혁명적인 기술이었다(어느 조각의 DNA 서열을 분석하려면, 그 조각이나 유전자가 대량 있어야 한다). 1980년대 중반까지는 특정한 DNA 조각을 증식시킬 때 보이어-코언의 분자 클로닝 방법을 썼다. 원하는 DNA 조각을 플라스미드에 삽입한 다음, 그 플라스미드를 세균세포에 넣는다. 그러면 세포가 복제될 때 삽입된 DNA 조각도 복제된다. 세균이 충분히 늘어나면, 세균에 든 다량의 DNA에서 그 삽입된 DNA 조각을 정제하는 것이다. 보이어와 코언이 개발했을 당시보다 많이 개선되었기는 하지만, 이 방법은 여전히 손이 많이 가고 시간을 많이 잡아먹었다. 따라서 중합효소 연쇄 반응(PCR)이 개발된 것은 대단한 도약이었다. 그것은 원하는 DNA 조각을 선택적으로 증식시킨다는 동일한 목표를 세균 덩어리를 배양할 필요도 없이 몇 시간 내에 해낼 수 있었다.

PCR을 발명한 사람은 당시 세투스 주식회사에 있던 캐리 멀리스였다. 그는 이렇게 회상한다. "1983년 4월의 어느 금요일 밤, 차를 몰고 캘리포니아 북부의 삼나무 지대에 나 있는 꼬불꼬불한 산길을 달빛을 받으며 가고 있을 때, 문득 머릿속에 어떤 생각이 떠올랐다."[7] 신기하게도 그는 그렇게 위험한 순간에 영감을 얻었던 것이다. 캘리포니아 북부 도로가 유달리 위험하다는 것이 아니라, 그의 친구가 『뉴욕 타임스』에 한 말에 따르면 그렇다는 것이다. 그는 애스펀에서 멀리스가 빙판길이 된 양방향 도로 한가운데로 쏜살같이 미끄러져 내려가는 것을 보았다. "멀리스는 삼나무에 머리가 부딪혀 죽을 것이라고 생각했습니다. 그뒤로 그는 삼나무만 보면 두려워해요."[8] 멀리스는 그 발명으로 1993년에 노벨 화학상을 받았고, 그뒤로 더욱더 괴짜가 되었다. 그는 HIV가 AIDS를 일으키는 것이 아니라는 이론을 내놓아 자신의 명성뿐 아니라 공중보건 연구에 손상을 입히기도 했다.

PCR의 개발자인 캐리 멀리스

PCR은 놀랍도록 단순한 과정이다. 먼저 분석하고자 하는 DNA 조각의 맨 끝에 들어맞는 시발체 둘을 화학적으로 합성한다. 시발체는 염기 20개 정도로 된 짧은 단일 가닥 DNA를 말한다. 이 시발체로 복제할 유전자를 찾을 수 있다. 이 시발체를 조직 표본에서 뽑아낸 주형 DNA와 결합시킨다. 주형은 사실상 유전체 전체일 것이고, 우리는 그중에서 원하는 조각만을 증식시켜야 한다. DNA를 섭씨 95도로 가열하면 두 가닥은 서로 분리된다. 이제 식히면 시발체가 주형 가닥에서 상보적인 부분에 결합할 수 있게 된다. 그러면 단일 가닥의 주형 DNA 중 시발체가 붙은 부분만이 이중 가닥이 된다. DNA 중합효소, 즉 DNA 가닥을 따라서 그에 맞는 새로운 염기를 이어가면서 상보적인 가닥을 만드는 효소는 오직 이중 가닥이 있는 곳에서부터 염기를 잇기 시작한다. 따라서 DNA 중합효소는 시발체와 주형 DNA 영역이 결합되어 섬처럼 고립되어 있는 이중 가닥이 있는 곳에서만 상보적인 가닥을 만들기 시작한다. 중합효소는 각 시발체가 있는 지점부터 상보적인 가닥을 만들어 원하는 영역을 복제한다. 이 과정이 끝나면 원하는 DNA는 두 배로 늘어난다. 이제 다시 DNA를 가열하면 전체 과

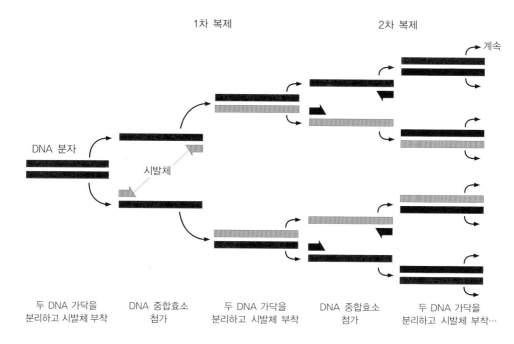

원하는 DNA 부위를 증식시키기 : 중합효소 연쇄 반응

정을 다시 반복할 수 있다. 즉 DNA들이 단일 가닥으로 떨어질 것이고, 거기에 시발체를 붙여 다시 복제를 할 수 있다. 이런 과정이 한 번 반복될 때마다 DNA의 양은 두 배로 늘어난다. PCR을 25번 반복하면, 표적 DNA의 양은 2^{25}(약 3,400만 배)로 늘어난다. 여기에 걸리는 시간은 두 시간도 채 안 된다. 처음에 주형 DNA, 시발체, DNA 중합효소, 떨어져 있는 A, T, G, C를 넣은 용액에 표적 DNA가 가득 차는 것이다.

PCR이 처음에 해결해야 했던 문제는 그 일을 하는 데에 필요한 DNA 중합효소가 95도에서 파괴된다는 점이다. 따라서 그 과정을 25번 반복할 때 매번 중합효소를 새로 넣어주어야 했다. 중합효소는 값이 비싸므로, 곧 PCR이 아무리 뛰어나다고 해도 말 그대로 중합효소를 대량으로 태운다면 경제적으로 쓸 만한 도구가 되지 못한다는 것이 분명해졌다. 다행히 어머니인 자연이 구원의 손길을 던져주었다. 자연에는 그 효소의 주된 공급원인 대장균의 최적 온도인 37도보다 훨씬 높은 온도에서 사는 생물들이 많이 있다. 그리고 DNA 중합효소 같은 효소들을 포함해서 이런 생물들의 단백질은 오랜 세월 동안 자연선택을 거치면서 뜨거운 열에 견딜 수 있도록 적응해왔다. 현재 PCR은 대개 옐로스톤 국립공원의 온천에 사는 세균인 테르무스 아쿠아티쿠스(*Thermus aquaticus*)에서 얻은 DNA 중합효소를 사용한다.

PCR은 곧 인간 유전체 계획의 주된 작업도구가 되었다. 멀리스가 개발했던 방법과 원리는 똑같으며, 자동화시켰다는 것이 다를 뿐이다. 이제 더 이상 대학원생들은 핏발 선 눈을 부릅뜨고서 소량의 액체를 플라스틱 튜브에 옮겨넣는 지겨운 일을 하지 않아도 된다. 현재의 유전체 연구실에는 눈을 부릅뜬 대학원생이 아니라 자동 제어되는 장비가 갖추어져 있다. 인간 유전체 서열 분석처럼 대규모 과제에 쓰이는 PCR 로봇에는 내열성 중합효소가 대량으로 사용되기 마련이다. 그래서 인간 유전체 계획에 참여한 과학자들은 PCR 특허권을 가진 회사인 유럽의 거대 제약회사인 호프만–라로슈에 효소 값에 붙은 쓸데없이 비싼 특허료를 내야 한다는 사실에 매우 분개했다.

또다른 작업도구는 DNA 서열 분석법 자체였다. 이 방법도 화학 원리상으로 보면 새로운 것이 아니었다. 인간 유전체 계획에는 1970년대 중반 프레드 생어가 개발한 바로 그 방법이 쓰였다. 개선된 점은 서열 분석 작업을 기계화함으로써 대규모로 분석을 할 수 있게 되었다는 것이다.

자동 서열 분석장치를 처음 개발한 것은 리로이 후드의 캘리포니아 공대 연구실이었다. 후드는 몬태나에서 고등학교를 다닐 때 쿼터백 선수로 미식축구 팀을 이끌어 연달아 주의 우승컵을 거머쥐었다. 그는 학문을 할 때에도 당시의 협력활동에서 배운 경험을 활용했다. 화학자, 생물학자, 공학자가 모여 있는 후드의 연구실은 기술 혁신의 선두 주자가 되었다.

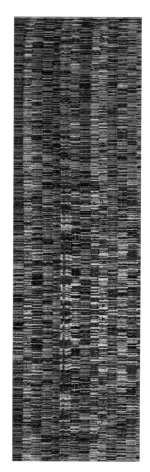

염기 서열 분석 : 자동 서열 분석장치에서 나온 DNA 서열 분석 결과. 각 색깔이 염기를 뜻한다

자동 서열 분석은 사실 로이드 스미스와 마이크 헝커필러의 아이디어였다. 당시 후드의 연구실에 있던 헝커필러는 스미스에게 각 염기를 다른 색깔로 염색하는 서열 분석법에 관한 이야기를 했다. 원리상 그 방법은 생어의 방법의 효율을 네 배나 더 높일 수 있었다. 각 염기별로 하나씩 네 가지 반응을 거쳐 네 개의 겔 전개장치를 사용하는 대신, 네 염기의 색깔을 다르게 한다면 반응을 한번에 끝낼 수 있고 겔 전개장치도 하나만 쓰면 되니까 말이다. 스미스는 처음에 그 방법으로는 염색물질의 양이 너무 적어서 검출하기 힘들 것이라고 비관적인 견해를 보였다. 하지만 레이저 장치의 전문가였던 그는 곧 해결책을 찾아냈다. 레이저를 쪼일 때 형광을 내는 특수한 염색물질을 사용하면 된다는 것이다.

표준 생어 방법에 따라 DNA 조각을 겔에 넣어 전개시켜 크기별로 분류한다. 그런 다음 각 조각의 끝에 달린 데옥시뉴클레오티드(제4장 참조) 종류별로 형광 염색물질로 꼬리표를 붙인다. 그러면 그 조각에서 방출되는 형광 색깔에 따라서 염기의 종류를 파악할 수 있게 된다. 겔 아래쪽에서 형광을 활성화시키는 레이저를 비추면서 눈 역할을 하는 검출기로 각 DNA 조각에서 나오는 색깔을 검출하면 된다. 이 정보가 곧장 컴퓨터로 입력되도록 하면, 손으로 일일이 서열 분석 결과를 쳐넣는 지겨운 일에서도 벗어날 수 있다.

헝커필러는 1983년에 후드의 연구실을 떠나 신설 장비 제작 회사인 어플라이드 바이오시스템 주식회사(ABI)로 들어갔다. ABI는 최초의 스미스-

헝커필러 서열 분석장치를 시판하게 되었다. 그뒤로 그 방법의 효율은 눈부시게 개선되었다. 다루기 힘들고 속도도 느린 겔은 폐기되었고, DNA 조각들을 크기별로 신속하게 분리하는 고속 모세관 장치인 가느다란 관들이 그 자리를 차지하게 되었다. ABI가 최근에 내놓은 서열 분석장치는 맨처음 나온 제품보다 속도가 1,000배 정도 더 빠른, 경이로운 속도를 보여준다. 인간이 개입할 필요성을 최소화한(24시간마다 15분 정도 조작하기만 하면 된다) 이 장치는 하루에 100만 개나 되는 염기 서열을 분석할 수 있다. 유전체 계획을 가능하게 해준 것이 바로 이 기술이었다.

인간 유전체 계획의 초기에 DNA 서열 분석 전략들이 최적화하는 사이에, 지도 작성 과정도 서서히 진척되고 있었다. 최종 서열이 어느 부위에 들어갈지 감을 잡을 수 있을 만큼 유전체 전체의 윤곽을 파악하는 것이 단기목표였다. 유전체 전체를 다룰 수 있을 만한 큰 덩어리로 자른 다음, 각 덩어리를 지도에 표시한다는 것과 같았다. 처음에는 효모 인공 염색체(Yeast Artificial Chromosome : YAC)를 사용해 목표 달성을 시도했다. YAC는 메이너드 올슨이 인간 DNA의 커다란 조각을 효모세포에 넣기 위해서 고안한 수단이었다. 삽입된 YAC는 정상적인 효모 염색체와 마찬가지로 복제된다. 하지만 100만 개의 염기쌍으로 된 인간 DNA를 하나의 YAC로 만들려고 하니 방법상의 문제점들이 드러났다. 조각들이 뒤섞인다는 사실이 발견된 것이다. 지도를 작성한다는 것은 염색체 내에 있는 유전자들의 순서를 파악하는 것이므로, 이렇게 조각들이 뒤섞인다면 최악의 상황이 벌어지는 것과 같았다. 그때 버펄로 대학교의 피터르 더융이 개발한 세균 인공 염색체(Bacterial Artificial Chromosome : BAC)가 구조하러 나타났다. BAC는 염기쌍 길이가 10-20만 개 정도로 짧으므로, 뒤섞일 가능성이 훨씬 적었다.

보스턴, 아이오와, 유타, 프랑스에 있는 연구진들이 이끄는 인간 유전체 지도 담당자들에게는 유전 표지를 찾아내는 것이 중요한 첫 번째 과제였다. 유전 표지는 개인마다 염기 하나나 몇 개 정도밖에 차이가 나지 않는

프랑스의 인간 유전체 계획을 주도한 연구자들. 왼쪽에서 세 번째가 장 바이센바흐, 그 오른쪽이 대니얼 코언, 코언 옆이 이 계획을 출범시킨 선경지명이 있는 면역학자 장 도세.

똑같은 DNA 서열이 있는 부위를 말한다. 이런 표지들은 전체 유전체에서 우리가 어느 부위에 노력을 집중해야 할지 알려주는 이정표 역할을 한다. 곧 대니얼 코언과 장 바이센바흐가 이끄는 프랑스 연구진이 프랑스 근육퇴행위축 협회의 후원으로 설립된 공장처럼 생긴 유전체 연구소인 제네통에서 우수한 지도를 만들어냈다. 영국의 웰컴 트러스트처럼 그 프랑스 자선단체도 정부의 불충분한 지원으로 생긴 틈새를 메웠던 것이다. 마지막 단계에서 BAC의 상세한 지도 작성이 필요해지자 세인트루이스의 워싱턴 대학교 유전체 센터의 존 맥퍼슨이 주요 인물로 등장했다.

인간 유전체 계획에 점점 더 가속도가 붙고 있는 상황에서도, 그것을 진행시킬 최선의 방법이 무엇인가를 놓고 계속 논쟁이 벌어졌다. 일부에서는 인간 유전체의 대부분을 차지하는 암호를 전혀 지니고 있지 않은 DNA 서열들, 즉 전문 용어로 "정크(junk)"라고 하는 부분을 문제 삼았다. 사실 유전체 중에서 단백질 암호를 지닌 부분, 즉 유전자가 차지하는 영역은 일부에 불과하다. 이런 비판가들은 왜 유전체 전체의 서열을 파악해야 하는가라고 물었다. 정크를 왜 분석하나? 제5장에서 말한 역전사효소를 사용하여 유전체에서 암호를 지닌 유전자 영역을 모두 찾아낼 수 있는 매우 신속하면서도 약삭빠른 방법이 실제로 있다. 어떤 조직에서 전령 RNA를 분리해낸다. 뇌라면 뇌에서 발현되는 모든 유전자들의 RNA 표본을 얻을 수 있다. 이런 RNA에 역전사효소를 사용하면, 이 유전자의 복사본인 cDNA를 만들 수 있으며, 이 cDNA의 서열을 분석할 수 있다.

그러나 이 신속하고 약삭빠른 접근법은 결코 전체를 분석하는 방법의 대안이 되지 못한다. 지금 우리가 알고 있듯이(그리고 뒤에서 논의하겠지만), 유전체에서 가장 흥미로운 부분들 중에는 유전자의 스위치를 켜고 끄는 조절 메커니즘을 비롯하여 유전자 바깥에 있는 것들이 많다. 따라서 뇌 조직의 cDNA 분석을 하면 뇌에서 발현되는 유전자를 개략적으로 알게 되겠지만, 그 유전자가 어떻게 발현되는지는 전혀 알지 못한다. DNA 가닥을 전령 RNA로 전사하는 RNA 중합효소는 유전자 영역만 전사할 뿐 DNA에서 대단히 중요한 조절 영역은 RNA로 전사하지 않는다.

상대적으로 돈줄이 달리던 영국의 의학 연구 위원회(MRC)에서 일하던 시드니 브레너는 이 cDNA 접근방식으로 유전자를 대규모로 발견하는 연구에 착수했다. 연구비가 한정되어 있었기 때문에 그는 적은 돈을 가장 효과적으로 쓸 수 있는 방법이 cDNA의 서열을 분석하는 것이라고 판단했다. 그런 서열이 상업적 가치를 지닐 수 있다는 것을 알고 있던 의학 연구 위원회는 영국 제약회사들이 그것들로부터 수익을 올릴 수 있는 단계에 도달할 때까지 연구 결과를 발표하지 못하도록 막았다.

시드니 브레너의 연구실을 방문한 크레이그 벤터는 이 cDNA 전략에 깊은 인상을 받았다. 그는 워싱턴 외곽에 있는 자신의 국립보건원 연구실로 돌아가자마자, 그 기술을 이용해서 새로운 유전자라는 보물 사냥에 나섰다. 그는 DNA 자동 서열 분석장치가 개발되자마자 구입하여 적극적으로 사용하고 있었다. 그는 각 유전자의 일부분만 서열 분석을 해도, 그것이 새로운 유전자인지 아닌지 파악할 수 있었다. 1991년 6월에, 벤터는 DNA 데이터베이스에 실려 있는 이미 알려진 유전자들과의 유사성을 토대로 추정한 227개의 새로운 유전자를 찾아냈다는 기념비적인 논문을 『사이언스』에 발표했다. 그것이 그가 유전체학의 집중조명을 최초로 받은 사례였고, 그는 그뒤로 그 무대에서 거의 내려온 적이 없다. 국립보건원의 직원이 그에게 이 새로운 유전자에 대한 특허를 신청하라고 재촉했다. 그가 이런 유전자를 지닌 것은 사실이었지만 기능을 전혀 모르는 것이 대다수였는데도 말이다. 1년 뒤 벤터는 이 기술을 더 폭넓게 적용해서 2,421종류의 서열을 특허 출원했다.

내가 볼 때 무슨 일을 하는지 전혀 모르는 상태에서 맹목적으로 서열을 특허를 신청한다는 생각 자체가 터무니없는 짓이었다. 특허로 보호하려는 것이 정확히 무엇인가? 이런 행동은 다른 누군가가 나중에 정말로 의미 있는 발견을 해냈을 때 경제적 우선권을 주장하기 위한 것으로밖에 비치지 않았다. 나는 국립보건원의 고위 공무원들에게 반대견해를 피력했지만 아무 소용이 없었다. 그리고 국립보건원이 그 정책을 고수한 일이 내가 정부 관료 생활을 그만두는 계기가 되었다(그 정책은 나중에 바뀌게 된다). 1992년에 국립보건원 원장인 버나딘 힐리가 내게 사임하라고 압력을 가했을 때 나는 만감이 교차했다. 워싱턴이라는 찜통에서 4년 동안 있었으니 그것으로 충분한 것도 같았다. 하지만 내게 정말로 중요했던 것은 내가 떠날 시기에 인간 유전체 계획이 돌이킬 수 없는 궤도에 올라섰다는 점이었다.

유전체 덩어리에 특허를 받을 수 있다는 상업적 가능성을 엿본 벤터는 점점 더 그쪽으로 관심을 가지게 되었다. 하지만 그는 양쪽을 다 하고 싶었다. 즉 정보가 자유롭게 공유되면서 봉급이 적은 학계에 남고 싶기도 하면서 자신이 발견한 것들을 특허권으로 감싸놓고 그것들로부터 돈을 벌수 있는 사업 영역으로도 들어가고 싶었다. 요정처럼 나타난 후원자인 벤처 투자가 윌리스 스타인버그(리치 칫솔의 발명자이다)의 도움으로 벤터는 1992년에 소원을 이루었다. 스타인버그는 하나가 아니라 두 기관을 설립할 수 있도록 7,000만 달러를 지원했다. 그래서 벤터가 소장을 맡은 비영리기관인 게놈 연구소(The Institute for Genomic Research : TIGR, "타이거"라고 부른다)와 경영력을 갖춘 분자생물학자 윌리엄 해설틴이 대표를 맡은 인간 유전체 과학(Human Genome Sciences : HGS)이 세워졌다. 연구의 중심인 TIGR가 cDNA 서열을 분석하면 사업을 맡은 HGS가 그것을 상품화한다는 계획이었다. TIGR는 자료를 발표하기 6개월 전에 HGS의 검토를 받도록 했으며, 그 자료가 의약품 개발 가능성을 지닌 것이라면 1년 뒤에 발표하도록 했다.

캘리포니아에서 자란 벤터는 원래 대학보다 파도 타기를 선택한 사람이었다. 하지만 베트남에서 보조 의사로 1년 동안 지내면서 깨달음을 얻은 뒤 미국으로 돌아오자마자 캘리포니아 샌디에이고 대학교에 들어가 단기간에 학부과정을 마치고 생리학 및 약학 박사학위를 받았다. 그가 학계에서 사업 분야로 옮긴 이유는 그의 재정상태와 관련지어보면 이해가 간다. 그는 TIGR를 설립했을 때 은행에 남아 있는 돈이 2,000달러에 불과했다고 말한다. 하지만 그의 운은 급속히 바뀌었다. 1993년 초 유전체라는 금광을 파고 싶어 안달하던 영국의 제약회사 스미스클라인-비첨 사는 벤터가 계속 내놓은 새로운 유전자 목록의 사업권을 독점하는 대가로 그에게 1억 2,500만 달러를 지불했다. 그리고 1년 뒤 『뉴욕 타임스』는 벤터가 HGS 주식을 10퍼센트 소유하고 있으며, 가치로 따지면 1,340만 달러에 해당한다고 밝혔다. 벤터는 돈을 아끼지 않고 400만 달러를 들여 길이 25미터인 경주용 요트를 구입해서 삼각 돛에 6미터나 되는 자기 모습을 새겨넣었다.

1970년대에 윌리엄 해설틴은 하버드 대학원에서 월리 길버트와 나의 지

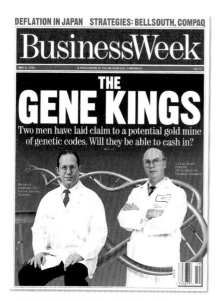

DEFLATION IN JAPAN STRATEGIES: BELLSOUTH, COMPAQ

BusinessWeek

MAY 8, 1995 A PUBLICATION OF THE McGRAW-HILL COMPANIES $2.95

THE GENE KINGS

Two men have laid claim to a potential gold mine of genetic codes. Will they be able to cash in?

유전체 계획의 상업화 : 윌리엄 해설틴과 크레이그 벤터

도를 받았다. 졸업한 뒤 그는 하버드 의대 부설 대너파버 암 센터로 가서 혁신적인 HIV 연구 센터를 맡기로 되어 있었다. 하지만 백만장자이자 사교계 명사인 게일 헤이먼(1980년대의 필수품이었던 비벌리힐스의 조르지오 향수를 공동으로 만든 사람)과 결혼한 뒤 그의 시야는 대폭 넓어졌다. 그가 HGS를 설립할 때 은행 잔고가 2,000달러가 넘었다는 것은 분명하다. 사실 사업 분야로 진출하기 전부터 그는 하버드 의대 연구실 사람들 사이에 호화 여객기를 타고 세계를 돌아다닌다고 구설수에 올라 있었다. "빌 해설틴과 신이 다른 점은?" 답 : "신은 어디에나 있다. 반면에 해설틴은 자신이 있어야 할 보스턴을 빼고 어디에나 있다."

벤터와 해설틴이 서둘러 특허를 받기 위해서 사용한 방법인 cDNA 서열 분석을 통해서 인간 유전자를 찾아내는 방법은 대단한 실험능력도 독창력도 거의 요구하지 않는 것이었다. TIGR와 HGS는 단지 다른 아이들은 들어갈 수 없는 놀이터에서 장난감을 만지작거리고 있는 아이들과 같았을 뿐이다.

1995년에 HGS는 CCR5라는 유전자에 특허를 신청했다. HGS의 예비 서열 분석 결과 그 유전자는 면역계에 관여하는 세포 표면 단백질을 만드는 듯했으며, 그런 단백질은 바이러스가 세포로 들어가는 과정에 관여할지도 모르기 때문에 소유할 만한 가치가 있었다. CCR5는 HGS가 한꺼번에 특허 신청을 한 비슷한 유전자 140개 중 하나였다. 그런데 1996년에 AIDS를 일으키는 바이러스인 HIV가 면역계의 T세포 속으로 침입하는 과정에

CCR5가 관여한다는 것이 밝혀졌다. 그와 함께 CCR5에 돌연변이가 일어나면 AIDS에 저항성이 생긴다는 것도 발견되었다. 게이들 중에 HIV에 계속 노출되어도 그 병에 걸리지 않는 사람들이 있었는데, 그들의 CCR5에 돌연변이가 있다는 사실이 드러난 것이다. CCR5가 HIV 공략에 중요한 역할을 해왔고, 앞으로도 그럴 것이라는 점은 분명하다. 하지만 CCR5가 AIDS 감염에 핵심 역할을 한다는 것을 파악하는 고되고 힘겨운 연구에 전혀 기여한 바가 없음에도, HGS는 단순히 자신들이 그 유전자를 맨 처음 발견했다는 것을 이유로 엄청난 이익을 가지겠다고 주장한다. 그리고 그 지식을 응용하려는 모든 시도에 특허료를 내라고 강요한다면, CCR5 특허는 돈 한 푼이 아쉬운 의학 연구 분야에 가혹한 세금이 될 것이다. 이런 주장에 해슬틴은 거리낌없이 대꾸한다. "특허권이 나온 뒤에 누군가 이 유전자를 사용해서 약을 개발하거나 그것을 상업적 용도에 사용한다면, 특허권을 침해하는 것이 된다."[9] 그리고 화난 표정으로 말한다. "우리는 단지 손해 배상이 아니라, 그 손해의 두세 배를 요구할 권리가 있다."[10]

이런 식으로 매점매석하듯이 신청한 불확실한 유전자에 특허를 내준다면 장기적으로 치료법들이 개발되지도 개선되지도 못하게 되면서, 의학 연구와 발전은 끔찍할 만큼 지체될 것이다. 문제는 그런 투기꾼들이 아직 개발되지도 않은 의약품이나 치료법의 대상이 되는 단백질들, 즉 약의 표적이 될 가능성이 있는 단백질에 사실상 특허권을 가지게 된다는 점이다. 사실 대다수 거대 제약회사의 입장에서도, 생명공학 회사가 생물학적 기능 정보를 거의 또는 전혀 모른 채 특허를 신청해서 약의 표적이 될 유전자에 특허를 얻는다면, 그것은 독약과 같다. 유전자를 발견함으로써 특허권을 가진 자가 상당한 특허료를 요구한다면, 약 개발에 들어가는 비용이 크게 상승한다. 현재 약의 승인을 받는 데에 이르기까지 드는 총 비용 중 약의 표적 클로닝에 들어가는 비용은 기껏해야 1퍼센트에 불과한 수준이기 때문이다. 게다가 한 기업이 특정한 단백질을 만드는 유전자에 특허권을 가지고 있으면서 그 단백질을 표적으로 한 약을 생산한다고 하면, 그 기업은 그 단백질을 표적으로 한 더 나은 약을 개발하고픈 욕구를 당분간 전혀 느끼지 못할 것이다. 특허권을 가지고 있으므로 다른 기업들이 그런 약을 만들지 못하도록 합법적으로 막을 수 있는데, 왜 연구 개발에 투자를 하겠는가?

TIGR, HGS, 스미스클라인-비첨 사 3인조가 인간 유전자 서열에 상업적 족쇄를 채울 것이라는 생각에 분자생물학 학계와 산업계 모두 우려를 표했다. 1994년에 스미스클라인-비첨 사와 오랜 경쟁관계에 있던 제약회사인 머크 사는 워싱턴 대학교 유전체 센터에 인간 cDNA 서열 분석 연구비로 1,000만 달러를 기부하면서 그 자료를 공개하도록 했다. 공개하는 전략으로 HGS를 맞받아 친 셈이다.

TIGR와 HGS가 유전체의 상업화를 위한 첫 단계를 밟아가고 있을 무렵, 프랜시스 콜린스가 내 뒤를 이어 국립보건원의 유전체 계획을 담당할 책임자가 되었다. 콜린스를 임명한 것은 잘한 일이었다. 그는 낭성 섬유증, 신경 섬유종(이른바 코끼리인간병) 유전자를 발견했고 공동 연구를 통해서 헌팅턴병 유전자를 찾아내는 등 몇몇 주요 질병 유전자를 굴복시킨, 최고의 유전자 지도 제작자였다. 인간 유전체 계획의 초기 시합, 즉 중요한 유전자들을 지도에 표시하고 특성을 파악하기 위한 경쟁에서 우승컵을 거머쥐었던 그였기에, 그 영예가 콜린스에게 돌아가는 것은 당연했다. 그는 자기 나름대로 성과를 알리고 있었다. 그의 이동수단은 혼다 나이트호크 모터사이클이었는데, 그는 자기 연구실에서 새로운 유전자가 발견되면 그 그림을 인쇄해서 헬멧에 붙이곤 했다.

콜린스는 버지니아 주의 셰넌도어 계곡에 자리한 수도도 들어오지 않는 38헥타르의 농장에서 자랐다. 그는 처음에 학교에 가지 않고 집에서 희곡 교수와 극작가였던 부모님에게 교육을 받았다. 그는 일곱 살 때 "오즈의 마법사" 희곡을 써서 공연을 하기도 했다. 하지만 과학이라는 사악한 마법에 빠지는 바람에 그는 연극계를 떠났다. 그는 예일 대학교에서 물리화학으로 박사학위를 받은 뒤, 의대에 들어갔다가 나중에 의료유전학 연구원이 되었다. 콜린스는 신앙이 깊은 과학자라는 희귀한 종족에 속한다. 그는 대학시절에는 "꽤 미움 받는 무신론자였지요"라고 회상한다.[11] 하지만 의대에서 그의 생각은 바뀌었다. "나는 끔찍한 의료환경에서 생존을 위해서 싸움을 벌이고 있는 사람들을 지켜보았습니다. 그들 중 많은 사람들이 패배했어요. 나는 일부 사람들이 신앙에 기대어 힘을 얻는 모습을 보았습니다." 콜린스는 인간 유전체 계획에 과학적으로 탁월한 능력뿐 아니라 전임자가 갖추지 못했던 영적 차원까지 도입했다.

1990년대 중반 들어 인간 유전체의 첫 지도가 제작되고 서열 분석 기술이 급속히 발달하면서, 본격적으로 A, T, G, C를 공략할 시기가 도래했다. 즉 서열 분석의 시기가 도래한 것이다. 우리는 국립 과학 아카데미가 내놓았던 사냥 계획에 따라 먼저 모델 생물들의 서열을 공략했다. 먼저 세균을 공략하고 그 다음에 좀더 복잡한 생물, 즉 더 복잡한 유전체를 가진 생물을 공략하기로 되어 있었다. 세균보다 큰 첫 도전 대상은 하등한 선충의 일종인 예쁜꼬마선충이었고, 그 생물을 공동 연구해서 성과를 올린 영국 생어 센터의 존 설스턴과 워싱턴 대학교의 로버트 워터스턴은 국제 협력의 모범 사례가 되었다. 그 선충의 유전체 서열은 1998년 12월에 발표되었다. 총 9,700만 개의 염기쌍이었다. 몸집이 이 문장에 찍힌 쉼표만하고 겨우 959개의 세포로 이루어졌음에도,* 그 선충은 약 2만 개의 유전자를 가지고 있었다.

설스턴을 처음 보면 거대 과학에서 지도력을 발휘할 만한 인물과 거리가 먼 듯이 보인다. 그는 현미경을 들여다보면서 그 선충의 발달과정을 세포 하나하나에 이르기까지 놀라울 정도로 완벽하게 묘사하는 일에 과학자로

---

* 예쁜꼬마선충의 성체 중 자웅동체는 959개, 수컷은 1031개의 세포로 이루어져 있다.

서의 삶 거의 전부를 바친 사람이었다. 턱수염을 기르고 인자해 보이는 얼굴을 한 그는 성공회 주교의 아들로 태어났다. 그는 사업과 인간 유전체 사이에 공통점이 전혀 없어야 한다고 강력히 믿는 타고난 사회주의자이다. 콜린스와 마찬가지로 그도 모터사이클 애호가이며, 사고가 나기 전까지 케임브리지 외곽에 있는 집에서 생어 센터까지 550cc 모터사이클을 타고 출퇴근하곤 했다. 그러다가 인간 유전체 계획이 속도를 올리고 있을 무렵, 사고가 나는 바람에 그는 중상을 입었고, 그의 모터사이클은 "볼트와 너트밖에 남지 않았다."[12] 생어 센터에 자금을 대고 있던 웰컴 트러스트는 그 계획의 과학 지도자가 매일 일하러 올 때마다 위험한 짓을 한다는 것을 알고 소스라치게 놀랐다. 당시 트러스트의 책임자인 브리짓 오길비는 이렇게 불평을 해댔다. "우리가 이런 인간에게 그 많은 돈을 쏟아붓고 있었다는 거잖아!"[13]

설스턴의 미국 동료인 워터스턴은 프린스턴 대학교에서 공학을 전공한 사람으로서, 워싱턴 대학교의 거대한 서열 분석 센터를 운영하면서 많은 공학적인 실무지식을 도입했다. 워터스턴은 작은 것에서 시작해서 큰 것으로 끝내는 확대 추정 능력을 지니고 있다. 그는 딸을 따라서 조깅을 하다가 자신이 달리기를 좋아한다는 것을 깨닫더니, 지금은 마라톤을 하고 있다. 분석 센터를 맡은 첫 해에 그의 서열 분석 연구진이 분석한 선충의 서열은 고작 4만 염기쌍에 불과했지만, 몇 년 사이에 엄청난 양으로 늘어났으며, 워터스턴은 가장 일찍 전면적인 인간 유전체 서열 분석에 들어가자고 촉구한 사람 중 한 명이었다.

인간 유전체 계획을 위한 국제 협력에 참여한 사람들이 모델 생물 서열 분석부터 시작해서 큰 것을 향하여 서서히 나아가고 있을 무렵, 모든 일을 전면적으로 뒤흔드는 분자생물학적 지진이 일어났다.

크레이그 벤터와 TIGR의 일은 순조롭게 진행되고 있었다. 몇 년 동안

국제 협력(위) : 영국과 미국의 과학자들이 복잡한 생물인 예쁜꼬마선충의 유전체 서열을 최초로 완전 분석했다. 그 계획의 두 책임자(아래), 밥 워터스턴과 존 설스턴이 휴식을 취하고 있다.

cDNA 유전자 발견 전략에 흠뻑 빠져 있었던 벤터는 유전체 전체의 서열 분석에 관심을 가지게 되었다. 그는 이 분야에서도 자신의 방법이 더 우월하다는 생각을 품게 되었다. 인간 유전체 계획은 먼저 각 DNA 덩어리가 염색체 어디쯤에 있는지 힘들여 위치를 파악한 뒤에 서열 분석 작업에 들어갔다. A 덩어리가 B 덩어리 옆에 있다는 것을 알고 있으면 두 덩어리 사이에 겹치는 부분을 찾을 수 있으므로, 서열 분석을 한 뒤 둘을 이어맞추는 식이었다. 반면에 벤터는 처음부터 지도를 작성하지 않고 시작하는 "전장 유전체 산탄총(whole genome shotgun : WGS)" 방식을 택했다. 그냥 유전체 전체를 마구 덩어리로 잘라낸 뒤에 그것들의 서열을 전부 분석한다. 그 서열 자료들을 컴퓨터에 넣으면 컴퓨터가 겹치는 부분을 알아서 찾아 판단해 순서를 짜맞춘다는 것이다. 이 방법을 쓰면 위치 정보를 굳이 미리 알 필요가 없었다. 벤터와 TIGR의 연구진은 이런 무식한 방법이 적어도 단순한 유전체에는 제대로 들어맞는다는 것을 보여주었다. 1995년에 그들은 이 방법을 써서 세균의 일종인 헤모필루스 인플루엔자(*Haemophilus influenzae*)의 유전체 서열을 분석해 발표했다.

그러나 WGS가 단순한 세균 유전체보다 약 1,000배 더 큰 인간 유전체 같은 크고 복잡한 유전체에서도 제대로 작동할지 여부는 아직 불분명했다. 문제는 반복 서열이었다. 유전체의 여러 지점에서 나타나는 이 똑같은 서열들은 원리상으로 볼 때 WGS 서열 분석 방식을 무용지물로 만들 수 있었다. 이런 반복 서열들은 가장 정교한 컴퓨터 프로그램조차 혼란시킬 수 있었다. 가령 A 덩어리와 P 덩어리에 반복 서열이 나타난다면, 컴퓨터는 A 덩어리가 B 덩어리 옆이 아니라 Q 덩어리 옆에 있다고 착각할 수도 있었다. 인간 유전체 계획은 내부 회의를 열어서 이 WGS 접근방법을 사용했을 때 어떻게 될지 논의했다. 그리고 시애틀 대학교의 필 그린이 주의 깊게 계산한 결과를 토대로 삼아 그런 방법을 쓰면 인간 유전체에 있는 길게 반복되는 다량의 정크 DNA들 때문에 혼동이 일어날 가능성이 있다고 결론을 내렸다.

1998년 1월 자동 서열 분석장치의 제작사인 ABI의 마이크 헝커필러는 최신 모델인 PRISM 3700을 살펴보아달라고 벤터를 초청했다. 벤터는 깊은 인상을 받았지만, 그 다음에 나온 말은 벤터를 더욱 놀라게 했다. 헝커필러는 ABI의 모회사인 퍼킨 엘머가 자금을 댈 테니까 인간 유전체 서열을 분석하는 새 기업을 설립할 생각이 없냐고 벤터에게 물었다. 벤터는 HGS의 해설틴과 이미 오래 전부터 소원한 관계에 있었기 때문에 TIGR를 미련 없이 떠날 자세가 되어 있었다. 그래서 그는 즉시 회사를 설립했다. 그 회사의 이름은 셀레라 지노믹스였다. 회사의 좌우명은 이랬다. "속도가 중요하다. 발견은 기다려주지 않는다." 계획은 헝커필러의 기계 300대와 국방부에 있는 것을 뺀 가장 고성능의 컴퓨터를 이용해서 WGS로 인간 유전체 전체의 서열을 분석한다는 것이었다. 예상기간은 2년이며, 비용은 2억-5억 달러가 들 예정이었다.

1998년 5월 『뉴욕 타임스』에 게재된 그 소식은 콜드 스프링 하버 연구소에서 공공(민간에 대비되는) 인간 유전체 계획이라고 불리게 될 것의 지도자들이 모여 회의를 하기 직전에 터져나왔다. 조금 줄여 말한다면, 그 소식은 그렇게 탐탁지 않았다. 그 세계적인 공공 계획에 이미 약 19억 달러의 공공 자금을 쓴 상태였지만, 『뉴욕 타임스』가 지적한 대로 아직까지 내놓을 것이라고는 생쥐의 유전체 서열밖에 없었다. 그런데 벤터가 인간 유전체라는 성배를 손쉽게 넣을 수 있다고 호언장담한 것이다. 특히 마음을 불편하게 만든 것은 벤터가 버뮤다 원칙이라는 것을 무시했다는 점이다. 1996년 버뮤다에서 인간 유전체 계획 회의가 열렸다. 그 자리에는 벤터도 참석했다. 그 회의에서는 인간 유전체 계획이 서열 분석 자료를 얻는 즉시 공개해야 한다는 데에 합의가 이루어졌다. 우리는 모두 유전체 서열이 공공의 재산이어야 한다는 데에 동의했다. 그런데 이제 와서 변절자인 벤터가 딴 마음을 먹은 것이다. 그는 새로운 서열 분석 자료를 제약회사나 다른 관심 있는 측에 미리 볼 수 있는 권리를 판매하기 위해서 새 서열 자료 공개를 석 달 동안 미룰 것이라고 발표했다.

우연의 일치로 웰컴 트러스트의 마이클 모건은 벤터의 선언이 있은 지 며칠 뒤 트러스트가 생어 센터 지원금을 두 배로 늘려서 총 3억5,000만 달러를 지원하겠다고 발표함으로써 공공 계획에 힘을 실어주었다. 발표 시기로 보면 그 선언은 벤터의 도전에 직접 반응한 것처럼 보였지만, 자금 지원 증가는 사실 꽤 오래 전부터 이루어져왔다. 그 직후 미국 의회도 공공 인간 유전체 계획 예산을 늘렸다. 경쟁이 벌어진 것이다. 사실 처음에 출발할 때부터 적어도 승리자가 둘이 되도록 예정되어 있었다. 과학은 인간 유전체 서열 둘이 서로 대조하며 점검해야만 혜택을 누릴 수 있게 되어 있었다(염기쌍이 30억 개가 넘기 때문에 오류가 한두 군데 나타나기 마련이었다). ABI가 또다른 승리자가 되리라는 것도 분명했다. 훨씬 더 많은 PRISM 서열 분석장치를 팔 수 있게 되었기 때문이다. 이제 공공 계획에 참여하는 연구실들도 벤터와 경쟁하기 위해서 그 장치를 살 수밖에 없었다!

그뒤 2년 동안 민간 부문과 공공 부문의 지도자들이 벌이는 신랄한 설전이 신문의 과학란을 장식하게 되었다. 치고받는 설전이 점점 과격한 양상을 띠자 클린턴 대통령은 과학 자문위원에게 지시를 내렸다. "어떻게든 함께 일하게 좀 만드시오."[14] 하지만 그런 와중에서도 서열 분석 작업은 계속 진척되었고, 벤터는 공공 협력단에서 초파리를 맡은 연구자들과 공동 연구를 통해서 2000년 초 초파리 유전체의 초안이 완성되었다고 선언함으로써 WGS 접근방법이 상당한 크기의 유전체에도 적용될 수 있음을 보여주었다. 하지만 초파리의 유전체에는 정크 반복 DNA가 상대적으로 적으므로, 셀레라 사가 그 유전체 서열들을 짜맞추는 데에 성공했다고 해서 WGS가 인간 유전체에도 제대로 적용된다는 보장은 없었다.

셀레라 사의 도전에 맞서 싸우는 데에 에릭 랜더만큼 중요한 역할을 한 사람은 없다. 로봇이 연구원을 대체하는 거의 완벽한 자동 서열 분석과정을 떠올린 사람이 바로 그였다. 그리고 이 상상을 현실화하려는 의욕을 가진 사람도 바로 그였다. 사실 랜더의 경력을 보면 그가 의욕이라고는 한두 가지밖에 몰랐다는 점이 드러난다. 브루클린에서 자란 랜더는 맨해튼의 스튀브생트 고등학교에 다닐 때 뛰어난 능력을 보여준 수학 신동이었으며, 웨스팅하우스 과학 경시대회에서 일등을 하기도 했다. 그는 프린스턴 대학교를 수석 졸업한 뒤 로즈 장학금을 받고 옥스퍼드 대학교로 가서 박사학위를 받았다. 그가 1987년 이른바 "천재" 상이라고 하는 맥아더 기금을 받은 것은 당연한 일인 듯했다. 말이 나온 김에 덧붙이자면, 그의 어머니는 어떻게 이런 일들이 벌어졌는지 어리둥절하기만 하다. "내가 잘 키운 덕분이라고 말하고 싶지만, 사실이 아닌 것을 어찌겠어요……그냥 복이 굴러들어왔다고밖에 할 말이 없네요."[15]

자기 분야의 보통 사람들에 비하면 놀라울 정도로 사교적이었던 랜더는

대량생산 기술과 DNA 서열 분석의 만남 : MIT의 화이트헤드 연구소는 벤터와 셀레라 사의 도전에 맞서서 국제적인 노력을 결집시켰다.

결국 순수 수학이 "수도원 같은 고립된 분야"[16]임을 깨닫고 나서 더 사교적인 사람들이 있는 하버드 경영대 교수가 되었다. 하지만 신경과학자인 동생이 하는 일을 지켜본 그는 곧 그쪽으로 관심이 쏠렸다. 뭔가 영감을 받은 그는 낮에는 경영대 일을 충실히 하고 밤에는 하버드 대학교와 MIT의 생물학과에서 생물학 수업을 들었다. "여기저기 길모퉁이에서 분자생물학 이야기를 많이 주워들었죠. 하지만 이쪽으로 오니 길모퉁이가 너무나 많더군요."[17] 1989년에 그는 그 길모퉁이 중 한 곳에 있는 MIT의 화이트헤드 연구소의 생물학 교수가 되었다.

생어 센터, 워싱턴 대학교, 베일러 대학교, 월넛크리크에 있는 에너지부를 비롯한 공공 인간 유전체 계획이 이루어지는 주요 5대 중심지인 이른바 G5 중에서 DNA 서열 분석 자료를 가장 많이 발표한 곳은 랜더의 연구실이었다. MIT에 있는 그의 연구진은 유전체 초안이 발표되기 직전에 생산성을 급격히 높이는 데에 핵심 역할을 하기도 했다. 1999년 11월 17일에 공공 부문은 10억번째 염기를 분석하는 데에 성공했다. 그 염기는 "G"였다. 그로부터 겨우 넉 달 뒤인 2000년 3월 9일에 20억번째 염기인 "T"가 분석되었다. G5는 속도를 높이고 있었다. 인터넷에 빠른 속도로 대량으로 즉시즉시 올라오는 공공 부문의 자료를 셀레라 사도 볼 수 있었으므로, 벤터는 마침내 식은땀을 흘리면서 원래 셀레라 사가 하려고 계획했던 서열 분석작업을 절반으로 줄였다.

언론에서 공공 부문과 민간 부문 사이의 경쟁이 절정으로 치달을 즈음, 그 장벽 뒤에서는 컴퓨터가 가득한 골방에 앉아 있는 과학자들, 수학적 두뇌를 가진 집단들에게로 서서히 초점이 이동하고 있었다. 그들은 조각나 있는 A, T, G, C의 서열들을 이어 붙여 의미를 가지게 만드는 일을 담당하고 있었다. 그들의 과제는 크게 두 가지였다. 첫째는 수중에 들어온 아주 많은 DNA 덩어리들을 이어 붙여 최종 서열을 만들어내는 것이었다. 같은 위치에 있는 서열들이 대부분 대량 중복되어 분석되었기 때문에 서열들을 다 정리하면 사실상 유전체를 몇 개나 얻을 만한 양이 된다. 따라서 그 서열들을 정리해 기준으로 삼을 하나의 유전체 서열을 구성해야 했다. 컴퓨터를 쓴다고 해도 이것은 엄청난 작업이었다. 둘째는 최종 서열에서 무엇이 무엇인지를 파악해야 했다. 그중에서도 유전자가 어디에 있는지 찾아내는 것이 중요했다. 유전체의 구성 부분들을 파악하는 것, 즉 A, T, G, C로 이루어진 긴 가닥에서 어느 부분이 정크이고 어느 부분이 단백질 암호를 지닌 부분인지 구분하는 작업은 컴퓨터의 능력에 크게 좌우되었다.

셀레라 사의 컴퓨터 작업을 책임지고 있는 사람은 WGS 접근방식을 맨 처음 가장 적극적으로 옹호했던 컴퓨터 과학자인 진 마이어스였다. 그는 위스콘신에 있는 마시필드 의학 연구 재단의 제임스 웨버와 함께 셀레라 사가 등장하기 오래 전부터 공공 부문이 WGS를 채택해야 한다고 주장했다. 따라서 마이어스에게 셀레라 사의 성공은 자존심과 설욕을 뜻했다.

공공 부문은 전에 작성해둔 유전 표지를 기반으로 삼고 있었으므로 서열의 양이 방대하다는 것은 분명했지만 표지와 무관하게 WGS를 사용해서 얻은 자료를 짜맞추어야 하는 마이어스보다는 그나마 서열 짜맞추기 작업이 덜 압도적으로 보였다(아무튼 최종 분석작업 때 셀레라 사는 공공 부문에서 나온 지도 정보를 마음껏 활용할 수 있었다). 사실 이런 유전 표지를 염두에 두었기 때문에 공공 부문은 컴퓨터 작업을 오히려 과소평가하는 오류를 저질렀다. 셀레라 사가 컴퓨터 설비를 보강하고 있을 때 공공 부문은 여전히 서열 분석 작업을 가속화하는 일에 초점을 맞추고 있었다. 나중에서야 공공 부문의 지도자들은 크리스마스 전날에야 새 자전거 부품들을 조립해야 하는 상황에 직면한 아버

짐 켄트는 100대의 개인용 컴퓨터를 이용해서 유전체 초안을 구성하는 프로그램을 짰다.

지처럼, 자신들도 지도가 있든 없든 상관없이 수중에 든 것들을 끼워맞추어야 하는 커다란 문제에 직면했다는 것을 깨달았다. "초안"을 발표할 날은 6월 말로 정해져 있었다. 하지만 5월 초까지도 공공 부문은 서열을 끼워맞출 방법을 전혀 모르고 있었다. 그 위기의 상황에서 등장해 그들을 구원해줄 신은 엉뚱한 모습으로 나타났다. 그는 캘리포니아 산타크루즈 대학교의 대학원생이었다.

그의 이름은 짐 켄트였다. 그는 팝 그룹인 그레이트풀 데드(Grateful Dead)의 일원처럼 생겼다. 그는 개인용 컴퓨터 시대가 시작될 때부터 그래픽과 애니메이션 프로그램을 비롯한 컴퓨터 프로그램을 짜는 일을 해왔다. 그러던 중 DNA와 단백질 서열을 분석하는 생물정보학이라는 새로운 분야에서 일하기 위해서 대학원에 진학하기로 결심했다. 그는 마이크로소프트의 윈도우 95용 프로그램 개발자를 위한 12장짜리 시디롬 패키지를

받았을 때, 상업용 프로그램을 짜는 일에 손을 놓아야 한다는 것을 알아차렸다. "나는 인간 유전체 전체가 시디롬 한 장에 들어갈 수 있을 것이라는 생각만 하고 있었지만, 석 달 동안 아무 진척이 없었어요." 5월에 그 말 많은 끼워맞추기 문제를 풀 좋은 방법을 찾아냈다는 확신이 서자, 그는 최근에 교육 목적으로 구입한 개인용 컴퓨터 100대를 "빌려달라"고 학교에 요청했다. 그런 다음 그는 낮에는 코드를 짜고 밤에는 손목에 장애가 생기지 않도록 얼음찜질을 하면서 4주 동안 쉬지 않고 프로그램을 짜는 일에 매달렸다. 그의 마감일은 완성된 초안이 발표되는 날인 6월 26일이었다. 마침내 프로그램이 완성되자, 그는 개인용 컴퓨터 100대를 이용해서 서열 끼워맞추기 작업에 착수했다. 그리고 6월 22일 그의 컴퓨터들은 마침내 공공 부문의 끼워맞추기 문제를 해결했다. 셀레라 사의 마이어스는 더 가까스로 문제를 해결했다. 그는 6월 25일 밤에야 끼워맞추기를 완성했다.

그리고 2000년 6월 26일이 밝아왔다. 백악관에 있는 빌 클린턴과 다우닝 가 10번지에 있는 토니 블레어가 동시에 인간 유전체 계획의 초안이 완성되었음을 선언했다. 경주는 무승부라고 선언되었고 똑같이 영예를 공유했다. 다행히 쌍방은 나쁜 감정을 접었다. 적어도 그 날 아침은 그랬다. 클린턴은 선언했다. "오늘 우리는 신이 생명을 만드는 데에 사용한 언어를 배우고 있습니다. 이 심오한 새로운 지식을 얻게 됨으로써 인류는 바야흐로 치료를 위한 엄청난 새로운 힘을 얻으려 하고 있습니다."[18] 장엄한 순간에는 장엄한 단어를 써야 하는 법이다. 언론이 즉시 그것을 아폴로 우주선의 달 착륙에 비교할 만큼 그 성취에 자부심을 느낀 것은 이해할 만하다. 비록 그 날이 유전체 분석의 업적을 이룬 "공식적인" 날이라고 하는 것은 다소 임의적이기는 하지만 말이다. 서열 분석은 결코 완결된 것이 아니었고, 유전체를 요약한 과학논문들이 발표된 것은 거의 8개월이 더 지난 뒤였다. 공공 협력단은 『네이처』에, 벤터와 셀레라의 동료들은 『사이언스』에 같은 날짜에 발표했다. 그 발표 시기는 인간 유전체 계획의 시간표에 정해진 것이 아니라 클린턴과 블레어의 일정에 따라서 정해졌다는 주장이 있다.

백악관은 대대적으로 선전을 했지만, 거기에는 축하의 목표가 인간 유전체의 초안이 아니라는 사실이 간과되어 있었다. 아직 할 일이 많이 남아 있었다. 사실 서열이 상당한 수준까지 완성되어 발표된 염색체는 가장 작은 것들인 21번과 22번뿐이었다. 그리고 이 서열들조차도 염색체의 끝에서 끝까지 끊기지 않고 이어져 있다고 자랑할 수 있는 수준이 아니었다. 다른 염색체들과 마찬가지로 이 서열들에도 중간에 누락된 부분들이 있었다. 인간 유전체의 염기 서열을 마지막 하나까지 다 분석하려면 몇 년, 심지어 수십 년까지 걸릴 수 있다는 것을 깨달은 콜린스와 동료들은 HGP가 사실상 언제쯤 완성되었다고 선언을 할 수 있을지를 결정해야 했다. 그들은 빠진 부분을 대부분 채워넣은 정확한 서열, 다시 말해서 오류가 염기 1만 개당 하나 이하인 수준에서 최소한 서열의 95퍼센트 이상이 분석된 "본질적으로 완성된" 서열을 발표할 날짜를 2003년 4월로 정했다. 그 날짜가 프랜시스 크릭과 나의 이중나선 논문이 『네이처』에 실린 지 50주년이 되는 때라는 것은 결코 우연의 일치가 아니었다. 콜린스는 HGP가 "일정을 앞당겨서 예상한 것보다 더 적은 예산으로" 일을 끝낸 데에 자부심을 가질 만하다고 평했다.

세계의 서열 분석 중심 기관들을 구슬려 마지막 장애물 경주에 나서도록 하는 임무는 로버트 워터스턴의 뒤를 이어 워싱턴 대학교 센터를 맡은 미국 중서부 출신의 솔직한 인물인 릭 윌슨이 맡게 되었다. 그 경주의 이름은 품질 관리이다. 즉 각 염색체에 관리자를 지정하면, 그 관리자는 맡은 염색체가 계획의 전반적인 요구사항들을 충족시킬 때까지 일을 진척시키고 감독해야 한다. 엉뚱한 벼 서열이 데이터베이스에 들어가 있는 것처럼 때때로 오류가 나타나지만, 검증과정이 그런 오류들을 효과적으로 제거한다는 것이 입증되고 있다.

◀ 2000년 6월 26일 : 초안이 발표될 때 크레이그 벤터(왼쪽)와 프랜시스 콜린스(오른쪽)는 일시적으로 경쟁심을 버리고 초안 완료를 선언하는 대통령의 뒤에 나란히 섰다.

▼ 백악관 밖에 선 유전체 계획 연구자들. 에릭 랜더(화이트헤드, MIT), 리처드 깁스(배일러, 휴스턴), 밥 워터스턴, 릭 윌슨(세인트루이스, 워싱턴 대학교)

HGP가 일을 끝냈다고 당당하게 선언한 뒤로도 10년 동안, 과학자들은 공들여서 흙먼지를 걸러내고 층층이 하나하나 기록을 하면서 고귀한 유물을 찾는 고고학자처럼, 유전체를 샅샅이 들여다보면서 빠진 자리를 채워나갔다. 공공 협력단이 분석한 기준 서열은 여전히 귀중한 토대 역할을 하고 있지만, 여러 해에 걸쳐 공들여서 분석—HGP에서 소중하게 여긴 바로 그 협력과 공공 데이터 공유 원칙을 토대로 한 몇몇 대규모 국제 연구 과제를 포함하여—을 한 결과, 지금은 다양한 집단 사이의 유전적 변이와 세포핵에 든 유전체의 삼차원 형태를 훨씬 더 깊이 이해하고 있다. 또 서열 내에서 유전자를 켜고 끄는 방식을 제어하는 기능적 요소들과 그에 수반되는 화학적 변이 양상도 점점 더 깊이 파악해가고 있다. 이 모든 깨달음은 DNA 서열 분석 기술의 급격한 발전 덕분에 가능해졌다. 10년도 안 되어 무려 100만 배나 향상된 덕분이다.

HGP는 역사적인 업적이었지만, 단 하나의 기준 서열만을 분석했을 뿐이었다. 버팔로 지역의 한 신문에 실린 광고를 보고서 DNA 시료를 기증한 약 20명의 것을 조합한 모자이크 유전체였다. 그 조합한 유전체가 HGP가 분석한 전체 서열이었다. 왜 버팔로였는지 조금은 의아할지도 모르지만, 당시 그곳의 로스웰 파크 암 연구소에 네덜란드 유전학자 피터르 더용이 있었기 때문이다. 그는 앞서 말한 DNA 서열 분석에 필요한 중요한 전구물질인 BAC 목록을 구축하는 일에 손꼽히는 전문가로 널리 인정을 받고 있었다. 우리는 정확히 누가 기준 유전체를 제공했는지 결코 알지 못하겠지만, 브로드 연구소의 데이비드 자페 연구진은 아프리카계 미국인이 상당한 부분을 차지할 것이라는 분석 결과를 내놓았다. 기준 유전체는 윤곽만 그려놓고 숫자로 색칠할 자리를 표시한 책처럼, 토대를 제공해왔다. 인간의 유전체 서열에 나타나는 거의 무한한 수의 변이를 색칠하는 일은 후대 연구자들에게 맡겨졌다.

국제 단상형 지도 작성 계획(International Haplotype Mapping Project, 줄여

인간 유전체 계획에 쓰일 DNA 기증자를 구한다는 1997년 『버펄로 뉴스(Buffalo News)』 광고.

서 "햅맵[HapMap] 계획)은 이 무수한 변이의 목록을 작성하는 일을 시작했다. 1980년대의 유전자 지도 작성 혁명에 힘입어서, 이미 과학자들은 수백 가지 유전병을 일으키는 돌연변이를 파악하는 큰 성과를 이루어냈다. 그러나 유전자 수준에서 당뇨병, 심장병, 암 같은 흔한 질병에 취약하게 만드는 범인을 찾아내려면, 유전적 변이를 체계적으로 조사해야 한다. 햅맵 계획의 목표는 인류 중 적어도 1퍼센트에게서 변이가 나타나는 모든 유전체 부위를 찾아낸다는 것이었다. 연구자들은 수백만 개의 이 단일 염기 다형(single nucleotide polymorphism), 즉 SNP("스닙"이라고 발음한다)의 양상과 위치를 파악했다. 그리고 그중에서도 대표할 만한 부위들을 골라 유전체 전체를 아우르는 방대한 표지 집합을 구축하여, 흔한 질병에 관여하는 유전자들을 파악하는 대규모의 전장 유전체 연관 분석 연구(genome-wide association studies : GWAS)을 수행하고 있다(제12장 참조).

세심하게 마련한 윤리 지침을 준수하면서, 햅맵 계획은 4개 지리적 집단에서 익명의 개인 270명에게 얻은 유전체를 조사했다. 요루바족, 한족, 일본인, 유타 주의 유럽인 후손들이었다. 이 계획에는 공공기관과 민간기관이 함께 했다. 그들은 햅맵 자원자들의 DNA를 훑어서 유전체 전역에서 SNP 300만 개를 찾기 시작했다. 유전형을 분석하는 엄청난 작업은 유전자 칩 개발에 앞장선 기업 애피메트릭스 사에서 분사한 펠러젠 사가 맡았다. 그리하여 거의 일정한 간격으로 배열된 300만 개가 넘는 SNP로 이루어진 기본 틀이 구축되었다. 이 SNP들은 평균적으로 염기 900-1,000개 간격으로 놓은 표지판 역할을 한다. 이 기본 틀을 토대로 웰컴 트러스트를 비롯한 기관들은 GWAS에 착수했다. 인간 SNP의 목록은 현재 1,000만 개를 넘었고, 평균적으로 염기 300개 간격으로 놓여 있다. 햅맵 계획은 이윽고 2016년에 끝을 맺었고, 그뒤를 1,000 유전체 계획(1,000 Genomes Project)이 잇고 있다.

HGP의 가장 중요한 목적 중 하나는 인체의 "부분들의 목록"을 모으는 것이었다. 작성된 목록에 유전자가 약 2만 개에 불과하다고 나오자—겨우 10년 전에 교과서에 실렸던 수보다 훨씬 적었다—우리는 나머지인 "정크 DNA(junk DNA)"가 과연 어떤 목적을 가지는가—목적이 있다고 할 때—하는 당혹스러운 문제를 떠안게 되었다. 이 "암흑물질"이 그저 기나긴 세월에 걸친 진화의 잔해—과거에 바이러스가 삽입되고 유전체가 재배치될 때 남은 조각들—일까, 아니면 어떤 수수께끼 같은 기능을 지니고 있는 것일까?

이 문제를 규명하기 위해서, 또다른 국제적인 연구가 시작되었다. DNA 요소 백과사전(Encyclopedia of DNA Elements), 즉 인코드(ENCODE) 계획에 32개국 400여 명의 과학자들이 참여했다. 그들은 5년 동안 연구실에 죽치고 앉아서(컴퓨터 시간으로 따지면 총 약 300년에 해당한다), 정크 DNA의 수수께끼를 파헤쳤다. 인코드는 유전체를 새로운 관점에서 보게 해줄 것이고, 흐릿한 비디오테이프 대신에 고해상도 영상으로 보여줄 터였다. 2012년 인코드 연구진은 『네이처』를 비롯한 몇몇 학술지에 연구 결과를 발표했다. 논문이 30편이었으니, 사실상 책 한 권 분량이었다. 그 연구 결과는 1990년대 말의 유전체 전쟁 못지않은 논쟁을 불러일으켰다. 인코드 연구진은 인간 유전체의 80퍼센트가 "기능적"이라고 정의되어야 한다고 주장했다. 즉 그 말은 유전자를 켜고 끄는 전사인자나 유전자 조절 단백질이 결합할 자리(유전학자의 전문 용어를 쓰자면, "증폭자"나 "프로모터")를 제공하는 등의 어떤 생화학적 역할을 수행한다는 뜻이었다. 또 유전자들 사이에 흩어져 있는 RNA 전사체를 만드는 영역은 거의 이해가 안

된 상태였는데, 이 계획은 그 영역에 관심을 집중시키는 역할도 했다. 전령 RNA와 달리, 이 전사체들은 이유가 어떻든 간에 단백질로 번역되지 않는다. 인코드 연구진은 이런 영역들에, 그저 쓰레기에 불과한 서열이 죽 늘어서 있는 것이 아니라 사실상 다락방에서 찾아낸 오래된 가방처럼 귀중한 유물과 가보가 들어 있다고 주장했다.

인코드 연구진의 80퍼센트라는 주장은 무수히 인용되면서 열띤 논쟁을 불러일으켰다. 논쟁의 핵심은 "기능적"이라는 말을 어떻게 정의할 것인가이다. 인코드의 책임자 중 한 명인 이완 버니는 그 문제를 이렇게 요약한다. 유전체의 한 요소가 어떤 식으로든 세포의 생화학이나 생물의 표현형(겉모습)에 변화를 일으키는가? 다시 말해서, 전사가 일어난다는 것 자체가 기능을 가진다는 증거로 충분하다는 것이다. 비록 그렇게 단순하게 말할 수 없다고 주장하는 이들도 있지만 말이다. 전사인자 같은 단백질과 DNA 사이에 물리적 접촉이 있다는 증거가 명백한 곳은 유전체 중 8퍼센트를 차지한다. 이른바 "기능적" DNA 중 나머지 72퍼센트는 어떤 기능을 하는지 아직 전혀 모른다. 하지만 인코드는 유전자 암호를 가진 영역에서 아주 멀리 떨어져 있는 서열도 유전자 발현의 특정 측면을 조절한다는 압도적인 증거를 제시한다. 버니는 유전체의 60퍼센트가 현재 엑손이나 인트론이라는 범주에 들어가므로, "이 60퍼센트에 20퍼센트가 더 늘어난다고 해도 그리 놀랄 일이 아니다"라고 지적한다.[19]

인간 유전체 계획은 앞으로도 놀라운 기술적 성취로 남아 있을 것이다. 1953년에 누군가 50년 내에 인간 유전체 서열 전체가 분석될 것이라고 말했다면, 크릭과 나는 웃음을 터뜨리면서 술 한 잔을 사주었을 것이다. 그리고 그런 회의적인 시각은 그로부터 20여 년이 지나 DNA 서열 분석법이 등장했을 때에도 여전히 타당한 듯이 보였다. 그것이 기술적 돌파구임은 분명했지만, 그런 한편으로 그것은 지겨울 정도로 시간을 많이 잡아먹는

생명의 책: 레스터 대학교의 캐스 크레이머 연구진은 완전한 인간 유전체 서열을 책으로 인쇄했다. 염색체별로 책 표지 색깔을 달리 했다. 인체의 모든 세포에 든 정보가 실린 백과사전이다.

방법이었다. 그 당시에는 몇백 개의 염기쌍으로 이루어진 작은 유전자 하나의 서열을 분석하는 것조차도 대단한 작업이었다. 그리고 그로부터 고작 25년이 더 흐른 뒤인 지금, 우리는 이 자리에서 32억 개의 염기쌍 서열 분석이 완료된 것을 축하하고 있다. 하지만 우리의 기술적 능력이 아무리 경이로울 정도라고 해도 유전체는 그 기술의 기념물 차원의 것이 아님을 명심해야 한다. 설령 정치적 동기가 있었다고 해도, 백악관의 축하 선언은 질병과 싸우는 우리가 경이로운 신무기를 가질 가능성이 있다는 것과 더 나아가 어떻게 생물이 형성되고 어떻게 활동하며, 무엇이 우리를 생물학적으로 다른 종과 갈라놓는지, 다시 말해서 무엇이 우리를 인간으로 만드는지를 이해하려는 노력이 전혀 새로운 단계로 진입할 가능성이 있다는 것을 알렸다는 의미에서 지극히 정당했다. 하지만 그 주제를 다루기 전에, 유전체 시대로 진입하는 작은 첫 걸음을 내딛었던 2000년의 기억에 남을 여름날 이후로 DNA 서열 분석과 유전체 분석 분야에서 어떤 놀라운 혁신이 일어났는지를 먼저 살펴보기로 하자.

제8장

개인 유전학 : 나머지 우리 중 첫 번째

2005년 말의 어느 날, 나는 조너선 로스버그라는 생명공학 기업가로부터 뜻밖의 전화를 받았다. 만난 적은 없지만, 나는 그가 어떤 일을 해왔는지를 어렴풋이 알고 있었다. 1990년대 초에 로스버그는 콜드 스프링 하버에서 배로 롱아일랜드 해협을 지나면 금방 도착하는 코네티컷 지역에 회사를 설립했다. 당시의 많은 생명공학 기업처럼, 큐러젠이라는 그 회사도 로켓에 올라탄 양 시장가치가 불합리한 수준까지 급등했다가 결국 중력에 곤두박질쳤다. 하지만 그때쯤에는 로스버그는 새로운 종류의 DNA 서열 분석장치를 만드는 454 라이프 사이언시스라는 다른 회사를 이미 차린 상태였다. 나는 "454"가 무엇을 뜻하는지 전혀 몰랐지만 말이다. 그리고 그가 성공했다는 것도 알고 있었다. 2005년 8월에 『네이처』에서 그가 공동 저술한 새로운 454 서열 분석기를 설명하는 기사를 읽은 적이 있었기 때문이다. 이른바 차세대 서열 분석장치 중 최초였다.

나중에 나는 454가 어떻게 탄생했는지를 알았다. 1999년 로스버그의 아내가 출산을 했는데, 아기가 청색증을 보였다. 아기는 즉시 병원의 신생아 집중 치료실로 들어갔다. 로스버그는 초조하게 소식을 기다리다가, 서류 가방에서 컴퓨터 잡지를 꺼냈다. 최신 고성능 마이크로프로세서의 사진이

◀ 유전체 세대. 스미소니언 국립 자연사 박물관과 국립 인간 유전체 연구소가 공동 주최한 전시회인 "생명의 암호를 깨다"에 나온 작품

표지에 실려 있었다. 그때 일종의 유레카 순간이 찾아왔다. 로스버그는 그 컴퓨터 혁명의 이정표—소형화와 병렬화—를 생어의 서열 분석을 대신할 새로운 DNA 서열 분석장치에 적용하면 어떨까 상상했다. 아마 언젠가는 이 체계가 초조한 부모들을 위해서 아픈 신생아를 빨리 진단을 내려줄 수 있지 않을까? (로스버그의 아기는 무사했다.)

두 달 뒤, 로스버그는 콜드 스프링 하버로 나를 찾아왔다. 그는 키가 컸고, 곱슬거리는 검은 머리가 대걸레처럼 좀 헝클어진 모양새였다. 젊은 시절의 나를 생각하면, 그리 나쁜 묘사가 아니다. 그는 너무나도 색다른 제안을 했다. 나보고 유전체학의 기니피그가 되어볼 생각이 있느냐는 것이었다. 세계 최초로 DNA 서열이 완전 해독된 인물이 되고 싶지 않은가요? 나는 별로 망설이지 않고 그러겠다고 대답했다. 최초가 되고 싶은 욕구가 강해서도 아니었고, 내 자신의 유전체를 들여다보고 싶다는 욕구 때문은 더더욱 아니었다. 교육적인 용도로 써먹을 수 있겠다고 느꼈기 때문이다.

나는 내 유전체의 서열을 분석하고 결과를 공개하는 데에 동의했다. 내가 붙인 조건은 딱 하나였다. 19번 염색체에 있는 APOE(아포 지방단백질 E, apolipoprotein E)라는 유전자에 관한 내용은 공개하지 말라는 것이었다. 듀크 대학교의 신경유전학자 앨런 로시스(안타깝게도 2016년 학술대회에 가다가 존 F. 케네디 국제공항에서 심장마비로 세상을 떠났다)는 APOE4라는 이 유전자의 희귀한 돌연변이(즉 대립유전자)가 알츠하이머 병의 위험을 높인다는 것을 설득력 있게 보여주었다. E4 변이체를 쌍으로 물려받으면 더욱 그러했다. 내 숙모 한 분이 알츠하이머에 시달렸기 때문에, 나는 내가 그런 끔찍한 병에 걸릴 유전적 소인이 있는지를 걱정하면서 시간을 보내고 싶은 생각이 손톱만큼도 없었다.

방문한 뒤로 1년쯤 아무런 소식이 없다가, 2006년 말에 그의 연구진이 연락을 해서, 혈액을 채취하기로 약속을 잡았다. 서열 분석비용이 줄어드는 와중에 그 회사의 기술은 상당히 발전을 거듭했다. 이제 로스버그의 연

최초의 유전체 서열 분석 : 2007년 5월, 454의 설립자 조너선 로스버그로부터 내 유전체 서열이 담긴 하드 드라이브를 건네받는 모습

구진은 그 DNA 시료로 이른바 "짐 계획(Project Jim)"에 착수했다. 2007년 5월, 나는 그 유전체 발표 행사의 명예 손님으로 초청받아서 휴스턴으로 갔다. 실제 서열 분석은 454의 과학자들이 했지만, 그 과정은 수십억 개의 염기쌍 자료를 이해하려고 애쓰는 생물정보학자들과 유전학자들이 직면하는 엄청난 일에 비하면 아무것도 아니었다. 후자를 위해서, 로스버그는 베일러 의대의 유전학자 리처드 깁스와 짐 럽스키, 생명윤리학자 에이미 맥과이어, 생물정보학자 데이비드 휠러와 협력했다. 행사장에서 로스버그는 내 유전암호 전체가 담긴 휴대용 하드 드라이브를 내게 선물했다(유전체의 서열을 분석했다고 말할 때, 단 한 번 죽 훑는다는 의미가 아니라, 어떤 자료를 얻을 수 있을 만큼 모든 영역을 충분히 훑으려면 평균적으로 그 30배, 즉 30×를 분석해야 한다는 의미임을 유념하자. 임상 환경에서는 대개 그보다 더 많이, 예를 들면 45×까지도 분석한다). 누군가가 쓸데없이

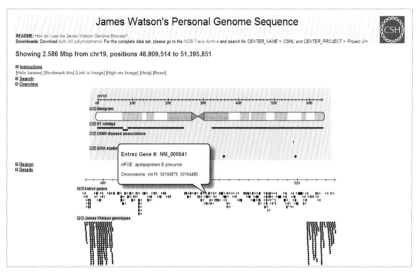

디스크에 얇은 빨간 리본을 서둘러 감아놓았지만, 나는 불평할 수 없었다. 로스버그는 서열 분석에 약 100만 달러가 들어갔다고 추정했다.

사실 나는 나의 DNA 서열이 밝혀낸 사항들—아니, 그보다는 밝혀내지 못한 사항들—에 적잖이 실망했다. 그 전날 만찬 자리에서, 베일러 연구진이 주요 특징들을 내게 미리 알려주었다. 시토크롬 P450이라는 중요한 효소를 만드는 유전자에 있는 DNA 변이 때문에, 나는 처방받는 혈압약을 비롯한 특정 약물을 대사하는 속도가 느리다는 것이 드러났다. 실제로 그 약을 먹으면 졸음이 오곤 했다. 이런 유전정보를 얻었으니, 지금까지 먹고 있는 약의 용량을 줄이는 것이 타당했다. 그것은 실제로 적용할 수 있는 정보였다. 그런 한편으로 나는 처음에 BRCA1라는 유방암 유전자의 위험스러운 변이체를 가지고 있음이 드러날까봐 걱정했다. 나의 질녀가 그런 표지를 가진다면 건강에 심각한 문제가 생길 수도 있었다. 하지만 그때 메리-클레어 킹—1990년 BRCA1 유전자의 지도를 작성했고(제14장에서 살펴볼 것이다) 유방암 내력이 있는 수백 개 집안에서 그것이 미치는 영향을 조사한 유명한 인물—으로부터 내 서열 변이체가 "온화한 아일랜드 다형"에 불과하다는 말을 들었다.

콜드 스프링 하버에서 함께 일한 바 있는 링컨 스타인은 내 유전체 서열 전체를 공개하는 웹사이트를 만들었다. 앞에서 말한 APOE 유전자를 빼고서 말이다. 하지만 우리는 한 가지를 간과했다. 우리 DNA는, 카드 한 벌을 섞을 때 들러붙어서 함께 돌아다니는 카드들과 흡사하게 덩어리로 유전되기 때문에, 어느 정도 실력이 있는 유전학자라면 이론상 19번 염색체에서 인접한 유전자들의 유전형을 훑기만 해도 내 APOE 변이체가 무엇일지 추론할 수 있다는 것이다. 스닙피디아(SNPedia)라는 질병 관련 DNA 변이체의 온라인 기록 보관소를 운영하고 있는 마이클 카리아소라는 젊은 친구가 그 점을 공개적으로 지적했다. 스타인은 재빨리 APOE 유전자 양쪽으로 약 100만 개의 염기쌍에 흩어져 있는 약 30개의 유전자 서열을 삭제했다. 나는 그런 불편을 안겨준 점을 사과하고 싶다.

2007년에 자신의 유전체 서열 전체가 분석된 사람은 나 말고 한 명이 더 있었다. 그리 놀랄 일도 아니지만, 그보다 10년 전에 인간 유전체 계획이 한창 진행될 때 셀레라 지노믹스에서 그 계획을 주도한 인물인 크레이그 벤터였다. 벤터의 연구진은 짐 계획의 소문을 듣고는 부랴부랴 나서서 2007년에 연구 결과를 발표했다. 그것도 내 유전체를 다룬 논문이 마침내 『네이처』에 실리기 약 6개월 전에 말이다. 하지만 한 가지 중요한 차이점은 벤터의 유전체에는 전통적인 생어의 서열 분석법이 쓰인 반면, 내 유전체에는 454의 차세대 기술이 쓰였다는 것이다. 그 때문에 일부에서는 다소 평범한 내 유전체에 더 큰 의미를 부여했다. 프랜시스 콜린스는 내 유전체를 "나머지 우리 중 첫 번째"라고 했다. 그 말이 옳았던 듯하다. 잠깐 소강상태가 이어진 뒤, 한두 방울 떨어지듯이 나오던 인간 유전체 서열 분석 자료들이 금세 우박처럼 쏟아지기 시작했다. 이 글을 쓰고 있는 현재, 약 40만 개의 인간 유전체 서열이 분석되었다고 추정되며, 서열 분석비용은 1,000달러라는 반쯤은 임의로 설정한 목표까지 떨어졌다. 개인 유전체학에서 일어난 이 혁명이—과학, 의학, 사회에—지니는 의미가 바로 이 장의 주제이다.

인간 유전체 초안이 발표된 지 약 9개월이 지난 2001년 12월, 그 계획의 야전 사령관인 프랜시스 콜린스는 버지니아 시골에 있는 별장으로 손꼽히는 과학자 약 100명을 초청하여 회의를 열었다. 이른바 "유전체 이후" 시대에 연구의 우선순위를 어디에 두어야 할지 솔직하게 논의하자는 것이었다. 논의된 주요 의제 중의 하나는 노화와 관련된 DNA 서열 분석기술이었다. 프레드 생어에게 노벨상을 안겨준 디데옥시법(제4장 참조)은 생명의학계에 엄청난 기여를 했지만, 속도가 느렸다. 콜린스와 벤터는 우리 유전암호의 첫 초안을 내놓기 위해서 서열 분석공장—한 대에 수십만 달러가 드는 최신 서열 분석장치 수백 대를 모아놓고 실험복을 입은 연구원들이 주야 교대로 일하는 창고—을 운영해야 했다. 과학자들이 DNA의 서열을 더 빨리, 더 싸게, 더 잘 분석할 방법을 찾지 못한다면, 유전체학의 향후 발전—사실 생명의학과 임상 연구의 대부분의 영역에서—은 기회가 생기기도 전에 멈출 것이다.

1,000달러 유전체 개념이 처음으로 사람들의 입에 오르내리기 시작한 것도 이 버지니아 시골 회의였다. HGP를 구상할 때 월리 길버트가 콜드 스프링 하버 강당의 칠판에 "30억 달러"라고 적었던 것처럼, 이제 유전체학의 거장들은 1,000달러를 다음 목표로 제시하고 있었다. 그 숫자가 마법이라거나 특별한 의미 같은 것은 전혀 깃들어 있지 않지만—그저 우수리가 없는 수일 뿐이다—비용이 그 수준으로 떨어진다면, 인간 유전체 서열 분석을 일상적으로 할 수 있게 될 것이었다.

로스버그의 454 연구진을 비롯하여, 대서양 양편에서 학계와 업계의 여러 집단들이 이미 생어의 방법보다 더 빠르고 더 저렴하게 대규모로 서열

케임브리지 대학교의 샨카르 발라수브라마니안과 데이비드 클레너먼이 솔렉사의 차세대 서열 분석법의 원리를 확정한 팬턴 암스에서 축배를 드는 모습

분석을 수행할 방법을 고안하고 있었다는 것은 놀랄 일이 아니었다. 그 다음 해의 한 학술대회에서 크레이그 벤터는 가장 중요한 기술적 돌파구를 이룬 연구진에게 개인적으로 50만 달러의 상금을 주겠다고 선언했다. 초기 경쟁사 중 한 곳인 유에스 지노믹스는 유진 챈이라는 하버드 의대 중퇴생이 세웠다. 그의 방식은 DNA 이중나선을 분리한 뒤, 나노 단위의 레이저를 비추어서 서열을 읽는 것이었다. DNA 가닥의 염기에 형광물질로 표시를 한 뒤, 레이저로 죽 읽는 식이었다. 하지만 다른 많은 경쟁자들처럼, 챈의 기업도 장애물을 만나서 방향을 바꾸었다. 초기에 주도권을 잡았던 로스버그의 454도 그러했고, 영국의 솔렉사도 마찬가지였다.

솔렉사는 샨카르 발라수브라마니안과 데이비드 클레너먼이라는 케임브리지 대학교의 젊은 화학 교수 두 명이 공동으로 설립한 작은 생명공학 회사였다. 처음에 그들은 의학을 변혁한다거나 인간 유전체 10만 개의 서열을 분석하겠다는 것이 아니라, 그저 DNA 합성의 분자 과정을 연구할 생각이었다. 회사를 세우자는 구상은 인근의 술집에서 나왔다. 프랜시스와 내가 이중나선의 발견을 축하한 이글이 아니라, 케임브리지 화학자들이 즐겨 찾는 곳인 팬턴 암스에서였다. 솔렉사는 한 번에 염기 하나—오직 하나씩—를 늘리는 느린 양상으로 DNA 분자를 합성할 수 있도록, 이중나선의 네 기본 구성단위를 조작하는 영리한 화학을 개발했다. 네 염기 각각에 서로 다른 색깔의 형광물감을 붙임으로써, 반응의 각 단계를 사진으로 찍을 수 있었고, DNA의 각 부위에 어느 염기가 추가되는지를 색깔만으로 추정할 수 있었다. 이 방법으로 마치 동영상을 한 프레임씩 보는 것과 흡사하게, 자라나는 가닥을 분석할 수 있었다. 이 기술을 의학에 어떻게 응용할 것인지가 회사의 목표가 된 것은 나중에서였다.

아주 우아하기는 하지만, 이 방법은 여러 가지 기술적인 결함이 있었다. 초기에는 아주 짧은 서열—대개 염기 수십 개—만을 읽을 뿐이어서 유전체 전체를 보여주기가 매우 어려웠다. 그러나 솔렉사는 꾸준히 연구를 계속했고, 2005년 2월의 어느 일요일 오후에 최고 기술 경영자인 클라이브 브라운이 "우리가 해냈습니다!!!"라는 제목의 전자우편을 선배 동료들에게 보냈다. 첫 번째 유전체를 서열 분석하는 데에 성공했던 것이다. 1977년 프레드 생어가 분석하여 유명해진 작은 바이러스인 ΦX174의 유전체 서열이었다. 비록 말 그대로 지구에서 가장 작은 유전체이면서 이미 알려져 있는 것이기는 해도, 그 성과는 솔렉사뿐만 아니라 차세대 서열 분석기술을 위한 중요한 이정표가 되었다. 하지만 브라운과 그 회사의 새로운 CEO인 존 웨스트를 비롯한 동료들은 샴페인을 터뜨리고 저명한 학술지에 자축 논문을 발표하려는 유혹을 뿌리쳤다. 그들은 대서양 건너편이 로스버그 같은 이들이 그냥 추측하도록 놔둔 채, 침묵을 지켰다.

1999년에 일시적인 변덕으로 454를 세우기로 결심한 뒤, 로스버그는 몇 가지 가능한 전략을 놓고 고심하다가, 이윽고 스웨덴 연구자들이 개발한 파이로시퀀싱(pyrosequencing)이라는 새로운 방법을 쓰기로 결정했다. 유리판에 깔아놓은 미세한 구슬들에 DNA를 부착시키는 방법이었다. 거기에 네 종류의 뉴클레오티드를 순차적으로 집어넣은 뒤, 반딧불이의 불빛을 내

From: Clive Brown <clive.Brown@solexa.com>
Date: Sun, 20 Feb 2005 16:34:46 +0100
To: Nick McCooke <Nick.McCooke@solexa.com>, Tony Smith <Tony.Smith@solexa.com>, Peta Torrance <Peta.Torrance@solexa.com>, Harold Swerdlow <Harold.Swerdlow@solexa.com>, John Milton <JM.Milton@solexa.com>, Geoff Smith <Geoff.Smith@solexa.com>, Kevin Hall <Kevin.Hall@solexa.com>, Colin Barnes <Colin.Barnes@solexa.com>, Lisa Davies <Lisa.Davies@solexa.com>, Vincent Smith <Vincent.Smith@solexa.com>, Klaus Maisinger <Klaus.Maisinger@solexa.com>
Conversation: WE'VE DONE IT !!!!
Subject: WE'VE DONE IT !!!!

Tony Cox, Peta and I now agree - having looked at all of the PhiX174 data.

We have re-sequenced our first genome !!!!!!!!

우리가 해냈습니다! 작은 바이러스인 ΦX174의 유전체를 서열 분석하는 데에 성공했다는, 중요한 이정표를 세웠음을 솔렉사 경영진에게 알린 사내 전자우편

는 효소인 루시퍼라아제를 쓰는 일련의 독창적인 연쇄 화학반응을 일으켜서 뉴클레오티드가 결합된 것들을 검출했다. 로스버그는 그 전략을 판매할 수 있는 장치로 실용화하기 위해서 재능 있는 다양한 분야의 과학자들과 소프트웨어 개발자들을 불러모았다. 허블 우주 망원경 기술자도 포함되어 있었다.

2005년 여름, 454는 그 장치인 GS 20를 소개하면서, 그 장치로 알아낸 세균 유전체의 서열까지 『네이처』에 발표했다. 내가 읽은 것이 바로 그 논문이었다. 그 다음해에 여러 연구진이 GS 20을 써서 얻은 다양한 유전체 서열 분석자료를 발표했다. 네안데르탈인의 유전체 중 여러 부위의 서열, 꿀벌 실종이라는 수수께끼와 관련이 있는 바이러스의 정체, 마치 미국 드라마 「CSI」의 한 장면에 나오는 듯한 오스트레일리아로 여행을 갔다가 사망한 유럽인 학생의 죽음과 관련된 희귀한 바이러스의 정체 등이었다. 그렇게 차세대 서열 분석법은 금방 자리를 잡았다. 그 기술이 성숙 단계에 들어서자, 로스버그는 인간의 유전체 서열을 분석해보자고 마음먹었고, 그렇게 해서 "짐 계획"이 탄생했다. 1,000달러 유전체까지는 아직 갈 길이 멀어 보였지만, 100만 달러라는 추정 비용은 인간 유전체 서열을 최초로 분석할 때에 들어간 수억 달러에 비하면 미미한 수준이었다.

2008년 4월—우리 이중나선 논문이 나온 지 55년 뒤—『네이처』에 내 서

열을 조사한 논문이 발표될 쯤에는, 그 분야를 장악하겠다고 로스버그와 454가 품었던 꿈은 이미 부서진 상태였다. 차세대 서열 분석기술들이 난무하고 있었기 때문이다. 2005년 재능 있는 스탠퍼드 대학교의 교수 스티브 퀘이크는 DNA 한 분자의 서열을 분석하는 새로운 방법을 담은 논문을 냈다. 그 방법은 겨우 염기 5개의 서열을 읽는 데에 쓰였지만, 벤처 투자자이자 기업가인 스탠 래피더스의 시선을 사로잡았다. 그는 캘리포니아로 날아가서 퀘이크를 설득하여 생명공학 기업을 차렸다. 헬리코스라는 그 회사에서 래피더스는 단일 분자 DNA 서열 분석을 위한 "유전자 현미경"이라고 부르는 것을 제작했다. 퀘이크는 그 장치를 쓰면 자신의 유전체를 약 5만 달러에 분석할 수 있을 것이라고 판단했다. 안타깝게도 헬리코스 사는 기술적 장애물들을 만나는 바람에 파산했다. 하지만 그 기술은 살아남아서 다른 신생기업들에게 채택되었다.

한편 코넬 대학교의 몇몇 연구자들은 본질적으로 DNA 합성 과정을 실시간으로 엿보는 기술을 토대로 패시픽 바이오 사이언시스라는 회사를 차렸다. 나노 규모의 우물 바닥에 DNA 중합 효소 분자 하나를 붙인 뒤, 형광물질을 붙인 뉴클레오티드 네 종류를 비롯하여 DNA 합성에 필요한 성분들을 집어넣는 방식이었다. 그러나 패시픽 바이오 사이언시스 사는 각 단계의 반응을 인위적으로 멈추기보다는 자연스럽게 진행되도록 놔두었다. 그런데 나노 우물에 들어 있는 것이 형광물질 수프라고 할 때, DNA 서열이 실시간으로 자라는 것을 어떻게 기록할 수 있다는 것일까? 뉴클레오티드는 자라는 DNA 분자에 달라붙기 전에 먼저 효소에 붙들리는 데에, 그때 뉴클레오티드의 형광물질 꼬리표만을 검출할 수 있도록(우물에 들어 있는 다른 뉴클레오티들은 사실상 어둠 속에 놓여 있으면서) 중합효소에 미세한 투광조명을 비추는—제품명은 "제로 모드 도파관(zero mode waveguide)"이다—것이 비결이었다. 사실상 전자 레인지 문에 달린 그물망과 동일한 원리였다. 이 그물망은 안에서 닭고기 요리가 지글거리는 모습

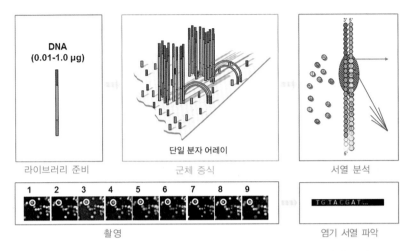

DNA
(0.01-1.0 μg)

단일 분자 어레이

3' 5'

5'

라이브러리 준비　　　　　군체 증식　　　　　서열 분석

| 1 | 2 | 3 | 4 | 5 | 6 | 7 | 8 | 9 |

T G T A C G A T ...

촬영　　　　　　　　　　　염기 서열 파악

합성을 통한 서열 분석:솔렉사 사와 그후에 일루미나 사가 개발한 DNA 서열 분석 흐름도. DNA 분자들을 슬라이드에 붙인 뒤 증폭시킨다. 형광물질 꼬리표가 붙은 뉴클레오티드—염기 마다 다른 색깔로—를 이 DNA 군체 위로 흘려보내면 상보적인 염기에 달라붙는다. 형광 사진을 찍어서 각 염기가 달라붙은 위치를 파악한다. 형광물질을 화학적으로 제거하고, 이 과정을 반복한다(대개 100-200번). 각 DNA 군체에 달라붙는 염기들의 순서가 바로 서열이 된다.

을 지켜보는 동안, 마이크로 파가 빠져나오지 못하게 막는다.

패시픽 바이오 사이언시스 사의 초대 CEO인 휴 마틴은 2013년에 "15분 [인간] 유전체"를 달성하겠다고 선언했다. 까마득히 먼 목표였다. 그 회사의 장치는 석관만 했고, 무게가 거의 1톤에 달했으며, 초기 판매량은 좌절할 만큼 낮았다. 하지만 기술이 성숙하면서, 팩바이오 사가 읽어내는 DNA의 길이도 점점 더 인상적인 수준까지 늘어났다. 때로는 염기 5-6만 개까지도 읽어낸다. 그 정도면 서로 끼워맞춰서 유전체 전체를 쉽게 조립할 수 있다. 나아가 그 회사는 DNA 중합의 동역학적 변화를 이용하여 화학적 꼬리표를 붙인 뉴클레오티드들을 검출하는 방식이 후성유전학이라는 신생 분야에 유용하게 쓰일 것이라고 보고 있다. 2015년에 나온 더욱 맵시 있는 2세대 장치—시퀄(Sequel)이라고 이름 붙인—는 가격이 35만 달러에 불과하고, 단일 분자를 최대 100만 개까지 동시에 분석하여 1-2만 달러에 고도로 정확한 인간 유전체 서열 전체를 분석할 수 있다.

그러나 차세대 서열 분석산업 분야에서 훨씬 더 중요한 사건이 2007년에 일어났다. 샌디에이고의 일루미나 사가 6억5,000만 달러에 솔렉사 사를 매입한 것이다. 일루미나 사는 애피매트릭스 사가 독점했던 마이크로어레이 시장을 잠식하면서 급속히 성장하는 유전체학 기업이었지만, 상품화할 만한 DNA 서열 분석기술이 없었다. 솔렉사 사의 실험실용 서열 분석장치 시제품은 주요 유전체 센터들, 영국 케임브리지의 웰컴 트러스트 생어 연구소, 미국 케임브리지의 브로드 연구소 같은 곳에 이제 막 보급되기 시작한 상태였다. 말이다. 곧 장치 전면에 붙은 솔렉사 로고는 일루미나 로고로 교체되었다. 일루미나의 최대 경쟁자 중 하나인 라이프 테크놀러지스의 선임 과학자는 일루미너 사와 생어 연구소의 거래에 분개한 나머지, 부적절한 유착관계가 있을지도 모른다면서 영국 상원에 청원을 넣었다.

2008년 말—『네이처』에 내 유전체가 발표된 지 6개월 뒤—일루미나 사의 서열 분석기술이 이기고 있다는 것이 명백해졌다. 『네이처』 한 호에 서로 다른 연구진이 쓴 세 편의 인간 유전체 서열 분석 논문이 동시에 실렸다. 세인트루이스에 있는 워싱턴 대학교 연구진은 최초로 암 유전체 서열을 발표했다. 중국 베이징 유전체학 연구소의 연구진은 최초로 아시아인의 유전체 서열을 발표했다. 그리고 일루미나 사는 익명의 아프리카인 남성의 유전체 서열을 발표함으로써, 솔렉사 과학자들이 10년에 걸쳐 남몰래 꾸준히 그 기술을 개발하고 있었음을 뒤늦게 알렸다. 그 무렵에 인간 유전체 서열 분석비용은 아직 50만 달러가 넘게 들었지만, 내 유전체를 분석할 때의 비용에 비하면 절반에 불과했다. 한 학술지의 같은 호에 여러 인간 유전체 서열이 동시에 발표된 적은 그때가 처음이었다. 그럼으로써 머지않아 수천 명까지는 아니라고 해도 수백 명의 유전체 서열이 분석될 것이라는 예측이 나왔다. 의학적으로 필요해서 분석하는 사람도 있겠지만, 그저 호기심 때문에 하는 사람도 많을 것 같았다.

장치	소요 시간	읽는 염기 수 (100만)/회	평균 읽는 길이	약품 비용 /회	약품 비용/ GB	염기/회
어플라이드 바이오 시스템스 3730	2시간	0.000096	650	144달러	230만 달러	62,400
일루미나 HiSeq X	3일	6,000	300	12,750달러	7달러	1,800Gb
아이언 토렌트-프로 톤 I	4시간	70	175	1,000달러	190달러	12.25Gb
패시픽 바이오사이 언시스 시퀄	0.5-6시간	0.7	8,000	500달러	90달러	5.6Gb
옥스퍼드 나노포어 미니언	48시간	4.4	10,000	900달러	1,000달러	900M

주요 차세대 서열 분석장치들(2016년 현재)

  개인의 DNA 서열을 해독한다는 개념에 매료된 것이 소수의 부자들만이 아니라는 점은 명백했다. 설령 그것이 허영심에 돈을 주고 좋은 차 번호판을 사는 것이나 다름없다고 해도 말이다. 하버드 의대의 유전학자이자 서열 분석의 열광자인 조지 처치는 놈이라는 회사를 차렸다. 이 유전체 선구자들의 요구에 부응하기 위한 기업이었다. 첫 번째로 나선 사람은 스위스 생명공학 기업의 중역인 단 스토이세스쿠였다. 그는 35만 달러를 내고서 최고의 임상의들과 생물정보학자들로 이루어진 연구진에게서 DNA 서열의 분석과 해석을 받는 특권을 구입했다. 그는 『뉴욕 타임스』에 회사 로고가 찍힌 USB 드라이브에 담긴 자기 유전체 서열을 주식 포트폴리오를 살펴보듯이 숙독할 수 있을 것이라고 예상했다고 이야기했다.

  놈 사의 초기 고객 중에 영국 왕실의 인물도 있다는 소문이 돌았다. 블랙 사바스 밴드의 리드싱어이자 리얼리티 TV 쇼의 진행자인 오지 오스본도 고객이었다. 놈의 수석 유전체 해석가인 네이선 피어슨은 오스본에게 해석 결과를 전하러 직접 버킹엄셔에 있는 대궐 같은 저택으로 직접 갔지만, 그 헤비메탈 스타의 장수 비밀은 여전히 그의 유전체 서열 속에 고이 모셔져 있다. 2010년 일루미나 사도 비슷한 서비스를 시작했다. 처음에는

2010년에 나는 최초로 서열이 분석된 유전체 선구자들 약 20명과 함께 보스턴에서 열린 모임에 참석했다. 서열 분석기업의 CEO인 제이 플래틀리(내 뒤)와 그렉 루시어(앞줄 맨 왼쪽), 조지 처치(뒷줄의 수염을 기른 사람), 하버드 역사가 헨리 루이스 "스킵" 게이츠(뒷줄 맨 왼쪽) 등 그의 개인 유전체 계획에 자원한 인사들도 포함되어 있다. 내 왼쪽에 앉은 앤 웨스트가 가장 젊다.

유전체당 5만 달러라고 가격을 매겼다. CEO인 제이 플래틀리는 자신의 유전체 서열을 분석한 바 있었고, 일반인들도 곧 스마트폰과 태블릿의 어플리케이션을 통해서 자신의 서열을 살펴볼 날이 올 것이라고 예측했다. 여배우 글렌 클로스―정신건강 자선 단체를 돕는 활동을 열심히 펼치는―는 서열 분석을 받겠다고 자원했다. 솔렉사 사를 일루미나 사에 매각하는 일을 성사시킨 생명공학 기업의 중역 존 웨스트도 초기 고객 중 한 명이었다. 웨스트는 아내와 십대 자녀 두 명의 분석비용을 냈고, 분석 과정에서 깊은 정맥 혈전증에 취약하다는 집안 내력이 드러났다. 상세한 분석 결과는 2년 뒤에 발표되었다. 이 개인 유전체학 서비스를 구상할 때, 플래틀리는 한 가지 중요한 전략적 결정을 내렸다. 소비자를 직접 상대하는 방안을 채택함으로써 미국 식품의약청의 분노를 자극할 위험을 무릅쓰기보다는 고객이 의사에게 상담을 받은 뒤 서열 분석을 받도록 했다. 그 결과 개인 유전체 서열 분석 처방전이 최초로 발행되었다. 현재 일루미나 사는 전 세계에서 "당신의 유전자를 이해하라"라는 대회를 열고 있으며, 참석자들은 몇천 달러면 개인 유전체 자료 전체와 예비 의학적 해석까지 받을 수 있다.

내 개인 유전체가 첫 번째 사례일 뿐이며 머지않아 많은 유전체 서열이 분석될 것이라고 예측한 이들이 옳았음이 드러났다. 그러나 내가 받은 것 같은 포괄적인 서열 분석 없이도 고객에게 개인 유전 정보를 더 효율적이고 훨씬 더 저렴하게 제공하는 방법이 있다. 침이나 면봉으로 볼 안쪽을 문질러 얻은 세포에서 DNA를 추출한 다음, 유전형을 검사하는 표준 방법을 적용하는 것이다. 쉽게 말하면, 이 방법은 유전체의 30억 개 염기 전부를 읽는 대신에, 미리 정한 부위 약 100만 곳을 조사하는 것이다. 이른바 단일 염기 다형, 즉 SNP 부위이다. 개인마다 유전암호가 상당히 다른 부위들이다. 당신의 염기는 A인데, 내 염기는 G일 수도 있다. 이 변이들은 대부분 전혀 무해하지만(그럴 때에도 유전자 지도 작성 실험을 위한 이정표로서는 나름대로 유용하다), 수천 곳은 희귀하거나 흔한 질병과 관련이 있고, 신체적 형질이나 행동 형질과 관련된 곳도 있다. 유전학자들이 매주 의학과 유전학 분야의 주요 학술지에 새로운 연구 결과를 발표하면서, 의학과 관련이 있는 SNP도 점점 늘어나고 있다.

2007년 11월, 평판 좋은 두 회사—캘리포니아의 23앤미와 아이슬란드의 디코드 제네틱스—는 SNP 중심의 개인 유전체 검사 서비스를 시작했다. 두 회사의 CEO인 앤 보이치키와 카리 스테파운손은 이런 검사가 개인에게 자신의 건강을 통제할 수단을 제공한다고 굳게 믿었다. 보이치키는 당시 구글 공동 창업자 세르게이 브린의 아내이기도 했다. 따라서 부부가 둘 다 검색 사업을 하고 있었다. 디코드는 10여 년 동안 아이슬란드 내 소규모

Robert K. Naviaux, M.D., Ph.D.
Departments of Internal Medicine and Pediatrics
The Mitochondrial and Metabolic Disease Center
200 WEST ARBOR DRIVE
SAN DIEGO, CALIFORNIA 92103-8467
TELEPHONE (619) 294-6104

NAME ANNE WEST   AGE 17

ADDRESS _____   DATE 11/7/09

R

BLOOD AND SALIVA FOR PERSONAL
GENOME SEQUENCING BY ILLUMINA

☐ LABEL   REFILL ____ TIMES   *R. K. Naviaux*   M.D.
☐ PRESCRIBE AS WRITTEN   CA LIC G61267 • DEA BN1162863

유전체 서열 분석을 의뢰한 최초의 처방전 중 하나. 십대 소녀인 앤 웨스트(솔렉사의 전직
CEO 존 웨스트의 딸)의 것이다

집단들 대부분의 유전체를 분석함으로써 유전체 연관 연구와 약물 발견에
쓰일 엄청난 기본 자료를 구축하고 있었다. 하지만 23앤미도 디코드도 자
신의 서비스를 진단 검사로서 판매하지 않았다. 의학적으로 관련 있는 유
전자들에 관한 정보를 제시하고 있으면서도 말이다. 분석 결과를 의사나
유전학 상담가와 논의하는 것을 막지는 않았지만, 필수 사항은 아니었다.
 23앤미는 199달러라는 적은 비용으로 자신의 유전적 위험 요인들을 파
악할 기회를 제공한다. SNP의 개인별 긴 목록은 평범한 엑셀 스프레드시
트로 요약되었다. 동료 심사를 거친 연구들에 따르면, 심장병이나 파킨슨
병 같은 심각한 의학적 증상과 관련된 SNP도 있고, 귀지의 종류와 아스파
라거스를 먹었을 때 소변에서 그 냄새를 맡을 수 있는 능력처럼 사소한 것
들과 관련된 SNP도 있었다. 이제 누구나 한 보안 웹사이트에 접속하여 자

신의 17번 염색체의 특정한 위치에 중요한 암 유전자에 돌연변이가 있는지 드러내줄 A나 G가 있는지를 살펴볼 수 있었다. 7번 염색체의 한 변이체는 혈전증 위험을 강하게 시사하는데, 바로 혈액 응고인자 V 라이든 돌연변이(factor V Leiden mutation)라는 것이다. 알츠하이머 병과 관련된 APOE 유전자도 있다. 내가 일부러 알고 싶지 않아서 뺀 바로 그 정보이다. 또한 더 복잡하지만 아주 흔한 질환들—암, 심장병, 다발성경화증 등—의 위험을 확실히 높인다고 드러난 변이체 집단들도 검사한다. 특허 알고리듬을 써서, 각 기업은 이런 질환 각각에 대한 상대적인 위험—전체 집단과 비교한—을 계산할 것이다.

게다가 이런 검사들은 의뢰인의 조상에 관한 정보도 제공한다. 당신에게 유럽인, 아시아인, 아프리카인의 피가 얼마나 섞였는지 추정하고, 부계로만 전달되는 Y염색체와 오로지 모계로만 전달되는 미토콘드리아 DNA도 분석해준다. 23앤미는 심지어 의뢰인이 네안데르탈 DNA를 몇 퍼센트 가지고 있는지가 적힌 맞춤 티셔츠도 내놓아서 성공을 거두었다.

어설픈 지식은 위험해 보이거나, 적어도 무의미한 것처럼 보일 수 있다. 23앤미가 등장하자 기존 의학계는 조소를 퍼부었고, "취미용 유전체학(recreational genomics)"이라면서 조롱했다. 『뉴잉글랜드 의학회지』의 사설이 가장 두드러졌는데, 편집장인 제프리 드래전과 동료들은 "유전체가 유용한 일에 쓰일 수 있을 때까지" 잠재적 고객들이 "돈을 체육관 회원권이나 개인 트레이너에게 쓰고" 심장병, 당뇨병 같은 질병의 위험을 줄이는 건강한 식단과 운동 계획을 세우는 편이 "더 낫다"고 썼다.[1] 내 좋은 친구인 시드니 브레너는 취미용 유전체학이 점성술이나 다름없다고 치부했다.

소비자를 상대로 하는 DNA 검사의 과학적 정확성과 임상적 타당성에 신중한 입장을 취하는 의학계의 태도는 어느 모로 보나 옳지만, 그 반대의 이해관계도 고려되었을 가능성이 높다. 놀랄 일도 아니다. 그 방정식에서는 의료 분야의 중개인이 빠지기 때문이다. 나는 적절해 보이는 수단을 통해서 자신의 사적인 유전정보를 알 소비자의 권리를 진심으로 지지한다. 소비자 유전학의 출발점은 DNA 표지들과 질병 사이의 연관성을 검증한 발표된 문헌들을 조사한 다음, 개별 고객의 DNA를 보면서 그 상관관계를 보이는 것들을 찾아내어 필요한 경고와 함께 고객에게 알려주는 것에 불과하다. 게다가 귀지 유형(마른 귀지 대 젖은 귀지), 운동 능력(단거리 주자 대 장거리 주자), 빛 재채기 반사 같은 것의 토대가 되는 유전자를 알려주는 것과 알츠하이머 병의 위험성이나 알려진 유방암 돌연변이의 유전 여부를 알려주는 것은 전혀 다른 문제이다.

경쟁이 난무하는 이 분야에서, 23앤미는 과학적 또는 기술적으로 뛰어나다기보다는 마케팅을 더 잘한 덕분에 다른 기업들보다 곧 더 우위에 서게 되었다. 초기에 구글에서 자금 지원을 받았을 뿐만 아니라, 록스타, 모델, 할리우드 유명 인사들—다보스의 피터 게이브리얼에서 맨해튼의 하비 와인스타인과 루퍼트 머독에 이르기까지—을 모아서 "침뱉기 파티"를 여는 등 실리콘밸리의 특성을 잘 활용했다. 샌프란시스코 만 지역 상공에서는 23앤미 로고가 찍힌 비행선을 쉽게 볼 수 있었고, 그 회사는 2008년 『타임』지의 올해의 발명으로 선정되었다(경쟁관계에 있는 아이슬란드 기업은 분개했다). 그 무렵에 구글의 공동 창립자인 세르게이 브린이 엄청난 내용을 폭로하고 나섰다. 자기 집안에 파킨슨 병 내력이 있는데, 자신도 파킨슨 병 유전자로 알려진 LRRK2에 돌연변이가 있다는 것이었다. 시간이 흐르면서 경쟁은 수그러들었다. 디코드는 파산 법정으로 향했다. 예전의 경쟁자였던 패스웨이 지노믹스는 자사의 DNA 검사 키트를 가맹점 약국에 비치하기로 월그린 사와 계약을 맺음으로써, 일시적으로 23앤미를 눌렀다. 그러자 소비자 유전학 산업을 옆에서 초조하게 죽 지켜보고 있던 미국 FDA는 그것이 기반을 잡기 전에 서둘러 그 개념을 짓밟았다.

6년에 걸쳐서 23앤미는 65만 명이 넘는 사람들의 DNA 프로파일 데이터베이스를 모았다. 대다수의 고객들은 온라인 설문지를 통해서 개인 건강

1	
2	
3	
4	
5	
6	
7	
8	
9	
10	
11	
12	
13	
14	
15	
16	
17	
18	
19	
20	
21	
22	

● 유럽인	**48.3%**
● 남유럽인	43.3%
이베리아인	25.3%
● 아슈케나지 유대인	0.5%
● 서북 유럽인	< 0.1%
● 동아시아인 및 아메리카 원주민	**38.7%**
아메리카 원주민	30.7%
동아시아인	0.1%
● 서남 아시아인	< 0.1%
● 사하라 이남 아프리카인	**7.1%**
● 서아프리카인	5.3%
● 중앙 및 남 아프리카인	0.6%
● 동아프리카인	0.3%

개인의 유전적 조성을 대략적으로 보여주는 염색체 색칠 그림. 멕시코인과 푸에르토리코인의 피를 물려받은 23앤미 직원 이본 모란테스는 이제 자기 혈통을 더 상세히 안다.

정보도 스스로 제공했다. 23앤미 과학자들은 그 정보를 이용하여 가상의 유전자 지도 작성 실험을 하여, 피킨슨 병과 천식을 비롯한 질병들과 관련이 있는 새로운 유전자들을 찾아냈다. 하지만 2013년 11월, 새로운 텔레비전 광고가 나가자, FDA의 인내심도 마침내 바닥이 났다. FDA는 보이치키에게 부당행위 중지 명령을 내렸다. 23앤미가 고객에게 건강과 관련된 유전정보를 제공하지 말라는 명령이었다. 이제 새로운 고객은 오로지 혈통 관련 자료만 받을 수 있었다. 고객이 잘못되거나 오해할 수 있는 정보를 받을 가능성이 있다는 것이 주된 이유였다. 한 예로, FDA는 여성이 BRCA1 유전자를 가졌다는 잘못된 정보를 받아서 의사에게 혼란을 안겨주어 불필요한 수술이 이루어지는 가상의 상황을 제시했다. 그러면서 희한하게도 FDA는 고객이 가공되지 않은 유전체 원자료를 내려받거나, 내려받은 자료를 프로미티어스(Promethease) 같은 해석 서비스를 제공하는 웹사이트에 올리는 것은 막지 않았다.

FDA와 23앤미의 충돌의 중심에는 한 가지 근본적인 문제가 자리하고 있었다. 중개인이나 문지기인 의사 없이도 개인이 자신의 유전체 세부 정보에 접근할 수 있도록 해야 할까? 나는 그래야 한다고 굳게 믿는다. FDA의 입장은 일반 대중이 재앙을 맞이할 위험이 임박했다는 것이었지만, 실제로 해를 입은 사례를 단 한 건도 제시하지 못했다. 제프리 드레이즌이 편집장으로 있는 『뉴잉글랜드 의학회지』가 동료 심사를 거쳐서 실은 많은 논문을 포함하여, 대중이 소비자 유전학 검사의 위험을 충분히 이해할 수 있음을 보여주는 증거들이 사실 훨씬 더 많다. 유전학자 로버트 그린과 생명윤리학자 니타 패러허니는 『네이처』에 이렇게 썼다. "해롭다는 경험 증거가 나오지 않는 한, FDA는 소비자 유전체 검사를 제한하지 말아야 한다."

FDA가 조치를 취한 지 몇 달 뒤, 소비자 유전학 검사의 잘못된 사례가 실제로 일어났다. 보스턴 아동병원의 캣 브라운스타인 연구진에 따르면, 한 검사 회사의 고객이 TPMT라는 유전자에 심각한 돌연변이가 있다는 잘못된 정보를 받았다고 한다.[2] 그래서 그 고객은 크론 병 치료를 받아야 하는지 심각하게 고민하게 되었다(그 돌연변이는 그 병에 효과가 있는 약물을 필요한 용량만큼 투여했을 때 환자에게 독성을 일으키게 한다). 만일 그렇다면 재앙이 빚어질 수 있었지만, 다행히 다른 진단 회사가 그 유전자의 서열을 분석하니 그 돌연변이가 실제로는 없는 것으로 드러났다. 어떤 의학 검사에서든 잘못된 결과가 나올 가능성이 있기 때문에, 중요한 치료 방법을 선택할 때에는 결코 한 번의 검사에만 의존해서는 안 된다.

FDA의 방해에 직면한 23앤미는 몇 가지 방안을 모색했다. 첫째, FDA와 오랜 논의 끝에 23앤미는 마침내 2017년 4월, 분석 결과와 함께 알츠하이머 병과 파킨슨 병을 포함한 10가지 질병에 관한 해석을 고객에게 전해도 좋다는 승인을 얻었다. 둘째, 미국 FDA의 규제를 받지 않는 영국을 비롯한 나라들에서 서비스를 시작했다. 현재 DNA 분석 키트는 영국 번화가에 있는 한 약국 가맹점들을 통해서 공개적으로 팔리고 있다. 그리고 이용 허가를 받은 고객들의 DNA 자료가 100만 건을 넘으면서, 23앤미는 마침내 대형 제약사에게 유용하게 여겨지는 수준에 이르게 되었다. 그리하여 몇몇 제약사와 거액의 계약을 맺었고, 제넨텍 사의 유명한 전직 연구개발 책임자를 고용하여 자체 제약 발견 사업도 진행하고 있다.

니컬러스 볼커는 여느 아이처럼 막 열한 살 생일을 맞이했다.[3] 그는 댄스 수업 시간에 신나게 뛰어다니고, 요가, 수영, 가라테를 좋아하는 행복한 아이이다. 비록 웃고 있는지 아닌지 구별할 수가 없지만, 그는 임상 유전체 서열 분석에 혁신을 일으킨 장본인이기도 하다.

이야기는 2009년 6월의 어느 주말에 시작된다. 위스콘신 의대의 유전학자 하워드 제이콥은 한 동료 임상의가 보낸 전자우편을 열었다. 한 용감한 네 살짜리 남자아이의 비참한 처지를 가슴 아프게 묘사한 내용이 들어 있었다. 닉의 의사들은 아이의 소화관을 서서히 잠식하는 병의 정체가 무엇인지 진단하려고 애쓰고 있었다. 자가면역 질환으로 추정되기는 했지만, 정확히 알 수가 없었다. 창자에 생기는 구멍을 메우기 위해서 100번 넘게 수술이 이루어졌지만, 그때뿐이었다. 아이는 4년이라는 생애의 대부분을 아동병원에서 보냈다.

제이콥의 컴퓨터 화면에 뜬 전자우편

니컬러스 볼커 : 하염없이 계속되는 진단 오디세이를 끝내기 위해서 유전체 서열 분석을 받은 아이

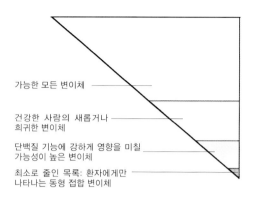

가능한 모든 변이체

건강한 사람의 새롭거나
희귀한 변이체

단백질 기능에 강하게 영향을 미칠
가능성이 높은 변이체

최소로 줄인 목록: 환자에게만
나타나는 동형 접합 변이체

건초 더미 속의 바늘 : 환자의 유전체에 있는 후보
DNA 변이체 수천 가지 중에서 희귀한 해로운 돌연변
이를 찾아내려면, 연구진은 흔하거나 단백질 기능에
영향을 미칠 가능성이 적은 서열 변화를 걸러냄으로
써 탐색 범위를 좁힌다. 이 단계들을 통해서 돌연변
이 용의자의 목록이 한 자릿수로 줄어들기도 한다.

에는 단순한 질문이 하나 담겨 있었
다. 유전체 서열 분석을 하면, 아이
가 보이는 증상의 유전적 토대—그
런 것이 있다면—를 알아낼 가능성
이 있나요? 제이콥의 연구실에서는
사람이 아니라 쥐를 연구했지만, 사
실 그는 임상 차원에서 유전체 서열
분석을 할 기회를 기다리고 있었다.
그런데 바로 그 완벽한 기회가 찾
아온 것이다. 니컬러스의 정체 모를
증상은 유전암호에 있는 아주 작은
하나의 결함에서 비롯되었을 수도
있었다. 그러나 니컬러스의 의사들

이 후보 유전자들을 한 번에 하나씩 검사하면서, 경험에서 비롯된 추측만
할 수 있었던 반면, 제이콥은 훨씬 더 큰 그물을 던지는 것이 자신이 니컬
러스의 진단 오디세이(diagnostic odyssey)라고 부르는 것을 끝낼 열쇠라고
생각했다. 아이의 유전체 전체 서열을 분석한 다음, 증상을 일으키는 것을
찾을 때까지 모든 DNA 변이체들을 체계적으로 걸러내는 방식이었다.

2009-2010년에는 유전체 전체의 서열을 분석하는 비용이 아직 엄두가
안 날 정도로 비쌌기 때문에, 제이콥 연구진은 454 라이프 사이언시스와
공동으로 니컬러스의 엑솜(exome) 서열을 분석하는 지름길을 택했다. 엑
솜은 약 2만 개의 유전자를 이루고 있는 부위로서, 유전체 전체의 2-3퍼센
트를 차지한다. 그 돌연변이가 비코딩 영역, 즉 "정크" DNA의 바다에 있지
않다고 가정한 것이다. 제이콥의 동료인 스코틀랜드 생물정보학자 리즈
워시는 후보 유전자들의 목록을 작성했다. 약 2,000개였다. 즉 인간 유전
자 목록 중 10퍼센트가 후보였다.

이 유전자들의 그 어떤 돌연변이도 확실하게 이것이다라고 말하지 않았지만, 워시는 X염색체의 XIAP라는 유전자에 초점을 맞추었다. 조사하니, 니컬러스는 X 연관 림프 세포 증식 증후군 2형(X-linked lymphoproliferative syndrome type 2)이라는 희귀한 유전병을 지녔음을 시사하는 유전자 서열 변이체를 가지고 있었다. 면역계의 정상 기능을 교란하는 돌연변이이다. 위스콘신 연구진은 결정적 증거를 찾아낸 것이었다. 이제 니컬러스의 의료진은 시급하게 골수 이식을 권할 정당한 근거를 가지게 되었다.

니컬러스의 이야기는 『밀워키 저널 센티널(*Milwaukee Journal Sentinel*)』에 실린 퓰리처상을 받은 연재 기사와 같은 저자들이 쓴 『10억 분의 1(*One in a Billion*)』이라는 책에 실려 있다.[4] 이식이 성공한 뒤, 니컬러스는 생애 처음으로 할로윈을 즐기고, 고형 음식을 먹고, 학교에 갈 수 있었다. 안타깝게도, 그는 아직 숲에서 빠져나온 것이 아니다. 니컬러스가 너무 자주 발작을 일으키기 시작했기 때문에, 헬멧을 써서 머리를 보호해야 했다. 그의 부모가 위스콘신 주 의회에 간질 환자가 의료용 마리화나를 제한적으로 이용할 수 있도록 승인해달라고 청원할 정도였다. 그래도 훨씬 나아진 것이다. "진단 오디세이 끝내기"라는 표현은 제이콥과 동료들이 개척한 접근법과 동의어가 되었다. 놀랄 일은 아니다. 환자의 유전체 전체의 서열 분석에 드는 현재 비용—약 2,000-3,000달러—은 역설적이게도 일부 기업이 특허를 받은 암 유전자 하나를 서열 분석하는 데에 매기는 가격보다도 더 낮다. 미리어드 제네틱스 사의 BRAC애널리시스(BRACAnalysis) 검사가 그렇다.

그뒤로 유전자 탐정들이 질병의 원인인 돌연변이들을 찾아내면서, 많은 아이들이 니컬러스의 뒤를 따랐다. 놀라운 결과를 얻은 사례들도 있었다 (비록 아직까지는 소수이기는 하지만). 한 예로, 레타와 조 비어리 부부의 쌍둥이는 일찍부터 신경학적 증상들에 시달렸다. 강직 하반신 마비를 포함하여 온갖 혼란스러운 진단들을 받았다. 어린 딸 알렉시스는 신경화학물질 L-도파(L-dopa)를 투여하면 일시적으로 호전이 되었지만, 그뒤로는 더 악화되었다. 다행히도 라이프 테크놀로지스의 최고정보 관리자였던 조 비어리는 유용한 인맥을 가지고 있었다. 동료들이 그의 아이들의 DNA 서열을 분석했더니, 세가와 증후군(Segawa syndrome)이 있음을 가리키는 희귀한 돌연변이를 발견했다. L-도파에 단순히 SSRI(선택적 세로토닌 재흡수 억제제, 아주 흔한 조제약 중 하나)를 추가하자, 쌍둥이는 거의 완전히 건강을 회복했다.

니컬러스 볼커의 사례가 언론의 주목을 받은 이후로는 많은 진단 오디세이들을 방지할 수 있었다.[5] 도파민 생산을 통제하는 중요한 유전자에 결함이 있음이 발견된 뒤로 이제는 걸을 수 있게 된 캘리포니아 라호이아의 릴리 그로스먼, 새크라멘토의 제이콥과 딜런 앨링엄, 애리조나 주 피닉스의 용감한 셸비 밸린트가 그렇다. 보스턴 아동병원의 캣 브라운스타인 연구진은 30개 연구팀들에게 세 환자에게 공통된 돌연변이를 찾아내라고 경쟁을 붙였는데, 한 어머니는 자기 아들의 근육병이 거대한 틴틴(tintin) 유전자에 있는 돌연변이 때문에 생긴다는 것을 알자, 눈물을 왈칵 쏟으면서 11년 동안 의학적 미로 속을 떠돌아야 했던 일을 끝내게 해준 과학자들에게 고마워했다.

현재 어떤 형태로든 간에 임상 유전자 서열 분석 서비스를 제공하는 의료 센터가 점점 늘고 있다. 위스콘신 주 매디슨에 있는 아동병원의 의사들은 매달 모임을 가져서 가장 시급하게 전장 유전체 서열 분석이 필요한 환자가 누구인지를 논의한다. 가장 많은 환자의 유전체 서열을 조사한 곳은 휴스턴의 베일러 의대이다. 크리스틴 엥 연구진은 2,000명이 넘는 환자들의 DNA 서열을 분석했고, 그중 25퍼센트는 진단에 유용했다.[6] 제이콥 연구진이 앨라배마 주 헌츠빌에 연 전담 유전체 센터를 비롯하여 다른 의료 센터들에서도 비슷한 성공률을 보였다. 임상 유전체 서열 분석의 의학적 혜택이 점점 뚜렷해지면서, 보험회사들이 그 경제적 이점을 보지 못할 리는 없었다. 설령 서열 분석 시도가 첨단 기술판 요행 추구에 불과하다고 해도, 보험회사는 전장 유전체 서열 분석에 드는 비용을 환불해주고 있다.

가장 유망한 접근법에도 단점이 있다. 무엇보다도 실제 장애와 무관한 엄청난 양의 유전 자료를 모아야 한다는 것이다. 유전학자 아이작 코헨은 이를 "인시덴탈옴(incidentalome, 우연한 발견을 위한 유전체 전체 서열/역주)"이라고 불렀다. 환자와 그 가족은 이런 추가 정보에 대해서 어떤 권리를 가질까? 해당 장애와 관련된 유전자에만 조언을 받아야 하나? 건강에 중요한 의미를 가질 수 있는 아직 밝혀지지 않은 다른 수십 개의 유전자 변이체에 관한 조언은?

미국 의학유전학회의 의뢰를 받아서 이 문제를 조사한 유전학자들은 의사가 무조건 분석을 해야 하는 유전자 약 24개의 목록을 제시했다. 비판자들은 이것이 알고 싶지 않은 것을 모른 채로 있을 환자의 권리를 침해한다고 주장한다. 그러나 그 보고서의 공동 저자인 로버트 그린은 그런 걱정이 말도 안 된다고 말한다. "당신의 X선 사진을 읽는 방사선과 의사는 사진 전체를 조사할 직업상의 의무를 지며……무언가를 우연히 발견하면 당신에게 알려줘야 합니다."[7) 콩팥돌을 찾는 중이라고 해서 종양이 있다는 말을 하지 않는다는 것은 직무 유기이다. 유전자 검사라고 예외일 수는 없다. 미국 의학유전학회는 첫 권고안에 제시된 의견들을 참고하여, 결과를 받은 뒤가 아니라 서열 분석을 하기 전에 추가 결과를 받을지 여부를 가족이 선택할 수 있도록 하자고 수정안을 내놓았다.

유전체 서열 분석비용의 급격한 하락은 진단 산업 전체에 계속적인 파급 효과를 미치고 있다. 일부 기업이 특허를 받은 어느 한 유전자 검사에 매긴 가격과 동일한 가격—수천 달러—으로 환자의 유전체 전체의 서열을 분석할 수 있다는 사실이 불합리하게 여겨질 정도가 되었다. 나는 시간이 흐르면 임상의들이 전장 유전체 서열 분석을 받아들일 수밖에 없을 것이라고 본다. 비록 IT 시스템 관리에서부터 보험금 지급 확보와 의학도에게 현대 유전학을 어떻게 가르칠까 하는 문제에 이르기까지, 해결해야 할 과제들이 많기는 해도 말이다. 사소한 법적 문제도 있다.

2009년 5월, 미국 시민자유연합(ACLU)은 두 여성을 대신하여 미국 특허상표청과 BRCA1와 BRCA2라는 두 유방암 유전자에 관한 특허를 보유한 솔트레이크시티 소재 진단 회사인 미리어드 제네틱스를 상대로 소송을 걸었다. 미리어드 사가 유방암 유전학 검사의 독점권을 지나칠 정도로 행사하는 탓에 원고가 자신의 검사 결과에 대한 다른 검토 의견을 받을 수가 없다는 것이 소송 이유였다(그러면 의료 보장 혜택을 받지 못하기 때문에). 소송장에는 이렇게 적혀 있었다. "이 사건은 모든 사람의 개성을 구성하는 가장 기본적인 요소에 특허를 부여하는 행위의 합법성과 합헌성에 이의를 제기한다." 이 사건은 미 연방대법원까지 올라갔다. 미리어드 사의 BRCA1 특허뿐만 아니라, 생명공학 산업의 핵심 교리가 이 사건의 판결에 달려 있었다. 그것은 인간의 유전자는 일단 분리가 되면 발명과 비슷해져서 특허를 받을 수 있다는 개념이었다.

미리어드 사의 변호사들은 그 회사가 BRCA1가 17번 염색체에 있음을 파악했을 뿐만 아니라, 분리함으로써 본질적으로 그 유전자를 "발명했고," 자사의 검사법에 쓰는 편집한 사본을 생산하고 있다고 주장했다. 원고 측은 두 가지 핵심 논거를 들어 반박했다. 첫째, 유전자는 염색체의 일부로서 자연적으로 생성되며, 따라서 DNA 가닥을 단지 분리했다는 것만으로 특허를 받는다는 것은 정당화하기 어렵다고 했다. 소니아 소토마요르 판사는 미리어드 사의 변호인에게 날카로운 질문을 던졌다. 생간을 한 조각 잘라낸다고 해서 그 조각이 특허를 받을 수 있는 것은 아니라고 하면서 말이다. "그런데 유전자를 잘라서 조각을 얻은 거죠? 맞지요? 무슨 차이가 있는 겁니까?" 두 번째 논거는 에릭 랜더가 제출한 유전자 특허의 근본 가정을 타파한 법정 소견서에 담겨 있었다. 즉 분리한 유전자가 자연에 없는 DNA 조각이 아니라는 것이었다. 랜더는 그 반대라고 주장했다.

진단을 위해서 채취한 혈액 시료에 그 유전자 사본이 많이 들어 있다는 사실이 연구를 통해서 드러났다는 것이다. 나도 과학 발전을 위해서는 유전자에 특허를 부여하지 말아야 한다는 내용의 법정 의견서를 제출했다. 여느 평범한 "물질의 조성"과 달리, 유전자는 근본적으로 하나하나가 다 독특하기 때문이다.

소송이 제기된 지 4년 뒤인 2013년 6월 13일, 연방대법원은 유전자 특허를 뒤집었다. 클래런스 토머스 판사는 만장일치 판결문에 이렇게 썼다. "미리어드 사는 아무것도 창안하지 않았다. 미리어드 사가 중요하면서 유용한 유전자를 발견한 것은 분명하지만, 그 유전자를 주변의 유전물질로부터 분리한 것은 발명 행위가 아니다." 연방대법원은 본질적으로 이렇게 말하고 있었다. 인간 유전체에서 중요한 유전자를 찾아내어 추출하는 것은 가치 있는 일이지만, 그렇다고 해서 그 서열에 특허를 받을 권리를 가지게 되는 것은 아니라는 뜻이다.

유전학계의 대다수는 그 판결에 환호성을 내질렀다. 뉴욕 시에 자리한 알베르트 아인슈타인 의대의 해리 오스트러는 많은 이들을 대변하여 이렇게 말했다. "이 결정은 분리해낸 DNA와 그 유전자의 소유권을 자연에 되돌려준다. 본래 속해 있던 곳으로……지금까지는 불가능했지만 이제는 다양한 검사법 중에서 고를 수 있고 다른 전문가의 의견도 들어볼 수 있다." 그리고 유방암에 취약하게 만드는 유전자의 존재 자체를 대다수가 의심하던 시절에 BRCA1 유전자의 위치를 최초로 파악했던 메리-클레어 킹(제14장에서 살펴볼 것이다)도 그 판결이 "특허, 의사, 과학자, 상식에 들어맞는 멋진 결과"라고 환호했다. 판결이 나온 지 몇 주일 사이에, 몇몇 진단 기업들이 훨씬 더 저렴한 가격으로 BRCA1 검사 서비스를 내놓았다.

DNA 서열 분석비용의 급감은 다른 기술 발전들과 결합되면서, 임상 진단학의 양상을 바꾸고 있다. 가장 큰 발전 중 하나는 비침습 태아 검사(noninvasive prenatal testing : NIPT)이다. 태아의 DNA가 소량 엄마의 혈액에 섞여서 돌고 있다는 점을 이용하는 방법이다. 따라서 엄마의 피를 검사하는 것만으로도 태아의 유전체에 염색체가 하나가 더 있어서 생기는 다운 증후군 같은 이른바 세염색체증이 있는지를 알아낼 수 있다. 이 검사법 덕분에 많은 임산부는 양수 검사나 융모막 융모 검사를 피할 수 있다. 둘 다 미미한 수준이기는 하지만 명백히 태아에 위험을 끼칠 수 있는 검사법이다 (이제는 NIPT 검사에서 양성 반응이 나올 때에만 그런 검사를 수행해도 된다). 세퀴넘, 아리오사, 벤타라, 나테라 같은 생명공학 기업들은 그런 장애를 파악하는 검사법을 판매하고 있다.

아직까지 NIPT는 몇 가지 선천성 장애만을 검출할 수 있다. 그러나 원리상 이 접근법은 태아의 유전체 전체 서열을 얻는 데에도 쓸 수 있다. 워싱턴 대학교의 의사이자 과학자인 제이 셴듀어 연구진은 도발적인 연구를 통해서, 임신부의 혈액에서 얻은 유전체 서열을 부모 양쪽의 유전체 서열과 비교함으로써 태아의 유전체 서열을 거의 100퍼센트 정확히 파악하는 방법을 개발해왔다.

건강할 것으로 추정되는 태아의 유전체 서열을 분석하는 문제는 앞으로 윤리적 논쟁을 야기할 것이다. 하지만 우리는 이미 그런 분석을 하는 시대에 들어서 있다. 30대의 대학원생이자 블로거인 라지브 칸은 아내가 임신 중인 첫 아기의 유전체 서열을 분석하기로 결심했다. 비록 자궁 내 태아의 전장 유전체 서열 분석 사례가 2012년 『뉴잉글랜드 의학회지』에 실린 바 있지만, 그 분석은 세포유전학 검사에서 양성 반응이 나왔기 때문에 확인을 위해서 한 것이었다. 칸은 어떤 시급한 건강 문제 때문이 아니라, 그냥 "멋져 보여서" 그리고 "한계를 밀어붙이는" 것을 좋아해서 태아의 유전체 서열을 분석하기로 했다.[8] 그는 아내의 태반 조직을 떼어내어 융모막 융모 검사를 했던 유전자 검사 회사를 설득하여 태아의 DNA 시료를 돌려받았다(회사는 주저했다. 보통은 시료를 검사 대상자의 남편이 아니라 의사에게 보내기 때문이다). 칸은 동료에게 부탁하여 고속으로 서열 분석을 하는

2008년 조지 W. 부시 대통령이 유전정보 차별금지법에 서명하는 모습

장치에 아기의 DNA를 집어넣었다. 프로미티어스라는 무료 소프트웨어를 써서, 칸은 그 자료를 분석했다. 그는 아들의 DNA가 "매우 밋밋하다"는 것을 알고서 안심했다. 개인 유전체학이라는 멋진 신세계에서, "밋밋하다"는 "아주 좋다"는 뜻이다.

유전체 의학이라는 신생 분야에 엄청난 파장을 미친 법적 결정이 또 하나 있었다. 유전적 사생활 보호에 관한 내용이었다. 자신의 유전체 정보를 손에 넣는 사람들이 점점 늘어남에 따라서, 그 정보의 보안과 사생활 보호가 걱정거리로 떠오르는 것은 당연하다. 내 건강보험회사가 내 DNA 자료를 손에 넣는다면 어떻게 될까? 미 의회는 몇 차례 시도한 끝에, 유전정보를 개인의 고용이나 건강보험 가입 영역에서 차별에 사용하는 것을 금지하는 법안을 통과시켰다. 2008년 조지 W. 부시 대통령은 유전정보 차별 금지법(Genetic Information Nondiscrimination Act : GINA)에 서명했다. GINA가 실제로 그런 차별 사례를 막는 데에 효력을 발휘했는지는 불분명하다.

GINA가 생명보험이나 장기요양보험에는 적용되지 않는다는 점도 유념하자. 유전학자 로버트 그린은 이 문제가 가상의 사례에 그치지 않는다고 설명한다. 몇 년 전, 그는 알츠하이머 병 환자들의 친척들을 대상으로 한 APOE 유전자 검사가 어떤 영향을 미쳤는지 임상 연구를 수행했다. 연구의 주된 목적은 성년기에 치매에 걸릴 위험이 높다는 소식을 들었을 때, 어떤 심리적 영향이 있는지를 분석하는 것이었다. 그린은 사람들이 겉으로는 별 걱정을 하지 않는 듯하면서도, 그 유전자를 지닌 사람들 중 상당수가 장기요양보험을 알아보았다는 것을 알아차렸다. 이해할 수는 있지만, 그들이 "내부" 정보를 이용하고 있다고도 말할 수 있다. 그것은 분명히 자기 지식의 한 형태이지만, 다른 질병들에까지 확대되고 널리 쓰인다면, 자신이 어찌될지 아무도 모르는 상태에서 운 좋은 다수가 불행한 소수에게 비용을 지불하는 사업 형태인 장기요양보험과 건강보험 사업 자체가 불가능해질 것이다. 따라서 보험회사는 이 은밀한 지식을 파악하려는 엄청난 동기를 가지게 될 것이다. 그러니 사람들이 그 문제에 편집증을 가지는 데에는 타당한 이유가 있다.

2013년, 당시 화이트헤드 연구소에 있던 이스라엘 과학자 야니브 에를리히는 유전학계 전체에 충격을 주는 연구 결과를 내놓았다. 에를리히 연구진은 기존 데이터베이스에서 익명의 유전체 자료를 취하여 혈통 데이터베이스와 교차 참조를 함으로써, 각 유전체가 누구의 것인지 알아낼 수 있었다. 요지는 DNA 자료를 기부함으로써 과학 연구나 임상 연구에 참여하는 개인의 사생활이 보호된다고는 반드시 보장할 수 없다는 것이었다. 생물정보학의 발전이 다른 뒷문을 활짝 열어놓고 있는 것은 아닐까?

2005년 하버드 의대 유전학자 조지 처치는 아예 이 문제를 정면으로 다루고자, 개인 유전체 계획(Personal Genome Project : PGP)을 설립했다. PGP는 모든 정보가 대중에게 공개된 자료 보관소를 구축하고 있다. 처치는 자원자들에게 완전히 해독된 유전체 서열을 받을 수 있을 것이라고 말한다. 대신에 유전 자료와 의료 기록을 공공영역에 보관하는 데에 동의해야한다. 초기에 자원한 인물 중에는 처치의 하버드 동료인 헨리 루이스 "스킵" 게이츠 주니어와 심리학자이자 저술가인 스티븐 핑커, 투자자인 에스더 다이슨, 그 계획의 탄생 과정을 담은 책 『이것이 바로 인간이다(*Here Is a Human Being*)』의 저자인 듀크 대학교의 미샤 앵그리스트도 있었다. 앵그리스트는 말한다. "황제는 옷을 전혀 입지 않고 있다. 절대적인 사생활 보호와 비밀 유지는 환상이다." 그러나 이 투명함의 유토피아에 모두가 살고 싶어하는 것은 아닐 수도 있다.

2014년 1월, 일루미나 사의 전직 CEO 제이 플래틀리는 샌프란시스코에서 열린 보건 분야의 중요한 총회에서, 방에 빽빽하게 모인 은행가, 투자자, 분석가 앞에서 자기 회사가 1,000달러 유전체 장벽을 깰 예정이라고 발표함으로써 사람들을 떠들썩하게 만들었다. 이미 서열 분석장비 시장을 싹 쓸이하고 있는 마당에, 하이시크 X 텐이라는 새로운 장치를 내놓을 예정이었다. 예상 수명(4년) 동안 최대로 가동하면, 평균 1,000달러라는 비용으로 인간 유전체를 수천 개 분석할 수 있다는 것이다. 문제는 한 대에 100만 달러인 기계 자체의 주문 최소 단위가 10대(그래서 텐이라는 이름이 붙었다)라는 것이었다. 그래도 연구소들과 기업들은 앞다투어 그 기계를 구입했다. 유전체 서열 분석이라는 군비경쟁에서 뒤처지지 않기 위해서였다. 보스턴, 뉴욕, 영국의 주요 유전체 센터들뿐만 아니라, 아시아의 연구기관들, 크레이그 벤터의 새 회사 휴먼 롱제버티도 구매 계약을 했다.

　일루미나 사가 이 심리적으로 중요한 이정표에 도달했다는 데에 모두가 기꺼이 동의한 것은 아니었다. 『네이처』에 "윈스턴 처칠"이라는 필명으로 글을 쓴 평론가는 1,000달러 유전체에 도달하려면 2018년은 되어야 할 것이라고 주장했다. 그러나 플래틀리의 샌디에이고 회사는 순풍을 받고 있었다. 2008년 말, 처음으로 몇 건의 인간 유전체 서열을 발표한 이래로, 일루미나 사는 경쟁자들을 물리치면서 장비의 생산성, 품질, 읽는 염기의 길이를 꾸준히 증가시켜왔다. 경쟁업체들은 하나둘 떨어져나갔다. 단일 분자 서열 분석장비인 헬리스코프를 만들던 헬리코스 사도 쓰러졌다. 그 회사는 장치의 기술적 문제들을 극복하지 못했다. 그 장치는 산업용 냉장고만 했다. 일찌감치 454 라이프 사이언시스를 매입한 거대 제약사 로슈도 기술을 다음 수준으로 향상시키는 데에는 실패했다.

몇 년 동안 일루미나 사의 가장 강력한 경쟁 상대는 라이프 테크놀로지스 사였다. 보스턴의 에이전코트라는 작은 회사를 인수하여 새로운 서열 분석법을 개발한 기업이었다. 일루미나 사를 비롯한 대부분의 경쟁자들이 DNA 중합효소를 이용하는 반면, 그 회사의 솔리드 서열 분석법은 DNA 연결효소를 활용했다. 솔리드 서열 분석 연구진을 이끈 사람은 케빈 매커넌이었다. 말이 빠르고 명석한 생명공학 전문가인 그는 공교롭게도 인간 유전체 계획 때 에릭 랜더 밑에서 라이프 사의 전신 중의 하나인 어플라이드 바이오시스템스 사와 경쟁한 바 있었다. 솔리드 서열 분석장치는 하이시크와 직접 경쟁했다. 1년여 동안 매커넌과 플래틀리는 "네가 할 수 있는 것은 뭐든지 내가 더 잘해"라고 번갈아 기자회견을 하면서 조금 유치한 언쟁을 벌였다. 라이프 테크놀로지스 사가 일루미나 사처럼 본사가 샌디에이고에 있다는 점도 경쟁심을 더욱 부추겼다.

리처드 깁스의 베일러 유전체 센터를 비롯한 많은 학계 연구소들이 솔리드 장치를 채택했지만, 라이프 사는 일루미나 사를 이길 수가 없었다. 2010년, 라이프 사는 방향을 바꾸어서 무려 7억2,500만 달러를 들여서 조너선 로스버그가 최근에 세운 기업인 이온 토렌트 시스템스를 인수했다. 로스버그는 454를 떠난 뒤에도 새로운 서열 분석방법을 계속 고심했다. 그는 본질적으로 pH의 가장 미묘한 변화를 통해서 각 뉴클레오티드가 달라붙었는지 여부를 알아내는 독창적인 방법을 개발했다. 뉴클레오티드가 달라붙을 때마다 수소 이온이 방출된다 것에(그 결과 산성도가 미세하게 증가한다) 착안한 그는 정교한 전자공학을 이용하여 이온의 방출을 검출하는 방법을 고안했다. 이온 토렌트 장치는 레이저와 값비싼 카메라를 이용하는 기존 장치보다 훨씬 더 저렴하게 DNA 서열을 읽을 수 있었다.

2011년 한 유전체학 대회에서 꽉 들어찬 청중 앞에서 퍼스널 게놈 머신(Personal Genome Machine)을 열정적으로 소개하면서, 로스버그는 바로 전날 자신의 호텔 방에서 DNA 서열 분석을 했다는 주장까지 했다. FDA 법령을 위반한 셈이지만 말이다. 그 장치가 얼마나 휴대성이 (상대적으로) 좋은지를 보여주기 위해서, 그의 동료 두 명이 장치를 무대로 가져오기도 했다. 가격이 5만 달러에 불과했던 로스버그의 장치는 서열 분석을 민주화하겠다는 의도를 드러내는 것이었다. 그리고 어느 정도 성공을 거두었다. 장치의 핵심을 이루는 칩의 성능이 좋아질수록 분석되는 서열의 양이 기하급수적으로 증가할 것이라는 전망에 힘입어서, 이 장치는 날개 돋친 듯이 팔려나갔다. 그 결과 차세대 서열 분석 경쟁은 일루미나 사와 라이프 테크놀로지 사라는 두 마리 말이 달리는 경주로 바뀌었다. 454 사는 경쟁에서 밀려나기 시작했고, 로슈 사는 결국 담당 부서를 폐지했다.

그러나 서열 분석 경주로에 아직도 많은 모퉁이와 굽이가 있다는 것은 분명하다. 20여 년 동안, 연구자들은 한 가지의 단순해 보이는 새로운 개념을 붙들고 씨름했다. 나노 구멍(nanopore)이라는 세균의 막 단백질이 자연적으로 만드는 구멍으로 DNA를 통과시키면서 전류를 측정하면, 뉴클레오티드의 서열을 알아낼 수 있다는 개념이었다. 이 개념은 산타크루스에 있는 캘리포니아 대학교의 화학자 데이비드 디머가 처음 구상했다. 그는 1989년 흔히 쓰는 노란 종이에 이 착상을 간결하게 적었다.

몇 년 뒤, 그는 하버드의 댄 브랜튼과 함께 이 원리를 증명한 연구 결과를 발표했다. 그들은 이렇게 예측했다. "더욱 개선된다면, 이 방법은 원리상 DNA나 RNA 한 분자에 있는 염기 서열을 고속으로 직접 검출할 수 있을 것이다."[9] 인간 유전체 초안의 서열 분석을 이제 막 시작하려고 하던 시기였다.

그로부터 10년 남짓 지났을 때, 영국의 화학자이자 나노 구멍 전문가인 옥스퍼드의 해건 베일리가 옥스퍼드 나노포어 테크놀로지스라는 회사를 설립했다. 회사는 그 기술의 실용화를 위해서, 즉 소프트웨어와 컴퓨터 시스템에서 나노 구멍 자체를 비롯한 구성부품들을 개발하기 위해서, 솔렉사 사에서 오랜 기간 일했던 클라이브 브라운과 존 밀턴을 영입했다. 그 기술은 디머와 브랜튼이 1990년대에 내놓은 개념들에 많이 의존하고 있었다. 평면 중합체 막에 단백질 나노 구멍을 만들고, 그 구멍을 통해

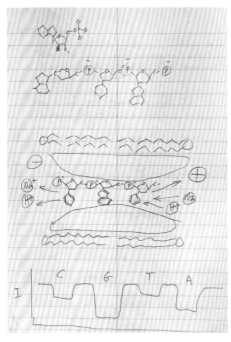

1989년, 데이비드 디머가 그린 나노 구멍 DNA 서열 분석의 기본 개념

서 DNA가 한 방향으로 빠져나가도록 할 수 있다는 개념이 그러했다. 막에 전류를 흘려보내면서 DNA가 초당 염기 500개의 속도로 구멍을 빠져나갈 때 생기는 저항(전류의 변화)을 측정한다. 그런 뒤 재귀 신경망 같은 뛰어난 정보학 도구를 써서, 전류 측정값으로 뉴클레오티드 염기의 종류를 알아내는 것이다.

물론 말처럼 그렇게 간단하다면, 옥스퍼드 나노포어 사—또는 경쟁 기업 중 어느 하나—는 아주 흔히 들리는 유명 기업이 되었을 것이다. 사실 그 기업의 과학자들은 전류 시스템을 개발하기 위해서 무수한 실험을 하고 많은 전략을 쓰레기통으로 내던져야 했다. "끊어서 떨구기(chop and drop)"이라고 이름 붙인 원래의 착상은 엑소뉴클레아제(exonuclease)라는 효소를 써서 팩맨처럼 DNA 가닥의 꼬리 끝에서 뉴클레오티드를 하나씩

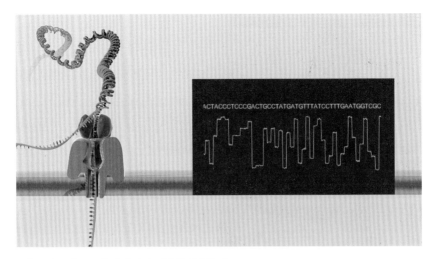

▲옥스퍼드 나노포어 사의 멋진 서열 분석장치 : 효소를 써서 이중나선의 두 가닥을 분리한 뒤, DNA 한쪽 가닥을 세균 나노구멍 단백질의 한가운데에 난 구멍으로 내보낸다. 염기가 구멍을 통과할 때 생기는 전류 변화를 측정하여 염기의 종류를 파악한다.

▶서열 분석장치의 크기 축소 : 옥스퍼드 나노포어 사는 스미지언을 내놓을 계획이다. 말 그대로 스마트폰에 꽂는 장치이다.

끊어서 한 번에 하나씩 구멍으로 떨어지도록 한다는 것이었다. 하지만 그 착상 자체가 쓰레기통으로 떨어졌고, 대신에 다른 효소를 써서 이중나선을 푼 다음, 한쪽 가닥을 그대로 구멍으로 통과시키는 방안이 채택되었다.

아마 옥스퍼드 사가 가진 기술의 가장 혁신적인 측면은 장치 자체일 것이다. 손에 들 수 있는 스마트폰만 한 작은 장치로서, USB 케이블만 있으면 노트북에도 연결할 수 있다.

적절히 준비한 DNA 시료를 장치의 작은 통에 떨구면, 나노 구멍들이 있는 방으로 흘러간다. 각 나노 구멍은 축구장 한가운데 놓인 완두콩처럼,

상파울로 대학교의 바이러스 사냥꾼 잉그라 모랄레스가 지브라(ZiBRA[Zika in Brazil Real Time Analysis], 브라질 실시간 지카 분석) 계획의 일환으로서 휴대용 DNA 서열 분석기에 시료를 주입하고 있는 모습

장치의 서로 다른 영역에 자리한다. 이 미니언 장치는 인간 유전체 서열 전체를 분석할 용량이 안 되지만, 놀라울 만큼 휴대성이 뛰어나고 사용하기가 쉬워서, 야외 조사와 법의학부터 감염병과 학교 수업에 이르기까지, 새로운 시장과 응용 분야를 열고 있다. 연구자들은 미니언을 들고 에볼라가 대발생한 서아프리카의 기니, 지카 바이러스가 유행하는 브라질, 실시간 미생물 분석을 위해서 국제우주정거장으로 향했다. 옥스퍼드 나노포어 사는 말 그대로 스마트폰에 꽂는 스미지언이라는 더욱 작은 서열 분석기도 개발 중이다. 이 회사는 휴대용 서열 분석기로부터 흘러드는 DNA 자료들로 이루어지는 대규모 클라우드 기반 데이터베이스인 "생물의 인터넷"을 구축하고자 한다.[10] 브라운은 "수백만 명이 이 정보를 공유한다면, 의사들과 보험회사들의 성채는 무너질 것"이라고 장담한다.

여러 해 동안 약속이 난무하니, 유전체 학계가 신기술의 전망에 조금 넌더리를 내는 듯이 보일 수도 있다. 2014년에 브로드 연구소의 한 연구원이 옥스퍼드 사의 미니언 기술을 이용하여 얻은 최초의 자료를 발표하자, 청중은 당황한 기색이었다. 그러나 내 동료들이 정확성과 속도가 더 향상되기를 초조하게 기다리고 있는 반면, 나는 현재 우리가 단순한 전류의 요동을 생명의 암호로 번역함으로써 실시간으로 유전 서열을 추론할 능력을 가지게 되었다는 것에 몹시 놀라고 있다. 앞으로 훨씬 더 세밀하게 다듬어지겠지만, 나는 이 기술—또는 그 수정 형태로서 실리콘 웨이퍼에 인공 나노 구멍을 뚫은 것—이 앞으로의 서열 분석에 큰 역할을 할 것이라고 믿는다.

2010년 콜드 스프링 하버 연구소에서 열린 개인 유전체학 대회에서, 나는 보기 엘리아센이라는 젊은 친구를 만났다. 그는 자기 나라 인구 전체의 유전체 서열을 분석하겠다는 야심찬 계획을 품고 있었다. 그 섬나라는 작고—인구가 5만 명에 불과하다—유전체학의 성지라고 알려진 곳도 아니었지만, 나는 흥미를 느꼈다. 페로 제도라는 곳은 스코틀랜드와 아이슬란드의 중간쯤에 있는 북해의 멋진 18개 섬으로 이루어져 있다. 엘리아센이 입안한 파젠(FarGen) 계획의 목표는 모든 페로 제도인의 유전체 서열을 분석하여 보건체제를 돕겠다는 것이다. 그 자료는 시민들에게 제공되지 않고, 그들의 의료기록에 통합되어 의료계가 필요로 할 때 참고 자료로 활용될 것이다.

그뒤로 사우디 인간 유전체 사업과 영국 정부가 후원한 지노믹스 잉글랜드라는 사업을 비롯한 많은 야심적인 국가들의 유전체 사업계획이 발표되어왔다. 이 두 사업은 무작위로 10만 명의 유전체 서열을 분석하는 것을 목표로 삼고 있다. 보건부 장관 제러미 헌트는 이렇게 약속했다. "영국은 이 기술을 주류 보건체계에 도입한 최초의 국가가 됨으로써, 더 나은 검사, 더 나은 약물, 그리고 무엇보다도 생명을 구할 더 개인 맞춤 의료 서비스를 제공하기 위한 세계 경쟁에서 앞서 나갈 것이다."

대규모 집단의 유전체 서열을 분석한다는 목표는 당연히 민간 부문의 상상도 사로잡았다. 크레이그 벤터는 유전체학의 변방에서 별 눈에 안 띄는 10년을 보낸 뒤, 7억 달러의 자본 투자를 받아 휴먼 롱제버티라는 새

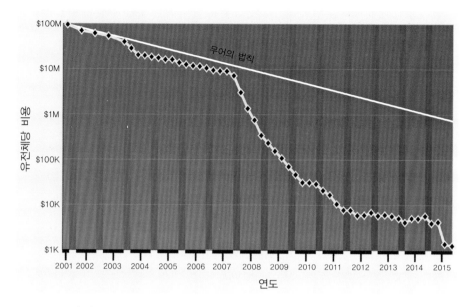

2007년(차세대 서열 분석 기술이 상업적으로 이용되기 시작한 때)부터 인간 유전체의 서열 분석 비용은 경이로운 규모로 감소하면서 지금의 1,000달러 수준에 도달했다. 그리고 앞으로 몇 년 사이에 더욱 떨어질 수 있다. 서열 분석 기술의 성장은 심지어 무어의 법칙(실선)—인텔 공동 창업자 고든 무어가 2년마다 컴퓨터의 처리 능력이 약 2배씩 증가할 것이라고 예측한 유명한 경험 법칙—도 넘어섰다.

회사를 차려서 무대 중앙으로 돌아왔다. 벤터는 창업 목표가 알츠하이머 병을 포함한 질병에 걸린 환자 수천 명의 유전체 서열을 완전히 분석함으로써 수명과 건강의 토대가 되는 주요 DNA 변이체들을 파악하는 것이라고 한다. 셀레라 사의 시절을 역설적으로 재현하는 양, 벤터는 그 정보 중 일부가 제약사에게 상업적인 가치가 있을 것이라고 예측한다. 그러나 세월은 변해왔다. 유전체 서열 분석이 급속히 흔해질수록, 한 기업이 과연 그런 정보를 독점할 수 있을지 의구심이 든다. 게다가 대다수 제약사가 궁극적으로 유전체 서열 분석을 임상시험 과정의 일부로 삼는 것이, 즉 자원자들을 환자 집단별로 분류하고 특정한 약물이 가장 도움이 되는 이들에게 그 약이 왜 그렇게 잘 든는지 이유를 파악하는 수단으로 삼는 것이 설령 필연적이라고까지 말할 수는 없다고 해도 논리적으로 보인다.

나는 10년 전 약 100만 달러에 내 유전체의 서열을 분석한 과정을 회상하는 것으로 이 장을 시작했다. 현재 베리타스 제네틱스 같은 기업은 1,000달러에 개인 유전체 서열 분석과 해석(의사의 감독하에) 서비스를 하고 있다. 2017년 1월, 일루미나 사의 새 CEO, 프랜시스 드소자는 최신 서열 분석기인 노바시크를 선보였다. 몇 년 사이에 100달러 유전체에 도달할 수도 있는 장치였다. 미래에는 유전체학과 실시간 정보가 흔해짐으로써 공중 보건과 개인 의료 분야에 변화가 일어날 것이 확실하다. 그런 일이 아주 빨리 일어날 리는 없다. 우리 몸에는 우리 각자의 출발점인 수정란까지 거슬러올라갈 수 있는 모든 체세포의 유전체 외에, 나름의 다양한 유전체를 가진 미생물들도 우글거리고 있다. 우리 체중의 1-3퍼센트는 이 미생물들로 이루어져 있을지도 모르며, 그들의 섬세한 균형은 우리의 자가면역반응과 비만이 될 가능성부터 신경 전달물질의 농도—장내 미생물의 조성에 영향을 미칠 수도 있는—와 관련된 특정한 정신질환에 이르기까지 모든 것에 영향을 미친다. 매일 우리는 이른바 미생물총(microbiome)—우리의 피부, 입, 장, 기타 구멍들에 사는 수조 개에 달하는 세균 유전체 전체를 가리키는 용어—이 우리가 추측하는 것보다 개인의 건강에 더욱 중요한 역할을 한다는 것을 깨닫고 있다. 사실 세균 미생물총에 든 DNA의 양에 비하면 우리의 DNA는 미미하다. 우리 자신의 것은 아니지만 없다면 우리가 살아갈 수 없는 모든 DNA를 고려할 수 있을 때까지, 우리 건강을 개선한다는 유전체학의 온전한 약속은 실현되지 못할 수도 있다. 이런 의미에서 볼 때, 서열 분석이 너무 빠르거나 너무 저렴해지는 일은 결코 일어날수가 없다.

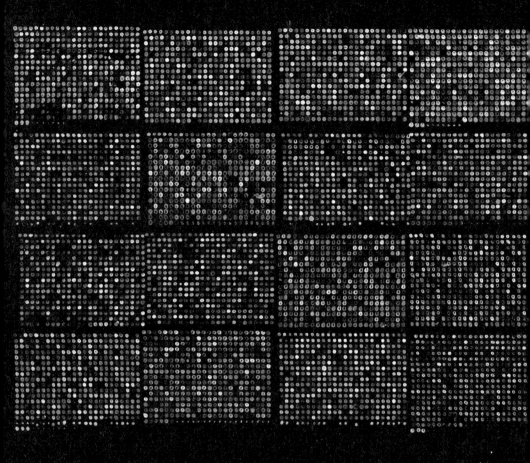

유전체 이후 : 유전자 발현 양상을 보여주는 마이크로어레이 분석. 각 점은 말라리아를 일으
키는 열대열원충이 지닌 약 6,000개의 유전자 각각에 해당한다. 백신이나 치료약을 개발하려
면, 생활사의 각 단계에 어떤 유전자들이 발현되는지 알아야 한다. 여기서 붉은색 점은 A단
계에서만 활동하는 유전자이고, 녹색 점은 B단계에서만 활동하는 유전자이다. 두 단계에서
모두 활동하는 유전자는 노란색으로 표시되어 있다.

제9장

유전체 읽기 : 작용하는 진화

나는 인간 유전체 서열이 최종 분석되었을 때 유전자의 수가 72,415개로 나왔으면 좋겠다고 바라곤 했다. 내가 이 애매한 숫자에 열정을 가지게 된 것은 인간 유전체 계획이 맨 처음 커다란 경이를 안겨주었을 때였다. 10억 번째와 20억 번째 염기쌍이 분석되는 등 서열 분석에서 두 차례의 이정표가 세워지는 중간 시기인 1999년 12월, 최초로 서열이 완전 분석된 염색체가 나왔다. 22번 염색체였다. 총 유전체의 1.1퍼센트밖에 차지하지 않은 작은 것이라고 해도, 22번 염색체는 3,340만 개의 염기쌍으로 이루어져 있었다. 유전체가 어떤 모습을 띠고 있는지 처음으로 살짝 엿본 순간이었다. 『네이처』의 해설자가 썼듯이 그것은 "새 행성의 표면이나 경치를 처음으로 보고 있는" 것과 같았다.[1] 가장 흥미로웠던 것은 염색체에 들어 있는 유전자의 밀도였다. 22번 염색체가 전체 염색체를 대표하지 않는다고 믿을 이유가 없었기 때문에 우리는 그 서열 속에 인간 유전자 전체의 약 1.1퍼센트가 들어 있을 것이라고 예상했다. 말하자면 표준 교과서에서 인간의 유전자 수가 총 10만 개 정도로 추정하고 있었으므로, 22번 염색체에는 1,100개 정도가 들어 있을 것이라고 기대했다. 하지만 거의 그 수의 절반에 해당하는 545개의 유전자가 발견되었다. 이것이 인간 유전체에 우리가 생각했던 것만큼 유전자가 많지 않을지도 모른다는 최초의 단서였다.

그러자 갑자기 인간의 유전자 수가 뜨거운 논란거리가 되었다. 2000년 5

월에 콜드 스프링 하버 연구소에서 열린 유전체 회의에서, 생어 센터에서 컴퓨터 서열 분석을 총괄하고 있는 이완 버니는 "유전자 내기"를 제의했다. 유전자 수가 얼마나 되는지 추정하는 내기였으며, 정답은 서열 분석이 완료되는 2003년이나 그 이전에 나올 것이었다. 정답에 가장 가까운 숫자를 내놓은 사람이 우승자가 된다(버니가 인간 유전체 계획의 비공식 복권 업자가 된 것도 그다지 놀랄 일은 아니었다. 숫자가 그의 전공이니까. 이튼 칼리지를 졸업한 뒤 그는 1년간 롱아일랜드에 있는 나의 집에 머물면서 생물학의 정량적 문제들을 연구했다. 젊은 영국인이 대학에 들어가기 전에 이른바 "남는 한 해"를 보내는 두 가지 방법인 히말라야를 여행하거나 리우에서 바를 들락거리거나 하는 것과는 전혀 거리가 먼 행동이었다. 버니는 옥스퍼드 대학교에 들어가기도 전인 이 시기에 콜드 스프링 하버 연구소에서 일하면서 이미 중요한 논문 두 편을 발표했다).

처음에 버니는 참가자마다 1달러를 걸도록 했지만, 추정치가 발표되면서 최종 숫자에 더 가까이 다가갈수록 거는 금액도 올라갔다. 나는 가장 적은 금액인 1달러를 걸고 72,415라는 숫자를 제시했다. 교과서에 나온 수인 10만 개와 22번 염색체를 기준으로 새롭게 추정된 수인 5만 개를 절충해서 계산한 수였다. 이 글을 쓰고 있는 지금도 정확한 수는 아직 알려지지 않았지만, 내가 정답을 맞힐 가능성은 시간이 지날수록 줄어들고 있는 듯하다. 아무래도 유전체에 건 1달러를 잃을 것 같다.

정확한 유전자 수만큼이나 한가한 추측을 낳을 만한 질문은 또 한 가지밖에 없을 것이다. 우리가 서열을 분석하고 있는 유전자는 과연 누구의 것일까? 그 정보는 원칙적으로 기밀사항이었으므로 돈을 건다고 해도 소

2번 염색체

용이 없겠지만, 그만큼 사람들은 궁금해했다. 공공 부문에서 분석된 DNA 표본은 뉴욕 버펄로 지역에서 무작위적으로 선택한 많은 사람들로부터 얻은 것이다. 지도를 만들고 서열을 분석하기 위해서 DNA를 분리하고 세균 인공 염색체에 넣는 처리작업도 바로 그 지역에서 이루어졌다. 처음에 셀레라 사도 익명의 기증자 여섯으로부터 얻은 사실상 다민족적인 재료를 썼다고 주장했다. 하지만 2002년에 크레이그 벤터는 입이 근질근질한 나머지 분석에 주로 쓰인 유전체가 사실 자기 것이라고—그것도 텔레비전 망을 통해서—말하고 말았다. 현재 벤터와 그 회사를 연결해주는 것은 그 서열뿐이다. 유전체 서열 분석이 매혹적이고 기삿거리가 되기는 했지만 사업적으로 볼 때는 그다지 전망이 없다는 것이 드러나자, 셀레라 사는 2002년에 창립자와 결별하고 제약회사로 바뀌었다. 벤터는 샌디에이고에 자기 이름을 딴 연구소를 세웠고, 두 개의 야심찬 새 회사도 차렸다. 세균의 유전체를 이용하여 새로운 재생 에너지원을 찾고자 하는 회사와 셀레라 사처럼 개인의 유전체 전체를 서열 분석하여 고령자의 건강에 도움이 되는 변이체를 찾겠다는 회사였다. 앞에서 살펴보았듯이, 벤터는 휴먼 롱제버티라는 이 회사가 2020년까지 100만 명의 유전체 서열을 분석할 것이라고 말한다.

유전체 서열을 수중에 넣었기 때문에, 이제 우리는 22번 염색체의 유전자 밀도가 지극히 전형적인 양상을 띠고 있음을 안다. 비전형적인 것을 굳이 찾으라고 한다면, 사실 545개의 유전자를 지닌 22번 염색체가 크기에 비해서 유전자가 적은 쪽보다는 많은 쪽이라는 사실이다. 크기가 거의 똑같은 21번 염색체에는 유전자가 겨우 236개밖에 들어 있지 않다. 지금까지 인간 염색체 24개(22 + X + Y) 전체에서 찾아낸 유전자는 약 2만1,000개에 불과

인간의 2번 염색체에 있는 유전자들 : 2억4,300만 개의 염기쌍

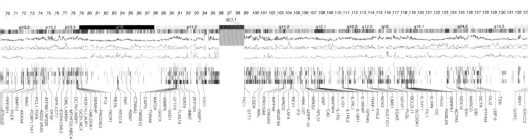

하다. HGP 이후로 10여 년이 흘렀는데도 여전히 인간 유전체에 유전자가 얼마나 들어 있는지 정확히 말할 수 없다니, 조금 부끄럽기는 하다. 미국 국립보건원의 국가 생명공학 정보 센터, 영국의 앙상블(Ensembl), 진코드(GENCODE)라는 국제 협의체 등 몇몇 국제 연구기관들이 계속 유전자 수를 조사하고 집계 결과를 수정해왔다. 가장 최근에는 단백질 암호를 지닌 유전자의 수가 19,800-22,700이며, 평균 21,035개라는 예측이 나왔다. 게다가 RNA 전사체를 만들지만 단백질 암호를 지니고 있지 않은 유전자도 3만-4만 개가 있다. 한 가지는 확실하다. 최종 숫자는 5만 개보다 한참 적을 것이 확실하다는 것이다. 10만 개는 꿈꾸지도 말라.

얼마나 더 늘어날지는 시간만이 알 것이다. 유전자를 찾아내는 것은 사실 그렇게 수월한 일이 아니다. 단백질 암호를 지닌 영역은 유전체를 구성하고 있는 다른 A, T, G, C에 삽입되어 있는 똑같은 A, T, G, C로 된 끈에 불과하다. 즉 눈에 확 띄는 특징을 지니고 있지 않다. 그리고 인간 유전체 중 고작 2퍼센트 정도만이 단백질 암호를 지니고 있다는 점도 염두에 두어야 한다. 나머지 부분은 교과서에 허섭스레기라는 말 그대로 "정크(junk)", 즉 말 그대로 허섭스레기라고 적혀 있었다. 정크의 길이는 아주 다양하며, 같은 서열이 반복하여 늘어서 있는 부위도 많다. 그리고 정크 서열은 최근까지도 아무 기능도 하지 않다고 생각되었다(제7장에서 살펴보았듯이, 이 견해는 인코드 계획의 결과로 대폭 바뀌었다). 그리고 정크는 유전자 속에도 들어 있을 수 있다. 단백질 암호를 지니지 않은 조각들(인트론)이 사이사이에 끼어 있기 때문에, 유전자는 황량한 벌판 사이로 뻗어 있는 분자

고속도로를 달리다 보면 이따금 암호 영역이라는 고립된 마을들이 나타나는 것처럼, 아주 긴 DNA 가닥을 이루고 있을 때도 있다. 얼마 전까지만 해도, 인간의 유전자 중 가장 긴 것은 디스트로핀(dystrophin) 유전자(돌연변이가 생기면 근육 퇴행위축이 일어날 수 있다)였다. 약 240만 개의 염기쌍 사이에 흩어져 있는 유전자이다. 이 중에서 실제 단백질 암호를 지니고 있는 염기쌍은 유전자 전체의 0.5퍼센트인 고작 1만1,055개에 불과하다. 79개의 인트론이 그 나머지를 차지하고 있다. 대개 인간 유전자에 들어 있는 인트론이 8개인 것에 비하면 꽤 많은 편이다. 유전자를 찾기가 쉽지 않은 이유는 바로 유전체가 이렇게 산만한 구조를 이루고 있기 때문이다. 하지만 세 번째로 가장 흔한 근육 단백질의 유전자 앞에서는 디스트로핀의 위세도 빛이 바랜다. 이 단백질계의 티탄족—그래서 티틴(titin)이라는 이름이 붙었다—은 약 3만3,000개의 아미노산으로 이루어지며, 길이가 1마이크로미터이다. 티틴의 암호를 지닌 유전자는 엑손이 363개이고, 2번 염색체에서 거의 30만 개의 염기쌍 사이에 흩어져 있다.

그러나 생쥐, 침팬지 그리고 다른 많은 포유동물들의 유전체가 점점 더 규명됨에 따라서 인간의 유전자를 찾아내는 일도 점점 더 수월해져왔다. 이유는 진화 덕분이다. 사실 모든 포유동물의 유전체가 그렇지만, 인간과 생쥐의 유전체는 기능적인 부분이 놀랍도록 비슷하며, 그것은 두 종이 공통 조상에서 갈라져나온 지 오랜 세월이 지났어도 기능적 부분은 그다지 분화하지 않았다는 것을 의미한다. 반대로 비암호 DNA 영역은 진화의 최전선이 되어왔다. 암호 영역에서는 자연선택이 돌연변이를 억제하는 반면

```
인간   ATGGTTTGATGTCCTCCAGAAAGTGTCTACCCAGTTGAAGACAAACCTCACGAGTGTCACAAAGAACCGTGCAGATAAGG
생쥐   GTGGTTTGATGTACTCCAGAAAGTGTCTGCCCAATTGAAGACGAACCTAACAAGCGTCACAAAGAACCGTGCAGATAAGG


인간   TAAATGGTGCCGTTTGTGGCATGTGAACTCAGGCGTGTCAGTGCTAGAGAGGAAACTGGAGCTGAGACTTTCC-AGGTAT
생쥐   TGAATGGCAC----TGCAGCTAGAGATGACATGCG-GATATCACTGGGGTGGAAAC-AGAGCTCAGACTTTTCTAGATTA


인간   TTTGCTTGAAGCTTTTAGTTGAAGGCTTACTTATGGATTCTTTCTTTCTTTTTTTCTTTTTTATAGAATGCTATTCATAA
생쥐   GTTGCCAGAAGATTCTAATTGCAA--CTG----TGG------T--TTCTTTCACTTTTTCCTATAGAATGCTATTCATAA


인간   TCACATTCGTTTGTTTGAACCTCTTGTTATAAAAGCTTTAAAACAGTACACGACTACAACATGTGTGCAGTTACAGAAGC
생쥐   TCACATTAGGTTATTTGAGCCTCTTGTTATAAAAGCATTGAAGCAGTACACCACGACAACATCTGTACAATTGCAGAAGC


인간   AGGTTTTAGATTTGCTGGCGCAGCTGGTTCAGTTACGGGTTAATTACTGTCTTCTGGATTCAGATCAG
생쥐   AGGTTTTGGATTTGCTGGCACAGCTGGTTCAGCTACGGGTCAATTACTGTCTACTGGATTCAGACCAG
```

생쥐와 인간의 유전자 DNA 서열 비교. 유전암호가 없는 인트론(상자 표시된 부분) 1개와 단백질 서열 암호를 지닌 엑손 2개가 보인다. 강조된 염기들은 두 서열이 진화할 때 전혀 변화하지 않은 염기들이다. 늘임표 부위는 진화 과정에서 사라진 염기를 뜻한다. 이렇게 생쥐와 인간의 서열이 전체적으로 유사하다는 것은 자연선택이 돌연변이를 제거하는 능력이 극도로 뛰어나다는 것을 말해준다. 돌연변이가 일어나도 영향이 없는 인트론 부분이 돌연변이가 일어나면 단백질 기능에 이상이 생길 수 있는 엑손 부분보다 더 심하게 분화해 있다.

에, 정크 영역에서는 수많은 돌연변이들이 그대로 축적되므로 종 사이에 차이가 심하게 난다. 따라서 인간과 다른 포유동물의 서열 유사성을 비교하는 것도 기능적 영역, 즉 유전자를 찾아내는 효과적인 방법이 될 수 있다.

복어의 일종인 자주복 유전체의 초안이 완성된 것도 인간의 유전자를 찾아내는 일에 도움이 되어왔다. 일본 요리 애호가라면 잘 알고 있듯이 복어는 강력한 신경독소를 지니고 있다. 유능한 조리사가 독이 있는 장기를 제거하기 때문에 식용 가능한 복어는 입만 약간 마비시킬 정도이다. 하지만 매년 약 80명이 잘못 요리된 복어를 먹고 사망한다. 일본 황실은 이 맛있는 음식을 즐기지 못하도록 법으로 금지되어 있다. 1980년대 말에 나의 오랜 친구이자 노벨상 수상자인 시드니 브레너는 복어에 맛을 들였다. 적어도 유전 연구의 대상으로 삼았다는 점에서 그렇다. 복어의 유전체는 크기가 인간 유전체의 9분의 1에 불과하며, 정크 영역도 훨씬 적다. 대략 유전체의 3분의 1이 단백질 암호를 지니고 있다. 브레너의 지휘하에 약 1,200만 개의 염기쌍으로 이루어진 복어 유전체 서열의 초안이 완성되었다. 2000년대 초의 전형적인 유전체 서열 분석 작업에 비추어보면 정말로 얼마 안 되는 양이었다. 복어의 유전자 수—단백질 암호를 지닌 유전체 부위로 정의할 때—는 약 19,200개로서, 인간과 비슷한 수준이다. 흥미롭게도 복어의 유전자도 인간과 생쥐의 유전자와 거의 같은 개수의 인트론을 지니고 있다. 복어의 인트론이 길이가 훨씬 짧다는 점이 다를 뿐이다.

대략 2만1,000개라고 해도 현재 추정되고 있는 인간의 유전자 수는 우리의 타고난 유전적 복잡성을 다소 과장하고 있다는 인상을 준다. 진화를 거치면서 어떤 유전자들은 자체 분열을 거쳐 서로 기능이 약간씩 다른 유사한 유전자 집합을 이루게 되었다. 이런 이른바 유전자군(gene family)은 난자나 정자가 생성될 때 염색체의 일부 영역이 우발적으로 두 배로 늘어난 데에서 비롯된다. 이런 일이 벌어지면 그 염색체에는 똑같은 유전자가 둘이 있게 된다. 두 유전자 중 하나가 제 기능을 하고 있는 한, 나머지 유전자는 자연선택을 받지 않은 채 돌연변이가 축적되면서 진화가 선택하는 방향에 따라서 자유롭게 분화하기 시작한다. 일어난 돌연변이들은 때로 그 유전자에 새로운 기능을 부여하기도 하며, 그 기능은 대개 원래 유전자와 밀접한 관련이 있다. 사실 우리 인간의 유전자들 중에는 상대적으로 적은 유전자를 주제로 삼은 변주곡에 해당하는 것들이 많다. 예를 들면 우리가 지닌 유전자 전체의 약 2퍼센트에 해당하는 575개는 세포 사이에 신호를 전달하는 화학적 전령인 단백질 키나아제 효소 변이체들의 암호를 지니고 있다. 그리고 코에 후각 능력을 주는 유전자도 1,000개가 있다. 각 유전자는 각기 다른 냄새 분자를 인식하는 독특한 냄새 수용체를 만든다. 생쥐도 거의 똑같이 이 1,000개의 유전자를 가지고 있다. 하지만 차이가 있다. 생쥐는 주로 밤에 돌아다니도록 적응했기 때문에 후각이 더 예민해야 한다. 따라서 자연선택은 더 예민한 코를 선호해왔고 냄새 수용체 암호를

이름	학명	유전자 수
인간	*Homo sapiens*	21,000
애기장대	*Arabidopsis thaliana*	27,000
예쁜꼬마선충	*Caenorhabditis elegans*	20,000
초파리	*Drosophila melanogaster*	14,000
효모	*Saccharomyces cerevisiae*	6,000
대장균	*Escherichia coli*	4,000

지닌 1,000개의 유전자는 자기 역할을 해야 한다. 그러나 인간의 냄새 수용체 유전자 1,000개 중 약 60퍼센트는 진화과정에서 퇴화했다—우리는 이 유전자 화석을 의사유전자(pseudogene)라고 한다. 아마 우리가 시각에 더 의존하게 되면서 냄새 수용체의 필요성이 줄어들었기 때문일지 모른다. 따라서 자연선택은 우리 냄새 유전자에 돌연변이가 일어나 제 기능을 하는 단백질을 만들지 못하게 되어도 상관하지 않았을 것이고, 우리는 다른 온혈동물에 비해서 후각 기능이 상대적으로 떨어지게 되었다.

우리의 유전자는 다른 생물들의 것보다 얼마나 많을까?

유전자 수를 기준으로 하면, 우리는 작은 잡초보다도 못한 수준이다. 예쁜꼬마선충과 비교해보면 더욱 정신이 확 든다. 우리 몸의 세포 수가 30조 개로 추정되는 반면에 이 선충은 고작 959개의 세포로 이루어져 있고, 우리가 1,000억 개의 신경세포를 가진 반면에 이 선충의 단순한 뇌는 302개의 신경세포로 이루어져 있다. 이렇게 구조적 복잡성 측면에서는 엄청난 차이가 있지만, 유전자 수를 보면 거의 똑같다. 이런 당혹스러운 불일치를 어떻게 설명할 수 있을까? 사실 전혀 당혹스럽지 않다. 그대로 놓고 보면, 인간이 자신의 유전적 하드웨어를 더 잘 활용할 능력을 가진 것뿐이다.

사실 나는 지능과 유전자 수가 적은 것 사이에 상관관계가 있다고 주장해왔다. 나는 영리해지면, 즉 우리의 것이나 초파리의 것과 같은 꽤 좋은 신경 중추를 가지게 되면 비교적 적은(2만1,000개를 적다고 한다면) 유전자를 가지고도 복잡한 기능을 할 수 있다고 생각한다. 우리 뇌는 우리에게 눈도 없는 작은 선충의 능력을 훨씬 뛰어넘는 감각신경과 운동신경을 주었고, 그에 따라서 우리가 선택할 수 있는 행동의 종류도 훨씬 많다. 그리고 뿌리를 박고 사는 식물은 선택의 폭이 훨씬 더 적다. 식물은 모든 환경에 대처할 유전자원을 완전하게 갖추고 있어야 한다. 반면에 뇌를 가진 종은 추위가 닥치면 자신의 신경세포를 사용해서 더 좋은 환경을 추구하는 반응을 보일 수 있다. 따뜻한 동굴 속으로 들어가는 식으로 말이다.

척추동물의 복잡성은 대체로 유전자 근처에 있는 정교한 유전적 스위치를 통해서도 증가할 수 있다. 유전체 서열 분석이 완료되었으므로, 우리는 이제 유전자 옆에 있는 이런 영역을 상세히 분석할 수 있다. 조절 단백질이 DNA에 결합해서 인접한 유전자를 켜고 끄는 조절작용이 일어나는 부위가 바로 이곳이다. 척추동물의 유전자는 더 단순한 생물의 유전자보다 훨씬 더 정교한 스위치 집합을 통해서 조절되는 듯하다. 척추동물이 복잡한 삶을 살 수 있는 것도 바로 유전자들이 이렇게 융통성 있게 복잡하게 조율되기 때문이다. 더구나 "선택적 이어 붙이기(alternative splicing)"라는 과정을 통해서 각기 다른 엑손들이 이어 붙어 조금씩 다른 단백질들이 만들어지거나 단백질이 만들어진 뒤에 생화학적 변형이 이루어지거나 해서, 유전자 하나에서 많은 단백질들이 만들어질 수도 있다.

이렇게 인간의 유전자 수가 예상 외로 적다는 것이 드러나자 그 의미를 놓고 몇 가지 주장이 제기되었다. 이런 주장들은 한 가지 공통의 주제로 회귀하는 경향을 보인다. 스티븐 제이 굴드(최근에 이른 나이에 사망함으로써 그의 유창하고 열정적인 목소리를 더 이상 듣지 못하게 되었다)는 『뉴욕 타임스』에 쓴 글에서 이 적은 수는 거의 모든 생물학적 탐구를 지배하는 교리인 환원론에 종식을 고하는 종소리라고 주장했다. 이 교리는 복잡한 체계가 밑에서부터 세워진다고 간단하게 말한다. 다시 말해서 조직

체계의 복잡한 수준에서 일어나는 일들을 이해하려면, 먼저 더 단순한 수준에서 그것들을 이해하고 단순한 작용들을 토대로 끼워맞추어야 한다는 것이다. 따라서 유전체 수준에서 벌어지는 일들을 이해해야, 생물이 어떻게 체제를 이루는지 궁극적으로 이해하게 된다는 것이다. 굴드를 비롯한 사람들은 인간의 유전자 수가 놀라울 정도로 적다는 것을 이런 상향식 접근법이 제대로 이루어질 수 없을 뿐 아니라 쓸모도 없다는 증거라고 보았다. 환원 반대론자들의 주장에 따르면, 예상 외의 유전적 단순성에 비추어볼 때 인간이라는 생물은 단순한 과정들을 총합하는 방식으로는 자기 자신을 조금도 이해할 수 없다는 것을 보여주는 살아 있는 증거였다. 그들이 볼 때, 적은 유전자 수는 본성이 아니라 양육이 우리 각각을 자신답게 만드는 주요 결정요인임이 분명하다는 것을 뜻했다. 이를테면 그것은 우리 유전자가 강요하는 독재체제에서 벗어났다는 독립선언이었다.

굴드와 마찬가지로 나도 양육이 우리 각자를 형성하는 데에 중요한 역할을 한다는 것을 잘 인식하고 있다. 하지만 그는 본성의 역할을 너무나 잘못 인식하고 있다. 우리의 유전자 수가 적다고 해서 생물학적 체계를 환원론적으로 접근하는 방식이 쓸모없다는 의미는 결코 아니다. 뿐만 아니라 그것은 유전자가 우리를 결정하지 않는다라는 논리적 결론을 정당화하지도 않는다. 누가 뭐라고 해도 침팬지의 유전체가 담긴 수정란에서는 필연적으로 침팬지가 발생하며, 인간의 유전체가 담긴 수정란에서는 인간이 발생한다. 고전음악이나 텔레비전 폭력물에 아무리 노출시켜도 그것을 바꿀 수는 없다. 그렇다. 우리는 이 너무나도 비슷한 두 유전체에 담긴 정보가 어떻게 전혀 다른 생물을 만드는 일을 해내는지 이해하기 위해서 기나긴 길을 걸어왔지만, 각 개체가 어떤 존재가 될지를 결정하는 가장 큰 부분이 모든 세포에, 유전자 속에 프로그램되어 있다는 것은 피할 수 없는 사실로 남아 있다. 사실 나는 인간의 유전자 수가 적다는 발견이 표준 환원론적 접근방식에 희소식이라고 본다. 유전자 10만 개보다는 2만1,000개의 영향을 분석하는 편이 훨씬 더 쉬울 것이기 때문이다.

인간은 자신의 복잡성에 어울리지 않게 유전자를 적게 가지고 있을지도 모르지만, 디스트로핀 유전자에서 잘 드러나듯이 혼란스러울 만큼 큰 유전체를 가지고 있기도 하다. 다시 선충과 비교해보자. 우리는 선충에 비해서 두 배도 채 안 되는 유전자를 지닌 반면에, 유전체의 크기는 33배나 더 크다. 왜 이런 차이가 나타나는 것일까? 유전자 지도 작성자들은 인간의 유전체를 오아시스, 즉 유전자가 드문드문 있는 사막에 비유한다. 유전체의 50퍼센트는 기능이 전혀 없는 정크 같은 반복 서열로 이루어져 있다. 그리고 우리 유전체에는 Alu 인자라는 짧은 반복 서열 수백만 개가 흩어져 있는데, 그것이 유전체 전체의 10퍼센트를 차지한다.

GGCCGGGCGCGGTGGCTCACGCCTGTAATCCCAGCACTTTGG
GAGGCCGAGGCGGGCGGATCACCTGAGGTCAGGAGTTCGAGA
CCAGCCTGGCCAACATGGTGAAACCCCGTCTCTACTAAAAATA
CAAAAATTAGCCGGGCGTGGTGGCGCGCGCCTGTAATCCCAG
CTACTCGGGAGGCTGAGGCAGGAGAATCGCTTGAACCCGGGA
GGCGGAGGTTGCAGTGAGCCGAGATCGCGCCACTGCACTCCA
GCCTGGGCGACAGAGCGAGACTCCGTCTCAAAAAA

이 서열을 100만 번쯤 쓴다고 생각하면 Alu가 우리 DNA에 얼마나 많이 있는지 감을 잡을 수 있을 것이다. 사실 반복 서열은 겉으로 보이는 것보다 훨씬 더 많다. 전에는 반복 서열이라고 한눈에 파악할 수 있었던 것이라고 해도 많은 세대를 거치면서 돌연변이가 일어나면 특정한 반복 서열군에 속한다고 보이지 않을 만큼 분화가 일어나기 때문이다. ATTG ATTG ATTG처럼 짧은 서열이 3회 반복되어 있다고 하자. 시간이 흐르면 돌연

이름	학명	유전체 크기 (단위 : 염기쌍 100만 개)
초파리	*Drosophila melanogaster*	180
복어	*Fugu rubripes*	400
뱀	*Boa constrictor*	2,100
인간	*Homo sapiens*	3,100
메뚜기	*Schistocerca gregaria*	9,300
양파	*Allium cepa*	18,000
도롱뇽	*Amphiuma means*	84,000
폐어	*Protopterus aethiopicus*	140,000
고사리	*Ophioglossum petiolatum*	160,000
아메바	*Amoeba dubia*	670,000
대장균	*Escherichia coli*	4,000

변이가 일어나면서 이 서열에 변화가 생기겠지만, 기간이 짧으면 우리는 ACTG ATGG GTTG가 어디에서 유래했는지 알아볼 수 있다. 기간이 더 길어지면 돌연변이가 축적되어 ACCT CGGG GTCG처럼 원래 어디에서 유래했는지 완전히 알 수 없는 정도가 된다. 반복 서열이 차지하는 비율이 훨씬 더 낮은 종도 있다. 애기장대 유전체는 반복 서열의 비율이 11퍼센트이며, 선충은 7퍼센트, 초파리는 겨우 3퍼센트이다. 우리 종의 유전체가 큰 주된 이유는 다른 종들에 비해서 정크가 더 많이 들어 있기 때문이다.

정크 DNA 양의 이런 차이는 오랫동안 풀지 못한 진화적 수수께끼를 설명해준다. 우리는 기본적으로 복잡한 생물일수록 더 많은 정보가 필요하기 때문에 더 큰 유전체를 가져야 한다고 생각한다. 사실 유전체의 크기와 생물의 복잡성 사이에는 상관관계가 있다. 효모 유전체는 대장균 유전체보다 크고 우리 유전체보다는 작다. 하지만 그 상관관계는 약하다.

자연선택이 유전체 크기를 가능한 한 작게 유지하려고 할 것이라고 가

정해도 무리가 없을 것이다. 무엇보다도 세포는 분열할 때마다 모든 DNA를 복제해야 한다. 따라서 복제할 양이 많을수록 오류가 생길 여지도 더 커지며, 복제하는 데에 필요한 에너지와 시간도 더 많이 든다. 따라서 아메바나 도롱뇽이나 폐어에게는 세포 분열 자체가 매우 대단한 일이다. 이런 종에서 DNA의 양이 이렇게 주체할 수 없을 정도로 늘어난 이유가 무엇일

머리에 인 양파들 : 양파의 유전체는 그것을 이고 있는 사람의 유전체보다 여섯 배나 더 크다.

까? 예외적으로 큰 유전체를 가진 종이 있다면, 우리는 그 종이 유전체를 작게 유지하려는 선택 압력을 상쇄시키는 다른 선택 압력을 받았다고 추론할 수밖에 없다. 가령 극단적인 환경에 노출되기 쉬운 종에게는 커다란 유전체가 유리할 수 있다. 폐어는 땅과 물의 경계에서 살아가며, 긴 건기에는 몸을 진흙 속에 파묻고 버틸 수 있다. 폐어는 하나의 환경에 적응한 종보다 더 큰 규모의 유전적 하드웨어를 필요로 하는지도 모른다.

이런 DNA 과잉을 설명하는 진화 메커니즘이 두 가지 있다. 주로 식물에 많지만 종 중에는 사실상 기존에 있던 두 종의 교배 산물인 것들이 많다. 각 부모 종이 가진 DNA를 그냥 전부 꾸려넣어 두 배의 유전체를 가짐으로써 신종이 되는 일도 있다. 혹은 다른 종의 유전체 없이, 어떤 유전적 사고가 일어나서 유전체가 두 배로 늘어날 수도 있다. 예를 들면, 분자생물학의 주요 재료 중의 하나인 효모는 약 6,000개의 유전자를 가지고 있다. 하지만 자세히 살펴보면 이 유전자들 중 상당수가 중복되어 있다는 것이

이동인자를 발견한 바버라 매클린톡

드러난다. 즉 효모의 유전자들 중에는 같은 유전자가 둘로 늘어났다가 분화한 것들이 많다. 진화의 초기 단계에 효모의 유전체가 두 배로 늘어난 것이 분명하다. 처음에는 두 개가 똑같았을 테지만, 시간이 흐르면서 서로 분화했을 것이다.

또 스스로를 복제하여 유전체의 여러 부위에 끼워넣는 능력을 지닌 유전 서열도 DNA의 양을 늘리는 데에 기여를 한다. 지금까지 많은 종류의 이런 이동인자(mobile element)들이 발견되어왔다. 하지만 1950년에 바버라 매클린톡이 그것을 발견했다고 처음 발표하자, 대다수 과학자들은 멘델 유전이라는 단순한 논리에 너무나 익숙해 있었기 때문에 유전자가 "도약한다"는 생각 자체가 터무니없다고 생각했다. 최고의 옥수수 유전학자였던 매클린톡은 이미 과학자로서 많은 풍파를 겪은 상태였다. 1941년에 미주리 대학교가 자신에게 종신 교수직을 줄 생각이 없다는 것을 알자, 그녀는 콜드 스프링 하버 연구소로 왔다. 그곳에서 그녀는 1992년에 90세로 사망할 때까지 활발한 연구활동을 했다. 매클린톡은 한때 동료에게 이런 말을 한 적이 있었다. "당신이 보는 것이 정말로 진실입니다."[2] 이것이 그녀가 과학 탐구를 하는 방식이었다. 그녀가 일부 유전인자들이 유전체 사이를 돌아다닐 수 있다는 혁명적인 생각을 가지게 된 것은 그저 사실을 관찰함으로써 나온 결과였다. 각기 다른 색깔을 띤 옥수수 낟알들의 발달과정을 유전적으로 연구하고 있던 그녀는 각 낟알이 발달하는 동안에 종종 색깔 변화가 일어나기도 한다는 점에 주목했다. 그러면 한 낱알에서 원래의 노란색을 띤 세포들과 자주색을 띤 세포들이 무리 지어 분포하게 되어 낱알이 알록달록한 색깔을 띠게 된다. 이런 갑작스런 색깔 변화를 어떻게 설명해야 할까? 매클린톡은 유전인자, 즉 이동인자가 색소 유전자 속을 들락날락하기 때문이라고 추론했다.

재조합 DNA 기술이 등장한 뒤에야 우리는 이동인자가 아주 흔하다는 것을 알아차렸다. 지금 우리는 그것들이 대다수까지는 아니라고 해도 우리 유전체를 비롯한 많은 유전체의 주요 구성요소라는 것을 알고 있다. 그리고 같은 유전체의 여러 부위에 반복해서 나타나는 가장 흔한 이동인자들 중에는 그 떠돌이 삶을 반영하는 이름을 얻은 것들도 있다. 초파리의 수십 가지 이동인자 중에 "집시(gypsy)"와 "뜨내기 일꾼(hobo)", "자벌레 1(looper1)"가 그러하며, "매클린톡(McClintock)"이라는 걸맞은 이름이 붙은 것도 있다. 또한 볼복스(Volvox)라는 녹조류를 연구하는 사람들은 한 이동인자의 유전체 속에서 도약하는 놀라운 능력에 경의를 표한다. 그들은 뛰어난 농구선수인 조던의 이름을 따서 그것을 조던 인자라고 부른다.

이동인자에는 염색체 DNA를 자르고 이어 붙이는 일을 하는 효소들의 암호가 들어 있다. 그래서 이동인자는 염색체의 다른 위치에 자신을 복제하는 일을 할 수 있다. 이동인자가 정크 서열 속으로 도약을 하면, 생물의 기능에는 아무 영향이 없으며 정크 DNA만 더 늘어나게 된다. 하지만 이동인자가 중요한 유전자 속으로 도약해서 그 유전자의 기능에 장애가 일어난다면, 선택이 개입한다. 즉 그 생물은 죽거나 도약이 일어난 그 유전자를 다음 세대로 전달하지 못할 수도 있다. 극히 드물기는 하지만, 이동인자가 움직임으로써 새로운 유전자가 만들어지거나 기존 유전자가 숙주생물에 혜택을 주는 쪽으로 바뀌는 일도 일어날 수 있다. 따라서 진화라는 측면에서 볼 때 이동인자는 주로 새로운 것을 만드는 역할을 하는 듯하다. 그리고 신기하게도, 최근의 인류 역사에는 활발한 도약이 일어났다는

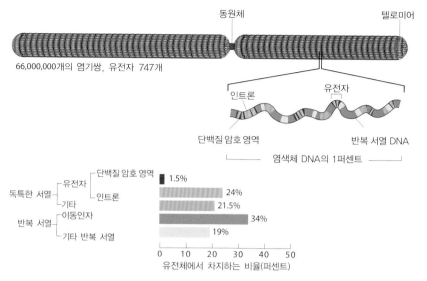

우리 유전체의 모습 : 작은 20번 염색체의 주요 특징들

증거가 거의 없다. 우리의 정크 DNA는 대부분 오래 전에 생긴 듯하다. 반대로 생쥐의 유전체에는 활발하게 도약하는 이동인자들이 많이 있다. 즉우리의 것보다 훨씬 더 역동적인 유전체이다. 하지만 이 때문에 생쥐 종이심각한 문제에 직면하는 것 같지는 않다. 생쥐는 본래 다산성 종이므로 종전체로 볼 때 매우 중요한 기능을 하는 유전자로 도약이 일어날 때 생기는유전적 재앙에 견딜 수 있는 듯하다.

대장균은 DNA의 기능에 관한 기본 사실들 중 상당수를 밝히는 데에 쓰여왔기 때문에, 다른 모델 생물들이 따라올 수 없는 대단한 기여를 했다. 그래서 인간 유전체 계획이 일찍 "해야 할 일" 목록 중에 대장균 유전체가 우선 순위를 차지한 것도 놀랄 일은 아니었다. 대장균 서열 분석에 가장 열의를 보인 사람은 위스콘신 대학교의 프레드 블래트너였다. 하지만 그의원대한 계획은 인간 유전체 계획에 예산이 지원된 뒤에야 실현 가능한 일이었다. 결국 그는 최초로 서열 분석 연구비를 지원 받은 사람 중 한 명이 되었다. 그가 처음에 자동 서열 분석법을 채택하기를 망설이지만 않았어도, 세균 유전체 서열을 최초로 분석 완료했다는 영예는 그에게 돌아갔을 것이다. 1991년에 그는 서열 분석 규모를 늘려야 할 상황에서 기존 방식을 채택하고 말았다. 즉 그저 대학생들을 더 고용한 것이다. 월리 길버트도 자동화라는 측면에서는 지각생이었다. 나는 그보다 2년 전에 그에게 세포 속에 사는 작은 기생 세균인 미코플라스마의 유전체를 연구하라고 강력히 권한 바 있었다. 미코플라스마는 세균 유전체 중 가장 작다고 알려져 있었다. 아쉽게도 그가 채택한 새로운 수동 서열 분석방식은 실패로 돌아갔고, 그와 함께 미코플라스마 계획도 끝장났다. 하지만 블래트너는 늦게나마 자동화를 받아들였고, 1997년에 대장균 유전체가 4,000개 정도의 유전자를 지니고 있다는 것을 밝혀냈다.

그러나 누가 먼저 세균 유전체를 최초로 분석 완료할 것인가라는 더 큰 규모의 경주는 그보다 2년 전 해밀턴 스미스, 크레이그 벤터, 그의 아내 클레어 프레이저가 이끄는 대규모 연구진이 포진하고 있던 TIGR의 승리로 끝났다. 그들이 분석한 세균은 헤모필루스 인플루엔자(*Haemophilus influenzae*)였다. 스미스는 키가 198센티미터나 되는 장신으로서, 수학을 전공했다가 다시 의대로 들어간 사람이었다. 그는 20년 전 DNA를 잘라내는 제한효소를 분리하는 일을 해냈고, 그 업적으로 1978년에 노벨 생리의학상을 공동 수상한 바 있었다. 스미스가 분리한 헤모필루스 DNA를 대상으로 삼아 벤터와 프레이저는 전장 유전체 산탄총 방식을 써서 180만개의 염기쌍 서열을 분석해냈다. 최초의 "작은" 유전체가 밝혀지자마자, 앞에 기다리고 있는 더 큰 유전체들은 얼마나 클지 충분히 상상이 되었다. 헤모필루스 유전체의 A, T, G, C를 모두 이 책만한 종이에 인쇄한다면, 약 4,000쪽 분량의 책이 만들어질 것이다. 그 유전체에는 1,727개의 유전자가 들어 있는데, 유전자 하나를 인쇄하려면 평균 두 쪽이 필요할 것이다. 이 유전자들 중 쉽게 파악할 수 있는 기능을 지닌 것은 55퍼센트에 불과하

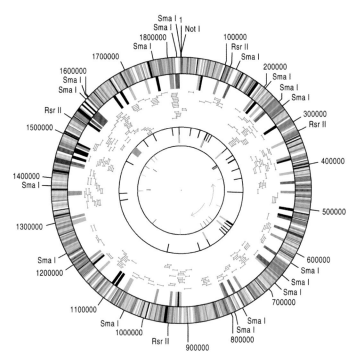

생명의 원: 헤모필루스 인플루엔자의 유전자 지도. 180만 개의 염기쌍에 1,727개의 유전자가 들어 있다.

다. 예를 들면 에너지 생산에는 적어도 112개의 유전자가 관여하며, DNA 를 복제하고 수선하고 재조합하는 데에는 적어도 87개의 유전자가 필요 하다. 그 유전체 서열로 볼 때 나머지 45퍼센트의 유전자도 제 기능을 한 다는 것을 알 수 있지만, 현 시점에서는 그것들이 무슨 일을 하는지 제대 로 모르고 있다.

세균의 기준으로 볼 때도 헤모필루스 유전체는 매우 작다. 세균 유전체 의 크기는 그 종이 마주치기 쉬운 환경들이 얼마나 다양한가와 관련이 있 는 듯하다. 다른 생물의 소화기관에서 사는 세균처럼, 일정한 환경에서 무 미건조한 생활을 하는 종은 유전자 집합을 한 벌 가지고도 잘 살아갈 수 있다. 하지만 더 넓은 세계를 접해보고 싶어하고 더 다양한 환경과 마주치기 쉬운 종은 그런 환경들에 대처할 준비를 갖추어야 한다. 그리고 상황에 맞게 유연하게 대처하려면 대개 유전자 집합을 여러 벌 갖추어야 한다. 각 유전자 집합은 서로 다른 상황에 쓰이게 되어 있고, 언제든지 켜질 준비가 되어 있어야 한다.

인간에게 감염되는(그리고 낭성 섬유증 환자에게 특히 위험한) 세균인 녹농균(*Pseudomonas aeruginosa*)은 다양한 환경에서 산다. 제5장에서 우리는 이와 비슷한 종을 유전공학적으로 변형시킨 것에 최초로 생물 특허가 주어졌다는 이야기를 한 적이 있다. 그 생물은 인간의 폐와는 전혀 다른 환경인 기름 띠 속에서 살도록 적응되어 있었다. 녹농균 유전체는 640만 개의 염기쌍으로 이루어져 있고, 그 안에는 5,570개의 유전자가 들어 있다. 이 유전자들 중 약 7퍼센트는 유전자의 스위치를 켜고 끄는 단백질인 전사 조절인자 암호를 지니고 있다. 따라서 총 유전자 중 상당히 많은 부분을 조절에 쓰고 있는 셈이다. 자크 모노와 프랑수아 자코브가 1960년대 초에 예견했던 대장균 "억제인자"(제3장 참조)도 그런 전사 조절인자에 속한다. 따라서 경험적으로 다음과 같은 규칙이 나온다. 세균 종이 마주칠 수 있는 환경의 범위가 넓어질수록, 유전체도 커지며, 유전체 중 유전자 조절을 담당하는 부분의 비율도 커진다.

TIGR은 헤모필루스에서 멈추지 않았다. 1995년에 그 연구소는 노스캐롤라이나 대학교의 클라이드 허치슨과 공동으로 이른바 "최소 유전체 분석 계획"의 한 부분이었던 미코플라스마 게니탈리움(*Mycoplasma genitalium*) 유전체 서열 분석을 완료했다. 이 생물(어딘가 불길한 느낌을 주는 이름이지만 사실 우리 소화관에 사는 유익한 세균이다)의 유전체는 58만 개의 염기쌍으로 이루어져 있어서 독립생활을 하는 생물 중 가장 작다고 알려져 있다(바이러스의 유전체가 더 작기는 하지만, 바이러스는 숙주의 유전체에서 기본 활동에 필요한 많은 유전물질들을 얻지 않으면 생활할 수 없다). 그리고 그 상대적으로 짧은 서열에는 482개의 단백질 암호 유전자(게다가 수십 개의 RNA 암호 유전자)가 들어 있었다. 따라서 자연스럽게 이런 질문이 제기된다. 생명을 유지하는 데에 필요한 최소 유전자 수는 얼마인가? 그뒤 미코플라스마 게니탈리움의 유전자들이 생명활동에 반드시 필요한 것인지 아닌지 밝혀내는 연구가 이루어져왔다. 2006년 벤터 연구진은 세균에게 치명적인 타격을 주지 않은 채 정확히 100개의 단백질 암호 유전자를 제거할 수 있었다고 발표했다. 즉 382개의 유전자를 지닌 "최소 유전체"를 만들 수 있었다. 이 허약한 생물은 필요한 모든 물질들이 담긴 배양기에서 자라야 하므로 사실 "최소"라는 말은 다소 작위적이다. 환자가 투석장치로 살 수 있으므로 살아가는 데에 신장이 반드시 필요한 것이 아니라는 말과 비슷하다.

벤터는 따로따로 분리한 구성요소들을 조합하여, 기능을 하는 최소 세포를 아예 처음부터 인공 합성하는 일에 10년 넘게 매달렸다. 미코플라스마가 482개의 단백질을 가지고 있으며, 그중에는 세포 안에서 엄청나게 많이 만들어지는 것도 있고 아주 조금 만들어지는 것도 있다는 점을 생각할 때, 그런 대단히 복잡한 살아 있는 시스템을 만든다는 것이 거의 가망 없는 과제처럼 보였다. 「왕좌의 게임」처럼 주인공이 네댓 명 이상이 등장하는 텔레비전 시리즈는 따라가기가 버거운 나 같은 사람은 살아 있는 세포 안에서 활동하는 주요 분자 사이의 복잡한 상호작용을 떠올리는 것조차 어렵다. 살아 있는 세포는 산뜻하게 잘 돌아가는 소형 기계가 결코 아니다. 그보다는 시드니 브레너의 말마따나, "꿈틀거리는 분자들이 가득한 뱀굴"이라고 할 수 있다.

벤터는 인공 세포의 시대가 곧 도래할 것이라고 굳게 믿고서, 일을 진행해도 좋을지 자문을 받기 위해서 곧바로 생명윤리학자들로 자문단을 구성했다. 나와 마찬가지로 자문단도 이런 식으로 "생명을 창조하는" 일에 윤리적으로 아무런 문제가 없다고 결론지었다. 최초로 미생물 DNA 서열이 분석된 해부터 최초의 합성 세포가 나오기까지 무려 15년이나 걸렸지만, 벤터 연구진은 무수한 기술적 및 생물학적 장애물을 극복하고서 2010년 마침내 그 이정표에 도달했다. 그들은 미코플라스마 게니탈리움을 더 큰 미코플라스마 미코이데스(*Mycoplasma mycoides*)로 전환하는 데에 성공했다(M. 미코이데스의 유전체는 염기가 약 100만 개 더 많지만, 실험실에서 M. 게니탈리움보다 훨씬 더 빨리 자란다). 연구진은 M. 미코이데스 JCVI-syn1.0이라는 이름이 붙은 이 인공 세균 염색체를 컴퓨터로 설계하고, 병 4개에 담긴 화학물질들을 재료로 써서 효모에서 조립한 다음, 세균에 주입한 뒤, 마지막으로 세균 세포 안에 이식했다. 벤터는 말했다. "컴퓨터를 부모로 둔 지구 최초의 자기 복제하는 종이다."

그 세포가 인간이 만들었음을 의심할 이들에게 증거로 제시하기 위해서, 연구진은 그 합성 유전암호에 네 가지 인식 표지를 삽입했다. 연구진 46명의 이름과 인용문들이었다. 아일랜드 작가 제임스 조이스의 글귀도 들어갔다. "살고, 실수하고, 패배하고, 승리하고, 생명에서 생명을 창조하라!" 하지만 조이스의 유족들은 전혀 기뻐하지 않았다. 그들은 허락 없이 인용했다면서, 벤터에게 쓰지 말라는 서류를 보냈다. 벤터는 전설적인 물리학자 리처드 파인먼의 글귀도 집어넣었는데, 나중에 칼텍 당국은 인용문이 잘못되었다고 벤터에게 알려왔다.

이 놀라운 업적은 분자생물학계의 대다수가 오래 전부터 진실이라고 알고 있던 것을 그저 재확인했을 뿐이다. 생명의 본질이란 그저 복잡한 화학일 뿐이라는 것을 말이다. 벤터의 창조는 언론의 전면을 장식했고, 으레 그렇듯이 "신과 놀이를 한다"는 비난이 쏟아졌지만, 그는 바이오 연료에서 백신 개발에 이르기까지 합성생물학을 현실에 적용하는 쪽에 더 관심이 있다. 지금의 과학계는 오히려 그와 정반대의 결론이 나온다면, 즉 세포의 생명이 기본 구성요소들과 과정들의 총합 이상의 것임이 밝혀진다면 몹시 흥분할 것이다.

DNA 분석은 이미 미생물학을 혁신시켰다. DNA 기술이 널리 적용되기 전에는 세균의 크기가 작다는 점 때문에 어느 세균이 어느 종에 속하는지 파악하기가 매우 어려웠다. 배양 접시에 자라는 군체의 형태를 보거나, 현미경으로 각 세포의 모양을 살펴보거나, 세포벽의 특성에 따라서 종을 "음성"이나 "양성"으로 구분하는 그람 검사(Gram test) 같은 비교적 엉성한 생화학적 방법을 사용할 수밖에 없었다. 그러다가 DNA 서열 분석이 등장하자, 미생물학자들은 갑자기 종들의 차이를 확연히 알려주는 식별인자를 가지게 되었다. 자연 서식 환경을 모방하기가 어렵기 때문에 실험실에서 배양할 수 없는 심해에 사는 종이라고 해도 심해에서 표본을 채집하여 DNA를 추출할 수는 있다.

2006년 TIGR는 J. 크레이그 벤터 연구소에 합병되었고, 그 연구소는 여전히 세균 유전체학 분야를 주도하고 있다. 짧은 기간 내에 그들은 위궤양을 일으키는 헬리코박터 균, 콜레라를 일으키는 비브리오 균, 수막염을 일으키는 수막염균, 호흡기 질병을 일으키는 클라미디아 균을 비롯해서 100종이 넘는 세균들의 유전체 서열을 분석했다. 그들의 가장 강력한 경쟁자는 생어 연구소에 있는 연구자들이다. 그 영국의 연구자들을 이끌고 있는 것은 바트 배럴이다. 배럴은 미국에 있지 않은 것이 다행이었다. 그는 내세울 만한 학위가 없었으므로 미국에 있었다면 최고 지위에 오르지 못했을 것이다. 그는 고등학교를 졸업하자마자 과학계로 뛰어들어 DNA 서열 분석이 등장하기 오래 전부터 프레드 생어의 조수로 일하던 사람으로, 대학 졸업장 없이 박사 학위를 받은 드문 예외 사례에 속하기도 한다. 세균으로 방향을 돌리기 전에 배럴은 자동화를 도입한 선구자로 명성을 날렸다. 유럽의 효모 서열 분석 협력단 사람들이 주로 수동적인 방법을 고집하고 있을 무렵에 그는 ABI의 서열 분석 장치 몇 대를 들여와서 1,400만 개의 염기쌍으로 된 효모 유전체 중 40퍼센트 정도를 분석했다. 나중에 배럴의 연구진은 한때 폐결핵이라는 두려운 이름으로 알려져 있던 질병을 일으키는 결핵균(*Mycobacterium tuberculosis*)의 서열을 처음으로 완전 분석해내는 성과를 올렸다.

미생물 DNA 분석능력은 의료진단 분야에서 큰 성과를 올려왔다. 의사가 감염을 효과적으로 치료하려면, 먼저 원인 미생물이 무엇인지 찾아내야 하기 때문이다. 과거에는 어떤 미생물인지 알아내려면, 감염된 조직에서 얻은 세균을 배양해야 했다. 이 과정은 조바심이 날 정도로 더뎠다. 특히 시간이 촉박할 때는 거의 미칠 지경이었다. 그러다가 신속하고 간단하면서 더 정확한 DNA 검사를 통해서 미생물을 찾아내게 되자, 의사들은 훨씬 더 빨리 적절한 치료를 할 수 있게 되었다. 그리고 최근에는 국가 비상사태 때 그 기술이 적용되기도 했다. 2001년 가을에 이루어진 미국에 탄저병을 퍼뜨리는 범인을 색출하는 작업이 그것이었다. TIGR 연구자들은 탄저균에 오염된 편지에서 채집한 탄저균의 서열을 분석함으로써, 그 균주의 유전 지문을 찾아냈다. 2008년 주된 용의자였던 정부 소속 미생물학자 브루스 아이빈스가 자살했다. 2011년 독일에서는 치명적인 식중독이 대발생하여 53명이 사망했다. 당시 빠른 DNA 서열 분석법을 써서 며칠 사이에 해당 세균 균주를 찾아낸 덕분에 훨씬 더 많은 목숨을 구할 수 있었다.

미생물 유전체에 관해서 더 많은 것을 배울수록 놀라운 양상이 드러나고 있다. 앞에서 살펴보았듯이 척추동물의 진화는 유전적 경제 발전을 다룬 이야기이다. 진화는 유전자 조절 메커니즘을 더 다양화함으로써 같은 유전자들을 더욱더 다양한 방식으로 이용할 수 있도록 해왔다. 그리고 새로운 유전자가 생길 때에도 그 유전자는 기존 유전자를 주제로 한 변주곡에 불과한 양상을 보인다. 반면에 세균의 진화는 기존에 있던 것을 땜질하는 수준이 아니라, 완전히 새로운 유전자를 도입하거나 생성하는 쪽을 선호하는 현란한 과정이다. 즉 그것은 훨씬 더 근본적인 변화를 다룬 전설임이 입증되고 있다.

사실 재조합 기술 자체부터가 새로운 DNA 조각(대개 플라스미드)을 받아들이는 세균의 놀라운 능력을 빌려온 것이다. 따라서 미생물 진화에도 과거에 일어났던 극적인 유전자 도입 사건들의 흔적이 남아 있기 마련이다. 대장균은 보통 우리의 소화기관과 배양 접시에서 해를 끼치지 않으면서 살고 있지만, 유전자를 받아들여 치명적인 변종으로 바뀌기도 한다. 때로 한 균주가 다른 종에서 대량의 유전자를 "빌려와서" 독소를 만들어내 집단 식중독을 일으키고(1996년에 스코틀랜드에서는 21명이 사망했다) 신문에 실린 것처럼 "살인 버거"를 만들기도 한다.

　유전물질은 보통은 계통을 따라서 수직으로, 즉 조상으로부터 자손에게로 이동하는 반면, 이렇게 외부에서 DNA를 도입하는 과정을 "수평 전달(horizontal transfer)"이라고 한다. 정상적인 대장균과 그런 병원성 대장균의 유전체 서열을 비교하자, 같은 종에 속한 균주들이라는 것을 알려주는 공통의 유전 "뼈대"와 병원체에게만 있는 독특한 DNA들이 "섬"처럼 드러났다. 전체적으로 볼 때 그 병원체는 정상 균주의 유전자들 중 528개가 없고 그 대신 정상 균주에 없는 유전자를 1,387개나 가지고 있다. 그렇게 528개가 1,387개로 대체됨으로써 자연에서 가장 무해한 존재가 살인자로 변신한 것이다. 2011년 독일 식중독 대발생을 일으킨 대장균 균주를 분석했더니, 그 대장균이 몇 가지의 항생제 내성 유전자를 습득했음이 밝혀졌다.

　다른 무시무시한 세균들에도 이와 비슷한 대규모 수평 이전이 일어난 증거가 나타난다. 콜레라를 일으키는 비브리오 콜레라(Vibrio cholerae)는 염색체를 두 개 지닌 특이한 세균이다. 약 300만 개의 염기쌍으로 이루어진 큰 쪽 염색체는 이 균이 원래 지니고 있던 것인 듯하다. 세포 본래의 활동에 필요한 유전자들은 대부분 그 염색체에 들어 있다. 작은 쪽 염색체는 약 100만 개의 염기쌍으로 이루어져 있고, 다른 종에서 도입한 크고 작은 DNA 조각들이 짜맞추어진 모자이크처럼 여겨진다. 최근에 곤충 세포 안에서 흔히 발견되는 세균의 안에 숨어 있는 WO라는 바이러스(박테리오파지)에게서 유례없는 놀라운 수평 유전자 전달이 이루어졌다는 점이 화제가 되었다. WO 유전체의 서열을 분석한 연구진은 그 DNA의 3분의 1이 바이러스의 것도, 심지어 세균에서 온 것도 아니라, 곤충과 거미에게서 온 것임을 알고 경악했다. 놀랍게도 이 유전자 뷔페에는 검은과부거미의 독에 든 주요 독소인 라트로톡신을 만드는 유전자의 조각도 들어 있다. 알려지지 않았던 WO는 프랑켄파지(Frankenphage)라는 새로운 별명을 얻었다.

복잡한 생물들, 특히 인간처럼 큰 생물들은 체내의 생화학이 쉽게 침범당하지 않도록 꽤 정교하게 설계되어 있다. 대개 우리가 어떤 물질을 삼키거나 흡입하지 않는다면, 그 물질은 우리 몸의 생화학에 심각한 변화를 일으킬 수 없다. 따라서 공통 조상에게 물려받은 것에서부터 진화한 체내 반응 회로들인 모든 척추동물의 생화학적 과정들은, 시간이 흘러도 별 변화없이 서로 흡사한 상태로 유지되는 경향을 보인다. 반면에 세균은 환경의 화학적 교란에 훨씬 더 노출되어 있다. 세균은 표백제 같은 살균제 등 해로운 화학물질을 갑작스럽게 뒤집어쓸 수도 있다. 이렇게 몹시 취약한 생물들이 놀라울 정도로 다양한 화학적 특성들을 진화시켜왔다는 것은 놀랄 일이 아니다. 사실 세균의 진화는 화학적 혁신, 즉 새로운 화학적 일을하는 효소의 발명이나 기존 효소의 재구성이 이끌어왔다고 보아도 좋다. 이런 진화양상을 가장 흥미롭고 상세하게 보여주는 사례는 우리가 이제야겨우 비밀을 파헤치기 시작한 "극한 생물"이라고 하는 부류에 속한 세균들이다. 이들은 생명체에게 가장 가혹한 환경에서 살아가기 때문에 그런 이름을 가지게 되었다.

미국 옐로스톤 온천에 사는 피로코쿠스 푸리오수스(*Pyrococcus furiosus*, 이 세균은 끓는 물에서 번성하며 섭씨 70도 이하에서는 얼어 죽는다)와 심해 열수 분출구(이 깊이에서는 압력이 높아 물이 끓지 않는다)의 뜨거운 물에 사는 세균들이 그 예이다. 또 고농도의 황산 같은 산성 환경이나 극단적인 염기성 환경에 사는 세균들도 있다. 테르모필라 아키도필룸

(*Thermophila acidophilum*)은 이름에서 드러나듯이 고온 환경과 산성 환경에서 모두 살 수 있는 재주가 많은 극한 생물이다. 원유가 있는 암석 속에 살면서, 마치 정교하게 만든 작은 자동차처럼 석유를 비롯한 유기물질을 세포 에너지원으로 전환시키는 종도 있다. 이런 종들 중에는 지하 2킬로미터쯤에 살면서 산소에 접촉하면 죽는 것도 있다. 이 종에는 바킬루스 인페르누스(*Bacillus infernus*)라는 이름이 붙어 있다.

아마 최근에 발견된 미생물 중 가장 놀라운 것은 한때 생물학의 핵심 교리로 여겨졌던 것, 즉 생명과정에 필요한 모든 에너지의 궁극적 원천이 태양이라는 것을 부정하는 생물일 것이다. 암석에 사는 바킬루스 인페르누스 같은 석유를 먹는 세균들도 과거의 유기물들, 즉 먼 과거에 햇빛을 받고 자란 동식물들이 남긴 화석연료와 관련을 맺고 있는 반면, 이른바 무기 독립영양 생물(lithoautotroph)은 화산활동으로 새로 생긴 암석에서 자신이 필요한 양분을 추출할 수 있다. 화강암 같은 이런 암석에는 유기물질, 즉 선사시대에 태양의 에너지를 화학결합 속에 가둔 분자인 탄화수소가 전혀 없다. 따라서 무기 독립영양 생물은 무기물질로부터 자신의 유기 분자를 만들어야 한다. 그들은 말 그대로 암석을 먹고산다.

우리가 미생물 세계에 전반적으로 무지하다는 것은 프로클로로코쿠스(*Prochlorococcus*) 속의 세균들이 이제야 발견되었다는 사실을 통해서 명백히 드러난다. 이 플랑크톤들은 넓은 바다에 떠다니며 광합성을 한다. 바닷물 1밀리리터에 20만 개나 들어 있다는 점을 생각할 때, 이 종은 우리 행성에서 가장 수가 많을지 모른다. 바다가 지구 먹이사슬에 기여하는 부분 중이 종이 차지하는 비율이 상당할 것이 분명하다. 그런데도 이 속은 1988년이 되어서야 겨우 알려졌다.

우리를 둘러싸고 있는 경이로운 미생물 세계는 자연선택이 오랜 세월에 걸쳐서 경이로운 힘을 발휘한 결과이다. 사실 우리 행성에 사는 생물의 역사는 세균의 이야기가 대부분을 차지한다. 우리 자신을 포함해서 더 복잡한 생물들은, 뒤늦게 생각나서 덧붙였다는 듯이 무안할 정도로 늦게 등장한다. 생명체는 35억 년 전 세균의 형태로 출현했다. 최초의 진핵생물, 즉 유전자가 들어 있는 핵을 가진 생물은 그로부터 8억 년 뒤에 등장했지만, 그뒤로 약 10억 년 동안 단세포 형태로만 존재했다. 지금으로부터 5억 년쯤 전에서야 어떤 돌파구가 생기면서 결국에는 지렁이, 초파리, 그리고 DNA를 읽고 쓸 수 있는 최초의 종인 인간 같은 생물들이 탄생했다. 일리노이 대학교의 칼 우스가 처음으로 DNA를 토대로 재구성한 생명의 계통도에는 세균들이 주류를 차지한다는 것이 드러나 있다. 그 생명의 나무는 세균의 나무이며, 다세포 생물들은 최근에 자라난 잔가지 몇 개에 불과하다. 지금은 널리 받아들여져 있지만, 처음에 우스가 그 개념을 내놓았을 때는 생물학계의 거센 반발에 부딪혔다. DNA를 토대로 생명의 나무에 접근하는 방식이 지닌 의미 중에는 지금도 받아들이기 어려운 것들도 있다. 예를 들면 그 나무에는 예전에 생각했던 것과 달리 동물과 식물이 가깝지 않다고 나와 있다. 오히려 동물에 가장 가까운 친척은 곰팡이라고 되어 있다. 인간과 버섯은 진화적으로 같은 뿌리에서 나온 줄기라는 것이다.

인간 유전체 계획은 다윈이 자신이 감히 스스로 꿈꾸지 못했을 정도까지 옳았다는 것을 증명해왔다. 분자생물학적 유사성은 모든 생물이 공통조상을 통해서 서로 관련이 있다는 사실에서 비롯된다. (자연선택이 선호하는 돌연변이나 돌연변이 집합처럼) 진화적으로 성공한 "발명"은 한 세대에서 다음 세대로 전달된다. 생명의 나무가 가지를 칠 때, 즉 파충류가 그대로 있으면서 그 안에서 조류와 포유류 계통이 생기듯이 기존의 계통에서 새 계통이 갈라져나오면, 그 발명은 결국 엄청난 수의 자손 종들에게 전달될 것이다. 예를 들면, 효모에 있는 단백질 중 약 46퍼센트는 인간에게도 있다. 효모의 계통(균류)과 훗날 인간을 낳는 계통은 약 10억 년 전에 갈라졌을 것이다. 그뒤 각 계통은 자기 나름의 진화경로를 따라서 독자적으로 발달했으므로, 효모와 인간의 공통 조상이 살던 이후로 20억 년 동안 진화활동이 이루어진 셈이다. 그렇게 긴 시간을 거쳤음에도, 공통 조상이 지녔던 단백질 집합은 아주 조금밖에 변하지 않았다. 진화가 특정한 생화학 반응을 촉진하는 효소를 고안하는 식으로 일단 어떤 문제를 해결하고 나면, 그 해결책은 계속 남아 있는 경향을 보인다. 세포 내에서 일어나는 활동이 RNA를 중심으로 이루어지는 것도 이런 진화적 관성의 사례이다. 생명체는 "RNA 세계"에서 출발했으며, 그 유산이 지금까지도 우리 곁에 남아 있는 것이다. 그리고 그 관성은 생화학적 세부 단계에까지 배어 있다. 선충 단백질의 43퍼센트, 초파리 단백질의 61퍼센트, 복어 단백질의 75퍼센트는 인간의 단백질과 뚜렷한 서열 유사성을 보이고 있다.

유전체를 비교해보면 단백질들이 어떻게 진화하는지도 드러난다. 단백질 분자들은 별개의 구조 영역(domain)들이 모여서 이루어진 것이라고 볼 수 있다. 구조 영역은 긴 아미노산 사슬 중에서 특정한 작용을 하거나 특정한 3차원 구조를 형성하는 부위를 가리킨다. 진화는 이런 구조 영역들을 서로 뒤섞어 새로운 조합을 만드는 것 같다. 연못에 사는 진핵생물인 옥시트리카 트리팔락스(*Oxytricha trifallax*)는 이 현상의 놀라운 사례이다. 프린스턴 대학교의 로라 랜드웨버는 탁월한 연구를 통해서 이 유전체가 짝짓기 동안에 말 그대로 산산조각이 났다가 재구성된다는 것을 밝혀냈다. 두 옥시트리카 세포는 서로 붙어서 자기 유전체의 절반(유전자 약 18,500개가 들어 있는)을 교환한다. 절반은 이른바 작업 세포핵에 남아 있고, 나머지 절반이 약 100개의 염색체로 나뉘어서 두 번째 세포핵에 들어가서 교환된다. 각 세포는 새로 얻은 DNA의 약 90퍼센트를 버리고, 약 16,000개의 나노 염색체를 남긴다. 나노 염색체 중에는 유전자 하나만으로 이루어진 것도 많다. 이 나노 염색체들은 연결되어 유전체를 재구성한다. 이렇게 유전체를 재구성함으로써 세대를 이어가는 방식 덕분에 옥시트리카가 약 20억 년 동안 지구에서 살 수 있었던 것인지도 모른다. 혹은 이 방식이 다른 모든 생물들은 버렸지만 옥시트리카만 간직하고 있는 진화적 유산일 수도 있다.

조합이 무작위로 이루어지므로 새로 뒤섞여서 생성된 단백질들은 대부분 쓸모가 없어 자연선택을 통해서 제거될 운명에 놓여 있다. 하지만 아주 드물게 유익한 조합이 탄생할 수도 있다. 그러면 새로운 단백질이 생기는 것이다. 인간의 단백질에 있는 구조 영역들 중에서 약 90퍼센트는 초파리와 선충의 단백질에도 존재한다. 따라서 인간에게만 있는 단백질이라도 실제로는 초파리에서 발견된 단백질들이 뒤섞여서 만들어진 것에 불과할 수도 있다.

생물 사이의 이런 근본적인 생화학적 유사성은 이른바 복구실험(rescue experiment)을 통해서 가장 잘 드러난다. 복구실험은 한 종에서 특정한 단백질을 제거한 다음, 다른 종에서 상응하는 단백질을 가져와 넣었을 때 사라진 기능이 "복구"되는지 살펴보는 실험이다. 우리는 인슐린에서 이 전략이 제대로 들어맞는다는 것을 이미 살펴보았다. 인간과 소의 인슐린은 아주 흡사하므로 인슐린을 만들지 못하는 당뇨병 환자에게 소의 인슐린을 투여할 수 있는 것이다.

이류 과학영화를 떠올리게 하는 예를 들어보자. 연구자들은 어디에서 눈이 생겨야 하는지를 결정하는 유전자를 조작함으로써 초파리의 다리가 나올 곳에 눈이 생기도록 할 수 있다. 그 유전자는 지정된 위치에서 완전한 눈을 만드는 데에 관여하는 많은 유전자들을 유도한다. 생쥐에게도 그 초파리의 유전자와 아주 흡사한 유전자가 있어서 유전공학자의 뛰어난 손놀림으로 초파리의 유전자를 제거한 뒤 생쥐의 유전자를 넣으면 같은 기능을 할 정도이다. 놀라운 일이다. 초파리와 쥐는 적어도 5억 년 전에 진화적으로 갈라졌으므로, 앞에서 말한 인간과 효모가 독자적인 계통으로 진화했다는 논리를 적용하면 그 유전자가 사실상 5억 년 동안 보존되어왔다고 말할 수 있다. 초파리와 생쥐의 눈이 근본적으로 다른 구조와 광학 원리를 채택하고 있다는 점을 생각한다면 더욱더 놀랍다. 아마 각 계통은 나름대로 자신의 목적에 맞게 적절한 눈을 완성시켰으면서도, 그 눈의 위치를 결정하는 기본 방식은 개선할 필요가 없어서 그대로 놓아둔 듯하다.

인간 유전체 계획의 가장 겸허한 측면은 대다수 인간 유전자들이 하는 일을 우리가 거의 모른다는 사실을 깨닫게 해주었다는 점이다. 그 유전체 서열은 생물을 구성하는 데에 쓰이는 구성요소의 목록을 제공하지만, 생물을 어떻게 구성하고 어떻게 작동시킬지는 사실 말해주지 않는다. 유전체를 적절히 활용하려면, 유전체 전체 규모에서 유전자의 기능을 연구하는 방법을 고안할 필요가 있다.

인간 유전체 계획의 뒤를 이어 유전체 이후를 내다보는 새로운 두 분야가 출범했다. 두 분야 모두 상상력 없이 기반이 된 용어를 그대로 따서 이름을 붙였다. 가장 중요한 두 가지는 단백질체학(proteomics)과 전사체학(transcriptomics)이다. 비록 여기에 당질체학(glycomics), 지질체학(lipidomics), 대사체학(metabolomics) 등 경박하게 점점 늘어나는 수많은 분야들을 추가할 수도 있지만 말이다. 단백질체학은 유전자가 만드는 단백질을 연구하는 학문이다. 전사체학은 유전자가 언제 어디에서 발현되는지, 즉 특정한 세포에서 어느 유전자가 활발하게 전사되는지를 연구한다. 유전체가 단지 생명을 조립하는 명령문들의 집합이 아니라 사실상 생명의 영화를 만드는 대본, 즉 앞으로 일어날 장면들이 정확한 순서에 맞게 기술되어 있는 대본이라는 더 역동적인 실체로 이해된다면, 단백질체학과 전사체학 등등은 그 생생한 활동을 엿볼 열쇠가 된다. 우리는 더 많이 알수록, "생명"이라는 제목의 영화를 더 많이 보는 것이다.

우리는 단백질이 그것을 구성하는 긴 아미노산 사슬보다 훨씬 더 많은 생물학적 의미를 담고 있다는 것을 오래 전부터 깨닫고 있었다. 그 사슬이 어떻게 접혀서 독특한 3차원 구조를 이루는가 하는 것이 바로 기능을 이해

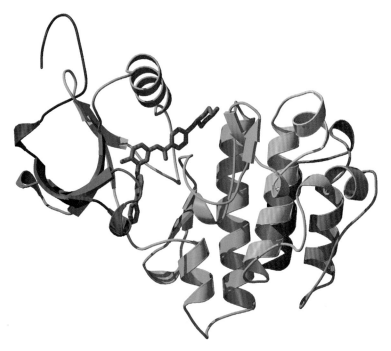

단백질체학 : 암을 일으키는 단백질인 BCR-ABL의 3차원 구조. 이 단백질은 자연적으로 나타나는 것이 아니라, 염색체 이상이 일어나서 두 유전자가 융합될 때 생긴다. BCR-ABL 단백질은 세포의 증식을 촉진하여 백혈병을 일으킬 수 있다. 자주색은 BCR-ABL의 작용을 억제하는 약인 글리벡이다(제14장 참조). 이런 3차원 정보를 이용하여 특정한 단백질을 표적으로 한 약을 설계하게 될 것이다. 컴퓨터로 구성한 BCR-ABL의 이 구조 모형은 원자나 각 아미노산을 보여줄 정도까지 자세하지는 않지만, 분자의 기본 구조를 정확히 표현하고 있다.

하는 열쇠이다. 바로 그것이 단백질체학이 추구하는 바이다. 단백질 구조 파악은 여전히 X선 회절을 이용해서 이루어진다. 단백질 분자에 X선을 쪼인 다음 원자에 부딪혀 튀어나오는 X선의 산란 패턴을 분석해서 3차원 구조를 파악하는 것이다. 1962년에 내가 케임브리지 대학교의 캐번디시 연구소에 있을 때 동료였던 존 켄드루와 막스 퍼루츠는 각각 미오글로빈(근육의 산소 저장 분자)과 헤모글로빈(혈액의 산소 운반 분자)의 구조를 밝혀낸 공로로 노벨상을 받았다. 그것은 기념비적인 업적이었다. 그들이 해석해야 했던 복잡한 X선 회절 무늬들에 비해서 DNA의 구조는 얼마나 단순한가!

단백질의 3차원 구조를 알면 단백질의 기능을 억제하는 역할을 하는 신약 개발에 몰두하고 있는 의료 화학자들의 연구에도 큰 도움이 된다. 의약 연구 분야에서 점점 더 전문화와 자동화가 이루어짐에 따라, 몇몇 기업들은 마치 대량 생산 라인에서 제품을 생산하듯이 단백질의 구조를 파악해서 내놓고 있다. 그리고 퍼루츠와 켄드루의 시대에 비하면 현재 그 일은 이루 말할 수 없을 정도로 쉽다. 더욱 강력한 X선 방출원, 자동화한 자료 기록, 점점 더 개선되고 있는 소프트웨어를 장착한 고속 컴퓨터가 활용되면서, 과거에는 몇 년씩이나 걸려야 했던 구조 파악 작업을 이제는 겨우 한 달이면 충분히 해낼 수 있을 정도가 되었다. 2015년 말 단백질 데이터 뱅크 (Protein Data Bank)에는 인간 단백질 26,000여 개의 기본 구조가 등록되어 있었다.

그러나 3차원 구조가 그 단백질의 기능에 관해서 별다른 정보를 주지 않을 때도 많다. 반면에 알려져 있는 다른 단백질과 미지의 단백질의 상호작용을 연구함으로써 중요한 단서를 얻을 수도 있다. 그런 상호 작용을 쉽게 파악하는 방법은 알고 있는 단백질들을 현미경 슬라이드 위에 점점이 찍어놓은 다음, 자외선을 쬐면 형광을 내도록 미리 처리를 한 미지의 단백질을 그 위에 끼얹는 것이다. 미지의 단백질이 슬라이드 위에 줄지어 있는 어느 점에 "달라붙는다"면, 그것이 점에 있는 단백질과 결합했다는 의미가 된다. 따라서 자외선을 쬐면 그 점은 형광을 낼 것이다. 따라서 이 두 단백질은 세포 내에서도 상호 작용을 할 것이라고 추정할 수 있다.

생명의 영화대본을 알려면, 즉 생명의 영화를 "보고" 싶다면 수정된 순간부터 어른이 될 때까지 개체의 발달과정 전체에서 단백질 조성에 정확히 어떤 변화가 일어나는지 모조리 밝혀내는 것이 이상적이다. 처음부터 끝까지 변함없이 활동하고 있는 단백질들도 많이 있겠지만 발달단계의 특정한 시기에만 활동하는 단백질들도 있을 것이므로 우리는 각 성장단계마다 특정한 단백질들이 등장할 것이라고 예상할 수 있다. 마찬가지로 각 조직도 자기 나름의 단백질들을 만들 것이다.

한 조직 표본에서 얻은 다양한 단백질들을 분류하는 데에는 2차원 겔을 이용해서 단백질들을 전하량과 분자량 차이에 따라서 분리하는, 오래 전부터 사용된 방법이 아직까지 가장 믿을 만하다. 이렇게 해서 나온 겔 위에 점점이 흩어져 있는 수천 가지의 단백질 하나하나를 질량 분광기라는 장치로 분석해서 아미노산 서열을 파악한다. HGP가 완료된 뒤 인간 단백질체 초안이 나오기까지는 10여 년이 걸렸지만, 2014년에 두 협력단이 마침내 그 목표를 이루었다. 연구자들은 30개 조직을 조사하여 인체 단백질 산물들 중 84퍼센트의 목록을 만들 수 있었다. 그 과정에서 수백 개의 새로운 단백질이 발견되었다. 거기에는 긴 유전자 사이 비암호(long intergenic noncoding : linc) RNA의 산물도 포함된다. 연구자들은 중심 원리에 따라서 정보가 유전체에서 RNA(전사체)를 거쳐 단백질(단백질체)로 흐르기는 하지만, 단백질체 목록이 인간 유전체를 이해하는 데에 중요한 역할을 한다고 지적한다. 누구나 이용할 수 있도록 공개된 이 자료는 앞으로 수십 년 동안 기초 연구와 의약 연구에 유용한 자원으로 쓰일 것이다.

대규모 단백질체 연구에는 값비싼 장비와 산업체 규모의 자동화 설비가 필요한 반면, 전사체학의 연구 방법은 더 저렴하고 적용하기도 쉽다. 그것은 생산되는 전령 RNA의 양을 비교 측정함으로써 유전체에 있는 모든 유전자들의 기능을 추적하는 방식이다. 예를 들면 사람의 간세포에서 발현되는 유전자들을 알고 싶다면, 간조직에서 mRNA들을 추출한다. 이것은 어느 시점에 간세포에 있던 mRNA들의 모습을 담은 스냅 사진과 같다. 가장 활발한 유전자는 가장 활발하게 전사가 이루어지고 가장 많은 mRNA 분자를 만들 것이므로 그 mRNA의 수도 많은 반면에, 전사가 거의 이루어지지 않는 유전자는 mRNA의 수도 얼마 되지 않을 것이다.

전사체학의 핵심은 DNA 마이크로어레이(microarray)라는 놀라울 정도로 간단한 발명물이다. 현미경 슬라이드 위에 수만 개의 작은 홈들이 격자를 이루고 있다고 상상하자. 아주 정밀한 미세 주입 기술을 이용해서 각 홈에 각기 다른 유전자의 DNA 서열을 넣자. 그러면 하나의 슬라이드에 인간의 유전체에 있는 모든 유전자들이 들어 있는 셈이다. 여기에서 중요한 점은 어느 유전자가 어느 홈에 들어 있는지 알고 있어야 한다는 것이다. 스탠퍼드 대학교 근처에 있는 애피메트릭스 사는 이 격자를 축소시켜 작은 컴퓨터칩만한 판 위에 새겨넣음으로써 이른바 "DNA칩"을 만들어냈다. 애피매트릭스 사를 창업한 과학자 마크 치는 일루미나 사도 공동 창업했다. 일루미나 사는 마이크로어레이 시장의 선두주자가 되었다.

일반적인 생화학 기술을 이용하면 간의 mRNA들에도 화학적 표지를 붙일 수 있다. 즉 앞의 단백질과 마찬가지로, 자외선을 쬐면 mRNA가 형광을 내도록 할 수 있다. 그런 다음 그 기술의 능력과 단순성이 빛을 발하는 단계가 이어진다. 당신은 유전자가 들어 있는 홈이 격자처럼 배열된 그 아주 작은 바둑판에 mRNA들이 든 시료를 그냥 쏟아붓기만 하면 된다. 그러면 상보적인 DNA 두 가닥의 염기들이 결합해서 이중나선이 만들어지듯이, 각각의 mRNA 분자는 자신을 만든 유전자와 결합하게 된다. 이런 상보성은 정확하며 잘못될 리가 없다. 즉 X유전자에서 만들어진 mRNA는 마이크로어레이에서 X유전자가 들어 있는 홈에만 결합할 것이다. 그런 다음 어느 홈이 형광을 내는 mRNA를 붙들고 있는지 관찰하면 된다. 마이크로어레이에 있는 홈 중에 형광을 내지 않는 것들은 그 유전자에 맞는 상보적인 mRNA가 시료에 없었다는 뜻이다. 따라서 우리는 간세포에서는 그 유전자가 활발하게 전사를 하지 않는다고 추론할 수 있다. 반대로 형광을 내는 홈들도 많을 것이며, 형광의 세기도 서로 다를 것이다. 빛이 밝다는 것은 그 홈에 붙어 있는 mRNA 분자의 수가 많다는 것을 뜻한다. 따라서 그것이 아주 활발하게 활동하는 유전자라고 결론을 내릴 수 있다. 단 한 번의 실험을 통해서 간에서 어느 유전자들이 활동하는지 단번에 파악할 수 있다. 이렇게 분자적 경관이 한눈에 펼쳐지게 된 것은 인간 유전체 계획이 성공을 거두고 그에 따라서 생물학에 새로운 사고방식이 도입된 덕분이라고 할 수 있다. 우리는 더 이상 조각 그림을 하나하나 짜맞추는 수준에서 머물 필요가 없다. 이제 우리는 눈부신 그림 전체를 한눈에 들여다볼 수 있다. 그 방법을 앞장서서 이용하고 있는 스탠퍼드 대학교의 팻 브라운이 DNA 마이크로어레이를 "새로운 유형의 현미경"이라고 여기는 것도 놀랄 일이 아니다.[3]

온갖 단백질–단백질 상호작용—"상호작용체(interactome)"라고 부르자고 제안하는 사람도 있다—을 연구하는 데에 핵심이 되는 또 한 가지 기술은 효모 2잡종 체계(yeast two-hybrid system)이다. 과학적 발견을 촉진할 수 있는 신기술을 개발하는 일에 전념하고 있던 SUNY 스토니브룩스대학교의 유전학자 스탠 필즈가 1989년에 개발한 방법이다. 2잡종법은 불활성 용액이 아니라 살아 있는 효모 세포에 두 단백질—"먹이"와 "미끼"라고 한다—을 섞어넣어서 짝을 짓는 방법이다. 두 단백질이 서로 결합한다면, 보고 유전자(reporter gene)가 활성을 띠면서 효모가 증식할 수 있게 된다. 연구자들은 고된 노력 끝에 거의 현기증이 날 만큼 복잡한 단백질–단백질 상호작용 망을 거의 다 파악했다. 이제는 거의 유전체 서열을 훑는 것만큼 쉽게 컴퓨터 소프트웨어를 써서 이 망과 경로를 들여다볼 수 있다.

전사체학은 질병을 일으키는 유전자 사냥을 새로운 단계로 이끌어왔다. 마이크로어레이 기술은 건강한 조직과 병에 걸린 조직의 차이를 유전자 발현 차이를 통해서 파악함으로써, 특정한 질병의 화학적 토대를 밝혀왔다. 논리는 단순하다. 정상 조직과 암 조직의 유전자 발현을 마이크로어레이 기술로 분석하면, 양쪽 조직에서 다르게 발현되는 유전자들을 찾아낼 수 있다. 암 조직에서 지나치게 많이 또는 적게 발현되는 유전자들 같은 비정상적으로 활동하는 유전자들을 찾아낼 수 있다면, 지금처럼 병에 걸린 세포뿐 아니라 건강한 세포까지도 파괴함으로써 갖가지 부작용을 미치는 방사선 요법이나 화학 요법과 달리 병에 걸린 세포만을 표적으로 삼아 공격할 수 있는 분자 요법이 개발될 수도 있을 것이다.

그리고 이 기술을 적용하면 한 질병의 변이 형태들을 구별할 수도 있다. 표준 현미경 검사는 이런 일에 그다지 큰 도움을 주지 못한다. 병리학자의 눈에는 똑같아 보이는 암이라도 실제로 분자 수준에서는 전혀 다른 암일 수 있다. 예전에는 한 조직에 나타나는 모든 암들이 같은 원인에서 비롯되었다고 가정하는 경향이 있었다. 브라운은 이렇게 말한다. "그것은 복통의 원인이 단 하나라고 생각하는 것과 같았다. 그런 차이들을 알아야 우리는 이런 암들을 더 제대로 치료할 수 있게 된다."[4] 예를 들면, 몇몇 유형의 백혈병에서 FLT3이라는 타이로신 인산화효소 수용체가 과다 발현되고 있음을 밝혀낸 마이크로어레이 연구는 더 정확한 진단을 제공할 뿐만 아니라, 몇몇 FLT3 억제제 개발을 자극했고, 그중 일부는 임상에 적용될 가능성이 보인다.

콜드 스프링 하버 연구소의 마이클 위글러는 암세포에서 추출한 RNA가 아닌 DNA를 이용해서 종양의 유전적 다양성 프로파일을 작성한다. 암 중에는 염색체가 재배치됨으로써 나타나는 것들도 많다. 염색체의 일부 영역이 우연히 두 배로 늘어나서 성장 촉진 단백질 암호를 지닌 유전자들의 수가 지나치게 많아지는 식으로 말이다(제14장 참조). 세포 성장을 억제하는 단백질 암호를 지닌 유전자들이 없어짐으로써 암이 생길 때도 있다. 위글러의 방법은 한 사람에게서 건강한 조직과 암에 걸린 조직을 검사한다. 암 조직에서 얻은 DNA는 화학적으로 적색 염료로 꼬리표를 달고, 정상 조직에서 얻은 DNA는 녹색 염료로 꼬리표를 단다. 이 두 표본을 섞어서 알려져 있는 인간의 유전자가 모두 담긴 DNA 마이크로어레이에 뿌린다. 표준 마이크로어레이 실험에 쓰이는 mRNA와 마찬가지로, 이 꼬리표가 붙은 DNA 분자들은 홈에 들어 있는 상보적인 DNA 가닥과 결합한다. 그러면 암세포에서 증식된 유전자는 적색으로 표시될 것이고(녹색 분자보다 적색 분자가 더 많을 것이므로), 반면에 암세포에서 사라진 유전자는 녹색으로 표시될 것이다(그 유전자에 결합할 적색 분자가 없을 것이므로). 이미 그런 실험을 통해서 유방암과 다른 암을 일으키는 유전자들을 많이 발견했다.

인간의 특정 질병을 다룰 때마다 우리는 어둠 속을 탐사하고 있다는 것을 깨닫게 된다. 모든 것이 정상일 때 우리 유전자들이 어떻게 발현되고 있는지 더 상세히 알고 있기만 하다면, 우리는 문제의 핵심에 훨씬 더 빨리 도달할 수 있다. 즉 무엇이 잘못되었으며 어떻게 그것을 고칠 수 있는지 더 정확히 알 수 있다. 수정란에서부터 기능에 이상이 없는 성인으로 정상적인 발달을 하는 동안 2만1,000개가 넘는 유전자들 각각이 언제 어디에서 발현하는지 역동적인 과정을 완벽하게 이해한다면, 그것을 비교 기준으로 삼아서 모든 질병을 파악할 수 있을 것이다. 따라서 우리는 인간의 완전한 "전사체"가 필요하다. 그것이 바로 유전학의 다음 성배이며, 마이크로어레이 실험이 인간 유전자의 활동 양상을 개괄하는 데에 중요한 역할을 해왔지만, 그 기술은 고속 대량 서열 분석의 일종인 RNA 서열 분석(RNA-seq)으로 대체되고 있다.

마이크로어레이 방법을 이용해서 효모의 세포 주기 동안 유전자 발현 양상을 연구한 결과 세포 분열 과정만 해도 어마어마하게 복잡한 분자역학을 지니고 있다는 것이 드러났다. 세포 분열 과정에는 800가지 이상의 유전자가 관여하며, 각 유전자는 세포 주기 중 정확히 특정 시기에만 활동한다. 여기에서도 진화가 고장나지 않은 것은 고치려고 하지 않는다는 말이 적용될 수 있다. 생물학적 과정은 일단 진화에 성공하고 나면, 생명체가 지구에 존속하는 한 똑같은 분자활동을 계속 펼칠 가능성이 높다. 현재 밝혀진 바에 따르면, 효모의 세포 주기 전 과정에서 발달을 지휘하는 단백질들이 인간의 세포에서도 비슷한 역할을 수행하고 있다.

이른바 "—체학(-omics)"(유전체학, 단백질체학, 전사체학 등)의 궁극적인 목표는 살아 있는 것들이 어떻게 형성되고 작동하는지를 각각의 분자 수준까지 상세히 규명해서 완벽한 그림을 그리는 것이다. 시스템 생물학(system biology)이라고 하는 이 전체론적 관점이 부각됨에 따라서, 우리는 세포의 행동을 가상으로 컴퓨터 모형으로 구축하여(in silico) 살펴보는 것도 생각해볼 수 있다.

앞에서 살펴보았듯이 가장 단순한 생물조차도 당혹스러울 정도의 복잡성을 띠고 있으며, HGP 이래로 눈부신 발전을 거듭했음에도 아직도 수많은 어려운 도전 과제들이 남아 있다. 복잡한 생물 중에서 발생, 즉 고작 네 글자로 이루어진 긴 유전암호의 안내에 따라서 수정란에서 성체까지 이르는 놀라운 여행의 분자적 토대가 그나마 가장 많이 밝혀져 있는 것은 초파리이다.

물론 초파리는 토머스 모건이 실험 대상으로 삼은 이래로 집중적인 유전적 조사 대상이 되어왔으며, 끊임없이 혁신이 이루어지고 있는 와중에도 변함없이 유전적 금광이 되어왔다. 1970년대 말 독일 하이델베르크에 있는 유럽 분자생물학 연구소의 크리스티안 "야니" 뉘슬라인-폴하르트와 에릭 비샤우스는 놀라울 정도로 야심적인 초파리 연구계획에 착수했다. 그들은 화학물질을 이용해서

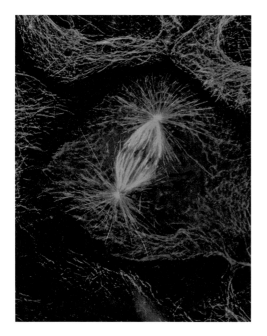

세포 분열: 세포의 염색체들(청색)이 두 배로 늘어난 뒤에 정렬되어서 "방추사"(녹색)라는 특수한 섬유에 끌려서, 각 딸세포로 들어간다. 첨단 영상기술을 이용하면 염색체들이 춤을 추면서 생명체의 영속성을 유지해가는 모습을 생생히 볼 수 있다.

돌연변이를 유도한 다음, 자손 초파리의 배아 초기 단계에 어떤 교란이 일어나는지 조사했다. 모건이 붉은 눈을 가진 정상적인 초파리가 아니라 흰 눈을 가진 돌연변이 초파리를 발견한 것처럼, 기존의 초파리 유전학자들은 성체에 영향을 미치는 돌연변이들을 조사했다. 반면에 뉘슬라인-폴하르트와 비샤우스는 배아에 초점을 맞춤으로써 보일락 말락 한 돌연변이 배아를 찾기 위해서 다년간 눈이 아프도록 현미경을 들여다보는 일에 자진해서 뛰어들었을 뿐 아니라, 지도에도 없는 새로운 영역을 개척하는 모험에 나섰다. 그들은 경이로운 보상을 받았다. 그들은 발생하는 초파리 유생의 신체 구성 기본 계획을 짜는 유전자 집합을 찾아냈다.

그들의 연구가 밝혀낸 더 보편적인 내용은 유전정보가 계층적으로 조직되어 있다는 것이다. 뉘슬라인-폴하르트와 비샤우스는 돌연변이체들 중에는 돌연변이에 광범위하게 영향을 받는 것들도 있는 반면에 훨씬 더 제한적으로 영향을 받는 것들도 있다는 사실에 주목했다. 그들은 광범위한 영향을 미치는 유전자들은 발생 초기, 즉 계층조직의 꼭대기에서 작동하는 반면, 제한적인 영향을 미치는 것들은 나중에 작동한다고 옳게 추론했다. 그들이 발견한 것은 전사인자들의 위계질서였다. 즉 유전자들이 다른 유전자들을 발현시키고, 그렇게 발현된 유전자들이 다시 다른 유전자들을 발현시키는 식으로 진행되는 과정이었다. 사실 이런 계층적인 유전자 스위치 켜기 과정이 복잡한 신체를 구성하는 열쇠이다. 유전자는 일종의 벽돌 생산 공장과 같다. 그대로 두면 공장은 그저 벽돌 더미를 만들어낸다. 하지만 적절히 조정하면 유전자는 벽을 만들 수 있고, 결국은 건물을 세울 수 있다.

몸이 정상적으로 발달하려면, 세포들은 자신이 몸의 어느 부위에 있는지 "알아야" 한다. 초파리의 날개 끝에 있는 세포는 뇌가 만들어져야 할 부위에 있는 세포와 전혀 다른 경로를 거쳐서 분화해야 한다. 필수 위치 정보 중 첫 번째는 가장 간단한 것이다. 발생하는 초파리 배아는 좌우나 위아래 양 끝을 어떻게 구별하는 것일까? 머리는 어디에서 나와야 할까? 배아에는 어미의 유전자가 만들어낸 비코이드(bicoid)라는 단백질이 분포하며, 농도는 부위에 따라서 달라진다. 이런 농도 차이를 "농도 기울기"라고 한다. 이를테면 그 단백질의 농도는 머리 쪽이 가장 높고 꼬리 쪽으로 갈수록 낮아진다. 따라서 비코이드의 농도 기울기는 배아를 이루고 있는 모든 세포들에게 머리에서 꼬리를 잇는 축에서 자신이 어느 지점에 있는지 알게 해준다. 초파리는 체절을 이루면서 발달한다. 즉 몸이 여러 부위로 구획되며, 각 구획은 서로 공통점도 많지만 나름대로 독특한 특징도 가진다. 머리 체절은 가슴 체절(곤충 몸의 중간 부분)과 여러 측면에서 똑같지만, 머리에는 눈처럼 머리 특유의 기관이 만들어지며, 가슴에는 다리처럼 가슴 체절 특유의 기관이 만들어진다. 뉘슬라인-폴하르트와 비샤우스는 각 체절이 어느 체절인지 파악하는 유전자 집단을 찾아냈다. 예를 들면 "페어룰(pair-rule)" 유전자는 체절을 하나씩 건너가며 발현되는 전사인자들, 즉 유전자 스위치 암호를 지니고 있다. 페어룰 유전자에 돌연변이가 일어나면 하나 건너씩 체절에 문제가 있는 배아가 생긴다.

1995년에 뉘슬라인-폴하르트와 비샤우스는 그 선구적인 연구로 노벨 생리의학상을 받았다. 노벨상을 받고 나면 대개 그 상장을 잘 보이게 걸어놓은 사무실로 물러나는 대다수 수상자들과 달리, 그들은 연구실에서 실험을 계속했다. 비샤우스는 지금도 과학에 흠뻑 매료되어 있다. "배아가 아름답기에, 그리고 세포가 놀라운 일을 하기에, 나는 지금도 크나큰 열정을 안고 매일 연구실로 들어서고 있다."[5] 앨라배마 주 버밍엄에서 어린 시절을 보낼 때, 그의 꿈은 화가였다. 하지만 노트르담 대학교 2학년 때 생활비가 궁했던 그는 모든 과학 분야에서 가장 냄새가 지독하고 가장 비천하다고 할 만한 일을 맡았다. 연구실에서 실험용으로 기르고 있는 초파리들에게 줄 "먹이"(당밀을 주재료로 한 지독히도 끈적거리는 액체)를 요리하는 일이었다. 성가시고 호감도 가지 않는 곤충 수십만 마리의 요리사 역할

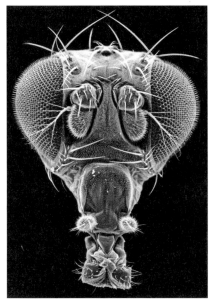

초파리의 얼굴. 왼쪽은 털이 달린 더듬이 두 개가 있는 정상 개체이다. 오른쪽은 더듬이가 있을 자리에 다리가 나 있는 안테나페디아 돌연변이를 가진 개체이다.

을 해본 사람이라면 평생 그 곤충에게 눈도 돌리지 않기 십상이다. 하지만 비샤우스는 정반대였다. 그는 평생 초파리와 그 발달의 수수께끼를 푸는 일에 매진했다.

뉘슬라인-폴하르트는 독일의 예술가 집안 출신으로서, 마음먹은 일은 무척 잘했지만 관심 없는 일에는 아예 손을 대지 않으려고 하는 학생이었다. 초파리 발생유전학에서 놀라운 업적을 거두었으므로 다른 대상을 하나 더 연구한다고 해도 무리가 없었을 테지만, 그녀는 노벨상을 받은 뒤 아예 초파리를 버리고 다른 종의 발생 연구로 돌아섰다. 그 생물은 제브라피시(zebrafish)였다. 그녀는 척추동물 발생의 비밀을 푸는 일에 매달렸다. 2001년 노벨상 100주년 기념식에서 나는 그 자리에 참석한 머리가 희끗희끗한 노벨상 수상자들 중 여성 과학자는 그녀 하나뿐이라는 것을 알아차렸다. 사실 그녀는 과학 분야에서 노벨상을 받은 10번째 여성이었다(그뒤로 스톡홀름에서 7명의 여성이 더 수상했다).

　노벨상 100주년 기념식—그해 수상자들과 역대 수상자들이 모인 잊지 못할 행사—에는 지금은 고인이 된 칼텍의 에드 루이스도 참석했다. 그는 뉘슬라인-폴하르트 및 비샤우스와 함께 노벨상을 공동 수상했었다. 그는 초파리 발생의 유전적 통제과정을 오랫동안 연구해오기는 했지만, 그가 특히 관심을 가졌던 것은 이른바 "호메오 돌연변이(homeotic mutation)"였 다. 이 돌연변이는 가장 기이한 결과를 낳는다. 발달하고 있는 체절이 자신이 이웃에 있는 체절인 줄 착각하는 일이 벌어지는 것이다. 이 돌연변이가 일어나는 이른바 혹스(Hox) 유전자를 오랫동안 헌신적으로 연구해온 그의 모습은 유행에 따라서 과학의 당면 목표가 달라지는 일이 흔한 이 시대에 귀감이 된다.

　현재 우리는 호메오 돌연변이가 전사인자(즉 유전자 스위치)의 암호를 지닌 유전자들을 교란하는 돌연변이라는 것을 알고 있다. 이 호메오 돌연변이는 극적인 변화를 일으킬 수 있다. 초파리에 "안테나페디아 (antennapedia)" 돌연변이가 있으면 더듬이가 날 자리에 다리가 난다. 머리에 완전한 형태의 다리 한 쌍이 솟아나는 것이다. 게다가 "비소락스 (bithorax)" 돌연변이는 거의 기괴하다고 할 정도이다. 정상 초파리는 몸의 중앙 부분인 가슴부를 형성하는 체절 중 하나에서 한 쌍의 날개가 나오고 그 바로 밑 체절에서 몸의 균형을 잡아주는 "평형곤"이라는 구조가 한 쌍 생긴다. 그런데 비소락스 돌연변이를 가진 초파리는 평형곤이 날 체절에서 한 쌍의 날개가 자라난다. 이 날개는 본래 있는 한 쌍의 날개와 마찬가지로 완전한 형태를 갖추고 있다. 즉 한 쌍이 아니라 두 쌍의 날개를 가진 초파리가 생긴다.

　체절의 정체성을 통제하는 유전자들은 제대로 기능을 할 때는 몸의 각 부위가 자기 위치에 맞는 적절한 기관을 가지게 해준다. 이를테면 머리 체절에는 더듬이가 나도록 하고, 가슴 체절에는 날개와 다리가 나도록 한다. 그러나 호메오 돌연변이가 생기면 체절의 정체성에 혼란이 온다. 이를 테면 안테나페디아 돌연변이가 생기면 머리 체절은 자신이 가슴 체절인 줄 착각하고 더듬이 대신 다리를 만든다. 이 다리는 비록 엉뚱한 곳에서 나기는 했지만, 나무랄 데 없는 완벽한 다리이다. 이것은 안테나페디아 유전자가 더듬이를 만드는 유전자 집합을 다리를 만드는 유전자 집합으로 통째로 바꿔치기한다는 의미이다. 엉뚱한 자리에서 엉뚱한 시간에 활성을 띠게 될지라도 이 집합을 이루고 있는 유전자들 사이의 조화로운 관계는 전혀 지장을 받지 않는다. 여기에서 우리는 발생 위계질서에서 꼭대기에 있는 유전자들이 그 아래에 있는 수많은 유전자들의 운명을 어떻게 통제하고 있는지 다시 한번 본다. 모든 사서들이 알고 있듯이, 계층적 구조는 정보를 저장하고 검색하는 데에 효율적이다. 그런 식으로 계층을 이루면 아주 적은 유전자들로도 많은 일을 할 수 있다.

이 장의 앞부분에서 우리는 초파리와 생쥐의 유전자 사이에 놀라운 진화적 보존이 이루어졌다고 말한 바 있다. 그 고도로 보존된 혹스 유전자들이 인체 형성 과정도 조절한다고 해서 놀랄 필요는 없다. 우리는 39개의 혹스 유전자를 갖고 있으며, 그 유전자들은 네 유전자군으로 나뉘어서 서로 다른 염색체에 들어 있다. 이 유전자들 중 적어도 10개는 돌연변이가 생기면 다지증(손가락이나 발가락이 더 많아지는 것)에서 뇌줄기와 생식기의 기형에 이르기까지, 팔다리 기형을 비롯한 발달 장애가 일어난다. 1998년 시애틀의 소아과의사 마이클 커닝엄은 물음표귀 증후군(question mark ears syndrome)이라는 희귀한 증상을 지닌 여아를 보고했다. 귀가 독특하게 물음표 모양을 하고 있을 뿐 아니라, 아래턱이 위턱의 특징을 가지고 있었다. 15년 뒤 연구자들은 두 유전자에 생긴 돌연변이가 이 장애를 일으킨다는 것을 밝혀냈는데, 모두 한 혹스 유전자의 앞쪽에서 작용하는 유전자였다.

한때 상상도 할 수 없었던 인간 유전체 계획이라는 업적을 통해서 생물학이 포괄성이라는 새로운 시대로 접어든 지금, 그 다음에 등장한 새로운 분야의 최전선으로 가다보니 어느새 다시 초파리의 세계로 회귀했다는 것이 신기할지도 모르겠다. 하지만 사실 미래로 가려면 회귀하는 수밖에 없다. 인간 유전체 전체를 수중에 넣었다고는 해도, 그 명령문들이 수행되는 프로그램과 신호는 아직 거대한 수수께끼로 남아 있다. 언젠가 우리는 초파리 생명의 영화대본을 아는 것만큼 인간 생명의 영화대본을 알게 될 것이다. 인간 유전자의 발현양상을 포괄적으로 묘사한 해설서, 즉 전사체도 가지게 될 것이다. 모든 단백질들의 작용을 완벽하게 담은 목록인 단백질체도 가지게 될 것이다. 그리고 우리는 우리 각자가 어떻게 형성되며, 우리를 구성하고 있는 수많은 분자들 하나하나가 당신과 나의 몸 속에서 어떤 모습으로 등장하는지를 그린, 눈이 휘둥그레질 만큼 복잡한 그림을 완성된 형태로 가지게 될 것이다.

그러나 과학자들은 그 그림을 색칠하는 차원에 머물지 않을 것이다. 그들은 이미 고치고 변형하고 있다. 뉴욕 대학교의 제프 보익이 이끄는 국제연구단은 합성 효모 유전체를 만드는 일을 하고 있다. 아예 처음부터 인간의 유전체 서열을 만들겠다는 계획의 전주곡이라고 할 수 있다. 벤터가 내세우는 합성유전체학과 크리스퍼(제12장에서 다룸) 같은 새로운 강력한 유전자 편집 도구에 만족하지 않는 연구자들은 유전암호의 자모 자체를 확장하려는 시도까지 한다. 샌디에이고에 있는 스크립스 연구소의 플로이드 롬스버그 연구진은 X와 Y라는 상상을 자극하는 이름을 붙인 두 합성 염기를 대장균의 유전체에 집어넣는 데에 성공했다. 유전암호의 자모를 단번에 50퍼센트 늘린 셈이다. 스티븐 베너도 자신의 실험일지에 인공 뉴클레오티드를 스케치하기 시작한 지 20년이 흐른 뒤, 동료들과 함께 비슷한 성과를 이루었다. 베너는 자신의 DNA 자모를 P와 Z라고 부른다. 롬스버그는 이렇게 말했다. "생명이 유전정보를 더 필요로 할 것이라는 생각은 그다지 안 하지만, 세포가 더 많은 유전정보를 쓸 수 있게 된다면 많은 것을 알아낼 수 있고 새로운 약물을 개발하는 데에도 쓸 수 있을 것이라고 본다." 당연히 그는 합성 DNA를 만들어서 진화를 미지의 새로운 영역으로 밀어붙일 회사를 설립했다.

제10장

아프리카 기원설 : DNA와 인류의 과거

1856년 8월 독일의 채석공들이 뒤셀도르프 외곽 네안더 계곡에 길을 내기 위해서 한 석회 동굴을 폭파했다. 그들은 그곳에서 뼈의 잔해들을 발견했다. 처음에 사람들은 그 잔해들이 동굴에서 가끔 볼 수 있는 멸종한 곰 종류의 뼈라고 생각했지만, 그 지역의 한 교사가 그것들이 우리와 매우 가까운 종의 것임을 밝혀냈다. 그뒤 그 뼈들이 정확히 누구의 것인가를 놓고 논쟁이 벌어졌다. 그중에서도 두개골이 문제였다. 두개골의 눈 위 뼈가 두드러지게 튀어나와 있었던 것이다. 나폴레옹 전쟁 때 부상을 입은 카자크인 기병이 동굴 속으로 기어 들어왔다가 죽은 것이라는 기발한 추측도 나왔다. 그 이론에 따르면, 그 기병이 만성질환을 앓다보니 두개골 뼈가 변형되어 독특한 이랑이 생겼다는 것이다. 다윈의 『종의 기원』이 나오고 인류의 기원을 놓고 격렬한 논쟁이 벌어지기 시작한 지 4년 뒤인 1863년에 그 뼈의 소유자에게 호모 네안데르탈렌시스라는 이름이 주어졌다. 즉 그 뼈는 호모 사피엔스와 비슷하기는 하지만 다른 종의 것이었다.

　네안데르탈인의 것이라고 공식 인정을 받은 것은 그 뼈가 처음이었지만, 학자들은 그보다 앞서 벨기에와 지브롤터에서 발견된 뼈들도 같은 종의

◀ 만찬, 고대와 현대: 3만5,000년 전 유럽 남부에 살았던 네안데르탈인들의 만찬을 상상한 그림(위)과 현대의 만찬 장면(아래). 우리는 네안데르탈인의 후손일까? 현재 우리는 많은 사람들의 유전체에 섞여 있는 네안데르탈인 DNA에 관해서 점점 더 많은 것을 알아내고 있다.

것임을 알아차렸다. 그뒤 한 세기 이상이 흐르면서 호모 네안데르탈렌시스의 표본들이 많이 발굴되었고, 지금 우리는 네안데르탈인이 약 3만 년 전까지 유럽, 중동, 북아프리카 일부 지역에 널리 퍼져 있었다고 확신하고 있다. 대중은 네안데르탈인이라는 말을 들으면 덩치 큰 멍청이를 떠올린다. 이런 대중적인 이미지가 형성된 데에는 프랑스 고생물학자 마르셀랭 불의 책임이 크다. 그는 프랑스 라 샤펠-오-생에서 발견된 화석을 토대로 네안데르탈인의 모습을 복원했다. 하지만 그가 근거로 삼은 그 뼈의 소유자는 늙고 관절염을 앓고 있었다는 것이 밝혀졌다. 사실 네안데르탈인의 뇌는 두개골이 약간 더 납작하기 때문에 우리 뇌와 모양이 다르고 크기도 약간 더 크며, 매장지에서 얻은 증거들로 판단할 때 그들은 장례식을 치를 정도로 정교한 문화를 지니고 있었던 듯하다. 따라서 그들은 사후세계까지 믿고 있었을지도 모른다.

　그러나 네안데르탈인의 발견으로 촉발된 가장 큰 논쟁은 그들이 얼마나 영리한가가 아니라 그들이 우리와 얼마나 관련이 있는가였다. 우리는 그들의 후손일까? 고생물학자들은 현생 인류가 유럽에 도착한 시기가 네안데르탈인이 사라진 시기와 거의 일치한다고 말한다. 두 집단 사이에 교배가 이루어졌을까 아니면 네안데르탈인은 그저 사라지고 만 것일까? 그 사건들은 먼 옛날에 벌어졌고 지금 남아 있는 증거들은 뼈 몇 조각 같은 단편적인 것들뿐이므로, 이런 논쟁은 고생물학자와 고고학자에게 기쁨을 주면서 해결되지 않은 채 끝없이 이어질지 모른다. 네안데르탈인의 두꺼운 뼈와 현생 인류의 얇은 뼈의 중간에 해당하는 뼈가 있지 않을까? 그런 뼈는 두 집단 사이의 혼인으로 생긴 잡종 개체의 것일 수도 있다. 즉 이른바 잃어버린 고리에 해당하는 것일지 모른다. 하지만 그런 뼈는 특이하게 얇은 뼈를 지닌 네안데르탈인의 것이거나, 특이하게 두꺼운 뼈를 지닌 현생 인류의 것일 수도 있다.

　놀랍게도 그 논쟁은 DNA를 통해서 해결되었다. 이 모든 논란의 출발점은 1856년에 발견된 바로 그 뼈에서 3만 년 전의 DNA를 추출하면서 시작되었다. DNA는 정보를 안전하게 저장하고 다음 세대로 전달하도록 진화했으므로, 화학적으로 매우 안정하다고 해도 놀랄 일은 아니다. DNA는 자연적으로 분해되지 않으며 다른 분자들과 쉽게 반응하지도 않는다. 그렇다고 화학적 손상을 입지 않는다는 것은 아니다. 죽고 나면 몸을 이루는 모든 성분들과 마찬가지로 유전물질도 우글우글 몰려드는 분해자들의 먹이가 된다. 그 분자 섬유는 반응성이 높은 화학물질과 효소를 통해서 분해된다. 이런 화학반응들이 일어나려면 물이 있어야 하므로, 시체가 급속히 건조되면 DNA는 보존될 수도 있다. 하지만 아무리 이상적인 조건에서 보존된다고 하더라도 DNA 분자의 수명은 기껏해야 5만 년 정도일 것이다. 따라서 잘 해야 불완전하게 보존되었을 3만 년 전의 네안데르탈인 화석에서 읽을 수 있는 DNA 서열을 얻는다는 것은 쉬운 일이 아니다.

그러나 뮌헨 대학교에 있던 키 크고 과묵한 스웨덴 사람인 스반테 페보는 그 문제를 해결하겠다고 결심했다. 그 일을 할 수 있는 적임자가 있다면 바로 그였다. 페보는 두 저명한 과학자의 아들이었다. 노벨상을 받은 생화학자 수네 베리스트룀과 에스토니아 화학자 카린 페보 사이의 혼외자식이었다. 스반테는 10대 때, 어머니를 따라 이집트 여행을 하면서 고대 DNA에 관심을 가지게 되었다. 1981년 그는 간 시료를 태운 뒤에도 유전물질을 추출하여 분석할 수 있음을 증명하면서부터 고대 DNA 연구로 나아가는 첫 걸음을 내디뎠다. 몇 년 뒤, 그는 이집트 미라의 DNA 서열을 분석했다. 그는 DNA를 추출하는 데에 성공한 후에야 비로소 박사학위 지도교수에게 자신의 취미 활동을 털어놓았다. 그뒤로 페보는 얼어붙은 매머드와 1991년 알프스 빙하가 녹으면서 발견된 5,000년 전의 "얼음 인간"의 DNA를 추출해서 서열을 분석했다. 이런 인상적인 연구 성과가 있기는 했지만, 설령 네안데르탈인의 DNA가 있다고 해도 그것을 찾겠다고 귀중한 네안데르탈인 화석을 드릴로 뚫어 속을 파헤치는 일이 허락될 리가 없었

자신의 네안데르탈인 사촌의 머리뼈를 들고 있는 스반테 페보(막스 플랑크 연구소)

다. 그의 동료인 고고학자 랄프 슈미츠는 말한다. "모나리자를 잘라내는 허가를 받겠다는 것과 마찬가지이다."[1]

페보의 대학원생인 마티아스 크링스가 그 일을 맡았다. 그는 처음에는 비관적이었지만, 초기 분석결과 뼈의 보존상태가 양호한 것을 알고 일을 추진하기로 결심했다. 그는 세포핵이 아니라 미토콘드리아라는 세포 소기관에서 온전한 DNA를 찾기로 했다. 미토콘드리아는 세포핵 바깥에 있으며, 세포가 쓸 에너지를 생산하는 기관이다. 미토콘드리아에는 약 1만 6,600개의 염기쌍으로 이루어진 작은 고리 모양의 DNA가 들어 있다. 그리고 각 세포에 유전체는 핵 속에 두 쌍밖에 들어 있지 않은 반면 미토콘드리아는 500-1,000개나 있으므로, 크링스는 분해되고 있는 네안데르탈인의 뼈에서 핵 DNA보다는 미토콘드리아 DNA가 온전히 보존되어 있을 가능성이 훨씬 더 높다는 것을 알았다. 더구나 미토콘드리아 DNA(mtDNA)는 오래 전부터 인류의 진화를 연구하는 데에 쓰여왔으므로, 비교할 만한 서열도 많이 있었다.

크링스와 페보가 가장 걱정한 것은 오염이었다. 고대 DNA 서열 분석에 성공했다는 연구들 중에 표본이 현재의 DNA에 오염되는 바람에 엉뚱한 결과가 나온 것으로 밝혀진 사례가 많았기 때문이다. 매일 우리 피부에서는 수많은 세포들이 죽어서 떨어져나가며, 그 안의 DNA들은 온갖 곳으로 흩날려간다. 크링스가 mtDNA를 다량 복제하는 데에 쓰려고 생각한 중합 효소 연쇄 반응(PCR)은 극히 민감해서 고대의 DNA이든 우연히 들어간 지금의 DNA이든 간에 한 분자만 있으면 무수히 복제할 수 있다. 네안데르탈인의 DNA가 너무 손상되어 PCR로 복제되지 않고 대신 우연히 들어간 크링스 자신의 피부세포에 있던 DNA가 다량 복제된다면 어떻게 될까? 크링스는 자신과 네안데르탈인이 어떻게 해서 같은 mtDNA 서열을 가지고 있는지 규명해야 할지 모르며, 그것은 자신과 연구 책임자와 자신의 부모에게도 그다지 달갑지 않은 일이 될 것이다. 이런 가능성을 차단하기 위해서 크링스는 펜실베이니아 대학교에 그 연구를 고스란히 재현할 수 있는 별도의 연구실을 마련했다. 그곳에서 오염이 일어난다고 해도 대륙이 다르므로 그곳의 오염물질은 크링스의 DNA가 아닐 것이다. 그리고 두 연구실이 같은 표본으로 같은 결과를 얻었다면, 진정한 네안데르탈인의 서열을 찾아냈다고 가정해도 무리가 아닐 것이다.

"얼마나 흥분했는지 도저히 말로 표현할 수가 없어요."[2] 크링스는 서열 분석결과를 처음 본 순간의 감격을 이렇게 말한다. "뭔가가 등골을 따라 기어가는 느낌이었습니다." 우려한 대로 오염되었다는 것을 보여주는 서열들이 일부 나타나기는 했지만, 다른 서열들에서 그는 놀라운 것을 발견할 수 있었다. 현생 인류의 DNA 서열과 관계가 있음을 보여주는 복잡한 유사점들과 차이점들이 드러난 것이다. 각 서열 조각들을 이어 붙여서 그는 염기쌍 379개로 이루어진 네안데르탈인의 mtDNA 서열을 재구성할 수 있었다. 하지만 펜실베이니아 대학교에서는 아직 그 이른바 똥보 네안데르탈인 여성의 소식이 들려오지 않고 있었다. 마침내 그 대학에서도 379개의 염기쌍으로 된 같은 서열을 밝혀냈을 때, 크링스는 샴페인을 터뜨렸다.[3)]

네안데르탈인의 mtDNA 서열은 침팬지보다 현생 인류의 서열과 공통점이 더 많다. 그것은 네안데르탈인이 인류 진화 계통에 속해 있다는 것을 명확히 보여준다. 그러면서도 네안데르탈인의 서열과 크링스가 당시 비교할 수 있었던 현생 인류의 mtDNA 서열 986종 사이에는 명확한 차이가 있었다. 그 986종의 서열들 중 네안데르탈인의 것과 가장 비슷한 것도 적어도 20개의 염기쌍(5퍼센트)이 달랐다. 이어서 러시아 남서부와 크로아티아에서 발견된 두 네안데르탈인 화석의 mtDNA가 분석되었다. 예상한 대로 그 서열들은 맨 처음 분석된 서열과 똑같지는 않았지만 비슷했다. 즉 현생 인류 사이에서 나타나는 것처럼 네안데르탈인 사이에서도 개체마다 변이가 있었던 것이다. 이런 유전적 증거들이 모이면서, 페보를 비롯한 대다수 전문가들은 네안데르탈인이 인류와 그 친족들의 진화 계통도에 들어가기는 하지만, 네안데르탈인 계통과 현생 인류 계통이 멀리 떨어져 있다는 결론을 내렸다. 이런 mtDNA 자료들은 비록 두 종이 약 4만 년 전에 유럽에서 마주치기는 했지만, 현생 인류가 네안데르탈인과 상호 교배를 하기보다는 그들을 없앴음을 시사했다. 귀중하지만 실낱같은 DNA자료를 토대로 내린 대담한 결론이었다. 하지만 페보는 연구를 계속하여 우리 네안데르탈인 친척의 유전체 서열 전체를 구축하기로 결심했다.

현재 라이프치히의 막스 플랑크 진화인류학 연구소에 있는 페보는 그 후 10년에 걸쳐, 네안데르탈인 DNA를 분석하는 새로운 기법들을 개발했다. 그는 마이크로프로세서 제조회사조차 부러워할 청정시설을 설치하고, 차세대 서열 분석기술들을 받아들였다. 많은 탐색을 통해서 그는 1980년에 크로아티아의 빈디야 동굴에서 발견된 네안데르탈인 뼛조각을 골랐다. 탄소 연대 측정법으로 측정하니, 약 4만 년 전의 것으로 추정되었다(페보가 "마법의 뼈"라고 부른 이 뼈는 길이 약 5센티미터로서 절묘할 만큼 잘 보존된 상태였고, 크로아티아의 한 박물관에서 어느 누구의 관심도 받지 못한 채 먼지만 쌓여 있었다). 2006년 그는 아주 세심하게 모은 DNA 중 약 100만 개의 염기를 예비 분석한 결과를 발표했고, 연구를 계속 진행했다. 2010년 그의 연구진은 『사이언스』에 염기 20억 개—네안데르탈인 유전체의 약 55퍼센트—의 서열을 발표했다.

현생 생물의 유전체 서열에 비추어보면 빠진 부분이 꽤 많아서 엉성했지만, 거기에는 경악할 만한 내용이 담겨 있었다. 페보는 네안데르탈인 서열 초안을 세계 각지에 사는 5명의 새로 분석한 유전체 서열과 비교했다. 유럽과 아시아에 사는 3명의 서열에는 네안데르탈인 DNA 서열이 있었고, 서아프리카(요루바족)와 남아프리카(산족)의 집단을 대변하는 2명의 유전체에는 그 서열이 전혀 없었다. 네안데르탈인은 아프리카에서 산 적이 없었다. 이 결과는 인류와 네안데르탈인의 존속 기간이 겹친 약 4만-7만5,000년 전에 아마도 중동 지역에서 사실상 상호 교배가 일어났음을 강하게 시사했다.

따라서 mtDNA에서 나온 결과와 유전체 DNA에서 나온 결과가 전혀 다른 결론으로 이어진 셈이었다. 상호 교배가 전혀 없었다(mtDNA) 대 꽤 있었다(DNA)였다. 한쪽만이 옳을 수 있지 않겠는가? 하지만 mtDNA가 유전되는 독특한 양상을 이용하여 이 모순을 설명할 수 있다. 몇 가지의 설득력 있는 시나리오가 있지만, 아마 mtDNA 유전의 성적 대칭성을 토대로 한 설명이 가장 단순할 것이다. 나의 유전체 DNA는 부모 양쪽에게서 물려받는다. 즉 아버지에게서 한 벌, 어머니에게서 한 벌 물려받는다. 그러나 mtDNA는 오로지 어머니에게서만 물려받는다. 난자가 수정될 때, 정자는 유전체 DNA만 제공한다. 미토콘드리아(그리고 그 안의 mtDNA)는 난자의 세포질에 들어 있다. 즉 mtDNA를 모체로부터 물려받는다는 뜻이다. 우리 조상과 네안데르탈인 사이의 교배가 네안데르탈인 남성 쪽에서만 일어났다면? 그렇다면 우리 조상은 네안데르탈인 정자로부터 네안데르탈인 유전체 DNA를 받았겠지만, 네안데르탈인 mtDNA는 전혀 받지 못했을 것이다. 그러면 유전체 DNA는 양쪽 종의 것이 섞이지만 mtDNA는 한쪽 종, 즉 호모 사피엔스만의 것이 된다.

그후 현생 인류가 동쪽의 아시아로 북쪽과 서쪽의 유럽으로 이주하면서 네안데르탈인의 유전적 유산도 중동에서부터 그쪽으로 퍼져나갔다. 현생 유럽인들과 아시아인들은 대개 유전체에 네안데르탈인 DNA가 약 2.5 퍼센트 들어 있다(소비자 유전학 기업 23앤미가 자랑스럽게 이 숫자를 찍어서 내놓은 티셔츠는 인기를 끌었다). 물론 페보는 신생기업에 멋진 광고 문구를 제공하기 위해서 20년을 헌신한 것이 아니었다. 네안데르탈인 유전체 계획의 진정한 의미가 드러나려면 앞으로 수십 년이 걸릴 것이다. 페보는 현생 인류를 독특하게 만든, 즉 현생 인류가 "지구의 구석구석까지" 정복하도록 허용하거나 이끈 유전적 변화가 무엇인지를 규명하겠다는 꿈을 가지고 있다. 고인류 조상들이 하지 못한 일을 할 수 있도록 해준 변화 말이다. 페보는 말한다. "그들은 약 200만 년 동안 존속했지만, 바다를 건너서 눈에 보이지 않는 맞은편의 땅까지 결코 가지 못했다." 현생 인류는 고작 10만 년 정도 존속했지만, 달까지 가는 모험을 감행했고 창의력을 발휘하여 생명의 나무를 이루는 유전적 퍼즐의 상당수를 끼워맞추었다. 인류와 네안데르탈인을 구별 짓는 돌연변이들이 어떤 기능적 변화를 낳았는지를 이해하려면, 모든 창의력을 동원해야 할 것이다. 그러나 그보다 먼저 핵심 차이들을 알아내야 한다. 10킬로미터 떨어진 곳에서 보면, 인간과 네안데르탈인의 유전체는 놀라울 만치 비슷하다. 서열 수준에서 보면 약 99.8퍼센트가 같다. 이 차이 중의 일부는 원리상 중요한 생리적, 기능적 결과를 가져올 수 있는 단백질 암호 영역에 있다. 더 나아가 두 종 사이의 근본적인 행동, 형태, 인지 측면의 차이들을 그것들로 설명할 수 있을지도 모른다. 예를 들면, 페보와 스탠퍼드 대학교의 면역학자 피터 파햄은 면역계에 영향을 미치는 유전자의 한 가지 핵심 돌연변이가 네안데르탈인에게서 인류에게로 전해졌고, 그것이 특정한 감염병에 내성을 제공했을 수도 있다고 주장했다. 멜라노코르틴 1 수용체(melanocortin 1 receptor) 유전자에 있는 두 새로운 돌연변이는 네안데르탈인이 붉은 머리칼에 흰 피부였을 수 있음을 시사한다.

또 하나의 흥미로운 유전자는 FOXP2이다. 발성과 언어의 진화적 발달에 관여하는 조절 단백질을 만드는 이 유전자에 돌연변이가 있는 가족은 발성과 언어 능력에 상당한 문제가 있다. 흥미로운 점은, 이 유전자에는 침팬지같이 진화적으로 더 먼 친척들에게는 없는 돌연변이들이 네안데르탈인과 인류에게는 있다는 것이다. 더 자세히 살펴보면, 이 유전자의 조절 영역 중 한 곳에서 다른 변화들이 보이는데, 그것이 인류와 네안데르탈인의 발성 차이를 낳았을지도 모른다.

그러나 유전자 수백 개의 구조적 변이로 인류와 네안데르탈인 사이의 중요한 차이들을 설명할 수 있을까? 아마 답은 유전자 서열 자체보다는 유전자의 활동에 있지 않을까? 유전자 조절은 우리 DNA 전체에 흩어져 있는 이른바 후성유전학적 변형에 강하게 영향을 받는다. (메틸기를 덧붙이는) 메틸화라는 과정을 통해서, DNA의 형태가 바뀌면서 유전자의 스위치를 켜고 끄는 단백질이 접근할 수 있게 된다. 예루살렘 히브리 대학교의 과학자들은 고대 네안데르탈인 DNA에 정교한 계산 기법을 적용하여(메틸화가 고대 DNA에서 DNA의 분해 양상에 미치는 영향을 토대로), 네안데르탈인 DNA에서 메틸화가 일어난 지점들을 추론했고, 그럼으로써 유전자들의 상대적인 활성을 예측할 수 있었다. 인간에게서는 활성을 띠는 유전자 수천 개가 네안데르탈인에게서는 억제된 듯하며, 반면에 네안데르탈인 유전자 수백 개는 현재 인간에게서 기능적으로 침묵한 상태이다. HOXD 유전자군처럼 이 유전자들 중 일부는 팔다리 성장의 차이를 설명해줄 수 있는 설득력 있는 이야기를 들려준다. 하지만 그런 이론을 입증하기란 쉽지 않을 것이다.

인류와 네안데르탈인이 전에 생각했던 것보다 서로 더 친밀했다는 내용만으로는 충분하지 않다는 듯이, 페보 연구진은 2008년 시베리아 남부 알타이 산맥의 데니소바 동굴에서 발견된 아이 손가락 화석의 유전체 DNA 서열을 분석함으로써 또다시 세상을 경악하게 했다. 그 손가락 화석은 네안데르탈인도 인간도 아니라 별도의 새로운 집단에 속해 있음이 드러났다. 오로지 DNA 자료만을 토대로 그런 발견을 한 최초의 사례였다. 그리하여 인류의 역사책은 다시 쓰이게 되었다. 유전체 서열 분석 결과, 데니소바인은 유연관계가 현생 인류보다 네안데르탈인과 더 가까웠지만, 여기서도 고대 인류와 이 친척 사이에 교잡이 일어났다는 증거를 찾을 수 있다. 현대 멜라네시아인(파푸아인)과 오스트레일리아 원주민의 유전체에는 데니소바인 DNA의 흔적이 꽤—5퍼센트까지도—남아 있다. 그리고 데니소바인 DNA는 우리 모두의 면역계에도 흔적을 남긴 듯하다. 더욱 놀라운 점은 때로 아주 유용한 데니소바인 DNA 조각이 현생 인류 유전체에 도입되어 특정 환경에 대한 적응을 촉진하곤 했다는 것이다. 티베트인은 데니소바인에게서 유래한 DNA 조각 덕분에 높은 고도의 낮은 산소 농도에 대처할 수 있다. 아마 그 DNA는 데니소바인에게서 그런 목적으로 진화했을 것이다.

우리 거의 모두가 유전체에 네안데르탈인 DNA를 가지고 있다는 결론은 우리의 집단 자아에 타격을 입힐 수도 있지만, 돌이켜보면 그리 놀랍지는 않아 보인다. 사실 분자 수준에서 이루어지는 인류 진화 연구가 주는 전반적인 교훈은 우리가 자연계의 다른 구성원들과 유전적으로 놀랍도록 닮았다는 것이다. 사실 때때로 분자 자료들은 인류의 기원 문제에서 오랫동안 유지되어왔던 가정들에 의문을 제기하고 그것들을 뒤집곤 했다.

위대한 화학자 라이너스 폴링은 분자 수준에서 진화에 접근하는 현대적인 방식을 도입한 사람이었다. 1960년대 초에 그와 동료인 에밀레 추커칸들은 몇몇 종에서 같은 단백질의 아미노산 서열을 비교했다. 단백질 서열 분

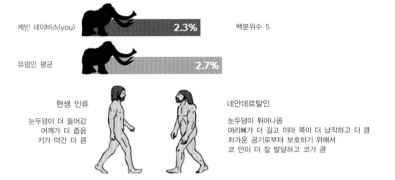

당신의 DNA 중 2.3%는 네안데르탈인에게서 왔다고 추정된다.

케빈 데이비스(you)　　　　　　　　**2.3%**　　　백분위수 5

유럽인 평균　　　　　　　　**2.7%**

현생 인류　　　　　　　　　　　　　네안데르탈인

눈두덩이 더 들어감　　　　　　　　　눈두덩이 튀어나옴
어깨가 더 좁음　　　　　　　　　　　머리뼈가 더 길고 이마 쪽이 더 납작하고 더 큼
키가 약간 더 큼　　　　　　　　　　　차가운 공기로부터 보호하기 위해서
　　　　　　　　　　　　　　　　　　코 안이 더 잘 발달하고 코가 큼

잘 나가는 한 소비자 유전학 기업에 따르면, 우리 필자 중 한 명은 전형적인 유럽인 후손들보다 유전체에 네안데르탈인 DNA가 좀 적게 들어 있다고 한다.

석이 막 시작되던 시기였으므로, 그들이 쓸 자료는 한정되어 있을 수밖에 없었다. 그렇지만 그들은 놀라운 양상을 발견했다. 두 종이 진화적으로 서로 더 가까울수록, 단백질 서열도 더 비슷했다. 폴링과 추커칸들은 헤모글로빈 분자의 단백질 사슬들 중에서 141개의 아미노산으로 된 것을 분석했다. 그들은 인간과 침팬지는 아미노산 한 개가 다른 반면에 인간과 말은 18개가 다르다는 것을 발견했다. 그 분자 서열 자료는 진화적으로 말이 침팬지보다 더 먼저 인간과 떨어져 나갔다는 사실을 반영한다. 지금은 생물 분자들 속에 묻혀 있는 진화 역사를 발굴하는 일이 일상적으로 이루어지고 있지만, 당시에는 그런 생각 자체가 새롭고 도발적인 것으로 받아들여졌다.

　분자 수준에서 진화에 접근하는 방법은 두 변수의 상관관계에 의존한다. 두 종이나 개체군이 갈라져 있었던 기간과 분자 수준에서 그들 사이에 나타나는 차이가 그것이다. 이런 이른바 "분자 시계"의 논리는 단순하다. 유전적으로 똑같은 일란성 쌍둥이 두 쌍을 예로 들어 설명해보자. 한 쌍은 여성 일란성 쌍둥이이고, 다른 한 쌍은 남성 일란성 쌍둥이라고 하자. 이 두 쌍이 서로 혼인을 해서, 각 부부가 각기 다른 무인도로 가서 자

손을 낳고 번성한다고 가정한다. 유전적으로 보면 맨 처음에 두 섬에 사는 사람들은 똑같다. 그러나 몇백만 년 후에는 각 섬의 집단에서는 상대 섬의 집단에서 나타나지 않는 돌연변이들이 나타날 것이다. 돌연변이는 낮은 비율로 나타나며, 각 개체의 유전체는 무척 커서 돌연변이가 일어날 수 있는 지점이 대단히 많기 때문에, 두 집단이 똑같은 돌연변이 집합을 가질 가능성은 극히 적다. 따라서 두 집단의 DNA 서열을 분석해보면 과거에 똑같았던 유전체에 수많은 차이들이 누적되어 있다는 것이 드러날 것이다. 그럴 때 우리는 두 집단이 유전적으로 "갈라졌다"고 말한다. 그들이 격리되어 있는 기간이 더 길수록, 그들은 더욱더 갈라질 것이다.

그렇다면 이 "분자 시계"를 보고 시간을 알 수 있을까? 다시 말해서 이 시계를 보고 우리가 자연계의 다른 구성원들과 유전적으로 얼마나 갈라졌는지 측정할 수 있을까? DNA 서열 분석 기술이 등장하기 오래 전인 1960년대 말에 캘리포니아 버클리 대학교에 있던 괴짜 뉴질랜드인인 앨런 윌슨은 동료인 빈스 새리치와 함께 폴링-추커칸들의 논리를 인간과 가까운 친척들에게 적용하는 일에 착수했다. 하지만 당시에는 단백질 서열 분석이 지루하고 고된 작업이었으므로, 윌슨과 새리치는 손쉬운 독창적인 방법을 찾는 일에 나섰다.

외부 단백질에 대한 면역반응은 그 단백질이 얼마나 이질적인가에 따라서 세기가 달라진다. 외부 단백질이 자기 몸의 단백질과 비교적 비슷하다면 면역반응은 상대적으로 약하며, 비슷하지 않을수록 그에 따라서 면역반응도 강해진다. 윌슨과 새리치는 각 종이 다른 종의 단백질에 일으키는 면역반응들을 비교했다. 이 결과를 이용해서 그들은 분자 수준에서 두 종이 갈라져나간 정도를 알려주는 지수를 얻었다. 하지만 이 "분자 시계"에 시간 개념을 도입하려면 보정이 필요했다. 화석 증거들은 원숭이류에서 두 주요 집단인 신대륙 원숭이와 구대륙 원숭이들이 약 3,000만 년 전에 공통 조상에서 갈라져나갔다고 말해준다. 그래서 윌슨과 새리치는 신대륙과 구대륙 원숭이의 면역학적 "거리"가 3,000만 년이라고 설정했다. 이 거리와 비교할 때 인간은 진화적으로 가장 가까운 사촌인 침팬지와 고릴라와 얼마나 멀리 떨어져 있을까? 1967년에 윌슨과 새리치는 인류가 약 500만 년 전에 대형 유인원들과 갈라졌다고 추정하는 연구 결과를 발표했다. 그들의 발표는 대소동을 불러일으켰다. 기존의 고인류학계는 그 분기가 약 2,500만 년 전에 일어났다고 가정하고 있었기 때문이다. 기존 학계는 인간과 유인원 사이에는 분명히 500만 년보다 훨씬 더 긴 차이가 있다고 주장했다. 따라서 그들의 입장에서는 버클리 연구진의 최신 유전학적 방법을 믿지 못하겠다고 주장하는 것이 당연했다. 그들은 유전학자는 계속 초파리 연구나 하고 인류 연구는 인류학자들의 손에 맡겨두어야 한다고 선언했다! 하지만 윌슨과 새리치는 그 폭풍을 헤치고 나아갔다. 그리고 그들이 추정한 인간과 대형 유인원이 갈라져나간 시기가 놀랍도록 정확했다는 것이 후속 연구들을 통해서 드러났다.

인간과 유인원 연구를 단백질에서 DNA로 확대할 시기가 무르익자 윌슨은 대학원생인 메리-클레어 킹(유방암 유전학 분야에서 이름을 알리게 되는)에게 그 연구를 맡겼다. 1975년에 발표된 그 연구 결과는 20세기의 가장 뛰어난 과학 논문에 속한다. 하지만 그런 뛰어난 연구 성과가 나오기까지는 오랜 시간이 걸려야 했다. 특히 킹 자신은 그 일이 거의 불가능하다고 생각했다. 그녀의 연구는 제대로 이루어지지 않았다. 1970년대 초에 벌어진 베트남전 반대운동 때문에 버클리 대학교가 몹시 어수선한 분위기에 휩싸였다는 점도 한몫을 했다. 킹은 학교를 그만두고 워싱턴으로 가서 랠프 네이더(미국의 대표적인 소비자 운동가/역주) 밑에서 일할 생각을 했다. 하지만 다행스럽게도 그녀는 윌슨의 충고를 따랐다. 그는 현명한 조언을 했다. "실험에 실패했다고 모두 과학을 그만두면 과학 자체가 없어질 거야."[4] 킹은 계속 실험을 하기로 마음을 바꾸었다.

킹과 윌슨은 "DNA 교잡"이라는 뛰어난 기술을 적용하여 침팬지와 인간

메리-클레어 킹

의 유전체를 비교했다. 상보적인 두 DNA 가닥이 결합한 이중나선은 섭씨 95도로 열을 가하면 서로 떨어진다. 이 현상은 분자생물학자들이 쓰는 전문 용어로 "융해(melting)"라고 한다. 두 가닥이 완전히 상보적이 아니라면, 즉 한 쪽에 돌연변이가 일어났다면 어떻게 될까? 그런 가닥은 95도보다 낮은 온도에서 서로 떨어져나갈 것이다. 얼마나 낮은 온도에서 떨어지는가는 두 가닥이 얼마나 다른가에 따라서 달라진다. 즉 차이가 클수록 둘을 분리하는 데에 필요한 열도 적어진다. 킹과 윌슨은 이 원리를 이용해서 인간과 침팬지의 DNA를 비교했다. 두 서열이 비슷할수록, 둘을 결합시켜 만든 이중나선의 융해점은 완벽하게 일치할 때의 온도인 95도에 가까워질 것이다. 관찰된 유사성은 놀라울 정도였다. 킹은 인간과 침팬지 DNA의 서열이 1퍼센트밖에 다르지 않다고 추론할 수 있었다. 반면에 침팬지와 고릴라의 서열은 약 3퍼센트 차이가 있었다. 즉 침팬지와 고릴라보다 인간과 침팬지가 더 가깝다.

그 결과가 너무나 놀라웠기 때문에 킹과 윌슨은 유전자 진화 속도는 느린 반면에 해부 구조 및 행동 진화 속도는 빠르다는 뻔히 보이는 불일치를 설명해야 한다는 의무감에 사로잡혔다. 그렇게 작은 유전적 차이가 동물원 우리 안에 있는 침팬지와 창살 이편에 있는 종 사이에 있는 엄청난 차이를 과연 설명할 수 있을까? 그들은 중요한 진화적 변화들이 대부분 유전자를 켜고 끄는 스위치를 조절하는 DNA 부위에 일어난다고 주장했다. 그럼으로써 작은 유전적 변화가 유전자 발현 시기 조절 같은 것을 변화시켜 큰 영향을 미칠 수 있다는 것이다. 다시 말해서, 자연은 같은 유전자들이 다른 방식으로 작용하도록 조율함으로써 전혀 달라 보이는 두 생물을 만들 수 있다.

1987년에 윌슨의 버클리 연구실은 더욱더 깜짝 놀랄 만한 연구 결과를 내놓았다. 그와 그의 연구실에 있는 레베카 캔이 DNA 서열 변이 양상을 활용하여 우리 종 전체의 가계도를 그려낸 것이다. 그것은 『뉴스위크』의 표지를 장식한 몇 안 되는 과학기사들 중 하나가 되었다.

캔과 윌슨이 미토콘드리아 DNA(mtDNA)를 사용한 데에는 몇 가지 이유가 있었지만, 항상 그렇듯이 실용적인 이유들이 가장 중요했다. PCR 기술이 연구의 주류로 들어오기 전이었던 당시에는 특정한 유전자나 유전자가 있는 부위를 연구할 만큼 충분한 DNA를 얻는다는 것 자체가 매우 골치를 싸매야 하는 일이었다. 그리고 캔과 윌슨의 연구는 한 개가 아니라 147개 정도의 표본을 분석하는 일이었다. 인간의 조직 표본에는 세포핵에 들어 있는 염색체 DNA에 비해서 mtDNA가 훨씬 더 많다. 그러나 mtDNA라고 해도 충분한 양을 얻으려면 많은 조직이 필요했다. 그들은 해결책을 찾았다. 바로 태반이었다. 병원에서 대개 분만 뒤에 버려지는 태반에는 mtDNA가 풍부히 들어 있다. 이제 147명의 임산부에게 과학을 위해서 태반을 기증해달라고 설득하는 일만 남았다. 아니, 사실은 146명이었다. 메리-클레어 킹이 딸을 낳을 때 생긴 태반을 기꺼이 제공했기 때문이다. 그리고 그들은 인간의 가계를 가능한 한 완벽하게 재구성하려면, 가능한 한 유전적으로 가장 다른 기증자들로부터 조직을 얻어야 한다는 것을 알았다. 미국은 온갖 집단들이 뒤섞여 있으므로 그 점에서는 매우 유리했다. 즉 아프리카인의 DNA를 얻기 위해서 아프리카까지 가지 않아도 되었다. 노예무역을 통해서 아프리카인의 유전자가 미국 해안까지 도착한 지 오래 전이니 말이다. 하지만 오스트레일리아 원주민은 미국의 유전자 풀에 많지 않았기 때문에 뉴기니와 오스트레일리아에 있는 동료들의 도움을 받아 원주민 여성들을 찾아야 했다.

앞에서 말했듯이, 당신의 mtDNA는 어머니로부터 물려받은 것이다. 정자 한 개의 머리 속에 들어 있는 당신 아버지의 유전물질 속에는 미토콘드리아가 들어 있지 않다. 정자의 DNA는 어머니의 미토콘드리아가 이미 들어 있는 난자 속으로 주입된다. 그러므로 캔과 윌슨은 사실상 인류의 모계계통을 추적하는 셈이었다. 어머니에게서만 물려받기 때문에 mtDNA에서는 재조합 자체가 일어나지 않는다. 재조합은 나란히 늘어선 염색체의 팔들이 서로 꼬이면서 돌연변이가 한 염색체에서 다른 염색체로 전달되는 과정이기 때문이다. mtDNA에 재조합이 없다는 점은 DNA 서열의 유사성을 토대로 가계도를 구성할 때 커다란 이점이 된다. 두 서열이 같은 돌연변이를 지니고 있다면, 우리는 그것들이 원래 돌연변이가 일어났던 공통 조상에서 유래한 것이 틀림없다고 생각할 수 있다. 하지만 재조합이 일어난다면, 재조합을 통해서 뒤섞임으로써 한 쪽 계통이 최근에 생긴 돌연변이를 가지게 될 수도 있다. 따라서 재조합이 일어난다면 같은 돌연변이를 지니고 있다고 해도 반드시 공통 조상에서 유래했다고 볼 수 없다. 이제 mtDNA를 사용해서 가계도를 구성할 때 단순한 논리를 적용할 수 있다. 비슷한 서열들, 즉 같은 돌연변이들이 많이 들어 있는 서열들은 가까운 관계에 있으며, 반대로 서로 다른 돌연변이들이 많은 서열들은 더 먼 관계에 있다는 것을 뜻한다. 이제 그림으로 설명해보자. 비교적 최근의 공통 조상에서 유래한 가까운 친척들은 가계도에서 서로 가까이 몰려 있을 것이다. 반면에 먼 친척들은 더 띄엄띄엄 흩어져 있을 것이다. 즉 그들의 공통 조상은 상대적으로 먼 과거의 조상이다.

캔과 윌슨은 인류의 가계도가 굵은 두 개의 가지로 이루어져 있다는 것을 발견했다. 하나는 아프리카 내의 다양한 집단들로만 이루어진 가지이며, 다른 하나는 일부 아프리카 집단과 다른 모든 지역에 있는 집단들로 이루어진 가지이다. 이것은 현생 인류가 아프리카에서 탄생했다는 것을 의미한다. 즉 우리 모두의 공통 조상은 아프리카에 살았다. 사실 이 개념 자체는 새로운 것이 아니다. 찰스 다윈도 우리와 가장 가까운 사촌인 침팬지와 고릴라의 원산지가 아프리카라는 점에 주목하고서 인류도 그곳에서 진화했다고 추론했다. 캔과 윌슨의 가계도에서 가장 놀라운(그리고 가장 논란의 여지가 있는) 측면은 그 가계도가 시간적으로 얼마나 멀리까지 거슬러올라가느냐 하는 것이다. 돌연변이들이 진화를 통해서 축적되는 속도에 관해서 갖가지 단순한 가정들을 함으로써 우리는 그 가계도의 나이, 즉 우리 모두의 원조 할머니가 살던 시대를 계산할 수 있다. 캔과 윌슨은 그 시기가 약 15만 년 전이라고 추정했다. 즉 인간은 아무리 먼 관계에 있다고 해도 15만 년만 거슬러올라가면 조상이 같다.

20년 전에 있었던 새리치와 윌슨의 연구 결과가 그랬듯이, 캔과 윌슨의 연구 결과를 접한 인류학계 인사들은 대부분 도저히 믿지 못하겠다는 태도를 보였다. 널리 받아들여진 인류 진화 관점에 따르면, 우리 종은 약 200만 년 전에 아프리카를 떠나 구대륙 전체로 퍼져나간 사람들의 후손이다. 그런 관점에서 보면 가계도는 13배나 더 과거로 거슬러올라가야 했다. 언론이 "이브 가설" 혹은 그보다는 오해를 덜 불러일으키는 "아프리카 기원설(Out of Africa)"라고 이름 붙인 캔과 윌슨의 가설은 더 고대에 이동이 일어났다는 것을 부정하는 것이 아니라, 유럽에 도착한 현생 인류가 그보다 앞서 200만 년쯤 전에 아프

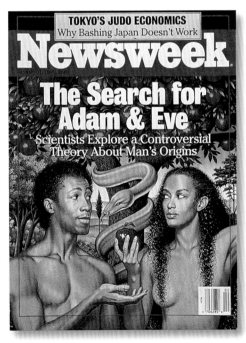

잡지 표지를 장식한 미토콘드리아 이브

리카에서 이주했던 초기 인류 집단을 대체했다는 것을 의미했다. 호모 에렉투스는 200만 년쯤 전에 아프리카를 벗어나 구대륙 전체로 퍼져나갔다. 약 60만 년쯤 전에는 또다른 선행인류 집단이 아프리카를 벗어나서 네안데르탈인을 탄생시켰고, 그들은 유럽과 서아시아로 퍼졌다. 그리고 약 10만 년 전 어머니 대륙을 떠나지 않았던 호모 에렉투스 집단이 낳은 또다른 후손인 호모 사피엔스, 즉 현생 인류가 오래 전 떠났던 조상 호모 에렉투스와 호모 네안데르탈렌시스의 뒤를 이어 아프리카를 떠나 긴 방랑을 시작했다.

캔과 윌슨과 그 동료들은 인류의 과거를 이해하는 방식을 송두리째 바꾸어놓았다.

그뒤에 이어진 연구 결과들은 캔과 윌슨의 결론을 확인해주었다. 특히 스탠퍼드 대학교의 루카 카발리−스포르차의 연구실에서 많은 연구 결과들이 나왔다. 그는 인류학적 문제에 유전적 접근 방식을 적용한 개척자였다. 밀라노의 이름 있는 가문에서 태어난 카발리−스포르차는 어릴 때부터 현미경에 푹 빠져 있었다. 1938년에 그는 열여섯이라는 이른 나이에 파비아 대학교 의학부에 입학했다. 그렇지 않았다면 그는 무솔리니 군대에 들어가야 했을 것이다. 1951년 내가 처음 그를 만났을 당시에 그는 세균 유전학자로서 정력적인 활동을 펼치고 있었다. 그러다가 한 대학원생이 무심코 한 말에 영감을 얻어 그는 세균유전학에서 인간 유전학으로 방향을 바꾸었다. 한때 신부가 되려고 했던 그 대학원생은 가톨릭 교회가 지난 3세기 동안의 상세한 혼인기록을 보관하고 있다는 말을 했다. 이 자료를 이용해서 많은 연구가 가능하다는 것을 알아차린 카발리−스포르차는 서서히 인간 유전학에 빠져들기 시작했다. 아마도 그는 교회를 통해서 사명을 발견했다고 당당하게 주장할 수 있는 극히 소수의 인간 유전학자에 속할 것이다.

카발리-스포르차는 캔과 윌슨의 인류 진화 가설을 가장 설득력 있게 확인시켜줄 증거는 아버지로부터 아들에게로만 전달되는 유전자들에서 얻는 것이 가장 이상적임을 알았다. 캔과 윌슨이 mtDNA 분석을 통해서 발견한 모계와 정반대인 부계를 통해서 같은 결론에 도달할 수 있다면, 완전히 독립적인 보강 증거를 얻는 셈이었다. 유전체 중에 남성만이 지닌 성분은 당연히 Y염색체이다. Y염색체를 가진 사람은 남성이라고 정의되기 때문이다 (난자는 언제나 X염색체만 가지고 있으므로 성별을 결정하는 쪽은 정자이다. XX 조합은 여성이 되고 XY는 남성이 된다). 따라서 Y염색체는 남성의 유전 역사를 밝혀줄 열쇠이다. 게다가 재조합은 쌍을 이룬 염색체 사이에서만 일어나므로, Y염색체를 사용하면 진화 분석에서 나타날 수 있는 두려운 함정인 재조합을 피할 수 있다. Y염색체는 언제나 하나씩만 존재하므로, Y와 유전물질을 교환할 염색체는 없다.

카발리-스포르차의 동료인 피터 언더힐은 2000년에 대단히 충격적인 논문을 발표했다. 그는 캔과 윌슨이 mtDNA를 가지고 했던 일을 Y염색체를 가지고 했다. 그의 발견결과는 놀랍도록 유사했다. 그 가계도 아프리카에 뿌리를 두고 있었으며, 나무 크기도 무척 작다는 것이 드러났다. 즉 그 나무는 인류학자들이 상상한 고대의 장엄한 떡갈나무가 아니라, 캔과 윌슨이 분석해 내놓은 키 작은 나무였던 것이다. 약 15만 년밖에 안 된 나무 말이다.

별개의 두 자료집합이 인류의 과거를 똑같은 모습으로 그려내면 대단한 설득력을 지니게 된다. mtDNA와 같은 하나의 영역만이 연구된 상태에서는 결과가 시사적이기는 해도 결정적이지는 않다. 즉 그 양상은 우리 종 전체에 일어난 중요한 역사적 사건의 영향이 아니라 단지 DNA의 특정 영역에 일어난 특수한 역사를 반영하는 것일 수도 있다. 비판적으로 말해서 가계도가 수렴하는 지점, 즉 그 연구에 사용된 모든 서열들의 가장 최근의 공통 조상인 우리 모두의 원조 할머니나 원조 할아버지가 반드시 인류 역사의 특정한 사건과 연관되어 있을 이유는 없다. 그것이 우리 종의 기원이나 다른 어떤 역사적으로 중요한 인구학적 사건을 암시하고 있을지도 모르지만, 과거 mtDNA에 가해진 자연선택의 영향처럼 인류 역사의 관점에서 보면 훨씬 더 사소한 것을 의미할 가능성도 그만큼 있다. 그러나 유전체의 다른 영역에서도 똑같은 변화 양상이 발견된다면, 그 변화는 유전적으로 발자취를 남긴 정말로 중요한 과거 사건이 된다. 이 변화 양상은 언더힐이 발견한 것과 동일하다. 이 우연의 일치는 해당 시점(15만 년 전)에 인류 집단이 정말로 Y염색체와 mtDNA 양쪽에 동시에 영향을 미칠 수 있는 급격한 유전적 변형을 겪었음을 강하게 시사했다. 잠시 뒤에 다시 다루겠지만, 이 현상을 유전적 병목(genetic bottleneck)이라고 한다.

　인구학적 요인이 어떻게 가계도에 영향을 미칠 수 있을까? 모든 혈통은 그것을 이루는 모든 계보들의 흥망성쇠가 빚어낸 결과이다. 시간이 흐르면서 성하는 계보도 있고 몰락하는 계보도 있다. 성씨를 예로 들어보자. 1,000년 전에 어떤 먼 섬에 스미스, 브라운, 왓슨 세 성씨의 사람들만 살았다고 하자. 그들이 태어난 아기의 이름을 호적에 올릴 때 철자를 틀리게 쓰는 일이 간혹 있었다고 하자. 기록할 때 오류, 즉 "돌연변이"가 나타난 것이다. 그 오류들이 드물고 사소한 것이므로, 우리는 그 이름들이 어떤 이름에서 유래했는지 아직 알 수 있다. "브라우니"는 "브라운"의 돌연변이임이 분명하다. 이제 1,000년 뒤인 지금의 집단을 생각해보자. 그 섬의 주민들은 모두 브라운, 브라우니, 바우니, 프라운, 브론이라고 불리고 있다. 브라운 가계는 번성하고 돌연변이를 통해서 다양해진 반면, 스미스와 왓슨 가계는 소멸했다. 무슨 일이 일어난 것일까? 그저 우연히 스미스와 왓슨의 가계가 사라졌을 수도 있다. 가령 한 세대의 스미스 부부들이 거의 딸만 낳았을 수도 있다. 오늘날도 별 다를 바 없지만 관습에 따라서 성씨는 부계로 이어진다고 가정하자. 따라서 한 세대에 딸들이 많아지면 다음 세대에 스미스 성을 가진 사람들은 줄어드는 결과가 빚어질 것이다. 이제 그 다음 세대의 스미스 부부들도 딸을 많이 낳았다고 하고, 그런 인구학적 효과가 되풀이되었다면, 어떤 일이 벌어질지 감을 잡을 수 있을 것이다. 결국 스미스라는 성은 사라지고 만다. 왓슨이라는 성도 그랬다.

사실 통계적으로 볼 때 이런 무작위적 소멸은 일어나기 마련이다. 대개 그런 소멸은 아주 느리게 진행되므로 아주 긴 기간이 흐른 뒤에야 그 결과를 알 수 있다. 하지만 때로는 병목현상이 일어나서, 즉 집단의 크기가 크게 줄어드는 시기가 나타나서 이 과정이 크게 촉진될 것이다. 처음에 섬에 세 쌍, 즉 여섯 명만 있었다면, 스미스와 왓슨은 한 세대 만에 사라질 가능성도 있다. 스미스 부부와 왓슨 부부가 딸만 낳거나 자식을 낳지 못할 가능성도 꽤 있다. 대규모 집단에서는 그렇게 갑작스럽게 대가 끊기는 일은 사실상 일어날 수 없다. 한 집단에 많은 스미스 부부들이 있다고 할 때 그들 모두가 갑자기 딸만 낳거나 아이를 낳지 못하는 일은 통계적으로 일어날 수가 없다. 오직 수많은 세대를 거쳐야 감소 추세가 서서히 드러나면서 그런 상실이 일어날 것이다. 이런 가상의 성씨 소멸과정이 실제로 남태평양에서 일어난 적이 있다. 당시 바운티 호에서 폭동을 일으킨 선원 여섯 명이 타히티인 신부 열세 명과 함께 피트카이른 섬에 정착했다. 일곱 세대가 지나자 성씨의 수는 셋으로 줄어들었다.

우리가 설정한 가상의 집단에서 현재의 성씨인 브라운, 브라우니, 바우니, 프라운, 브론을 보면, 우리는 그들이 모두 맨 처음의 세 성씨 중 하나인 브라운에서 유래했다고 추론할 수 있다. 따라서 인간의 mtDNA와 Y염색체를 통해서 밝혀진 연대가 어떤 의미를 지니고 있는지 분명해진다. 즉 15만 년 전에는 많은 mtDNA 서열과 많은 Y염색체 서열이 있었지만, 현재의 서열들은 모두 어떤 한 서열의 후손들이라는 것이다. 다른 서열들은 모두 사라졌다. 아마 고대에 어떤 병목현상이 일어나면서, 즉 전염병이나 기후 변화 같은 사건이 일어나 인구가 급감하면서 그런 일이 벌어졌을 수 있다. 하지만 우리 초기 역사에서 어떤 대격변이 일어났든 간에 한 가지는 분명하다. 그 일이 일어날 무렵이나 그 직후에 우리 조상 집단이 아프리카를 떠나 행성을 식민지화하는 대장정에 나섰다는 것이다.

미토콘드리아 DNA와 Y염색체 자료를 통해서 확인된 또 한 가지 흥미로운 점은 남아프리카 산족*이 인류 가계도에서 차지하는 위치이다. 그들은 가계도에서 가장 긴 가지, 즉 가장 오래된 가지에 있다. 그들이 다른 인간들보다 더 "원시적"이라는 의미는 결코 아니다. 모든 인간은 진화적으로나 분자 수준으로나 우리와 가장 가까운 친척인 대형 유인원들과 똑같은 거리에 있다. 우리가 침팬지와 인류의 공통 조상이 나타나는 시점까지 혈통을 추적하면, 내 혈통은 약 500만 년에서 700만 년 동안 이어지며, 산족의 혈통도 그렇다. 사실 우리 두 혈통은 그 긴 세월 중 대부분의 기간 동안 같았다. 산족의 혈통과 다른 인간들의 혈통이 갈라진 것은 겨우 15만 년 전이다.

유전적 증거로 판단할 때, 남아프리카와 동아프리카로 초기 이주가 일어난 뒤로 산족은 인류 역사 내내 다른 인간들과 어느 정도 격리되어 있었던 듯하다. 이런 양상은 사회언어학을 통해서도 드러난다. 산족은 독특한 (적어도 내가 듣기에는) "혀를 차는" 언어를 가지고 있다. 그런 언어의 분포를 보면 극히 제한되어 있다는 것이 드러난다. 그것은 약 1,500년 전부터 아프리카 중서부에서 반투어를 하는 사람들이 영역을 확대한 결과이기도 하다. 반투어를 쓰는 부족의 팽창으로 산족은 칼라하리 사막 같은 극한적인 환경으로 밀려났다.

산족이 역사적으로 비교적 안정한 생활을 해왔다는 점을 생각할 때 그들의 모습 속에 모든 현생 인류의 조상들의 모습이 담겨 있지는 않을까? 그럴 가능성도 있지만 반드시 그렇다고는 볼 수 없다. 지난 15만 년 동안

---

* 산족은 부시먼이라고도 알려져 있다. 이 말은 17세기 말 제국주의를 지향한 네덜란드 식민지 정착민들이 경멸적으로 붙인 이름이다

산족의 혈통에도 상당한 변화가 일어 났을 것이기 때문이다. 산족으로부터 우리 초기 조상들의 생활양식을 추론하는 것도 논란의 여지가 있다. 산족의 현재 생활양식은 비교적 최근에 반투어를 쓰는 부족에게 밀려난 뒤로 벗어날 수 없었던 가혹한 사막환경에 적응한 것이다. 2000년에 나는 며칠 동안 칼라하리 사막의 산족 공동체에서 살아보는 짜릿한 흥분을 맛보았다. 나는 그들의 놀라운 실용주의에 감탄했다. 그들은 자기 앞에 놓인 모든 일을 철저히 효율적으로 처리했다. 구멍난 타이어를 때우는 일 같은

산족 사냥꾼들

그들의 일상생활에서 벗어난 일을 할 때도 그랬다. 나는 내 동료들이 그만큼 융통성이 있었으면 하고 바랐다. 그리고 유전적인 의미에서 이들이 지구에 있는 다른 사람들과 다르듯이 나와도 유전적으로 "다르다"면, 나는 우리가 너무나 마음이 맞는다는 것 자체만으로도 감동을 받을 수밖에 없다.

산족 고유의 유전적 및 문화적 특성은 머지않아 사라질 것이다. 칼라하리의 젊은이들은 떠돌아다니는 자기 부모들의 단순한 수렵채집인 생활양식을 고집하고 싶어하지 않는다. 한 예로 내가 방문한 집단에서 황홀경에 빠져 춤을 추는 전통적인 "춤판"이 벌어지자, 젊은이들은 노인들의 이상야릇한 행동을 보고 눈에 띄게 당혹스러워하는 태도를 보였다. 그들은 자기 공동체를 떠나서 다른 집단의 누군가와 혼인을 할 것이다.

사실 역사를 보면 산족과 다른 집단이 뒤섞이는 추세가 이미 나타나 있다. 한 가지 예로 넬슨 만델라가 속한 코사족은 반투족과 산족의 생물학

적 혼합을 보여준다. 코사어는 반투어에 기반을 두고 있기는 하지만, 그 속에는 산족의 혀를 차는 소리들이 많이 들어 있기 때문이다. 기술 발달이 가속화되는 이 시대에 산족의 유전적 및 문화적 정체성이 훨씬 더 오랜 기간 살아남을 것 같지는 않다.

2010년 남아프리카 유전학자 바네사 헤이즈와 스테판 슈스터 연구진은 아프리카인 사이에서 심한 유전적 변이를 보인다고 알려진 두 유전체의 서열을 분석했다. 하나는 데스먼드 투투 대주교의 것이었다. 그는 아파르트헤이트가 철폐된 뒤, 다수를 차지하는 반투족을 대변하여 헤이즈의 초청에 기꺼이 응했다. 다른 하나는 구비의 것이었다. 그는 아프리카에서 가장 오래된 토착 부족 집단 중 하나인 나미비아와 보츠와나의 칼라하리 부시먼, 즉 코이산족을 대변했다. 슈스터와 헤이즈는 코이산족이 전형적인 유럽인이나 아시아인보다—심지어 이웃 부족들보다도—개인별 유전적 변이가 더 심하다는 것을 보여주었다.

슬프게도 가장 정교한 유전적 방법들도 인류 문화의 기원을 밝히는 일에는 아직 미흡한 실정이다. 고고학 증거들은 우리 조상들이 진화 초기에는 네안데르탈인을 비롯한 다른 원시 인류들과 거의 똑같은 생활을 했음을 보여준다. 사실 이스라엘의 스쿨에 있는 동굴 유적은 약 10만 년 전에 호모사피엔스와 호모 네안데르탈렌시스가 서로를 위험에 빠뜨리지 않고 공존했다는 증거를 제공한다. 하지만 앞에서 살펴보았듯이 현생 인류는 약 3만 년 전에 눈썹 부위가 튀어나온 사촌들을 멸종시켰다. 따라서 그 중간의 7만 년 동안 현생 인류는 기술적 또는 문화적 발전을 통해서 어떤 식으로든 우위에 서게 되었을 가능성이 높다.

이 가설을 뒷받침하는 별개의 고고학 증거도 있다. 현생 인류는 약 5만년 전에 갑자기 문화적으로 현대화한 듯하다. 이 시기의 유적에서 장신구임이 분명한 유물이 처음으로 발견되고, 뼈와 상아와 조개껍데기로 만든

아프리카인 중 최초로 유
전체 서열이 분석된 나미비
아 수렵채집인인 구비(오른
쪽)와 사회 활동가 데스먼
드 투투 대주교(아래). 구비
는 가장 오래되었으면서 가
장 다양성이 높은 인류 집
단 중의 하나인 코이산족이
다. 아프리카의 소수 집단
중에서 유전체 서열이 분석
된 최초의 사례이다.

친숙한 도구들이 처음으로 일상적으로 사용되었으며, 수렵과 채집 기술에
처음으로 여러 가지 개선이 이루어졌기 때문이다. 무슨 일이 있었던 것일
까? 아마 우리는 결코 알아내지 못할 것이다. 하지만 이 모든 것을 가능하
게 한—그리고 그뒤의 모든 성취를 가능하게 한—것이 언어의 발명이라고
추측하고 싶은 유혹을 느낀다.

선사시대는 문자 기록 이전의 시대라고 정의된다. 하지만 우리는 모든 개인

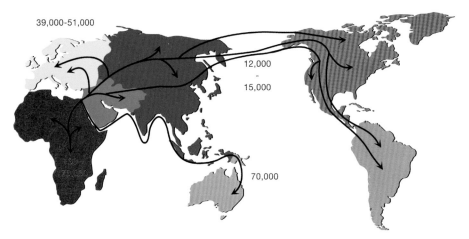

아프리카 기원설: 우리 종은 아프리카에서 탄생하여 다른 곳으로 퍼져나갔다. mtDNA 자료를 이용하면 각 지역에 정착한 시기를 추정할 수 있다.

의 DNA 서열에 우리 조상들이 여행을 한 기록들이 쓰여 있다는 것을 안다. 분자인류학이라는 새로운 과학은 각 집단 사이의 유전적 변이 양상을 활용해서 이런 인류 이동의 역사를 재구성한다. 그럼으로써 우리는 인류의 "선사시대"에 접근할 수 있게 되었다.

대륙들 사이의 유전적 변이 분포 연구를 고고학 자료와 결합시키자, 우리 조상들의 구체적인 이주과정이 어느 정도 드러났다. 아시아의 가장자리를 따라서 이루어진 여행과 지금의 인도네시아 제도를 따라서 뉴기니와 오스트레일리아까지 이어진 여행은 약 6만 년에서 7만 년 전에 이루어졌다. 오스트레일리아까지 가려면 넓은 바다를 몇 차례 가로질러야 하므로, 우리 조상들이 이미 그 초기 단계에 배를 사용했다고 생각할 수 있다. 현생인류는 약 4만 년 전에 유럽에 도착했으며, 그뒤 1만 년 뒤에 아시아 북부를 가로질러 일본까지 다다랐다.

이 분야의 많은 선각자들과 마찬가지로 애리조나 대학교의 마이클 해머도 앨런 윌슨의 버클리 연구실 출신이다. 해머는 처음에 생쥐에 관심을 가지고 있었는데, 캔과 윌슨의 mtDNA 연구가 발표되자 설치류를 버리고 인

380

류의 과거로 연구 방향을 바꾸었다. 그도 Y염색체에 담긴 정보가 캔과 윌슨의 전체 가설을 검증하는 데에 중요한 역할을 할 것임을 맨 처음 깨달은 사람들 중의 하나였다. 마침내 그와 동료들은 Y염색체를 인류학의 금광으로 바꾸어놓았다. 그 성과는 언더힐의 이정표가 될 만한 논문에 집약되어 있다.

Y염색체 광산에 있는 큰 광맥은 상대적으로 늦게 일어난 신대륙으로의 인류 이주 과정을 재구성하려는 노력에 활용되어왔다. 남북 아메리카 대륙에 언제 인류가 정착했는지는 지금도 논쟁 중이다. 기존 입장을 옹호하는 측은 1만1,200년 전의 것인 뉴멕시코의 클로비스 유적이 가장 오래 된 것이라고 주장한다. 하지만 칠레의 몬테 베르데 유적을 지지하는 측은 이 유적이 적어도 1만2,500년 전의 것이라고 주장한다. 최초의 아메리카 원주민들이 마지막 빙하기 때 베링 해협에 생긴 육교(陸橋)를 가로질렀는지 아니면 배를 타고 더 남쪽의 바닷길을 가로질렀는지도 논쟁거리이다. 아무튼 유전 자료는 그 개척자 집단이 소규모였다는 것을 명확히 보여준다. Y염색체 서열은 두 부류의 큰 집단으로 나누어진다. 즉 별개의 두 집단이 도착했으며, 각 집단은 아마 한 가족이었던 듯하다. 아메리카 원주민 사이의 mtDNA 변이는 Y염색체 변이보다 훨씬 더 폭이 넓으며, 그것은 각 개척자 집단에 남성들보다 여성들이 더 많았다는 것을 암시한다. 두 집단 중 한 쪽이 Y염색체 서열 사이의 공통점이 더 많은데, 그 쪽이 먼저 도착했다는 의미일 수도 있다. 먼저 도착한 집단은 두 번째 집단이 도착하기 전에 이미 정착한 상태였을 것이다. 두 번째 집단에는 현재의 나바호족과 아파치족의 조상들이 포함된다. 공통 서열이 더 많은 쪽은 또다른 특징도 보여준다. 2002년에 그 서열에 있는 돌연변이가 하나가 발견되었는데, 그것은 지구의 다른 곳에서는 거의 발견되지 않는다. 그 돌연변이 소유자들이 더 먼저 개척자로 왔다는 다른 증거들을 고려할 때, 이 돌연변이는 가장 오래 되었다고 알려진 고고학 유물들과 비슷한 연대인 1만5,000년경에 나타났을 것

으로 추정된다.

유전적 분석은 선사시대의 더 최근 단계도 재구성할 수 있다. 해머는 현대 일본인들이 현재 일본의 원주민인 아이누족으로 대표되는 고대 수렵채집인인 조몬족과 상대적으로 최근에 이주한 야요이족의 혼성체임을 보였다. 야요이족은 약 2,500년 전에 한반도에서 건너왔으며, 방직, 야금술, 벼농사를 도입했다. 유럽에서도 이주의 증거들을 볼 수 있다. 그런 증거들은 농업기술의 전파와 맥을 같이 한다. 현재 프랑스와 스페인의 경계를 이루는 피레네 산맥에 살고 있는 바스크족과 그뒤에 도착하여 프랑스의 브르타뉴 지방에서부터 아일랜드와 영국 서부에 이르기까지 유럽 북서부 지역 전역에 살고 있는 켈트족 같은 집단들은 유전적으로 다른 유럽 집단들과 구분된다. 다른 지역에서는 더 나중에 도착한 집단들이 이 집단들을 대체한 것일 수도 있다.

옥스퍼드 대학교의 브라이언 사익스는 현대 유럽의 복잡한 유전자 지도를 밝혀내는 일에 많은 기여를 해왔다. 기존의 견해는 현대 유럽인들이 지중해와 페르시아 만 사이의 이른바 비옥한 초승달 지대에서 농경을 발명하고 전파한 중동 집단에서 유래했다고 본다. 그러나 사익스는 유럽인의 선조가 비옥한 초승달 지대가 아니라 중동인들이 침입하기 이전의 더 오래된 토착 계통들과 유라시아 중부로부터 이주한 집단들까지 이어진다는 것을 발견했다. 켈트족과 기원전 500년과 기원후 400년경에 동쪽에서 와서 유럽을 휩쓸었던 훈족이 그런 집단에 속한다. 그리고 사익스는 mtDNA 분석에서 한 단계 더 나아가 유럽인들이 거의 모두 "이브의 일곱 딸들"의 자손이라고 주장했다. 이 말은 유럽인의 mtDNA 가계도에 있는 주요 마디들을 뜻한다. 그가 세운 회사인 옥스퍼드 앤세스터스는 사람들의 mtDNA 서열 일부를 이용하여 그들이 "딸" 일곱 중 누구의 자손인지 알려주는 일을 하고 있다.

인류의 과거를 이해하는 또 하나의 열쇠는 카발리-스포르차를 비롯한 사람들이 규명한 관찰결과와 관련이 있을지 모른다. 그들은 유전 진화 양상이 종종 언어 진화 양상과 관련되어 있다는 것을 발견했다. 물론 유전자와 단어 사이에는 명백한 공통점들이 있다. 둘 다 한 세대에서 다음 세대로 전달된다. 둘 다 변화를 겪는다. 그리고 10대 자녀를 둔 부모라면 다알고 있듯이 언어의 변화는 매우 빠르게 일어날 수 있다. 미국 영어와 영국영어는 분리되어 진화한 지 몇 백년밖에 안 되었지만 비슷하면서도 때로는뜻이 안 통할 정도까지 뚜렷한 차이를 보이기도 한다. 따라서 유사점과 차이점을 근거로 삼아, 유전적 가계도를 그리는 것과 똑같은 방법으로 언어의 가계도를 재구성할 수 있다. 하지만 그보다 더 중요한 것은 다윈이 맨처음 예견했듯이* 한 쪽 가계도가 다른 쪽 가계도를 더 깊이 이해할 수 있게 해주는 식으로 두 가계도 사이에 유익한 일치점을 찾아낼 수 있는 사례가 많으리라는 것이다. 켈트족과 바스크족은 극적인 사례가 된다. 두 민족은 다른 유럽 민족들과 유전적으로 격리되어 있으며, 마찬가지로 그들의 언어도 다른 유럽어와 구분된다. 신대륙에서는 아메리카 토착 언어 집단은 크게 셋으로 나누어지며, 그중 둘은 아메리카 원주민의 Y염색체 자료로 밝혀진 초기의 두 이주집단과 관계가 있으며, 다른 하나는 훨씬 더수가 적고 고립되어 있는 집단인 이누이트족과 관련이 있다는 도발적인 언어 이론이 제기되어 있다.

여성의 mtDNA와 남성의 Y염색체처럼 성별로 유전 자료를 이용할 수 있으므로 남성과 여성의 역사를 비교하는 것도 가능하다. 카발리-스포르차의 대학원생인 마크 자일스테드는 성별 사이의 이주양상을 비교했다. 논리는 단순하다. 남아프리카 케이프타운에 있는 남성의 Y염색체에 돌연변이가 생겼다고 상상하자. 그 염색체가 카이로까지 도착하는 속도는 남성의

---

* 다윈은 『종의 기원』에 이렇게 썼다. "인류의 완벽한 가계도가 있다면, 각 종의 혈통 배열을 통해서 현재 전 세계에서 쓰이는 다양한 언어들을 제대로 분류할 수 있을 것이다."[5]

이주속도를 나타내는 지표가 된다. 마찬가지로 케이프타운에 있는 여성의 mtDNA에 나타난 돌연변이가 카이로까지 도착하는 속도는 여성의 이주속도를 나타낸다고 할 수 있다.

좋든 나쁘든 간에 역사는 여성보다는 남성의 이주 연대기와 훨씬 더 관련이 있다. 대개 남성들은 약탈이나 정복을 추구했다. 알렉산드로스 대왕이 마케도니아에서 인도 북부까지 원정을 간 것을 생각해보라. 바이킹이 스칸디나비아에서부터 아이슬란드와 아메리카까지 바다를 제 집처럼 휘젓고 다닌 것을 생각해보라. 칭기즈 칸이 말을 타고 중앙 아시아 스텝 지역을 가로지른 것을 생각해보라. 하지만 굳이 전쟁을 여행의 이유로 들먹거리지 않아도, 우리는 인간사회에서 남성들이 여성들보다 더 많이 돌아다닌다고 생각할 수 있다. 전통적으로 남성들은 때로는 집에서 멀리까지 나가야 했던 활동인 사냥을 맡았던 반면, 전통적인 수렵채집 사회에 속한 여성들은 주변에서 식량을 채집하고 아이들을 기르는 등 집 근처에 머물렀다. 따라서 선험적으로 자일스테드는 남성들이 우리 종의 유전적 원동력이었을 것이라고 추론했다. 하지만 자료는 그의 생각이 완전히 틀렸다는 것을 보여주었다. 평균적으로 여성이 남성보다 여덟 배나 더 이동성이 높게 나온 것이다.

사실 직관에 반할지는 몰라도, 그 양상은 쉽게 설명할 수 있다. 모든 전통사회에는 인류학자들이 부거(父居)라고 하는 제도가 거의 보편적으로 존재한다. 즉 각기 다른 마을 출신의 남녀가 혼인을 하면, 아내가 남편의 마을로 가서 시집살이를 한다. A 마을에 있는 여성이 B 마을에 있는 남성과 혼인을 해서 B 마을로 가서 시집살이를 한다고 상상하자. 그들은 딸 하나 아들 하나를 낳는다. 딸은 C 마을의 남성과 혼인해서 그곳으로 간다. 아들은 D 마을의 여성과 혼인하고, 그 여성은 B 마을로 시집살이를 온다. 따라서 남성의 혈통은 B 마을에 머물러 있는 반면, 여성의 혈통은 두 세대 만에 A 마을에서 B 마을을 거쳐서 C 마을로 이동한다. 이런 과정은 각 세대마다 되풀이되며, 그 결과 여성은 넓은 지역에 걸쳐서 이주하지만 남성은 그렇지 않다. 남성들이 이따금 먼 지역까지 달려가 정복하는 것도 사실이지만, 인류 이주 양상이라는 큰 규모에서 보면 그런 사건들은 중요하지 않다. 적어도 유전자 수준에서 볼 때 인류 역사는 여성들이 점진적으로 이 마을에서 저 마을로 이주함으로써 형성된 것이다.

한 지역 내에서 Y염색체와 mtDNA의 변이를 상세히 연구한 결과들은 이주과정에서 촉진된 성적 관계와 혼인 관습 양상을 어느 정도 밝혀낼 수 있다. 가령 바이킹이 도착하기 전에는 아무도 살지 않았던 아이슬란드에서 mtDNA와 Y염색체를 비교한 결과 뚜렷한 비대칭성이 나타났다. 예상대로 Y염색체는 대부분 북유럽인의 것이었지만, mtDNA 중에는 아일랜드에서 유래한 것이 상당 부분을 차지했다. 이것은 북유럽인들이 아일랜드를 정복해서 그곳 여성들을 데리고 왔음을 의미한다. 불행히도 mtDNA 자료는 당시 아일랜드 여성들이 어떤 감정을 느꼈는지 말해줄 수 없다.

콜롬비아에서 이루어진 Y염색체와 mtDNA 변이 연구도 비슷한 결과를 보여준다. 대부분의 집단에서 콜롬비아인 Y염색체는 스페인인 Y염색체와 같으며, 이는 생물학적으로 그 Y염색체가 스페인 본토에서 온 Y염색체의 직계 후손이라는 의미이다. 사실 조사한 Y염색체의 약 94퍼센트가 유럽에서 유래한 것이었다. 하지만 흥미롭게도 미토콘드리아는 전혀 다른 양상을 보여준다. 즉 현대 콜롬비아인들은 다양한 유형의 아메리카 원주민 mtDNA를 가지고 있다. 의미는 명확하다. 남성들이었던 스페인 정복자들이 그곳 여성들을 아내로 삼았던 것이다. 아메리카 원주민의 Y염색체가 거의 없다는 것은 식민지에서 대량 학살이 이루어졌음을 말해준다. 즉 신대륙 정복자들은 원주민 남성들을 살해하고, 원주민 여성들을 성적으로 "취했던" 것이다.

그러나 영속적인 비대칭성이 폭력적인 문화적 충돌이 아니라 문화적 연속성에서 비롯될 때도 있다. 인도의 소수민족인 파르시족은 자신들이 7세기에 이란에서 종교 박해를 피해서 온 조로아스터 교도의 후손이라고 믿고 있다. 현대 파르시족의 유전 분석 결과는 그들이 "이란인" Y염색체를 지니고 있으면서 "인도인" mtDNA를 지니고 있다는 것을 보여준다. 여기에서는 이 비대칭성이 전통을 통해서 유지되고 있다. 진정한 조로아스터 교도 파르시인이 되려면, 조로아스터 교도인 파르시인 아버지를 가져야 한다. 따라서 파르시족 공동체의 사람들은 부계를 통해서 같은 Y염색체를 물려받는다. 여기에서 유전학은 전통이 지켜지고 있음을 확인해준다.

전통은 유대인들의 유전적 변이 양상도 알려준다. 최근의 한 연구는 사제 계급인 코하님에 속한 사람들(그리고 코언이라는 성을 지니고 있어서 그들의 후손임을 알 수 있는 사람들)이 다른 집단들과 구분되는 Y염색체를 가지고 있다는 것을 밝혀냈다. 유대인의 디아스포라(Diaspora) 때 남아프리카의 렘바 같은 아주 먼 곳까지 흩어진 가장 애매한 집단에서도 그 코언 Y염색체는 보존되어왔다. 거의 비밀종교 문서처럼 말이다. 성서에 비추어볼 때, 그 염색체의 기원은 코하님 계급의 창시자이자 모세의 형제인 아론으로 여겨진다. 코하님 Y염색체 서열이 정말로 그의 것이고, 그것이 그뒤로 모든 세대에 걸쳐서 아버지로부터 아들에게로 고스란히 전달되는 것이 불가능한 일은 아니다. 유대 역사 내내 보존되어온 엄격한 전통처럼 말이다.

아브라함은 자신의 복잡한 가족관계를 어떻게 처리할지 고심했다.

해머를 비롯한 연구자들은 Y염색체를 이용해서 디아스포라 전체를 추적하여 흥미로운 결과를 얻을 수 있었다. 한 예로 아슈케나지라고 불리는 유대인들은 지난 1,200년 동안 유럽(지금은 미국과 세계 곳곳)에 살았으면서도 중동에서 유래했다는 유전적 표지를 여전히 지니고 있다. 사실 분자 수준에서 이루어진 연구들은 유대인들이 적어도 유전적으로는 팔레스타인인들을 비롯한 다른 모든 중동 민족들과 거의 구별이 되지 않는다는 것을 보여주었다. 기록에도 그렇게 나와 있다. 대족장 아브라함은 두 명의 여성에게서 아들 하나씩을 낳았으며, 이삭은 유대인의 조상이 되고 이스마엘은 아랍인의 조상이 되었다고 한다. 이렇게 유전자가 전통적으로 전해지는 이야기가 옳다는 것을 입증하니, 한 아버지의 후손들이 서로 그렇게 지독히 적대시한다는 것이 더욱 씁쓸하게 여겨진다.

맨해튼 거리를 어슬렁거리며 걷다보면 우리가 지구에서 가장 유전적으로 다양한 종이라는 생각이 들 것이다. 하지만 사실 인간의 유전체는 유전정보가 알려진 대다수 종들보다 훨씬 다양성이 적다. 개인별로 비교하면 인간은 염기쌍 1,000개당 약 한 개가 다를 뿐이다. 따라서 유전적으로 볼 때 우리는 99.9퍼센트 서로 똑같다. 다른 종들의 기준으로 볼 때 극히 적은 차이이다. 우리가 볼 때는 모두 똑같아 보이는 초파리도 우리보다 변이가 열 배는 더 크다. 하나같이 똑같은 모습을 하고 있어서 닮음의 상징이 된 남극의 아델리 펭귄도 변이 수준이 우리의 두 배를 넘는다. 우리와 가까운 사촌들도 그에 못지않은 변이를 보인다. 침팬지는 우리보다 세 배 정도 변이가 크고, 고릴라는 두 배, 오랑우탄은 3.5배가 크다.

유연관계가 전혀 없는 개인들의 서열도 99.9퍼센트가 똑같다고 널리 알려져 있기는 하지만, 여기서 나는 개인별 유전적 변이가 실제로는 그보다 꽤 높다는 말을 하지 않을 수 없다. 아마 10배는 더 높을 것이다. 최근 몇 년 사이에 연구자들은 유전적 다양성에 복제수 변이(copy number variation, 단위 반복 변이) 또는 구조 변이(structural variation)라는 또다른 층위가 있음을 밝혀냈다. 그 층위는 유전체에서 염기 1,000개에서 수십만 개 길이의 조각들이 중복되거나 누락되어 있거나 하는 부위들을 가리킨다. 이런 변이체들이 자폐증을 비롯한 임상적 및 행동적 증상들에 관여한다는 증거들이 점점 늘어나고 있다.

Y염색체와 mtDNA의 가계 연구 결과를 따져보면, 우리 인류가 왜 그렇게 서로 닮았는지 명백히 드러난다. 우리 조상들이 정말로 15만 년 전에 수가 크게 줄어드는 중요한 병목지점을 지나왔다면, 진화적 기준으로 볼 때 돌연변이를 통해서 변이 수준이 회복되려면 시간이 더 흘러야 한다.

인류의 유전적 변이가 미미하기는 하지만, 그 변이에서 또 하나 직관에 반하는 것은 그것이 대체로 인종과 상관이 없다는 것이다. 인류가 놀라울 정도로 아주 최근에 아프리카에서 떠나 왔다는 것을 캔과 윌슨이 보여주기 전에는 각기 다른 집단들이 각 대륙에서 길게는 200만 년 동안 서로 격리되어 있었다고 가정했다. 그러면 폴링과 추커칸들의 모델에 따라서 상당한 유전적 차이가 축적되어왔을 것이고, 격리된 집단들이 유전적으로 갈라진 정도는 격리된 시간의 함수가 된다. 우리 모두의 공통 조상이 훨씬 더 최근에 살았다는 캔과 윌슨의 결론에 따르면, 지리적으로 격리된 집단들이 서로 크게 갈라질 시간이 충분하지 않았다는 것이 분명하다. 따라서 비록 피부색 같은 유전적 차이들이 집단 사이에 나타나기는 하지만, 인종에 따른 유전적 차이는 사실상 극히 한정되어 있기 쉽다. 실제로 우리의 얼마 되지 않는 변이들은 대부분 집단 사이에 균등하게 퍼져 있다. 즉 아프리카 집단에서 찾은 유전적 변이가 유럽 집단에도 있을 가능성이 높다. 그것은 우리 종에 있는 유전적 변이들 중 상당수가 아프리카를 떠나는 사건이 벌어지기 전에 아프리카에서 생겼다는 뜻이며, 따라서 인류 집단들이 다른 세계들로 이주할 때 이미 존재했다고 짐작할 수 있다.

우리가 자신의 유전적 변이에 대해서 지니고 있을지 모를 자존심에 마지막 일격을 가한 것이 있다. 우리 DNA의 고작 2퍼센트만이 유전자 암호를 가지고 있다는 인간 유전체 계획의 결론은 적어도 우리 변이의 98퍼센트가 유전체에서 아무런 영향도 미치지 못하는 영역에 들어 있다는 것을 암시한다. 그리고 자연선택은 유전체 중에서 기능적으로 중요한 영역(유전자 같은)에 영향을 미치는 돌연변이들을 제거하는 데에 아주 뛰어나기 때문에, 변이는 암호를 지니지 않은(정크) 영역에 주로 축적된다. 우리가 지닌 차이는 작으며, 그 차이가 만드는 차이는 더욱더 작다.

진화한 시간이 짧기 때문에 우리 집단 사이에서 일관적으로 나타나는 차이들은 대부분 자연선택의 산물일 것이다. 피부색이 그렇다.

털이 빽빽하게 뒤덮여 있는, 우리와 가장 가까운 친척인 침팬지의 피부에는 대개 색소가 없다(즉 하얀 색이라고 말할 수도 있다). 500만 년 전에 인간이 갈라져나온 침팬지와 인류의 공통 조상도 아마 비슷했을 것이다. 따라서 우리는 아프리카인(그리고 아프리카에서 태어난 가장 초기의 현생 인류)의 특징인 짙은 색깔의 피부가 그뒤의 인류 진화 과정에서 생긴 것이라고 추론할 수 있다. 몸의 털을 잃게 되자 피부에 손상을 입히는 태양 자외선으로부터 피부세포를 보호할 색소가 필요해졌다. 현재 우리는 자외선이 어떻게 피부암을 일으킬 수 있는지 분자 수준에서 이해하고 있다. 자외선은 이중나선에서 서로 나란히 놓여 있는 티민 염기끼리 반응을 일으켜서 DNA 분자를 헝클어놓는다. DNA 복제가 일어날 때 이 엉킨 부위에 엉뚱한 염기가 들어가곤 한다. 즉 돌연변이가 생기는 것이다. 그 돌연변이가 어쩌다가 세포 성장 양상을 조절하는 유전자에 나타난다면, 암이 생길 수 있다. 피부세포가 만드는 색소인 멜라닌은 자외선 손상을 막아준다. 나처럼 어찌할 수 없을 정도로 새하얀 피부를 가진 사람은 햇볕에 그을리면 치명적이지는 않더라도 피부암보다 훨씬 더 직접적인 건강상의 문제가 생길 수 있다는 것을 너무나 잘 알고 있다. 따라서 자연선택이 암뿐만 아니라 햇볕에 몹시 탔을 때 쉽게 나타날 수 있는 감염도 막기 위해서 짙은 피부를 선호했다고 상상할 수 있다.

고위도에 사는 사람들은 왜 멜라닌을 잃었을까? 가장 나은 설명은 비타민 D_3 합성 때문이라는 것이다. 이 합성과정은 피부에서 이루어지며 자외선을 필요로 한다. D_3는 강한 뼈를 만드는 데에 중요한 성분인 칼슘을 섭취하는 데에 필수적인 물질이다. D_3가 부족하면 구루병과 골다공증에 걸릴 수 있다. 우리 조상들이 아프리카에서 나와 계절 변화가 심한 환경, 즉 자외선 조사량이 늘 부족한 지역으로 이주했을 때 자연선택이 희멀건 피부를 선호했을 가능성이 있다. 그런 피부는 태양을 차단하는 색소가 적기 때문에 소량의 자외선으로도 D_3를 효율적으로 합성할 수 있기 때문이다. 아프리카 내에서 이주한 조상들에게도 같은 논리를 적용할 수 있다. 예를 들면 지중해와 자외선의 세기가 비슷한 남아프리카에 사는 산족은 놀라울 정도로 옅은 색깔의 피부를 지니고 있다. 그렇다면 햇볕을 거의 받지 못하는 극지방이나 그 언저리에 살고 있는 이누이트족이 놀라울 정도로 짙은 피부를 가진 이유는 무엇일까? 그들은 날씨 때문에 항상 두툼하게 옷을 입고 있어야 하므로, 비타민을 합성할 여지가 더욱 줄어드는 듯하다. 사실 그들에게는 옅음을 선호하는 선택 압력이 가해지지 않은 듯하며, 그 이유는 그들이 나름대로 D_3 문제를 해결했다는 점에 있는 듯하다. 그들은 필수 영양소가 풍부한 물고기를 다량 섭취함으로써 그 문제를 해결했다.

피부색이 인류 역사와 개인적인 경험 속에서 주로 좋지 않은 쪽으로 강력한 결정인자가 되어왔다는 점을 생각할 때, 우리가 피부색의 유전적 토대를 거의 알지 못한다는 것은 놀라운 일이다. 그러나 이런 지식 부족은 우리 과학 자체의 한계보다는 과학에 침투한 정치와 더 관계가 있다. 정치적 공정성의 압제하에 있는 학계에서는 그런 형질의 분자 토대를 연구하는 것조차 금기로 여겨왔기 때문이다. 현재 우리는 생쥐의 털 색깔에 영향을 미치는 유전자들을 많이 알고 있고, 그에 상응하는 유전자들은 사람에게도 있다. 인간의 피부색에 영향을 미친다고 알려진 유전자들 중 하나는 돌연변이가 생겼을 때 색소 결핍증을 일으키는 유전자이며, 다른 하나는 붉은 머리 및 창백한(때로는 주근깨도 있는) 안색과 관련이 있는 이른바 "멜라노코르틴 수용체 유전자"이다. 멜라노코르틴 수용체 유전자는 유럽인들에게서는 변이가 심한 반면에 아프리카인들에게서는 변이가 거의 없다. 이것은 아프리카에서는 그 유전자에 돌연변이가 생기지 않도록 억제하는, 즉 붉은 머리에 창백한 피부를 가진 사람이 나타나지 않도록 억제하는 자연선택이 강하게 이루어져왔음을 암시한다. 색소 결핍증을 지닌 사람은 아프리카인들에게서 이따금 나타나는데(아마 새로운 돌연변이를 통해서일 것이다), 그들은 햇볕에 매우 민감하기 때문에 심각한 불이익을 안고 있다.

자연선택을 통해서 결정될 가능성이 높은 또 하나의 형질은 체형이다. 체열을 발산시키는 것이 우선인 더운 지역에서는 두 가지 기본 체형이 진화했다. 동아프리카의 마사이족으로 대표되는 이른바 "나일형"은 키 크고 깡마른 체형으로서 표면적 대비 부피 비율을 최대화함으로써 열 발산을 촉진한다. 한편 피그미형은 말랐으면서도 키가 아주 작은 체형이다. 여기에서는 몸을 계속 움직여야 하는 수렵채집인 생활양식 때문에 움직일 때 소모되는 에너지를 최소화하기 위해서 작은 체형이 선택된 것이다. 식량을 찾으러 돌아다니는 데에 큰 몸집을 끌고 다녀야 할 이유가 없기 때문이다. 반면에 고위도 지방에서는 표면적 대비 부피 비율을 줄임으로써 열 보존을 도모하는 체형이 선택되어왔다. 따라서 북유럽의 네안데르탈인은 체격이 컸고, 지금도 그쪽 아한대 지역에 사는 사람들은 체격이 크다. 집단 사이에 나타나는 운동능력 차이 중에는 이런 체형 차이가 원인인 것도 있을 것이다. 가령 키가 큰 나일형 체형이 키 작고 튼튼한 체형보다 높이뛰기를 더 잘한다는 것은 놀랄 일이 아니다.

인류 집단 사이에 어떤 분포를 보이는지 헤아리기 힘든 형질이 있다면, 젖당 소화장애가 바로 그것이다. 인간의 젖뿐 아니라 포유동물의 젖에는 젖당이라는 당이 풍부하며, 막 태어난 포유동물 새끼는 대개 장에서 젖당

기후에 따른 체형의 진화 : 더운 기후에 적응한 케냐의 마사이족과 추운 기후에 적응한 그린 란드의 이누이트족

을 분해하는 특수한 효소인 락타아제를 만든다. 그러나 인간(적어도 아프 리카인, 아메리카 원주민, 아시아인의 대다수)을 비롯한 대다수 포유동물 들은 젖을 떼고 나면 락타아제 생산을 중단한다. 따라서 어른은 젖당을 소화시킬 수 없다. "젖당 소화장애"는 우유 한 잔을 마시면 설사, 가스 생 성, 복부 팽만 같은 불쾌한 결과가 빚어질 수 있다는 것을 뜻한다. 반면에 캅카스인 대부분과 몇몇 집단은 몸에서 계속 락타아제가 만들어지므로 평 생 동안 유제품을 먹을 수 있다. 젖당 소화장애가 역사적으로 유제품에 가 장 의존해온 집단들에서 진화했다는 설명이 제기되어왔지만, 그 형질의 분 포양상을 보면 미진한 부분이 있다. 한 예로 치즈를 즐겨 먹는 중앙 아시 아에는 젖당 소화장애를 가진 유목민 집단들이 있다. 나는 대체로 젖당에 내성이 있는 민족 집단에 속해 있기는 하지만, 내성이 없다. 자연선택이 특 정한 집단이 내성을 가지는 쪽을 선호했다면, 왜 일을 끝까지 마무리 짓지 않았을까? 젖당 내성의 진화가 아직 진행 중이라는 것이 타당한 설명일 가

능성이 높다. 소의 가축화는 약 1만 년에 걸쳐 반복하여 이루어졌고, 몇몇 유목집단들—전통적으로 가축을 기르는 아프리카 부족들과 유럽인들—에서 보통은 만 3세 이후에 젖당 분해 효소의 생산을 중단시키는 유전체계 자체의 작동이 꺼지면서 젖당 내성을 획득하는 진화 과정이 독자적으로 일어났다는 증거가 있다. 유럽인 집단과 아프리카인 집단에서 서로 다른 돌연변이가 생겼지만, 효과는 동일했다. 그들은 평생 젖당 분해 효소를 생산한다. 1만 년 전에 살았던 유럽인의 DNA를 분석하면 젖당 내성을 지니지 않은 것으로 드러나며, 그것은 젖당 내성을 선호하는 자연선택의 압력이 가해진 것이 (진화적으로 볼 때) 아주 최근임을 시사한다. 가축화의 역사를 생각할 때 충분히 예상할 수 있는 바이기도 하다.

위에서 논의한 사례들—피부색, 체형, 젖당 내성—은 집단마다 다르다는 것이 잘 알려진 형질들이다. 하지만 하버드 의사이자 과학자인 파디스 사베티는 인류의 진화 과정에서 어떤 이점을 제공함으로써 선택되어온 유전자 영역들을 찾아내는 더 객관적인 방법을 개발했다(찰스 다윈과 앨프리드 월리스도 인정할 것이 분명하다). 사베티는 로즈 장학생이고 록밴드의 리드 싱어이자 바이러스 사냥꾼이기도 하지만, 이 이란계 미국인이 가장 관심을 가진 분야는 계량유전체학이다. 그녀는 에릭 랜더가 개발한 전략을 써서, 인간 유전체에서 최근에 "선택적 말소(selective sweep)"가 일어났음을 보여주는 증거를 찾아냈다. 한 염색체에 어떤 새로운 유익한 돌연변이가 일어난다고 하자. 시간이 흐르면서 자연선택을 받은 이 돌연변이는 빈도가 증가할 것이다(평균적으로 이 돌연변이를 가진 사람은 그렇지 않은 사람보다 자식을 더 많이 낳을 것이기 때문이다). 그러나 빈도가 증가하는 것은 그 유익한 돌연변이만이 아니다. 같은 염색체에서 우연히 그 돌연변이가 가까이에 놓인 다른 유전적 변이체들도 "무임승차(hitchhike, 집단유전학자들이 즐겨 쓰는 학술 용어이다)"를 할 것이다. 무임승차 영역의 크기는 그 영역의 재조합 비율과 선택 과정의 속도/세기에 따라서 달라진다. 이윽고 유익한 돌연변이는 빈도가 100퍼센트에 이르게 될 것이고, 옆에 있다가 무임승차한 변이체들도 덩달아서 그렇게 될 것이다. 그럼으로써 인류 종 전체에 걸쳐 변이가 전혀 없는, 즉 모든 사람들에게서 서열이 똑같은 큼지막한 DNA 덩어리가 나온다. 사베티는 유전체 전체를 훑어서 이 긍정적인 선택의 흔적들을 다수 찾아냈다. 그것들은 우리 DNA 서열에 작용하는 선택의 유전적 및 고고학적 지문이었다. EDAR이라는 유전자가 한 예이다. 현재 동아시아인의 대부분은 이 유전자의 특정한 변이체를 가지고 있다. 이 변이체는 약 3만5,000년 전 중국 중부에서 출현한 듯하다. 생쥐에게 이 아시아인 EDAR 변이체를 집어넣었더니 털이 더 빽빽해지고 땀샘의 수가 늘어났다. 따라서 이 변이체는 체온 조절이나 성선택, 혹은 양쪽의 선택적 이점 때문에 퍼졌을 수도 있다.

사베티는 현재 서아프리카의 라사 열(Lassa fever)에 대한 자연적인 내성을 연구하고 있다. 이 병의 원인인 바이러스는 에볼라 바이러스와 비슷한 출혈열을 일으키고 마찬가지로 치명적이지만, 이 바이러스에 노출되는 나이지리아와 시에라리온의 주민들 중에는 이것에 내성을 보이는 사람들이 놀라울 만큼 많다. 사베티는 유전자 탐정 활동을 통해서 이 내성의 근원을 파악하고자 하며, 그 연구 결과는 앞으로 유행병에 맞서는 데에 중요한 기여를 할 수 있을 것이다.

인종 사이의 차이가 거의 없다는 사실보다 더 흥미로운 것은 우리 모두가 지닌 공통점들, 즉 우리를 가장 가까운 친척 종들과 구별짓는 특징들이다. 앞에서 살펴보았듯이 우리는 500만 년에서 700만 년 전에 침팬지와 갈라졌기 때문에 진화할 시간이 충분하지 못해서 유전적으로 침팬지와 겨우 1퍼센트만 다를 뿐이다. 하지만 그 1퍼센트 속에는 우리를 놀라운 생각을 하고 말을 하는 생물로 만들어준 중요한 돌연변이들이 들어 있다. 다른 종들이 제한된 형태로든 간에 의식을 지니고 있는지 여부가 논란이 될 수도 있지만, 그들이 레오나르도 다 빈치나 프랜시스 크릭 같은 거장을 낳지 못한다는 점은 분명하다.

인간과 침팬지의 염색체는 매우 비슷하다. 하지만 우리의 염색체가 23쌍인 반면, 침팬지의 염색체는 24쌍이다. 우리의 2번 염색체는 침팬지의 염색체 두 개가 융합되어 생긴 것이다. 또 9번 염색체(인간의 것이 더 크다)와 12번 염색체(침팬지의 것이 더 크다)에도 약간의 차이가 있다. 이런 염색체의 차이가 중요한지 여부는 아직 밝혀지지 않았다.

인간-침팬지의 1퍼센트 차이에 관해서 최근에 이루어진 가장 놀라운 발견들 중에는 단순한 진화 논리를 토대로 한 것들이 있다. 앞에서 살펴보았듯이, 자연선택은 중요한 단백질의 아미노산 서열을 보존하는 일을 놀라울 만치 잘 해낸다. 그런 단백질의 기능을 위태롭게 하는 돌연변이는 당사자에게 해를 끼치기 때문에 집단에서 자연스럽게 솎아진다. 그 결과 인간에서 선충에 이르기까지 다양한 생물들에게서 그런 유전자들은 서열이 잘 보존되어 있다. 이 유전자 보존 규칙이 인류 계통에서 깨진 사례들이 발견된다면? 아마 우리는 바로 그런 영역들을 살펴보아야 할지도 모른다. 수억 년 동안 잘 보존되다가 특이하게도 우리 조상들에게서 급속히 진화하기 시작한 영역들 말이다. 인류만이 겪은 선택압에 반응하여 그렇게 되었을 가능성이 있기 때문이다. FOXP2가 딱 맞는 사례이다. 앞에서 살펴보았듯이, 이 유전자는 인간의 언어와 어떤 식으로든 관련이 있다. 이 유전자의 아미노산 서열은 모든 포유동물에게서 거의 동일하다. 강한 선택적 보존이 이루어졌음을 시사한다. 우리 종(그리고 네안데르탈인과 데니소바인)은 예외이다. 따라서 FOXP2가 언어 기원의 한 중요한 단계를 엿보게 해줄 진화의 결정적인 증거라고 주장하고 싶은 마음이 든다(성급하긴 하지만). 스반테 페보와 볼프강 에나르트 연구진은 생쥐의 FOXP2 유전자를 유전공학을 써서 인간의 것으로 교체하는 실험을 했는데, 그 연구 결과도 이 개념을 뒷받침한다. 연구진은 그 생쥐가 신경 발달 측면에서 몇 가지 흥미로운 차이를 보일 뿐만 아니라, 대조군 생쥐보다 더 바리톤으로 찍찍거린다는 것을 알아차렸다. 그렇다고 해서 이 생쥐가 베리 화이트(중후한 음색의 미국의 알앤비 가수/역주) 범주에 들어갈 수준은 아니며, 이 유전자와 언어 발달의 관계도 아직 추정 수준에 머물러 있기는 하다. 그렇지만 FOXP2가 인간과 침팬지 사이의 흥미로운 유전적 차이 중 하나인 것은 분명하다.

2005년 과학자들은 침팬지 유전체 계획의 초안을 완성했다. 킹과 윌슨이 DNA 서열 분석이 등장하기 전에 추정했던 1퍼센트의 차이를 이루는 DNA 변이들이 드러났다. 두 DNA 서열을 나란히 놓고 비교하자, 처음에는 염기 약 3,500만 개가 다른 것으로 드러났다. 하지만 다른 방식으로 비교하니, 두 종 사이에 삽입되거나 제거된 DNA 조각 수천 개가 드러났다. 그것까지 넣어서 끝에서 끝까지 죽 살펴보니 약 9,000만 개가 달랐다. 따라서 우리와 우리의 가장 가까운 친척 사이의 전체적인 동일성은 96퍼센트에 좀더 가깝다. 아무튼 이 목록을 얻었으니, 우리는 유전자 자체뿐 아니라 유전자의 조절에 영향을 미치는 다른 서열들에 있는 중요한 차이점들에 초점을 맞출 수 있다. 현재 우리는 오랑우탄과 고릴라 등 다른 현생 대형 유인원들의 유전체도 확보하고 있다. 나는 인간이 그저 몇 개의 독특한—그리고 특별한—유전적 스위치를 가진 대형 유인원이 아닐까 짐작하고 있다.

분자생물학의 가장 원대한 목표는 우리 자신과 우리 종의 기원에 관한 문제들에 확실한 해답을 얻는 것이다. 하지만 각 인간의 영혼은 자기 종의 이야기만이 아니라 자기 자신의 이야기도 알고 싶어한다. DNA는 인류의 과거를 더 개별적으로도 설명할 수 있다. 어떤 의미에서 내 DNA 분자에 쓰인 것은 내 자신의 진화 계통이 기록된 역사이며, 다양한 층위에서 읽을 수 있는 이야기이다. 나는 내 자신의 mtDNA 서열을 캔과 윌슨의 인류 가계도 차원에서 읽을 수도 있고, 더 상세히 들어가서 내 가문 차원에서 읽을 수도 있다. 내 Y염색체와 mtDNA는 각기 다른 이야기를 해줄 것이다. 어머니들의 이야기와 아버지들의 이야기를 말이다.

나는 족보에 관심이 없었다. 하지만 우리 집안(내 생각에는 꽤 규모가 클 것이다)에도 나름대로 족보를 기록하는 사람이 있었다. 베티 고모가 그랬는데, 고모는 누가 누구와 어떤 관계에 있는지 따져보는 일로 평생을 보냈다. 왓슨 집안이 1795년에 처음 미국으로 와서 뉴저지 주 캠던에 발을 디뎠다는 것을 알아낸 사람도 고모였다. 그리고 내 친가 쪽으로 누군가가 일리노이 주 스프링필드에 있는 에이브러햄 링컨의 집을 설계했다고 주장한 사람도 고모였다. 하지만 나는 늘 외가인 아일랜드 혈통에 더 관심이 있었다. 어머니의 조부모는 1840년대 감자 대기근 때 아일랜드를 떠나 인디애나로 왔다. 외증조부인 마이클 글리슨은 내 어머니가 태어난 해인 1899년에 인디애나에서 사망했다. 그의 묘비에는 그가 아일랜드의 글레이 마을에서 왔다고 적혀 있다.

아일랜드를 방문할 일이 생겼을 때, 나는 외증조부에 관해서 알고 싶어서 티퍼레리 카운티의 니나 헤리티지 센터를 찾았다. 원래는 교도소였던 곳이다. 내 추적은 실패했다. 아무리 찾아도 "글레이"라는 지명은 없었다. 나는 우리 조상들이 문맹이어서 철자를 잘못 쓴 것이라고 결론을 내릴 수밖에 없었다. 내 계통학적 연구는 그것으로 끝났다. 최근까지도 그랬다. 하지만 이제 캔을 비롯한 사람들이 인류 가계도의 틀을 짰기 때문에 나는 내가 어디에 들어갈지 알고 싶어졌다. 앤서스트리닷컴(Ancestry.com)과 23앤미 같은 회사들은 혈통 연구의 새 장을 열고 있다. 첨단 연구실이 먼지 수북한 문서고 대신에 들어선 것이다. 슬프게도 분석 결과는 낭만적이지도 이국적이지도 않았다. 염려한 대로 나는 평범한 스코틀랜드-아일랜드 혈통에 속한 사람이었을 뿐이다. 심지어는 내 성격 중에서 조금 야만적인 부분을 고대 바이킹의 피가 내 혈통에 스며든 탓이라고 말할 수도 없게 되었다.

제11장

유전자 지문 : DNA가 법정에 선 날

1998년에 서른네 살의 마빈 앤더슨은 버지니아 주 교도소에서 풀려났다. 그는 중죄를 저질렀다는 유죄 판결을 받고 성년기의 거의 전부라고 할 수 있는 15년을 그곳에서 보냈다. 1982년 7월에 젊은 여성을 난폭하게 강간했다는 죄목이었다. 기소는 일사천리로 이루어졌다. 피해자는 사진을 보고 앤더슨을 지목했으며, 늘어서 있는 용의자들 중에서도 그를 가리켰으며, 법정에서도 그가 범인이라고 진술했다. 그는 항고법원 등 모든 법원에서 유죄 판결을 받아 총 200년이 넘는 형을 받았다.

명쾌한 사례였다. 그러나 좀더 노련한 변호사였다면 검찰 측이 피고를 옭아매기 위해서 모든 것을 짜맞추려고 했다는 사실을 간파했을지도 모른다. 경찰은 백인인 피해 여성이 자신을 습격한 흑인이 "애인이 백인이다"라고 자랑했다고 진술한 내용만을 근거로 삼아서 앤더슨을 체포했다.[1] 경찰이 알고 있는 한 그 지역에서 백인 애인을 가진 흑인은 앤더슨뿐이었다. 경찰은 피해자에게 여러 사람의 얼굴 사진을 보여주었지만 그중 앤더슨 것만이 컬러 사진이었다. 그리고 범인을 지목하도록 용의자들을 죽 세웠을 때 그녀가 사진으로라도 본 사람은 앤더슨밖에 없었다. 그리고 그 습격이 있기 약 30분 전에 존 오티스 링컨이라는 남자가 범인의 자전거를 훔쳤지

◀ 자신들이 맡은 최대 사건에서 변론 중인 배리 셰크(맨 왼쪽)와 피터 노이펠드(그 오른쪽)

만, 앤더슨의 변호사는 링컨을 증인으로 출석시키지도 않았다.

앤더슨의 재판이 있은 지 5년 뒤 링컨은 자신이 범인이라고 고백했지만, 예심판사는 그가 거짓말쟁이라고 하면서 심리를 거부했다. 그 와중에 앤더슨은 계속 자신의 무죄를 주장하면서 범죄현장에서 나온 생체 증거물들로 DNA 분석을 해달라고 요구했다. 하지만 표준 절차에 따라서 모든 증거들을 폐기했다는 답변만 돌아올 뿐이었다. 앤더슨이 무죄 프로젝트(Innocence Project)의 변호사들과 접촉한 것은 그 무렵이었다. 그들은 DNA 분석을 활용해서 범죄 심리에서 유죄냐 무죄냐를 판단하는 결정적인 증거를 내놓음으로써 전국적인 관심을 불러일으킨 바 있었다. 무죄 프로젝트가 앤더슨의 요청에 따라서 일을 하고 있을 무렵 앤더슨은 가석방으로 풀려났다. 법을 위반하지 않는다면, 그는 2088년까지, 즉 아마 평생 가석방 상태로 지내게 되어 있었다.

결국 앤더슨을 구원한 것은 1982년에 범죄현장에서 채취한 물질로 설득력 없는 혈액형 분석을 했던 한 수사관의 엉성한 일 처리였다. 분석에 쓰인 표본은 적절한 기관에 넘겨 폐기하도록 되어 있었는데 그가 깜박 잊는 바람에 앤더슨이 재검사를 요구할 때까지 그 표본이 고스란히 보관되어 있었던 것이다. 그러나 버지니아의 범죄치안국 책임자는 "달갑지 않은 선례"를 남길 수는 없다고 주장하면서 계속 요구를 거부했다.[2] 하지만 새로운 법률을 근거로 삼아 무죄 프로젝트의 변호사들은 법원으로부터 검사 집행 명령을 받았고, 마침내 2001년 12월에 앤더슨이 범인일 수 없다는 검사 결과가 나왔다. 그 DNA "지문"은 링컨의 것과 일치했다. 그뒤 링컨은 기소되었고 버지니아 주지사 마크 워너는 앤더슨을 사면했다.

마빈 앤더슨을 종신형에서 구해준 기법인 DNA 지문 분석은 영국의 유전학자인 알렉 제프리스가 1984년 9월에 우연히 발견한 것이다. 재조합 DNA 혁명 초기부터 제프리스는 종 사이의 유전적 차이에 관심을 가지고 있었다. 그는 레스터 대학교에서 미오글로빈 유전자를 주로 연구했다. 미오글로빈은 헤모글로빈과 유사한 단백질로서 주로 근육에 있다. 제프리스는 이 유전자를 분석하다가 아주 기묘한 현상을 발견했다. 유전자 안에 짧은 DNA 조각이 계속 반복되어 나타났던 것이다. 1980년에 레이 화이트와 아를린 와이먼도 다른 유전자를 조사하다가 비슷한 현상을 발견한 적이 있었다. 그들은 그 반복되는 횟수

DNA 지문 분석의 아버지인 앨릭 제프리스

가 개인마다 다르다는 것을 관찰했다. 제프리스는 이 반복되는 부분이 단백질 암호를 지니고 있지 않은 정크 DNA라고 판단했다. 하지만 곧 그는 이 특별한 정크 DNA가 꽤 쓸모가 있다는 것을 알았다.

제프리스는 이런 짧게 반복되는 DNA 서열이 미오글로빈 유전자에만 있는 것이 아니라 유전체 전체에 흩어져 있음을 알았다. 그리고 이 서열은 위치마다 반복되는 정도가 다르기는 하지만 모두 15개 정도의 뉴클레오티드로 되어 있어서 매우 짧고 서열도 거의 똑같았다. 제프리스는 이 서열을 "탐침(probe)"으로 사용하자고 생각했다. 즉 분리해낸 서열을 방사성 물질로 표시를 하면 그 서열이 유전체 전체에 어떻게 분포해 있는지를 알아낼 수 있었다. 유전체의 DNA를 특수한 나일론 판에 펼쳐놓은 다음 그 탐침들을 흩어놓으면 탐침은 상보적인 서열과 염기쌍을 형성할 것이다(영국 분자생물학자 에드 서든이 개발한 이 독창적인 기술은 그냥 "서든 블롯[Southern blot]"이라고 불린다). 제프리스는 나일론 판에 X선 필름을 겹쳐놓음으로써 방사성을 띠는 지점들의 위치를 기록할 수 있었다. 1984년 9월 10일, 그 운명의 월요일 아침 오전 9시 5분, 이 필름을 현상한 그는 깜짝 놀랐다.

다양한 DNA 시료 전체에 걸쳐서 비슷한 서열들이 무수히 있었던 것이다. "내 첫 반응은 '맙소사, 뭐가 이렇게 엉망이야'였다."[3] 하지만 유전적 바코드처럼 생긴 X선 필름의 반복되는 띠무늬들을 자세히 들여다보자, 의미가 와닿았다. 순수한 유레카의 순간이었다. 고작 5분 사이에, 제프리스의 연구 경력은 무수한 새로운 방향으로 도약했다. 게다가 시료마다 변이가 너무 심하게 나타났다. 한 식구의 시료들을 분석해도 어느 시료가 누구의 것인지 말할 수 있을 정도였다. 그는 연구 결과를 『네이처』에 발표하면서 "그 양상이 개인의 DNA '지문'이 된다"고 썼다.[4]

제프리스는 "DNA 지문(DNA fingerprint)"이라는 용어를 써야 할지 무척 고심했다. 이 기술이 오래 전부터 쓰여온 기존의 지문 분석만큼 개인을 구별하는 능력이 있는지 확실하지 않았기 때문이다. 제프리스와 연구진은 자신들의 혈액에서 DNA를 채취해 똑같은 실험을 해보았다. X선 필름에 찍힌 영상을 살펴본 그들은 누가 누구인지 명확히 구별할 수 있다는 것을 알았다. 제프리스는 그것의 용도가 무궁무진하다는 것을 알아차렸다.

이론적으로 볼 때 그것은 법적인 신원 확인과 친자 확인에 쓰일 수 있을 것이다. 또 쌍둥이가 일란성인지 여부를 판단하는 데에도 쓰일 수 있다. 이 정보는 조직을 이식할 때 중요하다. 또 골수 이식에 적합한지 여부를 판단하는 데에도 쓰일 수 있다. 이 기술은 동물과 조류에도 [적용될] 수 있다. 우리는 생물들이 서로 어떻게 관련되어 있는지도 파악할 수 있다. 종의 자연사를 이해하려면 그런 기초 자료가 필요하다. 이 기술은 보존 생물학에도 적용될 수 있다. 이런 응용 분야는 끝이 없어 보인다.[5]

그러나 그 기술은 제프리스가 예견한 것보다 더 기이한 방식으로 적용되기 시작했다. 제프리스는 사실 DNA 지문 분석을 이용해서 이민 논란을 해결하자는 착상을 내놓은 쪽이 자기 아내라고 말한다.

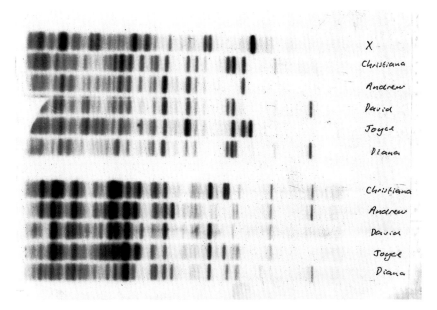

최초로 쓰인 DNA 지문 분석 자료 : 이 X선 필름은 앨릭 제프리스가 앤드류 사바의 친자 관계를 가리는 데에 사용했다.

1985년 여름에 크리스티나 사바는 곤경에 빠져 있었다. 2년 전 그녀의 아들인 앤드루는 가나에 있는 아버지를 만나고 영국으로 돌아왔다. 하지만 히스로 공항에서 영국 이민국이 소년의 입국을 거부했다. 소년이 영국에서 태어났고 영국 국적을 가지고 있었음에도 말이다. 이민국은 앤드루의 어머니가 사바가 아니라 사바의 자매이며 소년이 가짜 여권으로 불법 입국하려고 했다고 주장했다. 그러던 중 그 사건을 잘 알고 있던 한 사회사업가가 제프리스의 연구를 다룬 신문기사를 읽고서 그에게 도움을 요청했다. 이 새로운 DNA 검사가 앤드루가 사바의 아들인지 아니면 조카인지를 증명할 수 있었을까?

소년의 아버지도 사바 부인의 자매들도 시료를 보내줄 수 있는 상황이 아니었기 때문에 분석은 어려움에 처했다. 제프리스는 사바 부인과 그녀의 다른 세 아이들로부터 시료를 얻어 DNA를 분리했다. 분석결과는 앤드루가 다른 아이들과 아버지가 같으며, 사바가 어머니임을 보여주었다. 더 구체적으로 말하면 사바 부인의 자매가 소년의 어머니가 될 확률은 600만 분의 1보다 낮았다. 이민국은 제프리스의 분석결과에 이의를 제기하지 않았지만 실수를 공식 인정하지 않은 채 입국 금지 조치를 철회했다. 앤드루는 다시 어머니와 함께 살게 되었다. 제프리스는 나중에 그들을 만나보았다. "마법처럼 그녀의 얼굴에 안도감이 감돌았다!"

그러나 그 기술이 혈액, 정액, 머리카락처럼 범죄현장에서 흔히 발견되는 신체조직에 적용될 수 있을까? 제프리스는 재빨리 그것이 가능하다는 점을 입증했으며, 곧 그의 DNA 지문은 전 세계의 이목을 집중시켰고, 법의학에 혁명을 일으켰다.

1983년 11월의 어느 화요일 아침에 영국 레스터 인근 나버로우 마을 어귀의 블랙 패드라는 작은 숲에서 린다 만이라는 열다섯 살의 여학생의 시체가 발견되었다. 린다는 성폭행을 당한 상태였다. 3년이 흘렀지만 범인은 오리무중이었다. 그러다가 다시 사건이 일어났다. 1986년 8월의 어느 토요일, 역시 열다섯 살의 다운 애시워스의 시체가 나버로우의 텐 폰드라는 좁은 보도에서 발견되었다. 경찰은 두 살인사건의 범인이 동일인이라고 확신했고, 곧 주방 일꾼으로 일하는 열일곱 살의 소년을 체포했다. 하지만 그는 애시워스를 살해했다고 자백했지만 이전 사건은 자신이 한 짓이 아니라고 부인했다. 그래서 경찰은 그 일꾼이 두 소녀를 죽였다는 확인을 받기 위해서 제프리스에게 도움을 청했다.

제프리스가 DNA 지문을 분석한 결과는 경찰에게 좋은 소식과 나쁜 소식을 한꺼번에 전해주었다. 두 희생자의 몸에서 얻은 표본을 비교한 결과 (경찰이 생각한 대로) 살인범은 동일인이었다. 하지만 경찰에게는 안되었지만 분석결과는 구속되어 있는 주방 일꾼이 어느 쪽 소녀도 죽이지 않은 것으로 나타났다. 경찰은 다른 전문가들을 불렀지만 같은 결과가 나왔다.

결국 경찰은 용의자를 풀어줄 수밖에 없었다.

유일한 용의자가 사라지고 마을 사람들이 점점 더 불안해하자, 경찰은 그래도 DNA 지문 분석이 성공의 열쇠가 될 것이라고 굳게 믿고서 놀라운 조치를 취했다. 경찰은 나버로우 마을과 주변 마을에 사는 모든 성인 남성들의 DNA를 채취하기로 결정했다. 그들은 출장소를 설치하고 혈액 시료를 모았다. 우선 기존의 (값싼) 혈액형 검사법을 써서 많은 사람

1988년 영국 레스터셔에서 두 십대 소녀를 살해한 혐의로 유죄 판결을 받은 영국 제빵사 콜린 피치포크. 피치포크 사건은 살인 용의자를 알아내기 위해 DNA 지문 분석을 이용한 최초의 사례였다.

들을 용의선상에서 제외시켰다. 그런 다음 나머지 시료를 가지고 DNA 지문을 분석하는 작업에 착수했다. 그 이야기를 할리우드 영화로 만든다면 당연히 제프리스가 진범을 찾아낸다는 결론이 나올 것이다. 그리고 실제로 그랬다. 하지만 할리우드 영화가 그렇듯이 이야기는 한번 더 꼬였다. 범인은 처음에 유전자 수사망을 교묘히 벗어났다. 의무적으로 시료를 제공해야 할 상황에 처하자 콜린 피치포크는 주사 바늘이 너무 무섭다고 하면서 친구에게 대신해서 시료를 내달라고 부탁했다. 나중에 그 친구는 자신이 한 일을 떠들어댔고 누군가 그 이야기를 들었다. 마침내 피치포크는 체포되었다. 그는 DNA 지문을 근거로 체포된 최초의 범죄자라는 불명예를 안게 되었다.

나버로우 사건은 전 세계의 사법기관에 범죄자 기소의 미래가 DNA 지문 분석에 달려 있다는 것을 보여주었다. 미국도 곧 그런 증거를 법적 증거로 채택하게 되었다.

영국인들이 문화적으로 권위에 더 순응하는 것인지 아니면 미국인들이

분자 수준의 난해한 전문용어들에 별로 관심이 없는 것인지 아무튼 DNA 지문 분석 기술은 미국에 도입될 당시에 상당한 논란거리가 되었다.

이른바 과학적 증거라는 개념 자체는 그렇지 않았다고 해도 법은 그 개념의 실제 의미를 쉽게 받아들이지 못했다. 가장 지적인 변호사, 판사, 배심원이라고 해도 우선 그것을 이해하는 데에 어려움을 겪기 마련이었다. 무성영화의 거장인 찰리 채플린이 법정에서 겪은 사건이 대표적인 사례이다. 한 아이의 어머니가 채플린이 아이의 아버지라며 친자확인 소송을 제기했다. 혈액형 분석결과는 채플린이 아이의 아버지가 아니라는 것을 명백히 보여주었다. 그럼에도 배심원단은 아이 어머니의 손을 들어주었다.

오랫동안 미국 법정은 과학적 증거를 채택할지 여부를 결정할 때 이른바 프라이 검사(Frye Test)라는 것을 적용해왔다. 법적 증거를 채택하는 문제를 처음으로 다룬 재판에서 유래한 프라이 검사는 어떤 증거의 기반이 되는 과학이 "소속 분야에서 일반적으로 받아들여져 있을 만큼 충분히 확립되어 있어야 한다"는 조건을 충족시키기 전까지는 그 증거를 믿을 수 없는 증거로 보려고 한다.[6] 하지만 잘 확립된 과학이라는 개념 자체가 제대로 이해되지 않은 채로 적용되어왔기 때문에 그 검사는 "전문적인" 증거의 신뢰성을 판단하는 데에는 쓸모가 없는 것으로 입증되었다. 1993년 도버트 대(對) 메릴 다우 제약회사 사건 때에야 겨우 미국 연방 대법원은 연방 증거 규칙이 사용되어야 한다고 판결했다. 제시된 증거가 신뢰할 수 있는 것인지(즉 과학적으로 타당하다고 믿을 수 있는지) 여부를 그 재판을 담당한 판사가 판단해야 한다는 것이다.

「CSI」나 「로 앤 오더」 같은 황금 시간대에 방영되고 있는 텔레비전 드라마들에서 최신 법의학 분석 장면이 으레 등장하는 현 상황에서는, DNA 증거를 미국의 법 체제가 받아들이기를 몹시 힘들어했다는 사실을 납득하기 어려울 것이다. 1953년에 우리의 기념비적인 발견이 이루어진 뒤로 모든 사람들이 DNA라는 단어를 들어왔기는 하지만 그 용어는 여전히 이해할 수 없는 과학이라는 후광에 휩싸여 있었다. 사실 유전학 분야는 대중매체에서 새로운 발전이 이루어졌다고 호들갑을 떨 때마다 더 어려워지기만 하는 듯했다. 그중에서도 가장 나쁜 것은 DNA가 내놓는 증거들이 결정적인 확실성이 아니라 확률로 제시되었다는 점일 것이다. 확률이라니! 기소된 자가 유죄인지 무죄인지 확정하기 위해서 "500억 분의 1" 같은 수치를 들먹거리면서 치고받고 있을 때 과학이라는 권위로 둘러싸인 유전학자가 논쟁을 해소시킬 수 있다면 변호사, 판사, 배심원, 비용이 많이 드는 재판이 과연 가치가 있을까라는 의문이 든다고 해도 놀랄 일은 아니다.

그러나 대부분의 재판은 두 DNA 표본을 비교하는 것에만 의존하지 않는다. 어쨌든 그런 와중에 새로운 방법을 채택하는 사례들이 서서히 불가피하게 늘어나고 있었다. 어떤 의미에서는 DNA 증거에 의존하는 사건들을 맡은 변호사들이 그 증거가 더 폭넓게 이해되고 채택되는 데에 도움을 주었다. 배리 셰크와 피터 뉴펠드 같은 노련한 변호사들은 자신들이 반대심문하는 전문가만큼이나 지식을 갖추게 되었다. 키 작고 지저분하고 다혈질인 셰크와 키 크고 단정하고 역시 다혈질인 뉴펠드는 지문 분석 초창기에 제시된 증거들에서 기술적 결함을 찾아냄으로써 대중의 주목을 받았다. 두 사람은 1977년에 브롱크스 법률 구조 협회 사무실에서 처음 만났다. 이 협회는 각 지역의 가난한 사람들에게 법적 도움을 주기 위한 곳이다. 셰크의 아버지는 코니 프랜시스 같은 유명 배우들을 관리하는 성공한 흥행주였다. 셰크는 뉴욕 시에서 자란 뒤 예일 대학교에 들어갔다. 그는 1970년에 켄트 주립대학교 총격 사건이 있은 뒤 벌어진 전국 학생 시위에 참여하면서 정치적 사명을 느꼈다. 완고한 당국과 권력 남용에 반감을 가지고 있던 그는 뉴 해븐에서 열린 블랙 팬더스 재판 때 바비 시어스의 변호인단에서 자원봉사를 했다. 피터 뉴펠드는 콜드 스프링 하버 연구소에서 멀리 떨어지지 않은 롱아일랜드의 교외 지역에서 자랐다. 그곳에는 지금도 그의 어머니가 살고 있다. 조숙했던 그는 일찍부터 좌익 사상에 빠져들었고, 11학년 때에는 반전 집회를 주도했다는 이유로 징계를 받기도 했다.

타고난 사회 진보주의자였던 두 젊은이가 뉴욕 시의 법률 구조단이라는 보호장벽에 변호사로 참여한 것은 그다지 놀랄 일이 아니었다. 당시 뉴욕은 범죄율이 계속 높아져 도시생활이 혼란에 빠져들고 있을 때였다. 그렇게 공공의 안녕이 위태로운 시기에는 "모두를 위한 정의" 같은 단체에 참여하는 것이 이상적으로 보였다. 10년 뒤 셰크는 카도조 대학교의 법학 교수가 되었고, 뉴펠드는 개인 사무실을 열게 된다.

내가 셰크와 뉴펠드를 처음 만난 것은 콜드 스프링 하버 연구소에서 열린 DNA 지문 분석에 관한 역사적인 회의에서였다. 제프리스가 개발한 기술, 즉 제한효소 절편 다형(restriction fragment length polymorphism : RFLP)이라는 난해한 이름을 가진 기술이 아직 완성되지 않은 엉성한 상태였음에도 불구하고 법정에서는 점점 더 폭넓게 활용되고 있다는 사실로 인하여 그 기술을 둘러싼 논쟁은 절정에 달해 있었다. 그렇게 폭넓게 적용되다보면 해석하기 어려운 결과들도 나타나기 마련이었고, 따라서 DNA 지문 분석의 기술적 및 법적 근거가 의문시되고 있었다. 사실상 그 회의는 알렉 제프리스를 비롯한 분자유전학자들이 법정에서 DNA를 사용하는 변호사들과 법률 분야의 전문가들과 처음 대면하는 자리였다. 열띤 토론이 진행되었다. 분자유전학자들은 법의학자들이 실험능력이 떨어진다고, 즉 그 검사를 제대로 하지 못하고 있다고 비판했다. 사실 당시 법의학자들의 연구실에서는 규제나 감시가 거의 없는 상태에서 DNA 지문 분석이 이루어지고 있었다. 또 실질적인 확실성을 암시하는 인상적인 수치를 계산하는 데에 쓰이는 통계적 가정들이 표준화되어 있지 않다는 주장도 제기되었다. 유전학자 에릭 랜더가 다음과 같이 통명하게 선언했을 때 그는 소수의 우려를 대변한 것이 아니었다. "[DNA 지문] 분석은 너무나 성급하게 적용되어왔습니다."[7]

셰크와 뉴펠드가 뉴욕에서 맡은 한 사건은 이런 실질적인 문제들을 고스란히 보여주었다. 조지프 캐스트로라는 남자가 한 임산부와 두 살 된 딸을 살해한 죄로 기소된 사건이었다. 라이프코드라는 회사에서 맡은 RFLP 분석결과 그의 손목시계에 묻은 피가 살해된 임산부의 것으로 드러났다. 그러나 피고측과 원고측이 공동으로 위임한 전문가 증인들은 그 DNA 자료를 상세히 조사한 끝에 예심판사에게 그 DNA 검사가 제대로 이루어지지 않았다고 증언했다. 판사는 DNA 증거를 받아들이지 않았다. 그 사건은 재판까지 이어지지 않았다. 1989년 말이 되어서야 캐스트로는 자신이 범인임을 시인했다.

DNA 증거가 배제되기는 했지만 캐스트로 사건은 유전자 증거 분석의 법적 표준을 확립하는 데에 기여했다. 그뒤 이 표준들은 셰크과 뉴펠드가 맡은 훨씬 더 유명해진 사건에 적용되었다. 그 사건은 DNA 지문 분석이라는 말을 미국의 일상용어로 만들었으며, 그 용어는 텔레비전을 틀기만 하면 나오는 말이 되다시피 했다. 바로 1994년에 있었던 O. J. 심슨 재판이었다. 로스앤젤레스 지방 검사의 주장대로 그가 흉악한 범죄를 저지른 것이 인정되어 유죄 판결을 받는다면 그 전직 스포츠 영웅은 사형에 처해질 가능성이 있었다. 그는 전처인 니콜 브라운 심슨과 그녀의 친구인 로널드 골드먼을 잔인하게 살해했다는 혐의를 받고 있었다. 셰크와 뉴펠드는 피고의 변호를 맡은 "드림 팀"에 소속되어 심슨의 변호와 무혐의 판결을 얻어내는 데에 중요한 역할을 했다. 수사관들은 범죄현장인 니콜 브라운 심슨의 집, 심슨의 집, 유명한 장갑과 양말, 마찬가지로 유명한 심슨의 흰색 차 브롱코에서 혈흔을 채취했다. 총 45개의 혈흔 표본에서 얻은 DNA 증거들, 이른바 "산더미 같은 증거들"은 한결같이 심슨이 유죄임을 가리키고 있었다.[8] 하지만 심슨은 가장 유능한 변호사들을 고용하고 있었다. 피고측은 신속히 치밀한 반대주장을 펼쳤고, 텔레비전을 통해서 방영되고 있는 가운데 이 반대주장들은 몇 년간 법의학에서 보글보글 끓고 있던 몇 가지 핵심 논쟁들을 완전히 펄펄 끓게 만들었다.

심슨 재판이 있기 10년 전 검사들이 처음 DNA 증거들을 제시하기 시작하고 검사들만이 유전자 기술을 적용할 권한을 가지고 있던 시절에 피고측 변호사들은 재빠르게 눈에 띄는 질문을 제기했다. 범죄현장에서 발견된 DNA와 용의자의 혈액에서 얻은 DNA가 일치한다고 말할 수 있는 기준이 무엇이냐 하는 것이었다. 그 기술이 RFLP에 의존하고 있던 당시에는 그점이 특히 논란거리였다. 이 방법에서는 DNA 지문이 X선 필름에 띠들이 죽 늘어서 있는 모양으로 나타난다. 범죄현장에 있던 DNA에서 얻은 띠들이 용의자의 몸에서 얻은 띠들과 정확히 똑같지 않을 때 과연 얼마나 차이가 나야 일치 가능성이 없다고 합법적으로 인정할 수 있을까? 아니면 얼마나 같아야 "똑같다"고 할 수 있을까? 또 기술력도 의문시되었다. 처음에는 지문 분석이 DNA를 다루고 분석할 만한 전문가가 없는 법의학 연구실에서 이루어졌기 때문에 중요한 실수가 벌어지는 일이 흔했다. 법 집행기관들은 자신들의 강력한 새 무기를 계속 쓸 수 있으려면, 이런 의문들을 해소해야 한다는 것을 알아차렸다. 그래서 RFLP 방법 대신 짧은 반복 서열(short tandem repeat : STR)이라는 새로운 종류의 유전적 표지가 쓰이게 되었다. 이 STR 유전적 표지들은 길이를 매우 정확하게 측정할 수 있으므로, X선 필름에 나타난 RFLP 띠들을 분석할 때와 달리 주관적 평가를 배제시킬 수 있었다. 법의학계는 승인 제도를 마련하고 DNA 지문 분석에 적용되는 통일된 실험규약을 설정함으로써 기술력에 편차가 심하다는 문제를 해결했다.

그러나 가장 맹렬한 공격을 받은 것은 수치였다. DNA 증거는 따지고 말고 할 것 없는 냉정한 통계 수치 형태로 검사들에게 제출되었는데, 피고측 변호사들이 그 점을 문제 삼기 시작하자 각 주는 10억 분의 1이 확실하다고 말할 수 있는 경계라는 주관적인 가정을 세우기도 했다. 당신이 범죄현장에서 얻은 DNA 지문을 가지고 있다면 당신은 무엇을 근거로 삼아 그것이 주요 용의자인 A가 아닌 다른 용의자의 것일(또는 아닐) 가능성을 계산할 것인가? 그 DNA를 무작위적으로 고른 사람들의 DNA와 비교해야 할까? 아니면 주요 용의자 A가 캅카스인이라면 유전적 유사성이 무작위적인 사람들보다 같은 인종집단에 속한 사람들 사이에서 더 높게 나타나는 경향이 있으므로 다른 캅카스인들의 DNA와만 비교해야 할까? 상황은 합리적인 가정이라고 생각하는 것이 무엇인가에 따라서 달라질 것이다.

그리고 집단 유전학의 난해한 원리들을 들먹거리면서 결론을 옹호하려고 애쓰다가는 오히려 배심원들을 산만하게 만들거나 졸게 만들 수도 있다. 차라리 손에 맞지 않는 장갑을 끼려고 용을 쓰는 남자의 모습을 보여주는 편이 산더미 같은 통계 수치들보다 이해시키기가 훨씬 더 쉽다. 경험은 우리에게 훨씬 더 많은 것을 말해준다.

그러나 실제로 심슨 재판에서 제시된 DNA 지문 분석 증거들은 그것이 피고인의 것이라고 가리키고 있었다. 니콜 브라운 심슨의 몸 근처에서 채취한 핏자국도, 범죄현장에 있는 인도에서 발견된 핏자국들도 그의 것임이 거의 확실했다. 마찬가지로 그의 집에서 수거한 장갑에 묻은 혈흔도 그와 두 희생자의 것임이 거의 확실했다. 양말과 브롱코 차량에 있던 혈흔도 심슨과 그의 전처의 혈액과 일치했다.

하지만 아니었다. 배심원단의 눈에는 사건이 심슨에게 불리한 쪽으로 흐른다는 것이 집단 유전학의 난해한 내용을 제대로 설명하지 못했다는 것보다는 경찰이 무능하다는 것과 더 관련이 있어 보였다. DNA는 몇 년 된 정액 얼룩이나, 인도에 떨어졌다가 발에 밟혀 엉망이 된 핏자국이나 자동차의 운전대에서도 추출할 수 있을 만큼 안정한 분자이다. 하지만 DNA가 분해될 수 있다는 것도, 특히 습한 환경에서는 더 그렇다는 것도 사실이다. 모든 증거들이 그렇듯이 DNA의 신뢰성도 채취하고 분류하고 제출하는 절차가 얼마나 믿을 만한가에 달려 있다. 형사재판에는 항상 이른바 "증거 사슬"을 확정하는 절차가 포함된다. 즉 경찰이 어디어디에서 발견했다고 말하는 증거가 정말로 증거물 A로 지퍼 달린 비닐 봉투에 담기기 전에 그곳에 있었는가부터 검증하는 것이다. 칼이나 총과 달리 분자 증거를

유전 지문 분석은 어떻게 하나

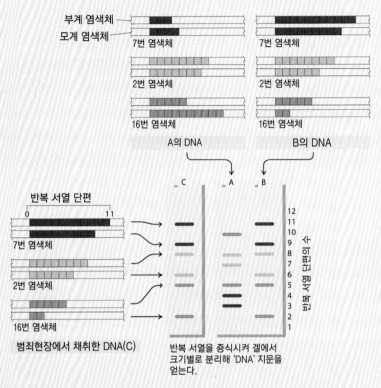

STR을 사용한 DNA 지문 분석. 두 용의자의 DNA를 범죄 현장에서 얻은 DNA와 비교한다.
B의 지문이 범죄 현장에서 나온 DNA의 지문과 일치한다.

1990년대 말 이후로 RFLP 대신 STR이 유전학적 신원 확인의 열쇠로 쓰인다. 이 반복 서열 단편(STR)은 2~4개의 염기들이 많으면 17회까지 되풀이해 나타나는 것으로서, 지금은 대개 PCR을 써서 증폭시킨다. 예를 들면, 7번 염색체의 한 부위에 있는 STR인 D7S820은 AGAT 서열이 7~14회 반복되어 있다. DNA를 복제하는 효소인 DNA 중합효소는 숫자를 잘못 세는 경향이 있기 때문에, 이 반복되는 DNA 뭉치를 제대로 복제하지 못할 때가 있다. 따라서 실제로 D7S820에 있는 AGAT 서열의 반복 횟수에는 돌연변이가 상당히 많다. 이는 개인마다 AGAT 서열의 반복 횟수가 크게 다르다는 의미이기도 하다. 한 세포에 있는 7번 염색체 둘(부모에게서 하나씩 받은)끼리도 대개 AGAT 반복 횟수가 다르다. 한쪽에서는 8회 반복되는 반면 다른 한쪽에서는 11회 반복되어 있을 수도 있다. 그렇다고 해서 두 염색체의 반복 횟수가 똑같을 수 없다(가령 양쪽 다 11회)는 말은 아니다. 범죄 현장의 혈액 표본을 지문 분석한 결과 용의자의 D7S820 지문과 일치한다면(즉 8회와 11회), 우리는 하나의 증거를 가지게 되지만, 그것이 일치한다는 결정적인 증거는 아니다. 따라서 여러 영역을 살펴볼 필요가 있다. 범죄 현장에 있던 DNA에서 용의자의 DNA와 일치하는 영역이 많아질수록, 그것이 용의자의 것일 확률도 더 높아지고, 범죄 현장의 DNA가 다른 사람의 것일 가능성은 더 낮아진다. 미국 연방수사국은 DNA 지문 분석을 할 때 12군데의 영역을 조사하고 그 DNA의 주인인 사람의 성별을 판단할 수 있는 표지를 추가하도록 규정하고 있다. 2017년 1월 FBI는 STR 자리의 수를 20곳으로 늘렸다.

추적하는 일은 매우 고생스러운 일이 될 수 있다. 보도에서 긁어낸 혈흔은 문기둥에서 긁어낸 혈흔과 거의 구별되지 않을지도 모르며, 추출한 DNA들을 시험관에 담아놓으면 더욱더 구분하기 어려울 것이다. 카리스마 있는 변호사 조니 코크런이 이끄는 심슨의 변호인단은 확실하다고는 할 수 없지만 적어도 표본들이 뒤섞였거나 더 나아가 오염되었을 가능성이 있어 보이는 사례들을 무수히 제시할 수 있었다.

니콜 브라운 심슨의 집 뒷문에 묻은 혈흔에 의문을 제기한 것이 한 예였다. 이 혈흔은 처음에 현장조사를 할 때에 미처 보지 못했다가 살인이 일어난 지 3주일 뒤에 채취되었다. 법의학자 데니스 펑은 그 혈흔을 찍은 사진을 제시했지만 배리 셰크는 살인이 일어난 다음날 찍은 사진을 반박 자료로 내놓았다. 그 사진에는 혈흔이 나타나 있지 않았다. "펑 선생님, 어디에서 찍은 것입니까?"[9] 셰크는 페리 메이슨(동명의 텔레비전 시리즈에 나오는 주인공 변호사/역주) 같은 말투로 물었다. 아무 대답도 없었다. 피고측은 배심원들이 DNA의 출처와 취급방식에 강하게 의심을 품게 함으로써 DNA 증거가 무의미하다는 생각을 가지도록 했다.

앞의 장에서 살펴보았지만 표본 오염은 유전적 방법을 통한 신원 확인 노력을 방해하는 가장 큰 장애물 중의 하나이다. PCR은 가장 적은 표본을 가지고도 DNA 지문을 찾아낼 수 있기 때문에 현대 법의학자들은 특정한 DNA의 조각을 증식시킬 때 그 방법을 쓴다. 심슨 재판에서 제출된 중요한 증거들 중에는 보도에서 긁어낸 핏방울 하나도 있었다. 그러나 담배꽁초에 남은 입술 세포로부터도 PCR에 쓸 만큼 충분한 DNA를 뽑아낼 수 있다. 사실 PCR은 DNA 한 분자만 있어도 무수한 복제가 가능하므로 그 표본을 누군가 만졌거나 해서 아주 약간이라도 다른 사람의 DNA가 섞인다면, 잘해야 혼란스럽고 잘못하면 아예 쓸모없는 결과가 얻어진다.

심슨의 재판 이후로 현대 DNA 지문 분석 기술은 더욱 정밀해졌다. 2015년 5월, 사보폴로스 가족이 수도 워싱턴의 자택에서 감금되어 살해당했다.

부통령의 집에서 멀지 않은 곳이었다. 범인은 지문을 발견하지 못하게 하려고 저택에 불을 놓았다. 하지만 범행이 일어날 당시에 집에 배달된 도미노 피자의 버려진 껍데기 조각에서 DNA가 추출되었다. 그 DNA는 기존에 범죄를 저지른 적이 있던 대런 윈트의 것과 일치했다. 그는 그 가족의 일을 돕던 사람이었다. 윈트의 변호인은 자기 고객이 피자를 좋아하지 않는다면서, 경찰이 엉뚱한 사람을 지목했다고 시치미를 뗐다.

법조계를 흥분시킬 또다른 DNA 지문 분석 응용 사례는 DNA 표지들을 토대로 컴퓨터로 얼굴 사진을 합성하는 것이 가능할 수도 있다는 것이다. 비록 아직은 현실이라기보다는 과학소설에 더 가깝지만 말이다. 자칭 정보 예술가 헤더 듀이-해그보그는 "낯선 초상(Stranger Visions)"이라는 전시회를 열어서 언론의 주목을 받았다. 듀이-해그보그는 뉴욕 시의 동네를 돌아다니면서 버려진 껌과 담배꽁초를 모으기 시작했다. 그것들에서 DNA를 추출하여, 머리카락, 눈, 피부색과 관련된 유전자들을 분석한 뒤, 그녀는 쓰레기 주인의 얼굴을 3-D로 재현했다. 비록 과학보다는 예술에 더 가깝지만, 듀이-해그보그 전시회의 기반이 된 개념—법의학적 DNA 표현형 작성(forensic DNA phenotyping)이라고 하는—은 사법기관의 주목을 받았다. 2015년 초 사우스캐롤라이나 주 컬럼비아의 경찰이 미해결 살인 사건 용의자의 얼굴을 목격자를 통해서가 아니라 DNA 증거를 통해서 재현한 것이 아마 이 방면으로는 최초의 사례일 것이다. 그 얼굴 사진은 이 분야에 뛰어든 몇몇 기업들 중 한 곳인 패러본 나노랩스가 만들었다. 이 기업은 미국 국방부로부터 자금 지원을 받아왔다. DNA 표지와 얼굴 모양의 연관관계를 연구하고 있는 펜실베이니아 주립대학교의 마크 슈라이버는 이렇게 말한다. "현재 우리는 DNA에서 얼굴로, 또는 얼굴에서 DNA로 나아갈 수는 없지만, 가능할 것은 틀림없다."[10]

DNA 지문이 신원 확인의 증거로 널리 적용되고 받아들여지면서 법 집행기관들은 뭔가 영감을 얻었다. 아예 모든 사람들, 적어도 범죄자가 될 만한 모든 사람들의 DNA 지문을 기록해두면 좋지 않았을까? 그렇게 하려면 연방수사국(FBI)과 각국의 사법기관들은 기존의 지문 자료처럼 DNA 자료를 담은 중앙 데이터베이스를 만들어야 한다. 실제로 미국의 여러 주에는 강간이나 살인 같은 중죄를 저질러 유죄 판결은 받은 사람들의 DNA 표본을 채취하도록 하는 법률이 있다. 한 예로 1994년에 노스캐롤라이나주 의회는 필요하다면 강제 조치를 써서라도 수감된 중죄인의 혈액 표본을 채취하도록 하는 법을 통과시켰다. 그리고 어떤 주에서는 나중에 유죄 판결을 받든 그렇지 않든 상관 없이 일단 체포되기만 하면 혈액을 채취하도록 의무화하기도 했다.

2009년 메릴랜드에서 알론조 킹 주니어가 강간죄로 체포되었다. 그의 DNA 지문을 FBI 데이터베이스에 입력하니 2003년의 미해결 강간 사건 때 채취한 DNA와 일치했다. 킹은 그 범죄로도 유죄로 인정되어 종신형을 선고받았다. 하지만 그는 자신이 미국 헌법 4조에 따라 사생활을 보호받을 권리가 있다고 주장함으로써, 항소에 성공했다. 4년 뒤 메릴랜드 주 대 킹 사건은 미국 연방대법원까지 올라갔다. 2013년 6월, 연방대법원은 5 대 4로 중범죄로 체포된 사람의 DNA를 채취하는 것은 사실상 지문을 채취하는 것과 똑같이 합법적이라고 평결했다. 반대 의견을 낸 앤터닌 스캘리아 판사는 이렇게 경고했다. "당신이 정당하든 그르든, 어떤 이유로든 체포되면, 당신의 DNA가 채취되어 국가 DNA 데이터베이스에 들어간다는 점을 명심하라."

인권 옹호론자들은 격렬하게 항의를 해왔고, 거기에는 그럴 만한 이유가 있다. DNA 지문은 손가락의 지문과 다르다. DNA 표본에는 신원 확인 증거보다 훨씬 더 많은 것이 들어 있다. 그 안에는 훨씬 더 많은 개인정보들이 들어 있다. 그것은 나의 많은 것을 당신에게 말해줄 수 있다. 내가 낭성 섬유증, 낫 모양 적혈구 빈혈, 테이−삭스 병 같은 장애를 낳을 돌연변이를 지니고 있는지 여부 같은 것 말이다. 가까운 미래에 당신에게 내가 정신분열증이나 알코올 중독이나 폭력적인 반사회적 행동 성향을 드러내는 유전적 변이를 가지고 있는지의 여부까지도 알려줄지도 모른다. 가령 미래의 정부는 나를 집중 감시 대상에 놓을지도 모른다. 단지 내 모노아민 산화효소 유전자에 효소의 활성을 줄이는 돌연변이가 있다는 이유로 말이다. 일부 연구는 이 돌연변이가 특정한 상황에서 반사회적 행동을 일으키는 성향을 낳는다고 말한다. 유전 신상 자료가 정말로 법 집행기관의 예방활동 도구가 될 수 있을까? 필립 딕이 1956년에 발표한 단편 소설『마이너리티 리포트(*Minority Report*)』(2002년에 제작된 동명 영화의 기본 토대가 되었다)는 우리의 생각과 달리 아주 허구적인 과학소설이 아닐지 모른다.

누가 의무적으로 DNA 표본을 제공해야 하고 이런 표본을 보관하는 데에 어떤 안전 조치를 취해야 하는지를 놓고 앞으로 논쟁이 벌어져 어떤 결론이 나오든 간에 이 글을 쓰고 있는 지금 수많은 DNA 지문 분석이 계속 이루어지고 있는 것은 분명하다. 1990년에 연방수사국은 자체 DNA 데이터베이스인 CODIS(Combined DNA Index System)를 설치했고, 2002년에 100개 이상의 지문을 수집했다. 2015년에 CODIS의 DNA 기록은 1,000만 건 이상으로 불어났다. 설치된 이래로, 지금까지 CODIS는 다른 방식으로는 불가능했을 신원 확인을 4,500건 정도 해냈다.

국가 데이터베이스를 설치해야 한다고 주장하는 사람들은 그것이 이른바 "적중할" 잠재력을 가지고 있다는 것을 주된 근거로 든다. 수사관들이 범죄현장의 깨진 유리창에 묻은 혈액이나 속옷에 묻은 정액에서 DNA를 발견했고, 그 DNA의 지문을 얻었다고 하자. 기존의 수사법을 모두 동원해도 범인은 오리무중이다. 그런데 그 지문을 CODIS에 입력하자 일치하는 지문이 발견되었다면? 1996년에 세인트루이스에서 실제 그런 일이 벌어졌다. 경찰은 그 도시의 양 끝에서 두 어린 소녀가 성폭행당한 사건을 조사하고 있었다. 두 사건의 정액을 채취해 RFLP 지문 분석을 하자 범인이 동일인이라는 것이 밝혀졌다. 하지만 범인의 신원은 밝혀낼 수 없었다. 그렇게 3년이 흐른 뒤 그 표본을 STR로 다시 분석해서 그 결과를 CODIS에 저장되어 있는 자료와 비교해보았다. 2001년에 경찰은 마침내 강간범이 도미닉 무어라는 것을 밝혀냈다. 1999년에 그는 다른 세 건의 성폭행을 저질렀음을 자백했고 그 결과 CODIS에 DNA 지문이 입력되어 있었다.

범죄 발생과 적중이 일어난 시간이 훨씬 더 극적으로 멀리 떨어져 있을 수도 있다. 오래 전에 묻힌 희생자들이 분자를 통해서 "나는 고발한다"라고 외치는 바람에 충격을 받은 범인들도 있다. 1981년에 영국에서 열네 살의 매리언 크로프츠가 성폭행당한 뒤 살해되었다. DNA 지문 분석이 등장하기 오래 전의 일이었다. 다행히 몇 가지 생체 증거물들이 보존되어 있었으므로 그것들을 이용해 1999년에 DNA 지문 분석을 할 수 있었다. 수사당국과 크로프츠의 유족들은 한 차례 더 낙심했다. 영국 국가 DNA 데이터베이스에 일치하는 지문이 없었기 때문이다. 그러던 중 2001년 4월에 토니 야신스키라는 남자가 아내를 폭행한 혐의로 체포되었다. 어떤 문제가 있었는지 아니면 으레 하는 절차였는지 몰라도 경찰은 그의 DNA를 채취했다. 그것을 데이터베이스에 넣자 크로프츠를 살해한 범인의 것과 일치한다는 사실이 드러났다. 야신스키가 바로 20년 전 강간살인 사건의 범인이었던 것이다.

미국의 여러 주에서는 강간 같은 범죄에 으레 공소시효 제도를 적용해왔다. 예를 들면 위스콘신 주에서는 사건이 일어난 지 6년이 지나면 강간범에게 체포영장을 발부할 수 없다. 그런 제도는 희생자에게는 지독히 불공정해 보일지 모르지만—6년이 지나면 범죄의 공포가 사라지기라도 한단 말인가?—적법절차 확립에 기여하는 역할을 해온 것도 사실이다. 목격자의 이야기는 세부적으로 들어가면 신뢰할 수 없다는 것이 잘 알려져 있으며 모든 기억은 시간이 흐르면 흐릿해질 수밖에 없다. 공소시효는 오심을 예방하려는 목적을 가지고 있다. 하지만 DNA는 전혀 다른 차원의 목격자이다. 적절히 보관된 표본은 오랜 세월 동안 보존될 수 있으며 DNA 지문 자체는 유죄를 증명할 능력을 계속 간직하고 있다.

1997년에 위스콘신 주 범죄 연구소는 DNA 지문 등록소를 설치했고 같은 해에 경찰부는 미제 강간사건들을 모두 재조사하여 DNA 지문 분석이 가능한 생체 증거들이 있는 사건들을 골라내기 시작했다. 그들은 53건을 골라냈으며 6개월에 걸쳐서 그 자료들을 이미 복역 중인 죄수들의 DNA 지문들과 대조하여 8건을 적중시켰다. 신원 확인이 늦어져서 공소시효 만료를 겨우 8시간 앞두고 체포영장이 나온 사례도 있었다.

경찰부는 적중 사례 중에서 연쇄 강간범이 있다는 증거도 찾아냈다. 세 건의 강간 사건 피해자에게서 채취한 정액 표본들이 DNA 지문을 분석한 결과 한 남자의 것으로 드러난 것이다. 공소시효가 얼마 남지 않았기에 지방 검사보인 노엄 간은 이럴 수도 저럴 수도 없는 상황에 처했다. 데이터베이스에서 범인의 신원을 확인할 시간은 없는데, "위스콘신 대(對) 아무개"라고 영장 신청서를 내려면 용의자의 이름을 알아야 했다.[11] 그 순간에 간은 기지를 발휘했다. 위스콘신 형법에는 용의자의 이름을 모를 때 "체포될 사람의 신원을 확실하게 확인할 수 있는 기재문"을 토대로 영장을 발부할 수 있다는 조항이 있었다. 간은 그 기준을 적용하면 어떤 법원이라도 DNA 지문이 신원을 확인해준다는 점을 받아들일 것이라고 판단했다. 그는 영장 신청서에 "위스콘신 대 존 도"라고 적었다. 존 도는 DNA에서 D1S7, D2S44, D5S110, D10S28, D17S79 영역의 서열이 일치하는 미지의 남성을 뜻했다. 하지만 간의 이런 창의적인 노력이 있었음에도 존 도는 아직까지 잡히지 않고 있다.

그 와중에 새크라멘토에서 존 도 DNA라고 기재된 영장에 대해서 첫 번째 이의 신청이 제기되었다. 그곳에서는 이른바 "이층 강간범"이라는 남자가 지난 몇 년에 걸쳐서 세 건의 강간을 저질렀다고 믿어지고 있었다. 지방 검사 앤 마리 슈버트는 간의 선례를 좇아 공소시효가 만료되기 겨우 3일

전에 존 도 DNA 영장 신청서를 썼다. 하지만 그녀는 자기 관할구역에서 요구하는 사항들을 충족시켜야 했다. 특히 캘리포니아 법은 영장에 혐의자의 신원을 "상당히 구체적으로" 기재하도록 요구하고 있었다. 결국 그녀는 이렇게 썼다. "미국 백인 210해(垓)당 한 명, 아프리카계 미국인 65경당 한 명, 라틴아메리카계 미국인 4,200해당 한 명꼴로 나타나는 독특한 유전적 신상자료를 가진 미지의 남성."[12] 영장이 발부된 직후 존 도의 DNA 지문이 주 데이터베이스에 입력되었다. 그 지문은 폴 유진 로빈슨의 것과 일치했다. 로빈슨은 1998년에 가석방 조건을 어겨 체포된 인물이었다. 이제 영장에는 존 도라는 이름과 그의 STR 표지 대신 "폴 유진 로빈슨"이라는 이름이 적혔고, 로빈슨은 체포되었다. 그의 변호사는 처음에 영장에 적혀 있던 이름이 로빈슨이 아니었으므로 영장이 적법하지 않다고 주장했다. 다행히 판사는 "DNA가 개인의 가장 명백한 신원 확인서인 듯하다"[13]라고 말하면서 영장이 적법하다고 판시했다.

이런 "존 도 DNA" 영장이 효과가 있다는 것이 널리 알려지면서 많은 주에서는 DNA 증거가 있을 때에는 예외를 인정하는 쪽으로 강간 관련 조항을 수정했다.

DNA 지문 분석의 적용범위는 이제 무덤 속까지 확대되었다. 1973년 사우스웨일스에서 샌드라 뉴턴, 폴린 플로이드, 제럴딘 휴스 십대 소녀 세 명이 성폭행 뒤 살해되었다. 26년이 지난 뒤 그 범죄현장에서 채취한 표본들을 이용해 DNA 지문을 얻었다. 하지만 불행히도 국가 DNA 데이터베이스에는 일치하는 지문이 없었다. 그래서 과학자들은 정확하게 일치하는 지문을 찾는 대신, 살인자와 인척관계가 있음을 나타내는 DNA 지문을 찾았다. 그들은 100명을 찾아냈고, 그것은 경찰이 맨 처음 조사 때 수집했던 수많은 대량의 정보들을 재검토할 충분한 실마리가 되었다. 그들은 당시의 DNA 증거 수집기술과 기존 수사법을 결합시켜 마침내 조 캐펀이라는 용의자를 찾아냈다. 유일하게 남은 문제는 캐펀이 1989년에 암으로 사망했다는 사실이었다. 어떻게 해야 할까?

2002년 포트탤벗의 가족 묘지에서 캐펀의 유해를 꺼내서 DNA 지문 분석을 했다. 그 지문은 범인이 세 희생자의 몸에 남긴 DNA 지문과 정확히 일치했다. 법이 그에게 대가를 치르게 하기 전에 암이 그 일을 대신했던 것이다. 세 소녀의 유족들은 오랜 기다림 끝에 비로소 그의 이름을 알아낸 것만으로 만족해야 했다.

DNA 지문 분석은 조 캐펀의 사례보다 훨씬 더 극적으로 시신을 둘러싼 수수께끼들을 풀어냈다. 러시아 황실인 로마노프 일가의 놀라운 이야기를 해보자.

1991년 7월에 탐정, 감식 전문가, 경찰 무리가 시베리아 코프티야키의 한 숲에서 비로 젖은 땅을 파내 진흙탕이 된 곳에 모여 있었다. 1918년 7월에 열한 구의 시신이 이곳에 황급히 매장되었다. 제정 러시아 황제인 니콜라이 2세와 황후인 차리나 알렉산드라, 황태자 알렉세이, 네 명의 딸 올가, 타티아나, 마리, 아나스타샤, 그리고 함께 있던 네 사람의 시신이었다. 모두 묻히기 며칠 전에 무자비하게 살해당했다. 아나스타샤는 총탄 세례를 받았을 때 킹 찰스 스패니엘 종의 애완용 개인 제미를 안고 있었다. 살해자들은 처음에 시체들을 한 광산 속에 더져넣었지만 발각될까 두려워한 나머지 다음날 다시 꺼내 이곳 숲에 판 구덩이에 매장했다.

그 무덤은 1979년에 발견되었다. 차르 가문의 운명을 알아내는 일에 매달린 지질학자 알렉산드르 아브도닌과 러시아 혁명을 다룬 공식 다큐멘터리를 제작할 독점권을 얻은 덕분에 비밀문서를 볼 수 있었던 영화 제작자 겔리 랴보프가 끈질기게 추적한 덕분이었다. 사실 아브도닌과 랴보프가 무덤의 위치를 알게 된 것은 살해자들의 두목이 모스크바에 있던 우두머리에게 보낸 보고서를 보고 나서였다. 그들은 두개골 세 개와 다른 뼈들을 발견했다. 하지만 아직 공산당의 억압정책이 지속되고 있었기 때문에 그들은 황제 가족이 살해당했다는 이야기로 공산당의 주목을 끌어봤자 좋을 것이 하나도 없다는 것을 알았다. 그래서 그들은 다시 무덤을 메웠다.

정치상황이 변하면서 마침내 소련이 붕괴하자 아브도닌과 랴보프가 기다리던 기회가 찾아왔다. 그들은 삽과 곡괭이를 들고 다시 그 숲을 찾아갔다.

그들은 두개골과 뼈를 합쳐 모두 1,000점이 넘는 유해들을 발굴하여 서쪽으로 약 1,400킬로미터 떨어진 모스크바로 운반했다. 그들은 뼈를 제자리에 끼워맞추는 지루한 작업에 착수했다. 윤곽이 드러나자 그들은 깜짝 놀랐다. 원래 살해된 사람은 여자 여섯, 남자 다섯 모두 열한 명이라고 알려져 있었다. 그런데 무덤에 들어 있던 뼈는 여자 다섯, 남자 넷 모두 아홉 구밖에 없었던 것이다. 골격형태로 보아 사라진 시신은 알렉세이(당시 14세)와 아나스타샤(당시 17세)의 것임이 분명했다.

시신의 수와 무관하게 신원 자체를 의심하는 주장들도 제기되었다. 특히 러시아 과학자들과 그 작업을 지원하러 온 미국인들 사이에 의견 차이가 있었다. 그래서 1992년 9월에 파벨 이바노프 박사는 아홉 조각의 뼈를 들고 영국 법의학국에 있는 피터 질의 연구실을 찾았다. 질과 그의 동료인 데이비드 웨렛은 알렉 제프리스가 이 분야의 첫 논문을 쓸 때 공동 저자였으며, 그뒤 법의학국을 영국 최고의 DNA 지문 분석 연구실로 만들어놓은 사람들이었다.

질은 미토콘드리아 DNA(mtDNA)를 이용한 DNA 지문 분석법을 개발한 사람이었다. 앞에서 네안데르탈인 mtDNA 이야기를 하면서 살펴보았듯이, mtDNA는 오래되었거나 얻기 힘든 DNA를 분석할 때 특히 장점이 있다. mtDNA는 핵에 있는 염색체 DNA보다 수가 훨씬 더 많기 때문이다.

질과 이바노프는 우선 뼈에서 핵 DNA와 mtDNA를 추출하는 섬세한 작업에 들어갔다. 분석 결과 시신 중 다섯 구는 서로 인척관계에 있으며 세 구는 자매관계에 있다는 것이 드러났다. 하지만 그중 로마노프의 뼈는 어느 것일까? 적어도 알렉산드라 황후의 시신은 찾아낼 수 있을 듯했다. 뼈에서 추출한 mtDNA 지문을 그녀의 종손인 에든버러 대공 필립 왕자의 mtDNA 지문과 비교하면 가능했다. 그들은 일치하는 지문을 찾아냈다.

그러나 차르의 친척을 찾아내는 일은 더 어려웠다. 그의 동생인 게오르그 로마노프 대공의 시신이 담긴 아름다운 대리석 관은 너무 고귀해서 열기가 어려워 보였다. 차르의 조카는 돕지 않겠다고 했다. 혁명이 일어났을 때 영국 정부가 자기 일가의 망명을 거절한 것에 대한 섭섭함이 아직 남아 있었던 것이다. 질과 이바노프는 일본에 차르의 피가 묻은 손수건이 남아 있다는 것을 알았다. 1892년에 차르가 칼을 든 자객의 습격을 받았을 때 사용한 손수건이었다. 질과 이바노프는 손수건 한 조각을 얻었지만 오랜 세월이 흐른 탓에 그 유품은 다른 사람들의 DNA로 오염되어 쓸모가 없었다. 나중에 먼 친척 두 사람이 나타나고 나서야 그 mtDNA 지문은 차르의 것으로 확인되었다.

그러나 그것으로 끝난 것이 아니었다. 차르의 것으로 추정되는 뼈의 mtDNA 서열과 현대 친척들의 mtDNA 서열은 비슷했지만 똑같지는 않았던 것이다. 특히 1만6,169번째 자리의 염기가 차르의 mtDNA는 C인 반면에 두 친척들의 것은 T였다. 조사를 더 할수록 상황은 더 복잡해져만 갔다. 차르의 미토콘드리아 DNA에는 사실상 C와 T 두 유형이 섞여 있었다. 이런 특이한 상태를 "이종조직성(heteroplasmy)"이라고 한다. 즉 한 사람의 몸에 mtDNA가 한 종류 이상 들어 있는 것을 말한다.

몇 년 뒤 마침내 모든 음모 이론가들의 우려를 말끔히 씻어낼 일이 벌어졌다. 러시아 정부가 드디어 대리석 관을 열어 차르의 형제인 게오르그 로마노프의 조직 표본을 이바노프에게 제공하기로 한 것이다. 그 대공의 미토콘드리아도 똑같이 이종조직성을 보였다. 따라서 그 뼈가 차르의 것임이 분명해졌다. 1998년, 로마노프 왕가 식구들이 처형된 지 80년 뒤, 차르 니콜라이 2세와 8명의 친척들과 시종들의 유해는 마침내 상트페테르부르크의 성당에 안치되었다.

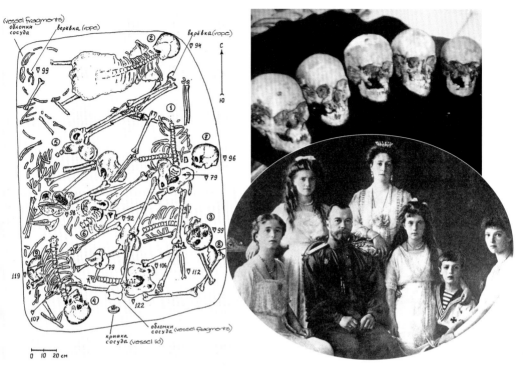

로마노프 일가와 유전학적으로 확인된 유해들

　그러나 전설적인 아나스타샤는 어디로 간 것일까? 숲의 무덤에는 그녀의 뼈가 없지 않았던가? 자신이 아나스타샤라고 주장하는 사람들은 많이 있었다. 그중에서 가장 줄기차게 주장한 사람은 애너 앤더슨이었다. 그녀는 평생 동안 자신이 그 행방불명되었던 공주라고 주장했다. 그녀는 1920년부터 그렇게 주장했으며 그녀의 이야기는 수많은 책들의 소재가 되었고 영화로도 만들어졌다. 적어도 잉그리드 버그만이 주연한 영화에서 그녀는 사실상 공주 대접을 받았다. 그녀는 1984년에 사망했지만 여전히 논란은 끊이지 않았다. 그녀가 죽은 뒤로도 옹호자와 비판자 사이에서는 서로 맞다 아니다라는 논쟁이 계속되었다. 그리고 마침내 논란을 해결할 수단이 손에 들어왔다.

1955년의 애너 앤더슨과 앤더슨의 주장을
토대로 만든 영화 「아나스타샤」(1956)에
서 주인공을 맡은 잉그리드 버그만

아나스타샤 매너헌(혼인한 뒤 애너 앤더슨의 이름)은 화장되었기 때문에
그녀의 조직을 얻기는 불가능했다. 하지만 그녀의 DNA를 얻을 수 있는
방법이 있었다. 1970년 8월에 그녀는 버지니아 주 샬로츠빌에 있는 마사
제퍼슨 병원에서 응급 개복수술을 받았다. 그 수술 때 현미경 검사를 위해
서 일부 조직이 병리학 연구실로 보내진 적이 있었다. 놀랍게도 그 조직은
24년이 지난 뒤에도 남아 있었다. 피터 질은 그 표본을 얻기 위해서 일련의
복잡한 법적 절차들을 거친 뒤 1994년 6월에 샬로츠빌로 가서 아나스타샤
매너헌이 남긴 작은 조직 표본을 가지고 왔다.

분석 결과는 수정처럼 깨끗했다. 애너 앤더슨은 니콜라이 2세 황제나 알
렉산드라 황후와 전혀 관련이 없었다. 또한 꺼지지 않고 남아 있던 논란은
2007년 아마추어 고고학자들이 대량 학살 무덤에서 좀 떨어진 곳에서 뼈
와 치아를 발견하면서 해결되었다. DNA 분석 결과 사라진 로마노프 왕가
의 두 아이, 알렉세이와 그 누나의 것임이 명백했다.

윈저 왕가가 이 러시아 사촌들의 신원 확인에 카메오 역할을 했을 수도 있지만, DNA 지문 분석은 최근에 더 이전의 영국 왕가와 관련된 오래된 역사적 수수께끼도 풀었다. 그 수수께끼의 중심에는 알렉 제프리스의 연구실에서 아주 가까운 레스터 지역에서 발굴된 유해들이 있었다.

1485년 8월 22일, 서른두 살의 영국 왕 리처드 3세와 헨리 튜더의 군대가 레스터셔에서 충돌하면서 보스워스 전투가 벌어졌다. 플랜태저넷 왕가의 리처드 왕이 사망했고—그 뒤로 영국 왕이 전투에서 사망한 적은 없었다—시신은 레스터로 운구되어 그레이프라이어스 성당의 프란체스코파 수사들에게 넘겨졌다. 하지만 1538년 당시 국왕 헨리 8세가 그 수도회를 해산했고, 그 뒤로 리처드 3세 묘지의 위치는 잊혔다.

그 상태로 거의 500년이 흐른 뒤, 레스터 대학교와 리처드 3세 협회는 유전학자, 고고학자, 역사학자 등으로 조사단을 꾸려서 조사에 나섰다. 2012년 8월, 조사단은 예전의 수도원 자리이기를 기대하면서 레스터 그레이프라이어스 구역의 한 주차장을 파기 시작했다. 사람들은 플랜태저넷 왕가의 마지막 왕의 유해를 찾아낼 가능성이 아주 희박하다고 보았다. 하지만 2주일 동안 꼼꼼히 발굴한 끝에, 조 애플비는 전투의 흔적이 남아 있는 머리뼈를 하나 찾아냈다. 뼈대의 두 척추마디 사이에는 녹슨 쇳조각이 하나 박혀 있었고, 척추는 독특한 S자 모양으로 휘어져 있었다. 리처드 3세의 등이 굽었다는 기록과 일치했다. 발굴자들은 그 역사적인 오후를 이렇게 회상했다. "마침내 해가 지자, 장비들이 다 차에 실리고 문들이 잠겼다. 리처드 3세의 유해는 527년 동안 평온히 잠들어 있던 그레이프라이어스 성당에 작별 인사를 했다."[14]

위치, 척추 측만증, 전투의 상처, 탄소 연대 측정값 등 정황 증거가 많기는 했지만, 유해의 신원은 DNA 증거로만 확인이 가능할 터였다. DNA 분석을 책임진 유전학자 튜리 킹은 채취량이 더 많은 미토콘드리아 DNA와 Y염색체에 초점을 맞추었다. 유해의 mtDNA를 리처드 3세보다 약 20세대

레스터의 한 주차장에서 발굴된 리처드 3세의 유해. DNA 분석으로 이 플랜태저넷 왕가에 속한 마지막 왕의 신원이 확인되었다.

뒤의 친척 두 명—리처드의 큰누나인 요크의 앤의 후손들—의 것과 비교하니, 한 명과는 전장 유전체가 완벽하게 일치했고, 다른 한 명과는 염기 하나만 달랐다. 킹 연구진은 종합한 증거가 "압도적"이라고 했다.[15] 하지만 레스터 연구진은 역사적 수수께끼 하나를 풀다가, 뜻하지 않게 새로운 수수께끼를 내민 형국이 되었다. 현재 살고 있는 남성 친척들과 Y염색체를 비교했더니, 일치하지 않았다. 그것은 20세대가 흐르는 동안 어느 시점에 부계가 바뀌었음을 시사했다. 놀란 사람은 아무도 없었겠지만 말이다.

2015년 3월 26일, 리처드 왕의 유해는 정중한 안치식을 거쳐서 레스터 성당에 안치되었다. 드라마에서 리처드 3세 역할을 맡은 적이 있는, 리처드 3세의 먼 친척뻘인 영화배우 베네딕트 컴버배치가 "내 이름을 새겨다오"라는 시를 낭독했다. 완벽하게 일치한 미토콘드리아 DNA를 제공한 왕의 17대 질녀인 웬디 덜디그는 눈물을 훔쳤다.

러시아 왕가와 영국 왕가의 운명은 우리의 일상과는 거리가 먼 동화처럼 여겨질지도 모른다. 그러나 DNA 지문 분석은 우리 가까이에 있는 음울한 현실에도 일상적으로 적용되고 있다. 항공기 추락 같은 참사가 일어난 뒤 조사관들이 해야 하는 가장 끔찍한 일 가운데 하나가 바로 시신들의 신원 확인 작업이다. 법은 사망 증명서 발행 등 갖가지 이유를 들어 신원 확인을 요구하고 있다. 더욱이 사랑하는 사람들을 적절한 장례식을 거쳐 묻고 싶어하는 유족들의 절실한 감정도 과소평가할 수 없다. 대부분의 사람들은 아무리 조각났다고 해도 시신을 회수하는 것이 죽은 사람을 존중하는 것이라고 생각하며, 그 일은 적극적인 신원 확인 작업에 달려 있다.

1972년에 마이클 블래시가 조종했다고 여겨지는 미국 군용기가 베트남 안 록 전투 때 격추되었다. 추락한 곳에서 잔해들이 회수되었고 1978년에 미흡하기는 하지만 혈액형과 뼈를 조사한 결과 시신이 블래시의 것이 아니라고 나왔다. 이 이름 모를 유해에는 증거 1853번 X-26이라는 꼬리표가 붙었다. 그 유해는 레이건 대통령이 참석한 가운데 엄숙한 장례식을 거쳐 알링턴 국립묘지의 무명용사 묘역에 안장되었다. 1994년에 CBS 뉴스는 테드 샘플리가 쓴 『미국의 파병』이라는 책에 실린 X-26이 블래시라는 주장에 흥미를 보였다. 자체 조사를 한 CBS는 샘플리의 주장을 입증하는 증거를 찾아냈다. 블래시의 유족은 국방부에 그 주장을 조사해달라고 청원했다. 이번에는 mtDNA 지문 분석이 사용되었다. 그 뼈의 DNA는 블래시의 어머니와 여동생의 것과 일치했다. 블래시는 죽은 지 20년 뒤에야 미주리주 세인트루이스로 돌아올 수 있었다. 그의 어머니는 마침내 묘비 옆에 서서 "내 아들이 집에 왔어. 이제야 집에 왔어"라고 말했다.[16]

그뒤 국방부는 유해의 신원 확인을 위해서 군대 표본 보관소를 설치했다. 신병들은 현역이든 예비역이든 할 것 없이 모두 혈액 표본과 DNA 표본을 보관하도록 되어 있다. 2001년 3월까지 보관소에는 300만 점이 넘는 표본이 수집되었다.

2001년 9월에 세계무역 센터 건물 중 하나에 항공기가 충돌했다는 소식이 들려왔을 때 나는 사무실로 가던 중이었다. 다른 사람들과 마찬가지로 나도 처음에는 사고이려니 생각했다. 다른 식으로는 상상할 수 없었기 때문이다. 하지만 곧이어 다른 항공기가 나머지 건물에 충돌했다는 소식이 들려오자 수많은 무고한 사람들을 대상으로 한 가장 끔찍한 범죄가 저질러졌다는 것이 명백해졌다. 그 날 그 참사를 지켜본 사람은 고층건물 창밖으로 사람들이 몸을 내밀고 있는 광경이나 창밖으로 떨어지는 광경을 결코 잊지 못할 것이다. 맨해튼에서 50킬로미터나 떨어져 있는 조용한 이곳 콜드 스프링 하버 연구소도 그 비극적인 사건을 피하지는 못했다. 우리 직원 가운데 두 명이 그 날 아들을 잃었다.

최종 집계된 사망자 수는 2,753명이었다. 공격 당시에 두 건물에 있었을 것이라고 추정되던 5만 명에 비하면 매우 적은 숫자였다. 그렇지만 그 엄청난 충격을 고려해보면 살아 있기는커녕 온전히 남아 있는 시신도 거의 없을 것이라고 예상할 수 있다. 따라서 생존자 탐색은 유해 찾기로 바뀔 수밖에 없었다. 시신을 찾기 위해서는 토막 난 철근, 부서진 콘크리트, 산산조각난 유리 100만 톤을 일일이 체로 걸러야 했다. 약 2만 점의 유해가 발견되었고 그것들은 냉동차 20대에 실려 검시관 사무실 근처로 옮겨졌다. 신원을 확인하려는 초인적인 노력이 진행되는 동안, 먼저 치과기록과 기존의 지문 분석법을 통해서 많은 사람들의 신원이 확인되었다. 하지만 그런 손쉬운 일이 끝나자, DNA 분석이 점점 더 많은 비중을 차지하게 되었다. 현장에서 채취한 온갖 유전적 증거물들과 비교하기 위해서, 친척들은 자신의 혈액이나 죽은 사람이 썼던 빗이나 칫솔처럼 죽은 사람의 세포가 일부 남아 있어서 DNA를 추출할 수 있을 만한 물건들을 제공해야 했다. DNA 지문 분석 작업은 솔트레이크 시에 있는 미리어드 제네틱스 사와 셀레라 지노믹스 사에 맡겨졌다. 둘 다 DNA를 대규모로 분석하는 일을 해온 회사였다. 거기에 미시건 주의 소프트웨어 회사 진 코더스가 구축한 데이터베이스가 이용되었다. 하지만 아무리 첨단기술을 가지고 있다고 해도 이 일은 진척이 느리고 손이 많이 가야 한다.

2015년 3월, 남쪽 건물 97층에 있었던 은행가 매튜 야넬의 가족은 마침내 유해에서 그의 신원이 확인되었다는 소식을 받았다. 그의 어머니는 운이 좋은 편이었다. 1,100명이 넘는 희생자 유해들의 신원은 아직도 파악되지 않았다.

자신의 조상을 알고 싶어하는 것은 인간의 공통적인 욕망이다. 그들은 누구였으며 어디에서 왔는가? 수세대에 걸친 이민자들이 세운 나라인 미국에서는 그 욕망이 특히 강하다. 최근에는 인터넷의 도움을 받아 혈통 찾기 열풍이 불었다. 인터넷은 그 현상이 어느 규모로 이루어지는지 비공식적으로 측정할 수 있게 해준다. 검색 엔진 구글로 "혈통(genealogy)"을 찾아보면 1,500만 개가 넘는 웹페이지가 뜬다. 개인의 유전적 지문을 비교하는 방법을 통하면 질과 이바노프가 애너 앤더슨과 로마노프가 관계가 있는지 알아보기 위해서 했던 것과 같은 매우 특수한 혈통 탐색이 가능해진다. 하지만 혈통은 더 넓은 차원에서도 구성할 수 있다. 예를 들면 개인의 DNA 지문을 집단 전체의 지문과 비교하여 연관관계를 찾아낼 수도 있다.

옥스퍼드 대학교의 브라이언 사이스는 DNA 분석을 이용해 자신의 유전적 역사를 탐색했다. 성씨와 Y염색체가 둘 다 부계로 대물림되므로, 그는 성씨가 같은 남성들은 모두 같은 Y염색체를 가져야 할 것이라고 추론했다. 즉 모두 그 성씨를 처음 가진 남성의 Y염색체를 가지고 있을 것이라는 생각이었다. 물론 그 성씨가 한 번 이상 독자적으로 생겨났거나, 어떤 이유로 남성이 성씨를 바꿨거나, 여성이 뽕밭에서 몰래 바람을 피워 사내아이를 낳는 것처럼 남성이 자신의 생물학적 아버지가 아닌 사람의 성씨를 가졌다면, Y염색체와 성씨 사이의 연계성은 끊어진다.

사이스 교수는 사이스라는 성씨를 가진 남성 269명과 접촉한 끝에 48개의 표본을 모을 수 있었다. 표본들을 분석한 그는 Y염색체 중 약 50퍼센트는 자신의 "사익스" 염색체와 똑같다는 것을 알았다. 나머지는 여러 세대에 걸쳐서 사익스 부인들 중 한 명 이상이 불륜을 저질렀다는 증거였다. 그 성씨가 700년 전쯤에 생겼다는 기록이 있으므로, 한 세대에 불륜이 얼마나 저질러졌는지 파악하는 것도 가능하다. 분석결과 평균 1퍼센트라는 매우 존경할 만한 수치가 나왔다. 즉 이 수치는 각 세대의 사익스 부인들 중 99퍼센트가 혼외정사의 유혹에 넘어가지 않았다는 것을 암시한다.

사익스가 DNA 지문 분석을 통해서 혈통을 찾아내는 옥스퍼드 앤시스터스 사를 설립했을 때 처음 찾아온 고객 중에 존 클러프 종친회가 있었다. 그 종친회 사람들은 자신들의 조상이 1635년에 매사추세츠로 이민을 온 브리턴 사람이라는 것을 알고 있었다. 그들은 그 조상이 웨일스 가문 출신의 리처드였으며, 십자군 전쟁 때 공을 세워 기사 작위를 받았다는 것까지 알고 있었다. 하지만 그들은 자신들의 가문과 대서양 저편에 있는 가문이 연결되어 있다는 역사적 증거를 찾지 못했다. 사익스의 회사는 매사추세츠의 클러프 가문 사람들과 리처드 경의 직계후손인 한 남성의 Y염색체 DNA를 분석했다. 둘은 똑같았다. 매사추세츠 가문이 방계임이 드러난 것이다. 하지만 미국의 클러프 가문 사람들이 모두 그런 것은 아니었다. 종친회의 구성원들 중 앨라배마 주와 노스캐롤라이나 주의 사람들은 리처드 경이나 매사추세츠의 클러프 가 사람들과 친척이 아님이 드러났다.

현재 23앤미와 앤시스트리닷컴 같은 개인의 유전적 혈통을 찾아주는 기업들의 웹사이트에는 오랫동안 소식이 끊긴 친척들—형제자매, 부모, 사촌, 자녀—를 찾는 사람들의 놀라운 이야기들로 가득하다. 앤시스트리닷컴은 DNA 시료만으로도 1700년대의 조상까지 밝혀낸다고 약속한다.

미국의 낮 시간에 방영되는 모리 포비치나 제리 스프링거 같은 사회자들의 대담쇼를 보면, 젊은 남녀들이 초조한 표정으로 나와 있는 것을 볼 수 있다. 사회자는 봉투를 열고서 의미 있는 표정으로 남녀를 쳐다본 뒤에 카드에 적힌 글을 읽는다. 그 순간 여성은 손으로 얼굴을 감싸고 울음을 터뜨린다. 반면에 남성은 주먹을 불끈 쥐면서 기뻐 날뛴다. 반대로 남성은 낙심한 표정으로 어깨를 축 늘어뜨리고 의자에 앉아 있고, 여성이 의기양양하게 그를 가리키면서 팔짝팔짝 뛰기도 한다. 어느 쪽이든 간에 우리는 DNA 지문 분석이 가장 기이한 방식으로 적용되고 있는 사례를 보고 있는 것이다. 인포테인먼트(infotainment)의 극단을 말이다.

공중파 방송은 그 주제를 오락거리로 만들지만 친자 확인 검사는 오랜 역사를 지닌 진지한 분야이다. 인류 역사가 시작될 때부터 우리 삶의 많은 측면들, 즉 심리적, 사회적, 법적 측면들은 자신의 아버지가 누구인지 여부와 관련이 깊었다. 따라서 개인을 식별할 수 있는 유전자 기술이 처음 개발된 순간부터 그 과학은 자연스럽게 친자 확인 검사와 관련을 맺게 되었다. 분자유전학이 등장하기 전까지는 혈액 자체가 친자관계를 확인할 수 있는 가장 과학적인 단서였다. 혈액형의 유전양상은 믿을 만하고 잘 알려져 있지만 인간의 유전체 전체에서 혈액형에 관여하는 유전자는 극히 적기 때문에 그 형질의 식별력에는 한계가 있었다. 현실적으로 혈액형 검사는 아버지라는 사람이 두 명 있을 때 한 명을 제외시키는 일만 할 수 있을 뿐이며, 둘 중 한 명이 아버지라는 결정적인 확증을 제공할 수는 없다(혈액형이 맞지 않다면, 나는 분명히 당신의 아버지가 아니다. 하지만 내가 아버지라는 확실한 증거가 없다면 다른 수많은 남성들도 마찬가지로 아버지가 될 수 있다). 이에 비하면 STR형은 훨씬 더 강력한 도구이다. 이 기술을 통해서 얻은 유전 지문은 친자관계를 판단할 수 있는 명확한 증거를 아주 수월하게 제공한다.

유전형 분석기술이 너무나 빨리 발전하는 덕분에, 직접 가지 않고 우편으로 친자 검사를 해주는 기업들이 번성하고 있다. 몇몇 도시에서는 지역 친자 검사 기업들이 도로변의 대형 광고판에 "아빠는 누구?"라는 노골적인 문구를 내걸고 있다. 비용만 내면 이런 회사들은 당신의 입 안에서 세포 몇 개를 긁어내는 면봉이 포함된 DNA 표본 채취 도구를 우편으로 보내줄 것이다. 조직 표본을 검사 연구소로 발송하면 그곳에서 DNA를 추출한다. 아이의 DNA 지문은 어머니의 지문과 비교된다. 아이에게는 있지만 어머니에게는 없는 STR은 누구인지 모르지만 아버지에게서 왔을 것이다. 아버지로 추정되는 사람의 지문에 이런 반복 서열이 없다면 그는 아버지가 아니다. 반복 서열이 있다면, 반복되는 횟수, 이른바 친부 지수(Paternity Index : PI)를 통해서 그 일치가 확정적인 것인지 여부를 정량화할 수 있다. 이 값은 실제 아버지가 아닌 다른 남성이 특정한 STR에 기여할 수 있는 확률을 측정하는 것이며 이 확률은 그 STR이 집단 내에 얼마나 퍼져 있는가에 따라서 달라진다. 모든 STR들의 친부 지수를 곱하면 결합 친부 지수가 된다.

물론 친자 확인 검사는 대부분 최대한 신중하게 다루어지나(토크쇼에 나오는 것이 아니라면), 최근에 아버지라는 사람이 역사적으로 대단한 인물이었기 때문에 언론의 관심을 끈 사례가 있었다. 제3대 대통령이자 독립 선언서의 주요 작성자인 토머스 제퍼슨이 미국 헌법의 아버지만은 아니라는 주장이 오래 전부터 있었다. 그와 그의 노예였던 샐리 헤밍스 사이에 자식이 한 명 이상 있다는 것이다. 첫 번째 고발은 1802년에 제기되었다. 당시 12세였던 톰이 그의 아들이라는 것이었다. 톰은 나중에 주인들 중 한 명의 성씨인 우드슨을 자기 성으로 삼았다. 게다가 헤밍스의 막내아들인 에스턴이 제퍼슨을 쏙 빼닮았다는 말도 널리 퍼졌다. 따라서 DNA는 그것을 규명할 운명을 지니고 있었다.

제퍼슨에게는 법적으로 아들이 없었으므로 그의 Y염색체에 어떤 표지들이 있었는지 파악하기란 불가능하다. 그 대신 연구자들은 제퍼슨의 삼촌인 필드 제퍼슨(그의 Y염색체는 대통령의 것과 똑같을 것이므로)의 남성 후손들로부터 DNA를 얻어 그것을 톰과 에스턴의 후손들의 DNA와 비

교했다. 비교해보니 제퍼슨 Y염색체의 독특한 지문이 톰 우드슨의 후손들에게는 나타나지 않았다. 제퍼슨은 명성을 유지할 수 있었다. 하지만 에스턴 헤밍스의 후손들에게서는 제퍼슨의 Y염색체 지문이 선명하게 나타났다. 그러나 그 DNA는 그 염색체가 어디에서 왔다는 것을 짐작하게 해줄 뿐 확증해줄 수는 없다. 우리는 에스턴의 아버지가 토머스 제퍼슨인지, 아니면 샐리 헤밍스에게 접근할 수 있었던 제퍼슨 가문의 다른 남성이었는지 확정적으로 말할 수 없다. 사실 대통령의 조카인 이섬 제퍼슨을 의심하는 사람들도 있었다.

수세기 동안 국민의 존경을 받았다고 해도 DNA 증거라는 냉엄한 광선에는 고스란히 노출될 수밖에 없다. 오늘날에는 아무리 명성이나 돈이 있어도 그 광선을 피할 수 없는 듯하다. 브라질 모델인 루치아나 모라드가 자기 아들의 아버지가 믹 재거라고 주장했을 때(그녀는 아들의 이름을 루카스 모라드 재거라고 붙였다), 롤링스톤스는 그럴 리 없다고 말하면서 DNA 검사를 요구했다. 재거는 법정에서 가리자고 위협하면 모라드의 결심이 흔들릴 것이고 주장을 철회하지 않을까 하는 생각에 허세를 부린 듯하다. 하지만 그녀는 철회하지 않았다. 검사결과는 양성이었고, 재거는 자기 아들의 양육비를 지원할 법적 의무를 지게 되었다. 보리스 베커도 러시아의 모델 안겔라 에르마코바가 낳은 딸 때문에 친자 확인 검사를 받았다. 선정적인 신문들은 그 테니스 스타가 자신이 러시아 마피아들이 꾸민 음모의 희생자라고 믿는다고 한 말을 대서특필했다. 이 사건이 어떻게 전개되었는지 알고 싶다면 선정적인 신문들을 살펴보라. 여기에서는 DNA 결과가 나온 뒤 도도하던 베커가 자신이 저지른 행동을 시인하고 생물학적 딸의 양육비를 대겠다고 맹세했다는 것 정도만 말해두기로 하자.

2007년, 배우 에디 머피는 자신이 스파이스 걸스의 멤버 멜 B.로 더 잘 알려진 멜라니 브라운의 딸 에인절 브라운의 생물학적 아버지라고 인정했다. 그런 한편으로 DNA 검사는 키아누 리브스나 타이거 우즈 같은 유명인의 친자라고 주장하는 사례들이 거짓이라는 것도 많이 밝혀냈다.

아이의 생물학적 친족을 찾는 DNA 지문 분석은 재거와 베커의 아이보다 훨씬 더 고귀한 목적에도 적용되어왔다. 1975년에서 1983년 사이에 아르헨티나에서는 군사정권에 비협조적인 견해를 가진 1만5,000명이 소리 없이 행방불명되었다. 그뒤 군부는 그 "사라진" 사람들의 아이들을 대부분 고아원에 보내거나 불법 입양시켰다. 그 체제에서 자신의 아이를 잃은 사라진 사람들의 어머니들은 나중에 자기 자식의 아이를 찾는 일에 나섰다. 손자를 되돌려달라고 나선 것이다. 라스 아부엘라스(Las Abuelas, 할머니들)는 매주 목요일마다 부에노스 아이레스의 중앙 광장에 모여 행진을 하면서 전국에 아이를 찾아달라고 호소했다. 그들은 지금까지도 아이 찾기를 계속하고 있다. 일단 아이가 어디에 있는지 밝혀지면 유전자 지문 분석을 통해서 누구의 친척인지 찾는다. 앞에서 인간과 침팬지의 관계를 규명할 때 등장했던 메리-클레어 킹은 1984년부터 라스 아부엘라스에게 8년 동안의 악몽 같은 체제에서 찢겨진 가족관계를 회복하는 데에 필요한 유전자 분석을 해주고 있다.

DNA 지문 분석은 맨 처음 범죄수사에 적용된 이래로 순조롭게 발전해왔다. 그것은 이제 우리 대중문화의 한 부분이 되어 있으며 혈통에 관심을 가진 사람이 애용하는 소비상품이 되어 있다. 그것은 유명인사들과 텔레비전에 나오고 싶어 안달하는 평범한 사람들이 우리에게 계속 제공하는 새로운 화젯거리가 되어 있다. 하지만 그 분석이 가장 진지하게 적용되는 곳은 생사를 가르는 법적 분쟁이 벌어지는 곳이다. 서구 국가들 중 아직까지 사형제도가 남아 있는 곳은 미국뿐이다. 연방 대법원이 10년 동안 중단했다가 다시 사형선고를 내리기 시작한 1976년부터 2015년 9월까지 1,400명 이상이 사형을 당했고, 2015년 4월 기준으로 3,000명이 넘는 죄수들이 사형을 기다리고 있다. 이런 점에 비추어볼 때 우리는 무죄 프로젝트(Innocent Project)의 활동과 그 기관의 설립자 배리 셰크와 피터 뉴펠드를 살펴볼 필요가 있다. 적어도 DNA 지문 분석이 처음 시작될 무렵에 두 사람은 가장 강력한 비판자였다. 하지만 그 시기가 지난 뒤 셰크와 뉴펠드를 비롯한 변호사들은 자신들이 반대한 수사기술이 사실상 유죄를 확증하기보다는 무죄를 입증하는 데에 더 뛰어난, 정의를 위한 강력한 도구라는 것을 알아차렸다. 무죄를 입증하려면 피고의 DNA 지문과 범죄현장에서 얻은 DNA 지문 사이에 일치하지 않는 부분 하나만 찾아내면 된다. 반면에 유죄를 입증하려면 피고 이외의 누군가가 같은 DNA 지문을 가지고 있을 확률이 무시해도 좋을 정도라는 것을 통계적으로 보여주어야 한다.

2017년 3월까지 무죄 프로젝트에 참여한 변호사들과 학생들(현재 전국의 법대 학생들을 연결하는 망이 구축되어 있다)의 노력으로 잘못 유죄 판결을 받은 349명이 무혐의로 풀려났다. 네 명이 풀려난 일리노이 주의 주지사 조지 라이언은 자기 주에서 사형 집행을 무기한 중단시키는 주목할 만한 조치를 취했다. 사형 같은 법과 질서 수호 수단들이 대중의 지지를 받고 있다는 점을 생각할 때 이것은 정치적 위험을 감수한 결정이었다. 더 나아가 라이언은 사형 문제를 검토할 특별 위원회를 설치했다. 위원회는 2002년 4월에 보고서를 내놓았으며 그 보고서에 담긴 가장 강력한 권고안들 중에는 일리노이 주 형법체계에 모든 피고인과 죄인의 DNA 검사를 강화하는 규정을 마련해야 한다는 것도 있었다.

무죄를 주장하는 사람들이 DNA 검사를 받는다고 해서 유죄 판결이 모두 뒤집히는 것은 결코 아니다. 제임스 핸래티는 20세기 영국에서 악명 높은 살인자 중 한 명이었다. 그는 젊은 부부에게 접근하여 남자를 총으로 쏘아 치명상을 입히고 여자를 성폭행한 뒤에 다섯 발을 쏘고서 시체를 버렸다. 핸래티는 그 범죄가 일어난 시각에 몇 킬로미터 떨어진 곳에 있었다고 주장했지만 유죄 판결을 받고 사형이 언도되었다. 1962년에 그는 영국에서 마지막으로 사형 집행을 받은 죄인 중 하나가 되었다.

핸래티는 자신의 결백을 주장하면서 죽었고, 그가 죽은 뒤 유족은 그의 명예를 회복하려는 운동을 펼치기 시작했다. 그들의 노력은 큰 반향을 일으켰고 마침내 당국은 희생자의 속옷에 묻은 정액과 살인범이 얼굴을 가릴 때 쓴 손수건에서 DNA를 추출하기로 결정했다. 그런 다음 두 표본을 핸래티의 형제와 어머니에게서 얻은 DNA 지문과 비교했다. 애통하게도 범죄현장의 DNA는 핸래티 가족의 것이라고 나왔다. 그래도 결과를 받아들일 수가 없었던 유족은 2001년에 핸래티의 시신을 파내 DNA를 추출할 것을 요구했다. 그러한 더 직접적인 분석결과도 속옷과 손수건에 묻은 DNA가 핸래티의 것임을 명확히 보여주었다. 마지막으로 지푸라기라도 움켜잡는 심정에서 유족은 최근 심슨이 재판에서 이긴 사례를 본따 그 표본이 부적절하게 취급되어 오염되었다고 주장했다. 하지만 수석 재판관은 그 주장을 기각했다. "DNA 증거는 제임스 핸래티가 살인자였음을 명백하게 보여준다."[17]

대개 지난 사건을 다시 들추는 것을 가장 강력하게 반대하는 측은 지방 검사이다. 그가 힘들여 얻어낸 유죄 판결 사건을 재조사하는 것을 탐탁하지 않게 여기는 것은 그럴 만하다. 하지만 때로 그런 경직성은 자멸로 이어질 수 있으며, 검사들은 유전 증거가 사건을 명쾌하게 규명할 수 있다고 생각한다면, DNA가 마찬가지로 누군가의 입을 다물게 하는 가장 확실한 방법일 수 있다는 것도 인정해야 한다. 1984년에 매사추세츠의 울스터에서 한 강간범에게 40년 형이 선고되었다. 하지만 그는 계속 자신이 무죄라고 항변했다. 핸래티와 마찬가지로 그도 부유하고 유명한 동조자들을 끌어 모았다. 2001년에 그들은 DNA 분석을 요구했고 마침내 분석이 이루어졌다. 분석결과에 모두 깜짝 놀랐다. 유죄 판결을 받았던 래구어가 정말로 강간범이었던 것이다. 창살 뒤에 갇혀 40년 동안 있어야 하는 그 남자는 그런 요구를 했다가 실패해도 잃을 것이 없다고 생각했는지 모른다. 하지만 역설적으로 지방 검찰청은 2년이나 시간을 끌다가 겨우 DNA 지문 분석을 하는 데에 동의했다. 『세인트 피터스버그 타임스(*St. Petersburg Times*)』는 사설에서 일침을 놓았다. "돌이켜 생각하면 그 검사가 DNA 검사에 더 일찍 동의했더라면 그만큼 더 일찍 '내가 그렇게 말했잖소'라고 말하는 기쁨을 누렸을 것이고 논쟁을 벌이느라 시간을 낭비하지도 않았을 것이다."[18]

결국 비참하게 끝난 한 아버지의 외로운 싸움 : 제임스 핸래티의 무죄를 입증하려는 기나긴 노력은 DNA 증거로 무산되었다.

자유주의자들은 DNA 지문 분석을 사회 전체에 폭넓게 적용하는 것에 항상 반대할 것이다. 하지만 어떤 이유로든 형법체제 속에 들어온 사람들에게 그 기술을 적용하는 것이 사회적 효용이 있는지 여부를 놓고 왈가왈부하기는 어렵다. 왜냐하면 슬프게도 한 번 그 속에 들어간 사람은 다시 들어갈 가능성이 있기 때문이다. 범죄학 자료는 사소한 범죄로 유죄 판결을 받은 사람들은 더 심각한 범죄를 저지를 가능성이 높다고 말한다. 플로리다 주에서 살인을 저지른 사람의 28퍼센트, 성범죄를 저지른 사람의 12퍼센트는 전에 강도질을 한 사람들이었다. 그리고 놀랍게도 그런 재범 양상은 화이트칼라 범죄자들에게서도 나타난다. 버지니아 주에서 문서 위조로 유죄 판결을 받은 22명 중 10명이 DNA 지문 분석 결과 전혀 상관없는 범죄인 살인이나 성범죄와 관련되어 있었다.

현재 DNA 지문 데이터베이스를 확대하려는 노력이 진행되고 있다. 1995년 영국에서 최초의 국가 DNA 데이터베이스가 구축되었다. 2014년 7월 기준으로 영국의 데이터베이스에는 490만 건이 넘는 자료가 있다. 영국 인구의 약 8퍼센트에 해당한다. 영국과 웨일스에서는, 경찰이 무죄 석방된 피고인이나 체포되었지만 기소되지 않은 사람에게서도 DNA 표본을 채취할 수 있다(스코틀랜드에서는 용의자가 기소되지 않거나 무죄 석방된다면 DNA 표본을 없애도록 되어 있다).

미국에서는 현재 19개 주가 폭력 범죄만이 아니라 모든 중죄인의 DNA 표본을 수집하도록 규정하고 있다.

나는 모든 사람이 DNA 표본을 제공해야 한다고 생각한다. 내가 개인의 사생활 침해 우려나 유전정보의 오용 가능성에 둔감하기 때문은 아니다. 앞에서 말했듯이 인간 유전체 계획의 첫 책임자가 되었을 때 나는 유전정보를 임상적으로 적용할 때 나타날 수 있는 문제들을 조사하는 일에 상당한 예산을 할당했다. 하지만 형사 사법은 다른 문제이다. 나는 이 부문에서는 남용의 위험보다 사회적 이익이 생길 가능성이 훨씬 더 크다고 본다. 그리고 우리 모두가 자유사회에서 사는 혜택을 누리려면 무언가를 양보해야 한다는 점을 고려할 때—에드워드 스노든의 폭로 덕분에 얼마나 양보해야 할지를 더욱 잘 이해하게 되었다—이런 특수한 형태의 익명성을 희생한다고 해서 그것이 터무니없는 부담이 될 것 같지는 않다. 공공 자료에 접근할 수 있는 권한을 엄격하고 신중하게 법률로 통제한다면 말이다. 솔직히 말해서 나는 빅 브라더가 어느 날 어떤 사악한 목적을 가지고 내 유전 지문을 읽을 것이라는 먼 미래의 가능성보다는 내일 위험한 범죄자가 풀려나 더 사악한 행위를 저지르지나 않을까, 단순한 DNA 검사를 받지 않은 탓에 결백한 사람이 감옥에서 지내는 일이 벌어지지나 않을까 하는 생각을 할 때 더 걱정이 된다. 나는 미국 시민자유연맹이 DNA 자료 수집 반대를 천명한 행동이 지나치다고 생각한다. 연맹은 대중보다는 범죄자를 옹호하는 데에 더 관심이 있는 듯하다. 또한 DNA 표본의 맹목적인 수집은 많은 사법기관에 존재하는 과도한 인종적 프로파일링도 없앨 것이다.

그러나 DNA 수집 자체에 반대하는 목소리는 계속 들려오고 있으며, 때로는 놀랍게도 가장 관계가 먼 분야에서 그런 목소리가 들리기도 한다. 뉴욕 시와 오스트레일리아 태즈메이니아 주의 의원들은 경찰관 DNA 전체가 지문 분석을 받도록 의무화했다. 논리는 단순하다. 경찰 자신들의 DNA 자료가 입력되면 그들이 조사하는 범죄에 연루될 가능성이 적어질 것이라는 논리이다. 아이러니하게도 두 곳의 법 집행기관 모두 그 방법을 비판했다. DNA 지문 분석이 폭넓게 활용되어야 자신들의 일이 더 개선되는 사람들이라고 해도 자신의 DNA가 관련되어 있으면 그것을 활용하고 싶어하지 않을 것이라는 논리였다. 나는 이 논리에 불합리한 점이 있다고 본다. 유전자 변형 식품의 사례에서 볼 수 있듯이 대중은 DNA가 부두교의 속성을 지녔다고 상상한다. 즉 DNA에 무언가 섬뜩하고 신비한 것이 담겨 있다고 생각한다. 그리고 유전적인 복잡성을 이해하지 못한다면 극도의 불안과 음모 이론에 사로잡히기 쉽다. 나는 사람들이 일단 현안들을 제대로 이해하고 나면 지금처럼 우리에게 유익한 새롭고 강력한 기술을 활용하기를 주저하고 있는 태도는 사라질 것이라고 기대한다.

배리 셰크와 피터 뉴펠드가 공동으로 쓴 책 『실질적 무죄(*Actual Innocence*)』의 서문에는 그 입장이 제대로 표현되어 있다. "DNA 검사와 정의의 관계는 망원경과 별의 관계와 같다. 우리는 생화학을 배우거나 사물을 확대하는 광학 렌즈의 경이로움을 보기 위해서가 아니라, 현실을 있는 그대로 보기 위해서 그것들을 이용한다."[19] 그 말이 틀렸다고 할 수 있을까?

제12장

질병 유전자 : 인간 질병의 탐색과 치료

술에 취하기에는 너무 이른 시각이었다. 하지만 나무랄 데 없이 멋지게 차려 입은 한 중년 여인에게는 그렇지 않은 모양이었다. 비틀거리면서 길을 가로지르고 있는 그녀는 정말로 취한 듯이 보였다. 법원 옆에 있던 경찰에게도 그렇게 보였는지, 그는 공공장소에서 꼴사나운 짓 하지 말라며 그녀를 나무랐다. 하지만 사실 레오노어 웩슬러는 전혀 취하지 않았다. 그녀는 자기 눈앞에서 몇몇 가까운 친척들이 맞이했던 끔찍한 운명, 자신은 비껴갔으면 하고 간절히 바랐던 운명을 막 맞이하는 중이었다.

그 일이 있은 지 얼마 지나지 않은 1968년, 웩슬러의 전남편인 밀턴은 로스앤젤레스에서 스물여섯인 앨리스, 스물셋인 낸시, 두 딸과 함께 예순 살 생일을 치렀다. 하지만 그날 준비되어 있던 것은 축하가 아니었다. 밀턴은 두 딸에게 쉰세 살이던 어머니가 헌팅턴 병에 걸렸다고 말했다. 헌팅턴 병은 뇌 기능이 서서히 퇴화하여 자기 자신과 자신이 사랑하는 사람들에 관한 모든 기억을 서서히 잃어가는 끔찍한 신경질환이다. 이 병에 걸린 사람은 팔과 다리를 통제하는 능력도 잃는다. 처음에는 레오노어가 그랬듯이 걸음을 제대로 걷지 못하게 되지만, 심해지면 무의식적으로 팔다리가 계속 홱홱 움직이는 증상이 나타난다. 냉혹하게 죽음을 맞이하게 되는 이 병에는

◀ 베네수엘라 마라카이보 호수에서 조발성 헌팅턴 병에 걸린 아이를 안고 있는 낸시 웩슬러

치료약도, 치료법도 없었다.

앨리스와 낸시는 삼촌들, 즉 레오노어의 세 형제가 모두 일찍 사망했고, 외할아버지 에이브러햄 세이빈도 마찬가지였음을 떠올렸다. 이제 그들은 헌팅턴 병이 가족에게 대물림되는 병이라는 것을 분명히 깨닫게 되었다. 딸들은 즉시 밀턴에게 물었다. 자신들도 그 병에 걸릴 위험이 있는지 말이다. 밀턴은 악역을 맡아야 했다. 그는 "반반이야"라고 말했다.[1]

에이브러햄 세이빈과 그 후손들에게 나타나는 질병은 조지 헌팅턴이 처음 밝혀냈다. 의사 집안에서 태어난 헌팅턴은 롱아일랜드 주의 이스트햄프턴에서 자랐다. 그는 소년시절에 아버지가 왕진을 다닐 때 따라다녔다. 컬럼비아 대학교에서 의학과정을 마친 뒤 그는 롱아일랜드로 돌아가 의사생활을 하다가 몇 년 뒤 오하이오 주의 포머로이로 이사했다. 그가 미들포트 근처에 있는 메그즈 앤 메이슨 의학 아카데미에 보낸 논문의 제목은 "무도병에 관하여(on Chorea)"였다. 그 단어는 춤을 뜻하는 그리스어에서 유래한 것으로서 의사들은 17세기 때부터 획 하고 경련이 일어나는 움직임을 보이는 질환에 이 이름을 붙여왔다.

이 젊은 의사의 논문은 헌팅턴 무도병, 지금은 헌팅턴 병이라고 불리는 것을 탁월하게 기술했다. 이 장애가 유전된다고도 말했다. "부모 중 어느 한쪽이나 양쪽 다 이 병에 걸리면, 자녀 중 한 명 이상은 예외 없이 발병한다. 한 세대를 건너뛰어서 다음 세대에 발병하는 일은 거의 없다. 일단 발병하면, 결코 회복되지 않는다."[2] 다시 말해서, 헌팅턴 병은 우성 유전된다. 또 이 병은 남녀 어느 한쪽에게서만 주로 나타나지 않으며(즉 성연관 질병이 아니다), 해당 유전자는 성염색체가 아닌 다른 22쌍의 염색체(상염색체) 중 하나에 들어 있는 것이 분명했다.

1968년에는 헌팅턴 병이 유전되며 뇌의 특정 영역에 있는 신경세포들이 죽어가면서 증세가 돌이킬 수 없이 진행된다는 것 정도밖에 알려져 있지 않았다. 밀턴 웩슬러는 유전병 재단(HDF)을 설립해서 기금을 모았고, 헌팅턴 병 연구에 더 많은 예산을 할애하라고 정부에 압력을 가했다. 그의 딸 낸시도 그 일에 뛰어들었다. 미시간 대학교에서 심리학 박사과정을 밟고 있던 그녀는 점점 더 재단 일에 몰두했다. 그녀의 박사학위 주제는 위험한 상태에 놓였을 때의 심리상태였다. 1970년대에 그 병의 유전학을 이해해야 무엇인가 해결책이 나온다는 것이 명확해지자 낸시 웩슬러는 직접 해결하기로 마음먹었다.

베네수엘라의 마라카이보 호수 연안에 있는 극도의 가난에 시달리는 마을들에서는 헌팅턴 병의 발병률이 유독 높다. 1979년에 웩슬러는 그 마을의 사람들로부터 DNA 표본을 모으고 모든 환자들의 혈통을 알아내기 위해서 가족사를 기록하는 일을 시작했다. 자신도 그 병에 걸릴 가능성이 있음을 알고 있었기 때문에, 웩슬러는 물 위로 솟은 장대 위에 나무로 집을 짓고 그 위에 양철 지붕을 덮은 곳에서 살면서 그녀의 어머니처럼 술 취한 듯이 그곳을 걸어다니는 사람들을 돌보았다. 1979년부터 웩슬러는 매년 마라카이보 호수로 가서 연구를 계속했다. 그녀가 금발을 길게 기르고 있었기 때문에 그곳 사람들은 그녀를 라 카티라(La Catira)라고 불렀다. 마라카이보 호수 연안에 헌팅턴 병이 나타난다는 것을 처음 보고했던 베네수엘라인 아메리코 네그레테는 웩슬러가 그들의 가족이 되었고, 올 때마다 "가식도 허례허식도 꾸밈도 없이 부드러운 눈빛으로" 그들과 인사를 나눈다고 말한다.[3]

웩슬러 조사단의 궁극적 목표는 그 병을 일으키는 유전자를 찾아내는 것이었다. 그런데 마라카이보 가계도가 범인을 찾아내는 데에 어떻게 도움을 줄 수 있다는 것일까? 유전병을 연구하는 웩슬러 연구진은 약 반세기 전에 모건과 제자들이 초파리를 대상으로 시작했던 연구를 인간을 대상으로 해야 할 것임을 잘 알고 있었다. DNA 서열 분석 시대에 웩슬러와 그녀의 동료들은 그저 몇 세대의 DNA 분석을 해서 가계도에서 즉 수많은 유전자 교배 속에서 그런 유전 표지를 추적할 수 있게 되었다. 그 혁명은 웩슬러가 혈통 연구를 시작하기 전해에 시작되었다. 그리고 과학 분야에서 이루어진 많은 발전들이 그렇듯이 그 과정에서 수많은 우연한 발견들이 이루어졌다.

유타 대학교의 한 대학원생 소모임은 매년 지도교수들과 함께 와사치 산에 있는 알타 스키 휴양지에서 자신들의 연구를 주제로 집중적인 토론회를 연다(물론 틈틈이 스키도 탄다). 대개 다른 연구기관에 있는 거물 과학자 두 명이 초청을 받아 가서, 초조해하는 학생들이 내놓은 자료들을 날카로운 눈으로 살펴본다. 1978년에 참석한 거물 과학자는 MIT의 데이비드 보트스타인과 스탠퍼드 대학교의 론 데이비스였다.

데이비드 보트스타인은 "생각하고 말하는 것이 놀랍도록 빠르며, 때로는 다른 사람들이 말을 하고 있을 때 동시에 말하는 경향이 있는"[4] 반면에 론 데이비스는 과묵하고 내성적이다. 이렇게 성격이 정반대였지만 두 사람은 그해 4월 같은 날에 유타에 모습을 드러냈다. 마크 스콜닉의 한 대학원생이 유전 표지가 너무 적어서 특정한 질병 유전자를 찾아내기에는 무용지물이라고 한탄하는 말을 듣고 있을 때, 보트스타인과 데이비스의 머릿속에 동시에 같은 생각이 떠올랐다. 둘 다 효모가 전공이었음에도 그들은 인간의 유전자를 찾을 방법을 깨달았던 것이다! 그들이 깨달은 것은 새로운 재조합 DNA 기술의 칼날을 이용하면 모건이 초파리 연구에 처음 사용했던 것과 같은 유전 분석을 인간에게 적용할 수 있다는 사실이었다. 사실 이미 다른 종들에서는 DNA 표지들을 사용한 유전자 지도 작성이 이루어져왔지만 그 기술을 인간에게 적용할 놀라운 방법을 개발한 것은 보트스타인과 데이비스였다.

"연관 분석(linkage analysis)"이라는 그 기술은 위치를 알고 있는 특정한 유전 표지를 이용해서 다른 유전자의 위치를 파악하는 방법이다. 원리는 단순하다. 다른 정보가 전혀 없다면 당신은 미국 지도에서 스프링필드의 위치를 찾는 데에 어려움을 느낄지도 모른다. 하지만 내가 당신에게 스프링필드가 뉴욕과 보스턴(이 두 지명은 지도에 표시된 이정표에 해당한다) 사이에 있다고 말해준다면 위치를 찾기가 훨씬 쉬워질 것이다. 연관 분석은 유전자를 가지고 그런 일을 하는 것이다. 즉 알고 있는 유전 표지와 모르는 유전자를 연관 짓는 일이다. 그 방법은 초파리를 대상으로 대단한 성공을 거두었지만 앞서 말했듯이 인간의 유전 표지는 알려진 것이 없었으므로, 인간의 질병에 적용할 수가 없었다. 즉 분자생물학에서 이루어진 발전이 그 문제를 해결할 수 있다는 것을 보트스타인과 데이비스가 깨닫기 전까지는 말이다.

그들의 눈에 들어온 DNA 표지는 제한효소 절편 다형(RFLP)이었다. 알렉 제프리스가 처음에 DNA 지문 분석용으로 썼던 바로 그것이었다. 그들은 사람마다 DNA 서열이 다르므로 특정한 제한효소로 DNA를 자르면 잘린 위치도 사람마다 다를 것이라는 점에 생각이 미쳤다(대다수의 제한효소는 특정한 회문 서열과 마주칠 때에만 DNA를 자른다는 것을 기억하자. 그 자리의 염기 문자가 바뀌면, 효소는 더 이상 그곳을 자를 수 없다). DNA 서열에는 자연적으로 이런 변이들이 나타난다. 그런 변이는 주로 정크 DNA에 나타나며, 따라서 유전자의 기능에는 아무런 영향이 없다. 우리 유전체 전체에는 그런 변이들이 말 그대로 수백만 개나 존재한다.

알타 모임이 있은 뒤에 보트스타인, 데이비스, 스콜닉과 당시 매사추세츠 대학에 있던 레이 화이트는 함께 RFLP를 연구했다. 그리고 1980년에 그들은 분자 인간 유전학의 새 시대가 왔음을 알리는 논문을 발표했다. 그들은 RFLP 표지들을 어떤 식으로 인간의 모든 염색체에 걸쳐 이정표들의 지도를 작성하는 데에 쓸 수 있을지 명확한 계획을 제시했다. 보트스타인 연구진은 유전체 전체에 균일하게 150개의 RFLP가 흩어져 있으면 병을 일으키는 돌연변이 유전자를 연구자들이 충분히 찾아낼 수 있을 것이라고 계산했다. 몇 세대에 걸쳐 장애가 나타나는 대가족들의 DNA 표본을 채취하여 RFLP들의 유전 양상을 하나하나 추적한다면, 그 집안에 내려오는 질병과 연관이 있는 RFLP를 찾아낼 수 있을 것이고, 그러면 돌연변이 유전자가 그 근처에 있음을 알게 될 것이다.

1983년에 경륜 있는 분자생물학자이자 당시 데이비드 보트스타인의 아내였던 헬렌 도니스-켈러는 보스턴에 있는 컬래버레이티브 리서치 주식회사에 인간 유전학과를 설치했다. 그녀는 인간 유전체 전체의 RFLP 연관 지도를 작성하는 것을 목표로 삼았다. 4년 뒤 그 노력은 결실을 맺었고 "인간 유전체의 유전 연관 지도"라는 딱 맞는 제목으로 발표되었다. 그 지도에는 보트스타인이 맨 처음 추정했던 수보다 훨씬 많은 403개의 표지가 기입되어 있었고, 표지들은 유전체의 95퍼센트에 걸쳐 흩어져 있었다. 결코 완벽한 것은 아니었지만—어떤 염색체에는 다른 염색체들보다 훨씬 더 짧은 간격으로 표지들이 있었다—컬래버레이티브 사의 지도는 유전체 수준의 지도 작성이 실현 가능하다는 것을 입증했으며, 중요한 발전을 이루었다.

포괄적인 유전자 지도를 작성하려는 노력이 점점 힘을 얻어갈 때, MIT의 데이비드 하우스먼은 보트스타인이 현 단계에서는 불가능하다고 선언한 것을 해내고자 애쓰고 있었다. 바로 헌팅턴 병 유전자의 위치를 찾아내는 일이었다. 그는 이 어려운 과제를 짐 구셀라에게 맡겼다. 하우스먼 연구실에서 막 박사 학위를 받은 사람이었다. 보트스타인이 처음에 비관적이었던 이유는 표지가 부족했기 때문이다. RFLP는 논문에서는 그럴듯해 보였지만, 실제로 표지를 모으는 작업은 이제 겨우 시작된 상태였다. 1982년까지 구셀라가 손에 넣은 DNA 표지는 겨우 12개에 불과했다. 한편 웩슬러는 혈통을 더 상세히 파악하기 위해서 마라카이보 호수로 돌아가 있었다. 누가 누구와 혼인을 했고, 누구를 낳았고, 사촌이 누구인지 등등을 파악하고 있었다. 그런데 웩슬러가 재구성한 한 집안의 가계도에는 무려 1만 7,000명의 이름이 있었다! 나는 1982년 10월 콜드 스프링 하버에서 열린 어

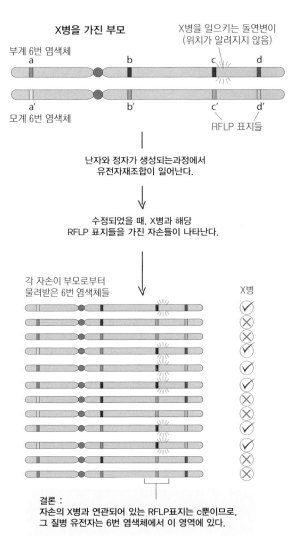

X병을 가진 부모

부계 6번 염색체

X병을 일으키는 돌연변이
(위치가 알려지지 않음)

a   b   c   d

a'   b'   c'   d'

모계 6번 염색체

RFLP 표지들

난자와 정자가 생성되는과정에서
유전자재조합이 일어난다.

수정되었을 때, X병과 해당
RFLP 표지들을 가진 자손들이 나타난다.

각 자손이 부모로부터
물려받은 6번 염색체들

X병

질병 유전자의 유전자 지
도. 이해하기 쉽게 두 세
대와 몇 명만 표시했다.
이 분석이 통계적인 의미
를 지니려면, 많은 사람
들을 조사해야 한다.

결론 :
자손의 X병과 연관되어 있는 RFLP표지는 c뿐이므로,
그 질병 유전자는 6번 염색체에서 이 영역에 있다.

느 학술대회에서 구셀라가 첫 번째 자료를 발표하던 일을 기억한다. 그 5
개 표지는 연관이 있다는 단서가 전혀 없었다. 나는 건초 더미에서 바늘 찾
기나 다름없지 않나 하는 생각이 들었다. 그가 한 일은 그저 지푸라기 몇
개를 걷어낸 것에 불과했다. 구셀라가 "헌팅턴 병 유전자의 위치를 알아내

는 것은 이제 시간문제일 뿐입니다"라는 말로 발표를 끝냈을 때 나는 속으로 말했다. "그래, 아주 긴 시간이겠지."

그러나 행운은 용감한 자를 좋아하는 법이다. G8이라는 12번째 표지를 조사했을 때 헌팅턴 병과 연관이 있음이 드러났다. 구셀라를 비롯한 모든 이들은 경악했다. 처음으로 그 질병의 생화학적 토대를 전혀 모른 채 염색체상에서 그 유전자의 위치를 발견했다는 점이 중요했다. 갑자기 새로운 과학적 지평이 열린 것이다. 어떤 이름을 가지고 있든지 간에 존재해온 기간만큼 우리 종에게 해를 입혀온 모든 유전적 결함들을 마침내 엄밀하게 분석할 수 있게 된 듯했다. RFLP는 정말로 효과적인 도구임이 입증된 것이다. 그리고 헌팅턴 병 유전자가 4번 염색체의 짧은 팔 끝에 있다는 것까지 밝혀냈으므로, 강력한 유전자 클로닝 기술을 이용해서 그 유전자 자체를 분리하는 일은 이제 시간문제일 뿐이었다.

헌팅턴 병은 성인의 삶에 끔찍한 타격을 가한다. 하지만 유년기 때 찾아오는 유전병은 살아남을 가능성을 줄이므로 더 끔찍한 타격을 가한다. 진단기술의 발달로 이제 아이의 삶에 음울한 그늘이 드리워질지 여부를 어느 정도는 예측할 수 있게 되었다. 서서히 근육이 쇠약해지는 질병인 뒤셴 근육 퇴행위축(Duchenne muscular dystrophy : DMD)이 그런 예다. DMD는 반성 유전되는 병이다. 즉 X염색체에 있는 유전자에 돌연변이가 일어나서 생기는 병이다. 한쪽 X염색체에 DMD 돌연변이를 가진 여성은 대개 다른 X염색체에 있는 정상 유전자 덕분에 보호를 받는다. 그러나 만약 그 돌연변이 유전자가 들어 있는 X염색체가 아들에게로 전달되면, 아들에게는 정상 유전자를 제공할 또다른 X염색체가 없으므로 DMD가 나타날 것이다. 아들이 다섯 살쯤 되면 부모는 아들이 바닥에서 일어나거나 계단을 올라가는 것조차 힘겨워한다는 것을 눈치채게 된다. 열 살쯤 되면 아들에게는 휠체어가 필요해진다. 그리고 아마 10대 후반이나 20대 초가 되면 숨을 거둘 것이다. DMD는 희귀한 병이 아니다. 그 병은 남자 신생아 5,000명당 1

명꼴로 나타난다.

1970년대 말 세포유전학자들(현미경으로 염색체를 연구하는 사람들)은 DMD에 걸린 소녀들 중 소수에게서 X염색체의 짧은 팔에 비정상적인 부위가 있음을 알아냈다. Xp21이라는 부위였다. Xp21 영역이 관련이 있음을 확인한 사람은 런던 세인트메리 병원 부속 의대의 밥 윌리엄슨과 동료인 케이 데이비스였다. 한편 임상 유전학자들은 이 연관된 RFLP를 진단 검사 도구로 삼아서 특정한 집안의 식구들 중 누가—태아까지 포함하여—그 돌연변이를 지녔는지 파악하려고 했다. 예를 들면, 그 DMD 돌연변이를 지닌 남아가 그 병에 걸릴 확률은 50퍼센트였다. 역사상 처음으로 RFLP는 의사에게 태아가 그 병에 걸릴 가능성이 있는지를 알아낼 기회를 제공했다.

1978년 샌프란시스코에 있는 캘리포니아 대학교의 유엣 W. 칸 연구진이 연관 RFLP를 이용하여 베타 지중해빈혈이 있는 태아를 진단한 것이 이 접근법이 쓰인 첫 사례였다. DNA는 태아 세포가 든 양수에서 얻거나 융모막 융모 검사를 통해서 태반에서 얻는다. 그러나 제1장에서 살펴보았듯이, 이 방법은 정확도가 100퍼센트에 이르지 못했다. 난자가 생성될 때 염색체들 사이에 재조합이 일어나기 때문이다. 이 유전물질 교환이 RFLP 표지와 연관된 유전자의 중간 지점에서 일어난다면, 결과가 뒤죽박죽이 될 것이다. 초기 DMD 검사 사례 중 약 5퍼센

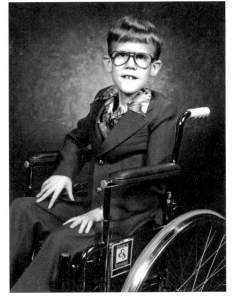

브루스 브라이어. 일부가 없어진 그의 X염색체는 DMD 유전자를 발견하는 열쇠가 되었다. 그는 지극히 정상적인 삶을 살았으며, 열일곱 살에 자동차 사고로 죽을 때까지 오르간 연주자로 뛰어난 실력을 보여주었다.

트에서 이런 부정확한 결과가 나왔는데, 그것은 재조합의 불가피한 결과였다. 산전 검사에서 절대적으로 확실하게 결과를 얻으려면, 단지 옆에 있는 표지가 아니라, 그 유전자 자체를 파악해야 했다.

DMD 유전자를 분리하는 데에 열쇠 역할을 한 것은 브루스 브라이어라는 소년이었다. 이 소년의 X염색체는 짧은 팔에서 큰 조각이 잘려나가고 없었다. 잘려나간 조각이 아주 컸기 때문에 브루스는 DMD 외에 다른 두 가지 유전병도 가지고 있었다. 1985년에 하버드 의대의 루 쿤켈은 브루스의 DNA를 미끼로 삼아 병에 걸리지 않은 아이의 DNA에 있는 정상 유전자를 "낚을" 수 있지 않을까 생각했다. 쿤켈은 정상 소년의 DNA에는 브루스의 DNA가 모두 들어 있어야 할 것이고, 반면에 정상 소년에게는 있고 브루스에게는 없는 DNA 서열이 열쇠임을 알아차렸다. 쿤켈은 재조합 기술을 이용해서 정상 DNA에서 브루스의 DNA와 같은 부분을 제거하고, DMD 유전자가 포함되어 있는 부분을 남겼다.

쿤켈의 대학원생인 토니 모나코는 마침내 성공을 거두었다. DMD에 걸린 소년 다섯 명에게 pERT87이라는 서열이 없었던 것이다. 이것은 pERT87이 그 유전자와 아주 가까이 있거나 아니면 그 유전자의 일부임이 거의 확실하다는 것을 시사했다. 1987년에 쿤켈과 연구진은 마침내 유전자 자체를 분리해냈다. 이제 그 유전자에는 디스트로핀(dystrophin)이라는 딱 맞는 이름이 붙여졌다. 디스트로핀은 주로 커다란 인트론들이 많이 끼워져 있어서 몇 년 동안 인간 유전체에서 가장 큰 유전자라고 여겨졌다. 그러다가 티틴이라는 쉬운 이름의 또다른 근육 단백질 유전자에게 그 지위를 빼앗겼다.*

이 새로운 지식 덕분에 즉시 간단한 태아 검사로 DMD에 걸릴지 여부를 검사할 수 있게 되었다. 하지만 그 뒤로 디스트로핀의 기능을 수십 년째 연

---

* 질병 유전자를 분리하면 대개 이력서를 쓸 때 꽤 도움이 된다. 모나코는 현재 보스턴에 있는 터프츠 대학교의 총장으로 재직하고 있다.

구해왔지만, DMD를 효과적으로 치료하거나 완치시키기란 아직도 요원하다. 이 때문에 연구자들은 현재의 기술 수준에 좌절을 느끼곤 한다. 유전학은 질병의 원인을 식별하고 이해하도록 해주었지만, 그 유전적 오류를 바로잡는 일은 대부분의 사례에서는 불가능하다. 헌팅턴 병, 낭성 섬유증, 수많은 멘델 유전 질환들에서도 비슷한 말을 할 수 있다. 알려진 표적을 차단할 수 있는 약물을 개발하는 것과 비교하자면, 유전병을 치료하는 일은 빠진(또는 잘못된) 유전자 산물을 교체하는 것이다. 이 DMD 사례에서는 커다란 단백질을 근육에 집어넣는 방법을 찾는 것을 의미한다.

뒤에서 다루겠지만, DMD에서 더 전망이 엿보이는 유전적 접근법 중에는 예전에 실패할 운명처럼 보였던 방법, 즉 유전자 요법을 부활시키는 것도 포함된다. 연구자들은 바이러스를 이용하여 디스트로핀—그 유전자의 본래 길이 그대로든 압축한 형태든 간에—을 근육 섬유에 집어넣는 실험을 하고 있다. 한편 DMA 환자 중 디스트로핀 전령 RNA의 번역을 일찍 중단시키는 돌연변이를 지닌 이들에게 적합한 또다른 방법이 있다. PTC 세러퓨틱스 사 같은 생명공학 기업들은 리보솜이 이 잘못된 멈춤 신호를 무시하고 전령 RNA를 끝까지 다 읽어서, 건강한 단백질을 생산하도록 하는 약물을 개발 중이다. 2016년, 사렙타 세러퓨틱스 사는 개발한 약물인 에테플러센의 승인을 받았다. 비록 DMD 환자 중 소수만을 표적으로 하며, 임상 혜택도 불분명했지만 말이다. 마지막으로 옥스퍼드 대학교의 케이 데이비스 연구진은 유트로핀이라는 유연관계가 있는 유전자의 발현을 인위적으로 증진시킴으로써, 누락된 디스트로핀을 대체하는 방안을 개발하고 있다. 이 접근법은 DMD에 걸리게 한 생쥐에게 잘 들었고, 현재 임상시험이 진행 중이다.

아마 1980년대에 가장 집중적으로 탐색이 이루어진 질병 유전자는 가장 흔한 유전병 중 하나인 낭성 섬유증(cystic fibrosis : CF)을 일으키는 유전자였을 것이다. 그러나 낭성 섬유증 유전자 사냥은 두 가지 이유로 특히 주목할 만한 사례가 되었다. 그것은 인간 질병 유전자 지도의 작성에 기업이 관여한 최초의 사례이자, 그런 연구에 뛰어든 과학자들 사이에 치열한 경쟁이 벌어진 최초의 사례이기도 했다.

낭성 섬유증에 걸리면 폐에 걸쭉한 점액이 가득 차서 숨을 쉬기가 어려워진다. 그리고 폐기관의 벽을 이루고 있는 세포들이 점액을 청소할 수 없기 때문에 그곳에 세균이 번성하면서 폐에 감염 증상이 나타난다. 항생제가 개발되기 전까지 그 병에 걸린 사람의 예상 수명은 고작 10년에 불과했다. 지금은 생존율이 상당히 높아졌고, 30-40대까지 사는 이들도 종종 있다. 낭성 섬유증은 북유럽계 사람들에게서 2,500명당 한 명꼴로 나타난다. 이 병은 열성 유전 양상을 보인다. 즉 양쪽 염색체에 있는 유전자에 둘 다 돌연변이가 일어나야 증상이 나타난다. 하지만 북유럽계 사람들은 25명당 1명꼴로 돌연변이 유전자를 한 개 가지고 있다. 놀라울 만큼 높은 비율이다. 그래서 이 보인자들이 1600년대와 1700년대 중부 유럽을 초토화시켰던 결핵이나 콜레라 같은 감염병들에 맞서는 선택적 "이형접합" 이점을—낫 모양 적혈구 보인자들이 말라리아에 내성을 지닌 것과 비슷하게—지닌다는 주장도 나와 있다.

상하이에서 태어나 홍콩에서 자란 랍-치 추이는 미국의 대학원에 다니기 위해서 1974년에 미국으로 왔다. 추이는 바이러스의 분자유전학을 공부하다가 1981년 토론토로 와서 CF를 연구했다. 그는 알려진 모든 RFLP를 대입하면서 CF 병력이 있는 가족들의 DNA를 꼼꼼하게 조사했다. 추이 연구진만 CF 유전자를 찾고 있던 것은 아니었다. 런던의 밥 윌리엄슨도 레이 화이트와 함께 연구하고 있었다. 현재 유타에 있는 화이트는 모르몬 교회가 모은 엄청난 족보에 접근할 수 있었다. 조상 파일(Ancestral File)이라는 이 기록 덕분에 현재의 교도들은 신자가 아니었거나 1830년 교회가 생기기 전에 사망한 조상들까지 파악할 수 있다. 가족들을 영구히 통합하는 것이

이 기록의 목적이다. 종교와 유전학의 욕구가 이렇게 행복하게 들어맞는 사례는 거의 없다.

추이는 1985년 컬래버레이티브 사가 특허를 낸 RFLP 중 하나와 CF 유전자 사이의 연관을 찾아냄으로써 첫 성공을 거두었다. 윌리엄슨과 화이트도 간발의 차이로 그 뒤를 따랐다. 그들의 논문은 『네이처』에 함께 발표되었다. 그리하여 CF 유전자의 위치는 7번 염색체의 긴 팔로 좁

유전자 추적자인 랍-치 추이

혀졌고, 가장 가까운 표지는 그 유전자로부터 염기 약 100만 개 떨어져 있었다.

다음 단계는 더욱 어려울 것이라고 전망되었다. 그때는 우리가 인간 유전체 계획에 착수하기 5년 전이었다는 점을 생각하자. 유전자 클로닝을 하는 연구자에게 염기 100만 개는 엄청난 거리였다. 그래서 추이는 당시 미시건 대학교에 있었던 분자유전학자 프랜시스 콜린스와 협력을 하기로 했다.

콜린스는 나중에 내 뒤를 이어 인간 유전체 계획의 책임자가 된다.

콜린스는 위치를 알고 있는 두 RFLP 사이에 있는 유전자의 클로닝을 쉽게 할 수 있는 "도약" 기술을 개발했다. 공동 연구를 시작한 지 2년 뒤인 1989년, 추이와 콜린스는 인간의 땀샘에 중요한 역할을 한다고 알려진 한 막 단백질의 후보 유전자를 찾아냈다. CF 환자들은 땀샘의 기능에 문제가 있다. 이 유전자의 서열을 분석하고 CF 환자들에게서 두 사본의 돌연변이를 조사하니 결정적인 증거가 나왔다. 환자들 대부분은 이 유전자에서 염

기 3쌍이 빠져 있었다. 따라서 커다란 CF 단백질에서 단 하나의 아미노산이 빠져 있었다. 그래도 단백질이 자연적으로 접혀서 세포막으로 전달되는데에 문제를 일으키기에는 충분했다. CF 환자의 약 70퍼센트는 이 돌연변이 하나 때문에 병에 걸린다. 하지만 다른 돌연변이도 1,000가지 넘게 파악되어왔다. 이렇게 변이가 다양하게 나타나기 때문에 DNA 서열을 토대로 진단한다는 것은 대단히 복잡한 일이 될 수밖에 없다.

유전학계가 CF 유전자의 위치 파악과 분리를 축하하고 있을 때, 낸시 웩슬러, 데이비드 하우스먼, 짐 구셀라 등은 헌팅턴 병 유전자를 찾느라 계속 애쓰고 있었다. 세계 각지의 과학자 150명이 꼬박 10년이라는 세월을 바친 끝에 마침내 그 악당 유전자를 찾아내는 데에 성공했다. 연구진은 4번 염색체의 IT15("흥미로운 전사체 15번, interesting transcript 15")라고 이름이 붙은 영역에서 흥미로운 유전자를 하나 분리했다. 이 유전자에는 DNA 지문 분석에 쓰이는 짧은 반복 서열과 비슷하게 CAG라는 세 염기 서열이 반복되어 들어 있었다. 건강한 사람은 CAG의 반복 횟수가 35회 미만인 반면, 헌팅턴 병 환자들은 그보다 훨씬 많다는 것이 드러났다. CAG는 아미노산인 글루타민의 유전암호이다. 헌팅턴 병 환자들의 경우, HD 유전자가 만드는 헌팅틴(huntingtin)이라는 단백질에 글루타민이 더 많이 들어 있다. 이 차이는 뇌세포에서 그 단백질의 행동에 영향을 미칠 가능성이 높다. 세포 안에서 분자들을 엉기게 하여 끈적거리는 덩어리로 만들 수도 있고, 심하면 세포까지 죽일 수 있는 듯하다. 이렇게 신기하게 늘어나는 세 염기 반복 서열은 취약 X 증후군과 척수소뇌실조 등 다른 여러 신경 장애와도 관련이 있음이 드러났다. 하지만 뇌세포가 이 별난 형태의 돌연변이에 왜 이렇게 취약한지를 우리는 아직 제대로 이해하지 못한 상태이다.

이런 유전자들을 사냥하는 데에 상당한 기간이 걸렸건만, 헌팅턴 병, 뒤셴 근육 퇴행위축, 낭성 섬유증 같은 이런 장애들을 유전학자의 기준에서 보면 "단순하다." 이런 장애들은 유전자 하나에 돌연변이가 생김으로써 나타나며 환경에 그다지 영향을 받지 않는다. 이런 식으로 유전자 하나가 원인인 장애들은 꽤 많다. 최근 목록을 보면 수천 가지나 된다. 하지만 대부분은 몇몇 가계에서만 나타나는 극히 희귀한 장애이다.

이보다는 "복잡한", 즉 "다수 유전자" 장애가 훨씬 더 많다. 천식, 조현병, 우울증, 선천성 심장병, 고혈압, 당뇨병, 암 같은 가장 흔한 질병들 중 많은 것들이 이 부류에 속한다. 이런 질병들은 몇몇 유전자, 아마도 많은 유전자들의 상호 작용을 통해서 나타나며, 각 유전자가 미치는 영향은 극히 미미하다. 아마 각 유전자만 놓고 보면 아무런 위험한 영향도 찾아내지 못할 것이다. 그리고 대개 다수 유전자 장애에는 더 복잡한 요인들이 관여한다. 즉 이렇게 상호 작용하는 유전자 집합들이 특정 질병에 걸리는 성향을 빚어낼 수도 있지만 실제로 그 질병에 걸릴 것인지는 환경요인에 따라서 달라진다. 당신이 알코올 중독증 성향을 빚어내는 돌연변이 유전자 집합을 지니고 있다고 하자. 당신이 실제로 알코올 중독자가 될 것인지 여부는 환경의 자극, 즉 술에 얼마나 노출되느냐에 달려 있다. 당신이 맨해튼에서 자라느냐 텍사스의 황량한 지대에서 자라느냐에 따라서 당신의 운명은 전혀 달라질 수 있다. 천식도 마찬가지이다. 꽃가루와 포자가 거의 흩날리지 않는 "온화한" 여름에는 당신이 유전적으로 천식에 걸릴 성향을 지니고 있다고 해도 증상이 나타나지 않을 것이다.

유전자와 환경 사이의 복잡한 상호 작용이 가장 뚜렷하게 나타나는 질병은 암이다. 제14장에서 살펴보겠지만, 암은 근본적으로 몇몇 유전자에 생긴 돌연변이로 세포가 결국은 악성으로 변하면서 나타나는 유전 장애이다. 암 돌연변이는 두 가지 방식으로 나타난다. 일부는 유전되는 것들이다. 흔히 "집안 내력이다"라고 말하는 형질들이 그렇다. 가톨릭 신앙처럼 이런 식으로 전달된다고 하는 형질들이 반드시 모두 대물림되는 것은 아니지만, 암 중에도 집안 내력인 것들이 있다. 정상적으로 생활을 하는 와중에 나타나는 암 돌연변이들도 많이 있다. DNA는 효소가 유전 분자를 복제하거나 수선하는 과정에서 생기는 오류 때문에 손상을 입을 수도 있고, 세포 내에서 이루어지는 정상적인 화학반응들(산화가 한 예이다)의 부작용 때문에 손상을 입기도 한다. 그리고 스스로를 자외선이나 담배 연기 같은 발암물질에 노출시키려는 우리의 어리석은 욕망 때문에 생기는 암도 많다. 요점은 DNA가 자연적으로 손상을 입기 쉬운 물질이라는 것이다. 하지만 사회적으로 개인적으로 제대로 알고 선택을 함으로써 그 손상을 최소화하는 것은 우리 자신의 몫이다.

1974년에 메리-클레어 킹(인간/침팬지 연구 및 라스 아부엘라스 연구로 유명한)은 UC 버클리로 자리를 옮겨서, 유방암 후보 유전자를 찾는 일에 몰두했다. RFLP 연관을 이용하는 방법이 나오기 6년 전이었지만, 킹은 유방암(그리고 난소암) 초기 단계에 있는 사람들의 가계도 자료를 모으기 시작했다. 그런 집안에는 난소암에 걸린 사람도 있곤 했으므로, 유전자가 범인일 확률이 높았다. 하지만 유방암이 환경에 심하게 영향을 받기 때문에 유전적 분석이 불가능하다는 비판도 만만치 않았다. 킹은 그런 말에 개의치 않고 자료를 계속 수집했다. 그녀는 1988년까지 1,500곳이 넘는 집안의 자료를 분석한 끝에, 유방암에 취약하게 만드는 유전자가 있다는 증거를 확보했다.

그녀는 100개가 넘는 DNA 표지들을 대상으로 연관 분석을 수행했고, 1990년에 23가계에서 나타나는 유방암이 17번 염색체에 있는 RFLP와 연관되어 있다고 발표함으로써 의학계를 경악시켰다. 그 가계들 전체를 보면, 유방암에 걸린 사람이 3대에 걸쳐서 146명이었다. 자신이 가르치는 한 대학원생의 제안에 따라 연구를 한 끝에, 킹은 더 이른 나이에 유방암이 발병하는 집안에 그런 취약 유전자가 대물림되고 있을 가능성이 더 높다는 것을 밝혀냈다. 그리고 염색체의 17q21 위치에 있는 유전자에 돌연변이가 일어나면 여성이 유방암에 걸릴 위험이 크게 증가했다. 킹의 논문이 1990년에 『사이언스』에 발표되자 BRCA1(1번 유방암 유전자)*이라고 이름 붙은 그 유전자를 분리하기 위한 경쟁이 붙었고, 그 유전자의 상업적 이용을 놓고 논쟁이 벌어졌다.

BRCA1 유전자를 분리해낸다면 커다란 사건이 될 것이 뻔했다. 킹은 CF 유전자를 발견함으로써 두각을 나타내고 있던 프랜시스 콜린스와 손을 잡았다. 1992년 9월, 집안에 유방암 환자가 몇 명 있는 어느 대가족에 속한 한 명—앤이라고 하자—이 콜린스의 연구원인 바버라 웨버에게 예방 유방절제술을 받기로 했다고 털어놓았다. 암의 징후가 전혀 없음에도 말이다. 앤은 도저히 불확실한 상태로 계속 지낼 수가 없었기 때문에, 차라리 이 과격한 예방 조치를 취하는 쪽을 택했다. 하지만 웨버는 DNA 연관 분석을 통해서 앤이 결함 있는 BRCA1 유전자를 물려받지 않았다는 결론을 내렸다. 즉 앤의 유방암 위험도는 집안에 그 병력이 없는 사람과 같은 수준이었다. 하지만 이 추론은 연구 과제라는 맥락에서 이루어진 것이었고, 그녀는 그런 예비 자료를 임상 진단에 써서는 안 된다고 적혀 있는 긴 서류에 이미 서명을 한 바 있었다.

그러나 웨버와 콜린스는 앤의 처지가 규정보다 중요하다고 판단했다. 그래서 앤에게 유방암 위험이 낮다고 알렸고, 그녀는 크게 안도하면서 수술을 취소했다. 연구진이 다른 가족 구성원들에게도 요청하면 동일한 혜택을 제공해야 한다고 느낀 것은 놀랍지 않다. 이미 5년 전에 예방 차원에서 양쪽 유방을 다 절제한 적이 있는 한 사람은 유방암 위험이 높지 않다는 것으로 드러났다. 그녀는 그 뒤늦은 진단을 철학적으로 받아들였다. 그 수술로 5년 동안 마음의 평안을 얻었으니 괜찮다는 식으로 말이다. 현재 예방 유방절제술은 고위험 여성의 사망률을 낮춘다는 것이 입증되어

---

* 킹은 "BRCA"가 캘리포니아 버클리(Berkeley, California)의 약자이기도 하다고 농담하곤 했다.

있다. 마찬가지로 40세 이전에 난소를 제거하면 난소암과 유방암에 걸릴 위험이 줄어든다. 즉 유전 분석은 여성들에게 말 그대로 생사를 가를 수 있는 결정을 내릴 권한을 부여할 수 있다.

BRCA1을 분리하려고 나선 킹과 콜린스는 극심한 경쟁을 벌여야 했다. 그 경쟁 상대는 연관 분석 분야에서 돌파구를 여는 데에 기여한 바 있는 유타 대학교의 유전학자 마크 스콜닉이 바이오젠 사의 책임자라는 불편한 지위에 있으면서도 기업가 정신을 잃지 않는 월리 길버트와 손을 잡고 세운 미리어드 제네틱스라는 회사였다. 미리어드 사는 모르몬 교도의 족보가 지닌 힘을 이용하여 BRCA1 유전자의 위치를 찾아내고 그 유전자를 분리하겠다는 사업 계획을 세웠다. 미리어드 사는 4년간의 경주 끝에 겨우 몇 주일 차이로 승리를 거두었다. 『사이언스』에 BRCA1을 발견했다는 기념비적인 발표했다. 미리어드 사의 연구진을 이끈 사람은 위대한 과학자 라이너스 폴링의 손자인 알렉산더 "사샤" 캠이라는 젊은 분자생물학자였다. 킹은 엄청난 충격을 받았지만, 연구를 계속하여 자신이 모은 집안들에서 내려오는 BRCA1 돌연변이들의 긴 목록을 작성해서 발표했다. 1997년 미리어드 사가 출원한 특허는 승인을 받았고, 그 회사는 BRCA1 검사를 독점해왔다. 13번 염색체에 있는 두 번째 유방암 유전자인 BRCA2를 찾아내려는 경쟁도 마찬가지로 치열했다. 이번에는 영국의 암연구소가 미리어드 사에 승리를 거두었다. 두 집단 모두 자신들이 발견한 서열에 대한 특허권을 주장했다.

이 유전자들이 상업적으로 중요하다는 점은 명백했다. BRCA1이나 BRCA2에 돌연변이가 있으면 70세에 유방암에 걸릴 위험이 80퍼센트까지 높아질 수 있다. 게다가 이 돌연변이들이 난소암을 일으킬 위험도 45퍼센트나 된다는 것이 알려져 있다. 이런 돌연변이를 가진 가계에 속한 여성들에게는 결함 있는 유전자를 지니고 있는지 여부를 가능한 한 일찍 알려줄 필요가 있다. 영화배우 안젤리나 졸리가 생생하게 보여주었듯이, 어렵기는 하지만 생명을 구할 수 있는 선택의 여지는 있다. 유방암에 걸릴 위험이 큰 여성들이 선택적 양측 유방 절제술을 받으면 그 암의 발병률이 90퍼센트까지 줄어든다. 또 유전 검사를 하면 이런 가계에서 정상 유전자를 지닌 사람이 누구인지 골라낼 수 있다. 그들은 유방암에 걸릴 위험이 높아지지 않는다는 것을 알게 되어 안심할 수 있다.

미리어드 사는 20년 동안 수많은 여성들에게 자신의 건강 상태를 제대로 알고서 생명을 구할 결정을 내리도록 하는 데에 도움을 주었다. 하지만 솔트레이크에 있는 이 기업은 상업과 과학이 결합될 때 어떤 잘못된 일이 벌어지는지를 보여주는 대표적인 사례로 흔히 인용되고 있다. 미리어드 사는 10여 년 동안 전 세계에서 BRCA 유전자 검사를 독점해왔고, 그 유전자를 분리하고 검사법을 개발하는 데에 투자한 수백만 달러를 회수할 권리가 있다고 주장했다. 그러나 그 회사가 돈을 얼마나 벌어야 타당한 것일까? 그 회사의 BRAC애널리시스(BRACAnalysis) 검사 비용은 3,000달러 이상이며, 미리어드 사는 지난 20년 동안 수집한 방대한 BRCA 돌연변이 데이터베이스를 공개하지 않고 있다.

그 특허를 놓고 몇 차례 사소한 분쟁을 벌인 뒤, 미국 시민자유연합은 2009년 5월 몇몇 원고들을 대신하여 미리어드 사와 미국 특허상표청을 상대로 소송을 제기했다. 제8장에서 말했듯이, 미 연방대법원은 2013년 미리어드 사가 거의 20년 전에 BRCA1을 분리하고 진단 검사법을 개발한 것이 발명에 해당하지 않는다고 만장일치로 판결했다. 판결 직후에 앰브리 제네틱스, 진 바이 진, 패스웨이 지노믹스 같은 진단 기업들이 미리어드 사가 독점했던 분야에 뛰어들어서 훨씬 더 저렴한 가격으로 BRCA1/2 검사를 해주겠다고 나섰다. 현재 이 특허를 둘러싼 법적 문제는 전부는 아니지만 대부분 해결된 상태이다.

인간 유전체 계획이 진행되던 시기이기도 한 1990년대를 거치는 동안, 연관

세상에서 가장 외진 곳이라고 할 만한 트리스탄 다 쿠냐 섬을 근처 무인도에서 본 모습

분석은 신경섬유종증(코끼리인간병), 잘록곧창자암, 전립샘암 등 몇몇 중요한 암을 일으키는 유전자에 초점을 맞추었다. 알츠하이머 병이나 파킨슨 병의 희귀한 유전적 형태를 비롯하여, 다른 여러 복잡한 질병에 관여하는 유전자들도 지도에 기입되었다. 하지만 설령 효과가 있기는 해도, 유전자를 하나씩 찾아내는 접근법은 느리고 힘겨웠으며, 분석을 할 적절한 가계들을 찾아내야만 연구를 할 수 있었다. 대신에 어떤 장애가 높은 빈도로 나타나는 고립된 소집단을 연구하는 전략도 있다. 그런 소집단 중 가장 규모가 작은 사례는 트리스탄 다 쿠냐 섬에 사는 주민들이다.

트리스탄 다 쿠냐 섬은 바다 한가운데에서 가파르게 솟아올라 사람이 살기에 그다지 적합하지 않은 화산 섬으로서 면적이 100제곱킬로미터에 못 미치며, 남대서양 한가운데 떠 있어서 지구에서 가장 외딴 지역에 속한다. 그곳에 사람이 처음 영구 정착한 것은 1816년이었다. 당시 영국 수비대가 그곳에서 북으로 2,000킬로미터쯤 떨어진 곳에 있는 세인트 헬레나 섬에 유배되어 있던 나폴레옹을 감시하기 위해서 그 섬에 기지를 세웠다. 그 뒤로 몇몇 정착민들과 난파선 생존자들이 들어오면서 섬의 인구는 이따금 씩 늘어나곤 했다. 1993년의 비공식 조사에 따르면 그곳의 총 인구는 301명이었다. 그 해 토론토 대학교의 연구 팀이 그 섬으로 갔다. 1961년에 그 섬의 사화산이 일시적으로 활동했을 때 주민들은 모두 영국으로 대피했고, 그곳에서 전반적으로 건강 검진을 받은 바 있었다. 연구진은 그 후속 연구를 하고자 했다. 당시 가장 놀라운 진단결과는 소개된 주민들의 약 절반이 천식에 걸려 있었다는 점이다.

토론토 대학교 연구팀이 주민 282명을 조사한 결과, 그들은 161명(57퍼센트)이 천식 증세를 보인다는 것을 발견했다. 연구팀은 주민들의 혈통을 파악했다. 주민들 모두가 처음에 정착한 15명의 후손이었다. 천식은 1827년에 그 섬에 온 두 여성을 통해서 전파된 것이 분명했다. 그 뒤에 섬의 인구는 늘어나면서 주민들은 본질적으로 하나의 확대 가족이 되었다. 더 규모가 크고 혼재된 집단에서는 사람마다 천식을 일으키는 유전자 집합이 다를 수 있다. 복잡한 질병의 유전적 원인을 밝혀내기가 그토록 어려운 것도 바로 이런 이질성 때문이다.

토론토 연구진은 그 뒤에 질병 유전자 사냥을 목적으로 설립된 샌디에이고의 세쿼너 사와 협력관계를 맺었다. 세쿼너 사는 나중에 11번 염색체에서 천식에 취약하게 만드는 유전자 2개를 발견했다고 발표했다. 하지만 천식 환자 수천 명을 대상으로 약 200만 개의 SNP를 조사한 후속 연구에서는 가장 흔한 유전적 위험 요소들이 사실 17번 염색체에 있으며, 면역 반응과 관련이 있다고 나왔다. 한편 캐나다 활동가들은 세쿼너 사가 "DNA 표본을 채취한 사람들의 기본 인권을 침해하는" 생물 해적 행위를 저지르고 있다고 주장하고 나섰다.[5] 그런 비판의 목소리는 거기에서 그치지 않았다.

세쿼너 사의 "생물 해적 행위"를 둘러싸고 일었던 폭풍우는 카리 스테판슨과 그의 회사 디코드 제네틱스를 둘러싼 폭풍에 비하면 아무것도 아니었다. 각 질병별로 트리스탄 다 쿠냐 섬 주민들 같은 소집단을 찾아다닌 다는 것이 지겹고 비효율적이라는 점을 인식한 스테파운손은 한꺼번에 수많은 질병 유전자들을 찾을 수 있는 훨씬 더 규모가 큰 집단이 거주하는 고립된 섬을 찾는 것이 더 낫다고 생각했다. 카리 스테파운손이 태어난 섬이 바로 그런 섬이었다.

카리 스테파운손의 고향인 아이슬란드는 면적은 켄터키 주 정도인 반면에 인구는 그곳의 13분의 1에 불과한 32만3,000명이 사는 섬이다. 그 섬에는 9-10세기부터 바이킹들이 정착해서 살기 시작했다. 그들은 아일랜드를 약탈하러 갔다가 여성들을 납치해 데려오곤 했다. 아이슬란드는 유전자 사냥에 적합한 장점을 몇 가지 가지고 있다. 첫째, 주민이 매우 동질적이라는 사실이다. 주민들은 거의 대부분 맨 처음 정착한 사람들의 후손이었다. 바이킹 시대 이후로 그곳으로 이주한 사람들이 거의 없었기 때문이다. 둘째, 1838년 출생 등록부가 도입되면서, 여러 세대에 걸쳐 족보가 자세히 기록되어왔다(스테파운손은 아이슬란드 전설 속 영웅인 시인이자 전사인 에길 스칼라그림손에 이르기까지 자기 집안의 족보를 1,000년 전까지 추적할 수 있다고 주장한다). 셋째, 아이슬란드는 1914년부터 국민 의료 서비스가 실시되어왔기 때문에 국민 전체의 의료 기록을 체계적이고 손쉽게 접할 수 있다.

하버드 출신의 신경학자인 스테파운손은 다발성 경화증과 알츠하이머병 같은 복잡한 유전병에 관심을 가지게 되었다. 자기 민족이 유전자를 연구하기에 가장 완벽한 집단이라는 것을 인식한 그는 아이슬란드 의회의 공식 승인을 받아서 아이슬란드 국민들의 족보와 의료 기록을 통합하여 유전자 사냥을 위한 유례없는 데이터베이스의 구축을 위해서 디코드 사를 공동 설립했다.

2000년에 디코드 사는 아이슬란드 보건 데이터베이스를 12년 동안 설치하고 운영할 권리를 얻었다. 족보 기록은 공공기관이 관리하고, 아이슬란

2015년 오바마 대통령은 백악관에서 정밀 의료계획이 출범되었음을 공식 선언했다.

드인의 의료기록은 빼달라고 하면 데이터베이스에 기록하지 않기로 했다.
그렇다고 해도 디코드 사업계획은 유전적 사생활 침해 우려를 불러일으킬
수밖에 없었다.

그러나 아이슬란드인의 대다수는 나라 경제에 보탬이 될 것이라는 그 회
사의 계획을 승인했다. 인간 유전체 계획 이후에 디코드 사는 심장병, 골다
공증, 우울증, 조현병, 뇌졸중, 암과 관련된 수십 가지 복잡한 장애들을 일
으키는 유전자 변이체들을 파악함으로써, 가장 생산적이면서 성공한 유전
자 탐정기관들 중 하나가 되었다. DNA 마이크로어레이를 일찍 도입한 것
도 도움이 되었다. 덕분에 유전학자들은 한 차례의 전장 유전체 연관 분석
(GWAS)을 통해서 단일 염기 다형 수십만 개를 추적할 수 있었다. GWAS
는 2007년 영국의 웰컴 트러스트 생어 연구소가 『네이처』에 이정표가 된 논
문을 발표하면서 전환점을 맞이했다. 연구진은 약 1만7,000명을 대상으
로, 우울증, 심장병, 크론 병 등 흔한 7가지 질병의 토대를 이루는 유전적
변이체들을 파악했다. 현재 심장병, 심방 세동, 여러 암, 관절염, 루푸스,
복강병 등 수십 가지 질병 및 형질과 연관되어 있음이 드러난 SNP가 1만

개를 넘는다.

전장 유전체 서열 분석 비용이 1,000달러 가까이로 급감하면서, 대규모 집단 연구의 목표는 유전자를 추적하는 것에서 유전체 기반의 포괄적인 보건 의료를 제공하는 쪽으로 나아가고 있다. 앞에서 살펴본 페로 제도의 파젠 계획, 영국 정부의 지원을 받아서 환자 10만 명의 DNA 서열을 분석하려는 지노믹스 잉글랜드, 미국의 정밀 의료계획이 그렇다. 한 세대 전, 학계와 업계는 하나의 유전자, 하나의 질병에 초점을 맞추곤 했다. DNA 서열 분석과 유전체 분석 덕분에 오늘날 보건 분야와 제약회사는 더 큰 규모에서 생각을 할 수 있게 되었고, 수십만 명의 유전체 서열 분석을 완료하여 마음, 몸, 수명을 담당하는 아주 작은 유전적 변이들을 찾아내려고 한다.

우리는 인간 유전체 계획 이전보다 흔한 질병의 유전적 토대를 훨씬 더 많이 알고 있지만, 그런 지식은 절반의 승리에 불과하다. 2007년 이래로, 염증성 장 질환에 걸릴 위험 증가와 관련이 있음이 확실하게 밝혀진 유전자와 유전체 영역은 거의 100곳에 달한다. 그런 지식이 유용하다는 것은 분명하지만, 어느 유전자가 가장 중요할까? 이제 연구자들은 관련된 후보들의 긴 목록을 훑어야 하며, 그 하나하나가 치료제의 표적이 될 수 있다고 연구자를 유혹할 수 있다. 설상가상으로, 연관성이 확인된 영역들 중 거의 절반은 유전자 바깥에, 유전체 중에서 이른바 "유전자 사막"이라는 아직 거의 알지 못하는 영역에 있다. 이 변이체가 아주 멀리 떨어져 있는 유전자의 활성에 영향을 미치는 조절 영역을 교란시키는 사례도 있다. 게다가 크론 병이나 당뇨병 같은 복잡한 질병에 관여한다고 밝혀진 유전자들을 다 더해도 환자들에게 나타나는 유전적 다양성의 극히 일부분에 불과하다. 이 당혹스러운 수수께끼는 마치 탐정 소설의 제목처럼, "잃어버린 유전 (missing heritability)"이라고 불리곤 한다. 이렇게 말하려니 안타깝지만, 우리가 지금까지 얻은 유전적 깨달음은 질병의 생물학을 이해하는 데에 우리가 기대했던 것만큼 도움이 안 될지도 모른다. 다른 사례를 들자면, 조현병은 우리 집안의 지대한 관심사이지만, 유전적 연구는 혼란스럽기 그지없다. 1988년 런던의 한 연구진이 연관 분석을 토대로 조현병의 한 우성 유전자가 5번 염색체에 있음을 밝혀냈다고 발표했다. 그 연구 결과는 『네이처』에 실렸는데, 그 뒤로 그 주장이 틀렸다고 노골적으로 반박하는 후속 연구 결과들이 같은 학술지에 실렸다. 25년이 흐른 뒤인 지금 신세대 연구자들이 공동으로 환자 수천 명을 대상으로 SNP 수백만 개를 분석하여 위험을 좌우하는 유전자 변이체를 찾고 있다. 처음에는 환자 6,000명, 그 다음에는 2만 명을 조사했지만, 별 소득이 없었다. 규모를 키워서 환자와 대조군을 합쳐 11만 명을 조사했을 때에야 비로소 어떤 형태로든 연관성이 드러난 DNA 표지 100여 개를 찾아낼 수 있었다. 가장 강한 연관성을 보이는 것은 보체인자 4(complement factor 4 : C4)의 유전자이다. 이 유전자는 면역계에서 맡은 역할로 가장 잘 알려져 있지만, 흥미롭게도 전혀 다른 기능도 가진다. 뇌에서 파괴할 시냅스(신경 연결 부위)에 표시를 하는 역할이다. 이 유전자가 더 활성을 띨수록, 조현병 위험이 더 높아지는 듯하다.

이것이 제약회사가 마침내 치료제 개발에 나설 수 있도록 조현병의 생물학적 경로 중 어떤 중요한 단계를 파악했다는 의미일까? 나는 그러기를 절실히 바란다. 하지만 이는 희귀하든 흔하든 가릴 것 없이, 모든 유전병 연구를 관통하는 근본적인 질문의 한 사례에 불과하다. 일단 이런 질병의 근원인 유전자 변이체를 전부 또는 거의 다 찾아낸다면, 남은 문제는 이것이다. 그것들을 가지고 무엇을 할 것인가?

유전병이 맞춤 약물이나 치료법을 굳이 쓸 필요가 없이, 그저 근원을 이해하는 것만으로 치료가 가능한 사례들도 있다. 가장 잘 알려진 선천적인 대사 장애 중 하나를 생각해보자. 일부 식품, 특히 청량음료 용기에 자그맣게 인쇄되어 있는 "페닐알라닌 함유"라는 기묘한 경고문구와 관련된 장애가 그것인데, 페닐알라닌은 아미노산이다. 즉 단백질의 기본 원료 중의 하나이다. 하지만 페닐케톤뇨증(phenylketonuria : PKU)이라는 유전병을 가진 사람들은 이 아미노산을 처리할 수 없다.

이 이야기는 1934년 노르웨이에서 시작된다. 한 젊은 어머니가 자신의 두 아이에게 무엇이 잘못되었는지 알아내기로 결심했다. 두 아이는 각각 네 살과 일곱 살이었고, 태어날 때는 완벽하게 정상처럼 보였다. 하지만 큰 아이는 일곱 살이 되어서도 용변을 제대로 가리지 못했고, 말도 완전한 문장을 구성하기는커녕 몇 마디밖에 할 줄 몰랐다. 생화학자이자 의사였던 아스비에른 푈링은 한 가지 비정상적인 생화학적 현상이 일어남을 알아차렸다. 아이들의 소변에 페닐알라닌이 너무 많이 들어 있었다. 또 그는 그런 증상을 보이는 사람들이 그들만이 아니라는 것을 알아냈다. 그는 노르웨이 전역을 뒤져서 22개의 가계에 속한 34명에게서 그런 증상을 발견했고, 자신이 유전병을 찾아냈다는 것을 깨달았다.

지금 우리는 PKU가 페닐알라닌을 다른 아미노산인 티로신으로 전환시키는 효소인 페닐알라닌 수산화효소의 유전자에 돌연변이가 일어나서 나타나는 증상이라는 것을 알고 있다. 열성 유전되는 희귀한 질병으로서, 북아메리카에서는 1만 명당 1명꼴로 나타난다. 아이 때에 페닐알라닌이 혈액에 축적되면서 뇌 발달이 저해되고 결국 심각한 정신 장애가 생긴다. 예방하는 방법은 간단하다. 태어날 때부터 페닐알라닌 함량이 낮은 음식만 먹이면 된다. 페닐알라닌의 주요 공급원인 단백질을 적게 먹이고 인공 감미료가 든 청량음료를 절대로 먹이지 않으면, 그 유전자를 지닌 아이라고 해도 정상으로 자라난다. 아이가 태어나자마자 PKU에 걸릴지 여부를 아는 것이 중요하다. 로버트 거스리는 혈액의 페닐알라닌의 농도를 검사하는 간단한 진단방법을 개발한 뒤 그 방법을 끈기 있게 보급하여 마침내 표준 태아 검사 항목에 포함시켰다. 1966년부터 미국에서는 신생아의 발뒤꿈치에서 피를 빼서 페닐알라닌 농도를 분석하는 검사가 이루어지고 있다. 따라서 거스리의 진단방법은 DNA 검사를 아예 하지 않으면서, 매년 수많은 아기들의 유전병 유무를 알아내고 있다. 이 검사방법이 쓰이기 전에는 미국의 정신 지체아 중 1퍼센트는 PKU가 원인이었다. 이제 그런 사례는 1년에 몇 명 되지 않는다.

안타깝게도, 이런 식으로 검출할 수 있는 모든 질병을 미국의 모든 주에서 검사하는 것은 아니다. 버펄로 빌스의 쿼터백으로 뛰었던 짐 켈리와 그의 아내 질은 2005년 크라베 병(Krabbe disease)이라는 희귀한 유전 장애로 아들인 헌터를 잃었다. 이 병은 영화 「로렌조 오일(Lorenzo's Oil)」에 나오는 병과 비슷하며, 조기에 발견하면 치료가 가능하다. 켈리 부부가 세운 재단인 헌터스 호프는 수백만 달러를 모금하여 이 돈을 크라베 병 연구와 더 많은 신생아들이 그 검사를 받을 수 있도록 확산시키는 일에 쓰고 있다. 하지만 부끄럽게도, 신생아 검사에 크라베 병을 포함시킨 주는 뉴욕주를 비롯하여 몇 곳에 불과하다.

발뒤꿈치 혈액 검사법이 나온 지 50년 뒤, 하버드 의대의 로버트 그린 연구진은 베이비시크(BabySeq) 계획에 착수했다. 신생아 100여 명의 유전체 서열을 분석하여 1,700가지의 유년기 발병 질환들을 검사하는 무작위 임상시험이다. 하버드 대학교의 입장에서는 소규모 임상시험이겠지만, 보편적인 신생아 검사의 혜택을 평가하는 측면에서는 큰 도약이 될 수 있을 것이다.

1950년대에는 현미경을 통해서 염색체를 연구하는 학문인 세포유전학이 발달했다. 이 접근방법이 진단과 접목되자, 곧 염색체 수에 이상이 있으면 예외 없이 심각한 장애가 나타난다는 것이 밝혀졌다. 염색체가 하나 적거나 많은 사례가 대부분이었다. 이런 문제들은 유전자가 두 개씩 있는 정상적인 균형상태에서 벗어나기 때문에 생긴다. 그런 이상은 뒤셴 근육 퇴행위

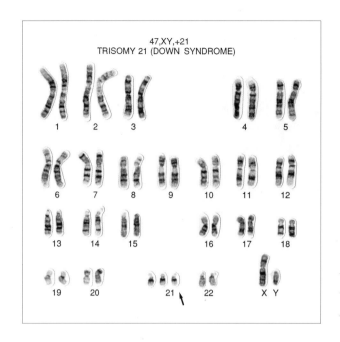

다운 증후군이 있는 사람의 핵형(염색체 전체). 21번 염색체가 세 개이다.

축이나 낭성 섬유증 같은 질병을 가진 가계와 상관이 없기는 하지만, 그럼에도 매우 유전적이다. 즉 그런 이상은 정자와 난자가 생성될 때 세포 분열 과정에서 사고가 일어나 자연적으로 발생한다.

다운 증후군(Down syndrome)이라는 병명으로 잘 알려진 존 랭던 다운은 1866년에 그 병의 임상적 특징을 보고했다. 그는 그 요양원의 환자들 중 10퍼센트가 비슷한 증상을 보인다고 발표했다. "나란히 놓고 보면 증상이 너무나 비슷해서 그들이 같은 부모에게서 나온 자식들이 아니라는 것을 믿기 힘들 정도이다."[6] 90년 후에 프랑스 의사인 제롬 르죈이 다운 증후군을 가진 아이들이 한 염색체를 세 개씩 가지고 있다는 것을 발견했다. 나중에 그것이 유전학 전문 용어로 "21번 세염색체(trisomy 21)"라고 알려진 21번 염색체라는 것이 드러났다.

아직 이유는 모르지만, 어머니의 출산 연령이 높을수록 다운 증후군 아이를 낳을 가능성은 높아진다. 20세에 다운 증후군 아이를 낳는 비율은

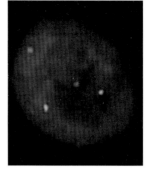
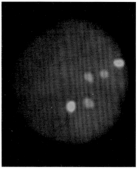

형광 염색을 통한 염색체 수 분석. 10번 염색체(하늘색)와 21번 염색체(분홍색)가 세포핵(짙은 청색)에 들어 있다. 왼쪽은 각 염색체가 두 개씩 있는 정상 세포이며, 오른쪽은 21번 염색체가 하나 더 있는 다운 증후군형 세포이다.

약 1,700명당 한 명이지만, 35세에는 400명당 한 명, 45세에는 무려 30명당 한 명으로 급상승한다. 이 때문에 나이가 든 여성들의 태아 검사를 할 때에는 대개 21번 염색체가 세 개인지 조사하는 항목이 포함되어 있다. 오늘날에는 35세 이상의 임산부 모두에게 그 검사가 권장된다.

영국에서는 임산부들 중 연령으로 보았을 때 상위 5퍼센트에 해당하는 여성들을 정기 검사함으로써 다운 증후군 태아의 30퍼센트를 찾아내고 있다. 비용 효과 면에서 볼 때 뛰어난 방법이다. 하지만 나머지 70퍼센트는? 위험성이 적기는 하지만 존재하는 양수 검사와 CVS와 달리 최근에는 주삿바늘을 꽂지 않는 대안이 등장하면서, 산전 검사의 지형이 근본적으로 바뀌고 있다. 1990년대 말, 홍콩 중문 대학교의 데니스 로 연구진은 모체의 혈장에서 태아

사이먼은 다운 증후군이 있는 이탈리아 학생이다. 차이를 안고 살아가는 사람들을 돕는 비영리 재단인 포지티브 익스포저(Positive Exposure)가 찍은 사진.

DNA를 검출할 수 있음을 보여주었다. 10년 뒤 로와 스탠퍼드 대학교의 스티븐 퀘이크 각자 독자적으로 이 DNA를 분석하여 21번 세염색체증을 검출할 수 있다는 것을 보여주었다. 비침습 산전 검사(noninvasive prenatal testing : NIPT)라는 이 방식은 비교적 간단하다. 엄마의 혈액에 들어 있는 염기 약 500–1,000만 개 길이의 짧은 DNA 조각들을 서열 분석한 뒤, 원래 어느 염색체에 들어 있는 것인지를 파악한다. 태아 DNA에 21번 염색체가 하나 더 있다면, 다른 염색체에서 나온 조각보다 21번 염색체에서 유래한 조각이 더 많을 것이다(마찬가지로 13번이나 18번 등 다른 염색체의 세염색체증도 검출할 수 있다. 이 두 세염색체증은 각각 파타우 증후군[Patau syndrome]과 에드워즈 증후군[Edwards syndrome]을 일으킨다. 아기가 몇 주일이나 몇 개월 사이에 목숨을 잃는 심각한 유전 장애들이다. 다른 세염색체증은 아주 치명적이어서 대개 자연 유산으로 이어진다. 임신 사례 중 약 30퍼센트는 자연 유산으로 이어지는데, 그중의 대략 절반은 어떤 형태로든 염색체 이상과 관련이 있다).

NIPT가 다운 증후군을 정확히 효율적으로 판별할 수 있다는 사실이 임상시험을 통해서 곧 입증되었고, 2011년에 처음으로 상업적인 검사가 시작되었다. 이어서 다른 질병들에도 적용되면서, NIPT는 통상적으로 이루어지는 산전 검사법이 되어가고 있다. 대개 임신 10주일 이전에 이루어진다. 하지만 이 기술은 완벽한 것이 아니다. 2014년, 애틀랜타의 임상의들은 NIPT에서 "거짓 음성" 결과가 나온 사례를 최초로 보고했다. 즉 NIPT에서 건강하다고 나왔는데, 태어나고 보니 다운 증후군 아기임이 드러난 사례였다.

현재 모체 혈액에 든 태아 DNA 검사는 특정한 유전 장애들에 한정되어 이루어진다. 하지만 워싱턴 대학교의 의사이자 과학자인 제이 셴두어는 머지않아 이 DNA로 태아의 유전체 서열 전체를 알아낼 수 있을 것이라고 말한다. 셴두어 연구진은 모체 DNA를 비침습적 방식으로 채취하여 부모의 유전체 서열과 비교하면 태아의 유전체 서열을 매우 정확히 추론하는 방법을 연구해왔다. 아직 해결해야 할 문제들이 남아 있지만, 셴두어는 『뉴욕 타임스』에 "이제는 더 이상 과학소설이 아닙니다"라고 말했다.

유전 검사는 점점 더 복잡해져가면서 윤리적 딜레마라는 판도라의 상자를 열었다. 그 검사법을 개발하도록 동기를 부여한 원래의 문제들을 훨씬 뛰어넘어서 다방면으로 영향을 미치고, 때로는 검사받은 당사자 외의 다른 사람들에게까지 파급효과를 일으킨다. DMD, 헌팅턴 병, 낭성 섬유증 같은 유전병 내력이 있는 집안을 대상으로 이루어지는 유전 검사가 이 점을 가장 명백하게 보여준다. 최근의 사례를 하나 들어보자. 20대의 한 남성이 헌팅턴 병 검사를 받기 위해서 병원을 찾았다. 그의 친할아버지는 그 병으로 사망했고, 40대인 그의 아버지는 낸시 웩슬러가 그랬듯이 확실히 알기보다는 50 대 50이라는 불확실성을 안고 살겠다면서 검사를 받지 않았다. 헌팅턴 병은 비교적 늦은 나이에 찾아오므로, 그의 아버지가 그 돌연변이를 가지고 있지만 아직 증상이 나타나지 않고 있을 가능성도 있었다. 그 젊은이는 자신이 그 돌연변이를 지니고 있을 확률, 따라서 앞으로 그 병에 걸릴 확률이 4분의 1이라는 것을 알고 있었다.* 하지만 그는 확실히 알고 싶었다. 그런데 문제가 하나 있었다. 만일 그가 정말 그 돌연변이를 지니고 있다면, 그는 그 돌연변이를 아버지에게서 물려받은 것이 틀림없으며, 따라서 그의 아버지도 틀림없이 그 병에 걸릴 것이라는 의미가 된다. 유전자를 알고 싶다는 아들의 욕구가 병이 있는지 모른 채 살겠다는 아버지의 소망을 즉시 무너뜨리는 셈이다. 검사 문제를 놓고 식구끼리 갈등이 심해지자 결국 참다 못한 어머니가 나서서 아들이 검사를 받지 못하도록 막았다. 그녀는 알고 싶다는 아들의 욕구는 끔찍한 죽음의 선고를 받을지 모르는

---

* 아버지가 할아버지에게 그 돌연변이를 물려받았을 확률은 절반이고, 아버지가 그 유전자를 지닌다면 아들에게 물려줄 확률도 절반이다. 따라서 아들이 그 유전자를 지닐 확률은 이 두 독립 사건의 곱인 1/4, 즉 25퍼센트이다.

상황을 피하겠다는 남편의 권리에 비하면 중요하지 않다고 주장했다. 유전적 진단과 다른 진단의 차이점이 바로 이것이다. 내가 내 유전자에 관해서 알게 되는 지식은 내 생물학적 친척들에게도 의미를 지닌다. 그들이 알고 싶어하든 말든 간에 말이다.

때로는 그 의미가 현재 세대가 아니라 다음 세대에 영향을 미칠 수도 있다. 선천성 정신 지체를 수반하는 유전병 중 가장 흔한 것은 취약 X염색체 증후군(fragile X syndrome)이다. 취약 X염색체 증후군을 가진 사람은 지능 지수가 낮을 뿐 아니라 턱과 귀가 유달리 큰 긴 얼굴을 가지고 있으며, 잠시도 가만히 있지 못하고, 걸핏하면 화를 내기도 한다. DMD와 마찬가지로 X연관 장애이지만, DMD와 달리 남성뿐 아니라 여성에게도 영향을 미친다. 즉 정상적인 유전자가 돌연변이 유전자의 영향을 제대로 가리지 못하는 것이다. 하지만 여성들이 증세가 덜한 경향이 있으며, 출생비율도 남성이 4,000명당 한 명인 반면, 여성은 6,000명당 한 명이다. 취약 X염색체 증후군은 헌팅턴 병을 일으키는 돌연변이와 비슷한 돌연변이 때문에 나타난다. CGG라는 세 염기 서열이 콘서티나(작은 아코디언처럼 생긴 악기/역주)처럼 죽 늘어나서 비정상적으로 길어짐으로써 생긴다. 건강한 사람은 이 서열이 5-40번 반복되어 있는 반면, 취약 X염색체 보인자는 200번 이상 반복되어 있다. 반복 횟수는 세대가 지날수록 증가하는 경향이 있다. 그리고 CGG 반복 횟수가 230회 정도 되면 그 유전자는 더 이상 mRNA를 만들지 못하고 기능을 잃어버린다. 병명이 취약 X염색체 증후군이 된 것은 이렇게 염기 서열이 과다 반복된 결과 X염색체의 구조가 확연히 약해지기 때문이다.

세대가 지나면서 반복 횟수가 증가함에 따라 증세도 더 심각해지며, 그 가계에서 증상이 나타나는 연령도 낮아진다(조기 발병이라는 현상이다). 취약 X염색체 증후군이 있는 가계에서는 가장 나중 후손이 염기 반복 횟수가 가장 많고, 대개 더 이른 나이에 증상을 보이며, 증세도 더 심각하다.

472

따라서 유전학자들은 "불완전 돌연변이(premutation)", 즉 반복 횟수가 너무 적어 그 사람에게는 문제를 일으키지 않지만 횟수 증가가 일어날 가능성을 고려했을 때 그뒤의 세대에게 증상을 일으킬 수 있는 돌연변이를 지닌 사람들을 찾아낼 수도 있을 것이다. 우리는 이 유전자가 어떤 단백질을 만드는지 아직 정확히 알지 못하고 있지만, 발생 단계에서 신경세포 사이의 연결 부위—시냅스—에서 mRNA가 단백질로 번역되는 과정을 조절하는 데에 핵심적인 역할을 하는 듯하다.

인간 유전체 계획을 출범시킨 책임자로서 나는 서열 분석 장치들로부터 곧 쏟아져나올 새로운 지식이 좋든 나쁘든 간에 무수한 사람들의 삶에 어떻게 영향을 미칠 것인지 이해하기 위해서 그쪽 분야에 예산을 할당했다. 총 예산의 3퍼센트(나중에는 5퍼센트로 늘어났다)를 미리 그런 목적에 할당하고 나서 나는 헌팅턴 병 전문가인 낸시 웩슬러를 우리 연구의 윤리적, 법적, 사회적 의미들(ethical, legal, social implication : ELSI)을 연구하는 일을 담당할 위원회의 장으로 임명했다. ELSI의 주요 과제들 중에 유전자 진단에 관한 예비 연구도 들어 있었다. 모든 신생아를 대상으로 PKU 검사가 이루어지고 있는 시기였으므로, 의학이 낭성 섬유증, 헌팅턴 병, 취약 X 염색체 증후군 등 과학의 예측력 내에 있는 모든 음울한 질병들을 걸러낼 대안을 제시하지 못할 수도 있는지 여부를 질문할 필요가 있었다. 당시는 1990년대 초였다. 지금도 NIPT 같은 새로운 검사법들이 출현하고 있음에도 그 연구는 예비 연구 단계에서 거의 벗어나지 못하고 있다.

대개 DMD와 헌팅턴 병 검사는 이미 그 병에 걸린 사람이 있는 가족에게만 한다. 그렇게 한계를 둔 근본 이유는 이 장애가 드물게 나타나며, 검사 비용이 비싸다는 점 때문이다. 이런 사회적 계산법도 논란거리이지만 낭성 섬유증에는 그런 논리 자체가 적용되지 않는다. 검사방법 자체에 제약이 있기 때문이다. 앞서 말했듯이 낭성 섬유증은 약 2,500명에 한 명꼴로 걸리는 가장 흔한 유전병에 속한다. 거의 2,000가지의 서로 다른 유전자 돌연변이로부터 생길 수 있는 CF 같은 유전 장애를 검사할 때 제기되는 기술적 문제들은 해결되어왔다. 차세대 서열 분석법들의 효율이 개선되고 비용이 줄어들면서, 집단 전체를 검사할 수 있는 새로운 가능성이 열리고 있다. 그런 한편으로, CF 치료법의 발전으로 기대여명이 상당히 늘어났으며, 몇몇 특정한 CF 유전자 돌연변이를 표적으로 한 분자 요법들은 가능성이 엿보인다.

유전자 검사를 더 폭넓게 활용하는 것을 주저하고 있다고는 해도, 짧은 검사 역사는 위험 수준이 높은 집단들을 대상으로 한 유전병 검사 계획들이 성과를 거둔 기쁜 모범 사례들도 보여준다.

헤모글로빈 병은 헤모글로빈 분자의 기능에 이상이 생겨 나타나는 병들을 일컫는다. 지중해 빈혈, 낫 모양 적혈구 빈혈을 비롯한 헤모글로빈 병은 가장 흔한 유전병에 속하며, 세계 인구의 5-7퍼센트가 그런 질병을 일으키는 돌연변이를 지니고 있는 것으로 추정된다. 앞서 살펴보았듯이 낫 모양 적혈구 유전자는 말라리아 증상을 억제하는 특성을 지니고 있어서 말라리아가 창궐하는 지역에서 자연선택을 통해서 확산된 것이다. 다른 헤모글로빈 병들도 아프리카와 지중해의 넓은 지역에 걸쳐서 비슷한 분포 양상을 보인다는 것은 그 병들도 마찬가지로 적응 이점이 있다는 것을 뜻한다. 각 돌연변이의 빈도가 인종집단마다 다르며, 현재 각 인종의 구성원들이 어디에 살고 있든지 상관없이 나타난다.

런던에 사는 그리스 키프로스계 이민자들 중에는 지중해 빈혈 보인자가 17퍼센트나 된다. 이 빈혈의 심한 형태에서는 적혈구가 기형이 되어 간과 비장을 비대하게 만들고, 그 결과 어른이 되기 전에 죽을 수도 있다. 1974년에 로열 프리 앤드 유니버시티 칼리지 의대의 베르나데테 모델이 체계적인 검사 계획에 착수하자, 런던의 키프로스인들은 대환영이었다. 그들은 자신들의 공동체에 오랫동안 그늘을 드리워왔던 그 병의 심각성을 너무나 잘 알고 있었기 때문이다. 사르데냐에서도 비슷한 프로그램이 시작되었고, 그뒤 지중해 빈혈의 빈도는 250명당 한 명에서 4,000명당 한 명으로 크게 낮아졌다.

아슈케나지 유대인들도 유전적으로 격리된 집단에서 나타날 수 있는 치명적인 돌연변이가 어떻다는 것을 너무나 잘 알고 있는 집단이다. 유대인이 아닌 다른 집단에 비해 이 집단에서는 테이–삭스 병(Tay-Sachs : TS)의 빈도가 놀랍게도 100배나 더 높다. 테이–삭스 병을 가진 아기는 태어날 때는 건강해 보이지만, 서서히 발달이 늦어지고 눈이 멀기 시작한다. 두 살쯤 되면 아이는 계속 발작을 일으킨다. 증세는 계속 악화되어 대개 네 살이 되면 눈이 멀고 온몸이 마비된 채로 죽음에 이른다. 아슈케나지 유대인들에게 왜 테이–삭스 병이 흔한지는 아직 수수께끼이다. 아마도 유전적 병목현상이 원인일지 모른다. 즉 제2차 디아스포라 때 아슈케나지 유대인들이 갈라져나가면서 그 소규모 무리 속에 돌연변이가 들어 있었을지 모른다. 퀘벡 주 남서부의 프랑스계 캐나다인들과 루이지애나 주의 케이전인들에게 그 돌연변이가 흔한 것도 그런 이유 때문일지 모른다. 개척자였던 소규모 집단에 그 불행한 돌연변이가 있다가 널리 퍼졌을 가능성이 있다. 반면에 잡종 강세 때문이라고 보는 이도 있다. 열성 TS 유전자의 보인자는 결핵에 얼마간의 내성을 보이며, 역사적으로 유럽의 유대인들이 인구가 밀집된 도시 중심부에서만 살았기 때문에 그런 돌연변이가 유익했을 것이라는 설명이다.

테이–삭스 병의 원인은 1968년에 발견되었다. 환자의 적혈구에 GM2 강글리오사이드가 너무 많다는 것이 밝혀지면서였다. 이 단백질은 세포막의 필수 성분이며, 정상적인 사람의 몸에서는 남는 단백질이 효소의 작용으로 분해된다. 하지만 테이–삭스 병에 걸린 사람은 이 효소가 없다. 1985년 미국국립보건원의 라헬 미에로비츠 연구진은 이 효소의 유전자를 분리해내서 테이–삭스 병 환자의 유전자에 돌연변이가 있다는 것을 밝혀냈다.

그러나 양성으로 판명되었을 때 태아 검사가 제공할 수 있는 해결책은 단 하나뿐이다. 바로 낙태이다. 하지만 아슈케나지 유대인들 중에서도 정통 교리를 엄격히 지키는 분파는 낙태를 금지하고 있다. 다행히 부모가 될 사람들을 검사하는 일도 가능하며, 정통파도 부부를 대상으로 한 검사 계획은 윤리적으로 타당하다고 받아들였다. 뉴욕의 랍비 요제프 에크스타인은 자녀 열 명 중 네 명이 테이-삭스 병으로 죽는 것을 지켜보아야 했다. 1983년에 그는 도르 예쇼림(Dor Yeshorim), 즉 "정당한 세대"라는 계획을 세워서 그 지역의 정통파 유대인 사회에 테이-삭스 병 검사를 도입했다. 젊은이들에게는 고등학교와 대학에서 무료로 검사를 받으라고 권고했다. 이 프로그램은 비밀을 최대한 보장한다. 검사를 받은 당사자에게조차도 그들이 보인자인지 여부를 알려주지 않는다. 그 대신 각자에게 암호화한 숫자가 주어진다. 나중에 혼인할 때가 되면, 각자 도르 예쇼림에 전화를 걸어 자기 숫자를 말한다. 양쪽 다 보인자일 때에만, 둘이 함께 상담을 받으라는 권고가 나온다. 이렇게 알아야 할 필요가 있을 때에만 사실을 알려주는 것은 아직도 테이-삭스 병에 맞서 싸우고 있는 상황에서 보인자가 부당한 취급을 받는 일이 없도록 하기 위함이다.

현재까지 도르 예쇼림 프로그램은 20만 명이 넘는 사람들을 검사했고, 수백 쌍의 부부에게 위험을 알렸다. 테이-삭스 병의 빈도가 지속적으로 줄어들고 있으므로 완벽한 성공처럼 보일지도 모르지만, 유대 사회 내부에서는 문제점을 지적하는 사람들이 있다. 즉 젊은이들 모두에게 검사를 받도록 한 것은 강압이며, 일부 부부에게 혼인을 재고하라고 강력하게 권고하는 것은 협박이라고 보는 사람들이 있다. 반대자들은 랍비 에크스타인의 질병 박멸 운동을 "우생학"이라고 부른다(유대 사회에서 이보다 더 고통스러운 단어는 없다). 하지만 그런 선동이 있어도 중심은 거의 흔들리지 않고 있다. 즉 그 계획은 유대 공동체의 강력한 지지를 받고 있다. 그 공동체는 테이-삭스 병의 공포를 잘 알고 있기 때문이다. 실제로 도르 예쇼림은 사회관습과 종교계율이 원칙적으로는 유전 검사와 충돌하는 듯이 보이는 상황에서도 검사 계획이 효과를 발휘하고 문화적으로도 수용될 수 있다는 것을 보여준다.

태아 검사는 해당 유전병에 양성 판정을 받은 태아를 밴 어머니에게 단호한 선택을 요구한다. 낙태할지 말지 말이다. 적어도 임신 15주일까지는 양수 검사를 대개는 할 수 없기 때문에 낙태를 선택하면 마음의 상처는 커질 수밖에 없다. 이 무렵의 낙태는 아무 특징 없는 세포 덩어리를 제거하는 것이 아니라 사람의 형체를 갖춘 작은 생명체를 떼어내는 것이다. 초음파 영상 덕분에 자라나는 태아를 보고 이미 어머니와 태아의 유대관계가 형성되었을 수도 있다. 낙태를 전면 반대하는 부모들은 상관이 없겠지만, 대다수 부모들은 유전 검사를 받고 난 뒤 어려운 선택을 해야 한다면, 그 선택 시기를 가능한 한 앞당기고 싶어한다. 그래서 착상 전 유전 진단(preimplantation genetic diagnosis : PGD)이라는 개념이 생겨났다.

산부인과 미세수술의 대가이자 런던 임피리얼 칼리지의 과학사회학 교수이기도 한 로버트 윈스턴은 영국 텔레비전에 출연해서 과학과 생물의학 연구를 널리 알리는 일을 하고 있다. 해머스미스의 윈스턴 경으로서 의회에서 그런 문제에 관해서 정부에 조언하는 일도 하고 있다. 윈스턴은 현재의 최첨단 기술인 시험관 수정(in vitro fertilization : IVF)*과 PCR을 기반으로 한 DNA 진단을 결합시켜서, 자궁에 착상하기 전 배아의 유전적 상태를 진단하는 방법을 개발했다. 시험관 수정을 하면 수정란들은 배양 접시에서 서너 차례 분열하여 8-16개의 세포 덩어리로 자란다. 이 배아의 각 세

---

* 시험관 수정은 정자와 난자를 실험실에서 융합시키는 번식 보조방법이다. 그런 다음 이 배아를 자궁에 착상시켜서 자연적으로 발달하도록 한다. 초창기에는 이 배아를 "시험관 아기"라고 부르곤 했다.

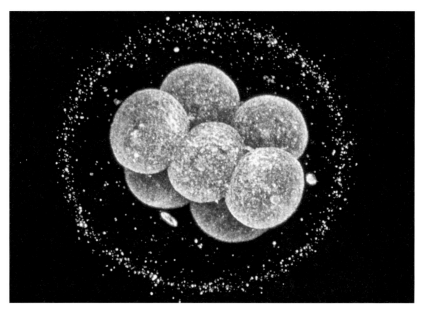

8세포기의 배아

포를 할구라고 하는데, 그것을 한두 개 조심스럽게 떼어내서 DNA를 추출한다. 그 DNA 중 관련이 있는 서열을 PCR로 증식시켜 돌연변이가 있는지 여부를 조사한다. 따라서 부모는 검사를 통해서 유전병이 없는 것으로 드러난 배아만을 착상시킬 수 있다.

PGD는 1989년에 태아의 성별을 가리기 위해서 맨 처음 실시되었다. DMD처럼 반성 유전되는 병에 걸릴 위험이 있을 때에는 성별 정보도 중요하다. 보인자인 어머니는 여성 배아만을 선택할지도 모른다. 설령 여성 배아가 보인자라고 하더라도, 그 병에 걸리지는 않을 것이라고 생각할 수 있기 때문이다. 윈스턴의 동료인 앨런 핸디사이드를 비롯한 사람들은 후속 연구를 통해서 PGD를 단순한 성별 확인 차원을 넘어 특정한 돌연변이를 찾아내는 수준까지 확장시켰다. 1992년에 그들은 처음으로 그 기술을 성과 연관되지 않은 낭성 섬유증 돌연변이를 찾아내는 데에 적용했다.

취약 X염색체는 남성과 여성 모두에게 증상이 나타날 수 있다. 이 장애도 PGD의 표적이 된 것은 당연하지만, 의사들에게 그것을 하라고 촉구한 사람들은 취약 X염색체 증후군 아이를 기르는 일이 어렵다는 사실을 잘 알고 있던 열정적인 부모들이었다. 전직 텔레비전 뉴스 프로듀서인 데비 스티븐슨에게는 테일러라는 아들이 있다. 그녀는 둘째 아들인 제임스를 낳고 난 뒤에야 테일러가 취약 X염색체를 가지고 있다는 사실을 알게 되었다. 다행히 제임스는 확률이 반반인 제비뽑기에서 좋은 쪽을 뽑았다. 하지만 스티븐슨 부부는 셋째 아이까지 운에 맡기고 싶지 않았다. 그들은 PGD를 받기로 했다. 데비 스티븐슨은 이렇게 말한다. "어떤 사람들은 건강한 배아를 고른다는 것 자

데비 스티븐슨의 가족. 장남인 테일러는 취약 X염색체를 가지고 있다. 착상 전 진단 결과, 아기 사만다는 그 장애를 가지고 있지 않았다.

체를 비윤리적이라고 생각하지만, 나는 태아에게 심각한 장애가 있다는 것을 알게 된 뒤에 아기를 낳을 것인지 낙태시킬 것인지 가슴 아픈 결정을 내리는 것보다는 더 낫다고 생각해요."[7] 스티븐슨 부부는 현재 테일러와 같은 장애를 가지지 않은 건강한 딸 셋을 키우고 있다.

인간 생식생물학은 끊임없이 논쟁을 불러일으키는 듯하며, 어떤 목적으로든 인간의 배아를 조작하는 과정이 수반되면 논란의 중심에 서게 될 것이 확실하다. PGD도 예외가 아니었다. 하지만 최근 들어서 수천 가지의 희귀한 질병 유전자로 용도가 확대되면서, 유전병과의 전쟁에서 중요한 무기 역할을 톡톡히 해내고 있다. 유전학자 마크 휴스는 디트로이트에 제네시

진픽스의 CEO 앤 모리스는 예비 부모를 위해서 가상의 자녀를 생성해주는 사업을 한다.

스 제네틱스라는 PGD 클리닉을 열었다. 그곳에서는 테이-삭스 병, DMD, 헌팅턴 병 등 멘델 유전되는 단일 유전자 장애 수천 가지를 모두 검사한다. 휴스가 성인이 된 뒤에도 오랫동안 잠자코 있을 나쁜 유전자들까지 PGD를 함으로써 윤리적 경계선을 침범한다고 보는 사람들도 있다. BRCA1, 조기 발병하는 희귀한 형태의 알츠하이머 병이나 잘록창자암과 관련된 유전자 등이 그렇다. 휴스는 말한다. "내가 운영하려는 것은 진단 연구소이지, 윤리 강좌가 아닙니다. 내가 경찰관이 될 필요는 없지요. 사람들이 온갖 시련을 무릅쓰고서라도 아기를 갖고 싶어하는 데에는 나름대로 타당한 이유가 있다는 것을 우리는 깨닫고 있어요." 하지만 휴스는 귀가 안 들리는 유전병이 있는 한 부부를 생각한다. 그들은 휴스에게 PGD를 부탁했는데, 건강한 아기로 자랄 배아를 고르기 위해서가 아니라, 자신들과 마찬가지로 귀가 먼 아기를 얻기 위해서였다. 휴스는 거절했다.

PGD가 놀라우면서 마찬가지로 극심한 논란을 불러일으키는 영역이 또 있다. 이른바 "구원자 형제자매(savior sibling)"를 얻는 데에 이용되는 것이다. 2000년 8월, 판코니 빈혈(Fanconi anemia)이라는 장애를 지닌 외동딸 몰리를 키우고 있는 리사와 잭 내시 부부는 PGD를 거쳐서 애덤이라는 아들을 낳았다. 그런데 애덤은 판코니 돌연변이가 없다는 이유만으로 선택된 것이 아니었다. 애덤으로 자랄 배아는 몰리의 목숨을 구해줄 조직 이식에 완벽하게 적합한 골수를 제공할 수 있었기 때문에 선택된 것이기도 했다. 영국을 비롯한 여러 나라에서는 기존 아기에게 "여분의 신체 부위"를 제공하기 위해서 배아를 선택한다는 개념 자체가 조금은 도덕적이지 않다고 생각한다. 마치 건강한 아기인 동시에 병든 형제자매의 잠재적 치료제의 탄생이 그다지 바람직하지 않은 결과라고 보는 듯하다.

PGD는 유전병 내력이 있는 집안에는 대단히 큰 가치가 있지만, 그런 병력이 없는 집안에는 어떨까? 2007년 앤 모리스와 애인인 하버드 경영대 교수는 가정을 꾸리기로 결심했다. 그들은 정자은행 기증자의 이력에 드러난 많은 형질들을 토대로 기증자를 선택했다. 한 예로, 모리스는 유머 감각이 있는 사람을 원했다. 하지만 정자은행은 기증자의 유전 검사 자료는 거의 제공하지 않는다. 낭성 섬유증, 낫 모양 적혈구 빈혈, 테이-삭스 병의 유전 위험이 있을 때에만 정자를 받지 않았다. 임신은 별 탈 없이 이루어졌지만, 아들 알렉이 태어난 직후 모리스는 의사로부터 가슴 철렁한 말을 들었다. 의사는 말 그대로 아들이 아직 살아 있냐고 물었다. 신생아 진단 검사를 하니, 알렉이 MCAD 결핍증이라는 1만7,000명 중 약 1명꼴로 걸리는 희귀한 열성 유전병을 가지고 있음이 드러났다. 알렉에게 앤(그녀의 집안에는 그 질병의 병력이 전혀 없었다)과 익명의 정자 기증자 양쪽으로부터 동일한 유전자에 돌연변이를 물려받는 확률적으로 아주 일이 일어났던 것이다. 이 유전자는 지방을 에너지로 전환하는 일을 돕는 중간 사슬 acyl-CoA 탈수소효소(medium-chain acyl-CoA dehydrogenase)를 만든다. 다행히도 병원이 적시에 결과를 받은 덕분에, 알렉은 신체장애를 겪지 않았다. 이 병은 유아기에 몇 시간마다 아기를 잘 먹임으로써 관리할 수 있다. 모리스는 이 일로 충격과 함께 자극을 받았다.

모리스는 프린스턴 대학교 유전학자 리 실버와 함께, 아직 잉태하지 않은 훗날 낳을 자녀의 유전적 조성에 관한 정보를 예비 부모에게 제공하는 것을 사업 목적으로 한 진픽스라는 진단 회사를 차렸다. 실버가 개발한 한 알고리듬은 두 사람의 DNA를 컴퓨터로 짝지어서 "가상의 자녀"를 생성한다. 약 2,000달러를 내면 진픽스 사는 아기가 1,000여 가지의 유전 장애 중 어느 하나를 지닐 위험이 얼마나 높은지를 예비 부모가 예측할 수 있게 해 준다. 따라서 예비 부모는 PGD를 이용하거나 서로 맞지 않는 정자나 난자 기증자를 피할 수 있다. 실버는 지극히 진지한 어조로 말한다. "나는 미래에는 사람들이 성관계로 아이를 갖지 않을 것이라고 봅니다. 그 방식은 아주 위험하거든요."

지금까지 우리가 논의해온 장애들은 유전적인 의미에서 볼 때 모두 "단순한" 것이다. 즉 한 유전자에 생긴 돌연변이 때문에 나타나는 것들이다. 당신이 이런 병에 걸릴지 여부는 환경과 전혀 상관이 없다. 앞에서 우리는 환경이 촉발하는지 여부와 상관없이, 개별 유전자 변이체가 주된 효과를 일으키는 사례로서 유방암을 다룬 바 있다. 하지만 알츠하이머 병만큼 가장 수많은 사람들의 가슴을 비통하게 만드는 질병은 없지 않을까? 해가 갈수록 더욱더 많은 사람들이 이 병에 걸리면서 심신이 피폐해진다. 미국에서만 환자가 500만 명이 넘는다. 증세가 꽤 진행된 환자는 자신이 누구인지, 어디에 있는지도 알아차리지 못한다. 가장 가까운 친족조차도 알아보지 못한다. 기억과 인격이 가차 없이 삭제되어가면서, 개인의 본질 자체가 서서히 파괴되어 사라진다.

알츠하이머 병은 대개 나이가 들어서 60대에 처음 나타난다. 하지만 환자의 약 5퍼센트는 40대에 걸린 사람들이다. 1995년까지 세 개의 조기 발병 유전자가 발견되었다. 모두 이른바 "아밀로이드(amyloid)" 단백질의 축적과정에 어떤 식으로든 관여하고 있었다. 아밀로이드는 알츠하이머 병 환자의 뇌 속에 축적되는 단백질로서, 알로이스 알츠하이머 박사가 1906년에 맨 처음 그 병을 기재할 때부터 알려져 있었다. 조발성 알츠하이머 병은 유전되는 것이 분명하다. 그렇다면 더 흔한 유형인 만발성 알츠하이머 병은 어떤가?

듀크 대학교의 고(故) 앨런 로지스는 훨씬 더 흔한 유형인 만발성 알츠하이머 병을 직접 공략하는 일에 착수했다. 만발성은 유전되기도 하고 그렇지 않기도 하다. 예를 들면 로널드 레이건은 1994년에 자신이 그 병에 걸렸다고 발표했고, 10년 뒤 사망했다. 그의 형인 닐 레이건과 어머니도 만발성 알츠하이머 병에 걸려 사망했다. 신경학을 공부한 로지스는 1984년에 알츠하이머 병에 대한 연구를 시작했다. 그는 1990년에 19번 염색체에 있는 유전자가 그 병과 상관관계가 있는 것 같다고 발표했지만, 학계의 냉대를 받아야 했다. 그러나 로지스는 다른 모든 사람들이 틀렸다는 것을 입증하는 것보다 더 기쁜 일은 없다고 생각했다. 2년 뒤 그는 정말로 결정적인 유전자를 찾아냈다. 콜레스테롤 대사에 관여하는 단백질인 아포지방단백질 E(APOE)의 유전자였다. 그 유전자는 APOE2, APOE3, APOE4 세가지 형태로 존재(대립 유전자)하며, 그중 핵심 역할을 하는 것은 APOE4였다. APOE4가 하나만 있으면 알츠하이머 병에 걸릴 위험이 네 배로 증가한다. 그리고 쌍으로 있으면, 그 대립 유전자가 없는 사람보다 위험이 열 배나 높다. 로지스는 APOE4를 쌍으로 가진 사람 중 55퍼센트는 80세가 되기 이전에 알츠하이머 병에 걸린다는 것을 알았다. 이런 상관관계를 이용해서 유전 검사를 할 수 있을까? 아마 못할 것이다. 그 병과 상관관계가 있다고는 해도, APOE4 대립 유전자는 흔하며 알츠하이머 병의 진단 목적에 적합한 예측 표지가 아니다. 위험이 더 높다고 해도, APOE4를 쌍으로 가지고도 알츠하이머 병에 걸리지 않는 사람도 많다. 그러나 임상 진단 자료와 APOE4 검사를 연계시키면, 알츠하이머 병 진단의 정확성이 높아진다. APOE4가 그 자체로는 알츠하이머 병의 예측 지표가 아닐지라도, 제8장에서 말했듯이, 나는 내가 이 특정한 변이체의 사본을 몇 개나 가지고 있는지 알고 싶은 마음이 전혀 없다. 내 유전체에 있는 다른 모든 유전자와 달리, 내 APOE4는 나를 비롯한 모든 사람에게 계속 수수께끼로 남아 있다.

치료란 무엇일까? 우리는 대다수의 유전병을 진단하거나 더 나아가 피할 수 있을 만큼은 알고 있지만, 치료하지는 못한다. 다행히도 유전적 이해가 그 다음 단계까지 이어져서 치료법까지 나온 사례도 몇 건 있다.

높은 콜레스테롤 수치라는 흔한 질병의 치료에 관해서 최근에 나온 가장 흥분되는 이야기 중 하나는 역설적이게도 아주 희귀한 돌연변이를 연구하다가 나온 것이다. 그 이야기의 저자인 스티븐 홀은 이렇게 썼다. "인간 유전체 계획에서 나온 모든 흥미로운 DNA 서열 중 PCSK9보다 인간 건강에 빠르게 대규모로 영향을 미친 유망한 후보자는 없을 것이다." LDL 콜레스테롤, 이른바 나쁜 형태의 콜레스테롤은 혈액을 타고 돌다가 간세포의 표면에 있는 LDL 수용체에 걸려서 빠져나간다. 이 흡수를 조절하는 것이 바로 PCSK9 단백질이며, 이 단백질은 LDL 수용체와도 결합한다. 2003년 연구진은 한 희귀한 형태의 고콜레스테롤혈증(hypercholesterolemia) 환자들이 PCSK9 유전자에 "기능 획득" 돌연변이를 지닌다는 연구 결과를 발표했다. 단백질이 너무 많이 생산되어서 LDL 수용체를 차단하여 나쁜 콜레스테롤을 흡수하는 것을 막는 것이다. UT 사우스웨스턴익 헬렌 홉스는 PCSK9가 너무 많아질 때 콜레스테롤이 너무 많아지는 것이라면, 다른 돌연변이, 즉 PCSK9 유전자에 장애를 일으키는 돌연변이는 낮은 콜레스테롤 수치와 관련이 있지 않을까 생각했다. 홉스는 그 가설을 검증하기 위해서, 댈러스 심장 연구에 참여한 환자들을 조사했다. 그녀는 콜레스테롤 농도와 심장병 위험을 낮추는 PCSK9 돌연변이들이 정말로 존재한다는 것을 발견했다. 게다가 그 효과는 아프리카계 미국인에게서 가장 뚜렷하게 나타났다. 그녀는 어느 PCSK9 돌연변이가 동형인 한 건강한 사람—40대의 아프리카계 미국인 에어로빅 강사—에게서 더욱 놀라운 점을 발견했다. 그녀는 PCSK9 단백질이 전혀 없었고, 그녀의

LDL 콜레스테롤은 겨우 14mg/dL에 불과했다.

PCSK9를 유전적 표적으로 삼으면 나쁜 콜레스테롤에 극적인 효과가 나타날 것 같았으므로, 제약회사들은 같은 일을 할 수 있는 약물을 개발하기 위해서 앞다투어 나섰다. 10년 사이에 두 단일 클론 항체 약물—하나는 암젠 사, 다른 하나는 리제너론 사와 사노피 사가 공동으로 개발했다—이 승인을 받았다. 이런 약물들은 스타틴과 경쟁하여 대성공을 거둘 것으로 예상된다.

유전병 중에는 세포를 하나하나 공격해서 특정한 조직을 죽이는 것들이 아주 많다. DMD에서는 근육이, 헌팅턴 병과 알츠하이머 병에서는 신경세포들이 그렇게 죽어간다. 이런 잠행성 퇴화를 한순간에 막는 방법은 없다. 하지만 지금이 막 시작단계에 불과하다고 해도, 나는 우리가 줄기 세포를 사용해서 이런 질병을 치료할 수 있을 것이라고 낙관한다. 몸에 있는 세포들은 대부분 자신을 복제하는 일밖에 하지 못한다. 한 예로 간세포는 간세포밖에 만들지 못한다. 하지만 줄기 세포는 분화해 있는 다양한 세포들을 생산할 수 있다. 가장 단순한 예는 새로 수정된 난자이다. 수정란은 최대의 잠재력을 지닌 줄기 세포로서 200종류가 넘는 모든 인간 세포를 만들어낸다. 따라서 줄기 세포는 배아에서 얻는 것이 가장 쉽다. 어른의 몸에서도 줄기 세포를 얻을 수 있지만, 그런 세포는 배아 줄기 세포와 달리 모든 종류의 세포로 분화하는 능력이 떨어지는 경향이 있다. 이런 만능 줄기세포의 잠재력을 이용하려면 배아를 파괴해야 했다. 이런 행위가 윤리적 반대에 직면하면서 새로운 배아 줄기세포주를 만드는 데에 제약이 가해졌고, 그 결과 연구에 쓸 줄기세포주도 제한되었다. 미국인 대다수의 의향을 반영한 여론 조사 결과에 따라, 2009년 3월에야 대통령 집행 명령을 통해서 이 제약이 걷혔다.

신자가 아닌 모든 이들이 동의하겠지만, 종교적 반대로 연구가 방해를 받는다면, 과학과 줄기세포 요법을 통해서 궁극적으로 혜택을 볼 수도 있을 모든 이들에게 비극이 될 것이다. 하지만 양심의 문제는 논박하기 어렵다. 다행히도 최근에 연구를 통해서, 배아를 희생할 필요성을 피하면서 줄기세포의 만능성을 유도하는 흥분되는 새로운 방식이 발견되었다. 주요 돌파구는 2006년에 이루어졌다. 일본 교토의 야마나카 신야 연구진은 4개의 전사인자가 있으면 유전자 조절 양상을 바꾸고 성체 세포를 줄기세포로 재프로그램할 수 있음을 보여주었다. 겨우 6년 뒤, 야마나카는 이 발견으로 노벨상을 공동 수상했다. 하버드 대학교 발생생물학자 더그 멜턴은 아들 샘이 제1형 당뇨병 진단을 받은 이래로 줄기세포 연구에 헌신했다. 2014년 멜턴 연구진은 인간 배아 줄기세포로 만든 췌장의 베타세포를 생쥐에 주입하여 인슐린이 분비되는 것을 확인했다고 발표했다. 언론은 그 병의 치료에 돌파구가 열렸다고 성급하게 발표했지만, 그 희망이 실현되려면 여러 해 동안의 임상시험을 거쳐야 한다.

현재 유전병 치료는 줄기 세포 요법처럼 세포 전체를 대체하는 수준까지는 아니지만, 기능을 잃은 단백질을 대체하는 수준까지는 발전한 듯하다. 고셔 병(Gaucher disease)은 5만 명에 한 명꼴로 걸리는 희귀한 병으로서, 특정한 지방 분자를 분해하는 데에 관여하는 글루코세레브로시다아제(glucocerebrosidase) 효소의 유전자에 돌연변이가 생겨서 나타난다. 이 효소가 제 기능을 못해서 지방 분자가 세포에 축적되면서 심각한 손상을 입힌다. 1994년에 생명공학 회사인 젠자임 사는 재조합 기술을 이용해서 기능을 복구한 효소를 생산하기 시작했다. 그리하여 잘못된 유전자가 만들 수 없는 중요한 단백질을 환자에게 제공할 수 있게 되었다.

효소 대체 요법(Enzyme replacement therapy : ERT)은 실현 가능하며 효과도 있다. 그러나 비용이 만만치 않다. 연간 약 30만 달러가 든다. 2014년 FDA는 젠자임 사가 개발한 특정한 유형의 고셔 병에 쓰는 경구약을 승인했다. 하지만 가격이 엄청나게 비싸다. 생명공학 기업들은 약물 개발에 엄청난 비용이 소요되고 연구개발에 투자하면서 사업을 영위해야 한다는 이유로 희귀병 약에 매기는 엄청난 가격을 정당화한다. 그러나 환자 권익 옹호자들과 일부 정치인들은 일부 기업이 가격을 터무니없게 매기는 것일 뿐이라고 여긴다.

유전학자들이 영향을 보정하기보다는 문제의 원인 자체를 없애는 방법을 찾는 일에 나선 것은 당연했다. 유전병을 치료하는 이상적인 방법은 문제를 일으키는 유전자 자체를 고치는 유전자 변경(genetic alteration)일 것이다. 그리고 그런 유전자 요법은 남은 평생에 걸쳐서 환자에게 지속적으로 혜택을 줄 것이다. 즉 한 번 고치면 평생 효력이 지속된다. 적어도 원리상으로 볼 때 접근방식은 두 가지이다. 환자의 체세포 내에 있는 유전자를 바꾸는 체세포 유전자 요법(somatic gene therapy)과 환자의 정자나 난자에 있는 유전자를 고쳐 해로운 돌연변이가 다음 세대로 전달되는 것을 막는 생식세포 요법(germ-line therapy)이 있다.

유전자 요법 개념은 보편적으로 환영을 받지 못하고 있다. 유전자 변형 옥수수를 경계하는 것을 볼 때, 형질전환 인간 혹은 유전자 변형 인간—그 용어를 쓰고 싶다면—이 아무리 대단한 가능성이 있다고 해도 그것을 반대할 것이라고 예상할 수 있을 것이다. 그리고 그중에서도 생식세포 접근방식을 가장 격렬하게 반대하리라는 것도 예상할 수 있다. DNA를 조작하다가 유전적 손상을 입힐 위험과 우리의 유전자를 영구히 바꾸는 것을 둘러싼 윤리 논쟁이 있기 때문이다. 체세포 유전자 요법에서는 그런 손상이 일어나도 몸의 일부만 영향을 받을 것이다. 반면에 생식세포 요법에서는 실수로 중요한 유전자를 손상시킨다면 장애인을 탄생시킬 가능성이 있다. 그 요법의 옹호론자들—나 같은 사람들—도 기술의 안전성이 입증될 때까지는 그런 요법을 시도해서는 안 된다고 말한다. 여전히 많은 과학자들은 생식세포 유전자 요법을 결코 시도해서는 안 된다고 단언한다. 최근까지, 이 논쟁은 전적으로 학술적인 차원에서 이루어졌다. 생식세포 요법은 우리의 기술 능력이 미치지 않는 영역에 있었기 때문이다. 하지만

이는 조금 뒤에서 다룰, 크리스퍼(CRISPR)라는 신기술이 등장하기 이전의 일이었다. 지금은 체세포 유전자 요법의 시도와 시련에 초점을 맞추기로 하자.

1990년에 미국국립보건원의 프렌치 앤더슨, 마이클 블레이즈, 켄 컬버가 최초로 유전자 요법에 성공했다. 그들은 아데노신 탈아미노화 효소 결핍증(adenosine deaminase deficiency : ADA)이라는 아주 희귀한 병을 대상으로 했다. 이 효소가 없으면 면역계에 장애가 나타나서 방어 불능 상태가 된다. 실험 대상자는 네 살 된 아샨티 데실바와 아홉 살 된 신디 컷셜 두 소녀였다.

새 유전자를 환자에게 어떻게 주입할까? 당시에는 레트로바이러스를 무기로 삼는 것이 논리적으로 타당했다. 레트로바이러스는 더 친절하고 부드러운 종류의 바이러스이며, 적어도 숙주 세포에게는 그렇다. 숙주 세포를 파괴하지 않은 채 새 사본을 퍼뜨린다. 과학자들은 유전공학을 써서 숙주 세포의 유전체에 침입하는 데에 꼭 필요한 것 외에 다른 유전자들을 모두 제거함으로써, 가능한 한 안전하게 유전자 요법에 쓸 레트로바이러스를 만들었다.

그러나 어떻게 하면 돌연변이에 영향을 받을 세포들, 대체 유전자를 필요로 하는 세포들만을 표적으로 삼을 수 있을까? 첫 유전자 요법 임상시험에 ADA를 선택한 것은 나름대로 타당성이 있었다. ADA 치료에 쓰일 표적 세포는 쉽게 구할 수 있다. 혈액을 따라 도는 면역계 세포이다. 앤더슨 연구진은 소녀들의 혈액에서 수많은 면역세포를 채취할 수 있었다. 그 세포들을 배양접시에서 기르면서 기능이 정상인 유전자 사본을 지닌 레트로바이러스에 감염시킬 수 있었다. 대체 유전자가 세포의 본래 DNA에 통합되자, 그 세포를 다시 몸에 주입할 준비가 되었다.

1990년 9월에 아샨티 데실바가 먼저 치료를 받았다. 그리고 넉 달 뒤 신

488

유전자 요법 환자인 신디 컷셜. 콜드 스프링 하버 연구소를 방문한 뒤 컷셜은 내 초상화를 그려 보내주었다.

디 컷셜의 치료가 이루어졌다. 두 소녀는 6주일마다 유전자가 교체된 면역 세포들을 주입받았다. 그런 한편으로 그들은 유전자 요법이 아닌 효소 대체 치료도 계속 받았지만, 낮은 용량으로 투여했다. 안전망 없이 소녀들을 새로운 요법에 노출시키는 것은 너무 위험하다고 여겨졌다. 그 실험은 성공한 듯했다. 두 소녀의 면역력은 향상되었고 난생 처음으로 그들은 사소한 감염에 맞서 싸울 수 있게 되었다. 컷셜은 열한 살이 되던 1992년에 가족과 함께 콜드 스프링 하버를 방문했는데 아주 건강하게 보였다. 현재 두 여성은 건강하며, 유전자를 약물로서 개발하는 데에 역사적으로 역할을 담당했음을 식구들과 기뻐하고 있다. 이 특정한 사례를 유전자 요법의 확실한 성공 사례라고 선언하는 것은 너무 야심적이라고 할 수 있겠지만 말이다.

컷설과 데실바 임상시험은 최초의 유전자 요법 실험이 수행된 지 10년 뒤에 이루어졌다. 그 실험은 실패했고 그에 따라서 격렬한 논쟁이 벌어지면서 미국 정부는 그 새로 태어난 모험 분야를 요람에서 목 졸라 죽일 뻔한 상황까지 내몰렸었다. 어느 모로 보나 현명하고 야심적인 의사였던 마틴 클라인은 환자, 특히 베타 지중해 빈혈에 걸린 환자의 불행을 덜어주는 일에 헌신하는 사람이었다. 동물 실험에 성공한 뒤 클라인은 자신이 속한 캘리포니아 로스앤젤레스 대학교의 심사 위원회에 비재조합 DNA를 이용한 유전자 요법 실험을 허가해달라고 요청했다. 클라인은 열정이 지나쳤던 나머지, 심사가 진행되고 있는 동안에 국외에서 두 여성을 치료한다는 계획을 세웠다. 한 명은 이스라엘 여성이었고 또다른 한 명은 이탈리아 여성이었으며, 그는 당시 국립보건원 지침에 따라서 금지되어 있던 재조합 유전자를 사용했다. 로스앤젤레스로 돌아왔을 때, 클라인은 요청이 기각되었다는 것을 알았다. 클라인은 이미 모든 규정을 어긴 상태였다. 그는 허가도 받지 않고 인간을 대상으로 치료를 시도했을 뿐만 아니라 금지된 방법을 사용했다. 클라인은 연방 연구비를 받을 수 없게 되었고 학과장직을 내놓아야 했다. 유전자 요법은 최초의 실천가를 잃었다.

섶을 지고 불에 뛰어들 듯이 유전자 요법을 시도한 과학자가 클라인만은 아니었다. 유전자 요법 실험에서 환자 한 명이 죽는 비극적인 사태까지 일어나자, 전하고자 하는 내용이 명확해 보였다. 유전자 요법은 위험하고, 인간을 대상으로 하는 모든 과정을 엄격히 감시할 필요가 있다는 것이다.

제시 젤싱어는 개인이 유전자 요법에 어떤 반응을 보일지 우리가 확신 있게 예측할 수 없다는 점 때문에, 그리고 과학자들이 변명의 여지가 없는 지름길을 택했기 때문에 사망했다.

1999년에 애리조나 주에 살던 10대 소년인 제시 젤싱어는 펜실베이니아 대학의 인간 유전자 요법 연구소 소장인 제임스 윌슨이 하고 있는 실험에 관해서 듣게 되었다. 젤싱어는 오르니틴 트랜스카르바밀라아제 결핍증(ornithine transcarbamylase deficiency : OTC)에 걸려 있었다. 이 병은 단백질 대사 산물인 요소를 처리하지 못하는 유전 장애이다. 이 병은 치료하지 않으면 치명적일 수 있다. 젤싱어는 증상은 심각하지 않았지만, 자신과 같은 사람들을 위해서 치료법을 찾는 데에 기여하겠다는 뜻을 품고 자원하고 싶어했다. 펜실베이니아 요법은 교체할 유전자의 운반체로 아데노바이러스(일반 감기를 일으키는 바이러스에 속한)를 사용했다. 연구자들은 OTC 유전자를 대신할 정상 유전자를 지닌 바이러스를 젤싱어의 간에 주사했다. 몇 시간 뒤 그의 몸에서 열이 나기 시작했다. 이어서 혈액 응고와 간 출혈을 수반한 급성 감염 증세가 나타났다. 바이러스를 주사한 지 3일 뒤 제시 젤싱어는 사망했다.

그 10대 소년의 죽음은 가족들뿐만 아니라 학계에도 충격을 주었다. 상세한 조사를 통해서, 앞서 같은 연구에서 환자 두 명에게 간 독성이 나타난다는 징후가 드러났음에도, 감독 당국에 전혀 보고되지 않았고 연구에 자원한 사람들에게도 전혀 알리지 않았다는 점이 드러났다. 그 비극은 유전자 요법의 발전에 치명타를 가했다. 미국 식품의약청은 전국의 대학교와 다른 곳에서 진행 중인 실험들을 당분간 중단시켰다. 빌 클린턴 대통령은 실험 대상자가 모든 잠재적 위험을 고지받을 권리를 보장하는 "숙지된 동의(informed consent)"[8] 기준을 강화할 것을 요구했다. 제시 젤싱어의 죽음으로 나아진 것이 있다면, 인간을 대상으로 한 실험을 연방 정부가 더 철저히 감시하게 되었다는 것이다.

일이 순조롭게 진행되던 시기인 2000년 4월에 알랭 피셔와 마리나 카바자나—칼보가 유전자 요법에 돌파구를 열었다고 기자 회견하는 장면

유전자 요법 사회가 아직 충격에서 벗어나지 못하고 있을 때, 해외에서 고무적인 성공 소식이 들려왔다. 2000년에 파리 네케르 병원의 알랭 피셔가 이끄는 연구진은 태어날 때부터 무균실에서 지내고 있던, 중증 복합 면역결핍증(severe combined immunodeficiency : SCID)에 걸린 두 아기에게 유전자 요법을 실시했다. ADA 치료를 위해서 그들은 아기의 세포를 뽑아 레트로바이러스로 필요한 유전자를 주입한 뒤, 그 세포를 다시 아기의 몸 속으로 넣었다. 하지만 프랑스 연구진이 이룩한 주목할 만한 혁신은 교정된 유전자가 자체적으로 지속되도록 한다는 목표를 가지고, 아기의 골수에서 얻은 세포를 교정했다는 점이었다. 줄기 세포는 증식하면서 자신의 수를 늘릴 뿐 아니라 그 세포에서 자연적으로 분화하는 체세포들의 수도 늘린다. 따라서 교정된 줄기 세포에서 만들어지는 T세포들도 마찬가지로 삽입된 유전자를 지니고 있을 것이기 때문에 교정된 세포들을 계속 주입할 필

요가 없어진다.

그리고 일은 정확히 그렇게 전개되었다. 열 달 뒤 두 아기에게서 정상적으로 활동하는 T세포들이 발견되었고, 그들의 면역계는 정상적인 아이들과 똑같이 제 기능을 하고 있었다. 그뒤 피셔의 방법은 다른 SCID 아이들에게 적용되어왔다. 시작할 때에 많은 시행착오가 있었고 그다지 상서롭지도 못했지만, 결국 유전자 요법은 확실한 성공을 거둔 것이다. 하지만 성공의 기쁨은 오래 가지 못했다. 2002년 10월에 의사들은 두 아이 중 한 명이 특정한 형태의 세포들이 과잉 생산되는 골수암인 백혈병에 걸린 것을 알아차렸다. 유전자 요법이 아기의 SCID를 치료했지만, 백혈병이라는 부작용을 일으켰다는 것이 피할 수 없는 결론이었다. 더 통상적인 약물 요법들처럼, 유전자 치료도 의도하지 않은 결과가 나올 수 있다는 법칙의 적용을 받는다는 점을 냉엄하게 상기시키는 사례이다.

젤싱어와 백혈병 사건에는 체세포 유전자 요법이 의료계의 주류로 진입하기 위해서 해결되어야 할 난제들 중 상당수가 요약되어 있다. 그 분야는 아직 미성숙 단계에 있지만, 암, 혈우병, 희귀한 유형의 시각상실 환자를 치료하는 데에 주목할 만한 성공을 거두어왔다. 유전자 요법을 통해서 새로 빛을 본 사람은 코리 하스이다. 그는 2008년 9월 필라델피아 아동병원에서 눈 수술을 받았다. 역설적이게도 젤싱어가 사망한 곳에서 몇 킬로미터만 가면 있는 병원이다. 나흘 뒤, 그는 필라델피아 동물원 입구에서 난생 처음 햇빛을 보면서 눈을 찡그렸다. 코리는 RPE65라는 유전자의 결함으로 생기는 열성 유전되는 희귀한 레버 선천성 흑암시(Leber congenital amaurosis : LCA) 때문에 앞을 못 보는 상태였다. 이 유전자는 망막에서 빛을 검출하는 단백질을 만든다. RPE65 유전자는 아데노 연관 바이러스(adeno-associated virus : AAV)라는 또다른 종류의 벡터를 이용해서 주입되었다. AAV는 사람에게 무해한 듯하며, 사람 유전체에서 특정한 자리에 주로 끼워지기 때문에 필수 유전자를 망가뜨릴 위험이 적었다.

그러나 일부 유전자 요법 지지자들은 발전 속도가 너무 느리다고 한탄한다. 2015년 시애틀의 생명공학 기업 바이오비바의 CEO인 마흔한 살의 엘리자베스 패리시는 노화를 되돌리기 위해서 논쟁적인 유전자 요법을 실시함으로써 역사에 한 획을 그었다. 미국 식품의약청의 승인을 받지 못했기에, 패리시는 컬럼비아의 한 병원을 찾아가서, AAV 벡터를 이용하여 텔로머라아제를 자기 몸에 주입받았다. 바이오비바 사는 패리시의 텔로미어 길이가 늘어났다고 주장하면서, 그녀가 "유전자 요법을 통해 다시 젊어진 최초의 인간"이라고 말한다. 나는 대개 위험을 무릅쓰는 이에게 찬사를 보내지만, 패리시의 십자군 전쟁이 실패한다면 유전자 요법 분야가 다시금 치명타를 입지 않을까 걱정된다.

현재 유전자 요법은 손상된 유전자를 대체할 제 기능을 갖춘 DNA 서열을 집어넣는 수준을 훨씬 넘어서고 있다. 2006년 두 미국 과학자 앤디 파이어와 크레이그 멜로는 RNA 간섭(RNA interference : RNAi)이라는 생물학적 과정을 발견한 공로로 노벨상을 받았다. RNAi는 생물이 외래 유전 물질을 검출하여 분해할 때 활용하는 자연적인 과정이다. 돌연변이가 일어난 유전자가 만든 비정상 RNA가 번역되어 비정상 단백질을 만들기 전에 이 과정을 이용하여 차단할 수 있다면, 많은 질병을 치료할 놀라운 새로운 길이 열리게 된다. 초기 RNAi 임상 실험들이 실패하긴 했지만, 앨나일럼 사 같은 생명공학 기업들은 혈우병, 고콜레스테롤혈증, 간염 등 여러 질병을 표적으로 삼아서 연구를 계속하고 있다.

단순히 건강한 유전자 사본을 추가하기보다는 잘못된 DNA 서열을 실제로 고치거나 교정할 수 있는 수리 기구를 전달하는 쪽이 더 정확한 유전자 치료 전략일 것이다. 현재 과학계는 일정한 간격으로 놓인 짧은 회문 반복 서열 집합(clustered regularly interspaced short palindromic repeat)의 약자인 크리스퍼(CRISPR)라는 자연적인 유전자 편집 현상이 지닌 경이로운 치

크리스퍼 왕가 : 과학계는 전반적으로 에마뉘엘 샤르팡티에와 제니퍼 다우드나(왼쪽, 2017년 일본 국제상 수상), 평장(오른쪽)의 공헌을 인정하고 있다. 비록 그들이 소속된 기관들은 특허권을 놓고 싸우고 있지만 말이다.

료 잠재력에 진정으로 매료되어 있다. 자연적으로 존재하는 이 DNA 서열은 미생물이 지닌 초보적인 면역계의 토대이지만, 과학자들은 이것을 어떤 유전자든 편집할 수 있는 쪽으로 탁월하게 개량해왔다. 과학자들은 표적 서열을 지닌 맞춤 안내 RNA 분자와 세균의 뉴클레아제(Cas9를 가장 많이 쓴다)를 결부시킴으로써, 특정한 DNA 서열—유전자 돌연변이를 지닌 영역 같은—을 잘라내고 맞춤 제작한 서열을 대신 끼워넣는 수단을 가지게 되었다. 전 세계의 연구실들은 동식물을 가릴 것 없이 온갖 세포에 적용할 수 있게 CRISPR/Cas9를 앞다투어 개량해왔다. 캘리포니아 버클리 대학교의 제니퍼 다우드나와 독일 베를린의 막스 플랑크 감염생물학 연구소의 에마뉘엘 샤르팡티에는 공동 연구를 통해서 이 기술의 발전 가능성을 밝히는 데에 큰 기여를 했다. 두 사람은 2014년 상금이 수백만 달러인 브레이크스루 상을 받았다. 이 방법이 가진 놀라운 가능성이 일찌감치 인정을 받았음을 보여주는 사례이다. 그후에 MIT의 펑 장은 이 방식으로 인간 세포의 유전자를 편집할 수 있음을 보여주었다. 그리고 이 기술에 첫 번째로 특허를 받은 사람도 바로 그였다.

기술 발전에 언론의 과대평가가 으레 뒤따르는 분야인지라, 크리스퍼의 기댓값은 계속 높아지고 있다. 이 글을 쓰고 있는 현재, 다우드나와 장이 소속된 두 대학교 사이에서 특허 분쟁이 벌어지고 있으며, 그 파장은 생명공학 기업의 중역 회의실을 떠나 노벨상 수상자를 결정하는 스톡홀름에 있는 스위스 한림원에까지 영향을 미치게 될 것이다. 이미 크리스퍼로 유전자가 편집된 동물 모델 수십 종류가 만들어져 있다. 연구자들은 유전성 티로신혈증의 동물 모델인 생쥐 성체의 간세포에 든 잘못된 유전자를 편집하여 교정하는 등, 여러 질병 모델들에서 성공을 거두어왔다. 전문가들은 머지않아 눈, 허파, 혈구 등 더 쉽게 접근할 수 있는 조직들이 치료의 표적이 될 가능성이 높다고 믿는다. 2016년 말 중국 연구진은 크리스퍼를 써서 폐암 환자의 T세포를 편집했다고 발표했다. 종양에 대한 면역 반응을 강화하기 위함이었다(제14장 참조).

크리스퍼가 말라리아나 지카 같은 심각한 감염병에 맞서 싸우는 혁신적인 도구임이 입증될 수도 있을 것이다. 이른바 유전자 드라이브(gene drive, 특정한 유전자 쪽으로 유전이 편향되는 현상/역주)의 일환으로서 모기의 유전체를 편집하는 것이 한 예이다. 그 방법으로 종을 불임으로 만들거나 말라리아 기생체나 바이러스의 전파를 차단하는 것도 있을 것이다. 그러면 수백만 명의 목숨을 구할 수 있을 것이다. 하지만 유전자 드라이브가 완전히 안전하다고 누가 장담할 수 있겠는가? 캘리포니아 어바인 대학교의 연구자 앤서니 제임스는 이렇게 말한다. "실험실에서 편집한 곤충을 풀어놓는 데에는 확실히 위험이 따릅니다. 하지만 나는 그렇게 하지 않을 때의 위험이 훨씬 더 크다고 믿어요."[9]

크리스퍼가 온갖 방향으로 응용되면서 심각한 윤리적 문제들이 제기되는 것은 당연하지만, 그 기술을 인간의 생식세포에 영구적인 변화를 일으키는 데에 사용해도 좋을까 하는 것이 아마 가장 중요한 문제일 것이다. 이 주제는 다음 장에서 다루기로 하자.

제13장

우리는 누구인가 : 본성 대 양육

어릴 때 나는 외가가 아일랜드 혈통이라는 점이 마음에 들지 않았다. 나는 반에서 가장 영리한 학생이 되고 싶었는데, 아일랜드인은 온갖 잡다한 농담의 대상이었기 때문이다. 그리고 "아일랜드인은 지원 불가"라는 취업 차별을 보여주는 구시대의 표지판이 무슨 의미인지 알 만한 나이가 되었을 때에도, 나는 그런 차별에 아일랜드인의 자질에 대한 정당한 평가 이상의 의미가 담겨 있다는 것을 깨닫지 못했다. 내가 아는 것이라고는 내게 아일랜드인의 유전자가 있다고 쳐도 내가 아둔하다는 증거는 전혀 없다는 것뿐이었다. 나는 아일랜드인의 지능과 흔히 알려진 아일랜드인의 단점들이, 유전자가 아니라 아일랜드라는 환경의 산물이라고 생각했다. 즉 비난받아야 할 쪽은 본성이 아니라 양육이라고 생각했던 것이다. 아일랜드의 역사를 어느 정도 알고 있는 지금도 나는 어린 시절의 생각들이 비록 잘못된 추론에 바탕을 두고 있기는 하지만, 진실로부터 그다지 멀지 않다는 것을 알 수 있다. 적어도 아일랜드인은 어리석지 않다. 영국인들이 그런 인상을 심어주려고 갖은 애를 썼을 뿐이다.

올리버 크롬웰의 아일랜드 정복은 역사상 벌어졌던 가장 야만적인 사건들 중의 하나이다. 야만성은 아일랜드 토착민들을 코노트 같은 서부지역의 황량한 오지로 쫓아보내고, 더 살기 좋은 동부지역을 전리품으로 삼아

◀ 오하이오 주 트윈스버그에서 매년 열리는 모임에 참석한 일란성 쌍둥이들

호민관들끼리 나누어가짐으로써 절정에 달했다. 그리고 호민관들은 정복 지역을 영국화하는 일에 착수했다. 가톨릭을 믿는 이단자들은 지옥행 표를 산 것이라고 믿는 프로테스탄트들을 몰고 온 크롬웰은 1654년에 아일랜드인에게 "지옥에 가든지 코노트에 가든지" 택하라고 선포했다. 당시에는 어느 쪽이 더 나은지 분명하지 않았을 것이다. 가톨릭이 "아일랜드 문제"의 근원이라고 본 영국인들은 가혹하게 가톨릭을 억압했고, 그와 함께 아일랜드의 문화와 민족성까지 억누르고 싶어했다. 따라서 그뒤의 아일랜드 역사는 남아프리카에서 자행된 악명 높은 인종 차별 정책을 판에 박은 듯한 가혹한 억압으로 점철되었다. 둘의 주된 차이는 차별의 기준이었다. 즉 종교냐 피부색이냐가 달랐을 뿐이다.

가톨릭이 "더 이상 확대되는 것을 막기" 위해서 제정된 "형법들" 중에는 교육을 표적으로 삼은 것도 있었다. 1709년에 제정된 한 법률에는 다음과 같은 조항들이 있었다.

가톨릭 교도가 학교에서 공개적으로 아이들을 가르치거나 개인 교습을 하거나, 프로테스탄트 교사의 보조 교사나 조수가 되면 기소된다.

　가톨릭 대주교, 주교, 주교 대리, 예수회 수도사, 수사 등 이교행위를 한 사람을 신고하여 체포나 유죄 판결을 받게 한 사람에게는 50파운드, 일반 성직자나 교구 밖에서 생활하는 미등록 성직자를 신고한 사람에게는 20파운드, 가톨릭 교사나 보조 교사나 조수를 신고한 사람에게는 10파운드의 보상금을 지급한다. 보상금은 신고된 지역에 사는 가톨릭 교도들에게 징수한다.[1]

영국인들은 아일랜드 어린이들이 영국인이 후원하는 프로테스탄트 학교에 다니면 가톨릭을 버릴 것이라고 기대했다. 하지만 헛된 희망이었다. 아일랜드인을 그들의 종교로부터 떼어놓으려면 억압이나 보상금 이외의 수단이 있어야 했다. 오히려 그런 정책은 자발적인 지하 교육 운동을 불러일으켰고, 순회하는 가톨릭 교사들이 끊임없이 장소를 바꾸어가면서 야외에서 비밀리에 수업을 하는 "울타리 학교(hedge school)"가 등장했다. 1776년에 한 방문자가 쓴 것처럼 상황이 몹시 열악할 때도 흔했다. "차라리 도랑 학교라고 부르는 편이 더 적절할 듯하다. 나는 학생들이 가득한 도랑을 수없이 보았다."[2] 그러나 1826년에는 55만 명의 전체 학생들 중 40만3,000명이 울타리 학교에 입학한 것으로 추정된다. 울타리 학교는 서서히 아일랜드 저항운동의 낭만적인 상징으로 떠올랐다. 시인인 존 오헤이건은 이렇게 썼을 정도였다.

몸을 가려줄 울타리 밑에 웅크리거나,

이끼를 깔고 앉은 채,

모인 교사와 학생들은 배움이라는 무거운 죄를 저질렀다.[3]

영국인들은 아일랜드의 개종에는 실패했을지 몰라도, 울타리 학교 교사들의 영웅적인 노력을 압도하면서 오랜 세대에 걸쳐 그들의 교육 수준을 떨어뜨리는 데에는 성공했다. 따라서 "어리석은" 아일랜드인이라는 상투적인 시각은 크롬웰과 그 후계자들이 펼친 반(反)가톨릭 정책의 직접적인 유산인 "무지한" 아일랜드인이라는 시각으로 보는 편이 더 적절했을 것이다. 따라서 내가 어렸을 때 내린 결론은 옳았던 것이다. 이른바 아일랜드인이 받은 천형은 본성이 아니라 양육 때문이었다. 즉 아일랜드의 유전자 때문이 아니라 제대로 교육을 받지 못하는 환경에서 자란 탓이었다. 물론 지금은 아무도, 가장 편견이 심한 영국인조차도 아일랜드인이 다른 민족보다 지능이 떨어진다고 주장할 수 없다. 아일랜드의 현대 교육체제는 울타리 학교 시대에 입은 피해를 복구하는 수준에서 머물러 있지 않다. 오늘날 아일랜드 민족은 세계 최고의 교육을 받은 축에 속한다. 내가 어릴 때 추론했던 것이 터무니없이 잘못 알고 있었던 것이라고 해도, 나는 그것을 통해서 매우 가치 있는 교훈을 얻었다. 개인이나 집단 사이에서 나타나는 차이가 유전자 때문이라고 가정하는 것은 위험하다고 말이다. 환경요인들이 더 결정적인 역할을 하지 않았다는 것을 확신할 수 없다면, 그 가정은 크게 잘못될 수 있다.

"본성"보다 "양육"을 바탕으로 하는 설명을 더 선호하는 이런 성향은 각 세대의 편협한 사고방식을 바로잡는 사회적으로 유용한 역할을 했다. 불행히도 지금 도가 지나칠 정도로 교양이 넘쳐흐른다. 현재 유행하고 있는 정치적 공정성은 차이에 유전적인 토대가 있다는 가능성조차도 뜨거운 논쟁거리로 삼는 지경이다. 즉 유전자가 우리 각자를 다르게 만든다는, 거의 확실한 사항까지도 인정하지 않으려는 부정직한 태도를 보인다.

과학과 정치는 분리하기가 어렵다. 미국처럼 연구비의 상당 부분을 민주적으로 선출된 정부가 분배하는 예산에 의존하는 나라에서는 그런 연계성이 뚜렷이 나타난다. 하지만 정치는 더 미묘한 방식으로도 지식 탐구 분야에 침입한다. 과학의 당면 목표에는 사회의 당면 현안이 반영되어 있으며, 순수한 과학적 이유보다는 사회적 및 정치적 이유가 더 중요시될 때가 훨씬 더 많다. 우생학이 바로 그 예이다. 우생학은 일부 유전학자들이 당시 유행하던 사회적 현안에 호응하면서 발전하기 시작했다. 과학적 토대가 거의 전무했던 우생학 운동이 발전한 주된 이유는 매디슨 그랜트와 해리 래플린 같은 비과학적 편견으로 가득한 자들의 사이비 과학을 위한 수단으로 쓰였기 때문이다.

현대 유전학은 우생학이 준 교훈들을 마음 속 깊이 새겨놓고 있다. 과학자들은 대개 정치적 의미가 노골적으로 드러나는 문제를 피하며, 정치적 의미가 있는지 불확실한 문제조차도 피하려고 든다. 한 예로 우리는 피부색처럼 눈에 띄는 인간 형질을 유전학자들이 무시해왔다는 것을 알 수 있다. 그들을 비난하기는 어렵다. 연구할 흥미로운 문제들이 무수히 있는

데, 대중 언론에 단골 소재로 등장하거나, 백인 지상주의자들의 선전물에 자랑스러운 인물이라고 언급되는 곤란한 상황에 스스로를 빠뜨릴 문제를 선택할 이유가 어디에 있단 말인가? 하지만 그런 논쟁 회피에도 훨씬 더 현실적이고 훨씬 더 음흉한 정치적 요소가 들어 있다. 학자들이 대부분 그렇듯이 과학자들도 자유주의자이며 민주당에 투표를 하는 경향이 있다. 이런 우호관계에서 원칙과 실용주의가 각각 얼마만한 비율을 차지하는지 아무도 말할 수 없겠지만, 민주당 정권이 공화당 정권보다 대체로 연구에 더 관용적이라는 것은 분명하다.* 따라서 정치 스펙트럼 중 자유주의 쪽을 지지하고, 시대 상황이 이데올로기에 부합되지 않는 진리를 용납하지 않는 것을 아는 대다수 과학자들은 그런 진리를 드러낼지 모르는 연구를 일부러 피하려고 한다. 그들은 정치적으로 올바른 자유주의자의 정설을 따른다. 그 정설이란 차이를 인정하며 존중하려고 노력하지만 차이의 생화학적 토대는 생각하지 않는다는 것이다. 하지만 사실 그것은 과학과 민주사회뿐만 아니라 인류 복지에도 바람직하지 않은 견해이다.

　지식은 설령 우리를 불편하게 만든다고 해도 무지보다는 더 낫다. 무지가 지금 이 순간에 아무리 우리에게 행복을 주고 있다고 해도 말이다. 그러나 대개 정치 불안은 무지와 무지에 따라붙는 확실한 안전을 더 선호한다. 우리는 피부색의 유전학을 모르는 편이 더 낫다고 한다. 인종 사이의 결합에 반대하는 자들에게 그런 정보가 알려지면 안 된다는 두려움이 숨어 있기 때문이다. 하지만 나처럼 내 조상들이 살았던 티퍼레리 주와 스카이 섬보다 더 햇살이 강한 지역에서는 피부암에 걸리기 쉬운 아일랜드인과 스코틀랜드인의 피부색을 가진 사람들에게는 그런 유전지식이 사실 대단히 유용할 수도 있다. 마찬가지로 사람들간의 정신능력 차이를 다루는 유전학도 불편한 문제들을 불러일으킬 수 있지만, 교육자에게는 그 지식이

* 이 생각이 틀릴 때도 있다. 최근 미국 역사에서 과학 분야의 예산이 가장 적었던 시기는 지미 카터 정부 때였다.

도움이 될 것이다. 학생의 정신능력에 맞게 교육을 시킬 수 있기 때문이다. 우리는 최악의 시나리오에 초점을 맞추고 논쟁의 소지가 있는 과학을 피하려는 경향이 있다. 하지만 나는 우리가 최악의 상황이 아니라 혜택에 초점을 맞추어야 할 시기가 왔다고 생각한다.

현대 유전학이, 과거에 악명이 높았던 우생학 운동이 관심을 보였던 것이라는 단순한 이유로 어떤 문제들을 피한다면, 그것은 결코 합리적이라고 할 수 없다. 둘 사이에는 중요한 차이가 있다. 대브포트와 그의 동료들은 자신들이 연구하던 형질들의 유전적 토대를 밝혀낼 과학적 도구를 전혀 가지고 있지 못했다. 그들의 과학은 그들의 억측을 입증하거나 반박해줄 물질적 토대를 규명할 능력이 없었다. 따라서 그들은 자신들이 보고 싶어하는 것만 "보았을" 뿐이다. 그것은 사실 과학이라는 이름을 붙일 만한 행위가 아니었으며, 진리에 전혀 들어맞지 않는 결론을 내리기도 했다. "정신박약"이 열성 상염색체를 통해서 대물림된다는 결론이 한 예이다. 현대 유전학이 어떤 결론을 내리든 간에 그 결론은 이런 추론방식과 아무런 관계가 없다. 지금 우리가 헌팅턴 병과 관련된 유전자에서 어떤 돌연변이를 발견한다면 우리는 그 돌연변이를 지닌 사람이 그 병에 걸릴 것이라고 확신할 수 있다. 인간 유전학은 추측에서 사실로 옮겨왔다. DNA 서열에 나타나는 차이는 애매하지 않다. 그것은 해석하고 자시고 할 필요가 없는 것이다.

통제되지 않는 유전학이 무엇을 발견할지 몹시 우려하는 사람들이 그 분야의 가장 근본적인 생각들을 정치화하는 쪽으로 이끈다는 것은 역설적이다. 앞에서 살펴보았듯이 우리 종의 역사는 관습적으로 "인종"이라고 분류되는 집단 사이에 커다란 유전적 차이는 없다는 것을 말해준다. 그래서 어떤 사람들은 의료 서식에서 인종 항목을 삭제하는 식으로, 우리 사회가 모든 맥락에서 "인종"이라는 범주를 더 이상 인정하지 말아야 한다고 주장해왔다. 여기에서 더 나아가 당신이 병원에서 받는 치료의 질이 입원서식에 당신이 어떤 인종으로 적혀 있는가에 따라서 달라진다는 주장도 있다. 의학을 포함하여 모든 분야에서 인종 차별주의가 있는 것은 분명하다. 하지만 편견을 가진 의사와 얼굴을 대하고 난 뒤에 인종 항목이 삭제된 서식이 과연 당신을 얼마나 보호해줄까? 그보다는 진단에 중요할 수도 있는 정보가 누락됨으로써 나타날 위험이 더 크다. 인류 전체를 놓고 볼 때 특정 인종이 특정한 질병에 걸리는 비율이 높다는 것은 사실이다. 예를 들면 아메리카 원주민인 피마족은 제2형 당뇨병에 걸릴 확률이 높다. 아프리카계 미국인들은 아일랜드계 미국인들보다 낫 모양 적혈구 빈혈에 걸릴 가능성이 훨씬 더 높다. 낭성 섬유증은 주로 북유럽계 사람들이 잘 걸린다. 테이-삭스 병은 아슈케나지계 유대인이 훨씬 더 많이 걸린다. 이것은 파시즘도, 인종 차별주의도, 달갑지 않은 빅 브라더의 개입도 아니다. 그저 이용할 수 있는 정보를 가능한 한 가장 잘 활용하자는 것일 뿐이다.

어떤 종류든 이데올로기와 과학은 아무리 잘해도 맞지 않는 동료에 불과하다. 과학은 불쾌한 진실을 폭로할지도 모르지만, 중요한 것은 그것이 진실이라는 점이다. 나쁜 의도이든 선한 의도이든 간에 진실을 감추거나 그것의 폭로를 방해하려는 노력은 자유와 이성이라는 우리의 근본 가치들을 파괴할 뿐이다. 우리 자유사회에서는 정치적 입장과 관련된 문제를 기꺼이 떠맡으려고 하는 과학자들이 부당한 희생을 치른 일이 너무나 흔했다. 1975년 당시 하버드 대학의 저명한 진화생물학자였던 에드워드 윌슨은 자신의 연구 대상이었던 개미에서부터 인간에 이르기까지 동물 행동의 밑에 깔려 있는 진화적 요인들을 분석한 불후의 저서인 『사회생물학(Sociobiology)』을 펴냈다. 그는 학계뿐 아니라 대중매체로부터 빗발치듯이 쏟아지는 비난을 받아야 했다. 1984년에는 『우리 유전자 안에 없다(Not in Our Genes)』라는 윌슨을 반대하는 책이 나오기도 했다. 윌슨은 신체적 공격까지 당했다. 그의 책이 유전자 결정론을 주장한다면서 항의하던 사람들이 공개 회의석상에서 그에게 물을 쏟아부었던 것이다. 또 우리가 앞으로 다룰 인간 지능의 유전을 연구하던 로버트 플로민도 미국 학계가 너무나 적대시하는 바람에 펜실베이니아 주립대학교에서 영국으로 옮겨가야 했다.

과학이 우리가 인간사회에 대해서 지닌 가정들과 우리 자신에 대한 생각들, 즉 종으로서의 우리나 개인으로서의 우리가 지닌 정체성을 뒤흔들거나 재정의하겠다고 위협하면, 열불이 치솟기 마련이다. 가장 급진적인 질문은 이런 것이 될 수 있다. 지금의 내 자신은 부모로부터 물려받은 A, T, G, C 염기 서열에 더 의존하는가 아니면 오래 전에 내 아버지의 정자와 어머니의 난자가 융합된 이후로 내가 겪었던 경험에 더 의존하는가? 그 질문을 처음으로 본성 대 양육이라는 틀 속에 넣은 사람은 우생학의 아버지인 골턴이었다. 그리고 그것이 지닌 의미들은 덜 철학적이고 더 실용적인 영역으로 파고들었다. 예를 들면 수학을 공부하는 학생들이 모두 똑같은 능력을 지니고 태어났을까? 답이 아니오라면, 그것을 새겨넣을 회로를 가지지 못한 나 같은 사람들의 머리 속으로 미분 방정식을 억지로 집어넣으려고 애쓰는 것은 시간과 돈의 낭비에 불과할 것이다. 평등주의라는 이상 위에 서 있는 사회에서 모든 사람이 사실상 평등하게 태어나지 않았다는 개념은 많은 사람들에게는 금기이다. 그리고 거기에는 많은 문제가 수반되며, 그 문제들은 해결하기가 무척 어렵다. 개인은 유전자와 환경의 공동 산물이다. 어떻게 해야 두 요인을 분리해서 각각이 어느 정도 기여하는지 파악할 수 있을까? 우리가 실험용 쥐를 다루고 있다면 우리는 일정한 조건 하에서 쥐들을 교배시키고 기르면서 일련의 단순한 실험들을 해볼 수 있다. 하지만 다행스럽게도 인간은 쥐가 아니므로, 뭔가 보여줄 수 있는 자료를 얻기가 어렵다. 이런 논쟁이 중요하다는 점과 그것을 흡족할 만큼 해결할 수 없다는 점이 결합됨으로써 활기찬 주장들이 계속 이어진다. 하지만 자유사회라면 정직한 질문을 정직하게 묻는 일을 주저해서는 안 된다. 진실을 추구하는 것도 우리가 발견한 진실이 윤리적으로 적용되도록 하는 것만큼 반드시 해야 할 일이다.

신뢰할 수 있는 자료가 없기 때문에 본성 대 양육 논쟁은 오로지 사회 변화의 풍향에 따라서 휩쓸려왔다. 우생학 운동이 절정에 달했던 20세기 초에는 본성이 왕이었다. 하지만 우생학의 오류가 분명해지자(나치 같은 세력들이 우생학을 끔찍한 방향으로 적용함으로써 절정에 달했다), 양육 쪽이 우세해지기 시작했다. 1924년에 큰 영향력을 끼친 행동주의라는 미국 심리학파를 창시한 존 왓슨(나와는 아무 관계가 없다)은 양육주의자인 자신의 견해를 이렇게 요약했다.

내게 건강하고 용모가 뛰어난 아기 열두 명과 그들을 내 나름대로 키울 특수한 세계를 준다면, 나는 그중 아무라도 내가 고른 전문가가 되도록 훈련을 시킬 수 있다고 장담한다. 재능, 취미, 성향, 능력, 천직, 조상의 인종에 관계없이 의사, 변호사, 화가, 사업가, 심지어 거지와 도둑으로도 만들 수 있다.[4]

아이가 백지 상태(tabula rasa)—교육과 경험을 통해서 어떤 미래도 새길 수 있는 텅 빈 석판—라는 개념은 1960년대에 발흥한 자유주의 운동과 딱 들어맞았다. 유전자(그리고 그것이 상징하는 결정론)는 쫓겨났다. 정신과 의사들은 유전을 평가 절하하면서, 정신질환이 다양한 환경 스트레스 때문에 일어난다고 설교했다. 이 주장은 정신질환을 앓는 사람의 부모들에게 한없는 죄책감과 편집증을 불러일으켰다. 우리가 어디에서부터 잘못한 것인가요? 그들은 그렇게 물었다. 점점 더 고수하기가 어려워지고 있는 인간 발달 이론을 정치적으로 굳건히 옹호하고 있는 사람들은 지금도 백지 상태 개념을 활용하곤 한다. 예를 들면 여성 운동의 굳센 강경파 중 일부는 성별에 따라서 인지력에 생물학적, 즉 유전적 차이가 있다는 개념이 무조건 말도 안 되는 소리라고 주장한다. 남성과 여성은 어떤 과제이든 동등

한 학습력을 가지고 있으니, 딴 소리는 하지 말라는 것이다. 이런 이론가들은 이 분야에는 남성들이 더 많고, 저 분야에는 여성들이 더 많다는 사실 자체가 오로지 서로 다른 사회적 압력의 결과일 뿐이라고 본다. 남성의 석판에는 이쪽 운명이, 여성의 석판에는 저쪽 운명이 새겨지는데, 그 일은 우리가 여아에게는 분홍 담요를, 남아에게는 파란 담요를 덮어주는 것에서 시작된다는 것이다.

오늘날 우리는 그 왓슨이 구현했던 극단적인 양육주의자 쪽으로 가 있던 추가 반대쪽으로 움직이는 것을 목격하고 있다. 이렇게 행동주의에서 벗어나고 있는 현상이 우리가 행동의 토대가 되는 유전학을 처음으로 어렴풋이 이해하게 된 시기에 나타났다는 것은 결코 우연의 일치가 아니다. 제9장에서 살펴보았듯이, 인간 유전학은 오랫동안 초파리를 비롯한 다른 생물들의 유전학에 비해서 뒤처져 있었지만, 인간 유전체 계획이 완료되고 그 뒤로 여러 해에 걸쳐 수만 개의 인간 유전체 서열이 분석되면서 인간 유전학은 엄청난 발전을 거듭했다. 유전병의 진단과 치료 분야가 특히 그렇다. 하지만 의학 이외의 문제를 추구한 노력들도 일부 있었다. 로버트 플로민은 지능 지수에 영향을 미치는 유전자를 사냥하는 데에 이 방법을 썼다. 그는 매년 전국의 천재 학생들이 아이오와 주로 모이는 시기를 활용했다. 평균 지능 지수가 160인 이 약간 두려운 아이들은 지능 지수에 영향을 미치는 유전자를 찾는 일을 시작하기에 알맞은 대상이었다. 플로민은 그들의 DNA를 당신이나 나와 같이 "평균" 범위의 지능 지수*를 보이는 보통 아이들의 DNA와 비교했다. 그는 정말로 6번 염색체에 있는 한 유전자 표지와 최상층의 지능 지수 사이에 약한 상관관계가 있다는 것을 발견했다. 따라서 그 영역에 어떤 식으로든 지능 지수에 기여하는 유전자가 하나 이상 있으리라고 추측할 만했다.

---

* 나의 지능 지수는 꽤 봐줄 만하지만, 탁월하다고 말할 수는 없는 122이다. 열한 살 때 선생님의 책상에 놓인 서류에서 슬쩍 훔쳐본 것이다.

물론 그런 복잡한 형질에 관여하는 메커니즘에는 많은 유전자들이 관여하기 쉽다. 현재 복잡한 행동 형질과 관련된 유전자들을 찾으려고 유전체를 샅샅이 훑는 과학자들은 훨씬 더 강력한 도구들을 이용한다. 2014년 10만 명이 넘는 사람들을 대상으로 전장 유전체 연관 분석을 수행한 대규모 연과 결과가 발표되었다. 결론은 혼란스럽다. 그 자료는 한편으로는 세 개의 특정한 유전자나 영역들(6번, 8번, 10번 염색체에 있는)이 인지능력과 관련이 있다고 말하고 있다. 그런 한편으로 이 "영리한 유전자들"이 미치는 효과가 아주 미미하다고도 말한다. 게다가 관련이 있다는 6번 염색체의 DNA 번이체는 플로민이 찾아낸 영역과 아주 멀리 떨어져 있다. 앞에서 조현병을 다룰 때에 설명했듯이, 지능의 유전학에서 개별 유전자가 어떤 역할—너무 미미하여 거의 측정하기조차 힘든—을 하는지 알아내려면 100만 명 이상을 조사해야 할 수도 있다.

지능과 관련 있는 유전자를 찾아내는 또다른 경로는 정신지체를 비롯한 인지 장애가 있는 사람들에게서 교란된(또는 빠진) 유전자를 찾아내는 것이다. 이 접근법은 최근 들어서 결실을 맺어왔다. 베를린에 있는 막스 플랑크 분자유전학 연구소의 의학유전학자 한스-힐거 로페르스는 이란을 비롯한 여러 나라에서 근친혼을 하는 136개 집안을 대상으로 포괄적인 유전체 분석을 함으로써, 지능 장애와 관련된 새로운 유전자를 50여 개 찾아냈다. 그중 상당수는 정상적인 뇌 발달 과정에 중요한 경로들이 있음을 보여준다.

확실한 유전적 토대가 갖추어졌다고 해도, 니켈로디언(Nickelodeon) 방송보다는 학습과 사고를 더 존중하는 환경에서 자라지 않았다면, 천재가 되지 못할 수도 있다. 하지만 분자 수준에서 지능의 토대가 발견되고 인정된 것은 유전자 혁명만이 가져올 수 있는 성과였다.

DNA 표지가 등장하기 전까지 행동유전학의 중심은 쌍둥이 연구였다. 쌍둥이는 두 종류가 있다. 이란성은 각기 다른 난자가 각기 다른 정자로 수정되어 두 개체가 발생한다는 의미이다. 반면에 일란성은 하나의 수정란이 발생하는 과정에서 대개 발생 초기인 8세포기나 16세포기에 세포 덩어리가 둘로 갈라짐으로써 두 개체가 생긴다는 의미이다. 이란성 쌍둥이는 형제 자매 사이처럼 유전적으로 차이가 있지만, 일란성 쌍둥이는 유전적으로 똑같다. 따라서 일란성 쌍둥이는 항상 성별이 같은 반면, 이란성 쌍둥이는 같을 수도 있고 다를 수도 있다. 놀랍게도 쌍둥이가 이렇게 근본적으로 두 가지 유형이 있다는 것을 우리가 안 것은 그다지 오래 되지 않았다. 골턴은 1876년에 쌍둥이가 유전과 양육의 상대적인 기여도를 파악하는 데에 유용할 것이라는 주장을 처음 제기했지만, 당시만 해도 그는 그 차이를 몰랐고(그 차이는 그보다 겨우 2년 전부터 연구되고 있었다), 하나의 수정란에서 성별이 다른 쌍둥이가 나올 수 있다고 잘못 가정하고 있었다. 하지만 그뒤의 저술들에서는 그 차이를 이해했다는 것이 명확히 드러난다.

세계적으로 볼 때 일란성 쌍둥이는 임신 1,000건당 네 건 정도 나타나며, 무작위적으로 일어나는 듯하다. 반면에 이란성 쌍둥이는 혈통과 관계가 있을 수도 있으며, 집단에 따라서 차이가 있다. 나이지리아의 한 집단은 임신 1,000건에 40건 정도로 가장 높은 반면, 일본의 한 집단은 1,000건에 겨우 세 건 정도로 낮다.

표준화한 쌍둥이 연구는 이란성이든 일란성이든 성별이 같은 쌍둥이는 같은 방식으로 키워진다는 것(즉 "양육방식"이 비슷하다)을 기본 전제로 삼는다. 우리가 키 같은 쉽게 잴 수 있는 형질에 관심을 가지고 있다고 하자. 이란성 쌍둥이 형제가 같은 음식을 먹고 같은 애정을 받는 등 같은 환경에서 자란다면, 그들의 키 차이는 유전적 차이와 양육과정에서 알게 모르게 있었을 미묘한 차이(이를테면 한쪽은 젖이 더 이상 안 나올 때까지 빨아 먹고, 다른 한쪽은 중간에 그만 먹는 것처럼)의 복합 효과 때문일 것이다. 하지만 일란성 쌍둥이 형제를 같은 식으로 키운다면, 그들은 유전적으로 똑같으므로 차이를 낳는 요인 중에서 유전적 변이를 배제시킬 수 있다. 따라서 그들의 키 차이는 오직 미묘한 환경 차이에서 비롯된 것임이 분명하다. 따라서 모든 조건이 똑같을 때, 이란성 쌍둥이보다 일란성 쌍둥이의 키가 더 비슷해지는 경향이 나타날 것이고, 그것이 사실이라면 우리는 유전적 요인들이 키에 얼마나 영향을 미치는지 측정할 수 있게 된다. 마찬가지로 일란성 쌍둥이가 이란성 쌍둥이보다 지능 지수가 더 비슷하다면, 유전적 차이가 지능 지수에 영향을 미친다는 의미가 된다.

이런 분석은 대물림되는 유전병에도 적용할 수 있다. 우리는 쌍둥이 형제가 같은 병을 앓는다면 일치성을 지닌다고 말한다. 이란성 쌍둥이에서 일란성 쌍둥이로 초점을 옮겼을 때 일치성이 증가한다면, 그 병의 유전적 토대가 강하다는 것이 된다. 예를 들면 성인성 당뇨병에서 이란성 쌍둥이의 일치율이 25퍼센트(즉 쌍둥이 형제 중 한 사람이 당뇨병에 걸렸을 때 다른 한 사람이 그 병에 걸릴 가능성이 4분의 1)인 반면, 일란성 쌍둥이의 일치율이 95퍼센트(즉 한 사람이 그 병에 걸렸을 때 다른 한 사람이 걸릴 가능성이 20분의 19)이다. 결론은 성인성 당뇨병이 유전적 요소가 강하다는 것이다. 하지만 여기에서도 환경이 중요한 역할을 하는 것은 틀림없다. 그렇지 않다면 일란성 쌍둥이의 일치율은 100퍼센트가 될 것이다.

이런 쌍둥이 연구는 오래 전부터 방법에 문제가 있다는 비판을 받아왔다. 가령 부모들이 일란성 쌍둥이가 이란성 쌍둥이보다 더 닮았다고 생각하고 대하는 경향이 있다는 것이다. 사실 때때로 부모들은 똑같은 것을 거의 숭배하는 듯한 태도를 보인다. 예를 들면 그들은 일란성 쌍둥이에게 똑같은 옷을 입히곤 하는데, 그 습관은 어른이 될 때까지 지속되기도 한다. 이런 비판은 이란성 쌍둥이에 비해서 일란성 쌍둥이의 양육환경이 실제로 더 비슷하다고 했을 때, 이란성 쌍둥이에 비해서 일란성 쌍둥이가 그 환경 차이 이상으로 비슷하다면 그것을 유전적 차이가 있다는 증거로 해석한다면 정당하다. 그리고 같은 문제를 해결할 더 좋은 묘안이 있다. 우리는 성별이 같은 쌍둥이가 일란성인지 이란성인지 어떻게 구별할까? 당신은 쉽다고 말할 것이다. 보기만 하면 알 수 있다고 말이다. 하지만 그 대답은 틀렸다. 부모가 성별이 같은 이란성 쌍둥이를 일란성으로 오해하는 사례도 적기는 하지만 상당한 비율로 나타난다(따라서 그들은 똑같은 주름 장식이 달린 분홍빛 옷을 입는 등 매우 유사한 양육환경에서 자라는 경향이 있다). 역으로 일란성 쌍둥이를 가진 부모들 중에도 그들을 이란성으로 착각하는 사람들이 일부 있다(한쪽은 주름 장식이 달린 분홍색 옷, 다른 쪽은 연녹색 옷을 입히는 식으로). 다행히 DNA 지문 분석 기술이 쌍둥이 연구를 이런 희극이나 오류로부터 구원했다. 그 검사는 쌍둥이가 정말 생각한 대로 일란성인지 이란성인지 확실히 알려준다. 따라서 착각에서 키워진 쌍둥이들은 완벽한 대조군 사례가 된다. 예를 들면 부모가 이란성 쌍둥이를 일란성 쌍둥이로 알고 키웠다면 그들의 키 차이를 양육환경의 차이로 간주할 수 없을 것이다.

아마 태어날 때부터 떨어져 자란 일란성 쌍둥이를 분석한 결과보다 더 호소력 있는 쌍둥이 연구는 없을 것이다. 그런 쌍둥이들은 양육환경이 크게 다를 때가 많으므로, 눈에 띄게 나타나는 유사성은 그들이 공통적으로 지니고 있는 것, 즉 유전자 때문이다. 그것은 좋은 기삿거리가 된다. 가령 당신은 태어날 때부터 떨어져 자란 일란성 쌍둥이가 알고 보니 둘 다 붉은 벨벳 소파와 어니스트라는 이름의 개를 가지고 있었다는 기사를 볼 수도 있다. 그러나 이런 유사성이 아무리 놀랍다고 해도 그것은 단지 우연의 일치일 것이다. 붉은 벨벳 가구를 좋아하는 유전자나 개에게 똑같은 이름을 붙이도록 하는 유전자가 없다는 것은 거의 확실하다. 통계적으로 당신이 아무나 두 사람을 골라 좋아하는 자동차, 좋아하는 텔레비전 프로그램 등 1,000가지 항목을 조사한다면, 필연적으로 겹치는 것들을 찾아내겠지만, 그런 것들은 신문에 실린다고 해도 "믿거나 말거나" 같은 난을 차지할 것이다. 내 공동 집필자는 나와 마찬가지로 볼보 스테이션 왜건을 몰고 칵테일 한두 잔을 즐기지만, 분명히 말하건대 우리는 유전적으로 관련이 없다.

인기가 있든 없든 간에 쌍둥이 연구의 역사는 파란만장했다. 쌍둥이 연구는 시릴 버트 경을 둘러싼 논쟁으로 좋지 않은 평판을 얻기도 했다. 시릴 경은 지능 지수의 유전학에 쌍둥이 연구를 접목시킨 영국의 저명한 심리학자였다. 1971년에 그가 사망한 뒤 그의 연구 결과는 상세한 검토를 받았고, 그중 일부가 사기였다는 주장이 나왔다. 반면에 시릴 경이 표본 크기를 늘려야 할 필요가 있을 때 쌍둥이 자료를 꾸며내 추가하는 정도일 뿐이라고 말한 사람들도 있었다. 어느 쪽이 옳은지는 지금도 논란이 있지만 한 가지는 분명하다. 그 사건은 단지 쌍둥이 연구만이 아니라 지능의 유전적 토대를 이해하려는 모든 노력을 회의적으로 보게 만들었다. 실제로 버트 사건과 그 주제가 정치적으로 예민한 것이라는 인식이 겹쳐지자, 연구비가 삭감되면서 그 연구는 사실상 중단되었다. 연구비가 없으면 연구도 없는 법이다. 1990년에 서로 떨어져 자란 쌍둥이들을 대규모로 연구함으로써 쌍둥이 연구를 재정립한 저명한 과학자인 미네소타 대학교의 톰 부처드도 연구비를 때내기가 어려워지자, 미심쩍은 정치적 강령을 뒷받침하려고 행동유전학을 지지하는 한 우익단체에 손을 벌려야 했다. 그 단체는 1937년에 설립된 파이어니어 기금이었다. 그 단체가 맨 처음 지원한 사람들 중에는 인간 유전학으로 관심을 돌린 뒤 미국의 과학적 인종차별주의의 선봉에 섰던 닭 유전학자인 해리 래플린도 있었다. 그 기금의 설립 목적은 미국인들을 중심으로 한 인종 개량이었다. 부처드 같은 정통 연구자들은 그런 으스스한 후원자를 찾거나 아니면 연구비를 지원하던 연방 정부 기관으로부터 어마어마한 고발을 당해 자신의 연구가 버려지는 것을 그냥 두고 볼 수밖에 없었다. 세금은 과학적 가치가 아니라 정치적 가치에 따라서 배분되었다.

부처드의 미네소타 쌍둥이 연구는 표준 심리 검사로 측정한 개성 형질들 전체가 유전자에 상당한 영향을 받는다는 것을 밝혀냈다. 사실 종교적인 성향에 이르기까지 다양한 형질들에서 관찰된 다양성 중 50퍼센트 이상이 유전자의 기본 변이 때문에 나타난 것이었다. 부처드는 양육이 개성에 놀라울 정도로 거의 영향을 미치지 못한다고 결론을 내렸다. "개성과 성격, 직업과 여가활동, 사회적인 태도 같은 다양한 항목에서 서로 떨어져 자란 일란성 쌍둥이나 함께 자란 일란성 쌍둥이나 별 차이가 없었다."[5] 즉 측정할 수 있는 개성 요소들을 볼 때는 본성이 양육을 이기는 듯하다. 사실 이렇게 개성 발달에 양육이 영향을 미치지 못한다는 결론에 부처드 자신도 당혹스러워했다. 자료는 양육이 거의 영향을 미치지 못한다고 하면서도 환경이 상당한 영향을 미친다는 것을 보여주고 있다. 즉 떨어져 자란 일란성 쌍둥이나 함께 자란 일란성 쌍둥이나 별 차이가 없었지만, 그럼에도 양쪽 다 쌍둥이 형제 사이에는 차이가 있었다. 양육과 분리될 수 있는 환경 요소가 있을 수 있단 말일까? 한 가지 가설은 출생 이전의 경험 차이, 즉 자궁 속에서 태아로 있을 때의 생활 차이가 중요할지 모른다는 것이다. 뇌가 형성되고 있는 이 발달 초기 단계에서는 아주 작은 차이조차도 장래의 삶에 상당한 영향을 미칠 수도 있다. 일란성 쌍둥이들도 배아가 자궁 벽 어디에 붙는가처럼 착상 때 나타나는 자연적인 차이와 태반의 발달 차이에 따라서 전혀 다른 자궁 환경에 놓일 수 있다. 일란성 쌍둥이는 하나의 태반을 공유한다(따라서 자궁 환경이 비슷하다)는 널리 퍼진 믿음은 잘못된 것이다. 일란성 쌍둥이 중 25퍼센트는 각기 다른 태반에서 자란다. 연구 결과 그런 쌍둥이는 같은 태반에서 자란 쌍둥이보다 서로 더 다르다는 것이 밝혀졌다.

쌍둥이 연구에서 지능의 유전은 빠질 수 없는 문제이다. 우리의 지능 중 유전자가 결정하는 부분은 얼마나 될까? 우리는 일상 속에서 거기에 많은 변이가 있다는 것을 충분히 경험하고 있다. 하버드 대학교에서 가르칠 때 나는 잘 알려져 있던 한 가지 패턴과 마주쳤다. 어떤 집단이든 정말로 지능이 떨어지는 사람과 놀라울 정도로 영리한 사람은 소수이며, 대다수는 중간에 속한다는 것이다. 원래 지능에 별 차이가 없는 사람들이 뽑힌 곳인 하버드 대학교가 그랬으니, 어떤 집단이든 똑같은 양상이 나타날 것이다. 이런 이른바 "종형 곡선(鐘形曲線)" 분포는 변이를 보이는 모든 인간 형질을 묘사할 수 있다. 우리들은 대부분 키가 중간이며, 아주 크거나 아주 작은 사람들은 수가 적다. 하지만 인간의 지능 분포를 묘사할 때면, 종형 곡선은 격렬한 반대를 불러일으킬 만한 힘을 지니고 있음을 보여준다. 이유는 기회 평등의 땅, 즉 우리의 지혜가 이끄는 만큼 마음껏 발전할 수 있는 땅에서는 지능이 깊은 사회 경제적 의미를 지닌 형질이기 때문이다. 즉 지능 수치는 그 사람이 장래에 얼마나 잘될지 미리 알려준다. 따라서 이 부분에서 본성 대 양육 논쟁은 우리 능력 중심 사회가 지닌 숭고한 열망과 뒤엉키게 된다. 두 요인이 복잡한 상호 작용을 한다는 점을 생각할 때 어떻게 하면 각각의 비중을 제대로 파악할 수 있을까? 영리한 부모들이 물려주는 것이 영리한 유전자만은 아니다. 그들은 지적 성장을 도모하는 방식으로 아이들을 키우는 경향을 보인다. 따라서 유전자와 환경의 영향이 뒤섞이게 된다. 세심한 쌍둥이 연구가 지능의 요소를 분석할 수 있게 해주는 것도 이 때문이다.

부처드와 그 이전 사람들의 연구는 지능 지수에 나타나는 변이 중 70퍼센트가 유전적 변이에 따른 것임을 밝혀냈다. 본성이 양육을 능가한다는 강력한 논거인 셈이다. 그렇다고 해서 우리의 지적 운명 중 상당 부분이 유전자에 봉인되어 있다는 의미는 아니다. 교육, 더 나아가서 자유의지가 우리가 누구인가와 거의 관련이 없다고 할 수 있는가? 결코 그렇지 않다. 모든 형질들이 그렇듯이 좋은 형질이라는 축복을 받으면 좋겠지만, 양육이 개인의 설 자리에, 적어도 종형 곡선의 넓은 중앙 쪽, 사회 환경의 주류인 쪽에서는 영향을 미칠 수 있는 여지가 많이 있다.

일본의 부라쿠(部落) 집단을 예로 들어보자. 그들은 봉건시대에 가축을 도살하는 일처럼 천하게 여겨지는 일을 맡았던 천민계급의 후손들이다. 일본 사회가 근대화되었어도 부라쿠는 여전히 가난한 주변인으로 남아 있다. 그들의 평균 지능 지수는 일본인의 평균보다 10-15점 더 낮다. 그들은 유전적으로 열등한 것일까 아니면 그들의 지능 지수는 단지 낮은 지위의 반영에 불과한 것일까? 후자 쪽일 것이다. 미국으로 이민을 온 부라쿠는 다른 일본계 미국인들과 별 차이가 없다. 즉 지능 지수가 높아졌고 고국에서 다른 사람들과 벌어졌던 15점은 시간이 흐르자 사라졌다. 교육이 문제였던 것이다.

1994년에 찰스 머레이와 리처드 헤른스타인은 각 인종의 평균 지능 지수 차이가 유전자 때문일 수 있다는 주장이 담긴 『종형 곡선(The Bell Curve)』을 펴냈다. 논란의 여지가 많은 주장이었지만 논지는 단순하지 않았다. 머레이와 헤른스타인은 지능 지수의 유전적 토대와 집단간 평균 지능 지수의 차이를 종합해서 관찰한 결과들이 유전자가 집단간 차이를 낳는다는 결론으로 곧장 이어지지는 않는다는 것을 알았다. 유전적으로 키가 다양한 식물 종의 씨를 심는다고 하자. 좋은 흙이 담긴 화분과 나쁜 흙이 담긴 화분에 각각 씨를 뿌린다. 유전적 변이에 비추어볼 때 상대적으로 키가 큰 개체들도 있을 것이다. 하지만 키의 평균을 구하면, 나쁜 흙에서 자란 식물들이 좋은 흙에서 자란 것들보다 키가 더 작다는 것도 안다. 토양의 질이라는 환경이 각 식물에 영향을 미친 것이다. 다른 요인들이 모두 같다면 유전학이 화분에 있는 식물들의 키 차이를 결정하는 지배적인 요인이 되겠지만, 유전학은 두 화분 사이에 나타나는 차이와는 무관하다.

지능 지수가 다른 미국인들에 비해서 낮은 아프리카계 미국인들에게도 이런 논리가 적용될까? 아프리카계 미국인들 중에 가난하게 살면서 상대적으로 척박한 교육 토양에 놓인 사람들의 비율이 높으므로, 그들의 환경이 낮은 지능 지수의 원인이라는 점은 분명하다. 그러나 머레이와 헤른스타인의 요점은 그 불일치가 너무나 크기 때문에 단순히 환경만으로는 그 모든 것을 설명할 수 없다는 것이다. 마찬가지로 세계에서 아시아인들이 다른 집단보다 평균 지능 지수가 더 높은 이유를 환경요인만으로 설명할 수 있을까? 어떻든 간에 우리는 인종 사이의 평균 지능에 무시할 수 없는 차이가 있다는 생각 자체에 겁을 먹어서는 안 된다. 『종형 곡선』에 담긴 주장들이 여전히 논란거리이기는 하지만 정치적 우려 때문에 그것들을 더 상세히 고찰하는 일을 피하려고 해서는 안 된다.

아마 지능 지수가 전 세계적으로 상승하고 있는 현상만큼 환경이 인류의 지능에 영향을 미친다는 고무적인 증거는 없을 것이다. 그 현상은 맨 처음 그것을 설명한 뉴질랜드 심리학자의 이름을 따서 플린 효과(Flynn effect)라고 한다. 미국과 영국을 비롯해서 신뢰할 만한 자료가 있는 산업 국가들의 수치를 보면 20세기 초부터 한 세대마다 지능 지수가 9–20점 상승했다는 것이 드러난다. 우리가 알고 있는 진화과정에 비추어볼 때 한 가지는 확신할 수 있다. 우리가 인류 전체에 일어나는 유전적 변화를 보고 있는 것이 아니라는 것을 말이다. 이런 변화는 대체로 교육과 보건과 영양 상태의 전반적인 향상이 빚어낸 성과라고 보아야 한다. 아직 이해되지 않은 다른 요인들도 역할을 할 것이 분명하지만, 플린 효과는 변이가 주로 유전적 차이에 따라서 결정되는 형질조차도 상당한 유연성을 지니고 있다는 것을 제대로 짚어냈다는 점에서 의미가 있다. 우리는 결코 유전자가 잡아당기는 대로 움직이는 꼭두각시가 아니다.

쌍둥이 연구라는 주제를 떠나기 전에, 앞에서 했던 가정으로 돌아가보자. 일란성 쌍둥이가 유전적으로 구별이 불가능하다는 가정 말이다. 일란성 쌍둥이의 유전체 염기 30억 쌍의 서열이 똑같다는 것은 사실이지만, 그들의 유전체 전체에 걸쳐 일어난 화학적 변형에는 상당한 차이가 있을 수도 있다. 후성유전학(epigenetics)이라는 분야의 연구 주제인 이 변형은 인간의 정상적인 발달뿐만 아니라 암, 당뇨병 등 여러 흔한 질병들에도 대단히 중요한 의미가 있다.

후성유전은 발달하는 과정에서 각기 다른 시기에 일어나면서, 특정한 유전자들의 활성을 조절하는 화학적 변형을 가리킨다. 유전체를 오케스트라라고 하면, 후성유전학적 조절은 지휘자(아니, 적어도 지휘자 중 한 명)에 해당한다. 후성유전학적 변형의 가장 중요한 사례 두 가지를 꼽으라면, DNA 메틸화와 히스톤 변형이다. DNA 서열 중 C 염기에 메틸기가 달라붙고 이중나선으로 둘둘 휘감긴 히스톤 단백질의 특정한 잔기에 화학적 변형(아세틸화)이 일어나는 것이 건강과 질병 양쪽으로 주요 발달 스위치 역할을 한다. 여성의 세포에 든 두 X염색체 중 하나가 활성을 잃는 현상은 후성유전학적 조절의 대표적인 사례이다. 고인이 된 영국 유전학자 메리라이언이 생쥐에게서 처음 발견한 X 불활성화—라이언화(lyonization)라고도 한다—라는 이 현상은 한 유전적 수수께끼에 산뜻한 해답을 제공한다. 남녀의 X염색체 수 차이로 생길 수밖에 없을 유전적 불균형을 어떻게 극복할 수 있을까 하는 문제이다. 남성(XY) 세포에서는 하나의 X염색체에서만 유전자가 발현되는 반면, 여성(XX) 세포에서는 X-연관 유전자들이 2배로 있으므로 2배 더 많은 단백질이 생산될 것이다. 이 불균형이 왜 중요할까? 세포는 생산되는 단백질의 양에 아주 민감하게 반응하기 때문이다. 21번 염색체가 하나 더 많아서(3개) 생기는 다운 증후군을 생각해보라. 이 염색체는 사람의 염색체들 중에서 가장 작지만, 하나가 더 있음으로써 생기는 불균형이 미치는 영향은 엄청나다. 라이언화는 XX/XY 남/녀 불균형의 후성유전학적 해결책이다. 여성의 배아 발생 때, 두 X염색체 중 하나는 무작위로 동결되어 꽉 뭉쳐서 헤테로크로마틴(heterochromatin)이라는 접근 불가능한 상태가 된다.

일란성 쌍둥이 배아들이 동일한 DNA 서열을 지니고 있다고 해서, 양쪽 DNA에 화학적 꼬리표도 똑같은 양상으로 붙을 것이라는 의미는 아니다. 바로 그 점이 앞에서 전장 유전체 연관 연구에서 드러난 잃어버린 유전 중 적어도 일부를 설명할 수 있는 메커니즘이다. 쌍둥이 연구에서 한 가지 새로운 차원은 후성적 변형의 차이로 설명할 수 있는 질병의 차이를 보이는 일란성 쌍둥이들을 분석하는 것이다. 즉 연구진은 다른 측면에서는 동일한 일란성 쌍둥이 사이에 서로 다르게 메틸화가 일어난 유전체 영역들을 찾고 있다. 그 영역들은 질병 위험의 차이와 적어도 상관관계가 있거나 더 나아가 그 차이의 원인일 수도 있다. 비록 아직 초기 단계에 있기는 해도, 이런 연구들은 정신 질환과 자가면역 질환을 비롯한 많은 흔한 형질들과 관련된 결과들을 조금씩 내놓고 있다. 한 예로, 런던 킹스 칼리지의 팀 스펙터 연구진은 일란성 쌍둥이 27쌍의 DNA를 조사하여, 제2형 당뇨병에 걸린 이들에게서는 몇몇 유전자 프로모터 영역의 메틸화 양상이 다르다는 것을 밝혀냈다. 그 영역들 중에는 앞에서 전장 유전체 연관 연구를 통해서 당뇨병과 관련이 있음이 밝혀진 유전자들과 겹치는 곳도 몇 군데 있다. 이 접근법은 흔한 질병으로 이어지는 핵심 경로들을 이해하는 데에 도움이 될 뿐만 아니라, 새로운 약물 표적과 생물 표지도 드러낼 것이다.

현재 후성유전학은 흥분 가득한 연구 분야이다. 우리는 오랜 세월에 걸쳐 유전자의 스위치가 어떻게 켜지고 꺼지는지를 꽤 많이 밝혀냈지만, 후성유전학은 아예 새로운 조절 메커니즘 집합을 제시한다. 앞에서 우리는 유전자들이 환경의 방아쇠―세균이 젖당을 대사하는 효소의 유전자를 켜도록 자극하는 젖당의 존재―에 반응하여 유전자를 켜고 끈다는 것을 살펴보았지만, 이런 반응들은 대부분 단기적인 것이다. 젖당이 다 소비되면, 젖당 분해 효소는 생산을 멈춘다. 대조적으로 후성유전학 메커니즘은 한 세포 세대에서 다음 세대로 전달될 수 있는, 비교적 장기적으로 작용하는 변화를 빚어낼 수 있다. 따라서 발생 때 조직 분화에 중요한 역할을 할지도 모른다. 예를 들면, 콩팥세포에서는 콩팥세포 특유의 유전자 집합이 발현되는데, 기존 세포에서 유래한 새 콩팥세포가 동일한 콩팥 특이적 후성유전학적 표지를 물려받아서 동일한 활성 유전자 집합을 지니는 방식으로 후성유전학적으로 조절되는 것일 수도 있다. 줄기세포 생물학자들은 하나의 세포, 즉 수정란이 어떻게 발생을 통해서 수십 종류의 세포들—동일한 DNA를 지니지만 조직별로 특유의 유전자들이 발현되는—을 만들 수 있는지를 분자 수준에서 점점 더 상세히 밝혀내고 있다.

후성유전학적 변형이 한 세포 세대에서 다음 세대의 세포로 전달될 수 있다는 점에는 논란의 여지가 없다. 논란이 되는 부분은 이 변형이 동물의 한 세대에서 다음 세대로 전달될 수 있느냐이다. 이 과정이 어떤 식으로 이루어지는지는 알기 어렵다. 새 개체가 하나의 세포, 즉 수정란의 후손이기 때문이다. 수정란은 줄기세포 생물학의 용어를 쓰자면 전능한(totipotent), 즉 근육, 신경, 콩팥, 간 등 모든 종류의 후손 세포들을 만들 수 있는 세포이다. 따라서 난자는 콩팥세포(또는 다른 종류로 분화한 세포)의 후성유전학적 표지를 지닐 수가 없다. 아마 난자와 정자에 들어가는 DNA는 후성학적 표지들이 깨끗이 지워질 것이고, 그럼으로써 수정란은 후성유전학적으로 빈 석판과 같아질 것이다. 하지만 일부 연구들은 몇몇 후성유전학적 표지가 이 정자/난자 후성학적 청소 과정에서 살아남을 수도 있다는 것을 시사한다. 즉 부모의 인생 경험의 여러 측면들—그리고 그 경험을 통해서 빚어지는 후성유전학적 변형—이 자녀에게 전해질 수도 있다는 뜻이다.

우리 행동에 유전적 요소가 상당히 있다고 해도 놀라지 말아야 한다. 사실 그렇지 않다고 하면 오히려 더 놀라야 할 것이다. 우리는 진화의 산물이다. 자연선택은 우리 조상들에게 작용했을 것이고, 우리의 생존과 관련된 모든 형질들에 강한 영향을 미쳤을 것이 틀림없다. 반대방향을 향하고 있는 놀라운 엄지를 가진 인간의 손은 자연선택의 산물이다. 과거에는 틀림없이 다양한 형태였을 것이며, 자연선택이 현재 우리의 손 모양을 선호해서 그것의 바탕이 되는 유전자 변이가 널리 퍼졌을 것이다. 이런 식으로 진화는 우리 종의 모든 구성원들에게 이 엄청난 가치를 지닌 자산을 물려주었다.

행동도 인간의 생존에 핵심적인 역할을 해왔으며, 따라서 엄격하게 자연선택의 통제를 받아왔다. 아마 우리가 기름지고 단 음식을 좋아하는 성향도 이런 식으로 진화를 거쳐왔을 것이다. 우리 조상들은 필요한 영양분을 얻기 위해서 끊임없이 애써야 했다. 따라서 모든 양분이 풍부하게 들어 있는 음식이 있기만 하면 섭취하려는 성향을 가지게 된 것은 대단한 혜택이었다. 자연선택은 단것을 좋아하는 유전적 변이를 선호했을 것이다. 그것을 가진 사람이 더 잘 생존했기 때문이다. 오늘날 그 유전자들은 식량이 풍부한 지역에 살면서 체중을 줄이려고 애쓰는 모든 사람들에게 골칫거리가 되어 있다. 우리 조상들에게는 적합한 형질이 지금의 우리에게는 부적합한 형질이 되어 있는 것이다.

우리는 놀라울 정도로 사회적인 종이다. 따라서 과거에 자연선택이 사회적 상호 작용을 촉진하는 유전적 적응을 선호했다고 추론하는 것이 논리적이다. 웃음과 같은 얼굴 표정은 자신의 마음 상태를 집단의 다른 구성원들에게 알리는 수단으로써 진화했을 뿐 아니라 다른 사람의 의중을 파악하는 심리적 적응을 촉진하는 강력한 선택 압력도 되어왔을 것이다. 사회 집단은 기생의 온상이다. 전체의 이익에 기여하지 않으면서 집단을 통해서 혜택을 추구하는 개인들이 나타나는 것이다. 사회가 역동적인 협력관계를 구축하려면 그런 무임 승차자들을 찾아낼 능력을 갖출 필요가 있다. 그리고 지금 우리가 모닥불 주위에 둘러 앉아 함께 먹을 저녁거리를 굽는 떠돌아다니는 소규모 무리로 살고 있지 않다고 해도, 서로의 감정과 동기를 감지하는 능력은 우리가 사회성 종으로 발달하기 시작한 초기부터 대물림되는 유산이 되었을지 모른다.

1975년에 윌슨의 『사회생물학(*Sociobiology*)』이 출간된 뒤 인간의 행동을 진화적으로 접근하는 방식도 자체적으로 진화를 해서 진화심리학이라는 현대적인 학문 분야를 낳았다. 이 분야는 우리가 이해하고자 애쓰는 우리

자연스럽게 살아가는 아기를 묘사한 빅토리아 시대의 그림

의 행동, 즉 뉴기니의 고지대 주민이나 파리의 여성이나 할 것 없이 인류 모두가 공통으로 지닌 특징들인 인간 본성의 공통 분모를 탐구한다. 그들은 각 행동 형질을 과거에 그것이 준 적응적 이점과 비교하여 살펴본다. 그런 상관관계 중에는 단순하면서 비교적 논쟁의 여지가 없는 것들도 있다. 신생아가 손과 발로 체중을 지탱할 수 있을 만큼 강하게 움켜쥐는 반사적인 행동을 보이는 것도 한 예이다. 이것은 털이 많은 어미에게 매달리는 능력이 아기의 생존에 중요했던 시대에서 비롯된 유산인 듯하다.

그러나 진화심리학이 그런 세속적인 것만 다루는 것은 아니다. 전 세계에서 수학을 전공하는 여성이 비교적 적다는 것은 보편적인 문화적 사실인가 아니면 오랜 세월에 걸쳐서 진화가 남성과 여성의 뇌를 다른 목적에 맞게 선택한 결과인가? 우리는 나이든 남성이 젊은 여성과 혼인하는 풍조를 엄격한 다윈주의 용어로 이해할 수 있을까? 10대 여성이 35세의 여성보다 더 많은 아이를 낳을 수 있으므로, 그런 남성들이 자기 자손의 수를 최대화하라고 강요하는 진화 압력에 굴복한다고 볼 수도 있지 않을까? 마찬가지로 젊은 여성이 나이든 부유한 남성을 택하는 것도 자연선택이 과거에 그런 선택을 선호했기 때문일까? 풍부한 자원을 가진 강한 남성을 택했기 때문일까? 현재 이런 질문들에 대한 대답은 대개 추측에 불과하다. 하지만 나는 행동의 토대가 되는 유전자들이 더 많이 발견되면, 진화심리학이 인류학의 변방이라는 지금의 위치에서 그 분야의 중심으로 이동할 것이라고 확신한다.

현재는 유전자가 행동에 영향을 미치는 힘이 다른 종에서 더 뚜렷이 나타난다. 실제로 우리는 유전자 기술을 통해서 그들의 행동을 조작할 수 있다. 그런 기술들 중 가장 오래 되고 가장 효과적인 것 중 하나는 인위선택이다. 농부들은 오래 전부터 젖소의 우유 생산량을 늘리고 양털의 질을 높이기 위해서 그 기술을 사용해왔다. 하지만 그 기술이 이런 농업적으로 가치 있는 형질에만 적용되는 것은 아니다. 개는 늑대에서 유래했다. 아마 먹이를 찾아 인간의 정착지 주변을 배회하면서 쓰레기 처리에 한몫을 하던 개체들로부터 유래했을 것이다. 그들이 처음으로 "인류의 가장 친한 동료"라는 이름을 얻게 된 것은 1만 년 전으로, 농경이 시작된 시기와 거의 일치한다. 그뒤 단기간에 개 사육가들이 만들어낸 해부학적 및 행동학적 다양

호모 사피엔스는 문화적 경이이다. 대조적인 멋의 두 개념 : 1950년대의 파리와 파푸아뉴기니 고원 지대에서. 진화심리학은 분화한 우리 모든 행동들의 공통분모를 탐구한다.

성이 말 그대로 확연히 드러나게 되었다. 개 전시회는 사실상 유전적으로 격리된 각 품종에 담긴 유전자들의 힘을 보여주는 자리이다. 즉 개과의 유전적 다양성을 담은 화려한 영화의 정지 장면들이다. 물론 가장 인상적이면서 생각을 자극하는 것은 형태적 차이들이다. 털로 만든 공 같은 페키니즈, 체중이 130킬로그램 이상 나가기도 하는 복슬복슬한 커다란 마스티프, 잘 뻗은 닥스훈트, 얼굴이 납작한 불독 등. 하지만 내게 가장 인상적인 것은 행동의 차이이다.

물론 한 품종에 속한 모든 개들이 똑같이 행동하거나 같은 모습인 것은 아니지만, 대개 품종이 같은 개들은 다른 품종의 개들보다 훨씬 더 서로 닮았다. 래브라도는 정이 많고 순하다. 그레이하운드는 좀이 쑤셔서 가만히 있지 못한다. 보더콜리는 몰아댈 양떼가 없으면 아무것이나 몰아댈 것이다. 신문 배달부가 가끔 내게 상기시켜주듯이 핏불은 이빨을 딱딱거리면서 공격한다. 개의 행동 중에는 습성이 깊이 들어 상투적이 된 것들도 있다. 포인터가 "가리키는" 자세를 잘 취한다는 점을 생각해보자. 그것은 각 개에게 가르칠 수 있는 "어리석은 애완견 기술"이 아니라 품종의 유전자에 아로새겨져 있는 것이다. 그렇게 다양하기는 하지만 현대의 개들은 모두 여전히 한 종에 속해 있다. 즉 가장 닮지 않은 개체들끼리도 원칙적으로는 자손을 낳을 수 있다는 뜻이다. 1972년에 한 용맹한 닥스훈트 수컷이 어찌어찌해서 자고 있는 그레이트 데인 암컷에게 정자를 주입해 "그레이트닥스훈트" 열세 마리를 낳음으로써 그렇다는 것을 보여주었듯이 말이다.

행동들은 대부분 다수 유전자에 영향을 받는 것이 분명하지만, 생쥐에게 간단한 유전자 조작을 가한 많은 실험들은 유전자 하나가 바뀌어도 행동에 큰 영향이 미칠 수 있다는 것을 보여준다. 1999년에 프린스턴 대학교의 신경학자인 조 치엔은 정교한 재조합 DNA 기술을 이용해서 신경계에서 화학신호의 수용체로 작용하는 단백질을 만드는 유전자를 여분으로 더 삽입하여 "영리한 생쥐"를 만들어냈다. 치엔의 형질전환 생쥐는 학습과 기

억 실험에서 보통 생쥐보다 더
뛰어난 성적을 거두었다. 그 쥐
는 미로를 찾는 데에나, 그 지
식을 기억하는 데에도 뛰어났
다. 치엔은 "두기 하우저"의 주
인공인 조숙한 의사의 이름을
따서 그 생쥐를 "두기"라고 불
렀다. 2002년에 하버드 대학교
의 캐서린 둘랙은 생쥐의 유전
자 하나를 제거하면 페로몬에
담긴 화학정보를 처리하는 과
정에 영향이 생길 수 있다는 것
을 발견했다. 페로몬은 생쥐들
이 의사소통을 하는 데에 사용
하는 냄새물질이다. 생쥐 수컷
이 대개 다른 수컷을 공격하고
암컷과 짝짓기를 하려는 행동

한 유전자의 영향. Fos−B 유전자가 제 기능을 하지 못하
는 아래 사진의 어미는 막 낳은 자기 새끼를 못 본 체하는
반면, 위의 정상 생쥐는 새끼들에게 깊은 관심을 보인다.

을 보이는 반면, 둘랙의 수컷들은 암컷과 수컷을 구별하지 못했고, 아무
생쥐와 짝짓기를 하려고 했다. 생쥐가 새끼를 돌보는 행동도 성과 관련이
있는 유전자 하나를 조작하자 영향을 받았다. 암컷들은 본능적으로 자기
새끼를 돌본다. 하지만 하버드 의대의 제니퍼 브라운과 마이크 그린버그는
fos−B라는 유전자의 작동을 차단하면 이런 타고난 감정이 방해를 받는
다는 것을 발견했다. 지극히 정상적인 생쥐에 그런 조작을 하면 그 생쥐는
자기 새끼를 무시한다.

설치류는 우리가 "사랑"(설치류로 치면 덜 낭만적인 용어인 "짝짓기")이
라고 부르는 인간에게 있는 것의 기계적인 토대를 얼핏 들여다볼 수 있게

막 짝짓기를 한 초원들쥐 쌍이 그 애정을 불러일으키는 유전자를 분석한 DNA 서열 자료를 들여다보고 있다.

한다. 생쥐 같은 들쥐류는 미국 전역에서 흔히 볼 수 있다. 모습은 서로 흡사하지만 종마다 살아가는 방식이 제각기 다르다. 초원들쥐는 평생 둘이 짝을 이루어 사는 일부일처형이다. 하지만 그 가까운 사촌인 산악들쥐는 마구잡이로 교미를 한다. 수컷은 짝짓기를 한 뒤에 가버리고, 대개 암컷도 평생에 걸쳐서 여러 수컷의 새끼들을 낳는다. 그런 전혀 다른 성 전략의 밑바탕에는 어떤 차이가 있는 것일까? 호르몬이 해답의 절반을 차지한다는

것이 밝혀져 있다. 모든 포유동물에서 옥시토신은 육아의 다양한 측면들과 관련을 맺고 있다. 옥시토신은 분만할 때 수축을 일으키고 새끼에게 먹일 젖 생산을 자극한다. 따라서 어미와 새끼 사이에 양육이라는 결합을 만드는 데에도 한몫을 한다. 그 호르몬이 초원들쥐 부부 사이의 결합 같은 다른 종류의 결합도 만들 수 있을까? 실제로 그 호르모우 또 하나의 흔한 포유동물의 호르몬인 바소프레신(주로 오줌 생산을 조절한다고 알려져 있다)과 함께 그런 역할을 한다. 그렇다면 마찬가지로 두 호르몬을 만들어내는 산악들쥐는 사촌인 초원들쥐에 비해서 왜 그렇게 호색적인 것일까? 열쇠는 호르몬 수용체에 있다. 호르몬 수용체는 몸 속을 돌아다니는 호르몬과 결합해서 세포가 그 호르몬 신호에 맞는 반응을 시작하도록 해주는 분자이다.

에모리 대학교의 정신과 의사인 톰 인셀은 바소프레신 수용체를 집중적으로 연구했다. 그는 두 들쥐 종 사이에 중요한 차이가 있음을 알았다. 차

이는 수용체 유전자 자체가 아니라 그 유전자가 언제 어디에서 발현되어야 할지 결정하는 인접한 조절 영역에 있었다. 그 결과 초원들쥐와 산악들쥐의 뇌에서 바소프레신 수용체의 분포양상이 전혀 달라진다. 하지만 인간적인 용어로 말해서 한 종은 충실하고 다른 한 종은 방탕한 이유가 이런 유전자 조절 차이만으로 설명이 될까? 그런 듯하다. 톰 인셀과 래리 영은 초원들쥐의 바소프레신 유전자와 인접한 조절 영역을 실험용 생쥐(산악들쥐처럼 문란한 종)에 집어넣었다. 형질전환 생쥐들이 즉시 낭만적인 일부일처형으로 바뀐 것은 아니었지만 인셀과 영은 그들의 행동에 뚜렷한 변화가 일어나는 것을 목격했다. 보통 생쥐 수컷들이 암컷과 짝짓기를 한 뒤 무례하게 달아나는 데에 반해서 그 형질전환 수컷들은 암컷을 부드럽게 배려하는 듯했다. 즉 그 삽입된 유전자는 지속적인 사랑을 이끌어내지는 못했지만, 생쥐를 쥐답지 않게 만드는 데에는 영향을 미친 듯하다.

인간의 뇌와 생쥐의 뇌가 천양지차라는 것을 잊어서는 안 된다. 산에 있든 초원에 있든 어떤 설치류도 아직 뛰어난 예술작품을 만들지 못했다. 그러나 인간 유전체 계획을 통해서 얻은 가장 진지한 교훈도 기억할 가치가 있다. 우리와 쥐의 유전체가 놀라울 정도로 비슷하다는 것을 말이다. 생쥐와 인간을 통제하는 유전적인 기본 소프트웨어는 7,500만 년 전에 서로가 갈라져나간 뒤로 그다지 변하지 않았다.

생쥐 유전학자들과 달리 특정한 유전자의 작용을 차단하거나 강화하는 실험을 할 수 없는 인간 유전학자들은 "자연적인 실험", 즉 뇌 기능에 영향을 미치는 자연 발생적인 유전적 변화에 의존할 수밖에 없다. 가장 뚜렷한 유전적 장애들 중에는 정신능력에 영향을 미치는 것들이 많다. 21번 염색체가 하나 더 있을 때 생기는 다운 증후군은 지능 지수가 낮고 천진난만한 해맑은 웃음을 보이는 것이 특징이다. 7번 염색체의 일부가 없을 때 생기는 윌리엄스 증후군에 걸린 사람들도 지능 지수가 낮다. 하지만 불가사의

하게도 그들 중에는 음악적인 재능이 뛰어난 사람들도 있다.

이런 정신 장애들은 사실 체계 전체의 기능 이상에 따른 부수적인 현상이다. 따라서 그런 장애들을 통해서는 그 행동이 유전적으로 어떠한지 알아내기가 어렵다. 그것은 정전 때 컴퓨터에 작동하지 않는다는 것을 알아차리는 것과 비슷하다. 그 정전으로 당신은 컴퓨터에 전기가 필요하다는 것을 알아차릴 테지만, 정전은 컴퓨터의 세세한 기능에 관해서 알려주는 것이 거의 없다. 행동의 유전학을 이해하려면 정신에 직접 영향을 미치는 장애를 살펴볼 필요가 있다.

유전자 지도 제작자들의 관심을 끄는 정신 장애들 중에 가장 심각한 것으로 양극성(조울) 장애와 조현병을 들 수 있다. 둘 다 유전적 속성이 강하며(일란성 쌍둥이가 양쪽 다 양극성 장애에 걸리는 비율은 80퍼센트나 되며, 조현병은 50퍼센트에 가깝다), 전 세계 정신건강에서 상당한 비중을 차지하고 있다. 세계 인구 100명당 한 명 꼴로 조현병을 앓고 있으며, 양극성 장애도 거의 비슷한 수준이다.

다수 유전자가 관여하는 형질을 규명하기는 쉽지 않다. 각각의 유전자는 미미한 영향을 미칠 뿐이며, 이런 유전자들뿐 아니라 환경도 형질 전체에 개입하곤 하기 때문이다. 하지만 그 전반적인 어려움은 연구자들 사이에 나쁜 습관을 낳기도 했다. 연구자들은 긍정적인 결과만을 발표함으로써 고려하지 않은 가능성들이 있다는 것을 알리지 않는 경향이 있다. 게다가 상반된 결과가 나옴으로써 문제는 더 복잡해진다. 상관관계가 있는 듯한 것들을 발표하려는 충동을 가지는 것은 이해할 만하지만, 무수한 유전 표지들이 쓸모없다는 것이 밝혀지면서 결국 비생산적인 일이 되고 마는 경우도 있다. 상관관계는 동시에 일어나는 사건들 중에서 통계적으로 의미 있는 결과를 끌어낼 수 있는 의미 있는 분석이 시작된 다음에 찾아내는 것이 이상적이다. 즉 표지를 많이 조사한다면, 유전자 연관이 없다고 해도 단지 우연의 일치로 상관관계가 나타날 수도 있다. 결과를 내야 한다는 압박감이 너무 강하면 조급하게 발표를 하게 되고, 그러면 나중에 다른 연구진들이 같은 결과를 얻지 못했을 때에 슬그머니 뒤로 물러서야 하는 상황이 벌어진다.

정신질환을 일으키는 유전자를 사냥하다 보면 또다른 장애물과 마주친다. 정신병 진단과정을 아무리 표준화하려고 애써도 그 진단은 과학이라기보다는 기교에 가까울 때가 많다는 것이다. 애매한 증상들을 토대로 환자를 판단하기도 하기 때문에 한 가계에 속한 사람들 중 사실상 진단이 잘못된 환자들도 있을 것이다. 이렇게 환자로 잘못 판명된 사람들은 지도 분석에 큰 방해가 된다. 문제를 복잡하게 만드는 또다른 요인은 증상에 따라서 장애를 정의하고 진단하지만, 유전적 원인에 따른 수많은 장애들이 비슷한 증상을 나타내곤 한다는 점이다. 따라서 환자마다 조현병을 일으키는 유전자가 다르기 쉽다. 증상이 뚜렷이 다른 듯해도 유전학이라는 현미경으로 들여다보면 뒤섞여 있다는 것이 밝혀질 수도 있다. 1957년 이래로 양극성 장애와 우울증만이 나타나는 이른바 단극성 장애가 유전적으로 별개의 증상이라고 생각해왔지만, 혼란스럽게도 둘 사이에 유전적으로 겹치는 현상이 일부 나타나기도 한다. 집단 전체로 볼 때 양극성 장애 환자들의 친척 중에 단극성 우울증 환자들이 더 많은 것이 한 예이다.

그런 이유들도 있고 해서 정신 질환의 유전자를 탐색하는 일은 훨씬 더 어렵다는 것이 입증되어왔다. 인간 유전체 계획 이래로, 수십 건의 전장 유전체 연관 분석 연구를 통해서, 조현병과 관련이 있어 보이는 DNA 변이체 100여 개가 드러났다. 조현병 연구와 우울증 연구 각각에서 파악한 유전자 영역들이 서로 겹치는 흥미로운 사례도 몇 건 있다. 이런 유전자들의 기능 이상이 양극성 장애와 조현병 양쪽에 공통된 망상이나 환각 증세의 원인일 수도 있다. 이 연구의 역사는 한껏 부풀었던 희망이 쪼그라든 사례로 가득하다. 몇 년 전 유전학자 닐 리시와 데이비드 보트스타인은 이런 실망감을 여실히 드러냈다.

[조울증의] 유전적 연관 연구의 최근 역사를 보면 그 병 자체만큼 복잡한 양상을 띤다. 연관을 발견함으로써 얻은 행복감은 그런 연관이 다른 집단에서는 나타나지 않는다는 것이 일반적인 양상임이 드러나면서 실망감으로 바뀌었다. 수많은 정신병 유전학 연구자들과 관심 있게 지켜보는 사람들의 심정은 롤러코스터를 탄 듯이 시시각각 변해왔다.[6]

그렇기는 해도, 나는 지금 우리가 "찾아내느냐 찾아내지 못하느냐"라는 조바심 나는 차원을 넘어 유전자 분석의 새로운 단계로 진입하고 있다는 희망에 부풀어 있다. 그 일의 열쇠는 유전자를 찾아내는 이른바 "후보 유전자 방법(candidate gene approach)"일 것이다. 완전한 인간 유전체 서열을 확보하고 그 기능을 새롭게 이해하게 되면서, 우리는 해당 장애와 관련된 기능을 지닌 유전자들을 골라서 전에는 불가능했던 수준으로 자세히 연구를 할 수 있다. 예를 들면, 양극성 장애는 뇌에서 세로토닌과 도파민 같은 특정한 신경 전달 화학물질들의 농도를 조절하는 기구에 생긴 결함과 관련이 있는 것이 틀림없으므로, 논리적으로 볼 때 신경 전달물질이나 그 수용체를 만드는 유전자들이 후보자이다. 2002년 MIT 화이트헤드 연구소의 에릭 랜더 연구진은 76개의 양극성 장애 후보 유전자들을 조사했다. 그중 하나만이 그 장애와 상관관계가 있다는 것이 밝혀졌다. 제5장에서 루게릭 병의 잠재적인 치료물질로 다룬 바 있는, 뇌에서 작용하는 신경 성장 인자의 암호를 지닌 유전자였다. 흥미롭게도 이 유전자는 11번 염색체에서 오랫동안 양극성 장애와 관련이 있다고 여겨져온 영역에 들어 있다. 그러나 안타깝게도 10년이 지난 지금도, 이 유전자 연관성이 중요한 것인지를 놓고 논쟁이 계속되고 있다.

내가 찾기 어려운 유전자를 찾는 이런 사냥의 미래를 낙관하는 또다른 이유는 차세대 DNA 서열 분석기술 때문이다. 한 유전자의 미묘한 영향을 파악하려면 극도로 민감한 통계 분석이 있어야 하며, 그런 통계 분석을 하려면 많은 자료가 필요하다. 고도의 서열 분석 장치와 유전자 탐색 기술이 등장해야만, 대단히 많은 사람들로부터 대단히 많은 표지들을 조사할 자료들을 모을 수 있다. 아이슬란드의 디코드 제네틱스 사 같은 생명공학 기업들은 조현병과 연관성이 엿보이는 신경 전달물질 관련 유전자들을 찾아냈다. 현재 앞에서 이야기한 나의 오랜 친구 크레이그 벤터가 설립한 휴먼 롱제버티 사를 비롯한 새로운 생명공학 기업들은 노화에 따른 증상들과 관련된 유전자들을 찾아내기 위해서, 수십만 명의 유전체를 서열 분석하는 일에 착수했다. 조현병, 양극성 장애 등의 정신 장애의 유전적 위험인자들을 찾아내려면 이런 규모의 연구가 필요할 것이다. 그럼으로써 더 나은 치료법이 개발되고, 유전자들이 우리 뇌의 활동에 어떻게 관여하는지를 더 깊이 이해할 수 있기를 바란다.

그러나 신경화학적 단서가 전혀 없는 형질들에서는 행복한 기대감과 불행한 낙담이라는 롤러코스터 타기가 계속될 가능성이 높다. 병적이지 않은 행동 연구에서 그런 사례들이 종종 나타난다. 1993년에 딘 해머가 연구한 남성 동성애의 유전학적 분석이 그런 예이다. 그가 X염색체의 특정 부위가 게이가 되는 것과 상관관계가 있는 듯하다고 발표했을 때 상당한 소란이 일었다. 갑자기 게이가 되는 것도 피부색 못지않게 유전자의 활동임을 입증할 수 있는 것처럼 보였다. 하지만 해머의 발견은 시간의 시험을 견뎌내지 못했다. 그렇지만 나는 통계적으로 더 강력한 분석수단을 개발하고 더 약한 상관관계들을 알고 평가할 수 있게 되면 결국에는 우리 각자의 성적 취향을 편향시키는 유전인자들이 정말로 발견되지 않을까 생각한다. 그렇다고 해서 이 말을 철저한 결정론적 추측으로 받아들여서는 안 된다. 즉 환경의 역할이 평가 절하되어서는 안 되며, 성향이 예정이라는 의미는 아니다. 창백한 피부색 탓에 나는 피부암에 걸리는 성향을 가지고 있을지 모르지만, 환경에서 자외선을 쬐지 않는다면 내 유전자들은 잠재적인 것에 불과하다.

해머는 그보다 더 확실해 보이는 또다른 발견으로 다시 유명세를 탔다. 그는 심리학자들이 꼽는 "인격"의 5요소 중의 하나인 새로운 것 추구 또는 "짜릿함 추구(thrill seeking)"라는 충동의 토대가 되는 유전학을 파고들었다. 일상이 균열될 때 당신은 구석에 웅크리고 있는가? 아니면 판에 박힌 일을 피해 자신의 길을 개척하면서 새로운 모험으로 가득한 끊임없이 변하는 삶에 자신을 내맡길 것인가? 물론 이것은 극단적인 사례들이다. 해머는 뇌의 신호 분자 도파민의 수용체를 만드는 유전자에 작지만 중요한 변이 효과가 있다는 증거들을 내놓았다. 일부는 이 결과를 재현하는 데에 실패했지만, 다른 일부는 그것을 확장해 그 유전자가 약물 남용을 비롯한 특정 유형의 새로움 추구와 관련이 있다는 것을 발견했다.

폭력도 유전학의 렌즈를 통해서 볼 수 있다. 어떤 사람들은 다른 사람들보다 더 폭력적이다. 그것은 사실이다. 그리고 폭력적 행동이 환경요인들과 상호 작용하는 유전자 하나에 지배될 수도 있다. 물론 그렇다고 해서 우리 모두가 "폭력 유전자"를 지니고 있다는 말은 아니다(비록 가장 난폭한 사람들은 Y염색체를 가지겠지만). 하지만 단순한 유전적 변화가 폭력의 폭발을 이끌어낼 수 있음을 보여주는 사례가 적어도 하나 있다. 1978년에 네덜란드 니메겐에 있는 대학병원의 임상 유전학자인 한스 브루너 박사는 어떤 가문의 남성들이 정신지체에 가까운 성향에, 공격적인 행동을 보이는 경향이 있다는 것을 알았다. 30년 전쯤에 한 친척이 이 "저주"를 상세히 기록하고자 이 가문의 불행에 관한 자료들을 모았다. 브루너의 연구는 그 조사의 최신판이었다. 그는 출신 핵가족이 각기 달랐음에도 그 가문에서 남성 여덟 명이 비슷한 폭력 양상을 보인 것을 발견했다. 한 명은 여동생을 강간하고 감옥에 간 뒤 간수를 칼로 찔렀다. 한 명은 사장한테 게으르다고 한 소리를 듣자 사장을 차로 들이받았다. 두 명은 방화를 저질렀다.

남성들만이 이런 성향을 보였다는 것은 그것이 반성 유전임을 암시한다. 그 유전 양상은 X염색체에 있는 열성 유전자 때문일 가능성이 높다. 즉 X 염색체가 둘인 여성에게서는 다른 X염색체에 정상 유전자가 있어서 그 형질이 가려진다. 하지만 X염색체가 하나뿐인 남성에게서는 그 열성 형질이 자동적으로 발현된다. 매사추세츠 종합병원의 잰드라 브레익필드와의 공동 연구를 통해서 그는 그 폭력적인 남성 여덟 명이 모두 돌연변이가 일어나 제 기능을 하지 못하는 모노아민 산화효소의 X-연관 유전자를 가지고 있다는 것을 발견했다. 뇌에 있는 이 단백질은 "모노아민"이라는 부류에 속한 신경 전달물질들의 농도를 조절한다. 아드레날린과 세로토닌도 이 부류에 속한다.

모노아민 산화효소 이야기는 그 폭력적인 네덜란드인 여덟 명에서 끝나지 않는다. 그것은 유전자와 환경의 상호 작용, 우리의 모든 행동을 낳는 본성과 양육이라는 복잡한 쌍을 살펴볼 수 있게 한다. 2002년에 런던 정신의학 연구소의 앱설럼 캐스피 연구진은 학대하는 가정에서 자란 소년들 중 왜 누구는 정상이고 누구는 반사회적(인터넷을 통해서 다른 사람들과 만나는 쪽을 좋아한다거나 파티장 구석에서 혼자 카나페를 집어먹는 성향을 보인다는 의미가 아니라 문제 행동을 한 경력이 있다는 전문적인 의미에서)인지 조사했다. 그 조사는 발달의 유전적 예언자를 밝혀냈다. 모노아민 산화효소 유전자에 인접한 부위, 즉 그 효소의 생산량을 조절하는 스위치에 돌연변이가 있는지 없는지를 보면 어떻게 발달할지 알 수 있다는 것이다. 학대받은 소년들 중 그 효소를 많이 지닌 소년들은 적게 지닌 소년들에 비해서 반사회적으로 될 확률이 더 적었다. 그 효소를 적게 지닌 소년들에게서는 유전자와 환경이 공모를 해서 법과 충돌하는 삶을 살도록 유도한다. 하지만 여기에서도 그 인과관계가 100퍼센트에 근접한 것은 아니다. 학대받으면서 자라고 모노아민 산화효소 농도가 낮다고 해도 반드시 범죄자가 되는 것은 아니다.

유전자 하나가 복잡한 인간 행동에 영향을 미치는 놀라운 사례들 중에 언론에서 유감스럽게도 "문법 유전자(grammar gene)"라고 부르는 것이 있다. 2001년에 토니 모나코(당시 옥스퍼드 대학교)는 언어를 활용하고 처리하는 능력에 장애를 일으키는 FOXP2 유전자의 희귀한 돌연변이를 발견했다. 그런 돌연변이를 가진 사람들은 제대로 발음을 못할 뿐 아니라 네살배기 아기도 할 수 있는 간단한 문법적 추론조차 못한다. "나는 매일 걷는다. 따라서 어제 나는……" 하는 식이다. FOXP2는 뇌 발달에 중요한 역할을 하는 전사인자, 즉 유전자 스위치를 만드는 유전자이다. 모노아민 산화효소와 달리 FOXP2는 행동에 직접 영향을 미치는 것이 아니라 모든 행동의 중심에 놓인 기관 자체를 형성함으로써 행동에 영향을 미친다. 따라서 나는 FOXP2가 앞으로 발견될 중대한 발견들의 모델이 될 것이라고 믿는다. 내 생각이 옳다면, 행동을 통제하는 가장 중요한 유전자들 중에는 가장 놀라운 기관, 여전히 헤아리기가 어려운 물질 덩어리인 인간의 뇌를 형성하는 데에 관여하는 것들이 많을 것이다. 이런 유전자들은 우리가 하는 모든 것을 중개하는 정교한 하드웨어를 만듦으로써 우리에게 영향을 미친다.

우리 행동의 유전적 토대를 이해하려는 노력은 아직 시작 단계에 있다. 이 행동이란 우리 모두가 공통적으로 지닌 것, 즉 인간의 특징이기도 하며, 각 개인을 구별하는 것이기도 하다. 하지만 이 분야는 흥분을 불러일으키면서 급속히 발전하고 있다. 미래에는 인격을 유전적으로 상세하게 해부하게 될 것이며, 겁에 질릴 사람들도 있겠지만 우리가 발견할 것이 본성 대 양육 논쟁이라는 저울을 점점 더 본성 쪽으로 기울게 하지 않을 것이라고 상상하기는 어렵다. 우리가 정적이며 궁극적으로 아무 의미도 없는 이분법에 계속 사로잡혀 있다면 말이다. 가공할 정치적 의미가 있든 없든 간에 어떤 형질이 유전자에 크게 의존한다는 점을 발견하는 것은 변하지 않게 돌에 깊이 새겨진 무언가를 발견하는 것과 다르다. 그것은 단지 양육에 계속 영향을 받는 본성을 이해하고, 사회이자 개인인 우리가 양육을 더 제대로 거들고자 할 때 어떤 일을 해야 하는지 이해하는 것이다. 과학적 목표를 설정할 때 순간적인 것에 불과한 정치적 고려를 하지 말자. 그렇다, 우리는 현재 상황에 비추어볼 때 불편하게 만드는 진리를 밝혀낼지도 모르지만, 정책 결정자들이 관심을 가져야 할 것은 본성의 진리가 아니라 그 상황이다. 울타리 학교에 모여든 아일랜드 아이들이 매우 잘 이해하고 있었듯이, 아무리 꼴사납게 습득한 지식이라고 해도 그래도 지식은 무지보다 낫다.

제14장

암:끝없는 전쟁?

시카고 대학교에서의 마지막 학년인 1947년, 아직은 시카고의 고향 집에서 살고 있을 때였다. 두 어린 아들의 아빠이자 막 40대에 들어선 스탠리 숙부가 악성 흑색종 진단을 받았는데, 당시에는 완치가 불가능한 피부암이었다. 숙부의 암은 미시간 호 연안의 모래밭에서 일광욕을 즐긴 결과일 가능성이 높았다. 의사가 팔에 난 검은 덩어리를 떼어낼 즈음, 암은 이미 수술칼이 아무 소용이 없는 부위들로 전이된 상태였다. 숙부의 두 팔과 얼굴에서 새로운 종양들이 자라는 모습을 지켜보던 끔찍한 기억이 지금도 잊히지 않는다. 그랬던 터라, 나중에 하버드에 재직할 때 마서스비니어드 섬의 여름 별장 주변이나 인근 해변을 산책할 때마다, 느릅나무들이 짙게 그늘을 드리우고 있었음에도 나는 늘 챙이 넓은 모자를 쓰고 다녔다. 아흔 줄에 접어들고 있는 지금도, 나는 자외선 차단 지수가 높은 선크림을 덕지덕지 발라놓고도 한낮에는 결코 롱아일랜드에서 테니스를 치지 않는다. 지금도 여전히 암에는 예방이 가장 탁월한 전략이다. 이 끔찍한 질병은 대개

◀ "열정 어린 탐구란 무엇인가(What Mad Pursuit)"라는 제목의 이 작품은 영국 암 연구소가 런던 프랜시스 크릭 연구소의 개관 기금을 모으기 위해서 프랜시스의 손녀 킨드라 크릭에게 의뢰한 조각품이다. 케임브리지 MRC 분자생물학 연구소에 전시되어 있다. 이중나선 중 한 가닥에는 프랜시스가 칠판과 편지에 적었던 그림들이 실려 있다. 생기 넘치는 파란색에 금색 테두리가 둘러진 다른 가닥에는 착상이 퍼지고 돌연변이를 일으키고 성장한다는 것을 비유적으로 표현한 추상화한 세포 이미지들이 담겨 있다.

아무런 사전 경고도 없이 찾아오기 때문이다.

그런 한편으로 나는 매일 아침 콩알만 한 아스피린을 두 알씩 꾸준히 먹는다. 이 항염증제가 암 위험을 25퍼센트 줄여준다는 타당한 역학적 증거를 진지하게 받아들여서이다. 그리고 내가 지금도 치고 있는 테니스는 주요 암 발병 위험을 25퍼센트 더 줄여줄 수도 있는 활성 산소종(reactive oxygen species : ROS)을 근육이 추가로 생산하도록 돕는다. 내가 매일 500 밀리그램씩 복용하는 당뇨병 치료에 쓰이는 포도당 차단제인 메트포르민(metformin)이 암 발병 위험을 더 낮추어줄 지는 아직 확실하지 않다. 어쨌든 나는 포도당을 덜 대사할 것이다.

스탠리 숙부가 암 진단을 받은 지 60년 뒤, 오스트레일리아 시드니에 사는 마흔네 살의 마케팅 담당 임원인 캐롤라인 버나디는 고객들에게 크리스마스 선물을 전하고 있었다. 오후 서너 시쯤 그녀에게 전화가 걸려왔다. 우리 모두를 두렵게 하지만, 살면서 3명 중 1명꼴로 듣게 되는 소식이 그녀에게도 들려왔다. "암에 걸리셨습니다." 목의 조직을 생검한 결과, 버나디는 비소세포 폐암(non–small cell lung cancer : NSCLC) 3기였다. 의사는 수

캐롤라인 버나디, 암 생존자

술이 불가능하고, 12개월 동안 생존할 확률이 5퍼센트라고 말했다. "아주 빨리 달리는 열차에 올라탄 것 같았어요. 주변의 모든 것들이 윙윙거리며 흐릿하게 스쳐지나가고 있는데, 나는 가만히 선 채로 주변에서 쌩쌩 흘러가는 것들을 이해하려고 애쓰면서요." 가족들도 깊은 충격을 받았다. 그녀의 두 아이들도 그랬다. 너무나 부당해 보였다. 버나디는 신체 건강했고, 집안의 어느 누구도 암에 걸

린 적이 없었으며, 그녀는 흡연도 한 적이 없었다.

화학요법이 실패하자, 버나디를 담당했던 종양학자인 시드니 암 센터의 마이클 보이어는 마지막 모험을 해보기로 했다. 그는 화이자 사의 의뢰로, 아시아와 오스트레일리아 전역에서 다코미티닙이라는 실험적인 암 치료제의 임상 실험을 총괄하고 있었다. 그 약은 타세바와 이레사 같은 약들이 듣지 않는 NSCLC 환자에게서 초기 반응이 좋게 나온 바 있었다. 타세바와 이레사는 많은 암의 성장에 관여하는 중요한 막 신호전달 단백질인 표피 성장인자 수용체(epidermal growth factor receptor : EGFR)를 표적으로 삼는 약물이다. 몇 달 뒤, 버나디는 24명의 다른 자원자들과 함께 임상시험에 참여했다. 정밀 암 의학(precision cancer medicine)이라는 미지의 세계에 뛰어든 선구자들이었다. 5일이 채 지나기 전에, 그녀는 목에 난 덩어리가 부드러워지기 시작하는 것을 느낄 수 있었다. 2개월 뒤 CAT 촬영을 하니, 허파에 있던 종양 5개가 사라지고 없었고, 림프 절들에서도 암이 보이지 않았다. 그녀는 회상한다. "정말 멋졌어요!"

불행히도, 버나디가 경험한 놀라운 회복의 이야기들은 규칙이라기보다는 예외 사례임이 드러난다. 암 극복 이야기 한 편이 나올 때마다, 화학요법이나 최신 맞춤 의약이 듣지 않거나 일시적으로 회복되었다가 더욱 강해진 암에 다시 걸리는 환자들의 이야기가 무수히 들린다. 그리고 종양학자의 약전에 약물이 하나 추가되는 데에는 대개 10여 년의 개발 기간이 걸리며, 그 과정에서 독성이 너무 강하거나 특이성이 없거나 효능이 기대 수준을 충족시키지 못한다는 이유로 포기되는 약물들이 많다. 사실 다코미티닙도 결국 한때 유망했지만 당국의 승인을 받지 못한 의심스러운 약물이 되고 마는 그런 운명을 맞이하게 된다. 그렇다고 해서 버나디에게 나타난 기적 같은 효과의 의미가 반감되는 것은 아니다. 그녀의 암은 그 실험 약물에 완벽하게 들어맞은 반면, 다른 임상시험 참가자들의 암은 그렇지 않았던 것이다.[1] 이는 의사들이 라자루스 효과(Lazarus effect)라고 하는 것의

존 다이아몬드, 저술가이자 언론인

한 사례이다. 버나디는 매일 다코미티닙을 충실하게 먹지만, 건강 회복에 다른 요인들도 기여했다고 본다. 현재 그녀는 명상을 하고, 더 잘 먹고, 매일 운동을 하고, 침 치료를 비롯한 중국 전통 치료도 받는다. 그녀는 병원에서 자원봉사를 하고, 다른 암 환자들과 그 가족들에게 격려가 되는 책도 썼다. 종양학자는 무엇이 회복에 기여를 했는지 확실히 말할 수 없기 때문에, 그녀에게 현명한 조언을 했다. "지금 하고 있는 것들 중 어느 하나도 그만두지 마세요."

1997년 영국의 언론인 존 다이아몬드―유명 요리사 나이젤라 로슨의 첫 남편―는 식도암이라는 진단을 받자, 『타임스』에 자신의 병에 관한 칼럼을 연재하기 시작했다. 그는 이렇게 썼다. "당신이 마흔 살이 될 즈음, 당신의 약 30조 개의 세포들은 각각 2,000번쯤 분열을 한 상태이다. 그 세포들 중에서 몇 개가 무리를 지어서 암과 죽음으로 이어지는 세포학적 무정부 상태에 빠지지 않는 것이 어떻게 가능할 수 있겠는가?" 그는 2001년에 사망했다. 비록 과학자는 아니었지만, 그는 전문가의 이해 수준에 도달했다. 실제로 통상적인 생화학 반응을 촉진하는 효소에 생긴 가장 작은 결함, DNA 가닥을 훼손하는 외래 화학물질이나 우연히 부딪힌 우주선의 가장 미미한 효과가 세포의 무분별한 증식으로 나아가는 돌이킬 수 없는 추락을 촉발할 수 있다. 놀라운 점은 얼마나 많은 이들이 암의 먹이가 되느냐가 아니라, 그 불행으로부터 탈출하느냐이다.

암이 설령 전적으로 그렇지는 않다고 해도 주로 유전자의 변화를 통해서 생긴다는 것은 린치 증후군(Lynch syndrome) 같은 희귀 질환을 지닌 집

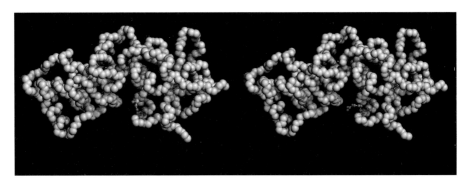

파괴 지점 : BRCA1의 특정한 돌연변이는 유방암 및 난소암의 발병과 상관관계가 있다. 두 그림은 BRCA1 단백질의 꼬리 영역이다. 왼쪽 그림에서 강조된 부위는 아미노산인 메티오닌 1775번으로서, BRCA1가 손상된 DNA를 검출하고 수선하는 데에 도움을 주는 다른 단백질에 결합하는 홈 근처에 있다. 오른쪽 그림은 돌연변이가 일어나서 아르기닌으로 대체되어 이 결합 특성이 사라진 형태이다. 이 M1775R 돌연변이는 유방암과 관련이 있다.

안들이 있다는 점을 통해서 처음으로 암시되었다. 그런 집안들에서는 암이 다소 전통적인 유전 장애처럼 대물림된다. 흡연, 굴뚝 검댕, 석면 같은 환경 발암물질로 알려진 것들에 노출되는 등의 뚜렷한 원인이 없이도 암은 으레 발생하고는 한다. 현재 우리는 그런 집안들 중 설령 대부분은 아니라고 해도 상당수는 DNA를 수선하는 정교한 체계가 유전적으로 결함이 있어서 암에 취약하다는 것을 안다. 우리 유전체는 일상적인 훼손에 대처하는 기구를 가지고 있으며, 암은 이 일차 방어선이 제 역할을 하지 못할 때에 생긴다.

BRCA1와 BRCA2 유전자는 이 결함의 가장 잘 알려진 사례에 속한다. (제12장에서 메리-클레어 킹이 거의 20년 동안 영웅적으로 탐색을 계속한 끝에 마침내 BRCA1 유전자의 지도를 작성했다는 이야기를 한 바 있다. 그 모험담은 「애니를 위하여(Decoding Annie Parker」라는 영화에 담겨 있다. 헬렌 헌트가 킹 역할을 맡았으며, 영화는 북아메리카 최초로 BRCA1 유전자 검사를 받은 여성의 삶을 그리고 있다.) 여성에게서는 가족성 유방

2013년 영화 「애니를 위하여」에서 BRCA1 지도 작성자인 메리-클레어 킹 역할을 맡은 헬렌 헌트

암의 절반 이상 그리고 유전성 난소암의 대부분이 이런 유전자들에 있는 돌연변이 때문에 생긴다. 남성에게서는 BRCA1 돌연변이가 전립샘암 발병 빈도를 6배 증가시킨다(그리고 아주 드물게는 유방암도 일으킬 수 있다). 이 두 유전자는 손상되지 않은 동형[homologous] DNA 가닥의 서열을 참조하여 짝이 맞지 않는 염기쌍을 교정함으로써, 유전체를 온전히 유지하는 데에 핵심적인 역할을 하는 단백질을 만든다. 이 유전자들에서 발견된 돌연변이는 수백 가지가 넘는데, 그중 암을 일으키는 특정한 BRCA1와 BRCA2 변이체가 아슈케나지 유대인이나 몇몇 프랑스계 캐나다인 집단에서 유독 많이 나타나는 이유는 아직 불분명하다.

BRCA1와 BRCA2를 찾아낸 것은 지루하리만치 길게 이어진 암과의 전투에서 거둔 두 건의 인상적인 승리이지만, 이런 유전적 깨달음이 의미 있으면서 오래 가는 치료법으로 이어지지 않는 사례가 대부분이다. 1971년 12월 닉슨 대통령이 암과의 전쟁을 선포한 이래로 40여 년이 흐르는 동안,

연간 수십억 달러의 세금이 "대문자 C(Cancer)"와 싸우는 데에 쓰였지만 결과는 혼란스럽다. 암울한 쪽을 보자면, 흡연율 감소를 감안했을 때 미국인의 암 사망률은 이 전쟁이 시작된 이래로 거의 변하지 않았다. 니콜라스 케이지가 자동차 도둑으로 나오는 평범한 영화의 제목 「식스티 세컨즈(60 Seconds)」는 미국에서 암이 목숨을 앗아가는 속도이기도 하다. 작년에만 55만 명이 넘는 미국인이 악성 암에 목숨을 잃었다.

더 밝은 측면을 보면, 현재 종양 유전자를 표적으로 삼는 새로운 몇 가지 치료법이 나와 있다. 그중에서 아직까지도 가장 잘 듣는 약은 글리벡이다. 벌써 20년이나 된 약이지만, 만성 골수성 백혈병(chronic myelogenous leukemia : CML) 환자의 수명을 몇 년까지도 늘려주곤 한다. 허셉틴도 성공한 약물이다. 이 약은 특정한 유형의 전이성 유방암에 잘 듣는다. 하지만 대부분의 암은 이런 유전자 표적 약물에 일시적으로 수그러들었다가도 더욱 위험한 형태로 재발함으로써, 결국은 몇 개월에서 1년 사이에 목숨을 앗아가곤 한다. 그렇기 때문에 이런 유전자 표적 개입이 유망하기는 해도, 암은 여전히 인간의 주된 공포와 불안의 원천으로 남아 있을 것이다. 말기 암세포까지 선택적으로 죽이는 새로운 치료법을 고안하기 전까지는 말이다.

새로운 치료법을 개발할 수 있는 방법은 몇 가지가 있다. 첫째, 지금까지 대부분의 치료제 개발 전략에서 제외되어 있었지만(뒤에서 논의할 것이다) 높은 우선순위에 놓인다고 간주되는 두 표적 RAS(t세포 내에서 신호 전달을 담당하는 단백질들의 집합을 가리키며, 이 신호 전달에 문제가 일어나면 암이 생길 수 있다/역주)와 MYC 같은 본질적으로 위험한 종양 유전자 산물들을 차단하는 강력한 새로운 약물을 개발하는 것이다. 둘째, 더 나은 면역치료제를 개발하는 것이다. 특히 면역계의 "제동 장치"인 면역 관문 단백질(checkpoint protein)을 표적으로 하는 약물이다. 암세포를 공격하도록 환자의 면역계를 강화하는 면역요법은 전망이 매우 밝기는 하지만, 환자의 면역세포가 광범위한 부수적인 손상을 입지 않도록 하면서 암만을 공격하도록 맞춤 제작을 해야 한다. 지금은 그런 억제제 요법이 부수적인 손상을 입히는 사례가 흔해서, 그토록 자랑하는 면역요법의 앞길을 가로막고 있다. 셋째, 대다수의 화학요법 치료제가 지닌 부작용을 크게 줄이는 것이다. 그러면 진정으로 완치가 될 수 있도록 더 장기적으로 투여할 수 있을 것이다.

2003년 당시 국립 암 연구소(National Cancer Institute : NCI) 소장이던 앤드루 폰 에셴바흐는 2015년까지 암이 일으키는 "고통과 죽음을 없앤다"는 목표를 세웠다(물론 헛된 약속이었다. 나중에 그는 완치가 아니라 억제를 말한 것이라고 하면서 자신의 실수를 인정했다). 지난 몇 년 동안 나도 『뉴욕 타임스』를 비롯한 지면에서 나의 좌절감을 드러냈다. 최근인 2009년 8월에도 나는 "마침내 암의 진정한 유전적 및 화학적 특성들을 대체로 알아냈기 때문에" 암 퇴치가 "현실적인 목표"가 되었다고 주장한 바 있다.[2] 그뒤로 나는 그저 침묵하고 있을 수밖에 없었다. 암 유전체 지도(Cancer Genome Atlas, 인간 유전체 계획의 후속편) 같은 계획에 힘입어서 암의 유전적 토대가 빠르게 규명되어왔지만, 거의 10년이 지난 지금도 여전히 내가 원하던 결과는 나오지 않고 있다.

2016년 1월 마지막 새해 국정연설에서, 오바마 대통령도 그 소동에 발을 들었다. "미국을 암을 영구히 뿌리 뽑은 나라로 만듭시다." 오바마는 조 바이든 부통령에게 암 박멸 계획을 지휘하라고 맡겼다. 최근에 부통령은 아들을 잃었다. 그의 아들 보는 뇌암에 걸려서 마흔여섯 살에 사망했다. 물론 암은 결코 사람을 차별하지 않는다. 오바마의 말이 국회 의사당에 울려퍼질 때, 아흔한 살의 전직 대통령 지미 카터는 전이성 흑색종을 치료하기 위해서 키트루다라는 실험적인 면역치료제를 투여받고 있었는데, 꽤 효과를 나타내고 있었다. 나중에 바이든은 닉슨의 암 공격은 "군대도, 무기도, 정보도 전혀 없었기" 때문에 이길 수 없는 것이었다고 말했다. 바이든은 암 계획의 목표가 "암과 또다른 새로운 전쟁을 시작하는 것이 아니라, 닉슨이 1971년에 선포한 전쟁에서 이기는 것"이라고 말한다.[3] 보 바이든 암 계획*의 첫 번째 조치는 "자료와 정보를 숨기지 않고 공유하는 방향으로 문화를 바꾸는" 것이다. 이 계획의 의도는 좋지만, 나는 전에도 수없이 그런 시도를 했음에도 여전히 이 꼴이라고 느끼기 때문에, 그런 십자군 전쟁을 또 해야 한다는 사실 자체가 실망스럽다.

수십 년 동안 발전이 이루어졌음에도, 새로 진단된 많은 암들은 여전히 전통적인 자르고 지지는 방법으로 공략된다. 즉 수술칼과 이온화 방사선으로 제거한다. X선은 1895년 빌헬름 뢴트겐이 발견한 직후에, 우연찮게 암세포를 선택적으로 죽인다는 것이 관찰되면서 치료에 쓰이기 시작했다. 방사선요법은 지금까지도 거의 모든 암 치료 병원의 주된 무기로 쓰인다. 하지만 암이 작고 국소 부위에 있을 때에 발견하지 못한다면, X선은 그저 암의 크기를 축소시키는 역할밖에 하지 못할 것이다. 현재 X선은 생명을 연장시키기보다는 통증을 경감시키는 쪽으로 더 많이 쓰인다. 불행히도 검출될 무렵에는 기원 부위로부터 멀리 떨어진 곳까지 퍼져 있는 암들이 너무나 많다. 일단 그렇게 되면, 즉 전이가 되면, 치료가 가능한 사례는 극소수에 불과하다(한 예로, 전이 고환암종은 화학요법 약물인 시스플라틴으로 치료할 수 있다). 그래서 방사선요법처럼 정상 세포에는 해를 끼치지 않고 암세포만을 선택적으로 죽일 수 있는 항암 화학물질 탐구는 70여 년 동안 암 연구의 최전선을 지키고 있다.

암의 화학요법은 제2차 세계대전 당시 시작되었다. 처음에는 제1차 세계대전 때 독일군이 썼던 최초의 화학 무기 중 하나인 머스터드 가스(mustard gas)와 비슷한 알킬화 나이트로젠 머스터드(alkylating nitrogen mustard)를

---

* 2016년 12월 미국 상원이 통과시킨 21세기 치유법(21st Century Cures Act)의 전문에는 "보 바이든 암 계획과 미국국립보건원 혁신 과제"에 7년 동안 18억 달러의 암 연구 예산을 지원하도록 명시했다.

썼다. 제2차 세계대전의 유럽 전쟁터에서는 그런 끔찍한 무기가 쓰이지 않았지만, 독일 공군이 1943년 12월 2일 이탈리아의 바리 항을 초토화시켰을 당시 수백 명이 화학 무기에 희생되었다. 파괴된 선박들 중에 미국 리버티선인 존 하비 호가 있었는데, 그 배는 2,000발의 머스터드 가스 폭탄을 비밀리에 수송하고 있었다. 나치가 화학 무기를 쓸 때를 대비해서였다. 그 뒤에 현장을 조사하던 군의관 스튜어트 프랜시스 알렉산더는 부상자와 사망자의 혈액 림프구가 크게 줄어들었음을 알아차리고, 머스터드 가스 유도체를 항암제로 쓸 수 있을 것이라고 추론했다. 림프종과 백혈병 환자의 과다 증식된 림프구를 줄임으로써 말이다.

공교롭게도 예일 대학교 의대의 두 명의 의사 앨프리드 길먼과 루이스 굿맨은 이미 그런 치료를 했다.[4] 1942년 8월 27일, 림프육종에 걸린 JD라고만 알려진 폴란드 이민자가 실험적인 화학요법을 받았다(전쟁부의 검열 때문에, JD의 의료 기록에는 나이트로젠 머스타드가 아니라 "물질 X"라고 적혔다). 예일 대학교의 혈관외과의 존 펜은 이렇게 간파했다. "한 환자에게서 암이 화학물질 주사에 반응하며, 화학요법이 골수의 기능을 치명적인 수준으로 억제할 수 있다는 것도 드러났다. 종양학이라는 의학 분야는 바로 이 환자로부터 탄생했다." 비록 JD는 그해에 사망했지만, 곧 머스터드 가스와 유사한 약물이 언젠가는 모든 종류의 암을 치유할 것이라는 희망이 솟았다. 하지만 뉴헤이븐에서 처음 관찰된 뒤 미국 전역에서 재현된 그 완화 효과는 짧게 지속될 뿐임이 드러났다.

우연찮게도, 더 앞서 이루어진 녹색 잎채소의 영양학적 연구에서 골수 강화인자라고 파악된 물질이 나중에 엽산(葉酸)임이 드러났다. 엽산이 부족하면 마치 나이트로젠 머스터드에 노출된 것처럼 골수에 림프구가 적어진다. 제2차 세계대전이 끝난 직후, 시드니 파버는 보스턴 아동병원의 레덜 연구소와 함께 의학적으로 중요한 아메토프테린을 비롯한 일련의 엽산 억제제를 개발했다. 아메토프테린은 메토트렉사트로 더 잘 알려져 있다. 1948년 파버는 이 약을 써서 아동의 급성 림프구성 백혈병(acute lymphocytic leukemia : ALL)을 최초로 논란의 여지없이 완화시킬 수 있었다. 곧 완화 기간은 점점 더 늘어났다. 1960년대 말에는 알칼로이드인 빈크리스틴(vincristine)을 포함한 공격적인 화학요법 조합들을 통해서 많은 ALL 아동을 최초로 완치했다고 볼 수 있을 정도로 치료하는 데에 성공했다. 림프절이 붙어나는 호지킨 병에 걸린 어른들도 세포를 죽이는 또다른 식물성 알칼로이드인 프로카바진(procarbazine)을 포함시킨 몇 가지 화학요법 조합을 통해서, 마찬가지로 흡족할 만큼 완치시켰다. 더 많은 혈액암들뿐만 아니라 폐암과 유방암 같은 고형암들도 설령 완치까지는 아니라고 해도 더 오랫동안 완화 상태로 이끌 더 나은 화학요법 약물이 있을 것이라는 희망이 커지자, 1960년대에 파버와 협력하던 인도주의자 메리 래스커는 미국 의회에 로비를 하여 국립보건원의 암 연구 지원사업을 확장시키는 데에 성공했다. 특히 조합 화학요법 분야에 많은 예산이 지원되었다.

1971년 말 닉슨 대통령이 암과의 전쟁을 선포한 뒤, 국립 암 연구소 소장은 국립보건원 원장을 거치지 않고 직접 대통령에게 보고하기 시작했다. 나도 대통령 암 자문 위원회의 1기 위원으로 임명되기는 했지만, 곧 미움을 사서 그 특권적인 지위를 박탈당했다. 주된 이유는 겨우 10년—케네디 대통령이 1961년에 제시하여 달에 사람을 보내기까지 걸린 기간과 같은—이라는 계획 기간에 그 전쟁에서 이길 수 없다고 보았기 때문이다. 나는 우리가 유전적 및 생화학적 수준 양쪽으로 암에 관해서 아는 것이 너무 없기 때문에, 1970년대 안에 대부분의 암을 박멸한다는 계획이 온당하지 않다고 생각했다. 당시 나는 30년까지는 아니라고 해도 적어도 20년은 필요할 것이라고 추측했다.

1979년에 마흔아홉 살이던 여동생 베티가 공격적인 염증성 유방암이라는 진단을 받았을 때, 당연히 나는 너무나 걱정이 되었다. 다행히 동생은 수도 워싱턴에 살고 있었기 때문에, 당시 혁신적인 화학요법 쪽으로는 세계 최고의 시설에 속했던 국립 암 연구소에서 치료를 받을 수 있었다. 1년 넘게 동생은 매주 치사량에 가까운 용량의 화학물질로 화학요법을 받았다. 국립 암 연구소의 치료로 내 동생은 평생 완화 상태를 유지할 수 있었지만, 안타깝게도 그 뒤에 치료를 받은 공격적인 유방암 환자들에게서는 그런 성공 사례가 거의 나오지 않았다. 폐암, 췌장암, 잘록창자암, 뇌암 등 더 난치성 암에 걸린 환자들은 더욱 그러했다. 오늘날에도 이런 암들은 드물게 완전한 완화 상태에 들어간다고 해도, 거의 언제나 화학요법에 내성을 띠는 더욱 새롭고 지독한 형태로 재발하며, 그럴 때면 대개 1~2년 안에 목숨을 잃는다. 나는 베티가 재발의 징후 없이 20년 넘게 살고 있는 것이 12개월 동안 화학요법을 받은 덕분이라고 생각했다. 현재의 유방암 환자들이 받는 기간보다 적어도 두 배는 긴 기간이었다. 나는 그 뒤로 죽 그렇게 생각해왔고, 더 많은 암 연구자들이 그 점을 고려해야 한다고 본다.

나는 30여 년 전에 종양 바이러스가 있다는 말을 처음 들은 이래로 암 연구에 점점 더 깊이 관심을 가지게 되었다. 1947년 가을, 인디애나 대학교 신입생 시절에, 나는 이탈리아에서 공부한 서른다섯 살의 미생물학자 살바도르 루리아로부터 바이러스 강의를 들었다. 라우스 육종 바이러스(RSV)와 쇼프 유두종 바이러스 같은 종양을 일으키는 바이러스가 있다는 것을 배우면서, 나는 그것들이 암을 일으키는 유전자(종양 유전자)를 지니고 있는지 궁금해졌다. 그러나 그 궁금증은 1953년 우리가 DNA의 이중나선 구조를 추론한 이후에야 풀리게 된다. 그 구조의 발견 직후에 통찰이 담긴 추정이 나오기 시작했다. 바이러스에는 핵산이 비교적 적으므로, 그 염색체에 들어 있을 바이러스 종양 유전자도 기껏해야 몇 개에 불과하리라는 것이었다. 1968년 초 나는 콜드 스프링 하버 연구소 소장으로 부임하면서, 당시 막 발견된 인간 SV40 종양 바이러스를 이용하여 암을 일으키는 유전자를 찾아내고 연구하는 것을 연구소의 주요 과학적 목표로 정했다. 나는 그 결정을 결코 후회한 적이 없다. 그뒤로 콜드 스프링 하버 연구소는 진핵세포 유전자 조절 연구뿐만 아니라, 암의 유전적 토대 연구에 중추적인 역할을 해왔다.

1970년대 들어서자 놀라운 속도로 발전이 이루어지면서 바이러스가 어떻게 암을 일으키는지가 드러났다. 아마 국립보건원의 해리 이글과 당시 칼텍에 있던 레나토 둘베코가 특정한 배지(培地)에서 바이러스를 배양하는 방법을 개발하지 않았다면, 연구는 달팽이가 기어가는 속도로 진행되었을 것이다. 바이러스 핵산의 주요 구성성분에 방사성 동위원소로 꼬리표를 붙일 수 있는 기술도 그 급속한 발전에 마찬가지로 중요한 기여를 했다. 이중나선의 발견 이후에 생물학과 의학 분야로 유입된 가장 재능 있는 인물들 중 상당수는 현명하게도 바이러스 암의 배후에 있는 유전자를 연구하는 쪽에 합류했다.

다세포 동물의 세포 성장과 분열의 주기는 대개 내부적으로 촉발되는 것이 아니라, 다른 기관이 분비하는 호르몬을 통해서 외부 분자 신호를 받아야 일어난다. 이렇게 해서 새로운 세포는 몸이 필요로 할 때에만 만들어진다. 필요할 때에만 증식한다. 성장을 촉발하는(재개시키는) 단백질 신호는 대부분 세포 표면에서 작용하거나(이를테면 표피 성장인자가 수용체에 결합함으로써) 세포질을 통과하여 세포핵으로 들어오는 성장 호르몬을 통해서 작용한다. 후자는 염색질 결합 호르몬 수용체(에스트로겐 수용체 같은)에 결합하여 특정한 전사인자의 합성을 활성화한다. 자라는 배아의 세포 표면에 박혀 있는 단백질들은 대부분 성장인자 수용체이다. 그 바로 밑, 즉 세포막과 인접한 세포질에는 RAS와 포스포이노시티드 3-인산화효소(phosphoinositide 3-kinase : P13K) 같은 더욱 중요한 신호 전달 단백질들이 자리하고 있다. 이런 단백질들은 성장 촉진 신호를 리보솜, 즉 새 세포의 성장에 필요한 단백질을 합성하는 세포소기관으로 전달한다.

RSV의 복제 메커니즘에 관한 가설은 1960년대 초에 위스콘신 대학교 연구진이 처음 내놓았다. DNA 합성 억제제인 악티노마이신(actinomycin)이 생쥐 세포의 증식을 차단하는 이유를 조사하던 하워드 테민은 RSV 증식의 첫 단계가 감염을 일으키는 단일 가닥 RNA 주형에 상보적인 단일 가닥 DNA 사슬을 합성하는 것이라고 주장했다. 그 DNA/RNA 이중나선은 생쥐 염색체의 하나 이상에 끼워져서 재조합되어 RSV DNA 프로바이러스(숙주 세포에 통합된 바이러스 유전체)가 된다. 이 프로바이러스 DNA 서열은 나중에 전사가 되어 감염성을 띤 새로운 RSV RNA 사슬을 만든다.

테민의 프로바이러스 가설은 1970년 그와 MIT의 데이비드 볼티모어가 서로 독자적으로 약품을 집어넣어서 조각낸 바이러스 입자들이 데옥시뉴클레오티드 삼인산들을 모아서 DNA 사슬을 만든다는 것을 발견함으로써 증명되었다. RNA를 파괴하는 효소인 리보뉴클레아제(ribonuclease)가 있을 때에는 DNA 사슬이 전혀 만들어지지 않았다. 그것은 합성의 주형이 바이러스 입자 RNA임을 시사한다. 이 합성을 촉매한 것은 DNA를 만드는 효소인 역전사효소였는데, 고작 약 6,000개의 염기로 이루어진 단일 가닥 RSV RNA에 들어 있는 4개의 유전자 중 하나에 이 효소의 암호가 담겨 있었다(테민과 볼티모어는 이 연구로 1975년 노벨상을 공동 수상했다). 이 유전자 중 2개는 GAG와 ENV로서, 각각 RSV의 내피(RNA가 달라붙는)와 외피 구조 단백질을 만든다. 이 RNA 유전체의 끝에는 SRC라는 유전자가 있는데, 이 유전자는 티로신 잔기(殘基)를 인산화하는 효소를 만든다. 이 효소는 외부 세포 성장 신호를 세포막에서 세포핵으로 전달하는 경로의 출발점 가까이에 있는 세포내 조절 단계에 개입한다.

그 다음으로 큰 발전을 이룬 사람들도 노벨상을 수상했다. UCSF의 마이크 비숍과 해럴드 바머스는 모든 척추동물 세포에 RSV가 만드는 것과 아주 흡사한 SRC 유전자가 비종양 유전자 형태로 들어 있음을 밝혀했다. 최초의 인간 종양 유전자를 발견한 것이다(비숍은 1989년 스톡홀름에서 새벽에 걸려온 전화를 받고 당연히 기뻐하기는 했지만, 자신이 좋아하는 샌프란시스코 자이언츠 팀의 메이저리그 야구 플레이오프전을 보아야 하니, 기자 회견 날짜를 앞당겨달라고 고집했다). 머지않아 연구자들은 막에 결합된 성장인자 수용체들을 통해서 성장 촉진 신호를 전달하는 RAS 종양 유전자들(H, K, N 세 형태로 존재한다) 등 다른 바이러스 종양 유전자들과 비슷한 비발암성 유전자들도 발견했다.

HER2 수용체(표피 성장인자 수용체, 즉 EGFR 집단의 일원) 유전자 같은 종양 유전자는 암세포에서 종종 증폭되기도 한다. 이들이 있으면, 뒤따르는 성장 경로들은 늘 켜져 있다. 반면에 정상 세포에서는 대개 HER2 유전자의 기능이 켜져 있기보다는 꺼져 있을 때가 훨씬 더 많다.

EGFR, HER2, RAS, P13K 같은 돌연변이 종양 유전자는 언제나 바닥까지 꽉 눌려져 있는 자동차 가속기와 비슷한 효과를 일으켜서 숙주 세포를 통제가 불가능한 성장과 분열로 내몬다. 대조적으로 이른바 종양 억제 유전자라는 집단에 속한 유전자에 일어난 돌연변이는 제동장치의 선을 잘라버림으로써 세포의 핵심 안전 시스템을 제거한 것과 비슷한 효과를 일으킨다. 결함이 있는 종양 억제 유전자를 물려받은 사람들은 어떤 의미에서는 마지막 타선에 서 있다. 그 유전자의 남은 건강한 사본이 손상되면, 암이 생길 가능성이 높기 때문이다. 성장 대사 차단 유전자인 PTEN, 정상적일 때 세포가 체세포 분열 주기에 들어서는 것을 차단하는 일을 하는 p53와 RB가 바로 그런 종양 억제 유전자에 속한다.

그런 유전자들이 어떻게 기능을 하는지는 존스홉킨스 대학교의 버트 보겔스타인과 케니스 킨즐러 연구진의 탁월한 연구를 통해서 처음으로 밝혀졌다. 그들은 소수의 종양 유전자들과 종양 억제 유전자들에 결함이 점점 쌓이다가 이윽고 잘록곧창자암의 발병과 진행을 촉발시킨다는 것을 보여주었다. 비록 단 하나의 돌연변이로 생기는 암도 있기는 하지만, 목숨을 위협하는 암은 적어도 몇 개의 돌연변이 사건들이 이어진 결과일 가능성이 높다. 하나 이상의 돌연변이로 단백질 합성을 매개로 하는 세포의 성

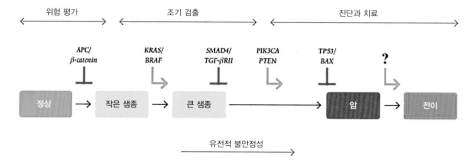

정상 조직에서 암의 전파로 이어지는 긴 경로 : 버트 보겔스타인과 켄 킨즐러 연구진은 잘록 창자암 같은 암들이 여러 유전자들에 일련의 돌연변이들이 일어나서 생긴다는 것을 밝혔다.

장 경로가 커지는 한편으로, 다른 돌연변이들은 p53의 기능을 망가뜨리는 식으로 해서 세포 주기가 시작되도록 한다. 사람의 주요 암은 대부분 종양 유전자를 작동시키는 돌연변이 두세 개와 종양 억제 유전자를 손상시키는 돌연변이 두세 개가 함께 작동해야 생길 가능성이 높다. 그러나 유전자 표적 약물이 이 모든 유전자들을 억제해야 할 필요는 없을 수도 있다. RAS와 MYC에 효과가 있는 약들은 진정으로 판세를 뒤엎을 수 있을지도 모른다.

1979년 던디 대학교의 데이비드 레인 연구진은 가장 중요한 종양 억제 유전자 하나를 발견했다. 그 유전자가 만드는 p53 단백질은 수많은 정상 기능들과 세포 경로들에서 중추적인 역할을 하는데, 잘록창자암으로 이어지는 여러 단계로 이루어진 경로에서도 핵심적인 역할을 했다. 종양학자인 프레더릭 리와 조지프 프라우메니는 어린 나이에 유방, 뇌, 혈액 등 여러 부위에서 암이 생기는 희귀한 유전병에 자신들의 이름을 붙였다. 이 리-프라우메니 증후군(Li-Fraumeni syndrome)은 p53 유전자의 돌연변이가 대물림되면서 생긴다. 한편 p53의 체세포 돌연변이는 암 환자 중 50퍼센트 이상에게서 발견된다. 그래서 레인은 p53에 "유전체의 수호자"라는 애칭을 붙였다.

그러나 크고 작은 모든 동물들이 암에 걸릴 확률이 똑같은 것은 아니며, p53은 바로 여기에도 관여한다. 옥스퍼드 대학교의 저명한 통계학자 리처드 페토는 흥미로운 질문을 제기한 바 있다. 왜 암 발생률은 생물의 진정한 크기(그리고 세포 수)와 상관관계가 없을까? 왜 사람의 암 발생률은 생쥐와는 같은데, 코끼리보다는 한참 더 높을까? 마침내 우리는 페토의 역설에 대한 흥미로운 답을 얻었다. 코끼리 유전체에는 p53 유전자가 약 20개 들어 있으며, 이 중복성이 일종의 조기 경보 시스템으로 작용한다는 것이다.[5] 인간의 p53 유전자는 DNA 돌연변이를 수선하려고 시도하지만, 코끼리 세포에서 다량 생산되는 p53 단백질은 돌연변이가 일어난 세포를 아예 자살로 내모는 듯하다. 물론 대신할 세포는 많다.

RAS 같은 주요 종양 유전자가 발견되자, 몇몇 신생 생명공학 기업들이 해당 유전자의 기능을 차단하는 약물을 찾는 일에 뛰어들었다. 1980년대 중반에 나는 그런 기업들 중 한 곳의 자문위원을 맡았다. 롱아일랜드에 본사를 둔 온코진 사이언시스는 상상력이 넘치는 이름의 회사였는데, 나중에 OSI 제약으로 이름을 바꾸었다. 그 회사가 주요 표적으로 삼은 종양 유전자 단백질 중에는 RAS도 있었다. 당시 RAS가 유전적 및 생화학적 수준에서 어떻게 행동하는지는 콜드 스프링 하버 연구소에서 몇 킬로미터 떨어진 곳에 있던 마이크 위글러와 린다 밴 엘스트가 꽤 많이 밝혀낸 상태였다. 그러나 RAS는 약물을 써서 조절하기가 극도로 어려웠고 지금도 여전히 그렇다. 그래서 OSI 사는 EGFR을 겨냥한 약물을 찾는 쪽으로 방향을 틀었다. EGFR의 과다 발현이 폐암의 주된 원인임이 이미 알려져 있었다. 하지만 OSI 사는 거의 10년 뒤에야 EGFR 표적 약물인 타세바로 FDA의 승인을 받았다. 불행히도 그 약의 수명 연장 효과는 거의 1–2년에 불과하다. 그래도 환자의 대다수는 겨우 6개월을 살기보다는 18개월을 사는 쪽이 더 낫다고 본다. 타세바는 상업적으로 어느 정도 성공을 거두어왔다. 그러나 제넨텍처럼 세계적인 제약사로 변모할 가능성이 사실상 없었기에, OSI는 2010년 일본 제약사 아스텔라스에 40억 달러에 매각되었다. 비록 온코진 사의 창업자들과 과학자들이 큰돈을 벌지는 못했다고 해도, 나는 적어도 그 수익으로 콜드 스프링 하버 연구소에 기부를 꽤 할 수 있었다.

항종양 유전자 약물로서 훨씬 더 성공을 거둔 것은 앞에서 말한 허셉틴 이라는 인간화 단일 클론 항체이다.[*] 모든 치명적일 수 있는 유관유방암 (ductal breast cancer)의 성장을 촉진하는 HER2 수용체를 차단하는 약이 다. 허셉틴이 가져온 완화 상태는 몇 달이 아니라 몇 년까지 지속되는 사 례가 많으므로, 이 약은 지난 20년 동안 암 치료 분야에서 이루어진 가장 큰 발전 중 하나에 속한다. HER2는 1980년대 중반에 제넨텍 사의 과학자 들이 발견했다. 그들은 그것이 MIT의 밥 와인버그 연구진이 찾아낸 최초 의 종양 유전자들 중 하나(NEU)의 산물임을 밝혀냈다. 이어서 UCLA 종 양학자 데니스 슬래먼은 증폭된 HER2가 유관유방암 중 상당수를 악화시 키는 원인임을 보여주었다. HER2 유전자의 사본을 추가로 지닌 환자들은 더 공격적인 전이암에 걸리는 경향이 있었다. 그 뒤 몇 년에 걸쳐, 슬래먼 은 제넨텍 사와 협력하여 HER2 수용체를 차단하는 단일 클론 항체를 개 발했다. 그들은 이 단일 클론 항체의 인간형에 허셉틴이라는 이름을 붙였 다. HER2와 차단(intercept)을 조합한 것이었다. 1998년 슬래먼이 한 종양 학 학술대회에서 임상시험 제3상의 놀라운 결과를 발표할 무렵에, 승인은 이미 따놓은 당상이었다.

현재 훨씬 더 성공한 유전자 표적 약물은 글리벡이다. 대부분의 백혈병 약은 여전히 기존에 나와 있는 것을 전용해서 쓰고 있다. 전통적으로 제약 사들은 환자 수가 적은 병의 치료제를 개발하는 데에는 투자를 망설여왔

---

[*] 실험실에서 사람 항체를 생쥐나 쥐의 단일 클론 항체 일부와 결합하여 만든 항체. 이 항체 중 생쥐나 쥐에서 유래한 부위는 표적 항원과 결합하며, 사람에게서 유래한 부위는 인체 의 면역계에 파괴될 가능성을 줄여준다.

기 때문이다. 하지만 1990년 위르그 짐머만이라는 젊은 스위스 유기화학자가 바젤에 있는 대형 제약사 시바-가이기(나중에 산도스와 합병하여 노바티스가 된다)에 입사했을 때, 처음 맡은 일은 만성 골수성 백혈병(CML)의 작은 분자 약물 후보물질들을 설계하고 합성하는 일이었다. CML은 아주 흔한 유형의 백혈병은 아니지만—연간 약 6,000명이 이 암으로 진단을 받는다—대체로 5년 안에 사망하고, 골수 이식이 유일한 치료법이었다.

그러나 이 병의 근본 원인은 수십 년 전부터 알려져 있었다. 1960년, 필라델피아의 두 과학자는 백혈구가 특이하게 비정상적인 환자들이 있다고 보고했다. 10년 뒤, 시카고 유전학자 재닛 롤리가 이른바 "필라델피아 염색체(Philadelphia chromosome)" 결함을 더 명확히 밝혀냈다. 롤리는 안식년 기간에 옥스퍼드에 머물면서 배운 새로운 염색 기법으로 염색체를 염색한 다음, 현미경 아래에서 보이는 띠무늬를 사진으로 찍었다. 1972년 봄 그녀는 자택의 부엌 식탁에서 각 염색체를 오린 뒤 짝을 맞추어서 죽 늘어놓았다.[6] 옆에서 놀던 아이들에게 재채기를 하지 말라고 주의를 주면서 말이다. 필라델피아 염색체는 사실 9번과 22번 두 염색체가 융합되어 생긴 비정상적인 염색체였다. 롤리는 자신의 발견을 『네이처』에 발표했다. 다른 두 유형의 백혈병 환자들에게서도 염색체 전좌(轉座)가 나타난다는 것을 밝혀낸 이후에, 그녀는 이런 변형이 암의 어떤 부수적인 효과가 아니라, 암의 원인이라고 확신하게 되었다. 암이 DNA 손상으로 생긴다는 최초의 확실한 증거였다.

CML 염색체 9 : 22 융합이 일어나면, CML에서 과다 발현되는 세포 표면의 성장 촉진 인산화 효소를 만드는 BCR-ABL라는 키메라 종양 유전자가 생긴다. 명확한 3차원 표적이 보이자, 짐머만 연구진은 이 잡종 단백질의 활성 자리에 쏙 끼워져서 본래의 기질(여기서는 뉴클레오티드인 ATP)에 결합하는 것을 막는 작은 화합물을 찾기 시작했다. 노바티스와 공동 연구를 한 의사 찰스 소이어스는 효과가 있다는 사실이 확인되기 전까지

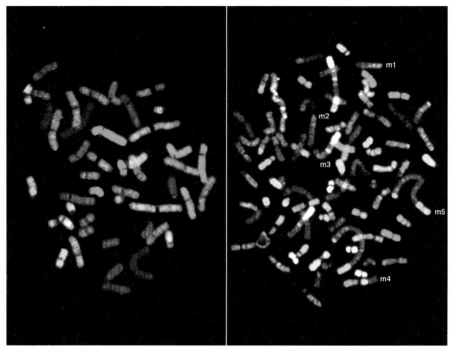

정상 세포(왼쪽)에 든 건강한 온전한 염색체들과 유방암 세포주, SKBR3(오른쪽)에 든 염색체를 비교한 것이다. 본질적으로 이 암세포 염색체들은 모두 정상 구조나 사본의 수가 바뀌는 등 변형되어 있다. 길게 휘어진 두 긴 염색체에는 MYC 종양 유전자의 사본이 여러 개 들어 있다.

는 그 방식이 "미친 생각이라고 여겨졌어요"라고 말한다. 미친 생각은 엄청난 돈을 투자하면서 지겹도록 오래 계속해야 하는 약물 개발 분야에서는 그리 자주 나타나지 않는다. 어떤 약물이 다년간에 걸친 임상시험을 견뎌내고 효능과 안전성이 입증되어 최종 승인을 받기까지, 평균적으로 15년 동안 10억 달러 이상의 비용이 들어간다.

짐머만은 굴복하지 않고 다른 단백질 인산화 효소들을 억제한다고 알려진 물질들을 조사하기 시작했다. 그는 이쪽에 작용기를 덧붙이고, 저쪽을 조금 변형하는 등 기존 화합물의 구조를 이렇게 저렇게 바꾸면서 시도했다. 그는 분자 모형 소프트웨어보다 자신의 직감을 더 믿었다. 1992년 8

월에 그는 STI(signal transduction inhibitor, 신호 전달 억제제)-571이라는 이름의 분자를 합성했다. 회사 임원들은 처음에 미적지근한 반응을 보였다. 앞에서 말했듯이 CML 약물은 연매출액 10억 달러에 이르는 "대박"이 될 가능성이 없어 보였기 때문이다. 다행히 종양학자 브라이언 드루커가 짐머만의 화합물을 검사하는 일을 맡았다. 초기 연구에서는 개에게 독성을 보인다고 나왔지만, 드루커는 그 결과가 반드시 인간에게도 그렇다는 의미는 아니라고 용감하게 주장했다. 사실 1996년에 시작된 임상시험 1상을 통해서, STI-571는 안전하면서 놀라울 만큼 효과가 좋다는 것이 드러났다. 투여를 시작한 지 몇 주일 사이에 CML 환자의 백혈구 수가 정상 범위로 떨어졌다. 그 분자는 후속 임상시험들을 순조롭게 통과하여 2001년 겨우 10주일이라는 짧은 기간에 FDA의 승인을 받았다. 그 분자는 현재 글리벡이라고 불린다. 글리벡이 임상시험을 시작한 지 고작 3년, 짐머만이 그 화합물을 합성한 지 겨우 9년 만이었다. 그리고 글리벡이 BCR-ABL 외에 다른 두 인산화효소도 차단하기 때문에, 드루커와 소이어스를 비롯한 종양학자들은 그 약물이 위장관 기질 종양(gastrointestinal stromal tumor : GIST) 등 다른 암들을 치료할 수도 있다고 보았다. GIST는 c-KIT라는 종양 유전자에 있는 돌연변이로 생기며, 백혈병과는 비슷한 구석이 전혀 없었다. 분자유전학을 통해서만이 공통점이 있음이 드러난다.

그러나 글리벡이 CML을 여생 동안 완치시킬지 모른다는 희망은 곧 사라졌다. 글리벡을 투여하는 상태에서 자발적인 돌연변이가 일어나면 세포는 그 약의 손아귀를 벗어난다. 심지어 임상시험을 할 때에도 이 약에 내성을 띠는 환자가 나타난 바 있었다. 암세포의 BRC-ABL 자리의 활성을 다시 완전히 회복시키는 돌연변이가 하나 있었다. 그 돌연변이는 본래 그 자리에 놓이는 아미노산을 더 큰 것으로 대체함으로써, 글리벡이 끼워지지 못하게 막았다. 소이어스와 드루커가 동료 종양학자들에게 CML 내성 사례가 있음을 말하고 있을 때, 브리스톨마이어스스큅 사의 연구진은 나름의 CML 인산화효소 억제제를 개발하고 있었다. 글리벡과 달리 활성 형태를 띤 상태의 BCR-ABL을 차단할 수 있는 분자였다. 현재 종양학자들은 노바티스 사가 글리벡의 후속 제품으로 내놓은 닐로티닙을 비롯하여 몇 가지 인산화효소 억제제 중에 고를 수 있다. 닐로티닙은 타시그나라는 이름으로 판매되는데, 우연의 일치로(또는 딱 맞추어서) 2015년 글리벡의 특허가 만료되는 시점에 나왔다. 현재 CML의 장기적인 완화를 유도할 가능성이 가장 높은 약물 조합이 무엇인지를 찾아내기 위해서 몇 건의 임상시험이 진행 중이다.

약 20년 전인 1998년 MIT 화이트헤드 연구소의 밥 와인버그와 당시에는 UCSF에 재직했으며 지금은 로잔에 있는 스위스 실험 암 연구소 소장인 더글러스 해너헌은 학술대회 중간에 남는 시간에 하와이의 한 사화산 분화구를 구경하러 내려갔다. 헉헉거리며 다시 올라올 때쯤 그들은 와인버그의 말을 빌리면, "정상세포가 암세포로 바뀌는 원리를 정립하는" 논문을 공동 저술하기로 했다.[7] 해너헌은 그 논문에 "암의 증표들(The Hallmarks of Cancer)"이라는 쏙 와닿는 제목을 붙였다. 논문은 2000년 1월 학술지 『셀(Cell)』에 실렸다. 와인버그는 그 논문이 "고요한 연못에 던진 돌처럼 사라질" 것이라고 예상했다고 말한다. "우리는 그 논문이 사실상 과학계 전체에 널리 받아들여지는 고전이 되리라고는 상상도 못했거든요." 논문은 그 뒤로 수천 번 인용되었다. 당혹스러울 만큼 복잡한 암 생물학을 6가지 기본 형질의 집합으로 일관성 있게 요약하는 데에 성공한 저자들에게 바치는 헌사였다.

놀랄 일도 아니지만, 해너헌과 와인버그가 첫 번째로 꼽은 두 증표는 우리가 앞에서 살펴본 것들이다. 1) 자족적인 성장 신호를 내는 종양 유전자, 2) 기능을 잃거나 어떤 식으로든 차단되기 전까지, 성장 억제 신호에 대한 반응을 조절하는 종양 억제제의 손상이다. 나머지 이정표들은 이렇다. 3)

밥 와인버그(왼쪽)와 더글러스 해너헌(오른쪽). 이들은 암의 핵심 증표들을 간파했다.

프로그램된 세포 죽음(세포 자멸사)을 회피하는 능력 4) 무한한 복제 능력, 5) 지속적인 혈관 생장(혈관 형성), 6) 다른 조직으로 퍼지는 능력(전이). 10년 뒤, 마치 히트곡 순회공연을 위해서 재결합한 록스타들처럼 해너헌과 와인버그는 옛 곡조에 조금 수정을 가하려고 다시 만나야 했다.[8] 그들은 두 가지 새로운 증표를 추가했다. 7) 면역 반응 회피, 8) 세포 대사 교란이다.

연구자들은 오랜 세월 동안 암의 이 기본 속성들을 조사하여 새로운 치료법을 개발할 수 있을지 탐구했다. 예를 들면, 정상 세포는 염색체 끝에 붙은 반복되는 염기 서열에 일종의 DNA 계수기가 들어 있어서, 복제 능력이 제한된다. 텔로미어(telomere)라는 이 보호 구조는 신발 끈 끝에 붙은 플라스틱 덮개와 조금 비슷하다. 그 덮개가 닳아서 해질수록, 끈을 묶기가 더 힘들어진다. 텔로미어의 기초 연구는 대부분 프레드 생어에게 배운 엘리자베스 블랙번이 했다. 그녀가 텔로미어 연구를 시작한 것은 오로지 서열을 분석하기가 비교적 쉽다는 이유에서였다. 그는 그 연구가 노벨상으로

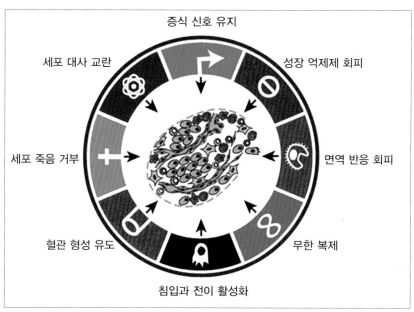

증식 신호 유지

세포 대사 교란

성장 억제제 회피

세포 죽음 거부

면역 반응 회피

혈관 형성 유도

무한 복제

침입과 전이 활성화

더글러스 해너헌과 밥 와인버그가 개괄한 암의 증표들. 최신판에는 "면역 반응 회피"와 "세포 대사 교란"도 핵심 증표로 추가되어 있다.

이어질 것이라고는 거의 상상도 하지 못했다.

사람의 텔로미어는 6개의 염기 서열(TTAGGG)로 이루어지며, 약 2,000번 반복되면서 늘어서 있다. 정상적인 텔로미어는 세포가 한 번 분열할 때마다 짧아진다. 비록 텔로머라아제(telomerase)라는 효소를 통해서 수선할 수 있기는 하지만 말이다. 그러나 종양 세포에서는 텔로머라아제의 활성이 훨씬 더 커서, 세포가 이른바 헤이플릭 한계(Hayflick limit)를 벗어나도록 돕는다. 이 한계는 정상 세포가 분열할 수 있는 횟수가 40-60번 사이임을 말하며, 1961년 미국 생물학자 레오너드 헤이플릭이 추정한 값이다. 이는 텔로머라아제를 표적으로 삼는 것이 폭넓게 적용될 수 있는 암 치료 전략임을 시사하며, 과학자들은 텔로머라아제를 차단하는 방법을 파악하는 데에 어느 정도 성과를 내기는 했지만, 아직 갈 길이 멀다.

나는 또 하나의 주요 증표인 혈관 형성(angiogenesis)이 공략 가능한 암의 아킬레스건일 가능성이 높다고 오래 전부터 생각해왔다.[9] 혈관 형성은 새로운 혈관이 만들어지는 것을 뜻하며, 암은 증식에 필요한 영양을 얻으려면 혈관을 새로 만들어야 한다. 새 혈관이 침투하여 영양을 공급하기 시작할 때에야 비로소 작은 종양이 위험한 암으로 발달한다는 개념은 1960년대 초에 주다 포크먼이 처음 내놓았다. 당시 그는 수도 워싱턴 외곽의 해군 의학 연구소에서 복무하고 있었다. 오하이오 주 랍비의 아들로 태어난 포크먼은 조숙해서 고등학교에 들어갈 무렵에 이미 개 외과수술에서 조수로 일하기도 했다. 그는 오하이오 주립대학교를 졸업한 뒤 하버드 의대에 진학했고, 서른네 살에 하버드 역사상 최연소 외과 교수가 되었다. 그는 단지 암을 연구하는 것이 아니라 완치시키고 싶었고, 혈관 공급을 차단함으로써 암을 억제할 수 있다고 확신했다. 1971년 그는 『뉴잉글랜드 의학회지』에 "혈관 형성"이라는 새로 창안안 용어를 통해서 자신의 도발적인 개념을 제시했다. 암 연구자들은 대체로 그 착상에 조소를 보냈지만, 외과의인 포크먼은 종양을 충분히 살펴보았기에 자신이 옳다는 것을 잘 알았다.

그후로 수십 년에 걸쳐서 포크먼의 연구실은 실험용 생쥐의 혈관 벽을 이루는 상피 세포의 성장에 핵심적인 역할을 하는 성장인자들을 찾는 일에 몰두했다. 쥐의 혈관 형성인자인 앤지오스타틴(angiostatin)과 엔도스타틴(endostatin)의 발견은 특히 흥분을 불러일으켰다. 둘다 1990년대에 마이클 오라일리가 분리했다. 나는 오래 전부터 이 초기의 생쥐 연구가 대단히 전망이 밝다고 생각했지만, 1998년 4월에 『뉴욕 타임스』 전면에 내가 "주다가 2년 안에 암을 완치시킬 것"

주다 포크먼은 혈관 형성의 억제가 암을 치료하는 길이라고 보았다.

이라고 예측했다고 제멋대로 인용되었을 때에는 몹시 유감스러웠다. 나중에 나는 사람에게서는 혈관이 성장하는 경로가 하나가 아님을 알게 되었다. 비록 2004년에 FDA가 제넨텍 사의 혈관 형성 억제제 아바스틴—성분은 베바시주맙(bevacizumab)—을 전이성 잘록곧창자암의 치료제로 승인하기는 했지만, 그 약은 암과의 싸움에서 미미한 역할밖에 하지 못하고 있다. 그러나 그 약은 실명의 한 흔한 유형(노화와 무관한 황반 변성)을 치료하는 주요 수단이 되어 있다.

안타깝게도 포크먼은 2008년 1월 학술대회에 가다가 덴버 공항에서 심장마비로 숨을 거두었다. 자신의 개념이 임상에 적용되는 것을 보지 못한 채 말이다. 나중에 그의 부인과 딸들과 함께 바람이 부는 추운 날씨에 보스턴의 노스쇼어에 있는 그의 묘지를 찾았을 때, 나는 영혼의 일부가 사라진 것처럼 느껴졌다. 나는 영웅을 한 명 잃었다. 재발하는 말기 암의 대부분을 곧 완치시킬 수 있을 것이라는 희망의 원천을 말이다. 80대에 들어설 즈음, 나는 내 생애 내에 암이 퇴치되는 광경을 보기를 간절히 원했다.

많은 암이 조만간 완치될 것이라는 믿음을 계속 주던 포크먼이 사라지자, 나는 다시금 하루에 몇 시간씩 과학 문헌을 뒤져서 암세포를 죽이는 내용이 담긴 논문들을 읽기 시작했다. 곧 나는 암세포를 죽이는 일에 가장 효과적인 화학요법 분자들 중 상당수가 산화제(oxidant)임을 알아차렸다. 이런 산화제들은 산소와 반응하여 과산화물(O_2^-), 과산화수소(H_2O_2), 수산기 라디칼(OH^-) 등 활성 산소종(ROS)들을 생성했다. 모든 생명체에서, 화학물질이 일으키는 세포 살해는 거의 예외 없이 세포의 생존력을 강화하는 것이 아니라 약화시킬 가능성이 높은 분자 반응 결과를 낳는 산화제를 통해서 이루어진다. 따라서 화학요법은 이온화 방사선과 같은 방식으로 암세포를 죽인다. 하지만 치료 대상인 세포가 산화의 손상을 막기 위해서 글루타티온(glutathione)과 티오레독신(thioredoxin) 같은 ROS(과산화물, 산소 이온 등 세포의 대사 과정에서 생기는 반응성이 큰 활성 산소를 가리키며, 세포 내 물질들을 파괴하는 경향이 있다/역주)를 중화시키는 항산화제를 합성함으로써 화학적 내성을 띠게 됨에 따라 효과가 금방 줄어든다.

화학적 내성은 외부에서 들어온 ROS만이 아니라 내부에서 생성된 ROS에 노출될 때에도 생긴다. RAS 활성 세포는 거의 다 단백질 합성을 위해서 먼저 리보솜 기구를 작동시키고 이어서 체세포 분열 주기에 필요한 분자들을 만들라는 신호를 보내는 과정에서 ROS를 고농도로 생성한다. 따라서 세포 주기를 거치면서 증식하는 세포들은 분열하지 않는 세포보다 ROS 농도가 높기 마련이다. 종양 유전자가 증식시키는 암세포는 ROS 농도가 더 높다. 세포 성장 신호가 늘 켜져 있기 때문이다. 게다가 췌장암, 폐암, 잘록곧 창자암은 KRAS 종양 유전자 때문에 자랄 때면 ROS 농도가 더욱 높다. 그에 따라 그런 세포들은 NRF2 전사인자를 켜서 항산화제도 고농도로 생산하기 때문에, 모든 암 중에서도 화학적 내성이 가장 강한 축에 든다.

종양 유전자 때문에 ROS가 고농도로 만들어진다는 점에 착안하여 ROS를 이용해서 암세포를 선택적으로 죽인다는 개념에 예전에 종양학자들은 대부분 몹시 거부감을 보였지만, 다행히도 지금은 받아들이는 이들이 점점 늘어나고 있다. 암이 너무나 건강하기 때문에 왕성하게 자란다는 일반 대중의 인식과 정반대로, 암은 사실 ROS 때문에 미토콘드리아 기능이 손상되어서 핵심 영양소 중 상당수의 공급 부족에 시달린다. 그저 버티는 정도로 건강할 뿐이다. 그러니 가장 풍부한 세포 항산화제의 합성을 차단하여 항산화제 농도를 급격히 떨어뜨림으로써 그 아슬아슬한 균형을 교란할 수 있다면 어떻게 될까?

글루타티온이 가장 풍부한 항산화제이기는 하지만, 그 합성을 억제하는 데에 초점을 맞춘 초기의 임상시험들은 별 성과를 거두지 못했다. 이마 다른 항산화제인 티오레독신의 합성 경로를 동시에 차단하는 데에 실패했기 때문일 가능성이 높다. 대조적으로 이 두 주요 항산화제 방어 경로를 함께 끄면, 실험동물 모델들에서 증식하던 다양한 암의 발달이 금세 멈추고 증상이 완화된다. 글루타틴온과 티오레독신 경로를 차단하는 약물들은 류머티스 관절염 치료에 쓰이며, 아마 곧 인간의 암 임상 실험에 들어갈 것이다. 강력한 항산화제인 비타민 E를 규칙적으로 투여하면 사람의 폐암과 전립샘암이 줄어드는 것이 아니라 더 자란다는 것을 보여주는 설득력 있는 증거가 이미 나와 있다.

1990년대 말에 인간 유전체 계획이 추진되고 있을 때, 스탠퍼드 대학교의 패트릭 브라운, 데이비드 보트스타인 등이 고안하고 애피메트릭스 사가 판매하는 DNA 칩이 등장하면서 암의 특성을 유전자 수준에서 규명하는 연구에 큰 발전이 이루어졌다. 암세포의 유전자 수십 개의 활성을 동시에 측정하여(각 유전자가 만드는 RNA 전사체들의 양을 재서) 건강한 세포의 것과 비교함으로써, 과학자들은 현미경 아래에서는 똑같아 보이는 종양들에서 유전자 발현 양상의 변화를 측정할 수 있게 되었다. 1999년 무렵에는 급성 림프모구 백혈병 세포와 급성 골수 백혈병 세포를, 재현 가능한 유전자 발현 양상 차이를 통해서 명확히 구분할 수 있었다.

그 선구적인 연구가 이루어진 지 거의 10년 흐른 후에, 세인트루이스에 있는 워싱턴 대학교의 일레인 마디스와 릭 윌슨은 차세대 DNA 서열 분석 기술이 암 환자의 유전체 서열 전체를 분석할 수 있을 만큼 성숙했다고 판단을 내렸다. 그러나 그 둘의 연구 제안서를 검토한 전문가들은 동의하지 않았다. 마디스는 검토자들이 자신들의 연구 계획을 "돌아가면서 난타당했다"고 회상한다. 검토자들은 상당한 비용을 들여서 고생스럽게 유전체 전체의 서열을 분석하기보다는 개별 유전자나 돌연변이가 심한 영역에 초점을 맞추는 편이 더 의미가 있다고 주장했다. 그러나 세인트루이스 연구진은 굽히지 않았고, 마침내 그들의 노력은 결실을 보았다. 그들은 암 유전체 전체의 서열을 최초로 분석하여 2008년에 발표했다. 나의 친구이자 노벨상 수상자인 레나토 둘베코가 암 유전체의 서열 분석을 하자고 주장

유전자 변형을 통해서 변한 세포 과정	유전체학을 통해서 발견된 암 유전자
RTK 신호전달	EGFR, ERBB2, MET, ALK, JAK, RET, RAS, FGFR1, FGFR2, PDGFRA, CRKL
MAPK 신호전달(종양 유전자)	KRAS, NRAS, BRAF, MAP2K1 MAPK 신호전달
PI3K 신호전달(TSG)	NF1
PI3K 신호전달(종양 유전자)	PIK3CA, AKT1, AKT3
Notch 신호전달(TSG 또는 종양 유전자)	NOTCH1, NOTCH2, NOTCH3
TOR 신호전달(TSG)	STK11, TSC1, TSC2
Wnt/β-catenin 신호전달(TSG)	APC, CTNNB1
TGF-β 신호전달(TSG)	SMAD2, SMAD4, TGFBR2
NF-κB 신호전달(종양 유전자)	MYD88
기타 신호전달	RAC1, RAC2, CDC42, KEAP1, MAP3K1, MAP2K4, ROBO1, ROBO2, SLIT2, SEMA3A, SEMA3E, ELMO1, DOCK2
후성유전학	DNMT3A, TET2
크로마틴 히스톤 메틸 전달효소	MLL, MLL2, MLL3, EZH2, NSD1, NSD3
크로마틴 히스톤 탈메틸 효소	JARID1A, UTX, KDM5A, KDM5C
크로마틴 히스톤 아세틸 전달효소	CREBP, EP300
크로마틴 SWI/SNF 복합체	SMARCA1, SMARCA4, ARID1A, ARID2, ARID1B, PBRM1
크로마틴(기타)	CHD1, CHD2, CHD4
전사인자 연관 의존 또는 종양 유전자	MITF, NKX2-1, SOX-2, ERG, ETV1, and CDX2
전사인자 기타	MYC, RUNX1, GATA3, FOXA1, NKX3.1, SOX9, NFE2L2, MED12
이어맞추기	SF3B1, U2AF1, SFRS1, SFRS7, SF3A1, ZRSR2, SRSF2, U2AF2, PRPF40B
번역/단백질 항상성/유비퀴틴화	SPOP, FBXW7, WWP1, FAM46C, XBP1
대사	IDH1, IDH2
유전체 통합성	p53, MDM2, MSH, MLH, ATM
텔로미어 안정성	TERT 프로모터 돌연변이
세포 주기(종양 유전자)	CCND1, CCNE1
세포 주기(TSG, 종양 억제 유전자)	CDKN2A, CDKN2B, CDKN1B
세포 자멸사 조절	MCL1, BCL2A1, BCL2L1

생물학적 기능과 경로를 기준으로 분류한 암 유전자 돌연변이들. 다양한 세포 과정들에서 중요한 유전자들에 생긴 돌연변이들이다.

함으로써 논쟁이 벌어진 지 20여 년이 지난 뒤였다. 그는 『사이언스』에 이렇게 평했다. "암을 더 잘 알고자 한다면, 이제 세포 유전체에 집중해야 한다. 우리에게는 두 가지 대안이 있다. 악성 종양에 중요한 유전자를 개별적으로 접근하여 찾아내려고 시도하거나……전장 유전체 서열 분석을 하는 것이다."[10]

세인트루이스 연구진의 기념비적인 발표 이래로, 수만 개의 암 유전체 서열이 분석됨으로써 암 증식을 촉진하는 돌연변이 메커니즘들의 범위를 더 잘 파악할 수 있게 되었다. 암 유전체 지도(The Cancer Genome Atlas : TCGA)—환자 수천 명의 종양 수십 개에 있는 유전자 변이체들과 단백질 활성 양상의 포괄적인 목록—같은 국립 암 연구소 사업들의 도움을 받아서, 우리는 전에는 암과 관련이 있다고 생각하지 못한 것들을 비롯하여 종양에 관여하는 새로운 변이들을 계속 발견하고 있다. 체계적인 전장 유전체 연구의 묘미는 암 돌연변이의 모든 범위를 편견 없이 제공한다는 것이다. 우리가 찾고 있다고 생각하는 것에만 한정하여 내놓는 것이 아니다. 다양한 암에서 돌연변이가 일어났다고 밝혀진 유전자 300개를 토대로, 과학자들은 대사에서 세포 주기, 후성유전학에서 히스톤 변형, 유전자 조절에서 유전체 통합성에 이르기까지, 그 유전자들이 교란하는 과정들과 경로들을 체계화하는 그림을 그려왔다. 마침내 우리는 다루기 힘든 돌연변이 유전자 수백 개를 암 속에서 잘못될 수 있는 경로들과 과정들이라는 더 관리 가능한 목록으로 묶으면서 나무가 아니라 숲을 보기 시작하고 있다.

하버드의 대너파버 암 연구소에 있다가 지금은 케임브리지 노바티스의 연구 개발 책임자로 있는 제이 브래드너가 RAS, MYC, p53을 "약물 개발이 불가능한(undruggable) 암 묵시록의 세 기사(horsemen)"라고 부른 데에는 타당한 이유가 있다. 그것들이 그렇게 유명한 표적인 이유는 단지 널리 퍼져 있기 때문만이 아니라, 작은 분자 약물을 끼워넣어서 차단할 적당한 분자

약물 발견자 제이 브래드너(왼쪽)가 노바티스 연구 자료를 살펴보고 있다.

홈을 보여주기를 완강하게 거부함으로써 수십 년 동안 약물 발명을 방해해왔다는 사실 때문이다.[11] 화학자의 용어를 빌리면, "약물 개발이 불가능한" 것들이다. 대부분의 단백질들이 친절하게도 작은 약물이 끼워질 온갖 홈과 틈새를 제공하는 반면, RAS는 그런 발 디딜 곳이 전혀 없는 매끄럽고 밋밋한 단백질이다.

RAS를 억제할 약물을 찾기 위해서, 국립 암 연구소 소장 해럴드 바머스는 2013년에 1,000만 달러의 예산을 들여서 RAS 선도 사업단을 설치했다. 하버드 대학교의 화학자 그렉 버딘은 "RAS의 약물 개발이 국가적 우선 과제이다"라고 말했다.[12] 그것은 그의 생명공학 기업 워프 드라이브 바이오의 최우선 표적 중 하나이기도 하다. 그런 절박함이 마침내 보상을 받을지도 모른다. 샌프란시스코 캘리포니아 대학교 부설 하워드 휴스 의학 연구소의 케번 쇼캣은 최근에 정상 RAS 분자는 교란하지 않으면서 폐암과 관련된 특정한 형태의 RAS와 영구적으로 결합할 수 있는 새로운 화합물을

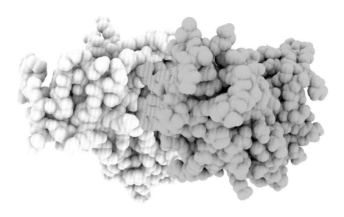

협력 도모:워프 드라이브 바이오 사가 선호하는 약물 표적 방식은 진행자 단백질(회색)에 끼운 작은 분자 약물(노란색)을 RAS 같은 표적(녹색)에 결합시키는 것이다.

개발했다. "RAS는 일종의 암 스위치와 같으며, 이 분자는 그 스위치를 끈 상태로 유지합니다."[13] RAS와 함께 MYC도 약물 개발자들이 가장 원하는 표적이다. MYC는 암 환자 10명 중 무려 7명에게서 활성을 띠면서 세포의 성장과 증식을 추진한다. MYC는 정상적인 세포 분열에 필요한 중요한 성분이지만, 암세포에서는 끊임없이 흘러나오는 수도꼭지처럼 작용한다. MYC는 다수의 신호 전달 경로와 연결망에서 중추적인 역할을 하기 때문에 표적으로 삼을 필요성이 절박하다. 하지만 RAS처럼 좌절감을 안겨줄 만치 표면이 매끄럽다. 그래서 많은 연구자들은 종양 유전자 연결망의 다른 부속품, 특히 BET 활성인자라는 작은 단백질 집단을 표적으로 삼아서 MYC의 악행을 멈추게 할 방법을 모색해왔다. 맨 처음 개발된 효과가 있는 BET 억제제는 JQ1이다. 브래드너의 하버드 연구실에서 그 화합물을 합성한 중국인 화학자 준 치의 이름을 땄다. JQ1은 BRD4라는 BET 단백질에 결합하여, 그 단백질이 MYC를 켜는 DNA 부위(프로모터)에 결합하지 못하게 막는다. MYC의 기능을 완전히 차단하려면 훨씬 더 효과적인 BET 억제제가 필요할 것이다.

EGFR H773>YNPY	4 치료제	ATM Y2954C Sub	0 치료제	SMARCB1 T250fs*31	0 치료제
				TP53 G262S	0 치료제
TP53 S149fs*21	0 치료제	BCL2L2	0 치료제	BRIP1 S123*	0 치료제
NFKBIA	0 치료제	NKX2-1	0 치료제	의미가 불분명한 변이체 4개	

변이가 없는 질병 관련 유전자

| ALK |
| KRAS |

약물이 작용 가능한 돌연변이가 있는 유전자들을 상세히 보여주는 폐샘암종 환자의 유전체 분석 자료

DNA 서열 분석을 통해서 암의 해결책을 찾으려고 한 최초의 환자들 중에 몇몇 인맥이 넓은 저명인사들이 포함되어 있다고 해도 놀랄 일은 아니다. 2004년 애플의 공동 창업자 스티브 잡스는 자신이 췌장 신경내분비암 진단을 받았음을 전자우편을 통해서 직원들에게 알렸다. 의사들은 종양 생검으로 채취한 DNA의 서열을 분석했지만, 결과가 불분명하여 그의 생명을 구할 수 있는 특정한 돌연변이나 약물 표적을 찾아낼 수가 없었다. 2010년 영국의 작가이자 문학 평론가이자 철저한 무신론자인 크리스토퍼 히친스는 식도암 진단을 받았다. 그의 부친도 같은 병에 걸려서 세상을 떠났다. 그의 지인이자 때때로 논쟁 상대가 되어준 국립보건원 원장(그리고 헌신적인 기독교인인) 프랜시스 콜린스는 유전체 서열 분석을 받아보라고 권했다. 히친스의 종양—그는 "눈멀고 감정이 없는 외계인"이라고 불렀다[14]—에서 얻은 DNA를 워싱턴 대학교 맥도널 유전체 연구소의 일레인 마디스와 리처드 윌슨 연구진이 분석했다.

분석 결과 놀라운 점이 하나 드러났다. 보통은 목암이 아니라 백혈병과 관련이 있는 돌연변이가 있었던 것이다. 그래서 의료진은 더 전통적인 약

을 쓰는 대신에, 히친스에게 그 실제 돌연변이를 표적으로 한 약인 글리벡을 처방했다. 덕분에 히친스는 암이라는 주제에 관한 자신의 독창적인 사고를 가다듬을 시간을 더 벌 수 있었다. 그는 2011년 말 폐렴으로 사망했다. 잡스도 히친스도 완치로 이어지지는 않았지만, 그들은 유전체 분석을 통해서 암에 관한 우리의 생각이 근본적으로 변했음을 잘 보여주었다. 가장 정확하면서 효과적인 치료는 수십 년 동안 우리가 집착했던 것처럼 몸의 어디에 생기느냐가 아니라, 종양의 유전학을 이해하느냐에 달려 있다는 것이다.

분석 비용의 지속적인 하락에 힘입어서 활용 가능성이 보이는 DNA 서열 분석 자료가 점점 늘어나고 있으며, 개인 암 유전체의 맞춤 분자 생검을 해서 환자의 DNA를 분석해서 유전적 진단 서비스를 제공하는 의료 센터들이 점점 늘고 있다. MIT 옆에 자리한 풍족한 브로드 연구소의 소장 에릭 랜더는 그곳을 세계에서 손꼽히는 암 유전체 센터 중 하나로 만들어왔다. 그는 자신의 유전체 서열에는 전혀 관심이 없다고 말해왔지만, 이렇게 인정한다. "암에 걸린다면, 내 암 유전체 서열을 정성껏 분석할 겁니다."

랜더가 공동 창업한 진단 회사 파운데이션 메디신은 암 환자에게 맞춤 암 유전자 프로파일과 치료 방안을 제시하는 곳 중 하나이다. 미국의 의료 센터와 지역 병원에 근무하는 종양학자들이 종양 생검(이나 혈액 표본)을 파운데이션 사에 보내면, 과학자들이 DNA를 추출하여 암 관련 유전자 수백 개의 서열을 분석한다. 이를 통해서 교란된 세포 경로들을 파악하고 어느 약물이 환자의 종양에 가장 잘 들어맞을지를 예측한다. 의료 보고서에는 환자와 관련이 있을 수 있는 임상시험 참가 권고도 포함된다. 이 맞춤 프로파일링을 받는 많은 환자들은 표적 약물의 선택과 임상시험에 참여하는 혜택을 받아왔다. 2015년 로슈 사는 10억 달러를 들여서 파운데이션 메디신 사의 지배 주주가 되었다.

종양 생검 프로파일링보다 더 강력할 수도 있는 접근법은 관습적인 진단이 이루어지기 훨씬 전에 암의 첫 속삭임을 추적하는 것이다. 이 기술을 액체 생검(liquid biopsy)이라고 하며, 제8장에서 살펴본 비침습 산전 검사와 비슷하다. 우리 모두의 혈액에는 자유롭게 떠다니는 DNA 조각들이 들어 있다. 무증상 암 환자들에게서 그 DNA의 약 0.01퍼센트는 종양에서 유래한다고 추정된다. 일루미나 사는 빌 게이츠와 아마존 창업자 제프 베조스의 투자를 받아서, 그레일이라는 새로운 10억 달러짜리 자회사를 설립했다. 이 기술은 민감도와 정확도가 크게 향상되어야 하겠지만, 2020년 무렵이면 콜레스테롤뿐만 아니라 암도 고통 없이 미리 검사가 가능해질지 모른다.

당연히 나는 현재 수없이 광고 중인 항암 면역 반응 약물과 치료법—뭉뚱그려서 면역요법이라고 하는—중 일부가 큰 성공을 거두기를 바라마지 않는다. 사실 많은 화학적 내성을 띠는 암들이 결국에는 우리 몸 자체의 면역계를 통해서 억제될 것이라는 희망을 부추기는 길고도 파란만장한 역사가 있다. 때로 아무런 사전 경고도 없이, 희귀한 인간 암이 갑작스럽게 성장을 멈추고 이윽고 사라지는 너무나 수수께끼 같은 일이 벌어지곤 한다. 제2차 세계대전이 끝나고 많은 예산 지원을 받아서 암 연구가 시작되었을 때, 임상 암 센터들 중에서 몇몇 더 빈틈없는 곳들은 최고의 면역학자들을 끌어들이기 시작했다. 더 많은 이들의 생명을 구할 면역 반응을 자극하는 방법을 찾아내기를 바라면서 말이다.

개별 인간 암의 면역원성(免疫原性, immunogenicity, 어떤 물질이 면역 반응을 일으키는 능력/역주)의 대부분을 생성하는 아미노산 교체는 개별 암의 원인인 돌연변이와 아무런 관계가 없는 듯하다. 대신에 그것은 종양이 자랄 때 DNA 서열의 무작위 복제 오류를 통해서 새로운 아미노산 서열 변이가 끊임없이 생긴다는 것을 나타낸다. 이 복제 오류는 암이 자라고 분열하는 동안 활성 돌연변이 유발원(햇빛 같은)에 노출되어 생기는 것이 많다. 난치성 암에 걸린 부유한 미국인 환자들 중에는 자신의 암이 강력한

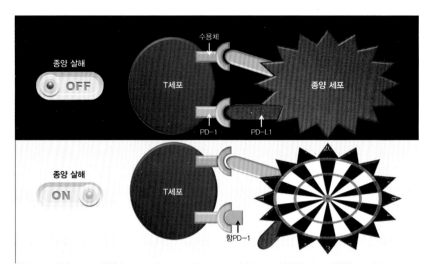

표적 타격:한 유망한 면역요법 전략은 T세포 표면에 있는 PD-1 수용체를 약물(녹색)로 차단하여 이 백혈구의 종양 살해 특성을 증진시킨다.

면역 반응을 도발할 가능성이 높은 변이체를 지니는지 알아보기 위해서 유전체 서열을 분석하는 이들이 점점 늘고 있다.

현재 임상에 적용되고 있는 것들은 대부분 이른바 면역 관문 억제제(checkpoint inhibitor drug)이다. 면역계의 자연적인 제약을 풀어서, 우리를 죽이게 될 여러 안들에 대한 면역 반응을 촉발하도록 설계된 약물이다. 거의 모든 대형 제약사는 면역 관문 억제제의 연구를 확대하고 있지만, 한 환자가 기적적으로 완화되었다고 축하하다가도 곧이어 임상시험에 차질이 생겨 시험이 중단되었다는 소식을 듣곤 한다. 면역요법의 선두 주자인 펜실베이니아 대학교의 칼 준은 이렇게 말한다. "우리 목표는 치료제를 얻는 거죠. 하지만 그 단어를 쓸 수가 없어요."[15]

그런 약물 중 두 가지인 머크 사의 키트루다와 브리스톨마이어스 사의 옵디보가 FDA의 승인을 받았다. 그 회사들은 이미 텔레비전 광고까지 하면서 판매와 홍보에 열을 올리고 있다. 그러나 FDA가 의무적으로 기술하

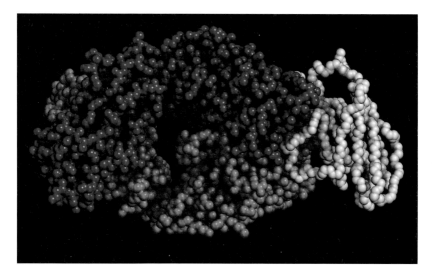

지미 카터 대통령이 흑색종 치료를 위해서 투여하는 약물이라고 잘 알려진 유망한 단일 클론 항체 키트루다. 이 단일 클론 항체는 무거운 사슬(파란색)과 가벼운 사슬(분홍색)로 이루어져 있으며, 이 이미지는 표적인 PD-1 리간드와 결합해 있는 모습이다.

도록 한 부작용들을 보면, 광고에서는 아주 부드럽고 조용하게 속삭이지만, 때로는 암 자체만큼 나쁘게 들리곤 한다. 한 예로, 옵디보의 제약사는 그 약에 이런 경고를 한다. "면역계가 몸의 정상 조직과 기관을 공격하도록 함으로써 기능에 영향을 끼칠 수 있음. 투여하는 동안이나 치료가 끝난 뒤에도 언제든 일어날 수 있으며, 심하면 사망에 이를 수도 있음." 많은 사람들이 암과의 전쟁이 미국이 가장 장기간에 걸쳐 패배를 이어오는 전쟁이라고 여기는 것도 놀랄 일은 아니다.

화학적 내성을 띤 암을 인간 면역 관문 억제제를 써서 처음으로 임상 치료에 성공한 사례는 몇 년 전 캘리포니아 버클리 대학교에서 나왔다. 종양 면역학자 짐 앨리슨은 아성 흑색종을 처음으로 장기 완화 상태로 유도하는 데에 성공했다. 현재 주요 임상 암 센터는 대부분 난치성 암에 면역 관문 억제제를 쓴다. 많은 바람직하지 않은 부작용을 불러오는 포괄적인 면역 반응을 일으킴에도 불구하고, 머크 사의 키트루다는 이미 홈런을 한 방날렸다. 햇볕으로 생긴 지미 카터의 전이성 흑색종을 완전히 완화 상태로 이끈 듯이 보이기 때문이다. 그러나 이런 치료는 비용(키트루다는 연간 약 15만 달러) 때문에, 불가피하게 이용이 제한될 것이다. 이 고가의 치료를 받은 환자들 중에서 20퍼센트만이 의미 있는 완화 상태에 이르렀다는 점을 생각하면 더욱 그렇다. 옵디보의 임상 자료는 더 적다. 효능이 약간 더 있는 듯하지만 마찬가지로 비싸기 때문이다. 혁신을 일으킬 것이라고 널리 이야기되고 있는 면역요법이 항암제 병기고의 중요한 무기가 될지 여부도 현재로서는 지켜보아야 할 듯하다. 원리를 생각하면 대단히 강력해 보이는 그 개념은 현실적으로는 아직 극복해야 할 장애물들이 많다.

현재 훨씬 더 많은 말기 암 환자들이 완치될 수 있다는 믿음을 내게 더 주는 것은 10년 된 생명공학 기업 보스턴 바이오메디컬(지금은 일본의 다이니폰 스미모토 제약이 소유하고 있다)이 내놓은 새로운 실험 약물이다. 2015년 3월 BBI608(나파부카신, Napabucasin)의 항암 특성을 다룬 논문을 처음 읽자마자, 나는 매사추세츠 주 케임브리지에 있는 그 기업의 본사를 방문하여 식물에서 유래한 이 천연물질이 항산화물질이 풍부하고 화학적 내성을 띤 말기 암세포를 어떻게 죽이는지에 대한 설명을 들었다. 얼마 뒤 나는 BBI608 개발의 과학 자문을 맡았다. 현재까지 BBI는 미국임상종양학회를 통해 많은 난치성 췌장암과 잘록곧창자암을 완치까지는 아니라고 해도 억제할 수 있음을 보여주는 임상시험 결과들을 발표해왔다. BBI608의 암세포 살해 능력은 본질적으로 ROS를 생성하는 능력에서 나온다.[16]

게다가 이 물질은 파클리탁셀 같은 화학요법 약물과 함께 쓰면 상승효과 덕분에 가장 효과가 좋다. BBI608는 ROS를 생성함으로써 암이 화학적 내성을 띠는 것을 예방할 만큼 세포내 항산화물질 농도를 낮춘다. 이 물질이 화학물질 농도에 어떻게 작용하는지를 알려준 초기 단서는 BBI608와 다른 천연물질인 산화성 냅토퀴논 라파콘(naphthoquinone lapachone)의 항암 특성을 비교함으로써 나왔다. 후자는 원생동물과 곰팡이를 거쳐 다

574

양한 종류의 세균과 암에 이르기까지 폭넓게 작용하는 물질이다. 아마존 원주민들이 수세기 전부터 전통 약재로 쓰던 라파초 나무의 껍질에서 추출한 라파콘은 촉매 분해가 되어 ROS를 생성하는 유도체가 된 뒤에야 화학적 내성을 지닌 암에 작용한다. 비타민 C와 비타민 K3(냅토퀴논 유도체)의 ROS 생성 조합은 벨기에에서 약 15년 전부터 배양하거나 생쥐에 이식한 인간의 암세포를 선택적으로 죽이는 데에 쓰여왔다. 불행히도 이 저렴한 비타민 조합을 임상에 적용하려는 시도들은 임상시험의 엄청난 비용과 그 비타민 조합의 이용을 제한하는 규제 때문에 막혀왔다. 하지만 이 비타민 조합이 전임상 단계에서 샤가스병을 일으키는 기생충인 파동편모충을 없애는 데에 효과가 있음이 드러났기 때문에, 상식적으로—인간적으로—보면 암을 치료하는 데에도 쓸 수 있게 허용되어야 한다. 적어도 의사의 진료를 받아서 말이다. 불행히도 라파콘은 ROS를 생성하는 능력이 본래 더 낮아서, 아직까지 BBI608 같은 효과적인 항암제로 개발되지 못하고 있다.

현재 BBI608와 심각한 경쟁을 벌이는 또다른 난치성 암 치료제가 개발되어 있다. 코너스톤 제약의 실험 약물인 CPI-613이다. 롱아일랜드의 스토니브룩에 있는 폴 빙엄 연구실에서 개발한 물질이다. CPI-613은 주요 환원성 분자들의 농도를 낮춤으로써, 산화성 화학요법 때문에 화학적 내성을 가지게 된 암의 상당수를 치료할 수 있을 것이다. 그러나 BBI608처럼, 훨씬 더 큰 규모의 임상시험을 통해서 코너스톤 사가 연구하고 있는 급성 골수성 백혈병을 비롯한 암 환자들에게 완화 효과가 있음이 밝혀질 때까지는 승리를 장담할 수 없다.

천연물질 분자(식물, 균류, 세균에서 추출한)는 숙주 생물에게 해를 끼치지 않으면서 위험한 병원체를 물리쳐야 한다(죽이지 않는다고 해도). 순수한 ROS는 시스플라틴 같은 합성 분자나 파클리탁셀 같은 천연물질을 화학적으로 변형한 약물에 비하면 세포를 죽이는 능력이 떨어진다. 우리는 BBI608보다 더 많은 ROS를 생성하는 자연에 존재하는 냅토퀴논을 찾기 위해서 대규모로 천연물질 도서관을 검색하는 일을 시작해야 한다. 항암 효과를 보이는 퀴논 기반의 천연물질 금광에는 훨씬 더 많은 물질들이 채굴되기를 기다리고 있다.

식물뿐만 아니라 고등동물이 ROS 생성 냅토퀴논을 어느 정도까지 유독한 적에 맞서는 일차 방어선으로 삼는지를 가능한 한 빨리 알아내는 것이 중요하다.

1890년대에 뉴욕 시 메모리얼 병원의 외과의 윌리엄 콜리는 이따금 환자들이 급성 세균 감염에 걸린 뒤에 암이 치료가 되어 완화 상태로 접어들곤 한다는 것을 관찰했다. 당연히 그는 종양 소멸이 감염과 어떻게든 관련이 있는 것이 아닐까 궁금증이 일었다. 이 직감을 검증하기 위해서, 콜리는 살아 있는 세균을 수술이 불가능한 악성 말기 종양 환자에게 주입했다. 감염된 뒤 환자는 확연하게 회복되었고, 26년을 더 살다가 심장마비로 사망했다. 지금은 페니실린 같은 항생제가 거의 보편적으로 쓰이고 있기 때문에, 암 환자가 심각한 세균 감염을 겪는 일은 거의 일어나지 않는다. 세균 감염이 많은 위험한 암을 치료할 잠재력이 있다는 콜리의 추정이 설령 옳았다고 할지라도, 현재의 약물 때문에 그 현상을 재현하지 못하고 있다.

콜리는 살아 있는 사람에게 치명적인 병원체를 주사하는 허가를 두 번 다시 받으려고 시도하지 않았다. 그는 인체의 "저항력"을 높일 수 있지 않을까 해서, 열을 가해 죽인 세균 혼합물("콜리 독소")로 암 환자를 치료하곤 했다. 비록 그는 자신의 "독소"가 생존율을 높인다고 믿었지만, 그 독소는 X선과 γ선이 발견된 뒤로 나온 방사선요법 수준의 치료 효과를 보인 적이 결코 없었다. 제2차 세계대전 이후에 화학요법이 등장하면서, 콜리의 독소는 더욱 의학계의 변방으로 밀려났다. 1965년 미국암학회는 콜리의 독소를 "검증되지 않은 암 치료법" 목록에 집어넣었다.

그러나 콜리의 딸 헬렌 콜리 노츠는 아버지의 발견이 부당하게 무시당한다는 생각을 버리지 못했다. 그녀는 넬슨 록펠러에게 2,000달러를 지원

받아서 뉴욕에 암 연구소(Cancer Research Institute : CRI)를 공동 설립했고, 몇몇 저명한 면역학자들을 자문위원으로 끌어들였다. CRI는 점점 기금을 모아서 1971년 무렵에는 슬로언 케틀링 연구소(메모리얼 병원 산하)의 저명한 암면역학자 로이드 올드를 끌어들여 의료부장으로 임명했다. 그가 콜리의 독소가 많은 암 환자들의 생명을 연장시킬 가능성이 높다고 느끼고 있음을 알았기 때문이다. 거의 50년이 지난 지금, 나는 콜리가 관찰한 완화 상태가 세균의 침입으로 면역 반응이 강화된 결과라는 생각에 의문이 든다. 그보다는 척추동물이 본래 만드는 ROS를 생성하는 퀴논 물질의 활성화를 통해서 이루어진 것일 수도 있다.

오바마 전 대통령에서부터 국립보건원과 국립 암 연구소의 책임자들, 파운데이션 메디신 같은 기업의 중역들은 미국의 대중에게 이렇게 말해왔다. 종양 세포 DNA의 일상적인 서열 분석을 통해서 개인 맞춤 암 의학의 시대에 우리가 이미 들어섰으며, 머지않아 의사들이 유전 지식을 이용하여 더 많은 인간의 암을 완치까지는 아니라고 해도 치료할 수 있을 것이라고 말이다. 그러나 서열 분석을 통해서 드러난 발암성 변화 중에 기존 항암제로 치료가 가능한 것은 5퍼센트도 채 되지 않는다. 게다가 현재 나와 있는 약물들 중에서 글리벡 단 하나만이 2년 이상 수명을 연장시킬 능력을 가지고 있다.

우리 대다수에게 맞춤 암 의학은 아직 현실의 이야기가 아니다. 그러나 곧 화학적 내성을 지닌 암을 죽이도록 설계된 BBI608와 CPI-613 같은 새로운 실험 약물이 임상에 널리 쓰이게 될 것이다. 나는 그러기를 바란다. 그런 약물들의 약효는 암을 그토록 생명을 위협하는 것으로 만드는 유전자 돌연변이를 정확히 파악함으로써 나오는 것이다. 그렇기 때문에 앞으로 10년 이내에 맞춤 암 의학은 널리 쓰일 것이다. 이제 아흔을 앞두고 있지만, 나는 여전히 죽기 전에 더 많은 암이 치료되는 것을 보게 되리라는 희망에 차 있다.

우리의 유전자와 우리의 미래

다윈 박사와 독일의 몇몇 생리학자들은 이 소설의 토대가 되는 사건이 불가능하지 않다고 생각해왔다."

퍼시 셸리가 아내 메리 셸리의 소설 『프랑켄슈타인(*Frankenstein*)』에 익명으로 부친 서문은 그렇게 시작된다. 그 글은 시인인 그가 쓴 어떤 글보다도 훨씬 더 현대인의 상상력을 잘 파악하고 있다. 아마 『프랑켄슈타인』 이래 그 어떤 작품도 생명의 비밀을 발견한다는 측면에서 과학이 주는 무시무시한 전율을 그토록 생생하게 포착하지 못했을 것이다. 그리고 우리가 그런 신적인 능력을 유용했을 때 나타날 사회적 결과를 그렇게 깊이 다룬 작품도 없을 것이다.

무생물에 생명을 불어넣고 지구에 자연적으로 나타나는 생명체를 개량한다는 생각은 1818년에 메리 셸리의 작품이 출간되기 오래 전부터 인간의 상상을 사로잡아왔다. 그리스 신화에는 조각가 퓌그말리온이 사랑의 여신인 아프로디테에게 자신이 상아로 조각한 아름다운 여성의 몸에 생명을 불어넣어달라고 애원하여 성공한다는 이야기가 나온다. 하지만 생명의 비밀이 인간의 손이 닿을 곳에 있을지 모른다는 깃을 과학자들이 처음 알아차린 것은 계몽운동에 뒤이어 폭발하듯이 과학 발전이 이루어지고 있을 때였다. 사실 그 서문에 언급된 다윈 박사는 우리가 잘 아는 찰스 다윈이 아니라 그의 할아버지인 이래즈머스였다. 그는 전기충격을 가해 죽은 신체 일부를 다시 소생시키는 실험을 했는데, 그와 친분이 있던 셸리는 그 실험에 매료되었다. 지금 우리는 다윈 박사가 탐구한 이른바 "전기요법"이 곁가지로 흐른 것임을 알고 있다. 생명의 비밀은 1953년까지 비밀로 남아 있었다. 이중나선이 발견되고 뒤이어 유전자 혁명이 일어나고 나서야 우리는 과거에 신의 전유물이라고 생각했던 능력이 언젠가는 우리 손에 들어올 것이라는 생각의 근거를 마련했다. 지금 우리는 생명이 그저 화학반응들이 폭넓게 조화를 이루어 배열된 것임을 안다. 그 조화의 "비밀"도 화학적으로 우리 DNA에 새겨져 있는 놀라울 정도로 복잡한 명령 집합이다.

그러나 DNA가 어떻게 자기 일을 하는지 완전히 이해하려면 우리는 아직도 먼 길을 가야 한다. 한 예로 인간의 의식을 연구하는 분야에서는 우리가 초보적인 지식밖에 가지고 있지 못하기 때문에 생기론적 요소가 담긴 주장들이 여전히 난무하고 있다. 다른 분야에서는 이런 개념들의 정체가 이미 밝혀졌음에도 말이다. 그렇지만 우리가 생명을 이해하고 있고 그것을 조작하는 능력을 가지고 있다는 것도 우리 사회의 현실이다. 따라서 메리셸리의 계승자들이 많으리라고 생각해도 무리는 아니다. 예술가와 과학자들 모두 새로운 유전지식이 뻗어나간 가지들을 탐험하느라 여념이 없다.

그런 노력들 중에는 생물학적으로 실현 가능한 것과 그렇지 못한 것이 무엇인지 모른다는 점을 드러내는 피상적인 것들도 많다. 하지만 자연스럽게 시대에 맞는 중요한 질문들을 제기함으로써 내 마음을 사로잡은 것이 하나 있다. 앤드루 니콜이 1997년에 만든 영화 「가타카(Gattaca)」는 유전적 완벽함에 집착하는 사회를 그림으로써 지금의 우리가 지닌 상상력의 한계를 드러낸다. 먼 미래세계에는 두 부류의 인간이 존재한다. 유전적으로 강화된 통치계급과 현대 인간들처럼 불완전한 유전적 자질을 지닌 채 사는 하층계급이 있다. 고도로 민감한 DNA 분석을 거쳐 유전적 엘리트는 편하고 좋은 일을 맡게 되고, "부적격자"는 모든 분야에서 차별을 받는다. 「가타카」의 주인공은 "부적격자"인 빈센트(에단 호크)이다. 그는 한 부부가 차 뒷좌석에서 벌인 무모한 열정을 통해서 잉태된 사람이다. 반면에 빈센트의 동생인 안톤은 실험실에서 적절한 가공을 거쳐 최고의 유전적 속성들을 모두 갖춘 채 태어났다. 자라면서 빈센트는 동생과 수영시합을 해서 이기려고 애쓰지만 매번 자신이 열등하다는 것을 확인할 뿐이다. 유전적 차별 때문에 빈센트에게는 가타카 항공 우주 회사의 청소부라는 천한 일이 주어진다.

「가타카」에서 빈센트는 불가능한 꿈을 품는다. 우주 여행을 하겠다는 꿈이다. 하지만 타이탄행 유인 우주선에서 임무를 맡으려면, "부적격자"라는 사실을 숨겨야 한다. 그래서 그는 한때 운동선수였지만 사고로 불구가 되어 빈센트의 도움을 받는 유전적 엘리트인 제롬(주드 로)으로 신분을 위장한다. 빈센트는 제롬의 머리카락과 소변을 이용해 비행 훈련 과정에 불법 입학한다. 모든 일이 제대로 돌아가는 듯할 때 그는 조각상 같은 여성인 아이린(우마 서먼)을 만나 사랑에 빠진다. 하지만 우주로 나가기 일주일 전에 재앙이 찾아온다. 비행 감독관이 살해당하고, 경찰이 범죄현장에서 "부적격자"의 머리카락을 발견한 것이다. 빈센트는 절실한 꿈을 꺾어야 할 뿐 아니라 DNA 증거를 통해서 살인자로 부당하게 몰릴 위험에 처한다. 빈센트의 정체가 탄로나는 것은 시간 문제인 것 같지만, 그는 그 악몽 같은 유전적 탐색 그물을 가까스로 벗어난다. 살인자는 가타카의 또다른 감독관임이 드러난다. 영화는 절반의 행복으로 끝을 맺는다. 빈센트는 우주로 날아가지만 아이린은 남는다. 그녀가 장기 우주 임무에 부적합한 유전적 결함을 지니고 있다는 것이 밝혀진 탓이다.

우리 중에 그들의 자손이 「가타카」에 나온 것 같은 유전적 독재체제에서 살기를 바라는 사람은 거의 없을 것이다. 그 영화에 예견된 시나리오가 기술적으로 실현 가능한지 여부를 떠나서 우리는 그 영화가 제기한 핵심 문제에 초점을 맞추어야 한다. DNA 지식은 필연적으로 유전적 카스트 제도를 낳을 것인가? 태어날 때부터 가진 자와 못 가진 자가 나누어지는 세계가 나타날 것인가? 가장 비관적인 비평가들은 더욱더 비관적인 미래를 예상한다. 언젠가는 DNA에 노예생활을 하도록 규정된 클론 종족을 만들어내지 않을까 하고 말이다. 우리는 약자를 강하게 하려고 애쓰는 것이 아니라, 강자의 자손을 더 강하게 만드는 것을 목표로 삼지 않을까? 가장 근본적인 질문을 해보자. 과연 우리는 인간의 유전자를 조작해야 하는 것일까? 이런 질문들에 대한 대답은 우리가 인간의 본성을 어떻게 보는가에 따라서 크게 달라진다.

현재 인간 유전자 조작의 위험을 둘러싼 대중의 편집증은 상당 부분 우리가 자신의 이기적인 측면, 즉 필요하다면 다른 사람들을 희생시켜 자기 자신의 생존을 도모하라고 진화가 아로새겨놓은 우리 본성의 한 측면을 제대로 인식함으로써 빚어진 결과이다. 비판가들은 유전지식이 오로지 특권층(유전학을 자신의 입맛에 맞게 쓸 지위에 있는 사람들)과 학대받는 층(유전학을 통해서 더욱더 불이익을 당할 수 있는 사람들) 사이의 거리를 더 벌리는 데에만 쓰이는 세계를 상상한다. 하지만 그런 견해는 우리 인간성의 한 면만을 보고 있는 것이다.

내가 점증하는 유전지식과 기술이 전혀 다른 결과를 빚어낸다고 보는 이유는 그 반대 측면도 마찬가지로 잘 알고 있기 때문이다. 우리가 경쟁하는 성향이 있다고는 해도 인류는 천성적으로 매우 사회적이기도 하다. 도움이나 구조를 원하는 사람들에게 연민을 가지는 것도 행복할 때 웃음을 머금는 경향과 마찬가지로 우리의 본성을 이루는 유전요소이다. 몇몇 현대 도덕 이론가들이 우리의 이타적인 충동들도 결국은 이기적인 것, 즉 다른 사람들에게 친절한 것은 마찬가지로 보답이라는 혜택을 얻기 위한 조절된 방식일 뿐이라고 보면서 만족하고 있을지라도, 우리 종이 유독 사회적인 종이라는 사실에는 변함이 없다. 우리 조상들이 매머드를 사냥하기 위해서 맨 처음 조를 짰을 때부터 개인 사이의 협동은 인간 성공 스토리의 핵심이 되어왔다. 이런 식으로 집단행동을 하는 것이 강력한 진화적 이점을 주었다고 하면, 자연선택 자체는 우리 각자에게 다른 사람에게(따라서 우리 사회에) 실망을 주는 것이 아니라 잘해주고 싶은 욕망을 부여했을 가능성이 있다.

다른 사람들의 행복을 빌고 싶은 충동이 인간 본성의 한 부분임을 받아들이는 사람들도 그것을 최대화하는 방법을 놓고서는 생각이 다를 것이다. 그 문제는 오랫동안 사회적 및 정치적 논쟁의 대상이 되어왔다. 통설은 우리가 동료 시민들을 돕는 최선의 방법이 양육을 통해서 문제들을 처리하는 것이라고 본다. 제대로 먹지 못하고 사랑을 받지 못하고 교육을 받지 못한 사람들은 생산적인 삶을 살 능력을 제대로 발휘하지 못한다는 것이다. 하지만 앞에서 살펴보았듯이 양육은 커다란 영향력을 지니고 있는 동시에 한계도 지니고 있으며, 그것은 유전적으로 매우 불리한 위치에 있는 사람들에게서 극적으로 나타난다. 가장 완벽한 양육과 교육을 받는다고 해도 심한 결함이 있는 X염색체와 관련된 질병을 앓는 소년들은 절대로 자립할 수 없을 것이다. 뿐만 아니라 전 세계적으로 과외비가 계속 증가하는 추세이므로 선천적으로 학습진도가 느린 아이들은 학급에서 일등을 차지할 기회를 가지지 못할 것이다. 따라서 교육의 질을 향상시키는 일이 큰 문제일 때, 양육방식 개선만을 추구하는 것은 그다지 좋은 방법이라고 할 수 없다. 하지만 나는 "뒤처지는 아이들이 있어서는 안 된다"라는, 너무나 완벽해서 이의를 제기할 수 없을 정도의 호소력을 지닌 입에 발린 표어에 혹한 정치가들이 교육정책을 좌지우지하는 것은 아닌가 의심이 들곤 한다. 우리가 아이들 각자가 똑같은 학습 잠재력을 지니고 있다고 계속 주장하는 한 뒤처지는 아이들은 항상 있을 것이다.

우리는 왜 어떤 아이들은 다른 아이들보다 빨리 배우는지 아직 이해하지 못하고 있으며, 언제쯤 이해하게 될지도 알 수 없다. 하지만 유전자 혁명을 통해서 50년 전에는 상상도 할 수 없었던 수많은 생물학적 일들이 실현 가능해졌다는 점을 생각하면, 그 질문은 무의미해진다. 오히려 문제는 이것일 것이다. 우리는 유전학이 지닌 부정할 수 없을 정도로 방대한 잠재력이 개인적으로든 집단적으로든 인간 조건을 개선하는 일에 쓰이는 것을 받아들일 준비가 되어 있는가? 가장 구체적으로 말해보자. 우리는 아이들 각자에게 맞는 가장 적합한 학습법을 고안할 때 유전정보를 활용하고 싶어할까? 취약 X염색체를 가진 소년들을 다른 아이들이 있는 학교에 다닐 수 있게 해줄 약이나, 선천적으로 학습진도가 느린 아이들이 빠른 아이들을 따라갈 수 있도록 해줄 약을 조만간 우리가 원하게 될까? 그리고 생식세포의 유전자 요법이라는 더 장기적인 전망은 어떤가? 해당 유전자를 알고 있다면 미래의 우리는 진도가 느린 학생을 아예 태어나기 전에 진도가 빠른 학생으로 변화시키고 싶어하지 않을까? 우리는 과학소설을 이야기하고 있는 것이 아니다. 지금도 우리는 생쥐의 기억력을 향상시킬 수 있다. 인간에게도 같은 일을 하지 말아야 할 이유는 없다.

인류가 우생학 운동이라는 암흑기를 거치지 않았다면 그런 가능성에 본능적으로 어떻게 반응할까? 우리는 아직도 "유전적 강화"라는 말에 몸서리를 치고 있지나 않은지? 사람들은 자연이 우리에게 준 유전자를 개량한다는 생각에 경계심을 가진다. 우리 유전체를 화제로 삼을 때면 우리는 철학자들이 "자연주의적 오류"라고 부르는 것, 즉 자연상태 그대로가 가장 낫다고 가정하는 오류를 저지를 태세가 되어 있는 듯하다. 중앙 난방을 하고 병원체에 감염되면 항생제를 먹음으로써, 우리는 일상생활에서는 그 오류를 저지르지 않기 위해서 신중을 기하고 있다. 하지만 유전자 개량이라는 말이 나오기만 하면 우리는 서둘러 달려가서 "자연은 최선이 무엇인지 알고 있다"라는 깃발을 깃대 끝에 건다. 이런 이유로 나는 유전자 강화는 질병을 예방하는 노력을 통해서 이루어질 가능성이 높다고 생각한다.

생식세포 유전자 요법은 HIV의 유린에 저항하는 인류를 만들어줄 잠재력을 지니고 있다. 식물 분자유전학자들이 토마토 바이러스에 내성을 지닝 토마토를 만들 때 이용한 재조합 DNA 과정은 마찬가지로 AIDS에 내성을 지닌 인간을 만드는 데에도 적용될 수 있다. 하지만 그 일을 해야 할까? 사람들의 유전자를 바꾸는 것보다, 우리가 할 수 있는 치료에 전념하고 모든 사람들에게 분별없는 성행위의 위험성을 알리는 데에 노력을 집중해야 한다고 주장하는 사람들도 있다. 하지만 나는 그런 도덕주의적 대응이 사실은 매우 비도덕적이라고 생각한다. 교육은 강력하다는 것이 입증되어왔지만, 우리 전쟁에는 별 소용이 없는 무기이다. 수십 년 동안, 과학계의 최고 지성들은 그 바이러스가 자신을 제어하려는 시도들을 교묘히 빠져나가는 놀라운 능력을 지니고 있다는 데에 당혹스러워했다. 그리고 그병은 선진국에서는 전파속도가 느려진 반면에 행성 전체에서는 인구 시한폭탄처럼 계속 째깍거리고 있다. 효과적인 대응을 할 수 있을 만큼 부유하지도 교육 수준이 높지도 않은 사람들이 가득한 그 지역에 사는 사람들의 미래를 생각하면 암담하다. 우리는 모든 지역의 모든 사람들이 저렴하게 이용할 수 있는 강력한 항바이러스 약이나 HIV 백신이 개발되기를 절실히 바란다. 하지만 지금까지 치료법이 개발되어온 역사를 살펴보면—높은 가격을 매길 수 있는 선진국 질병에 초점을 맞추도록 제약회사에 가해지는 상업적 압력의 도움을 받지 못할 때—그런 극적인 발전이 이루어지지 않을 가능성이 더 높다. 하지만 AIDS와 맞서기 위해서 생식세포 유전자 변형법을 사용하기를 제안하는 사람들은 슬프겠지만 기존의 희망들이 절망으로 바뀌고 지구 전체에 파국이 올 때까지 기다려야 할지 모른다. 그런 일이 벌어진 뒤에야 그 방법을 쓰도록 허가가 내려질지 모르기 때문이다.

현재 각국 정부는 과학자들이 인간의 생식세포에 DNA를 넣지 못하도록 금지하고 있다. 이런 금지 조치는 다양한 유권자 집단들의 지지를 받고 있다. 일반 대중 가운데 주로 종교집단들이 판에 박은 듯한 강한 반대 입장을 보인다. 그들은 인간의 생식세포에 개입하는 것이 사실상 신과 놀이를 하는 것이라고 믿는다. 하지만 의학계에서 아무런 반대 없이 매일매일 이루어지고 있는 분자 수준의 온갖 기적 같은 일들은 놔두고, 그 과정만이 불경하다고 추론하는 신학적 원리가 무엇인지 나는 도저히 알 수 없다. 앞에서 살펴보았듯이 세속적인 비판자들은 「가타카」에서 제시된 것처럼 인간의 타고난 불평등을 기괴하게 증폭시켜 평등사회의 흔적조차 지워버리는 악몽 같은 사회적 변화가 일어날 것이라고 두려워한다. 하지만 내가 명확히 밝혔듯이 이런 전제를 활용해 훌륭한 극본을 쓸 수는 있겠지만, 내가 볼 때 그런 우려들은 유전학이 유토피아로 향한 길을 닦을 것이라는 개념만큼이나 공상적이다.

그러나 설령 유전자 강화가 사악한 사회적 목적에 적용될 수 있다—어떤 기술도 마찬가지이다—고 가정한다고 해도, 그것은 그 기술을 개발해야 한다는 주장을 뒷받침할 뿐이다. 기술 발전을 억누르는 것이 거의 불가능하며, 현재 금지된 기술들의 상당수가 나름대로 실용화 가능한 방안을 찾고 있다는 사실을 생각해보자. 과연 우리는 자신의 연구 분야가 억눌리고 우리와 가치를 공유하지 않는 다른 사회가 우리보다 앞서 나가는 것을 마냥 지켜보고 있을 수 있을까? 우리 조상들이 처음 막대기를 다듬어 창을 만들던 때부터 역사적으로 싸움의 승패를 가른 것은 기술이었다. 우리가 잊지 말아야 할 히틀러는 핵무기를 개발하라고 제3제국의 물리학자들을 몹시 다그쳤다. 아마 미래의 히틀러에 대항하는 싸움에서는 유전자 기술을 통달했는지 여부가 승패를 가를 것이다.

내가 볼 때 인간 유전자 강화의 발전을 지연시키자는 주장 중에서 정말로 합리적인 것은 단 하나뿐이다. 대다수 과학자들은 그것이 불확실하다는 점에 동의한다. 과연 생식세포 유전자 요법이 안전하게 이루어질 수 있을까? 1999년 제시 젤싱어의 죽음은 거의 10년 동안 유전자 요법에 긴 그늘을 드리우게 했다. 비록 겉으로 드러난 모습과는 다르지만, 원리상 생식세포 유전자 요법이 체세포 요법보다 안전하게 이루어질 가능성이 더 높다는 점을 말해두자. 체세포 요법에서는 유전자를 수십억 개의 세포에 도입해야 하며, 몇몇 중증 복합 면역결핍증환자 치료 때 일어났듯이, 그 세포들 중 하나에 있는 중요한 유전자가 하나 이상 손상을 입어 암이라는 끔찍한 부작용이 나타날 가능성이 항상 있다. 반면에 생식세포 유전자 요법에서는 DNA를 단 하나의 세포에 주입하며 따라서 전체 과정을 훨씬 더 상세히 지켜볼 수 있다. 그러나 부담은 생식세포 요법 쪽이 훨씬 더 크다. 즉 생식세포 실험은 실패하면 상상도 할 수 없는 재앙이 닥칠 것이다. 우리의 유전자 조작 때문에 생각도 못한 결함을 지닌 아기가 태어날 수도 있다. 그것은 비극이다. 그 가족에게만이 아니라 그 결과 과학이 퇴보할 것이므로 인류 전체에게도 비극이 될 것이다.

유전자 요법의 실험 대상이 생쥐, 초파리, 제브라피시라면, 실패한다고 해도 직업을 잃는 사람도, 연구비가 끊기는 사람도 없을 것이다. 하지만 유전자 개선 실험을 통해서 삶의 잠재력이 향상되기는커녕 오히려 감소된 아이가 한 명이라도 태어난다면 DNA의 힘을 이용하려는 시도는 설령 수십 년까지는 아니라고 해도, 수년 동안 지체될 것이 분명하다. 인간을 대상으로 한 실험은 제 기능을 하는 유전자를 우리와 가까운 친척인 영장류에게 도입하는 방법을 완벽하게 숙달한 뒤에야 시도되어야 한다. 하지만 원숭이와 (더욱더 우리와 가까운) 침팬지의 유전자를 안전하게 강화시킬 수 있는 시점에 도달했다고 해도, 인간을 실험하려면 대단한 용기가 필요할 것이다. 어쨌든 엄청난 혜택이 있을 것이라는 약속도 삶에 어떤 위험을 안겨줄 실험을 통하지 않고서는 이루어질 수 없을 것이다. 사실 기존의 치료법들도 특히 새로운 것들은 실행하려면 마찬가지로 용기가 있어야 한다. 뇌 수술도 잘못될 수 있다. 그래도 환자들은 혜택이 위험보다 더 크다면 그 수술을 받을 것이다.

최근까지 생식세포 유전자 요법 논의는 엄청난 기술적 난제들 때문에 논외로 치부될 수 있었다. 그러나 제12장에서 살펴보았듯이 PCR이나 DNA

서열 분석 못지않게 유전자 편집 분야에 혁신을 일으킨 크리스퍼 기술의 출현으로 그런 장애물들은 제거되어왔다. 제니퍼 다우드나, 에마뉘엘 샤르팡티에, 펑 장을 비롯하여 이 분야를 이끄는 젊은 과학자들은 이미 명성이 있고 상금이 후한 과학상들을 받은 바 있고, 나는 앞으로 노벨상 수상자 목록에 그들이 오를 것이라는 쪽에 걸겠다.

2015년 수도 워싱턴에서 국립과학원은 40년 전 애실로마 재조합 DNA 회의를 떠올리게 하는 회의를 열었다. 크리스퍼를 이용한 인간 생식세포 편집의 급속한 발전과 윤리적 문제를 논의하기 위한 회의였다. 주최자는 노벨상 수상자인 데이비드 볼티모어였다. 그는 40년 전 애실로마 회의에도 참석한 바 있다. 이 심포지엄은 2015년 4월 무명의 중국 연구진이 크리스퍼를 (폐기할 예정인) 인간 배아에 처음으로 적용하는 실험을 했다고 무명의 학술지에 발표한 데에 자극을 받아서 열렸다. 실험 결과는 그저 그랬지만, 요점은 그것이 아니었다. 일부, 특히 과학계가 훨씬 더 우려한 것은 그 실험이 윤리적 한계를 넘어섰다는 점이었다.

생식세포 편집에 반대한다는 결의를 이끌어낸 사람은 국립보건원 원장 프랜시스 콜린스이다. 그는 이것이 건너서는 안 되는 한계선이라고 주장한다. 콜린스는 35억 년에 걸친 진화의 산물을 수선할 의학적 필요성을 전혀 느끼지 못한다. 설령 그 기술이 완벽하게 안전하다고 할지라도 말이다. "맞춤 아기는 할리우드 영화로는 좋다. 하지만 사실상 나쁜 과학이며, 내가 보기에 사실상 나쁜 윤리학이다."[1] 콜린스가 보기에 안전 문제—일부에서 "돌이킬 수 없는 위험"이라고 부르는 것—가 여전히 만연해 있으며, 착상전 유전 진단처럼 미래 세대의 DNA에 돌이킬 수 없는 간섭을 하지 않는 대안들을 부모에게 제공하는 다른 도구들이 있는 상황에서 그것이 의학적으로 꼭 필요하지 않다고 본다.

반면에 장 및 다우드나와 함께 에디타스 메디신을 공동 창업했고 그 기술이 무수한 방향으로 응용될 것이라고 내다보는 하버드 의대의 유전학자 조지 처치는 긍정적인 견해를 취한다. 질병 유전자를 없애고 다른 형질들을 강화할 것이라고 내다본다. 처치는 안전 문제에 대해서는 크리스퍼가 간혹 다른 서열에 영향을 미치기도 하지만, 표적이 아닌 곳에 영향을 미치는 비율이 세포 분열 때 자연적으로 생기는 돌연변이율보다 상당히 더 낮다고 말한다.

다수를 대변하여 에릭 랜더는 아직 우리가 유전체에 관해서 모르는 것이 너무나 많다고 말했다. 언뜻 보면 제거해야 마땅한 후보자처럼 보이는 유전자를 제거했을 때, 의도하지 않은 결과로 이어질 수도 있다. 예를 들면, CCR5 수용체에 일어난 한 돌연변이는 HIV의 세포 감염 능력을 없애지만, 웨스트나일 병의 위험을 증가시킨다. 랜더는 알츠하이머 병 위험 증가와 관련된 E4 변이체를 제거하기 위해서 APOE 유전자를 가공하거나, LDL 콜레스테롤 농도를 낮추기 위해서 PCSK9 유전자를 제거하는 것 같은 가상의 두 가지 생식세포 시나리오를 예로 들었다. 하지만 그는 매우 신중할 것을 촉구한다. "그것이 그렇게 좋은 착상이라면, 나는 머리를 긁적거리면서 이렇게 말하고 싶어요. 왜 진화가 그렇게 해서, 집단 내에서 그 유전자의 비율을 높이려 하지 않았냐고 말입니다."[2] 국립과학원 위원회는 크리스퍼를 써서 인간 배아를 실험하는 것을 승인할 압도적인 이유가 전혀 없다고 결론지음으로써 그 생각에 동의했다. 그러나 위원회는 크리스퍼 연구에 유예 조치를 내리자고 권고하지도 않았다. 이 기술의 잠재력이 너무나 크고 너무나 흥분되는 것이기 때문에, 발전을 막음으로써 지하로 내몰아서도 안 된다.

나는 위험이 있기는 하지만 그래도 우리가 생식세포 유전자 요법을 심각하게 고려해야 한다고 본다. 나는 나와 생각이 같은 많은 생물학자들이 필연적으로 쏟아질 비판에 굴하지 않고 일어나서 그 논쟁에 참여하기만을 바랄 뿐이다. 이미 우리들 중에는 과거에 우생학자에게 가해졌던 비난을 받고 고초를 겪은 사람들도 있다. 하지만 그런 고초는 유전적 불평등을 개선하는 데에 지불해야 하는 대가에 비하면 적은 희생일 뿐이다. 그런 연구를 우생학이라고 한다면 바로 내가 우생학자일 것이다.

이중나선을 발견한 이래로 평생 동안 나는 진화가 우리 세포 하나하나에 앉혀놓은 통치자를 두려워하는 만큼, 유전적 불리함과 결함, 특히 아이들의 삶을 비참하게 만드는 잔인한 변덕에도 두려움을 느껴왔다. 과거에는 이런 치명적인 유전적 돌연변이들을 제거하는 임무가 자연선택에 맡겨져 있었다. 경이로울 정도로 효율적이면서도 비극적일 정도로 야만적인 과정에 말이다. 지금도 자연선택은 우리를 지배하면서 이따금 뒤흔들어놓는다. 생후 몇 년 내에 죽는 테이-삭스 병에 걸린 아이는 냉정한 생물학적 관점에서 보면 테이-삭스 돌연변이에 반대하는 선택의 희생자이다. 하지만 그토록 오랜 세월 동안 우리에게 불행을 안겨주었던 그런 많은 돌연변이들을 알게 됨으로써 우리는 자연선택을 비껴갈 힘을 가지게 되었다. 사전 진단을 통해서 우리는 테이-삭스 병을 가진 아이를 세상에 내놓기 전에 한번 더 생각할 수 있게 되었다. 그 아기는 자비로운 해방인 죽음을 맞이하기까지 삼사 년 동안 기나긴 고통에 직면한다. 따라서 내가 볼 때 인간 유전체 계획으로 얻은 방대한 새로운 유전지식에 수반될 가장 중대한 윤리적 문제가 있다면, 우리가 현재 알고 있는 지식을 인간의 고통을 줄이는 데에 쓰기까지 얼마나 시간이 걸리는가 하는 것이다. 유전자 요법의 불확실성 문제를 떠나서, 나는 그것을 받아들이기를 주저하다보면 가장 확실한 혜택까지도 매우 부당한 것으로 보게 된다고 생각한다. 의학적으로 발달한 우리 사회에서는 취약 X염색체 돌연변이를 10년 동안 숨길 수 있는 여성은 거의 없다. 무지하거나 비타협적인 여성들만이 그럴 수 있을 뿐이다. 이 글을 읽는 여성은 지금이나 앞으로 어머니로서 자신이 할 수 있는 가장 중요한 일 가운데 하나가 태어나지 않은 아기가 직면할 유전적 위험에 관한 정보를 모으는 것임을 깨달아야 한다. 이를테면 자신과 배우자의 가문 혹은 자신이 잉태한 태아에 해로운 유전자가 있는지 살펴보아야 한다. 그리고 여성이 이런 지식을 가질 자격이 없다고 주장해서는 안 된다. 그런 지식에 접근하는 것은 그녀의 권리이며 그에 따라서 행동하는 것도 그녀의 권리이다. 앞으로 드러날 일의 결과와 직접적인 관련이 있는 사람도 그녀이다.

경이로울 만큼 효율적으로(그리고 저렴하게) DNA 서열 정보를 생성하는 새로운 능력에 힘입어서, 현재 우리는 자기 종에게 돌연변이가 미치는 영향을 옆에서 지켜볼 수 있다. 부모와 자녀라는 가족 3명의 유전체 서열을 분석함으로써, 우리는 새로 한 사람이 생겨날 때마다 60-100개의 새로운 돌연변이를 지니고 태어난다는 것을 안다(흥미롭게도 정확한 수는 부모의 나이에 얼마간 의존한다. 젊은 부모보다 나이가 더 많은 부모일수록 돌연변이를 더 많이 제공한다). 이 돌연변이 중에는 유전체에서 기능적으로 거의 중요하지 않은 영역에 생겨서 대수롭지 않은 것들도 많지만, 우리의 몸과 마음의 활동에 중요한 영향을 미칠 수 있는 것들도 있다. 아무튼 우리는 조 단위의 상호작용하는 부품들로 이루어진 복잡한 생화학적 기계이므로, 그 시스템의 토대를 이루는 정보에 무작위적 변화가 일어나면 엉망이 될 가능성이 높다. 아마 미래에는 크리스퍼와 비슷한 어떤 기술을 통해서 개입을 함으로써 이런 돌연변이 오류들을 바로잡고 그런 오류들이 가하기 마련인 부담을 없앨 수 있을 것이다.

인간 유전체 계획이 완료된 지 얼마 되지 않았을 때, 나는 독일에서 이 주제를 놓고 이야기를 한 적이 있었는데 반응은 아주 냉담했다. "인간 유전체 계획의 윤리적 의미들"이라는 나의 글이 유력한 신문인 『프랑크푸르트 알게마이네 차이퉁(*Frankfurter Allgemeine Zeitung*)』에 실리자 격렬한 비판이 잇달았다. 그것이 편집진의 의도였을 것이다. 그 신문은 내게 동의를 얻기는커녕 알리지도 않은 채 글의 제목을 "유전체의 윤리학—왜 우리는 인류의 미래를 신에게 맡겨서는 안 되는가"로 바꾸어놓았다. 나는 어떤 종교도 가지고 있지 않으며 내 세속적인 관점을 전혀 숨기지도 않지만, 종교를 믿는 사람들을 도발하기 위해서 내 견해를 끼워맞춘 적은 없었다. 과학계의 한 인사는 놀라울 정도로 적대적인 반응을 보였다. 독일 연방 의사 회의소 의장이었던 그 사람은 내가 "생명을 살 가치가 있는 것과 없는 것으로 구분하는 나치의 논리를 따른다"고 비난했다. 다음날 같은 신문에 "비윤리적 제안"이라는 사설이 실렸다. 필자인 헤닝 리터는 독일에서 유전적 장애가 있는 태아의 삶을 종식시킨다는 결정은 결코 사적인 문제가 되지 않을 것이라고 독선적이라고 할 만큼 단호하게 주장했다. 사실 현란한 말재주는 그가 법률에 무지하다는 것을 드러냈을 뿐이다. 현재 독일에서 태아를 유산시킬지를 결정할 권한을 가진 사람은 임신부뿐이다. 임신부가 의사의 진단을 받아 결정을 하는 것이다.

차라리 독일의 과거라는 무시무시한 망령을 이용하지 않고 개인적 신념을 공공연히 주장한 사람들이 더 존중할 만한 비판가들이었다. 내가 존경해 마지않는 독일 대통령 요하네스 라우는 "가치와 정서는 지식만을 토대로 한 것이 아니다"라고 주장하면서 내 견해를 반박했다. 실천하는 프로테스탄트인 그는 종교적 계시 속에서 진리를 찾는 반면, 과학자인 나는 오로지 관찰과 실험에만 의존한다. 따라서 나는 내 도덕적 직관을 토대로 행동을 평가해야 한다. 그리고 나는 문제가 되는 결함을 치료할 방법이 나올 때까지 여성이 태아 진단을 하지 못하게 해야 한다는 주장이 불필요한 해악만 낳을 것이라고 본다. 개신교 신학자인 디에트마르 미에스는 내 글을 "공포의 윤리학"이라고 부르면서, 그다지 신중하지 못한 어조로 더 많은 지식이 윤리적 딜레마들에 대한 더 나은 해답을 가져다줄 것이라는 내 주장에 이의를 제기했다. 하지만 딜레마가 있다는 것은 선택이 이루어져야 한다는 의미이며 나는 선택의 여지가 없는 것보다는 선택할 수 있는 상황이 더 낫다고 본다. 자신의 태아가 테이-삭스 병을 지니고 있다는 것을 알고 나면 여성은 어떻게 해야 하나라는 딜레마에 직면한다. 하지만 적어도 그녀는 이제 전과 달리 선택할 기회를 가지고 있다. 나는 독일 과학자들 중에 내 의견에 동의하는 사람이 많다고 확신한다. 하지만 너무나 많은 과학자들이 과거의 정치적 상황과 현재의 종교에 위축되어 있는 듯하다. 아직까지 독일 학계를 곪게 만들고 있는 나치 우생학을 용감하게 다룬 『살인 과학(*Tödliche Wissenschaft*)』을 쓴 내 오랜 친구인 베노 밀러-힐을 빼놓고 독일 과학자들 중에 나를 옹호할 만한 이유가 있는 사람은 아무도 없었다.

나는 개인이 종교를 사적인 도덕적 잣대로 택할 권리가 있다는 데에 이의를 제기하지 않는다. 하지만 나는 무신론자들은 도덕적 진공상태에서 살아가고 있다고 말하는 수많은 종교인들의 주장에는 반대한다. 고대의 책에 쓰인 도덕규범 같은 것은 필요 없다고 느끼는 우리 같은 사람들은 우리 조상 집단들 속에서 사회적 단결을 촉진하는 일을 해온 자연선택이 오래 전에 다듬어놓은 타고난 도덕적 직관에 의지하고 있다.

계몽운동으로 전통과 세속주의 사이에 처음 균열이 생긴 뒤 빅토리아 시대를 거치면서 생물학은 사회 내에서 어느 정도 지금의 위치에 올라서게 되었다. 인류를 우리가 섬겨야 할 신의 창조물이라고 믿는 사람도 여전히 있을 것이고 또한 인류가 수백만 세대에 걸친 진화의 산물임을 보여주고 있는 경험적 증거들을 받아들이는 사람들도 여전히 있을 것이다. 진화를 가르쳤다고 유죄 판결을 받은 것으로 유명한 교사 존 스코프스는 21세기에 상징적으로 계속 재심을 받을 것이다. 공립학교 교과과정에 개입하려고 애쓰는 종교적 근본주의자들은 창조 이야기를 다윈주의의 진지한 대안으로 가르쳐야 한다고 계속 요구할 것이다. 종교에 나오는 창조 이야기와 직접적으로 모순되기 때문에 진화는 과학 중에서 가장 직접적으로 종교 영역을 침범하는 것으로 여겨졌고, 따라서 창조론이라는 격렬한 방어체계를 불러일으킨다. 앞으로 수세기 동안 유전지식이 축적되고, 점점 더 많은 사람들이 자신이 유전적 주사위를 무작위로 던져 나온 산물이라는 것, 즉 부모 유전자들의 우연한 혼합과 약간의 우연한 돌연변이들의 산물이라는 것을 이해하게 되면, 새로운 영지주의, 사실상 지금의 종교들보다 훨씬 더 오래 된 영지주의가 등장하게 될 수도 있다. 우리의 DNA, 인류 창조의 지침서는 진리의 수호자로서 종교경전들과 어깨를 나란히 할지 모른다.

나는 종교인은 아니지만, 종교경전 안에 많은 심오한 진리가 담겨 있다는 것을 알고 있다. 「고린도 전서」에서 바울로는 이렇게 쓰고 있다.

내가 이제 가장 좋은 길을 여러분에게 보여 드리겠습니다. 내가 인간의 여러 언어를 말하고 천사의 말까지 한다 하더라도 사랑이 없으면 나는 울리는 징과 요란한 꽹과리와 다를 것이 없습니다.
내가 하느님의 말씀을 받아 전할 수 있다 하더라도 온갖 신비를 환히 꿰뚫어 보고 모든 지식을 가졌다 하더라도 산을 옮길 만한 완전한 믿음을 가졌다 하더라도 사랑이 없으면 나는 아무것도 아닙니다.

내가 볼 때 바울로는 인간성의 본질을 제대로 파악했다. 이 행성에서 우리가 생존하고 성공할 수 있도록 해준 것이 바로 사랑, 즉 서로를 돌보라고 촉구하는 그 충동이다. 그리고 우리가 미지의 유전자 영토로 모험을 떠날 때 우리의 앞날을 안전하게 지켜주는 것도 바로 그 충동일 것이라고 나는 확신한다. 따라서 그것은 인간의 본성에 본질적인 것이며 나는 그 사랑하는 능력이 우리 DNA에 새겨져 있다고 확신한다. 세속적인 바울로는 사랑이 우리 유전자가 인간성에 준 가장 커다란 선물이라고 말할 것이다. 그리고 언젠가 우리 과학이 너저분한 증오와 폭력을 물리치기 위해서 그 특별한 유전자들을 강화시킨다면 우리 인간성이 감소했다고 보아야 할까?

「가타카」의 제작자들은 영화 자체에 오해를 불러일으키는 음울한 미래를 담은 것도 모자라서 유전지식에 반대하는 가장 뿌리 깊은 편견을 겨냥하여 자극적인 표어를 날조한다. "인간의 영혼에 해당하는 유전자는 없다." 그토록 많은 사람들이 정말로 그랬으면 하고 바란다는 것이 바로 우리 사회의 위험한 맹점이다. DNA가 보여주는 진리가 두려움 없이 받아들여질 수 있다면 우리는 우리를 따를 사람들을 위해서라도 절망해서는 안된다.

주

들어가는 말

1) 백악관 보도자료. http://www.ornl.gov/hgmis/project/clinton1.html

제1장

1) Anaxagoras. F. Vogel and A. G. Motulsky, *Human Genetics*(Berlin, NY: Springer, 1996), p.11 에서 인용.

2) Mendel. R. Marantz Henig, *A Monk and Two Peas*(London: Weidenfeld & Nicolson, 2000), pp.117−118에서 인용.

3) Charles Darwin, *On the Origin of Species*(New York: Penguin, 1985), p.117.

4) Francis Galton, *Narrative of an Explorer in Tropical South Africa*(London: Ward Lock, 1889), pp.53−54.

5) William Shakespeare, *The Tempest*(IV : i : 188−189).

6) Francis Galton, *Hereditary Genius*(London: MacMillan, 1892), p.12.

7) ibid., p.1.

8) George Bernard Shaw. Diane B. Paul, *Controlling Human Heredity*(Atlantic Highlands, NJ: Humanities Press, 1995), p.75에서 인용.

9) ibid., p.66.

10) C. B. Davenport, *Heredity in Relation to Eugenics*(New York: Henry Holt, 1911), p.56.

11) ibid., p.245.

12) Margaret Sanger. D. M. Kennedy, *Birth Control in America*(New Haven: Yale University Press, 1970), p.115에서 인용.

13) Harry Sharp. E. A. Carlson, *The Unfit*(Cold Spring Harbor, NY: Cold Spring Harbor Laboratory Press, 2001), p.218에서 인용.

14) Oliver Wendell Holmes. ibid., p.255.

15) Madison Grant, *The Passing of the Great Race*(New York:Scribner, 1916), p.49.

16) Calvin Coolidge. D. Kevles, *In the Name of Eugenics*(Cambridge, MA: Harvard University Press, 1995), p.97에서 인용.

17) Harry Laughlin. S. Kühl, *The Nazi Connection*(New York: Oxford University Press, 1994), p.88에서 인용.

18) Adolf Hitler's *Mein Kampf*. Paul, p.86에서 인용.

19) Adolf Hitler, *Mein Kampf*, Ralph Manheim 번역(Boston: Houghton Mifflin Company, 1971), p.404.

20) Benno Müller-Hill, *Murderous Science*(Cold Spring Harbor, NY: Cold Spring Harbor Laboratory Press, 1998), p.35.

21) ibid.

22) Alfred Russel Wallace. A. Berry, *Infinite Tropics*(New York: Verso, 2002), p.214에서 인용.

23) Raymond Pearl. D. Miklos and E. A. Carlson, "Engineering American Society: The Lesson of Eugenics," *Nature Genetics* 1(2000):153−158에서 인용.

제2장

1) Friedrich Miescher. Franklin Portugal and Jack Cohen, *A Century of DNA*(Cambridge, MA: MIT Press, 1977), p.107에서 인용.

2) Rosalind Franklin. Brenda Maddox, *Rosalind Franklin*(New York: HarperCollins, 2002), p.82 에서 인용.

3) Linus Pauling의 대담. http://www.achievement.org/autodoc/page/pau0int-1

4) John Cairns. Horace Judson, *The Eighth Day of Creation*(New York:Simon & Schuster, 1979), p.188에서 인용.

제3장

1) Sydney Brenner, *My Life in Science*(London: BioMed Central, 2001), p.26.

2) Francis Crick. Horace Judson, *The Eighth Day of Creation*(New York: Simon & Schuster, 1979), p.485에서 인용.

3) François Jacob. ibid., p.385.

제4장

1) Jeremy Rifkin. Randall Rothenberg, "Robert A. Swanson:Chief Genetic Officer," *Esquire*, December 1984에서 인용.

2) Stanley Cohen. http://www.accessexcellence.org/AB/WYW/cohen/

3) Paul Berg. http://www.ascb.org/profiles/9610.html

4) Paul Berg et al., "Potential Biohazards of Recombinant DNA Molecules," letter to *Science* 185(1974): 303.

5) ibid.

6) ibid.

7) Michael Rogers, "The Pandora's Box Congress," *Rolling Stone* 189(1975):36−48.

8) Leon Heppel. James D. Watson and J. Tooze, *The DNA Story*(San Francisco: W. H. Freeman and Co., 1981), p.204에서 인용.

9) Arthur Lubow. ibid., p.121.

10) Alfred Vellucci. ibid., p.206.

11) Watson. James D. Watson, *A Passion for DNA*(Cold Spring Harbor, NY: Cold Spring Harbor Laboratory Press, 2001), p.73에서 인용.

12) Fred Sanger. Anjana Ahuja, "The Double Nobel Laureate Who Began the Book of Life,"

The Times (London), 12 January 2000에서 인용.

제5장

1) Herb Boyer. Stephen Hall, *Invisible Frontiers*(New York: Oxford University Press, 2002), p.65 에서 인용.

2) Diamond vs. Chakrabarty et al. Nicholas Wade, "Court Says Lab-Made Life Can Be Patented," *Science* 208(1980): 1445에서 인용.

3) Jeremy Rifkin. Daniel Charles, *Lords of the Harvest*(Cambridge, MA: Perseus, 2001), p.94에 서 인용.

제6장

1) http://www.nrdc.org/health/pesticides/hcarson.asp

2) Mary-Dell Chilton et al. Daniel Charles, *Lords of the Harvest*(Cambridge, MA: :Perseus, 2001), p.16에서 인용.

3) Rob Horsch. ibid., p.1.

4) B. E. Erickson and M. M. Bomgardner, "Rocky Road for Roundup." C&EN, September 21, 2015, pp.10−15, http://cen.acs.org/articles/93/i37/Rocky-Road-Roundup.html.

5) Bob Meyer. ibid., p.132.

6) Roger Beachy, Daphne Preuss, and Dean Dellapenna, "The Genomic Revolution: Everything You Wanted to Know About Plant Genetic Engineering but Were Afraid to Ask," *Bulletin of the American Academy of Arts and Sciences*, Spring 2002, p.31.

7) "자연의 벗" 보도자료. Charles, *Lords of the Harvest*, p.214에서 인용.

8) Hugh Grant. R. Langreth and M. Herper, "The Planet Versus Monsanto," *Forbes*, December 31, 2009, http://www.forbes.com/forbes/2010/0118/americas-best-company-10-gmos-dupont-planet-versus-monsanto.html에서 인용.

9) Charles, Prince of Wales, "The Seeds of Disaster," *Daily Telegraph*(London), 8 June 1998.

10) E. O. Wilson, *The Future of Life*(New York: Knopf, 2002), p.163.

11) *Safety of Genetically Engineered Foods: Approaches to Assessing Unintended Health Effects* (Washington, DC: National Academies Press, 2004), https://www.nap.edu/read/10977/chapter/2.

12) A. Harmon, "A Race to Save the Orange by Altering Its DNA," *New York Times*, July 25, 2013, http://www.nytimes.com/2013/07/28/science/a-race-to-save-the-orange-by-altering-its-dna.html?hp#commentsContainer.

제7장

1) Robert Sinsheimer. Robert Cook-Deegan, *The Gene Wars*(New York: W. W. Norton & Co., 1994), p.79에서 인용.

2) David Botstein. ibid., p.98.

3) James Wyngaarden. ibid., p.139.

4) David Botstein. ibid., p.111.

5) Walter Gilbert. ibid., p.88.

6) James Wyngaarden. ibid., p.142.

7) Kary B. Mullis, "The Unusual Origin of the Polymerase Chain Reaction," *Scientific American* 262(April 1990) : 56–65.

8) Frank McCormick. Nicholas Wade, "After the Eureka, a Nobelist Drops Out," *New York Times*, 15 September 1998에서 인용.

9) William Haseltine. Paul Jacobs and Peter G. Gosselin, "Experts Fret Over Effect of Gene Patents on Research," *Los Angeles Times*, 28 February 2000에서 인용.

10) William Haseltine. ibid.

11) Francis Collins. *Christianity Today*, 1 October 2001에서 인용.

12) John Sulston and Georgina Ferry, *The Common Thread*(London: Bantam Press), p.123.

13) Bridget Ogilvie. ibid., p.125.

14) President Clinton. Kevin Davies, *Cracking the Code*(New York: The Free Press, 2001), p.238 에서 인용.

15) Rhoda Lander. Aaron Zitner, "The DNA Detective," *Boston Globe Sunday Magazine*, 10 October 1999에서 인용.

16) Eric Lander. ibid.

17) Eric Lander. ibid.

18) 백악관 보도자료, http://www.ornl.gov/hgmis/project/clinton1.html

19) Ewan Birney, "ENCODE: My Own Thoughts," Ewan's Blog: Bioinformatician at Large, September 5, 2012.

제8장

1) D. J. Hunter, M. J. Khoury, and J. M. Drazen, "Letting the Genome out of the Bottle—Will We Get Our Wish?," *New England Journal of Medicine* 358 (2008): 105–7.

2) C. A. Brownstein, D. M. Margulies, and S. F. Manzi, "Misinterpretation of TMPT by a DTC Genetic Testing Company," *Clinical Pharmacology and Therapeutics*, March 2014, http://www.nature.com/clpt/journal/v95 /n6/full/clpt201460a.html.

3) Mark Johnson and Kathleen Gallagher, "Young Patient Faces New Struggles Years After DNA Sequencing," *Milwaukee Journal Sentinel*, October 25, 2015, http://www.jsonline.com/news/health/young-patient-faces-new-struggles-years-after-dna-sequencing-b99602505z1-336977681.html.

4) ibid.

5) E. Yong," 'We Gained Hope': The Story of Lilly Grossman's Genome," *Phenomena*, March 11, 2013, http://phenomena.nationalgeographic.com/2013/03/11/we-gained-hope-the-story-of-lilly-grossmans-genome/.

6) Y. Yang et al., "Molecular Findings Among Patients Referred for Clinical Whole-Exome Sequencing," *Journal of the American Medical Association* 312 (2014): 1870-79, http://jama.

jamanetwork.com/article.aspx?articleid=1918774.

7) R. C. Green, "ACMG Recommendations Are a Controversial but Necessary Step Towards Genomic Medicine," *Huffington Post*, May 3, 2013, http://www.huffingtonpost.com/robert-c-green-md-mph/genetics-incidental-findings_b_3194911.html.

8) A. Regalado, "For One Baby, Life Begins with Genome Revealed," *MIT Technology Review*, June 13, 2014, http://www.technologyreview.com/news/527936/for-one-baby-life-begins-with-genome-revealed/.

9) J. J. Kasianowicz et al., "Characterization of Individual Polynucleotide Molecules Using a Membrane Channel," *PNAS* 93 (1996): 13770–73.

10) Joad Medeiros, "DNA Analysis Will Build an Internet of Living Things," *Wired UK*, January 8, 2016, http://www.wired.co.uk/article/dna-analysis-internet-living-things.

제9장

1) Mark Patterson. Kevin Davies, *Cracking the Code*(New York:The Free Press, 2001), p.194에서 인용.

2) Barbara McClintock. Elizabeth Blackburn at http://www.cshl.edu/cgi-bin/ubb/library/ultimatebb.cgi? ubb=get_topic;f=l;t=000015에서 인용.

3) http://cmgm.stanford.edu/biochem/brown.html.

4) Pat Brown. Dan Cray, "Gene Detective," *Time* 158 (20 August 2001): 35–36에서 인용.

5) Eric Wieschaus. Ethan Bier, *The Coiled Spring*(Cold Spring Harbor, NY: Cold Spring Harbor Laboratory Press, 2000), p.64에서 인용.

제10장

1) Ralf Schmitz. Steve Olson, *Mapping Human History*(Boston: Houghton Mifflin, 2002), p.80에서 인용.

2) Matthias Krings. Patricia Kahn and Ann Gibbons, "DNA from an extinct human," *Science* 277(1997): 176–78에서 인용.

3) Matthias Krings. ibid.

4) Allan Wilson. Mary-Claire King at http://www.chemheritage.org/EducationalServices/pharm/chemo/readings/king.htm에서 인용.

5) Charles Darwin, *On the Origin of Species*(New York, Penguin, 1985), p.406.

제11장

1) Brooke A. Masters, "For Trucker, the High Road to DNA Victory," *Washington Post*, Saturday, 8 December 2001, p.B01.

2) 버지니아 범죄치안국 책임자. http://www.innocenceproject.org/case/display_profile.php?id=99

3) Alec Jeffreys. Robin McKie, "Eureka Moment That Led to the Discovery of DNA Fingerprinting," *The Observer*, May 23, 2009, http://www.theguardian.com/science/2009/

may/24/dna-fingerprinting-alec-jeffreys에서 인용.

4) Alec Jeffreys, Victoria Wilson, and Swee Lay Thein, "Hypervariable 'minisatellite' regions in human DNA," *Nature* 314(1985): 67−73.

5) Alec Jeffreys. http://www.dist.gov.au/events/ausprize/ap98/jeffreys.html

6) Frye vs. United States, 293 F.2d 1013, at 104.

7) Eric Lander, "Population genetic considerations in the forensic use of DNA typing," in Jack Ballantyne, et al., *DNA Technology and Forensic Science*(Cold Spring Harbor, N. Y.: Cold Spring Harbor Laboratory Press, 1989), p.153.

8) Johnnie Cochran. http://simpson.walraven.org/sep27.html

9) Barry Scheck. http://simpson.walraven.org/aprll.html

10) A'ndrea Messer, "3−D Model Links Facial Features and DNA," *Penn State News*, March 20, 2014.

11) Geraldine Sealey, "DNA Profile Charged in Rape," http://abcnews.go.com/sections/us/DailyNews/dna991007.html.

12) 사건번호 00F06871, The People of the State of California v. John Doe, August 21, 2000.

13) Tani G. Cantil-Sakauye 판사, 사건번호 00F06871, The People of the State of California vs. Paul Robinson, 기각 신청 건, 속기 자료 136쪽, Feb. 23, 2001.

14) University of Leicester, "The Discovery of Richard III," https://www.le.ac.uk/richardiii/index.html.

15) Turi King et al., "Identification of the Remains of King Richard III," *Nature Communications* 5 (2014): 5631, http://www.nature.com/ncomms/2014/141202/ncomms6631/full/ncomms6631.html.

16) Jean Blassie. Pat McKenna, "Unknown, No More," http://www.af.mil/news/airman/0998/unknown.htm에서 인용.

17) Lord Woolf, 사건번호 199902010 S2, "Regina and James Hanratty," 판결문 211번째 문단, May 10, 2002.

18) "DNA Testing Also Proves Guilt," *St. Petersburg Times* 사설, 30 May 2002.

19) Barry Scheck et al., *Actual Innocence*(New York: Doubleday, 2000), p.xv.

제12장

1) Milton Wexler. Alice Wexler, *Mapping Fate*(New York: Random House, 1995), p.43에서 인용.

2) George Huntington. Charles Stevenson "A Biography of George Huntington, M. D.," *Bulletin of the Institute of the History of Medicine* 2(1934)에서 인용.

3) Américo Negrette. Robert Cook-Deegan, *The Gene Wars* (New York: W. W. Norton & Co., 1994), p.235에서 인용.

4) ibid., p.37.

5) Rural Advancement Foundation International, at http://www.rafi.org/article.asp?newsid=207.

6) John Langdon Down. Elaine Johansen Mange and Arthur P. Mange, *Basic Human Genetics* (Sunderland, MA: Sinauer Associates, 1999), p.267에서 인용.

7) Debbie Stevenson, "The Mystery Disease No One Tests For," *Redbook*, July 2002, p. 137.

8) 미국 보건복지부 보도자료, "New Initiatives to Protect Participants in Gene Therapy Trials," March 7, 2000, http://www.fda.gov/bbs/topics/NEWS/NEW00717.html.

9) Anthony James, Michael Specter, "How the DNA Revolution Is Changing Us," *National Geographic* (August 2016); http://www.nationalgeographic.com/magazine/2016/08/dna-crispr-gene-editing-science-ethics/에서 인용.

제13장

1) Penal Laws, http://www.law.umn.edu/irishlaw/education.html

2) Arthur Young, Julie Henigan, "For Want of Education:The Origins of the Hedge Schoolmaster Songs," *Ulster Folklife* 40(1994): 27–38에서 인용.

3) John O'Hagan, http://www.in2it.co.uk/history/2.html

4) John B. Watson, *Behaviorism*(New York: W. W. Norton & Co., 1924), p.104.

5) Thomas J. Bouchard et al., "Sources of Human Psychological Differences: The Minnesota Study of Twins Reared Apart," *Science* 250 (1990): 223–228.

6) Neil Risch and David Botstein, "A Manic Depressive History," *Nature Genetics* 12 (1996): 351–53.

제14장

1) Gareth Cook, "Learning from the Lazarus effect," *New York Times Magazine*, May 12, 2016. http://www.nytimes.com/2016/05/15/magazine/exceptional-responders-cancer-the-lazarus-effect.html.

2) James D. Watson, "To Fight Cancer, Know the Enemy," *New York Times*, August 5, 2009. http://www.nytimes.com/2009/08/06/opinion/06watson.html?pagewanted=all&_r=0.

3) Joseph Biden, "Cancer Moonshot: My Report to the President," *Medium*, October 17, 2016. https://medium.com/cancer-moonshot/my-report-to-the-president-3c64b0dae863#.cespvk236.

4) "The Birth of Chemotherapy at Yale," *Yale Journal of Biology and Medicine* 84 (2011): 169–72. https://www.ncbi.nlm.nih.gov/pmc/articles/PMC3117414.

5) Ewan Callaway, "How Elephants Avoid Cancer," *Nature* 8 (October, 2015). http://www.nature.com/news/how-elephants-avoid-cancer-1.18534

6) Susanne M. Gollin and Salini C. Reshmi, "Janet Davison Rowley, M.D. (1925–2013)," *American Journal of Human Genetics* 94 (2014): 805–8. http://www.ashg.org/pdf/obit/JR-1-s2.0-S0002929714002286-main.pdf.

7) Douglas Hanahan and Robert A. Weinberg, "The Hallmarks of Cancer," *Cell* 100 (2000): 57–70.

8) Douglas Hanahan and Robert A. Weinberg, "Hallmarks of Cancer: The Next Generation," *Cell* 144 (2011): 646–74.

9) Judah Folkman, Nancy Linde, "Cancer Warrior Judah Folkman," *NOVA scienceNOW*, July 1, 2008. http://www.pbs.org/wgbh/nova/body/folkman-cancer.html에서 인용.

10) Renato Dulbecco, "A Turning Point in Cancer Research: Sequencing the Human Genome," *Science* 231 (1986): 1055–56. http://www.sciencemag.org/site/feature/data/genomes/231-4742-1055.pdf

11) Heidi Ledford, "Cancer: The Ras Renaissance," *Nature* 520 (2015): 278–80. http://www.nature.com/news/cancer-the-ras-renaissance-1.17326.

12) Greg Verdine, Alex Lash, "Idea Behind Warp Drive's New Cancer Attack Was Hiding in Plain Sight," *Xconomy*, November 10, 2015. http://www.xconomy.com/boston/2015/11/10/idea-behind-warp-drives-new-cancer-attack-was-hiding-in-plain-sight/에서 인용.

13) Kevan Shokat, Josh Fischman, "A Killer's Weakness Exposed," *HHMI Bulletin* 27, Spring 2014. http://www.hhmi.org/bulletin/spring-2014/killers-weakness-exposed에서 인용.

14) Christopher Hitchens, "Topic of Cancer," *Vanity Fair*, August 2010. http://www.vanityfair.com/culture/2010/09/hitchens-201009.

15) Carl June, Denise Grady, "In Girl's Last Hope, Altered Immune Cells Beat Leukemia," *New York Times*, December 9, 2012.

16) James D. Watson, "Oxidants, Antioxidants and the Current Incurability of Metastatic Cancers," *Open Biology* 3 (January 2013): 120–44. http://rsob.royalsocietypublishing.org/content/3/1/120144.full.

맺음말

1) Interview with Julia Belluz, *Vox*, May 18, 2015.

2) Joel Achenbach, "A Harvard Professor Says He Can Cure Aging, but Is That a Good Idea?" *Washington Post*, December 2, 2015.

참고 문헌

제1장

Carlson, Elof Axel. *The Unfit: A History of a Bad Idea*. Cold Spring Harbor, NY: Cold Spring Harbor Laboratory Press, 2002. 성서시대부터 현대 임상 유전학에 이르기까지의 우생학을 다룬 책.

Comfort, Nathaniel. *The Science of Human Perfection: How Genes Became the Heart of American Medicine*. New Haven, CT: Yale University Press, 2012.

Gillham, Nicholas Wright. *A Life of Sir Francis Galton: From African Exploration to the Birth of Eugenics*. New York: Oxford University Press, 2001. 비범하지만 무시되어온 이 인물을 상세히 다룬 책.

Jacob, François. *The Logic of Life: A History of Heredity*. Princeton: Princeton University Press, 1993. 분자유전학 창시자 중 한 명의 회고록.

Kevles, Daniel J. *In the Name of Eugenics: Genetics and the Uses of Human Heredity*. New York: Alfred A. Knopf, 1985. 학술적이기는 하지만 우생학을 다룬 읽어볼 만한 책.

Kohler, Robert E. *Lords of the Fly:* Drosophila *Genetics and the Experimental Life*. Chicago: University of Chicago Press, 1994. 초파리 유전학 초기 역사를 다룬 책.

Kühl, Stefan. *The Nazi Connection: Eugenics, American Racism, and German National Socialism*. New York: Oxford University Press, 1994.

Mayr, Ernst. *This Is Biology: The Science of the Living World*. Cambridge, MA: Harvard University Press, 1997. 박사학위 수여 75주년을 맞은 생물학계의 거장이 쓴 명저.

Müller-Hill, Benno. *Murderous Science: Elimination by Scientific Selection of Jews, Gypsies, and Others in Germany, 1933-1945*. Translated by Todliche Wissenschaft. New York: Oxford University Press, 1988. 독일의 과학자들과 의사들이 어떻게 나치 정책에 협조했으며, 전후에 어떻게 다시 학계로 복귀할 수 있었는지를 폭로한 책.

Olby, Robert C. *Origins of Mendelism*. Chicago: University of Chicago Press, 1985.

Orel, Vítezslav. *Gregor Mendel: The First Geneticist*. New York: Oxford University Press, 1996. 지금까지 쓰인 것들 가운데 가장 완벽한 멘델의 전기.

Paul, Diane B. *Controlling Human Heredity, 1865 to the Present*. Atlantic Highlands, NJ: Humanities Press, 1995. 우생학의 역사를 간결하게 요약한 책.

Ridley, M. *Francis Crick: Discoverer of the Genetic Code*. New York: HarperCollins, 2006. 『게놈(*Genome*)』의 저자가 쓴 짧은 프랜시스 크릭 전기.

Watson, J. D., A. Gann, and J. Witkowski. *The Annotated and Illustrated Double Helix*. New York: Simon & Schuster, 2012.

제2장

Crick, Francis H. C. *What Mad Pursuit: A Personal View of Scientific Discovery*. New York: Basic Books, 1988.

Hager, Thomas. *Force of Nature: The Life of Linus Pauling*. New York: Simon & Schuster, 1995. 과학계의 한 거장을 다룬 뛰어난 일대기.

Holmes, Frederic Lawrence. *Meselson, Stahl, and the Replication of DNA: A History of "The Most Beautiful Experiment in Biology."* New Haven: Yale University Press, 2001.

Maddox, Brenda. *Rosalind Franklin: The Dark Lady of DNA*. New York: HarperCollins, 2002. 프랭클린을 새롭게 조명한 전기.

McCarty, Maclyn. *The Transforming Principle: Discovering That Genes are Made of DNA*. New York: W. W. Norton & Co., 1995. DNA가 유전물질임을 보여준 실험들을 그것을 수행한 세 과학자 중 한 명이 상세히 설명한 책.

Olby, Robert. *The Path to the Double Helix: The Discovery of DNA*. Mineola, NY: Dover Publications, 1994. 역사학의 관점에서 본 책.

Watson, James D. *The Double Helix: A Personal Account of the Discovery of the Structure of DNA*. New York: Atheneum Press, 1968.

제3장

Brenner, Sydney. *My Life in Science*. London: BioMed Central Limited, 2001. 상세한 설명과 재미가 조화를 이룬 뛰어난 책.

Cobb, Matthew. *Life's Greatest Secret: The Race to Crack the Genetic Code*. New York: Basic Books, 2015.

Hunt, Tim, Steve Prentis, and John Tooze, ed. *DNA Makes RNA Makes Protein*. New York: Elsevier Biomedical Press, 1983. 1980년의 분자유전학 현황을 요약한 글 모음집.

Jacob, François. *The Statue Within: An Autobiography*. Translated by Franklin Philip. Cold Spring Harbor, NY: Cold Spring Harbor Laboratory Press, 1995. 명쾌하고 우아하게 쓰인 책.

Judson, Horace Freeland. *The Eighth Day of Creation: Makers of the Revolution in Biology*. Expanded edition. Cold Spring Harbor, NY: Cold Spring Harbor Laboratory Press, 1996. 분자생물학의 기원을 다룬 명저.

Monod, Jacques. *Chance and Necessity: An Essay on the Natural Philosophy of Modern Biology*. Translated by Austryn Wainhouse. New York: Alfred A. Knopf, 1971. 분자유전학계의 명사가 남긴 철학적 사색.

Watson, James D. *Genes, Girls, and Gamow*. New York: Alfred A. Knopf, 2001. 『이중나선』 후속편.

제4장

Fredrickson, Donald S. *The Recombinant DNA Controversy, A Memoir: Science, Politics, and the Public Interest 1974-1981*. Washington, DC: American Society for Microbiology Press, 2001. 국립보건원 원장으로 있을 당시 생명의학계의 혼란스러웠던 상황을 설명한 책.

Krimsky, Sheldon. *Genetic Alchemy: The Social History of the Recombinant DNA Controversy.* Cambridge, MA: MIT Press, 1982. 비판적인 관점에서 서술한 책.

Rogers, Michael. *Biohazard.* New York: Alfred A. Knopf, 1977. 애실로마 회의에 참석한 활동가들의 모습을 예리하게 분석한 책.

Watson, Jemes D. *A Passion for DNA: Genes, Genomes, and Society.* Cold Spring Harbor, NY: Cold Spring Harbor Laboratory Press, 2000. 신문, 잡지, 대담, 콜드 스프링 하버 연구소 간행물에 실렸던 글들을 모은 책.

Watson, James D., Michael Gilman, Jan Witkowski, and Mark Zoller. *Recombinant DNA.* New York: Scientific American Books, 1992. 지금은 낡은 책이 되었지만 유전공학의 바탕이 되는 과학을 소개한다는 측면에서는 아직 유용하다.

Watson, James D., and John Tooze. *The DNA Story: A Documentary History of Gene Cloning.* San Francisco: W. H. Freeman and Co., 1981. 당시의 기사와 논문을 통해서 재조합 DNA 논쟁을 파악한 책.

제5장

Anand, Geeta. *The Cure: How a Father Raised $100 Million—and Bucked the Medical Establishment—in a Quest to Save His Children.* New York: HarperCollins, 2009.

Cooke, Robert. *Dr. Folkman's War: Angiogenesis and the Struggle to Defeat Cancer.* New York: Random House, 2001.

Hall, Stephen S. *Invisible Frontiers: The Race to Synthesize a Human Gene.* New York: Atlantic Monthly Press, 1987. 인슐린 클로닝 이야기를 생생하게 들려주는 책.

Kornberg, Arthur. *The Golden Helix:Inside Biotech Ventures.* Sausalito, CA: University Science Books, 1995. 몇몇 관련 기업을 설립한 인물이 들려주는 생명공학의 등장을 다룬 이야기.

Stockwell, Brent R. *The Quest for the Cure: The Science and Stories Behind the Next Generation of Medicines.* New York: Columbia University Press, 2011.

Werth, Barry. *The Antidote: Inside the World of New Pharma.* New York: Simon & Schuster, 2014. 『10억 달러 분자(The Billion-Dollar Molecule)』의 속편.

Werth, Barry. *The Billion-Dollar Molecule: One Company's Quest for the Perfect Drug.* New York: Touchstone Books/Simon & Schuster, 1995. 제약산업에 생명공학 방식을 접목한 기업인 베르텍스 사의 이야기.

제6장

Charles, Daniel. *Lords of the Harvest:Biotech, Big Money, and the Future of Food.* Cambridge, MA: Perseus, 2001. 주로 몬산토 사에 초점을 맞추면서 유전자 변형 식품의 경제적 측면을 강조한 책.

McHughen, Alan. *Pandora's Picnic Basket:The Potential and Hazards of Genetically Modified Foods.* New York: Oxford University Press, 2000. 과학적인 문제들을 포함하여 그 논쟁의 뒤에 숨은 문제들을 소개한 책.

참고 문헌 607

제7장

Cook−Deegan, Robert M. *The Gene Wars:Science, Politics, and the Human Genome.* New York: W. W. Norton & Co., 1994. 인간 유전체 계획의 기원과 초창기를 상세하게 설명한 책.

Davies, Kevin. *Cracking the Genome:Inside the Race to Unlock Human DNA.* New York: Free Press, 2001. 쿡 디간의 뒤를 이어 인간 유전체 초안이 나올 때까지를 다룬 이야기.

Quackenbush, John. The Human Genome. Watertown, MA: Charlesbridge, 2011.

Shreeve, James. *The Genome War: How Craig Venter Tried to Capture the Code of Life and Save the World.* New York: Ballantine Books, 2005. 셀레라 사의 인간 유전체 연구를 내부자의 관점에서 생생하게 묘사했다.

Sulston, John, and Georgina Ferry. *The Common Thread:A Story of Science, Politics, Ethics, and the Human Genome.* Washington, DC: Joseph Henry Press, 2002. 자신의 선충 연구와 영국의 인간 유전체 계획을 설명한 책. 그의 이야기와 과학 속에는 인간 유전체 서열로부터 이익을 얻으려는 개인과 기업에 대한 조소가 담겨 있다.

Venter, J. Craig. *A Life Decoded: My Genome, My Life.* New York: Viking, 2007.

제8장

Angrist, Misha. *Here Is a Human Being: At the Dawn of Personal Genomics.* New York: HarperCollins, 2010. 개인 유전체 계획의 최초 자원자 중 한 명이 흥미진진하게 들려주는 이야기.

Collins, Francis S. *The Language of Life: DNA and the Revolution in Personalized Medicine.* New York: Harper Perennial, 2011.

Davies, Kevin. *The $1,000 Genome: The Revolution in DNA Sequencing and Personalized Medicine.* New York: The Free Press, 2010. 개인 유전학과 차세대 서열 분석이 개인의 건강에 미칠 영향을 살펴본 문헌.

Dudley, Joel T., and Konrad J. Karczewski. *Exploring Personal Genomics.* New York: Oxford University Press, 2013.

Frank, Lone. *My Beautiful Genome: Exposing Our Genetic Future, One Quirk at a Time.* London: OneWorld, 2011.

Johnson, Mark, and Kathleen Gallagher. *One in a Billion: The Story of Nic Volker and the Dawn of Genomic Medicine.* New York: Simon & Schuster, 2016. 퓰리처상을 받은 두 언론인이 임상 유전체 서열 분석의 대명사가 된 닉 볼커의 이야기를 다룬 문헌.

Kean, Sam. *The Violinist's Thumb: And Other Lost Tales of Love, War, and Genius, as Written by Our Genetic Code.* New York: Little, Brown & Co., 2012.

Topol, Eric. *The Creative Destruction of Medicine: How the Digital Revolution Will Create Better Health Care.* New York: Basic Books, 2011.

Venter, J. Craig. *A Life Decoded: My Genome, My Life.* New York: Penguin, 2008.

Yong, Ed. *I Contain Multitudes.* New York: Ecco, 2016. 미생물총이라는 숨겨진 세계를 파헤친 책.

제9장

Bier, Ethan. *The Coiled Spring: How Life Begins.* Cold Spring Harbor, NY: Cold Spring Harbor Laboratory Press, 2000.

Comfort, Nathaniel C. *The Tangled Field:Barbara McClintock's Search for the Patterns of Genetic Control.* Cambridge, MA: Harvard University Press, 2001. 바바라 매클린톡의 삶과 연구를 다룬 학술적이지만 읽기는 어렵지 않은 책.

Lawrence, Peter A. *The Making of a Fly:The Genetics of Animal Design.* Boston: Blackwell Scientific Publications, 1992. 이제 낡기는 했지만, 발생생물학과 유전학이 만났을 때의 흥분 상태를 소개한 부분은 아직 유용하다.

Ridley, Matt. *Genome:The Autobiography of a Species in Twenty-Three Chapters.* New York: HarperCollins, 1999. 현재의 인간 유전학 분야를 매우 이해하게 쉽게 서술한 책.

제10장

Cavalli-Sforza, Luigi Luca. *Genes, Peoples, and Languages.* Translated by Mark Seielstad. New York: North Point Press, 2000. 인류 진화 연구의 거장이 풀어쓴 인류 진화 이야기.

Gee, Henry. *The Accidental Species: Misunderstandings of Human Evolution.* Chicago: Chicago University Press, 2013.

Jones, Steve. *The Language of the Genes.* New York: Anchor Books, 1995.

Olson, Steve. *Mapping Human History: Discovering the Past Through Our Genes.* Boston: Houghton Mifflin, 2002. 인류 진화와 인류의 과거가 현대에 미치고 있는 영향을 균형 있게 서술한 책.

Pääbo, Svante. *Neanderthal Man: In Search of Lost Genomes.* New York: Perseus, 2014. 네안데르탈인 유전체 연구의 선구자가 쓴 자서전.

Rutherford, Adam. *A Brief History of Everyone Who Ever Lived.* London: Weidenfeld & Nicolson, 2016.

Sykes, Bryan. *The Seven Daughters of Eve.* New York: W. W. Norton & Co., 2001.

제11장

Lynch, Michael et al. *Truth Machine: The Contentious History of DNA Fingerprinting.* Chicago: University of Chicago Press, 2008.

Massie, Robert K. *The Romanovs:The Final Chapter.* New York: Random House, 1995. 로마노프 일가의 죽음과 DNA 지문 분석을 통한 유해들과 사기꾼들의 신원 확인 과정을 다룬 이야기.

Scheck, Barry, Peter Neufeld, and Jim Dwyer. *Actual Innocence: Five Days to Execution and Other Dispatches from the Wrongly Convicted.* New York: Doubleday, 2000. 억울하게 유죄 판결을 받은 사람이 DNA 지문 분석 결과로 풀려난 이야기.

Wambaugh, Joseph. *The Blooding.* New York: Bantam Books, 1989. 범인 체포에 DNA 지문 분석이 처음 적용된 과정을 다룬 흥미로운 책.

제12장

Bishop, Jerry E., and Michael Waldholz. *Genome:The Story of the Most Astonishing Scientific Adventure of Our Time—The Attempt to Map All the Genes in the Human Body.* New York: Simon & Schuster, 1990. 인간 질병 유전자 사냥의 초창기를 다룬 명저.

Davies, Kevin, with Michael White. *Breakthrough: The Race to Find the Breast Cancer Gene.* New York: John Wiley & Sons, 1996. 유방암 유전자 탐색을 둘러싼 힘겨운 연구, 헌신, 야심, 탐욕을 다룬 책.

Gelehrter, Thomas D., Francis Collins, and David Ginsburg. *Principles of Medical Genetics.* Baltimore: Williams & Wilkins, 1998. 현대 인간 분자유전학을 다룬 짧고도 읽기 쉬운 교재.

Kitcher, Philip. *The Lives to Come: The Genetic Revolution and Human Possibilities.* New York: Simon & Schuster, 1997. 인간 분자유전학에서 얻은 지식을 어떻게 활용할 것인지를 철학적 및 윤리적으로 고찰한 책.

Kozubek, James. *Modern Prometheus: Editing the Human Genome with Crispr-Cas9.* New York: Cambridge University Press, 2016. 크리스퍼 유전자 편집 기술이 어떻게 치료에 쓰일 수 있는지를 처음으로 상세히 설명한 책.

Leroi, Armand Marie. *Mutants: On the Form, Varieties and Errors of the Human Body.* New York: HarperCollins, 2004.

Lewis, Ricki. *The Forever Fix: Gene Therapy and the Boy Who Saved It.* New York: St. Martin's Press, 2012.

Lyon, Jeff, with Peter Gorner. Altered Fates: Gene Therapy and the Retooling of Human Life. New York: W. W. Norton & Co., 1995.아데노신 탈아미노화효소 결핍증에 걸린 두 소녀를 치료하는 과정을 상세히 담은 책.

Pollen, Daniel A. *Hannah's Heirs: The Quest for the Genetic Origins of Alzheimer's Disease.* New York: Oxford University Press, 1993. 그 질병의 끔찍함과 추적과정을 생생하게 포착한 책.

Reilly, Philip R. *Abraham Lincoln's DNA and Other Adventures in Genetics.* Cold Spring Harbor, NY: Cold Spring Harbor Laboratory, 2000. 한 박식한 의사 겸 변호사가 화제가 된 논쟁을 풀어쓴 책.

Thompson, Larry. *Correcting the Code: Inventing the Genetic Cure for the Human Body.* New York: Simon & Schuster, 1994.유전자 요법의 발전을 설명한 책.

Wexler, Alice. Mapping Fate:A Memoir of Family, Risk, and Genetic Research. New York: Random House, 1995. 낸시 웩슬러의 자매가 말하는 가슴 시리도록 솔직한 이야기.

제13장

Coppinger, Raymond, and Lorna Coppinger. *Dogs:A Startling New Understanding of Canine Origin, Behavior, and Evolution.* New York: Scribner, 2001. 개마다 몸과 정신이 크게 다르다는 것을 설명한 책.

Crick, Francis H. C., *The Astonishing Hypothesis:The Scientific Search for the Soul.* New York:

Scribner, 1993. 의식의 문제를 유물론적 관점에서 서술한 책. 크릭은 우리가 "수많은 신경세포들과 관련 분자들의 활동결과일 뿐이다"라고 결론을 내린다.

Herrnstein, Richard J., and Charles Murray. *The Bell Curve: Intelligence and Class Structure in American Life.* New York: Free Press, 1994. 읽히지는 않지만 이야기는 많이 되는 책.

Jacoby, Russell, and Naomi Glauberman, ed. *The Bell Curve Debate: History, Documents, Opinions.* New York: Times Books, 1995. 위의 책에 관한 서평과 글 80편을 모은 책.

Lewontin, R.C., Steven Rose, and Leon J. Kamin, *Not in Our Genes: Biology, Ideology, and Human Nature.* New York: Pantheon Books, 1984. 윌슨의 『사회생물학』에 대한 좌파 학자들의 반론.

Mendvedev, Zhores A. *The Rise and Fall of T. D. Lysenko.* New York: Columbia University Press, 1969. 공산당이 소련 과학을 지배하던 시기를 직접 겪은 과학자가 서술한 책.

Pinker, Steven. *The Blank Slate:The Modern Denial of Human Nature.* New York: Viking Penguin, 2002.

Pinker, Steven. *How the Mind Works.* New York: W. W. Norton & Co., 1997. 진화심리학의 옹호자가 자기 분야를 개괄한 책.

Ridley, Matt. N*ature via Nurture:Genes, Experience, and What Makes Us Human.* New York: HarperCollins, 2003.

Soyfer, *Valery N. Lysenko and the Tragedy of Soviet Science.* Translated by Leo Gruliow and Rebecca Gruliow. New Brunswick, NJ: Rutgers University Press, 1994. 리센코를 잘 알던 사람이 전하는 이야기.

Wilson, Edward O. *Sociobiology:The New Synthesis.* Cambridge, MA: Belknap Press of Harvard University Press, 1975. 우리의 행동을 진화적으로 설명한 책.

제14장

Angier, Natalie. *Natural Obsessions: Striving to Unlock the Deepest Secrets of the Cancer Cell.* New York: Mariner Books, 1999. 암 연구에 앞장선 두 연구실의 모습을 관찰자의 입장을 취해서 설명한 책.

Armstrong, Sue. *p53: The Gene That Cracked the Cancer Code.* New York: Bloomsbury, 2015.

Bazell, Robert. *Her-2: The Making of Herceptin, a Revolutionary Treatment for Breast Cancer.* New York: Random House, 1998.

Davies, Kevin and Michael White. *Breakthrough: The Race for the Breast Cancer Gene.* New York: John Wiley & Sons Inc., 1995. BRCA1 유전자 지도를 작성한 메리-클레어 킹의 이야기.

DeVita, Vincent T., Jr., and Elizabeth DeVita-Raeburn. *The Death of Cancer: After Fifty Years on the Front Lines of Medicine, a Pioneering Oncologist Reveals Why the War on Cancer Is Winnable—and How We Can Get There.* New York: Sarah Crichton Books, 2015.

Diamond, John. *C: Because Cowards Get Cancer Too.* London: Vermillion, 1998. 인후암에 걸린 영국 언론인의 생생한 암 투쟁기.

Hitchens, Christopher. *Mortality.* New York: Twelve, 2012. The author's final collection of 자신

이 암과 싸우는 과정을 적은 『베니티 페어(*Vanity Fair*)』 칼럼들을 모은 책.

Johnson, George. *The Cancer Chronicles: Unlocking Medicine's Deepest Mystery.* New York: Knopf, 2013. 암과 싸우는 아내를 지켜보면서 쓴, 암의 원인과 치료법을 쉽게 설명한 책.

Mukherjee, Siddhartha. *The Emperor of All Maladies: A Biography of Cancer.* New York: Scribner, 2010. 암 연구의 역사를 다룬 종양학자의 걸작.

Waldhoz, Michael. *Curing Cancer: Solving One of the Greatest Medical Mysteries of Our Time.* New York: Simon & Schuster, 1997.

Watson, James D. *A Passion for DNA: Genes, Genomes, and Society.* New York: Cold Spring Harbor Laboratory Press, 2000.

Weinberg, Robert A. *The Biology of Cancer.* 2nd ed. New York: Garland Science, 2014. 암의 분자생물학 분야의 손꼽히는 연구자가 명쾌하게 쓴 권위 있는 교과서.

맺음말

Knoepfler, Paul. *GMO Sapiens: The Life-Changing Science of Designer Babies.* Singapore: World Scientific Publishing, 2016.

Wong, Wendy S. W. et al. "New Observations on Maternal Age Effect on Germline de novo Mutations." *Nature Communications* 7, no. 10486 (2016). 7:10486 doi: 10.1038 / ncomms10486

감사의 말

이 책은 이중나선 발견 50주년을 기념하기 위한 통합 계획의 일환으로 지은 것이다. 이 계획의 구성부분인 이 책과 5회에 걸쳐서 방영되는 텔레비전 시리즈, 멀티미디어 교재, 과학관 관람객을 위한 단편영화는 서로 밀접한 연관을 맺고 있다. 그래서 우리는 교양서적의 감사의 말 부분에 대개 독자, 편집자, 배우자에게 감사를 표한 것 외에도 다른 많은 분들에게 빚을 지고 있다. 다음에 나올 이름들은 이 통합 계획의 범위와 규모가 매우 크다는 점을 반영한다.

먼저 너무나 아낌없이 후원을 해준 앨프리드 슬로언 재단, 하워드 휴스 의학 연구소, 노스캐롤라이나 대학에 감사를 드린다. 도저히 풀릴 기미가 보이지 않을 정도로 복잡하게 뒤얽혀 있던 이 엄청난 계획을 지혜와 분별력으로 지휘한 존 클리어리와 존 매로니에게도 고마움을 전한다.

2003년에 방영된 텔레비전 시리즈는 데이비드 글로버와 카를로 마사렐라가 연출했고 런던에 있는 윈드폴 제작사의 데이비드 더건이 제작했다. 학습교재는 런던에 있는 레드 그린 앤 블루 주식회사의 맥스 휘트비와 콜드 스프링 하버 돌랜 DNA 학습 센터의 데이비드 미클로스, 오스트레일리아 멜버른에 있는 월터 앤 엘리자 홀 연구소의 천재 애니메이션 작가 드루 베리(영화배우 드루 베리모어와 아무 관계가 없는 사람이다)가 함께 제작했다.

이 책에 실린 그림은 영국 노리치에 있는 존 인스 센터의 키스 로버츠가 그린 것이다. 디자인과 과학적 명쾌함을 뛰어난 재능으로 결합시킴으로써 키스는 이 책의 가치를 크게 높여주었다. 초판에서는 크노프의 디자이너 피터 앤더슨은 본문과 그림을 기적처럼 맺어주는 실력을 발휘했다.

크노프 사의 브레너 맥더피가 없었다면 이 개정판은 아예 나올 수가 없었을 것이다. 그녀는 우리가 마지막 문장을 끝낼 때까지 끈기 있게 우리를 잘 다독이면서 이끌어주었다. 그녀와 함께 일하면서 너무나 즐거웠으며, 그녀에게 아무리 감사를 표해도 부족하다. 또 너무나도 멋진 새 디자인을 제공한 카산드라 파파스와 캐서린 프리델라에게도 감사를 드린다.

많은 사람들이 이 책의 초고들과 각 장을 읽고서 전문가로서 조언을 해주었다. 특히 초고를 읽고 뛰어난 지성으로 조목조목 평을 해준 폴 버그, 데이비드 보트스타인, 스탠리 코언, 프랜시스 콜린스, 조너선 아이젠, 마이크 해머, 더글러스 해너헌, 롭 호시, 알렉 제프리스, 메리-클레어 킹, 에릭 랜더, 필립 레더, 스반테 페보, 낸시 웩슬러에게 감사한다.

그리고 유용한 정보와 사진을 제공한 다음 사람들에게도 고마움을 전한다. 브루스 에임스, 제이 애런슨, 안토니오 바르바딜라, 존 배린저, 재클린 배러토드, 캐롤린 베리, 샘 베리, 이완 버니, 리처드 본디, 허버트 보이어, 팻 브라운, 클레어 번스, 캐롤린 캐스키, 톰 캐스키, 루이지 루카 카발리-스포르자, 셜리 찬, 프랜시스 치파리, 케네스 컬버, 찰스 딜리시, 존 도블리, 헬렌 도니스-켈러, 캣 에버스타크, 마이크 플레처, 주다 포크먼, 노엄 간, 월리 길버트, 제니스 골드블럼, 에릭 그린, 웨인 그로디, 마이크 해머, 크리스타 잉그램, 리모어 조슈아-토어, 린다 폴링 캠, 데이비드 킹, 로버트 쾨니히, 테레사 크루거, 브렌다 매독스, 톰 매니어티스, 리처드 매콤비, 베노 뮐러-힐, 팀 멀리건, 캐리 멀리스, 해리 놀러, 피터 뉴펠드, 마거릿 낸스 피어스, 나오미 피어스, 토미 피어스, 대니얼 폴렌, 밀라 폴로크, 수 리처즈, 팀 레이놀즈, 매트 리들리, 줄리 레자, 배리 셰크, 마크 자일스태드, 필립 샤프, 데이비드 스펙터, 릭 스태퍼드, 데비 스티븐슨, 브론윈 테릴, 윌리엄 톰슨, 랍-치 추이, 피터 언더힐, 엘리자베스 왓슨, 다이애나 웰즐리, 릭 윌슨, 데이비드 위트, 제니퍼 휘팅, 제임스 원가든, 래리 영, 노턴 진더.

개정판에 쓰인 사진과 그림을 제공한 분들께도 감사를 드리고 싶다. 샨카르 발라수브라마니안, 캐롤라인 버나디, 스티브 번스타인, 제이슨 밥, 클라이브 브라운, 킨드라 크릭, 데이비드 디머, 캐서린 갤렁거, 릭 귀도티, 더그 해너헌, 바네사 헤이어스, 피터 드종, 튜리 킹, 캐스 크레이머, 닉 로먼, 조 맥두걸, 이본 모란테스, 앤 모리스, 스반테 페보, 알프레트 파시카, 산드라 포터, 토머스 리드, 조너선 로스버그, 토드 스미스, 앤 웨스트, 밥 와인버그이다.

이 모든 분들이 우리가 제대로 된 성과물을 내놓을 수 있도록 최선을 다해주셨다. 그럼에도 오류는 분명히 있을 것이고 그것들은 전적으로 저자들의 책임이다.

초판 역자 후기

올해는 DNA 구조가 발견된 지 50주년이 되는 해이다. 이 짧은 기간에 DNA 연구는 급속히 발전해왔다. 이제 이 분야에서 이루어지는 발견들은 우리를 움찔하게 하거나 우리의 기대를 한껏 부풀리곤 한다. 아마 이만큼 단기간에 우리 삶의 중심으로 파고든 물질은 없을 것이다.

아니, 사실 그것은 본래부터 우리 삶의 중심에 있었다. 다만 이제야 우리는 그것이 마땅히 누려야 할 지위를 인정하고 있는 것뿐이다. 몸은 단지 DNA와 유전자의 존속을 위한 그릇에 불과하다는 주장이 낯설게 들리지 않을 정도로, 우리는 어느새 DNA 중심의 사고방식에도 익숙해지고 있다.

이 책은 DNA 발견 50주년을 기념해서 제임스 D. 왓슨이 기획한 야심적인 계획의 한 부분이다. DNA 구조의 발견부터 인간 유전체 계획의 출범에 이르기까지, DNA 분야에서 발전의 중심에 서 있었고 아울러 DNA를 둘러싼 논쟁의 핵심에도 서 있었던 왓슨만큼 이 분야의 발전을 정리하고 평가할 만한 적임자는 없을 것이다.

왓슨은 실험과 기술의 발전과정에서부터 DNA를 둘러싼 사회적 및 윤리적 문제에 이르기까지 광범위하게 DNA 전반을 다루고 있다. DNA 분야의 발전이 난치병 등 인류의 건강 문제를 해결할 수 있다는 생각을 비롯해서, 이 책에는 왓슨이 지녀온 낙천적이고 긍정적인 사고방식이 그대로 드러나 있다. 거장의 생각을 직접 읽을 수 있다는 점부터가 이 책의 매력이 아닐 수 없다. 그리고 전문적인 내용이라고 할 수 있는 실험기술과 방법들을 이해하기 쉽게 간결하게 표현하는 능력도 놀랍다.

왓슨 스스로 말하고 있듯이, 그는 오랜 기간 힘겨운 실험을 통해서 이 중나선을 발견한 것이 아니다. 단순하게 말하면 로절린드 프랭클린 같은 사람들의 연구 결과에 자신의 몇 가지 착상을 덧붙인 것에 불과했다. 그 착상들이 위대한 발견을 이끌어낸 것은 분명했지만, 그는 그저 운이 좋아 DNA를 발견했다는 세간의 평가를 언제나 염두에 두고 있었던 듯하다. RNA의 구조를 규명하기 위해서 애를 쓴 것도, 당시 답보 상태에 있던 암 연구로 방향으로 돌려 새 장을 열려고 한 것도, 『이중나선』을 쓴 것도, 인간 유전체 계획의 책임자 자리를 맡은 것도 그런 생각과 관련이 있는 듯하다.

왓슨은 DNA가 발견되면서 탄생한 분자유전학이라는 새로운 학문을 부상시키기 위해서도 많은 노력을 했다. 자신의 존재를 증명하겠다는 듯이, 그는 분자생물학의 대변자가 되었으며, 그 과정에서 많은 충돌을 빚었다. 자연사가 주류인 하버드 대학에서 분자생물학의 입지를 확보하기 위해 싸웠고, 유전자 재조합 기술을 막으려는 사람들과 싸웠고, 유전자에 특허를 받아 사유화하려는 사람들과도 싸웠다. 그 과정에서 그는 과학 발전이 질병과 장애를 극복할 방법을 제공해 인류를 더 나은 방향으로 이끈다는 확고한 신념을 드러낸다.

이 책에도 그런 확신이 곳곳에 배어 있다. 그런 확신이 있기에 그는 대다수 과학자들이 말하기를 꺼리는 주제들에도 당당하게 자신의 견해를 밝히고 있다. 우생학, 유전자 재조합 기술, 유전자 요법, 인간의 암 연구, 인간 유전체 계획, 유전자 변형 식품 등. 그런 점에서 이 책은 DNA와 유전자를 다룬 다른 책들과 다르다. 현실과 안전하게 거리를 둔 학술적인 사항들만이 아니라, 현실에서 논란이 되고 있는 문제들을 직접 언급하고 있기 때문이다. 따라서 이 책이 DNA 발견 이후 50년의 발전을 집대성한 책이라는 평은 과장이 아니다.

이 책이 왓슨 개인의 관점에서 서술되어 있는 탓에 유전자 변형 식품 같은 중요한 현안들을 놓고 그와 관점이 다른 사람들은 거북함과 반발심을 가질 수도 있다. 어쩌면 왓슨이 노리는 것이 그 점일지도 모른다. 이 책에는 연루되지 않으려 몸을 사리는 동료 과학자들과 왓슨 자신이 올바른 지식을 갖추지 못했다고 판단하는 사람들을 자신이 마련한 논의의 장으로 끌어들이려는 의도도 엿보인다.

이 책을 읽다보면 DNA 연구는 이제 겨우 시작단계를 벗어나고 있다는 느낌을 받는다. 왓슨이 전환점을 마련하는 데에 한몫을 한 뒤로 DNA 연구는 급속히 거대 과학으로 변모하고 있다. 유전자 변형 식품이나 인간 복제를 둘러싼 논쟁처럼 우리가 대중 언론을 통해서 듣는 것들은 DNA를 중심으로 펼쳐지고 있는 일들 중 극히 일부에 불과하다. 하지만 그 극히 일부만을 마주하고도 우리는 DNA와 일상 현실 사이에서 지적 격차와 두려움과 기대가 뒤섞인 불안을 느낀다. 이 책은 그런 거리감과 불안감을 정면으로 보게 함으로써, DNA를 어떤 입장에서 바라보아야 할지 생각하게 만든다.

DNA 구조를 발견했을 때 프랜시스 크릭은 새로운 시작이라고 말했다. 그뒤 50년이 지난 지금도 어쩌면 같은 말을 할 수 있을지 모른다. 아직까지 왕성하게 활동하는 왓슨에게 이 책은 지난 세월의 정리가 아니라 새로운 시작이 아닐까?

2003년 6월
역자 씀

왓슨의 책은 언제 보아도 명쾌하다. 다시 보아도 난해한 지식을 쉽게 풀어 쓰는 그의 경이로운 능력에 새삼 놀라게 된다.

이 책은 본래 이중나선 발견 50주년을 기념하여 반세기 동안 분자생물학 분야에서 이루어진 발전들을 설명하고자 기획되었다. 그 초판이 나온 뒤로 다시 10여 년이 흘렀다. 이제 DNA와 유전자는 생물학과 의학의 모든 분야에서 널리 쓰이는 말이 되었다. 아니, 우리 삶 자체가 그 두 단어가 없이는 돌아가지 않을 지경이 되었다. 왓슨이 이 개정판을 낸 것은 빠르게 변하는 그런 상황을 반영하기 위해서이다.

특히 왓슨은 인간의 유전체 서열이 해독된 이후로 급속히 발전하고 있는 두 분야를 다룬 장들을 이 개정판에 새로 추가했다. 개인 유전체학과 암 연구이다. 사람의 유전체 서열을 처음으로 해독하는 데에는 엄청난 돈과 시간과 노력이 필요했다. 수십억 달러의 예산이 투입되었고, 전 세계의 수만 명에 달하는 연구자들이 10여 년 동안 달라붙어서 결과를 얻었다. 지금은 몇백만 원이면 가능한 수준이 되어 있다. 게다가 몇 년 뒤에는 100만원 수준으로 비용이 떨어질 것이라고 예상된다. 그러면 누구나 원하는 대로 자신의 유전체 서열을 들여다볼 수 있을 것이다. 당뇨병이나 고혈압에 걸릴 위험이 얼마나 높은지 등등을 누구나 파악할 수 있는 시대에 도달할 것이다. 그런 정보를 정부도 보험회사도 볼 수 있다면 어떻게 될까? 혼인 이야기가 나오는 상대방 가족도 볼 수 있다면?

암은 어떨까? 암 분야는 사실상 머지않아 정복될 것이라는 약속과 그 약속이 실현되지 못한 역사로 점철되어 있다. 암을 끝장낼 수 있다는 연구 결과가 발표되었다가 시간이 흐르면 다시 고개를 젓곤 하는 일이 되풀이

되어왔다. 그런데 유전체 시대에는 상황이 달라질 것 같은 분위기가 풍긴다. 암이 하나의 병이 아니라, 엄청나게 많고 다양한 질병들을 뭉뚱그려서 가리키는 단어라는 사실을 깨달은 시기를 거쳐서 이제는 그 질병들의 정체를 하나하나 파악할 수 있는 시대로 진입하고 있기 때문이다. 바로 유전체학의 등장으로 개인의 유전자 변이를 하나하나 살펴볼 수 있게 되면서부터이다.

왓슨은 이런 최신 흐름까지 특유의 명쾌하면서 이해하기 쉬운 문체로 설명한다. 지금까지 나온 과학 교양서 중에 인간 유전체 계획 이후의 발전 과정을 이처럼 자세히 쉽게 설명한 책은 찾아보기 어렵다. 한 가지 이유는 왓슨이 과학 연구뿐만 아니라, 그 지식의 실용화 쪽에도 지대한 관심을 가지고 있기 때문이다. 왓슨은 어떤 과학적 발견이 질병의 치료법으로 어떻게 이어져왔는지를 구체적으로 살펴본다. 덕분에 우리는 생명공학 기업들이 새로운 기술을 개발하기 위해서 어떤 경쟁을 벌이고 있고, 어떤 기술이 개발되어 승승장구하거나 사라져가는지까지 실감나게 엿볼 수 있다. 이런 내용들은 다른 책에서는 찾아볼 수 없는 이 책만의 장점이 아닐 수 없다.

이 책의 또 한 가지 특징은 왓슨이 너무나 솔직하게 견해를 피력하면서 이야기를 풀어간다는 점이다. 그는 분자생물학이 난치병이나 식량 부족 같은 인류의 문제를 해결하는 데에 큰 기여를 할 것이므로 발전을 가로막는 장애물을 없애야 한다고 거리낌 없이 말한다. 그런 발전에 지장을 주는 정부의 정책뿐만 아니라 과학 지식에 특허를 받아서 사유화하려는 기업의 행태, 건강을 우려하는 소비자 단체의 활동까지 모두 비판한다.

과학이 인류 문제를 해결할 수 있다는 점을 강조하는 이런 태도는 때로 충돌을 빚기도 한다. 왓슨은 이 책에서 자신이 겪은 일들도 포함하여 그런 이야기들도 기탄없이 하고 있으며, 따라서 우리는 DNA와 유전자를 둘러싸고 어떤 충돌들이 일어나왔는지까지도 상세히 들을 수 있다. 읽다 보면 저자가 어떤 인물인가 하는 평가까지도 충분히 내릴 수 있을 것이다. 왓슨은 독자에게 그런 일까지 해보라고 부추기는 것 같기도 하다. 그런 솔직한 저술 방식 덕분에, 우리는 유전자 요법, 암 치료, 유전자 변형 식품, 개인 유전체 자료 등과 관련된 논쟁과 문제를 때로 거부감을 일으킬 정도로 실감나게 접할 수 있다. 바로 그 점이 왓슨의 책에서 접할 수 있는 유익한 특징이기도 하다.

우리는 이제 DNA와 유전자를 넘어서 유전체까지 다루는 시대에 들어섰다. 게다가 나날이 새로운 발전이 이어지고 있다. 이런 발전이 우리를 어디로 이끌까? 가령 DNA 편집 기술은 우리에게 어떤 미래를 가져다줄까? 이 책은 이런 놀라운 발전들이 어떤 미래로 이어질지를 스스로 생각해볼 기회도 제공한다. 왓슨은 독자의 생각을 부추기기 때문이다.

2017년 11월
역자 씀

찾아보기

634